普通高等教育“十一五”国家级规划教材
国家林业和草原局普通高等教育“十四五”重点规划教材

林木病理学

（第4版）

叶建仁　田呈明　主编

中国林業出版社
China Forestry Publishing House

内容提要

林木病理学是研究林木病害现象、发病原因与发生机理、病害发展规律与防治方法的一门科学。本书分总论和各论两部分。总论部分主要介绍林木病理学的基本知识和原理，包括林木病害基本概念、林木病害的病原、植物侵染性病害的发生过程与侵染循环、病原物的致病性和林木的抗病性、林木病害流行和预测、林木病害防治等。各论部分主要介绍林木不同器官上病害发生发展的规律与特点，以及林木苗期、叶、枝干、根部等主要病害种类的发生情况、病原种类、发生发展规律和防治技术等。

本书是林木病理学内容较为完整的一本教科书，可作为高等院校各专业林木病理学的教科书，也可作为有关学科专业本科生或研究生学习植物病理学的参考书。

图书在版编目（CIP）数据

林木病理学／叶建仁，田呈明主编. —4 版. —北京：中国林业出版社，2024. 4

普通高等教育“十一五”国家级规划教材 国家林业和草原局普通高等教育“十四五”重点规划教材

ISBN 978-7-5219-2621-7

Ⅰ. ①林… Ⅱ. ①叶… ②田… Ⅲ. ①林木-病理学-高等学校-教材 Ⅳ. ①S763. 1

中国国家版本馆 CIP 数据核字（2024）第 027495 号

责任编辑：范立鹏
责任校对：苏　梅
封面设计：周周设计局

出版发行　中国林业出版社
（100009，北京市西城区刘海胡同 7 号，电话 83143626）
电子邮箱　cfphzbs@ 163. com
网　　址　http：//www. cfph. net/
印　　刷　北京中科印刷有限公司
版　　次　1981 年 8 月第 1 版（共印 8 次）
1990 年 1 月第 2 版（共印 17 次）
2011 年 6 月第 3 版（共印 10 次）
2024 年 4 月第 4 版
印　　次　2024 年 4 月第 1 次印刷
开　　本　787mm×1092mm　1/16
印　　张　21. 5
字　　数　516 千字
定　　价　65. 00 元

数字资源

《林木病理学》（第4版）
编写人员

主　编　叶建仁　田呈明

编　者　叶建仁（南京林业大学）
田呈明（北京林业大学）
贺　伟（北京林业大学）
吴小芹（南京林业大学）
朱丽华（南京林业大学）
冉隆贤（河北农业大学）
池玉杰（东北林业大学）
杨　斌（西南林业大学）
刘振宇（山东农业大学）
马良进（浙江农林大学）
侯振世（内蒙古农业大学）
周国英（中南林业科技大学）
李会平（河北农业大学）
黄　麟（南京林业大学）
周博如（东北林业大学）
王永林（北京林业大学）
周旭东（浙江农林大学）

主　审　宋玉双（国家林业和草原局生物灾害防控中心）

第 4 版前言

自从 2011 年 6 月《林木病理学》(第 3 版)与大家见面至今已有 13 年了。其间，这本教材作为森林保护和林学等专业的林木病理学主干教材已多次重印，在我国林木病理学教学中发挥了重要作用。近 10 多年来，随着科学技术的快速发展和学科间的交叉渗透，林木病理学领域也得到了快速发展，林木病理学基本理论与原理进一步丰富，对许多重要病害的流行规律和成灾机制有了新的认识，一些重要病害的发生与分布、危害特点和防控技术有了新的变化。与此同时，菌物、细菌、植物菌原体等林木病害病原的分类体系有一些新的调整，病害防控策略与防治技术等在不同层面上也有了新的发展。因此，为了深刻领会和贯彻落实党的二十大对森林保护提出的明确要求和目标，切实落实教育现代化、提高教育质量的教材数字化建设要求，尽可能及时将林木病理学最新研究进展和变化在当前的教材中反映出来，我们组建了老中青相结合编写队伍，采用融合出版方式，将丰富的视频、图片、思政案例等多媒体元素以二维码形式融入教材，对《林木病理学》(第 3 版)进行了一次比较全面的修订，以求使绿色防控和生物防治理念更加生动、直观地融入教学和育人过程。

基于该教材作为涉林专业林木病理学课程的主要教科书和参考书，因此在内容的安排上继续遵循了林木病理学基础知识全面性和系统性原则。本次修订工作主要以第 3 版各章节编者为主继续负责相应章节的修订，同时适当增加了几位近年来在森林病理学教学和科研中有较好积累的专家教授参加本次教材修订工作。具体分工如下：绪论和第 1 章、第 3 章、第 4 章由叶建仁编写修订；第 8 章第 1 节、第 2 节叶部和果实病害及其防治中针叶树叶斑病部分由叶建仁编写，黄麟修订；第 2 章第 1 节、第 8 章第 2 节叶部和果实病害及其防治中的林木炭疽病类、第 9 章第 2 节中的枯梢病类部分由吴小芹编写修订；第 2 章第 2 节、第 9 章第 2 节中的枯萎病类部分由冉隆贤编写修订；第 2 章第 3 节、第 8 章第 2 节叶部和果实病害及其防治中的阔叶树叶斑病部分由刘振宇编写修订；第 2 章第 4 节至第 7 节、第 8 章第 2 节中的煤污病类部分由马良进编写修订；第 5 章、第 9 章第 2 节中的干锈病类部分由杨斌编写修订；第 6 章、第 9 章第 1 节和第 2 节中的溃疡病类及丛枝病类、第 10 章等由贺伟编写，田呈明修订；第 7 章由朱丽华编写修订；第 8 章第 2 节中的白粉病类、第 9 章第 2 节中的寄生植物害部分由侯振世编写，朱丽华和田呈明修订；第 8 章第 2 节中的叶果类锈病部分、第 11 章由池玉杰编写修订。全书由叶建仁负责确定编写提纲和整体统稿，林木病理学中文名词索引和林木病害病原物索引由贺伟编写，田呈明修订；朱丽华负责本书图片、视频资源整理和其他联络协调等工作。周国英、李会平、周博如、王永林、周旭东在第 4 版修订中也分别给予了修订上的建议、提供了病原或症状照片等。

林木病理学在我国发展的历史还不长，经过几代人几十年来的不懈努力，对许多重要的林木病害现象、发生发展规律和防控技术有了比较清晰的了解和掌握。但是，由于林木病害的种类多，特别是一些新的重要病害不断出现，病害流行特点不断变化，目前对一些重要的病害现象的发生和发展规律仍然没有完全搞清楚，加之我们的水平有限，本书中难免存在许多不足，敬请大家理解并提出宝贵意见。

在此书修订的过程中得到许多林木病理学同行的关心与指导，同时也得到了中国林业出版社的大力支持，在此表示衷心的感谢！

编　者

2024 年 3 月 5 日

目　录

绪　论

1. 林木病害发生现状及其对社会、经济和生态环境的影响

习近平总书记在党的二十大报告中指出，大自然是人类赖以生存和发展的基本条件。尊重自然、顺应自然、保护自然，是全面建设社会主义现代化国家的内在要求。必须牢固树立和践行绿水青山就是金山银山的理念，要站在人与自然和谐共生的高度谋划发展。

林木病害是由病原生物(包括菌物、细菌、病毒、线虫、高等寄生植物等)侵染或异常环境条件刺激产生的一种自然现象，当病害严重发生时造成了病害的流行并形成灾害，对林木生长和生态环境产生明显的影响，甚至导致林木大面积死亡，造成生态破坏。由于世界上许多林木病害的大流行常常与人为干扰森林生态系统或人为其他活动有密切关系，所以说林木病害作为一种自然现象，当其发生流行时又常带有某些人为灾害的因素。

在世界范围内，近百年来已发生过多起因林木病害的广泛流行而导致重大经济损失的事件。例如，1904 年，在美国纽约动物园的美洲栗(*Castanea dentata*)上首次发现栗疫病(*Cryphonectria parasitica*)，此后 40 多年此病害席卷了美国东部几乎所有的天然栗树林，引起了约 35 亿株美洲栗树的死亡，使美洲栗遭受毁灭性灾害。1938 年，此病又传入意大利，其后的几十年该病在欧洲迅速蔓延，使欧洲栗(*Castanea sativa*)同样遭受严重损失。榆树枯萎病(*Ophiostoma ulmi*/*O. novo-ulmi*)是 20 世纪暴发流行的又一种世界性病害，在 20 世纪 30 年代和 70 年代先后两次大流行，在欧洲、北美洲、中亚的 30 多个国家和地区，对榆树产生了毁灭性破坏，造成了巨大的经济损失。如美国从 1930—1935 年，就因此病处理了 250 万株死树或濒死树；在英格兰，1970—1978 年此病造成 170 万株榆树死亡。

我国是林木病虫害发生比较严重的国家，每年有记载的林木病虫害发生面积逾 $1\,000\times 10^4$ hm^2，如松树萎蔫病[又名松材线虫病(*Bursaphelenchus xylophilus*)]、杨树溃疡病(*Botryosphaeria dothidea*)、松干锈病、松针病害等林木病害每年在我国的发生面积就超过 200×10^4 hm^2，其中松材线虫病自 1982 年在我国南京紫金山首次发现以来，已先后在我国 20 多个省(自治区、直辖市)流行，每年发生面积达数十万公顷，死亡松树达数千万株，是我国近几十年来最具危险性和严重性的重大检疫性林木病害。

林木病害的发生发展常具有很大的隐蔽性，许多病害只是在造成明显的灾害时才引起人们的重视，一些病害由于还没有被完全认识，因此，其对林木的影响常不能被发现。林木病害的实际发生和危害比人们现在见到的损失要大得多。美国林务局曾有一个统计资料表明，在美国因病害引起的森林损失约占森林受自然灾害损失总量的45%，虫害占20%，火灾占17%，其他因素占18%。生态兴则文明兴，生态衰则文明衰。生态环境是人类生存和发展的根基，生态环境变化直接影响文明兴衰演替。林木病害可能会对森林的生态平衡产生重大伤害，因此，无论在世界上还是在中国，它都是一类十分重要且必须给予高度关注的灾害。

2. 林木病理学发展历史

林木病理学是在植物病理学的基础上针对林木病害的特点和内容发展起来的，它是植物病理学的一个分支学科，同时也是林学学科的一个组成部分。德国人罗伯特·哈蒂(Robert Hartig)被公认为该学科的奠基人。他是著名的森林学家，同时致力于林木病害的研究，他首次阐明了木质部内菌丝与立木腐朽及其真菌担子果产生的关系。他撰写了《林木主要病害》(*Wichtige Krankheiten der Waldbaiime*, 1874)和《木材损伤现象》(*Zersetsungsersheinungen des Holtzes*, 1878)等有关林木病害的专著。1882年出版的《树病学》(*Lehrbuch der Boumkrankheiten*)一书，则是世界上第一本完整的林木病理学教科书，被认为是林木病理学科诞生的标志。

森林病理学学科自1882年诞生至今，已经有140多年的历史。欧美等一些发达国家大约在19世纪末20世纪初即开始了林木病害的研究。虽然林木病理学在不同的国家发展的时期有所不同，但在发展的过程中大多经历了几个类似的发展阶段，即林木病害种类及危害程度调查阶段，针对主要发生病害开展防治技术研究阶段，对病害发生的生态环境条件以及寄主与病原物关系等进行深入研究阶段，维护森林健康是实现林木病害可持续控制的核心等阶段。

我国林木病理学的研究工作起步较西方相对晚。20世纪前半叶中国处于动荡和变革之中，落后的林业基本停滞在自生自灭状态，林木病害自然极少受人注意。根据相望年(1957)收集的资料，中国最早发表有关林木病害的文章始于1922年，到1949年为止有关林木病害的文章总共不过13篇。这些文章的作者除原中央大学森林系李寅恭先生是从事森林保护学教研工作的教授外，大多是植物病理学者或真菌学者，在他们的工作中偶尔涉及树木病害方面的内容。

中国森林病理学科的真正建立与发展是从新中国成立后开始的。1952年，我国第一次将森林病理学列入高等林业院校的教学计划，开始了林木病理学的教学与科研工作。1954年开始组织森林综合调查队对东北及西南大林区进行森林资源调查，其中包括进行森林病害调查。1958年在林业部所属的北京林学院和南京林学院、1960年在东北林学院和中南林学院等院校创建了森林病虫害防治本科专业。1980年、2003年和2014年先后开展了3次全国性的林业有害生物普查工作。根据最近一次的病虫普查结果，我国森林生态系统中有可引起侵染性林木病害的病原782种，其中在林业上经常引起流行且严重的至少有100多种。70 多年来，对我国主要林木病害的发生原因、流行规律和防治技术等进行了广泛的研究，基本摸清了我国主要林木病害发生与流行的规律，在许多病害上提出了相应的防治技术与方法，为我国林业资源的健康培育提供了重要的技术保障。1979 年 6 月在成都召开了第一次全国森林病理学学术年会，建立了中国林学会森林病理学分会第一届理事会。至今已先后召开了 9 次全国森林病理学学术年会，2018 年 10 月在河北保定召开的中国森林保护学术大会上，换届组建了我国新一届(第九届)中国林学会森林病理学分会理事会。中国林业出版社先后于 1984 年和 1997 年分别出版了《中国森林病害》和《中国乔灌木病害》，这是我国森林病理学科建立与发展过程中的两部重要著作。进入 21 世纪后，我国森林病理学事业又得到了很大的发展，在传统林木病理学研究的基础上，更加注重向细胞与分子生物学和地理生态学两个方向发展，在更深入的分子水平上和更大尺度的生态景观上揭示病害发生与流行的本质与规律。

3. 林木病理学的主要研究内容

林木病理学研究的对象主要包括森林和城市绿化中乔灌木(包括幼苗)上发生的病害，研究内容大致可以分为病原学、病理学、流行学和防治学 4 部分。

病原学研究的是林木病害发生的原因。虽然，物理的、化学的和生物的因素都可以成为林木病害的病原，但通常在林木病理学中是以研究生物性病原为主，即研究这些病原生物[包括真菌、细菌、病毒、线虫、植物菌原体(简称植原体)、高等寄生性种子植物等]的形态、分类地位、生活史、生理特点、生态习性、致病性及其所致病害的特点。

病理学是研究在林木感病的过程中病原物与寄主植物之间的相互关系。研究病原物在寄主植物体表及体内的生长发育及其对寄主植物的致病作用，寄主植物感病后的病理变化，植物抗病或感病的机理等。

流行学是研究环境条件对病原物生长、繁殖、释放、传播、侵染和致病过程的影响，环境条件对寄主植物感病性的影响，环境条件对病害发生发展在时间和空间上变化动态的影响。

防治学主要研究应用物理的、化学的、生物的或栽培学的方法来防治林木病害的基本原理和技术。当前，国际上特别提倡以生态学和经济学为基础的林木病虫害综合治理，即在保持生态系统相对平衡稳定的前提下，有机地运用多种方法把林木病虫的危害控制在较低水平之下，强调将维持林木本身的健康和抵抗病害侵染作为林木病害防控的重要内容。

4. 林木病理学与其他学科的关系

林木病理学与森林病理学在许多时候具有共同的含义，两者都是以乔灌木病害为研究对象，都是以森林病理学为共同的学科基础。但细究起来两者还是各有侧重。林木病理学的研究对象包括所有的乔灌木病害，既包括森林中的乔灌木，也包括城市生态系统中的个体林木。森林病理学的研究范围则着重是森林中的乔灌木病害，且强调森林群体的病害流行。由于林木病理学是以森林病理学的研究内容为核心的，所以林木病理学的理论基础也是以森林病理学的理论为核心主体的。

森林病理学作为植物病理学的一个分支学科，其发展自然与植物病理学的发展有着密切的联系，植物病理学的发展从总体上讲，对森林病理学的发展具有引领作用。当然，森林病理学的发展也丰富了植物病理学的内容。森林病理学的发展也不能离开其他学科的发展，如植物学、植物生理学、生物化学、微生物学、真菌学等。由于森林自身的特点，森林病理学与森林气象学、森林遗传学、森林生态学、森林经营学等许多林学学科的发展也有着深入的联系。近 30 年来，分子生物学、分子遗传学、数量遗传学、基因工程、卫星遥感技术以及电子显微镜和信息化等学科的发展，又极大地推动了森林病理学的进步。

思考题

1. 林木病害发生对社会、经济和生态环境有什么影响？
2. 简述世界和中国森林病理学发展的历史。
3. 林木病理学主要研究内容有哪些？
4. 简述林木病理学与森林病理学概念的异同。
5. 简述森林病理学与其他学科的关系。

推荐阅读书目

AGRiOS G N. 植物病理学. 5 版. 沈崇尧，主译. 北京：中国农业大学出版社，2009.
叶建仁，贺伟. 林木病理学. 3 版. 北京：中国林业出版社，2011.

第 1 章

林木病害基本概念

1.1 林木病害

1.1.1 林木病害

人类与森林有一种天然的和必然的联系。古代社会，人类完全依仗森林生活，森林为人类提供生存的必需品和安全保护。森林对人类有非常重要的价值，它支持人类文化的发展；人类利用森林建立起了发达的人类文明，但森林的消失又导致了人类文明的萎缩和消亡，古玛雅文明、古巴比伦文明、古埃及文明以及我国古代黄河流域文明的兴衰史就是人与森林关系的生动表现。

林木是森林和城市绿化的主体，林木在生活的过程中，由于受到生物或非生物因素的影响，在生理活动上、组织结构上和外部的形态上产生一系列局部的或整体的异常变化，生长发育受到显著影响，甚至出现死亡的情况，这种现象称为林木病害(forest and tree disease)。

林木病害是一个对人类生活而言的相对概念，在自然界中，有些植物的不正常现象不仅未造成人类的经济损失，而且产生了更高的经济价值。例如，许多豆科树种受根瘤菌感染后生长得更好；郁金香因受病毒的侵染使单色花成为杂色花，增加了它的观赏价值；茭白由于一种黑粉菌的侵染使茎基部肥大而可供食用等。这些现象通常都不列入植物病害的范畴。

林木损伤和林木病害是两个不同的概念。非生物因素或生物因素都可以引起林木损伤，例如，林木受风折、雷击，或受到动物咬伤等。林木损伤是由瞬间发生的机械作用所致，受害林木在外部形态表现受伤之前在生理上和组织结构上没有发生一个明显的病理程序。因此，在传统的森林病理学原理中这些现象都不称为林木病害。

在林木病害中，由生物因了(主要是寄生性微生物)侵染引起的林木病害称为侵染性病害(infectious diseases)，由环境中不利于林木生长发育的物理因子或化学因子等非生物因子引起的病害称为非侵染性病害(non-infection diseases)。林木病理学(forest and tree pathology)是以侵染性林木病害为主要研究对象。

1.1.2 林木病害的病原

导致林木生病的最直接的因素称为病原(causes of disease)。林木生病时，可能是由于受到某一个因素的作用，也可能是同时或先后受到两个以上因素的作用，但其中往往只有一个因素是使林木生病的最直接因素，在这种情况下，这个最直接的因素才被称为病原。例如，某些苗圃中树苗在秋季过多施用了速效氮肥，使苗木秋梢徒长，组织柔嫩，在冬季到来时就容易遭受低温冻害而致枯梢，在这里施肥不当和低温都与引起苗木冻害有关，但在林木病理学上只将低温看作冻害的病原。又如，银杏苗木茎腐病是因为银杏苗木茎基部在夏季受过高的地表温度灼伤后，又受一种真菌自伤口侵入而引起的，在这种情况下，直接导致茎基部腐烂的真菌才称为病原，其他均称为病害发生的环境条件。侵染性病害的病原是生物，通常又可称为病原物(pathogen)。

病原按其性质可分为侵染性病原和非侵染性病原。

(1) 侵染性病原

林木侵染性病原中绝大多数是寄生性微生物，常称它们为病原物，如果是菌类则又可称为病原菌。已经知道的林木病原物主要有以下几类。

①菌物。是一类低等真核生物，其营养体主要为丝状体，称为菌丝，繁殖时产生各种孢子。菌物没有叶绿素，不能自营光合作用，要依赖现成的有机物生活。大多数菌物是腐生的，一般不会引起植物病害，只有少部分菌物能寄生在植物体上，成为植物的病原物。林木侵染性病害中80%以上是由菌物引起的，菌物是林木病原物中最重要的一类。

②病毒。是比细菌还小的在普通显微镜下看不见的一种非细胞形态的寄生物。它的直径一般小于 200×10^{-3} μm，小的病毒约相当于大的蛋白质分子。已发现的病毒都是细胞内寄生物，它们引起人类、动物和植物的重要病害。

③细菌。是一类原核生物，常以裂殖方式进行繁殖。细菌中有一些种类是人类和动植物病害的重要病原。能引起植物病害的细菌种类比菌物种类要少得多，但某些植物细菌病害在农林生产上却可造成重大损失。

④植原体。植原体作为植物病害的病原，是1967年由日本学者在研究桑萎缩病等病害时发现的。这类微生物在分类上被认为与细菌相近，属于原核生物。它们在电子显微镜下大多呈球状体，球体直径为 100×10^{-3}~$1\ 000\times10^{-3}$ μm，具有膜状包被，但没有细胞壁。林木上黄化和丛枝类型的病害，许多是由植原体引起的。

⑤寄生性种子植物。目前已知的都是双子叶植物，寄生在植物茎或根上，其中大多数是寄生在木本植物上，如危害多种阔叶树的桑寄生、槲寄生和菟丝子等。

⑥线虫。属动物界线虫门，是一类低等的无脊椎动物。植物线虫长度一般小于2 mm，粗0.03~0.06 mm，在自然界分布很广。许多植物上都有线虫寄生。

(2) 非侵染性病原

除生物以外的其他不利于植物生长发育的多种环境因素都可能成为林木非侵染性病害的病原。常见的非侵染性病害的病原有下列几类。

①营养条件不适宜。土壤中缺少某些营养物质，致使植物产生失绿、变色或组织坏死

等现象。刺槐因缺铁而发生的黄化病是在碱性土壤上常见的例子；松苗常因土壤中缺磷而产生紫叶病；某些微量元素(如锰、硼、锌等)的缺乏也可引起各种植物病害。

②土壤水分失调。土壤水分过少可以引起植物叶尖、叶缘或叶脉间组织的枯黄。在极干旱的条件下植物会凋萎而引致死亡。相反，土壤中水分过多也易使植物根部窒息，发生根腐；在排水不良、地下水位过高或因地势不平局部积水的苗圃或造林地就常有这种现象。

③温度不适宜。温度影响植物各方面的生命活动，林木生长有其最低、最适和最高的温度界限。温度过高可引起树皮及果实的灼伤。夏季烈日之下，地表温度可达70℃，某些树皮薄嫩的苗木和幼树常发生茎基部灼伤。由低温引起霜害和冻害则更为常见。

④有毒物质。空气和土壤中或植物表面若存在着对植物有害的物质，则也会引起植物病害。一些化工厂和冶炼厂排出的废气中，常含有多量的二氧化硫等有毒气体，由这类有毒气体对植物发生的危害称为烟害。由于农药使用不当，致使叶片上产生斑点或枯焦脱落等，则称为药害。

1.1.3　寄主

在侵染性病害中，受到侵染的植物称为寄主(host)。病原物在寄主体内生活，双方之间既具有亲和性，又具有对抗性，构成一个有机的寄主—病原物复合体系。当植物受到病原的侵染时，首先会在生理上产生一定的反应，以适应变化了的环境条件或阻止病原物在体内继续扩展。如果病原的作用继续加强，超出了植物的适应能力或胜过了植物的抵抗反应，经过一定时间，植物在组织结构和外部形态上就会相继产生一系列的变化，表现出病态。因此，植物病害的发生要经过生理上、组织结构上和外部形态上的一系列病理程序。病理程序就是寄主—病原物复合体系建立和发展的过程。这一过程的进展除取决于双方本身的相互作用关系外，环境因素也有着重要作用。

1.1.4　林木病害发生与环境的关系

环境条件分别作用于寄主、病原物以及寄主—病原物复合体系。如果环境条件有利于植物的生长发育而不利于病原物的活动，病害就难以发生或发展很慢，植物受害就轻。反之，病害则容易发生或发展很快，植物受害就重。例如，桃树新叶开放时，常会受到一种外子囊菌的侵害而发生缩叶病，这种病害在早春低温多雨的年份较为严重。因为病菌只能危害嫩叶，气温较低会使桃叶生长缓慢，增加病菌侵染的机会，湿度高给病菌孢子萌发造成有利条件。反之，如果天气晴和温暖，桃叶迅速生长，病害就很轻。

现阶段已经深刻认识到了人类生产活动对植物病害的影响。人们可以通过栽培措施或病害防治措施对寄主植物、病原物和环境施加影响，以抑制植物病害的流行。但从历史上看，人类往往是破坏了原有自然生态系统的平衡，培育了许多高度感病的植物品种，将危险性病原物远距离传播到新的地区等。

在自然生态系统中，由于自然选择的结果，各种生物和环境相互之间的关系处于一种相对稳定的状态，植物与病原物之间的关系无论从数量的消长或它们之间的寄生关系来说，都处在一个相对平衡的状态。人类的生产活动常常使生态系统的平衡受到破坏，植物病害在这种情况下就容易达到流行的程度。

人类在长期的农业生产中，将野生植物驯化为栽培植物，培育了许多优质高产的植物品种，这些品种对某一种病原物或对病原物某些小种可能是高度抗病，但对另外一些小种却可能是高度感病。大面积栽培单一品系植物种群，为大面积暴发流行性病害创造了条件。

植物和病原物在自然界的存在，由于历史或环境的原因，如高山和海洋的阻隔，原来大多是区域性分布的。然而，人类的活动、区域间的物资交流、引种外来动植物等常常把一些原先仅在局部地区分布的病原物传播到了新的地区，结果常常会造成很大的经济损失。

现在人们也已经逐步认识到大自然是人类赖以生存的基本条件，人与自然的关系是人类社会最基本的关系。人们在处理人类发展与森林保护的关系时，意识到要以社会主义生态文明建设为根本目标，要着眼于森林群体生态系统的平衡，要以培育健康森林为主要内容，客观考虑自然因素和人的作用，正确处理和协调各种关系，真正使林木病害成为森林生态系统中可以自我控制且不会达到流行程度的一种自然现象。

1.2 感病林木的病理变化

林木受病原物侵染后，会在生理上、组织上和形态上产生一系列的异常变化，这些异常变化称为病理变化，简称病变。染病植物的各种病变是互相联系的，一种病变常常引起其他一种或两种病变。一般而言，首先发生的是生理上的病变，然后引起组织结构上的病变，组织结构上的病变又会导致形态上的病变。

1.2.1 生理上的病变

感病林木最先发生的病变一般是在生理上发生的变化，包括在呼吸作用、光合作用、核酸代谢、蛋白质代谢、酚类物质代谢、水分代谢等方面的病变。

呼吸作用增加往往是染病植物共同的特征。染病的植物组织呼吸作用一般要比健康的植物组织提高20%~100%，最高时可达2~4倍。在病害发展后期，呼吸作用又会急剧下降。泡桐患丛枝病的组织，呼吸时氧气吸收量较健康组织增加20%~70%，二氧化碳排出量增加36%~40%。许多试验表明，呼吸作用的增加主要是由寄主决定的。例如，患白粉病的麦苗叶组织每平方厘米每小时的氧气消耗量是7.9 cm^3，健康叶组织只消耗1.9 cm^3，如果采用机械方法将菌丝体从病叶表面剥掉，氧气消耗量为6.4 cm^3，病原物消耗的只不过1.5 cm^3。

染病植物叶组织中的叶绿素被破坏，叶片的光合作用随之就会有所降低。例如，泡桐患丛枝病后，叶绿素含量仅及健康树的23%~48%，光合作用强度只相当于健康树的10%~39%。在病害过程中，染病植物光合作用排出的二氧化碳量超过植物固定的二氧化碳量，使植物的含碳物质积累不断减少，影响植物的生长发育。

染病植物中氮化合物的含量一般比健康植株有所降低，或者在初期有所增加，后期则明显减少。氮化合物也可能在局部的染病组织中积累，由细菌引起的根癌病变组织中蛋白质含量有时可以达到健康组织的3倍之多。某些受病毒感染的植株中有蛋白质含量增高的现象，可能其中病毒本身的蛋白质占主要成分。对寄主植物氮素的掠夺在槲寄生(*Viscum album*)中也很明显，据测定，槲寄生植株的含氮量占总干物质重的26.4%，而直接受槲寄生寄生的寄主枝条中的含氮量只有3.5%。

细胞中酶活力的改变在细菌性癌肿组织中早已证实，在癌肿组织汁液中，过氧化氢酶活力比健康组织提高160%，氧化酶活力提高130%，过氧化物酶活力提高120%，而且产生了酪氨酸酶，这种酶在健康组织中是没有的。

受侵染植物组织的细胞几乎都会发生渗透性变化，一般是渗透性增加，矿物质随着水分而外漏。许多病害的初期症状表现水浸状，可能就是水分渗入细胞间隙的结果。

染病植物中水分的缺乏导致植株萎蔫。水分缺乏的原因主要有两个方面：一方面是蒸腾作用加剧，如用一种病原物所产生的毒素(维多利素)处理植物可以引起蒸腾作用的变化，用毒素(维多利素)处理后3 h，蒸腾作用最低，气孔是紧闭的；10 h后气孔不正常地张开，其宽度比光照下的对照植株大2~4倍，同时保卫细胞中淀粉消失。保卫细胞高度膨胀状态和其中的淀粉消失，可能与保持气孔的张开有关。由于气孔失去控制机能，蒸腾加剧而引起萎蔫。另一方面是输导系统阻塞，这一类型的病害常称为维管束病害。维管束的阻塞可能是由侵入其中的病原物本身或者它们刺激寄主植物产生侵填体的作用。也有人认为阻塞是病原物产生的毒素引起的。

1.2.2　组织上的病变

林木感病以后，生理上持续病变的结果就会引起植物细胞和组织结构上发生变化。组织上病变的性质可大致分为以下4种情况。

(1)促进性组织病变

细胞体积异常增大和细胞数目增多，导致细胞和组织过度生长。这些现象最常发生在植物的分生组织、薄壁组织和木栓组织中。如病态的瘤肿、畸形、毛毡、丛枝和徒长等，大多是由分生组织及薄壁组织过度生长造成的；疮痂和溃疡斑边缘愈伤组织就是木栓细胞增生的结果。细胞中的细胞核、叶绿体或细胞壁等，也会因受刺激而变大或增多。

(2)抑制性组织病变

染病植物组织和细胞体积缩小和细胞数目减少，导致细胞和组织生长不足、变形或发育不良。极端抑制的结果会使细胞和组织器官停止发育，引起各类残缺，如小叶、缺叶、矮化和不结实等。许多植物染病后失绿就是叶绿体数目减少的结果。

有些植物受侵染后，可同时表现出抑制性组织病变和促进性组织病变，如稠李袋果病，果肉肥大呈囊状，而果核却停止发育。桃缩叶病的病组织细胞过度生长但同时细胞内的叶绿体却被破坏。

(3)分解性组织病变

由于病原物的侵袭，细胞内含物、细胞壁或中胶层被破坏。由于病原物生长的机械力或酶的作用，造成植物组织细胞坏死或分解。促进性和抑制性的组织病变的最终结局，也常是组织坏死。

多数病原菌可分解植物的纤维素而破坏植物的细胞壁，如木材腐朽菌中的褐腐菌类，就是分解木材中的纤维素而留下呈褐色的木素。有些病原菌可分解细胞壁的中胶层，从而使细胞组织解体。

流脂、流胶也是一种坏死性组织病变。通常流脂发生于松柏类植物上，流胶则发生于核果类林木和柑橘类林木上。菌类的侵害和各种创伤都能引起植物流脂或流胶。植物流脂流胶与植物本身的保护反应有严格区别。

(4)组织补偿反应

植物受伤或染病后，极易发生组织补偿反应，其结果可能导致植物恢复健康或表现抗伤、抗病效果。一般的组织补偿反应开始于愈伤细胞的产生。无论哪种生活细胞或组织都可以变成活跃的愈伤细胞或组织。受了伤害的边缘活细胞进行迅速的细胞繁殖，而形成一些薄壁组织。这种组织渐渐分化，靠外层的细胞往往木栓化，细胞壁加厚和木质化变为维管细胞。再进一步，便在维管细胞旁边组成形成层细胞。新形成层可与原有者相接，其两侧照样可以产生木质部及韧皮部。

在病斑的周围，愈伤的木栓化细胞组织的产生是最常见的。

1.2.3 形态上的病变

染病林木在生理上和组织结构上产生病变的结果，必然会引起形态上的病变。染病植物在形态上的改变可以是整株的，也可以是局部的。整株形态改变一般表现为植株高度、分枝分蘖的多少、褪绿、生长发育不良，甚至整株死亡等。如常见的针阔叶树的根部受到蜜环菌(*Armillaria mellea*)的侵害时，往往整株陷于凋萎或发育不良。严重感染腐烂病的树木也呈现整株性病变，表现为放叶迟，开花晚，枝条生长短小，叶片小，各种器官表现极度衰弱，缺乏正常光泽。大多数侵染性病害往往只是导致局部的形态改变，病变只局限于染病植物的某一器官及部分组织上，一般表现为局部坏死或畸形等。

1.3 林木病害的症状类型

1.3.1 症状

染病植物在形态上表现不正常的变化称为症状(symptom)，一般包括染病植物本身的形态变化(病状)和病菌在寄主体上产生的肉眼可见的营养器官和繁殖器官(病征)。如对真菌性病害来说，病菌最终会在植物病组织上产生繁殖体，有时也可见到营养体或休眠体。所以感病植物在形态上的变化也应包括在植物体上出现的病原体特征。如槐树幼树枝干受一种镰刀菌的侵染而发生溃疡病，表现为局部树皮坏死形成椭圆形黄褐色病斑，病菌在病斑上产生红色分生孢子堆。病原物在寄主体上产生的用肉眼能够看得见的菌体称为病征(sign)，它是构成症状的一部分。有些植物病害的症状，病征部分特别突出，寄主本身并无明显变化。例如，许多植物叶片上的白粉病，寄主组织只有轻微褪色，而病菌的菌丝体和分生孢子则在叶面或叶背形成浓厚的白色粉霉层。也有些病害是不表现病征的，只有病状表现，如病毒病害和非侵染性病害。

症状一般指染病植物外部的变化特征，但有时也需观察内部特征。如榆树枯萎病，树干横断面上外围的几个年轮会变为褐色；由蜜环菌引起的根腐病在树干基部的皮层下有白色扇状菌丝束和黑色根状菌索。这些内部变化有时也称为内部症状。

植物病害是一个发展的过程，所以它的症状也是发展的。初期症状与后期症状常有很大差异，病征多在后期出现。一种病害的症状常有它固定的特点，表现出典型性，但在各个植株或各个器官上，还会有个别的特殊性，或者由于环境条件的特殊而出现非典型的症状。因此，在观察植物病害的症状时，要注意初期和后期、典型和非典型的变化。

1.3.2　症状类型

林木病害的症状表现是多种多样的，一般来讲，一种病害的症状常有其自身的特点且比较稳定。为了便于研究和分析，在林木上常见的病害症状一般被归纳为七大类15种。

(1) 褪绿

植物感病以后，叶绿素不能正常形成，叶片上表现为淡绿色、黄色甚至白色。叶片表现为全面褪绿的称为黄化或白化。营养贫乏如缺氮、缺铁或光照不足都可以引起植物黄化。在植物侵染性病害中，黄化则是病毒病害和植原体病害的重要特征。

叶绿素形成不均匀，叶片上出现深绿色和淡绿色相互间杂的现象称为花叶，它是病毒病害的一种症状类型。

(2) 坏死

坏死是指植物细胞和组织死亡的现象，常见类型如下。

①腐烂。植物的各种器官都可以发生腐烂。多汁组织或器官如果实、块根等发生的腐烂往往呈软腐状(又称湿腐状)，引起软腐的原因是病原物产生的酶分解了植物细胞间的中胶层，使细胞离散并且死亡。含水较少或木质化的组织发生的腐烂呈干腐状，腐烂的原因通常是病菌侵蚀了植物的细胞壁，使组织解体。

②溃疡。植物枝干上局部韧皮部(有时也带有部分木质部)坏死，形成凹陷病斑，病斑周围常为木栓化愈伤组织所包围，这种特殊的腐烂病斑称为溃疡(图1-1)。树干上多年生的大型溃疡，其周围愈伤组织逐年被突破而又逐年生出新的，致使局部肿大，这种溃疡称为癌肿。溃疡可由菌物、细菌的侵染或机械损伤引起。

③斑点。斑点是叶片、果实和种子局部坏死的表现。斑点的颜色有黄色、灰色、白色、褐色、黑色等，形状有多角形、圆形、不规则形等(图1-2)。有的病斑周围形成木栓层后，中部组织枯焦脱落而形成穿孔。斑点病可由菌物或细菌寄生所致，冻害、烟害、药害等也可造成斑点。

(3) 畸形

畸形是因受侵细胞或组织过度生长或发育不足引起的。常见类型如下。

①瘿瘤。树木的根、干、枝条局部细胞增生形成瘿瘤。有时由木质部膨大而成，如松瘤锈病(*Cronartium quercuum*)(图1-3)；有时由韧皮部膨大而成，如柳杉瘿瘤病(*Guignardia tuberculifera*)。瘿瘤的形成有时也有非菌类感染的原因，如行道树在同一部位经多次修剪，其愈合组织反复形成也会形成瘿瘤。

图 1-1　槐树溃疡病症状
(叶建仁 摄)

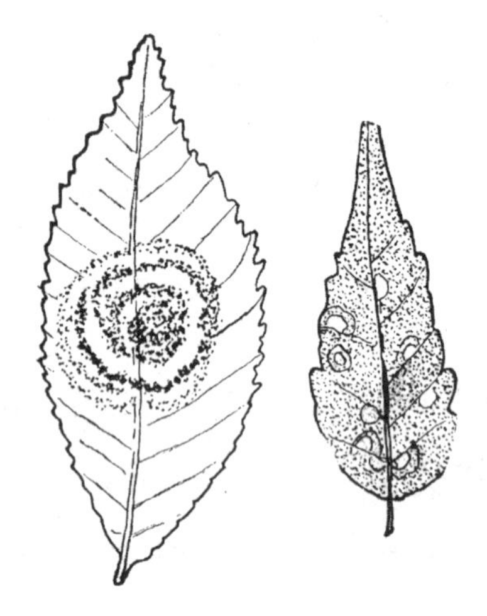

图 1-2　榆炭疽病(左)和苦楝叶斑病(右)症状
(李传道，1985)

丛生

②丛生。植物染病后，其主枝或侧枝顶芽受抑制，节间缩短，腋芽提早发育或不定芽大量发生，使枝梢密集成扫帚状，通常称为丛枝病或扫帚病(图 1-4)。病枝一般垂直方向向上生长。枝条瘦弱，叶形变小。促使植物枝梢丛生的原因很多，其中菌物和植原体的侵染是主要的，有时也可因植物生理机能失调所致。植物的根也会发生丛生现象，如由一种细菌引起的毛根病，致使须根大量增生如毛发状。

图 1-3　由松栎锈菌引起的松瘤锈病
(叶建仁 摄)

图 1-4　枫杨丛枝病形成的丛枝
(李秀生 摄)

③变形。受病器官表现肿大、皱缩，失去原来的形状。常见的是由外子囊菌或外担子菌引起的果实或叶片变形病，如桃缩叶病(*Taphrina deformans*)(图 1-5)。有些病毒病害能使全缘叶变为蕨形叶或线形叶(图 1-6)。

④疮痂。叶片或果实上局部细胞增生并木栓化形成的小突起称为疮痂。如柑橘疮痂病(*Elsinoe fewcettii*)。

图 1-5　桃缩叶病症状

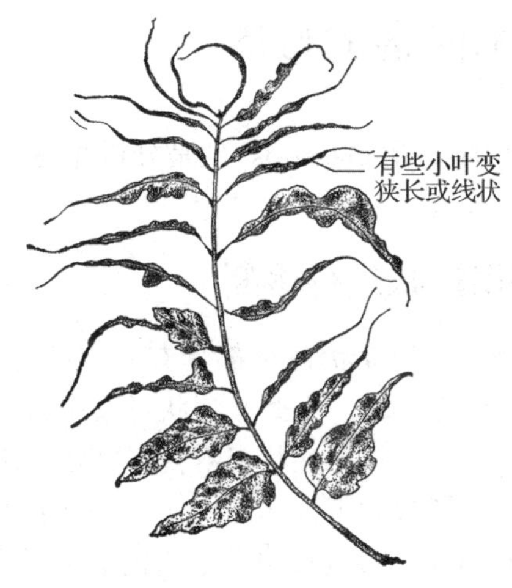

图 1-6　臭椿花叶病症状
(周仲铭，1990)

(4) 枯萎

枯萎病是指植物根部或干部的维管束组织感病，使水分的输导受到阻碍而导致整株枯萎的现象。枯萎病可由真菌、细菌或线虫引起，榆树枯萎病和松材线虫病都是典型的由维管束系统感病而引起的林木枯萎病害。

枯萎病症状

(5) 流脂或流胶

植物细胞和组织分解为树脂或树胶流出，称为流脂病或流胶病。针叶树树液流出称为流脂病，阔叶树树液流出称为流胶病。流脂病和流胶病的病原较复杂，有侵染性的，也有非侵染性的，或为两类病原综合作用的结果。

(6) 粉霉

植物病部表面生白色、黑色或其他颜色霉层或粉状物的症状称为粉霉。粉霉是由病原菌物表生的菌丝体或孢子形成的。如白粉病、煤污病等(图 1-7)。

(7) 蕈菌

高等担子菌引起的立木腐朽病常在林木树干上生出大型蕈菌(担子果)，其他症状不明显(图 1-8)。

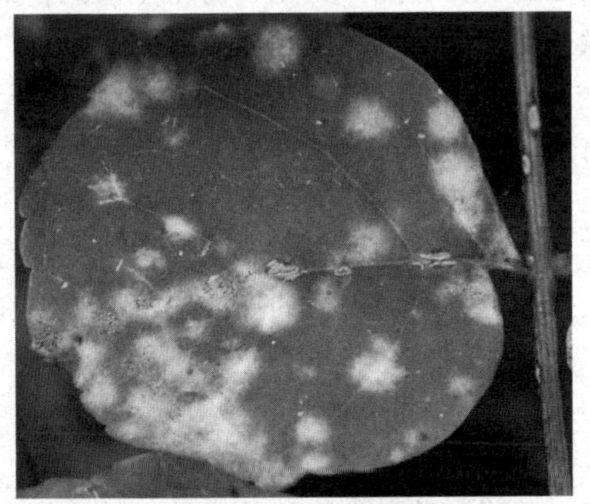

图 1-7　白蜡白粉病
(贺伟 摄)

图 1-8　硫色绚孔菌
(潘学仁 摄)

1.4 林木病害的诊断

林木病害的诊断(diagnosis)就是分析并确定一种林木病害的病原。林木病害的诊断方法一般有以下几种。

1.4.1 根据症状进行诊断

一种植物病害的症状往往都具有一定的特征，一般表现在发病部位、病斑大小、形状、颜色和花纹等方面。因此，症状可以作为病害诊断的重要依据。尤其是对于已知的比较常见的病害，往往根据症状基本就可以做出比较正确的诊断。例如，当杨树叶片上出现许多针头大小的黑褐病斑，病斑中央有一灰白色黏质物时，是由偏盘菌属[*Drepanopeziza*，异名盘二孢属(*Marssonina*)]真菌引起的杨树黑斑病的典型症状。

一种病害的症状也会发生某些变化。例如，同一病原在不同的寄主上或同一寄主的不同器官上可能表现症状不同，如丝核菌危害针叶树幼苗时发生猝倒或立枯症状，而危害马铃薯时在块茎上引起粗皮症状，在根颈部发生坏死症状。同一寄主在不同的发育阶段或处在不同的环境下症状也会有差异，如立枯病发生在幼苗出土前，表现为烂芽，发生在2个月之内幼苗上时，表现猝倒，发生在木质化后的幼苗时表现为根腐立枯，若发生在光照不足、湿度过大、过分密植的苗木上，则表现烂叶。此外，不同的病原也可能引起同类症状，如李属植物叶的穿孔病，其病原可以是霜害，也可以是细菌或菌物的穿孔霉。树木癌肿病可能是细菌，也可能是子囊菌或担子菌引起，也可能是冻伤。因此，除很有经验的人面对自己比较熟悉的病害可以做正确的诊断，在很多情况下，单凭症状来确定植物病害的种类往往还是比较困难的，也是不可靠的。但症状至少可以帮助获得一个初步的诊断。

1.4.2 根据病原物进行诊断

植物病组织上存在的病原物是植物病害诊断的另一个重要依据。菌物病害一般到后期会在病组织上产生病征，它们多半是菌物的繁殖体，用肉眼或显微镜即可识别。对于那些专性寄生或强寄生的菌物，如锈菌、白粉菌、外子囊菌等所致的病害，根据植物病组织上见到的病原物进行诊断是可靠的。有些无性型菌物在自然界都是营寄生生活的，如尾孢属(*Cercospora*)、叶点霉属(*Phyllosticta*)、偏盘菌属等属的菌物，它们所致的病害也可根据子实体的出现做出正确的诊断。但如果植物病组织上见到的菌物子实体属于兼性寄生型的，则它们可能是病原物，也可能是次生的或腐生的菌类。在这种情况下，就必须进行人工诱发试验来证明它们的致病性。

植物细菌病害的病组织中有大量细菌存在，植物根结线虫病的根瘤内有线虫存在，用肉眼或显微镜即可见到，都可作为诊断的依据。植物病组织中的病毒或植原体要在电子显微镜下才可观察到，诊断就比较困难。

1.4.3 人工诱发试验

应用柯赫法则(Koch's postulates)的原理来证明一种微生物的传染性和致病性，是最科学的植物病害诊断方法。步骤如下：①将植物病组织上的微生物分离出来，使其在人工培养基上生长；②将培养物进一步纯化，得到纯培养；③将纯培养接种到健康的寄主植物上，给予适宜于发病的条件，观察它是否可使寄主植物表现与原病害相同的症状；④从接种发病的组织上再分离出这种微生物。这一过程常称为人工诱发试验。

在有些情况下，人工诱发试验并不一定能够完全实行，因为有些病原物现在还没有找到人工培养的方法。接种试验也常常会由于没有掌握接种方法或不了解病害发生的必要条件而不能成功。因此，人工诱发试验还存在一定的局限性。目前对病毒和植原体还没有人工培养的方法，由于病毒和植原体所引起的病害都是系统侵染的病害，因此一般可用嫁接方法来证明它们的传染性，即以感病的植物作接穗，嫁接在健康的同种植株上，如能引起健康植株发病，即证明这种病害可能是病毒或植原体引起的。

1.4.4 病害的治疗诊断

病毒、植原体和类立克次细菌等所引起的植物病害常有相似的症状。但植原体对四环素族的抗生素敏感，类立克次细菌对青霉素敏感，病毒对两者均不敏感。用抗生素对病株进行处理(浇注根部或树干注射)，观察治疗效果，即可作为区别这3类病害的依据。

对非侵染性病害中的缺素症，也可用不同的微量元素处理病株，如有治疗效果，即证明病害是缺少某种微量元素引起的。

1.5 林木病害的分类

为了确定病害的病原和研究病害的发生规律，常常需要按不同的方法把林木病害分成若干类别，通用的分类方法有以下几种。

(1)依病原分类

这种分类首先将林木病害分为侵染性病害和非侵染性病害两大类。侵染性病害又根据病原生物的性质分为菌物病害、细菌病害、病毒病害、线虫病害等。

因为菌物病害种类多，还可再按菌物的类别，分成不同的病害，如锈病类、白粉病类、炭疽病类等。根据病原生物进行分类的优点是每类病原和它们所引起的病害有许多共同的特性，因此它最能说明各类病害发生发展的规律和防治上的特点。

(2)依寄主分类

林木病害可按树种大类分为针叶树病害、阔叶树病害，还可再分为松类病害、竹类病害、杨树病害等。其优点是能全面了解一种或一类植物上可能发生的各种病害，便于制订综合防治计划。

(3)依寄主受病部位和器官分类

木本植物的各种器官的结构有较大差异，根和枝干具有坚实的皮层和木质部，叶和果主要由薄壁组织构成，多是一年生的。因此，各种器官上发生的病害的性质有较大的区别。林木病害按寄主受病部位和器官不同常常分为根部病害、枝干病害、叶果病害、种子病害等。其优点是便于总结各类病害的规律。

(4)依病害传播途径分类

林木病害按自然传播的途径可分为空气传播、雨水传播、昆虫传播、动物传播等。其优点是便于考虑主要的防治方法。一般来说，传播途径相同的病害，其防治措施也相似。

(5)依寄主发育阶段分类

在林业生产上，林木病害常按寄主发育阶段分为苗期病害、幼林病害、成林病害和过熟林病害等。林木在不同发育阶段各有相应的经营管理方法，便于把各种林木病害的防治措施纳入经营管理方案中。

一般而言，植物病害的分类常根据一定的目的，以一种分类方式为主，同时采用其他方式为辅。

小　结

林木在生活过程中，由于受病原生物的侵害或不良环境条件的影响，在生理上、组织结构上和外部形态上产生一系列局部的或整体的异常变化，生长发育受到显著影响，甚至出现死亡，这种现象称为林木病害。人类活动对林木病害的发展有很大影响。

导致林木生病的因素称为病原。病原有侵染性病原和非侵染性病原，它们引起的病害分别称为侵染性病害和非侵染性病害。林木病理学是以研究林木的侵染性病害为主。

侵染性病害的病原以菌物为主，其次为病毒、细菌、植原体、寄生性种子植物和植物寄生线虫等。因为它们都是生物，所以称为病原物。在侵染性病害中，受侵的植物称为寄主。林木病害的发生与环境因素有密切关系。

染病植物在外部形态上表现的非正常特征称为症状，其中由病原物在寄主病部产生的肉眼可见的繁殖体或营养体称为病征。症状是植物病害诊断的根据之一，病征在诊断上更具有重要价值，许多病害的诊断需要通过人工诱发试验来证明病原物的传染性和致病性，病害的治疗诊断在区别病毒、植原体和类立克次细菌所引起的林木病害以及缺素病的诊断上具有重要意义。

为了确定病害的病原和研究病害发生发展规律，常常需要按不同的方法把林木病害分成若干类别，通用的分类方法有依病原分类，依寄主分类，依寄主受病部位和器官分类，依病害传播途径分类，依寄主发育阶段分类。

思考题

1. 什么叫林木病害？林木病害与一般的林木损伤有何区别？
2. 何谓侵染性病害、非侵染性病害？林木侵染性病害的病原有哪些？
3. 病原、寄主、环境条件三者与林木病害发生的关系是什么？
4. 林木病害有哪些症状类型？
5. 林木病害的诊断依据有哪些？
6. 林木病害的分类方法有哪些？

推荐阅读书目

康振生，孙广宇．普通植物病理学．北京：中国农业出版社，2022.

谢联辉．普通植物病理学．2版．北京：科学出版社，2013.

许志刚．普通植物病理学．5版．北京：中国农业出版社，2021.

第 2 章

林木病害的病原

2.1 林木病原菌物

菌物(fungi)，过去称为真菌，在自然界中分布广泛，是一类种类繁多的生物类群，据估计，全球有 220 万～380 万种，目前已描述的种类 14 万余种。菌物的主要特征可概括为：①有真正的细胞核，为真核生物；②无叶绿素，不能进行光合作用，以吸收为营养方式；③营养体大多为丝状分枝的菌丝体，少数为单细胞或原质团；④细胞壁的主要成分为几丁质或纤维素；⑤通过产生各种类型的孢子进行有性或无性繁殖。

菌物与人类生活有着密切的关系。在地球生态系统中，菌物作为分解者，在动植物残体的分解、转化过程中起着关键的作用，是大自然物质循环中不可缺少的微生物类群，对人类生存发展来说也具有重要的基础支撑作用。生态环境没有替代品，用之不觉，失之难存。有些菌物与植物根系形成菌根，促进植物的生长；有些菌物能够寄生于其他菌物、线虫、昆虫和杂草上，在病、虫、杂草的生防制剂开发利用方面具有很大潜力；许多菌物种类广泛应用于医药和化学工业等领域中，如抗生素和酶制剂、维生素和有机酸等的生产；一些食品工业产品如酒、酱油等发酵制品也与菌物密切相关；还有些菌物是驰名中外的食用菌，如香菇、口蘑、木耳和猴头等，而有些菌物如茯苓、冬虫夏草和灵芝等则是名贵的中药材。

课程思政：戴芳澜的“菌”功章

菌物在给人类带来益处的同时，某些菌物对人类的经济生活也造成了严重的危害。有些菌物可直接寄生于人和动物，引起疾病。有些菌物可侵染人类的食物和牲畜饲料，并产生毒素引起人、畜中毒或致癌。许多菌物还能使食物和其他农产品腐败变质、木材腐朽以及纺织品、皮革等霉烂。植物病原菌物所造成的危害和影响尤其巨大。在植物病害中，由菌物引起的病害占其总数的 70%～80%。世界上许多著名的植物病害，如马铃薯晚疫病(*Phytophthora infestans*)曾在 19 世纪中叶摧毁了欧洲绝大部分的马铃薯种植业，并引起严重饥荒；林木病害中如五针松疱锈病(*Cronartium ribicola*)、榆树枯萎病和板栗疫病等都曾造成巨大的经济损失和生态威胁。

2.1.1 菌物的基本形态

菌物是典型的多态性生物，在其生长发育的不同阶段，常表现出不同的形态特征，按其功能一般可分为营养体阶段和繁殖体阶段。

2.1.1.1 菌物的营养体

(1)菌物营养体及其类型

菌物的营养体是指其营养生长阶段所形成的结构，用来吸收水分和养料。菌物典型的营养体是纤细的丝状体。单根丝状体称为菌丝(hypha)，菌丝的集合体称为菌丝体(mycelium)。菌丝呈管状，直径 5~6 μm，大多无色透明，有些菌物的细胞质能产生色素使菌丝呈现不同颜色。低等菌物的菌丝常无隔膜，整个菌丝体为一多核的细长细胞，称为无隔菌丝。高等菌物的菌丝有隔膜，称为有隔菌丝，膜上有微孔，细胞质甚至细胞核可自由流通(图 2-1)。

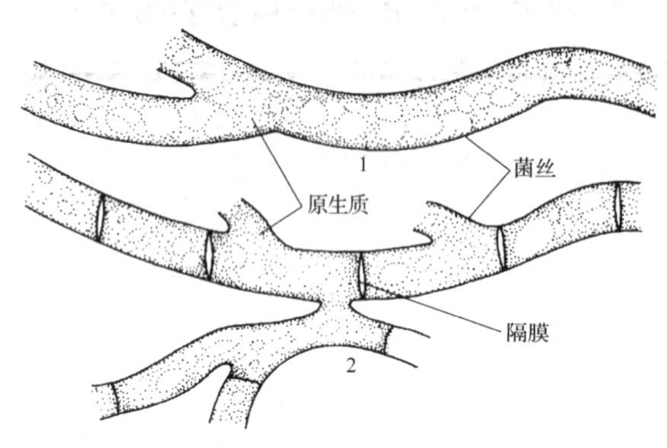

1. 无隔菌丝；2. 有隔菌丝。

图 2-1 有隔菌丝和无隔菌丝

(邢来君，1999)

菌丝通过顶端生长的方式不断伸长并形成分枝，但菌丝的每一部分都有潜在的生长能力，在合适的基质上，任何一个小片段都可以生长发育成一个完整的菌落(colony)。在基物中或寄主体内，菌丝向各个方向生长以摄取营养物质。寄生性菌物菌丝细胞的渗透压比寄主细胞要高 2~5 倍。

除典型的菌丝体外，有些菌物的营养体是一团多核的、没有细胞壁的原生质，称为原质团(plasmodium)，如黏菌。有些菌物的营养体为具细胞壁的单细胞，如酵母菌和壶菌。有些壶菌的单细胞营养体具有假根或根状菌丝。有些酵母菌芽殖产生的芽孢子相互连接成链状，与菌丝相似，称为假菌丝。

(2)菌物细胞结构

菌物的菌丝细胞由细胞壁、细胞质膜、细胞质和细胞核组成。大多数菌物细胞壁的主要成分是几丁质，纤维素胞壁组分只在藻物界[Chromista，又称假菌界、茸鞭生物界(Stramenopila)]中存在。细胞质中含线粒体、液泡、泡囊、内质网、核糖体、脂肪体、微体、膜边体、结晶体及伏鲁宁体等细胞器，少数低等菌物中还常出现高尔基体。在有隔菌丝的单个细胞中，常含 1 个或 2 个甚至多个细胞核，其数量因种类和发育阶段不同而异(图 2-2)。

(3)菌丝的变态

菌物在长期适应外界环境条件和演化的过程中，其菌丝形态可发生变化，形成具有特殊功能的营养结构，以下是几种主要的菌丝变态类型：

①吸器(haustorium)。寄生性菌物从生长在寄主细胞间隙的菌丝体上形成短小的分枝，穿过寄主细胞壁伸入细胞内吸取养分，这种菌丝变态结构称为吸器(图 2-3)。吸器的形成，一般认为是菌物对寄生生活高度适应性的表现。一般专性寄生菌物如锈菌、霜霉菌和白粉

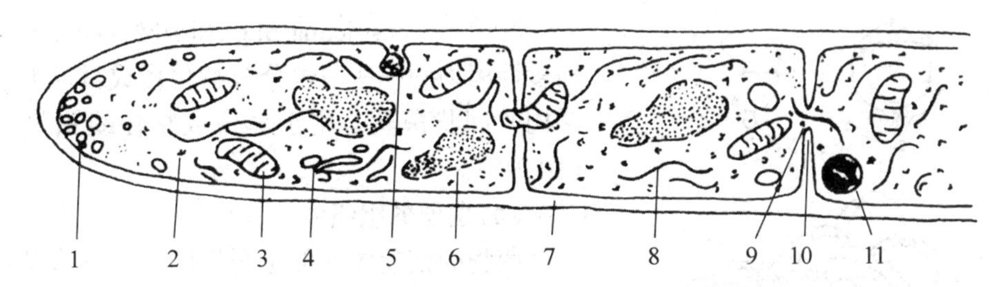

1. 泡囊；2. 核蛋白体；3. 线粒体；4. 泡囊产生系统；5. 膜边体；6. 细胞核；7. 细胞壁；8. 内质网；9. 隔膜孔；10. 隔膜；11. 伏鲁宁体。

图 2-2　菌物菌丝细胞的结构

（许志刚，2003）

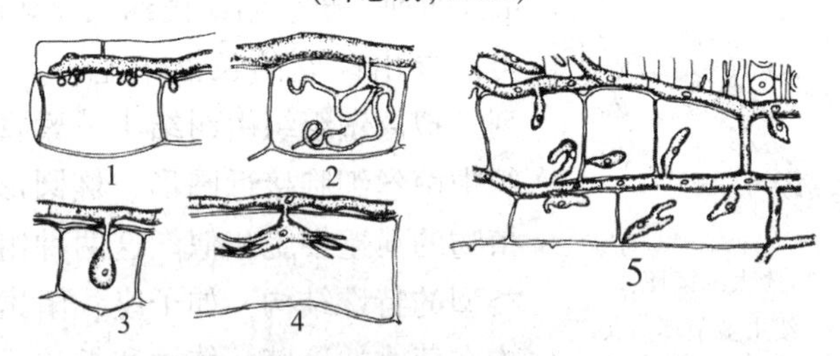

1. 白锈菌；2. 霜霉菌；3、4. 白粉菌；5. 锈菌。

图 2-3　菌物的吸器类型

（许志刚，2003）

菌等都有吸器。吸器形状有丝状、指状、棒状和球状等，因菌物的种类不同而异。

②附着胞（appressorium）。是菌物孢子萌发形成的芽管顶端或菌丝顶端的膨大部分，常分泌黏液而牢固地附着在寄主表面，其下方产生侵入钉穿透寄主角质层和表层细胞壁进入细胞。

③附着枝（hyphopodium）。有些菌物菌丝［如小煤炱目（Meliolales）］两旁生出具有 1～2 个细胞的耳状分枝，起附着或吸收养分的功能。

④假根（rhizoid）。有些菌物菌体的某个部位长出多根有分枝、外表像根的根状菌丝，伸入基质内吸取养分并支撑上部的菌体，称为假根（图 2-4）。

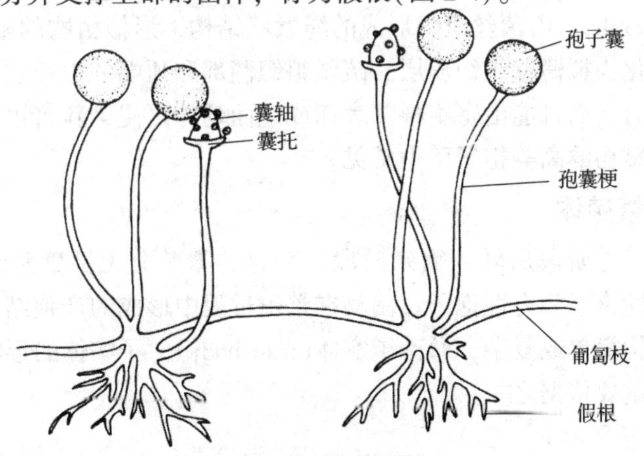

图 2-4　匍枝根霉

（示匍匐菌丝和假根；邢来君，1999）

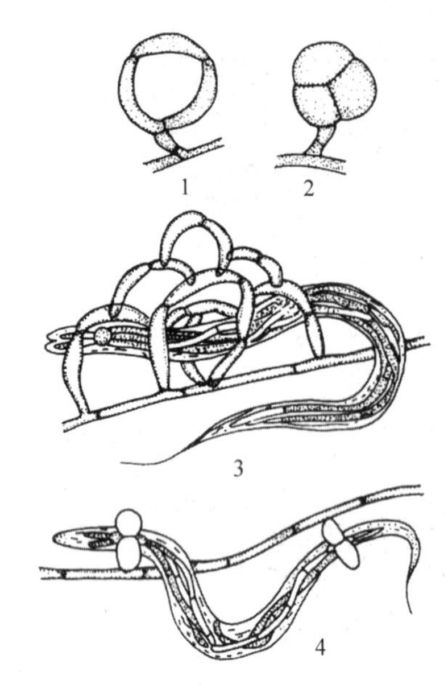

1. 未膨大的菌环；2. 膨大的菌环；
3. 线虫被菌网捕获；4. 线虫被菌环捕获。

图 2-5 菌环和菌网

(邢来君，1999)

⑤菌环(constricting ring)和菌网(networks loops)。捕食性菌物的一些菌丝分枝特化形成具环形或网眼结构的网状菌丝，用于套住或粘住线虫等小动物(图 2-5)。

(4)菌丝的组织体

菌物的菌丝体一般是分散的，但许多菌物，尤其是高等菌物，菌丝有时可以疏松或密集地纠结在一起形成组织化的菌丝组织。菌丝组织可分为疏丝组织(prosenchyma)和拟薄壁组织(pseudoparenchyma)两种。疏丝组织由纠结比较疏松的菌丝体组成，可以看出菌丝的长型细胞，菌丝细胞大致平行排列。拟薄壁组织由纠结十分紧密的菌丝体组成，组织中菌丝细胞接近圆形、椭圆形或多角形，与高等植物的薄壁细胞相似。这两种组织可构成各种不同类型的特殊结构，如子座、菌索和菌核等。这些结构在菌物的繁殖、传播和抵抗不良环境方面有着特殊的功能。

菌核萌发

①菌核(sclerotium)。由拟薄壁组织和疏丝组织交织而成的一种具有贮藏养分和度过不良环境的休眠体。其形状、大小、颜色和菌丝纠集的紧密程度因不同菌物差异很大。小的直径仅几毫米，大的可达几十厘米或更大。典型菌核多近圆形，其内部是疏丝组织，外层为拟薄壁组织，往往呈黑褐色或黑色。当条件适宜，菌核可萌发产生菌丝体或从上面形成产孢结构，一般不直接产生孢子。有的菌核由菌丝组织和寄主组织共同组成，称为假菌核。

②子座(stroma)。由疏丝组织或拟薄壁组织形成的具一定形状如垫状、头状或棍棒状等的结构。有的由菌丝组织和寄主植物组织结合而成，称为假子座。子座成熟后在其内部或表面形成产生孢子的结构。子座也有度过不良环境的作用。

③菌索(rhizomorph)。由菌丝组织形成的绳索状结构，形似植物的根，又称根状菌索。高度发达的菌索分化为拟薄壁组织皮层、疏丝组织髓部和顶端的生长点。菌索不仅对不良环境有很强的抵抗力，而且能沿寄主根部表面或地面延伸以侵染新寄主或摄取养分，在引起树木病害和木材腐朽的高等担子菌中常见。

2.1.1.2 菌物的繁殖体

菌物经一定的营养阶段后转入繁殖阶段。菌物的繁殖分无性繁殖和有性生殖两种方式，并分别产生无性孢子和有性孢子。菌物在繁殖过程中形成的产孢结构，无论是无性繁殖或有性生殖、结构简单或复杂，通称子实体(fruit body)。子实体的形状和结构有很多类型，是菌物分类的重要依据之一。

(1)无性繁殖

无性繁殖(asexual reproduction)是指不经过两个性细胞或性器官的结合而产生新个体

的繁殖方式。菌物可以通过体细胞的断裂、裂殖、芽殖和原生质割裂方式进行无性繁殖，产生各种类型的无性孢子。常见的无性孢子有游动孢子(zoospore)、孢囊孢子(sporangiospore)、厚垣孢子(chlamydospore)和分生孢子(conidium)等(图2-6)。

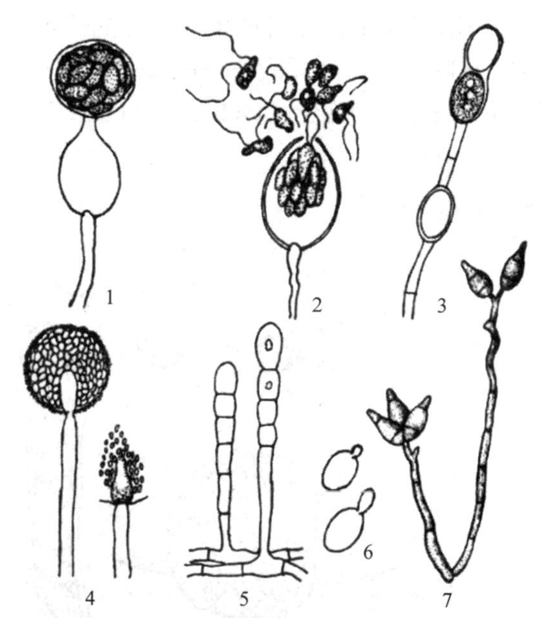

1. 泡囊；2. 游动孢子囊及游动孢子；3. 厚垣孢子；4. 孢子囊及孢囊孢子；5~7. 分生孢子梗及分生孢子。

图2-6　菌物无性繁殖产生的孢子

(贺运春，2008)

①游动孢子。形成于菌丝或孢囊梗顶端膨大的游动孢子囊内。孢子囊成熟时，囊中原生质割裂成许多小块，每小块有一细胞核，单独发育成一个无细胞壁、具1或2根鞭毛、可在水中游动的孢子，故称游动孢子。为根肿菌、卵菌及壶菌的无性孢子。

②孢囊孢子。以原生质割裂方式形成于孢子囊内，有细胞壁，无鞭毛，不能游动。为接合菌的无性孢子。

③分生孢子。是菌物中最常见的无性孢子，是一类外生无性孢子的统称。包括芽殖产生的芽孢子和芽殖型分生孢子、以断裂方式产生的节孢子、裂殖方式产生的裂殖孢子以及其他各种类型的分生孢子。分生孢子可直接产生在菌丝上，或产生在分生孢子梗的顶端，或产生在一定的产孢结构如分生孢子座、分生孢子盘上或分生孢子器内。为子囊菌、担子菌及无性型菌物的无性孢子。

④厚垣孢子。由菌丝体个别细胞膨大、孢壁加厚、原生质浓缩而形成的孢子。厚垣孢子具有抵抗高温、低温、干燥和营养缺乏等不良环境的能力，是一种休眠孢子，各类菌物均可形成，由断裂方式产生。

除厚垣孢子外，一般无性的孢子细胞壁较薄，无休眠期，对高温、低温、干燥等不良环境的抵抗力弱。但大多数菌物的无性繁殖能力很强，完成一个无性繁殖世代所需的时间短，产生的无性孢子数量大，一个生长季节中往往可重复多次，在林木病害的传播、蔓延和流行中起重要作用。

(2)有性生殖

有性生殖(sexual reproduction)是指通过两个性细胞(配子，gamete)或性器官(配子囊，gametangium)结合而产生新个体的繁殖方式。菌物的有性生殖一般包括3个阶段。第一阶段是两个带核的原生质体融合于一个细胞中，称为质配。菌物的质配方式较复杂，可归纳为5种类型：游动配子配合，配子囊接触交配，配子囊配合，受精作用和体细胞结合。第二阶段是核配，在低等菌物中，质配后进入同一个细胞内的两个细胞核往往可随即进行配合，形成一个二倍体细胞；但在高等菌物中，质配后大多要经过一段相当长的发育时期才进行核配。第三阶段是减数分裂，即核配后的二倍体细胞发生减数分裂，细胞核内染色体数目减半，再恢复为单倍体状态。通过性交配形成的孢子通称有性孢子。

不同类群的菌物所产生的有性孢子各异，是菌物分类的重要依据。常见的有性孢子有：休眠孢子囊(resting sporangium)、卵孢子(oospore)、接合孢子(zygospore)、子囊孢子(ascospore)、担孢子(basidiospore)(图2-7)。

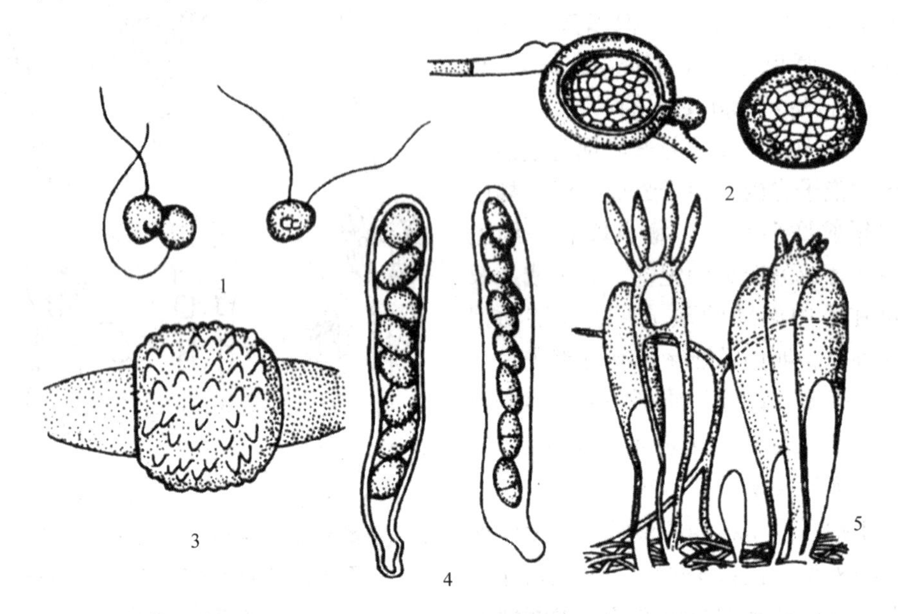

1. 合子；2. 卵孢子；3. 接合孢子；4. 子囊孢子；5. 担孢子。

图2-7 菌物有性生殖产生的有性孢子类型

(方中达，1996)

①休眠孢子囊。通常由两个游动配子配合所形成的合子发育而成，具厚壁，萌发时发生减数分裂释放出单倍体的游动孢子，如壶菌、根肿菌。根肿菌纲(Plasmodiophoromycetes)菌物产生的休眠孢子囊萌发时通常只释放出一个游动孢子，故它的休眠孢子囊有时也称休眠孢子(resting spore)。

②卵孢子。为卵菌的有性孢子。由雄器(antheridium)和藏卵器(oogonium)交配形成。卵孢子为二倍体，大多球形，具厚壁，包裹在藏卵器内，通常经过一定时期休眠才能萌发。萌发产生的芽管直接形成菌丝或在芽管顶端形成游动孢子囊，释放游动孢子。每个藏卵器内含1至多个卵孢子。

③接合孢子。为接合菌的有性孢子。由两个形态相似或略异的配子囊相结合而成。接合孢子具厚壁，也是二倍体，萌发时进行减数分裂，长出芽管，通常在顶端产生一个孢子囊，也可以直接伸长形成菌丝。

④子囊孢子。为子囊菌的有性孢子。产生在子囊内，每个子囊含有的子囊孢子数因种类而异，通常含有8个子囊孢子(子囊孢子的形成过程在介绍子囊菌时进一步说明)。

⑤担孢子。是担子菌的有性孢子。着生在担子上，每个担子上通常着生4个担孢子(担孢子的形成过程在介绍担子菌时进一步说明)。

菌物的有性孢子细胞壁较厚或有休眠期，有助于植物病原菌度过不良环境，往往成为植物病害的初侵染源。

2.1.2　菌物的生活史

菌物的生活史是指菌物孢子经过萌发、生长和发育，最后又产生同种孢子的过程。菌物种类繁多，其生活史也各种各样。菌物典型的生活史包括无性阶段和有性阶段。菌丝体经过一段时期营养生长后产生无性孢子，无性孢子萌发成芽管，并继续生长成菌丝体，这是菌物发育过程中的无性阶段。在适宜的条件下，多数菌物的无性阶段可重复进行，且完成一次无性循环所需时间较短，产生的无性孢子数量大，这对植物病害的传播蔓延具重要作用。通常，在菌物营养生长的后期或寄主植物非生长期，或缺乏养分和温度不适的情况下，菌丝体上开始形成两性细胞，经质配形成双核阶段，核配形成双倍体的细胞核和减数分裂后，产生单倍体的有性孢子(卵菌除外)，即为有性阶段(图 2-8)。有性阶段在菌物整个生活史中往往只出现一次。植物病原菌物的有性孢子大多在侵染后期或经过休眠后产生，有助于菌物度过不良环境，成为翌年病害的初侵染来源。

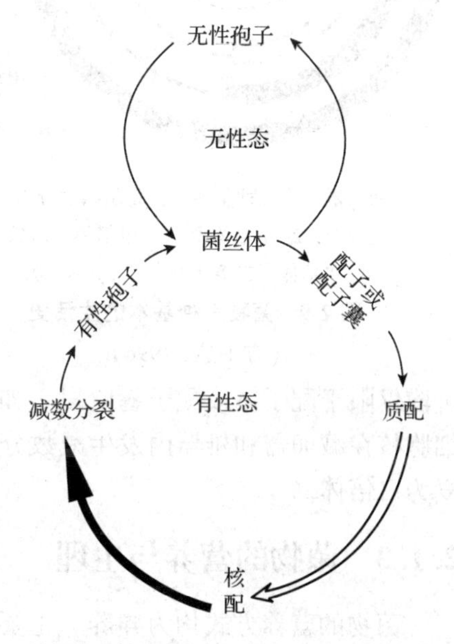

图 2-8　典型菌物生活史图解

(徐明慧，1990)

并非所有菌物的生活史中都包括无性阶段和有性阶段，如无性型菌物的生活史中只有无性阶段而缺乏有性阶段，一些高等担子菌则只有有性阶段。此外，菌物的有性阶段也不都是在营养生长后期才出现，有些同宗配合的菌物，它们的无性阶段和有性阶段可以在整个生活过程中同时并存，在营养生长的同时产生无性孢子和有性孢子，如某些水霉目和霜霉目(Peronosporales)菌物。

有些菌物整个生活史中可产生 2 种或 2 种以上不同类型的孢子，称为多型现象(polymorphism)。多数植物病原菌物在一种寄主植物上就可以完成生活史，称为单主寄生(autoecism)；而有的菌物需在两种不同的寄主植物上生活才能完成生活史，称为转主寄生(heteroecism)。

菌物完整的生活史由单倍体(haploid)和二倍体(diploid)两个阶段组成。大多数菌物的营养体是单倍体(n)，二倍体阶段($2n$)始于核配，终于减数分裂。通常这类菌物核配后立即进行减数分裂，故营养体细胞的二倍体阶段仅占生活史的很短时间。卵菌的营养体是二倍体，它的二倍体阶段在生活史中占有很长的时期。菌物的生活史除了有单倍体和二倍体阶段外，有些菌物还有明显的双核期($n+n$，dikaryotic phase)。这类菌物在质配后不立即进行核配，形成双核单倍体细胞，这种双核细胞有的可以通过分裂形成双核菌丝体并单独生活，在生活史中出现相当长的双核阶段，如许多锈菌和黑粉菌。因此，在菌物的生活史中可以出现单核或多核单倍体、双核单倍体和二倍体的 3 种不同阶段。在不同类群菌物的生活史中，上述 3 种不同阶段的有无以及所占时期的长短都不一样，构成了菌物生活史的多样性。归纳起来，菌物有 5 种基本的生活史类型(图 2-9)。

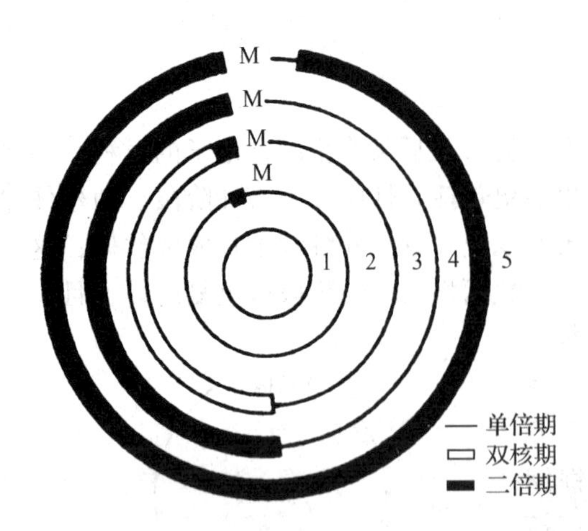

每一圈代表一种生活史，M 示减数分裂。
1. 无性型；2. 单倍体型；3. 单倍体—双核型；
4. 单倍体—二倍体型；5. 二倍体型。

图 2-9 菌物 5 种基本的生活史
(方中达，1996)

①无性型(asexual)。只有单倍体的无性阶段，缺乏有性阶段，如无性型菌物。

②单倍体型(haploid cycle)。营养体和无性繁殖体均为单倍体，有性生殖过程中，质配后立即进行核配和减数分裂，二倍体阶段很短。如许多单倍体卵菌、接合菌和一些低等子囊菌。

③单倍体—双核型(haploid-dikaryotic)。生活史中出现单核的单倍体和双核的单倍体菌丝，如高等子囊菌和多数担子菌。

④单倍体—二倍体型(haploid-diploid)。生活史中单倍体的营养体和二倍体的营养体有规律交替出现，表现出两性世代交替的现象，只有少数低等壶菌(如异水霉属)属于这种类型。

⑤二倍体型(diploid)。营养体为二倍体，二倍体阶段占据生活史的大部分时期，单倍体阶段仅限于配子体或配子囊阶段。如卵菌，只有在部分菌丝细胞分化为藏卵器和雄器时，细胞核在藏卵器和雄器内发生减数分裂形成单倍体，随后藏卵器和雄器很快进行交配又恢复为二倍体。

2.1.3 菌物的营养与生理

菌物的营养方式均为异养，主要包括有腐生、寄生和共生，此外还有膜泡运输(主要指吞噬)。腐生是指从无生命的有机体中获取养料的生活方式，寄生则指从有生命的有机体中获取养料的生活方式。此外，有些菌物与植物或藻类形成共生体，如菌根(mycorrhiza)和地衣(lichen)。黏菌可采用吞噬(膜泡运输的方式)获取营养。绝大多数菌物是腐生的。植物病原菌物是指那些可以寄生于植物并引起植物病害的菌物。植物病原菌物多数兼有寄生和腐生的能力，有的以寄生为主，称为兼性腐生菌或强寄生菌；有的以腐生为主，称为兼性寄生菌或弱寄生菌；只能从有生命的植物组织中获取养料的则称为专性寄生菌。

菌物由于没有叶绿素，不能进行光合作用，因而只能吸收现成的有机碳化物作为营养来源。菌物能够利用许多种类的碳源，从小分子的糖、有机酸、乙醇到大分子的多聚物，如蛋白质、脂类、多糖和木质素等，其中以碳水化合物最容易被利用。除了有机碳化物外，氮源对于菌物的生长和发育是不可少的，绝大多数菌物能够利用铵、有机氮作为主要的氮素营养，硝酸盐、亚硝酸盐也能被一些菌物所利用。另外，菌物还需要其他一些无机营养元素，如磷、钾、镁、硫、铁及微量元素等。有些菌物还需要维生素、生长因子等其他特殊的有机化合物。

菌物在代谢过程中可分泌出许多物质。其中以酶和毒素为最重要。分泌到体外的都是水解酶，其作用是将不溶解的有机物分解为可溶解的，或把大分子有机物分解为小分子的，以便于吸收和利用。如木腐菌都能分泌纤维素酶和木素酶，把复杂的纤维素和木素分解为简单的碳水化合物。菌物分泌物中，有些对植物具有毒害或刺激作用，这是寄生菌物引起植物病害的重要原因之一。还有些菌物分泌物对周围环境中的其他微生物具有抑制作用。

环境因子对菌物的生长发育有重要影响。菌物对水分的要求较高，许多菌物在相对湿度95%~100%条件下生长良好，相对湿度降至80%~85%时，菌物生长缓慢甚至停止。有些菌物必须在高湿度下才产生孢子囊，如腐霉。至于孢子萌发，更需要有高湿度条件的保证，除少数种类外，大多要在水滴中才能进行。这与菌物病害发生的条件是密切相关的。

各种菌物只在一定温度范围内生长，并各有其最适、最高和最低生长温度。菌物的营养生长对温度的适应范围较广，大多数菌物生长的适温范围为20~30℃。温度对菌物的繁殖影响很大，不同种类的菌物以及同种不同菌株之间通常有其独特的温度要求，同一菌物产生无性孢子和有性孢子所需的温度不同。

大多数菌物适宜在微酸性的环境中生长，但有些菌物对酸碱度的适应能力很强。植物病原菌物的适宜pH值通常为5.0~6.5。

光照对菌物有不同的影响。大多数菌物在光照下和黑暗中的生长没有明显差异，但光照影响许多菌物的繁殖，它可以激发或抑制繁殖结构和孢子的形成。

大多数菌物是严格好气性的，必须有氧气才能生长。在有氧的条件下，从呼吸作用取得新陈代谢所需的化学能。在完全无氧的条件下，往往不能正常发育，不形成孢子，甚至完全停止生长。但也有些菌物，如大多数酵母菌，能借助无氧呼吸(发酵)获得足够的能量。

2.1.4　菌物的分类

人类对菌物的认识是一个渐进的过程。在林奈的生物两界系统(1753)中，菌物属于植物界藻菌植物门。该分类系统从林奈时代直到20世纪50年代的200多年间一直被沿用。这期间曾有三界系统(Hogg，1861；Haeckel，1866)和四界系统(Copeland，1938，1956；Whittaker，1959)的提出，均把菌物放在原生生物界内。20世纪中叶，电子显微镜的应用和细胞生物学的发展对实验生物学的分类系统起了很大的推动作用。1969年，Whittaker在其四界系统(1959)的基础上提出生物五界系统，才将菌物划为独立的一界。《菌物词典》第6版(1971)采用Whittaker的五界系统，将菌物界分为真菌门和黏菌门，并将真菌门分为5个亚门，即鞭毛菌亚门、接合菌亚门、子囊菌亚门、担子菌亚门和半知菌亚门。自20世纪70年代以来，该系统为世界各国菌物学家广泛接受并采用，也是我国曾最广使用的菌物分类系统。

近年来，随着分子生物学技术的发展，分类学家们将rRNA的碱基序列运用于系统发育的分析中。Cavalier-Smith(1988—1989)提出生物八界分类系统。分子系统学和超微结构的深入研究，证明了Whittaker五界系统中的“菌物界”在亲缘关系上是多元的复系类群，即原来处于菌物界的黏菌和卵菌在亲缘关系上远离真菌。因此，黏菌和卵菌被分别归入原生动物界(Protozoa)和藻物界。这样一来，原“菌物界”实际上只有壶菌、接合菌、子囊菌、担子菌和半知菌类在亲缘关系上被认为是一元的单系类群。《菌物词典》第8版(1995)以及《菌物概论》第4版(1996)中引进了rRNA序列分析的内容，并部分采用了生物八界的分类系统。在《菌物词典》第8版(1995)中，原来的菌物界生物被分别归入原生动物界、藻物界和真菌界(Fungi)。其中，黏菌和根肿菌归入原生动物界，并各提升为门；卵菌和丝壶菌被归入藻物界，也各提升为门；其他菌物归真菌界，分壶菌门(Chytridiomycota)、接合菌门(Zygomycetes)、子囊菌门(Ascomycota)和担子菌门(Basidiomycota)；取消了原半知菌亚门，把已知有性阶段的半知菌放到相应的子囊菌门和担子菌门中，对于那些尚不知道有性阶段的半知菌归入有丝分裂孢子菌物(mitosporic fungi)。在《菌物词典》第 9 版(2001)中，有丝分裂孢子菌物归为无性型菌物(anamorphic fungi)。《菌物词典》第 10 版(2008)仍将菌物分归 3 界。真菌界下分 8 个门，即壶菌门、芽枝霉门(Blastocladiomycota)、新丽鞭毛菌门(Neocallimastigomycota)、球囊霉门(Glomeromycota)、接合菌门、子囊菌门、担子菌门和微孢菌门(Microsporidia)。据新近分子系统学分类进展(2018)，菌物中的真菌界承认了 8 个门，即隐菌门(Cryptomycota)、微孢菌门，壶菌门、芽枝霉门、捕虫霉门(Zoopagomycota)、毛霉门(Mucormycota)、子囊菌门和担子菌门。因此，目前提到的真菌仅指真菌界中的类群，通常用 Fungi 表示；而菌物则指包含 3 界中的类群，用 fungi 表示。

本书所涉及的菌物分类基本体系以《菌物词典》第 10 版(2008)的分类系统为主，同时也结合菌物分类领域新的研究进展。

2.1.5　林木病原菌物的主要类群

2.1.5.1　根肿菌及其所致病害

根肿菌的营养体为多核、无细胞壁的原质团，以整体产果的方式繁殖。营养体以原生质割裂方式形成大量散生或堆积在一起的孢子囊。形成的孢子囊有两种：一种是薄壁游动孢子囊，由无性繁殖产生；另一种是休眠孢子囊，一般认为由有性生殖产生。休眠孢子囊萌发时通常释放出 1 个具有 2 根长短不等尾鞭型鞭毛的游动孢子。这类休眠孢子囊习惯上称为休眠孢子。休眠孢子分散或聚集成堆，以及休眠孢子堆的形态是该植物病原菌物分类的重要依据。

《菌物词典》第 10 版(2008)为根肿菌单独建了 1 个门——尾鞭门(Cercozoa)，与黏菌门并列于原生动物界，只有 1 纲——根肿菌纲，其下仅 1 目——根肿菌目(Plasmodiophorales)；已知有 2 科 15 属 50 种。近年，根肿菌又被移入藻物界，仍属尾鞭门。

根肿菌均为寄主细胞内专性寄生菌。寄生高等植物的根或茎引起细胞膨大和组织增生，受害根部往往肿大，故称根肿菌。较重要的植物病原菌在木本植物上有桤木根肿菌(*Plasmodiophora alni*)和桑根肿菌(*P. mori*)，但危害不大。

2.1.5.2　卵菌门菌物及其所致病害

卵菌门(Oomycota)菌物的营养体为发达、无隔膜的菌丝体，少数低等类群为多核、有细胞壁的单细胞。营养体为二倍体，细胞壁主要成分为纤维素。无性繁殖时产生游动孢子囊并释放游动孢子。游动孢子具有等长双鞭毛，一为茸鞭，另一为尾鞭。有性生殖以雄器和藏卵器交配产生卵孢子。

卵菌分布广泛，是淡水、海水和陆地上常见的一类生物。卵菌有腐生、兼性寄生和专性寄生。低等的卵菌大多是水生腐生菌，或寄生在水生动植物和真菌上；中间类型是两栖的，生活在较潮湿的土壤中，多为腐生或兼性寄生物；较高等的卵菌具有接近陆生的习性，其中有许多是高等植物的专性寄生菌。

卵菌门属于藻物界，其在《菌物词典》第 10 版(2008)只有 1 纲，即卵菌纲(Oomycetes)，下分 8 目 19 科 95 属 911 种。其中与植物病害关系较为密切的是腐霉目(Pythiales)和霜霉目。

(1)腐霉目

营养体大多为发达的无隔菌丝体，少数为单细胞。孢囊梗无限生长。游动孢子无两游现象。藏卵器中只含有 1 个卵孢子。卵孢子具厚壁，有抵御不良环境和休眠越冬的作用。本目含腐霉科（Pythiaceae）和亚腐霉科（Pythiogetonaceae）2 科，共 10 属 174 种。其中寄生于植物并引起严重病害的主要是腐霉属(*Pythium*)。

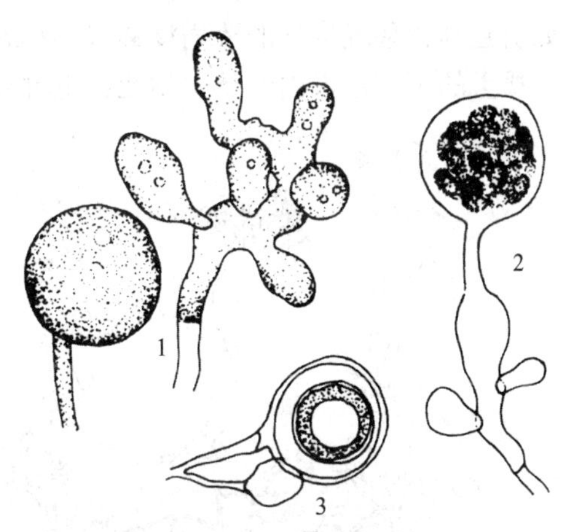

1. 孢子囊梗和孢子囊；2. 孢子囊萌发形成泡囊；3. 雄器和藏卵器。

图 2-10　腐霉属

(许志刚，2003)

腐霉属：营养体为发达无隔的菌丝体。孢子囊丝状、瓣状或球状，顶生、间生或侧生。孢子囊成熟后一般不脱落，萌发时形成泡囊，在泡囊内形成游动孢子(图 2-10)。腐霉常以腐生的方式在土壤中长期存活。有些种类可寄生高等植物，危害根部、茎基部或果实，引起根腐、猝倒及果腐等症状。病菌以菌丝或以游动孢子在土壤(水)中扩散，也可借雨水将游动孢子溅落到近地面的枝叶和果实上，以菌丝或芽管从伤口或直接穿透表皮侵入。森林苗圃中，腐霉常引起针叶树幼苗猝倒病，在苗木密集、土壤潮湿的条件下尤易发生。常见的有瓜果腐霉(*P. aphanidermatum*)和德氏腐霉(*P. debaryanum*)等。

(2)霜霉目

营养体为发达无隔的菌丝体，游动孢子囊大多呈球形、卵形、梨形或柠檬形，多产生于有特殊分化的孢囊梗上。孢子囊成熟后易脱落，随风传播，高湿条件下萌发产生游动孢子，低湿条件下往往直接产生芽管。游动孢子无两游现象，藏卵器中只形成 1 个卵孢子。多为植物的专性寄生菌。

霜霉目仅 1 科：霜霉科(Peronosporaceae)，共 20 属 365 种。

霜霉科多数菌物菌丝在寄主细胞间隙扩展，以吸器进入寄主细胞内吸取养分。孢囊梗发达，自气孔伸出，不同的属分枝方式不同(图 2-11)。该科大多数种类孢囊梗和孢子囊在病斑表面形成典型的霜状霉层，所引起的病害通称霜霉病。霜霉病大多发生在草本植物上。木本植物常见的是葡萄霜霉病(*Plasmopara viticola*)、月季霜霉病(*Peronospora sparsa*)等。病菌主要危害叶片，还可侵染枝干，危害严重时叶片全部脱落，植株死亡。病菌以卵孢子在病落叶中越冬，翌春萌发产生孢子囊，孢子囊产生游动孢子，自气孔侵入进行初侵染。有再侵染。

霜霉科中还有一个能引起植物严重病害的疫霉属(*Phytophthora*)，该属菌物原归腐霉目腐霉科。在《菌物词典》第 10 版(2008)中，疫霉属被归入霜霉目霜霉科。

疫霉属：孢囊梗与菌丝分化明显，分枝在产生孢子囊处膨大呈鞭节状。孢子囊卵形、倒梨形或柠檬形。游动孢子在孢子囊内形成，不形成泡囊。孢子囊成熟后易脱落，可随风传播，有些疫霉的孢子囊可直接萌发产生芽管(图 2-12)。疫霉菌几乎都是植物病原菌，且寄主范围很广，可侵染植物地上和地下部分，引起根腐、茎腐、枝干溃疡和叶枯等病害。如引起马铃薯晚疫病的致病疫霉(*Phytophthora infestans*)，危害马铃薯的叶、叶柄和茎，发病严重的可在数天内致整株枯死；也可从伤口或芽眼侵入薯块，引起块茎腐烂。

1. 圆霜霉属；2. 指梗霜霉属；3. 轴霜霉属；4. 霜霉属；
5. 假霜霉属；6. 盘霜霉属；7. 指霜霉属；8. 类霜霉属。

图 2-11　霜霉科主要属的孢子梗形态

(陆家云，2001)

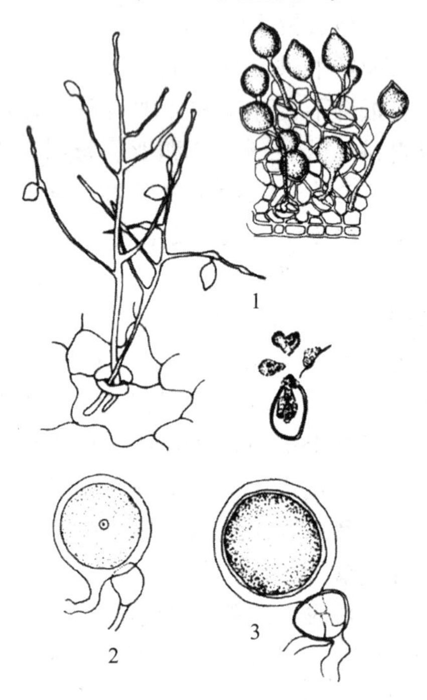

1. 孢子囊梗、孢子囊和游动孢子；
2. 雄器侧生；3. 雄器包围在藏卵器基部。

图 2-12　疫霉属

(许志刚，2003)

林木上常见的是樟疫霉(*P. cinnamomi*)，主要危害针阔叶树根部，引起根腐。樟疫霉也能危害树干基部，引起皮层腐烂或溃疡。在苗圃，樟疫霉尚可引起雪松猝倒或立枯现象。我国江苏、安徽和江西等地的雪松根腐病病原除樟疫霉外，还有掘氏疫霉(*P. drechsleri*)及烟草疫霉(*P. nicotianae*，异名 *P. parasitica*)，新生根或部分老根感病后，在根尖及分杈处产生褐斑，沿根扩展，危害严重时，针叶黄化脱落甚至整株枯死。

此外，危害树木的疫霉还有引起椰子树芽腐、三叶橡胶树溃疡的棕榈疫霉(*P. palmivora*)；引起多种苗木和槭、梨等树木干基部溃疡或腐烂的苹果疫霉(*P. cactorum*)，以及引起美国及欧洲等地栎树猝死病的橡树疫霉(*P. ramorum*)等。

2.1.5.3　壶菌门菌物及其所致病害

壶菌门菌物的营养体形态变化很大，从呈球形或近球形的单细胞至较发达的无隔菌丝体。有的单细胞营养体的基部还可以形成假根。无性繁殖时产生游动孢子囊，每个游动孢子囊可释放多个游动孢子。游动孢子具1根后生尾鞭。有性生殖大多产生休眠孢子囊，萌发时释放1至多个游动孢子。

壶菌门属于真菌界，在《菌物词典》第10版(2008)分2纲4目14科105属。据2018年报道，壶菌门约960种。

本门菌物多水生，大多腐生在水中的动植物残体或寄生于水生植物、动物和其他菌物上，只有少数壶菌目(Chytridiales)菌物是高等植物上的寄生物。

2.1.5.4 接合菌类菌物及其所致病害

接合菌类菌物的营养体大多为发达无隔的菌丝体，少数菌丝体不发达，较高等的菌丝体有隔膜。有的接合菌菌丝体可分化形成假根和匍匐菌丝(图2-4)。细胞壁的主要成分为几丁质。无性繁殖是在孢子囊中产生孢囊孢子，有性生殖是以配子囊配合的方式产生接合孢子。

接合菌类属于真菌界，在《菌物词典》第10版(2008)分10目27科168属。近年，提出将接合菌分为毛霉门和捕虫霉门2个门。

接合菌大多为腐生物，有些种类如根霉属(*Rhizopus*)和毛霉属(*Mucor*)菌物常引起果实及贮藏器官的腐烂。在湿度大、温度高的种子贮藏库中很常见。有些接合菌如虫霉属(*Entomophthora*)是昆虫的寄生菌，可用于生物防治。

2.1.5.5 子囊菌门菌物及其所致病害

子囊菌门菌物的营养体大多为发达的有隔菌丝体，少数(如酵母菌)为单细胞。细胞壁的主要成分为几丁质。菌丝体常构成菌丝组织体，进一步形成子座和菌核等结构。

子囊菌的无性繁殖产生分生孢子。许多子囊菌的无性繁殖能力很强，在自然界常见的是它们的无性阶段。由于分生孢子的形成在许多子囊菌生活史中占重要位置，所以它的无性阶段也称分生孢子阶段。有些高等子囊菌不产生分生孢子。

子囊菌的有性生殖产生子囊孢子。不同的子囊菌质配方式有一定差异，大致有3种类型。在高等子囊菌中，常由菌丝形成较小的雄器和较大的产囊体，当雄器与产囊体上的受精丝接触后，雄器中的细胞质和核通过受精丝进入产囊体中进行质配。有些子囊菌形成性孢子器，内生性孢子(精子)，借昆虫或其他媒介传播，性孢子与产囊体上的受精丝接触而进入产囊体中。在低等的子囊菌如酵母或外囊菌中，由两个营养细胞相结合进行质配。大多数子囊菌在质配后经过一个短期的双核阶段才进行核配。核配产生的二倍体细胞核在幼子囊内发生减数分裂，最后形成单倍体的子囊孢子。不同子囊菌有性生殖质配的方式可以不同，但子囊和子囊孢子形成的过程大致相同(图2-13)。

子囊大多呈圆筒形或棍棒形，少数为卵形或近球形，可分为原壁子囊、单壁子囊和双壁子囊3个基本类型。在子囊成熟后大多子囊菌囊壁仍然完好，少数子囊菌的子囊壁消解。一个典型的子囊内含有8个子囊孢子。子囊孢子形状多样，一般为椭圆形、圆形或线形。

有些子囊菌的子囊整齐地排列成一层，称为子实层；有的高低不齐，不形成子实层。子囊大多产生在由菌丝形成的包被内，形成具有一定形状的子实体，称为子囊果。有的子囊菌子囊外面无包被，裸生，不形成子囊果。子囊果有以下4种类型(图2-14)。

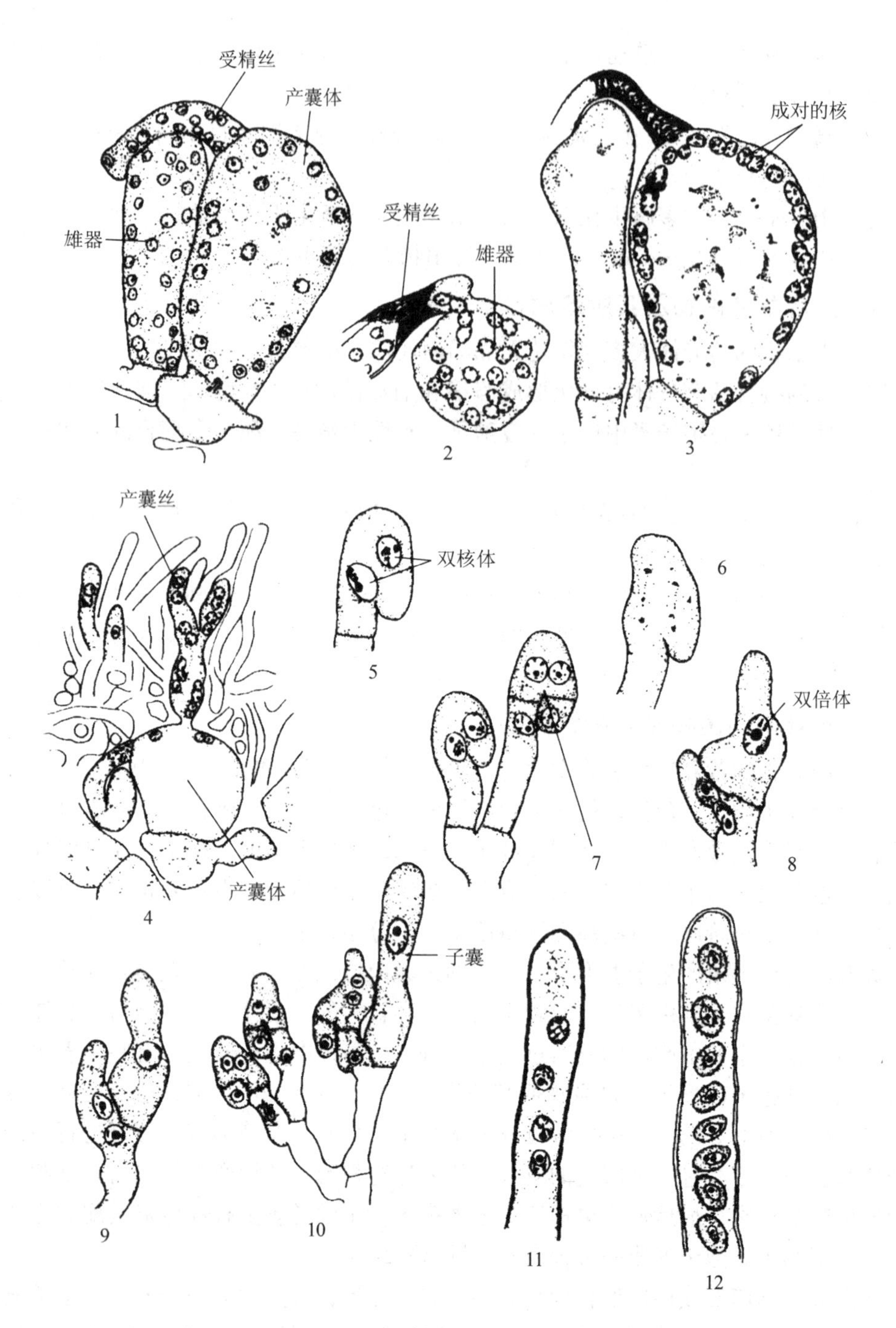

1. 配子囊；2. 质配；3. 核配；4. 产囊丝的形成；5. 产囊丝钩；6. 双核分裂(有丝分裂)；
7. 子囊母细胞(亚顶细胞)；8. 合子；9. 幼小的子囊；10. 产囊丝的层出增生；
11. 减数分裂后的子囊；12. 发育中的子囊孢子。

图 2-13　子囊菌有性生殖与子囊形成过程

(以烧土火丝菌为例；姚一建等，2002)

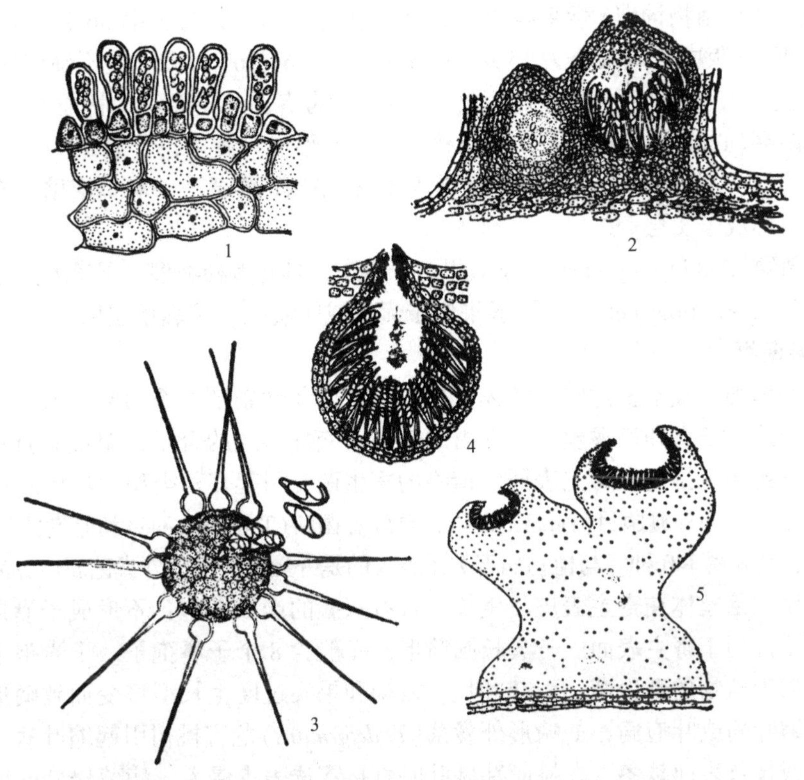

1. 裸露的子囊层；2. 子囊座（子囊腔）；3. 闭囊壳；4. 子囊壳；5. 子囊盘。

图 2-14　子囊果的类型

（周仲铭，1990）

子囊果完全封闭，无固定的孔口，称为闭囊壳。

子囊果球形或瓶状，顶端有固定的孔口，子囊为单层壁，称为子囊壳。

子囊果呈开口的盘状或杯状，子囊与侧丝平行排列形成子实层，称为子囊盘。

子囊产生在子座组织内，即在子座内溶出有孔口的空腔，腔内发育成具有双层壁的子囊，这种子座称为子囊座，里面的空腔称为子囊腔。

在子囊果内除了子囊外，有的还包含 1 至几种不孕丝状体，这些丝状体有的在子囊形成后消解，有的依然保存。主要有以下几种类型。

①侧丝。一种从子囊果基部向上生长，顶端游离的丝状体，生长于子囊之间。

②顶侧丝。一种从子囊壳中心的顶部向下生长，顶端游离的丝状体，穿插在子囊之间。

③拟侧丝。形成于子囊座性质的子囊果中，自子囊座中心顶部向下生长，与基部细胞融合，顶端不游离。

④缘丝。子囊壳孔口或子囊腔溶口内侧周围的毛发状丝状体。

⑤拟缘丝。沿着子囊果内壁生长的侧生缘丝，它们向上弯曲，都朝向子囊果的孔口。

子囊菌门属于菌物界（Fungi），是一个种类繁多、十分庞大的菌物类群。各国菌物学家对子囊菌的分类意见不尽一致。根据 Ainsworth（1973）的分类系统，子囊菌分为 6 纲；在《菌物词典》第 8 版（1995）的分类系统中将子囊菌直接分为 46 目，取消了纲一级的分类单元；在2001年的《菌物词典》第9版中子囊菌又恢复设纲，分为8纲56目。在2008年的《菌物词典》第10版中子囊菌分为15纲68目6 355属64 163种和一些不确定的分类单元。据2018年报道，子囊菌门种类约9万种。与林木病害有关的主要纲的特征如下：

①外囊菌纲(Taphrinomycetes)。具双核菌丝。不形成子囊果，子囊裸生。

②粪壳菌纲(Sordariomycetes)。子囊果为子囊壳或闭囊壳，子囊单层壁，有规律地排列在子囊果内形成子实层。

③座囊菌纲(Dothideomycetes)。子囊果为子囊座，具有多种类型，子囊大多具双层壁。

④锤舌菌纲(Leotiomycetes)。子囊果为子囊盘或闭囊壳，子囊单层壁。

(1)外囊菌纲

营养体是单细胞或不发达的菌丝体。菌丝双核。无性繁殖主要为裂殖或芽殖。有性生殖不形成特殊的配子囊和产囊丝，子囊由两个细胞交配形成的合子或单细胞直接形成。缺乏子囊果，子囊裸生排列在寄主表面。植物的寄生菌，引起多种类型的畸形症状。

本纲仅1目，即外囊菌目(Taphrinales)，含外囊菌科(Taphrinaceae)和原囊菌科(Protomycetaceae)2科，共8属140种。与植物病害关系较大的是外囊菌科中的外囊菌属(*Taphrina*)。

外囊菌属：菌丝体在寄主表皮下生长，含有双囊的产核细胞；不形成子囊果，子囊裸生，呈栅栏状排列于寄主表面。子囊长圆筒形，一般含8个子囊孢子。子囊孢子可芽殖产生芽孢子。均为植物的寄生菌，引起叶片、枝梢和果实过度生长型病变而致畸形。常见的有3类：①缩叶病或叶疱病，如畸形外囊菌(*T. deformans*)危害桃树引起缩叶病。病菌孢子在芽鳞间隙或枝条表面越冬，在桃萌芽展叶时直接穿透表皮侵入。病菌侵染的适温为10~17℃，21℃以上很少发生，一年只有1次侵染。类似的病害还有梅、杏缩叶病(*T. mume*)，杨叶疱病(*T. populina*)。②果肿病或袋果病，常见的有杨果肿病(*T. johansonii*)和李袋果病(*T. pruni*)，病害的侵染循环与缩叶病相似。③丛枝病，如桦木丛枝病(*T. betulina*)和樱桃丛枝病(*T. cerasi*)。

(2)粪壳菌纲

子囊菌中最大的一个纲。营养体为发达的有隔菌丝体，大多在基质内或寄主体内扩展，少数外生，有的纠集形成子座和菌核。典型的子囊果是具固定孔口的子囊壳，子囊壳球形、半球形或瓶状，有的具有一长或短的颈，孔口为乳头状或长圆柱状，有缘丝。子囊壳单生或聚生，着生在基质的表面或部分或整个埋生子座内。子囊圆形、棍棒形或纺锤形，子囊壁单层。子囊之间有或无侧丝。子囊孢子椭圆形、腊肠形或柠檬形，单胞或多胞，有色或无色。无性阶段发达，产生大量的分生孢子。许多种类为植物病原菌，有的寄生于昆虫。

本纲分15目，与植物病害有关的目主要有：间座壳目(Diaporthales)、肉座菌目(Hypocreales)、小煤炱目、小囊菌目(Microascales)、蛇口菌目(Ophiostomatales)、黑痣菌目(Phyllachorales)和炭角菌目(Xylariales)等。

①间座壳目。子囊果为子囊壳，常在子座或假子座内聚生，具长颈。子囊常为厚壁但不具裂缝，具一明显的“J”形顶环，具折光性。子囊孢子单胞至多胞，椭圆形、纺锤形或长圆筒形，多无色，偶有色。无性型种类多，为腔孢菌。腐生或寄生。主要存在于树皮和木头上。本目包括10科144属。与植物病害有关的较重要的科有：隐丛赤壳科(Cryphonectriaceae)、壳囊孢科[Cytosporaceae，异名黑腐皮壳科(Valsaceae)]、间座壳科(Diaporthaceae)、日规壳科(Gnomoniaceae)、黑盘壳科(Melanconidaceae)和假黑腐皮壳科(Pseudovalsaceae)等。

日规壳属(*Gnomonia*)：子囊壳埋生后突破寄主外露，有顶生的喙或乳突状孔口。子囊孢子双列，长椭圆形，多双胞，大小相等。常危害多种林木的叶片、果实和未木质化的嫩梢，引起炭疽病。在叶和果上产生圆形坏死病斑，多有轮纹，病菌的子实体顺轮纹生长；在嫩枝上产生小型溃疡。

隐丛赤壳属(*Cryphonectria*)：子囊壳聚生在子座内，由斜生的长颈穿过子座达寄主体外。子囊孢子双胞，椭圆形至梭形。寄生隐丛赤壳引起的板栗疫病是世界著名的病害之一。该病菌可危害栗树枝干，引起皮层溃疡、坏死，造成枝条或全株枯死。此病广泛分布于亚洲、欧洲和美洲，曾使美洲栗遭受毁灭性打击。

黑腐皮壳属(*Valsa*)：子囊壳球形或近球形，成群埋生在假子座内，子囊壳的颈聚集在一起，向外露出孔口。子囊棍棒形或圆筒形。子囊孢子无色，单胞，腊肠形。常引起林木树干溃疡和腐烂。

②肉座菌目。子座淡色至鲜色，肉质；子囊壳肉质，鲜色；全部或部分埋生于基物或子座内；子囊卵形至圆筒形，顶端加厚并具一顶生孔；子囊孢子椭圆形至针形，单胞至多胞，无色至暗色。多腐生，有一些为重要的植物寄生菌。

本目包括7科237属。常见的科为麦角菌科(Clavicipitaceae)、肉座菌科(Hypocreaceae)和丛赤壳科(Nectriaceae)等。

丛赤壳属(*Nectria*)：子囊壳球形，顶端有乳头状孔口，黄色或红色，散生在基物表面或不发达子座上。子囊孢子双胞，无色。常引起多种阔叶树的枝枯病，如引起苹果、茶、槭、榆等枝枯病的朱红丛赤壳菌(*N. cinnabarina*)。

麦角菌属(*Claviceps*)：寄生在禾本科植物的子房内，后期在子房内形成圆柱形至香蕉形的黑色或白色菌核。菌核越冬后产生子座。子座直立，有柄，子囊壳埋生在子座可孕头部的表层内。子囊孢子单胞，无色，丝状。可引起麦角病。

③小煤炱目。子囊壳黑色，球形或扁球形。子囊棍棒形或梨形，子囊孢子2~8个，无色或有色，纺锤形或椭圆形，有隔膜。高等植物专性寄生菌。该目分1科22属。

小煤炱属(*Meliola*)：菌丝体表生，褐色，有附着枝及刚毛，以吸器深入寄主表皮细胞。子囊壳球形，子囊较少，子囊孢子2~8个。子囊孢子褐色，具3~4个隔膜，隔膜处缢缩。寄生专化性强，寄主范围不广。通常危害叶片和小枝，产生烟煤状粉霉斑。

④小囊菌目。子座无，子囊果单生，为子囊壳或闭囊壳，常为黑色，薄壁，有时具发达的光滑刚毛，无囊间组织或罕见未分化的菌丝。子囊球形至棒状，壁极薄，易消解，含8个子囊孢子，有时呈链状。子囊孢子无色，黄色或红褐色，无隔或有隔，具或不具鞘。无性型发达，主要为丝孢菌。多腐生，少数为动植物病原菌。本目包括4科：长喙壳科(Ceratocystidaceae)、查氏壳科(Chadefaudiellaceae)、海球壳菌科(Halosphaeriaceae)和小囊菌科(Microascaceae)，共192属。

长喙壳属(*Ceratocystis*)：子囊壳表生或埋生，具长颈；子囊球形至卵圆形，散生，子囊之间无侧丝，子囊壁早期消解。子囊孢子小，单胞，无色，椭圆形、帽形或针形。无性繁殖产生各种类型的分生孢子。甘薯长喙壳(*C. fimbriata*)危害甘薯的块根和幼苗，引起黑斑病。栎长喙壳(*C. fagacearum*)引起的栎树枯萎病被列入《中华人民共和国进境植物检疫性有害生物名录》(以下简称《进境植物检疫性有害生物名录》)。

⑤蛇口菌目。子座无，子囊果为子囊壳，很少为闭囊壳，无色或黑色，薄壁，膜质，常为长颈，孔口具刚毛，无囊间组织。子囊小，易消解，呈链状。子囊孢子通常小，无色，大多无隔，常具不均匀的厚壁或鞘。无性型为丝孢菌类，种类较多。寄主范围广，许多为重要的经济植物。一些种与节肢动物相联系。本目包括蛇口菌科(Ophiostomataceae)1科，共 12 属。

蛇口壳属(*Ophiostoma*)：许多种能引起木材变色，有些种是经济上重要的林木病原菌。如榆蛇口壳(*O. ulmi*)和新榆蛇口壳(*O. nova-ulmi*)是榆树枯萎病的病原菌。病菌孢子主要借助小蠹虫等媒介昆虫传播。致病性强，幼树发病常当年枯死，大树有的数年后枯死。榆树枯萎病是榆属树木的毁灭性病害，已被列入《进境植物检疫性有害生物名录》。

⑥黑痣菌目。子座无或子座埋生在寄主组织中，常为盾状，黑色。子囊壳壁及孔口具缘丝(periphysis)。囊间组织由侧丝构成，有时易消解。子囊近柱形，薄壁，不具裂缝，持久，常具不明显的顶环。子囊孢子大多无色，无隔，偶尔具纹饰。无性型为腔孢菌。常形成附着孢和侵入结构。寄生或腐生。分布广泛，尤其在热带。本目包括 2 科，分别为黑痣菌科(Phyllachoraceae)和暗色盾菌科(Phaeochoraceae)，共 63 属。

黑痣菌属(*Phyllachora*)：假子座在寄主组织内发育，子座顶部与寄主表皮层愈合形成黑色光亮的盾状盖。子囊壳埋生于假子座内，孔口外露。子囊圆柱形，平行排列于子囊壳基部。子囊孢子单胞，椭圆形，无色。如危害竹类植物叶片的竹圆黑痣菌(*P. orbicula*)。

疔座霉属(*Polystigma*)：子囊壳瓶形，埋生于假子座内，仅孔口外露。假子座生于叶片过度生长的组织内，肉质，黄色、红色或红褐色。子囊棍棒形，内含 8 个子囊孢子。子囊孢子椭圆形，单胞，无色。如危害杏叶引起杏疔的杏疔座菌(*P. deformans*)。

⑦炭角菌目。子座发达，黑色，内部白色或黑色。子囊果为子囊壳，极少为闭囊壳，形态多样，表生或埋生在子座内，孔口常具乳突，有缘丝。子囊圆筒形，壁厚，具淀粉质顶环，常含 8 个子囊孢子。子囊孢子单胞，暗色，具发芽孔或缝，有时具黏质鞘。无性型变化大，常为丝孢菌类。多腐生在树皮、枝条或木材上，少数为植物寄生菌。世界分布。包括 9 科 209 属。与植物病害有关的主要为炭角菌科(Xylariaceae)等。

座坚壳属(*Rosellinia*)：子囊壳球形，黑色，硬而脆，顶端具乳头状孔口，生于基物表面，周围常有菌丝层包围。子囊孢子单胞，黑色或深褐色，椭圆形或纺锤形，具发芽缝。多腐生，少数寄生种类能危害多种林木，如褐座坚壳(*R. necatrix*，现名 *Dematophora necatrix*)危害许多阔叶树及农作物根部，常在病根表面形成白色羽毛状菌索，俗称白纹羽病。

(3)座囊菌纲

子囊果具多种类型(子囊壳或闭囊壳等)，通常在子座组织内形成溶生子囊腔。只有 1 个腔的子囊座，其子囊腔周围菌组织似子囊壳壁，称为假囊壳。子囊卵圆形或圆柱状，单个或多个成束或成排着生在子囊腔内，通常具双层壁。子囊孢子通常有隔，双细胞或多细胞，有些子囊孢子除横隔外还有纵隔，称为砖隔胞。

座囊菌纲分为 11 目 90 科 1 302 属。与植物病害关系较大的是葡萄座腔菌目(Botryosphaeriales)、煤炱目(Capnodiales)、多腔菌目(Myriangiales)和格孢腔菌目(Pleosporales)等。

①葡萄座腔菌目。子囊座表生或内生，子囊座内含单个子囊腔，常聚生。子囊孢子单胞，卵形至椭圆形，无色，偶有褐色。该目仅1科，即葡萄座腔菌科(Botryosphaeriaceae)，共28属。

葡萄座腔菌属(*Botryosphaeria*)：子囊座单腔，外表像子囊壳，初期通常成簇埋在子座内，后期突出于子座而呈葡萄状。子囊之间有假侧丝，子囊孢子单胞，无色。分布广泛。寄生性较弱，可危害多种林木的枝干及果实，引起枝枯、溃疡、流胶和果腐等；还可引起根腐，导致整株死亡。如葡萄座腔菌(*B. dothidea*)可危害杨树、苹果、梨和桃等十几种木本植物的枝干，引起溃疡病。受害严重植株树皮上病斑相互连结，可造成植株逐渐死亡。自然条件下有性阶段很少出现，常见的是病菌的无性阶段。落叶松葡萄座腔菌[*B. laricina*，现名落叶松新壳梭孢(*Neofusicoccum laricinum*)]，引起的落叶松枯梢病是一种危险性林木病害。病菌可危害多种落叶松属树种，主要侵染当年新梢，造成梢枯。幼苗被害后无顶芽。幼树若连年发病，多处枯梢成丛，树冠呈扫帚状。

②煤炱目。子囊座球形或烧瓶形。子囊孢子双胞或多胞，无色或有色。腐生或寄生。该目分10科198属。较重要科为球腔菌科(Mycosphaerellaceae)和煤炱菌科(Capnodiaceae)等。

球腔菌属(*Mycosphaerella*)：子囊座球形或亚球形，散生在寄主叶片表皮下，后期常突破表皮外露。子囊圆筒形或棍棒形，子囊孢子椭圆形，无色，双胞。常引起叶斑病。如落叶松球腔菌(*M. laricis-leptolepidis*，现名 *Mycodiella laricis-leptolepidis*)寄生于落叶松属植物叶部，引起早期落叶。油桐球腔菌(*M. aleuritis*，异名 *Cercospora aleuritis*)寄生于油桐叶和果，引起桐林提早落叶落果。受害叶片多形成角斑，严重时病斑可连接成块，甚至全叶枯死。果实受害形成椭圆形黑褐色硬疤。其无性型为多种腔胞菌。

煤炱属(*Capnodium*)：菌丝体表生，暗褐色，菌丝细胞常联成串珠状或集合成菌丝束。子囊座无刚毛。子囊孢子具纵横隔膜，或只有横隔，褐色。植物枝叶表面的腐生菌。通常以介壳虫或蚜虫分泌的蜜露为营养来源，引起煤污病，阻碍植物的光合作用，影响观赏价值。如引起柳和柑橘煤污病的柑橘煤炱(*C. citri*)等。

③多腔菌目。子囊座中有多个腔，子囊腔无孔口，不规则地分布在子囊座内，每个腔中只有1个子囊。子囊球形或卵圆形。子囊孢子椭圆形，多细胞。大多寄生在热带和亚热带高等植物的叶片、树皮或昆虫上。本目分3科18属。

多腔菌属(*Myriangium*)：子囊座表生，黑色，子囊腔不规则地散布在子囊座上部可育部分。子囊孢子具纵横隔膜，无色或淡色。大多寄生在介壳虫或高等植物茎上，极少寄生在叶片上。如引起竹鞘黑团子病的竹多腔菌(*M. haraeanum*)，寄生于多种竹子的小枝节叉或叶鞘基部，形成黑色半圆形的子囊座，常聚生。

痂囊腔菌属(*Elsinoe*)：子囊座初期埋生，后外露。子囊孢子多数长圆筒形，无色，具3横隔，极少数具纵横隔膜。有性阶段不常见，无性阶段发达。主要危害植物叶、果和幼茎，引起炭疽、疮痂、溃疡、黑痘病等症状。如引起柑橘疮痂病的柑橘痂囊腔菌(*E. fawcettii*)。

④格孢腔菌目。子座内有 1 个或多个子囊腔。子囊之间有拟侧丝；子囊圆柱状；子囊孢子各式各样，一般具多隔或砖隔，有色或无色。假囊壳一般单生，也有聚生。对本目的分类长期存在分歧，《菌物词典》第 8 版（1995）将其并入座囊菌目，而《菌物学概论》第 4 版（1996）则保留该目。《菌物词典》第 10 版（2008）保留该目，分为 23 科。大多寄生或腐生在高等植物的叶和茎上，分生孢子阶段发达，有性阶段一般在枯死枝叶上发现。

黑星菌属（*Venturia*）：假囊壳初内生，后期突破寄主表皮而外露，上部有少数刚毛，子囊圆筒形，平行排列；子囊孢子双细胞，大小不等。本属菌物大多危害树木的叶、果和枝干，所致病害常称黑星病，如苹果黑星病（*V. inaequalis*）和梨黑星病（*V. pyrina*）等。杨树黑星病菌（*V. populina*）主要危害青杨和小叶杨等青杨派树种；嫩叶感病后，变黑扭曲，很快枯死；嫩枝感病常变黑下垂，枝叶皆枯。幼苗受害较重。

（4）锤舌菌纲

子囊果为子囊盘。典型的子囊盘呈盘状或杯状，由子实层、囊基层、囊盘被和菌柄组成。子实层由子囊和侧丝相间排列而成。有的子囊盘无柄，结构简单。大多数盘菌缺乏无性阶段，少数可以产生分生孢子。寄生或腐生。《菌物词典》第 10 版（2008）将该纲分为 5 目 19 科 641 属。其中与植物病害有关的主要是白粉菌目（Erysiphales）、柔膜菌目（Helotiales）、锤舌菌目（Leotiales）和斑痣盘菌目（Rhytismatales）等。该纲目前（2019）的分类包括 11 目，约 43 科，约 592 种。

①白粉菌目。高等植物上的专性寄生菌。菌丝体大多生于寄主表面，以吸器伸入寄主细胞内吸取养分。无性阶段发达，从菌丝体上形成分生孢子梗，分生孢子单个或成串着生于直立的分生孢子梗上。菌丝体与分生孢子梗及分生孢子在寄主表面形成白色毡状粉霉层，常称白粉病。有性生殖产生闭囊壳。闭囊壳球形或近球形，四周或顶端有各种形状的附属丝；有些白粉菌的闭囊壳上除附属丝外，还有毛刷状细胞；有些闭囊壳上则仅有毛刷状细胞（图 2-15）。闭囊壳中有 1 个或多个子囊。子囊卵形、椭圆形或圆筒形，内含 2～8 个子囊孢子。子囊孢子单胞，无色。许多白粉菌在其生活史中不常产生闭囊壳。

长期以来，白粉菌通常以其有性阶段的形态特征作为分类依据。但近年来，随着分子系统学及扫描电镜技术在白粉菌研究中的应用，白粉菌科（Erysiphaceae）内的属级分类系统和系统进化理论发生了很大变化，主要表现在将无性世代的特征作为白粉菌科、属级分类的一个重要依据，并且反映了各个属间的系统进化关系。而有性世代闭囊壳上附属丝分枝的形态在属级分类中不再很重要，但为种级分类提供了有用的特征。

目前，用于划分白粉菌属种的形态特征包括营养阶段、无性阶段和有性阶段特征。根据《菌物词典》第 10 版（2008），该目仅白粉菌科 1 科，共 19 属。根据近年分子系统学研究（2019），认为白粉菌应为柔膜菌目的成员。

林木上的白粉病极为普遍，病原以白粉菌属（*Erysiphe*）、球针壳属（*Phyllactinia*）和叉丝单囊壳属（*Podosphaera*）等的一些种为常见。如板栗白粉病（*Ph. roboris*、*Ph. guttata*，异名 *Ph. corylea*）在我国南北各地均有发生。多发生于叶背，也可危害嫩梢；苗木及幼树受害较重。此外，还有紫薇白粉病（*E. australiana*）和梭梭白粉病（*Leveillula saxaouli*）等。橡胶树白粉病（*Oidium heveae*）在我国华南和西南地区普遍发生。病菌主要危害嫩叶、新梢和花序；严重时，病叶及花序布满白粉，皱缩畸形，最后脱落。

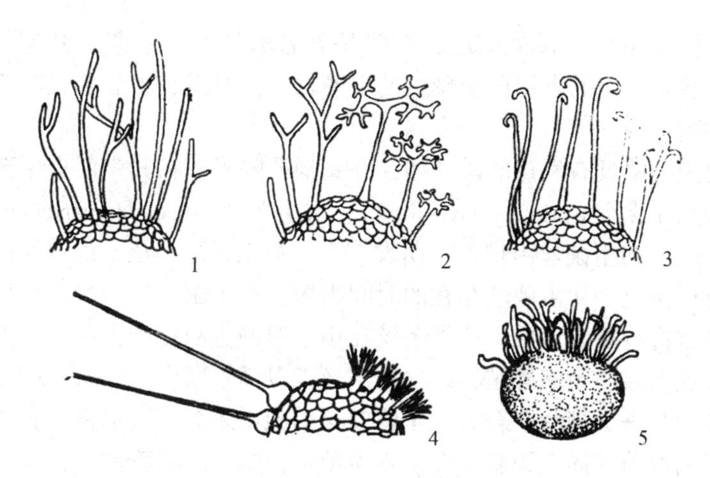

1. 丝状附属丝；2. 叉状分支的附属丝；3. 钩状丝附属丝；
4. 球针状附属丝和毛刷状细胞；5. 毛刷状细胞。

图 2-15 附属丝的类型和毛刷状细胞

②斑痣盘菌目。子囊盘形成于寄主组织内的子座中。子实层上有一个由子座组织组成或子座组织与寄主组织结合组成的盾形盖，子实层成熟后通过盖纵裂或星裂而外露。子囊棍棒形，顶端厚，无囊盖，有狭窄的孔道，内含 4～8 个子囊孢子。子囊孢子卵圆形至线形，单胞或多胞，无色或有色。本目分 3 科 83 属。腐生或寄生。

斑痣盘菌属(*Rhytisma*)：子座斑块状，内含多个子囊盘；子囊棍棒形，有侧丝；子囊孢子线形或针形，单细胞，无色。寄生于阔叶木本植物的叶面角质层下，形成光亮的黑色子座，称为漆斑。常见的是寄生于槭叶的槭斑痣盘菌(*R. acerinum*)和斑痣盘菌(*R. punctatum*)。前者子座内有多个子囊盘，在叶上形成大斑，后者子座内只有 1 个子囊盘，在叶上形成小斑。

散斑壳属(*Lophodermium*)：子座椭圆形，黑色，膜质，内含 1 个子囊盘，以纵裂缝开口。子囊棍棒形，平行排列，有侧丝；子囊孢子单细胞，丝状。为众多裸子。植物和被子植物的寄生物或腐生物。寄生于松柏植物的针叶，引起落针病。我国已报道松树上有 21 种散斑壳菌，多数种生于衰老或枯死的松针上，营腐生生活；少数种寄生或兼性寄生。其中以扰乱散斑壳(*L. seditiosum*)、大散斑壳(*L. maximum*)、针叶散斑壳(*L. conigenum*)和寄生散斑壳(*L. parasiticum*)危害较重。病菌主要危害二针松和五针松。此外，危害松柏植物的散斑壳还有杉叶散斑壳(*L. uncinatum*)和云杉散斑壳(*L. piceae*)等。

③柔膜菌目。子囊盘有柄或无柄，着生在基质表面或半埋在基质内，有的从菌核上产生。子囊棍棒形或圆筒形，无囊盖，子囊间有侧丝。本目分 10 科 501 属。多为腐生菌，少数是植物上的寄生菌。如柔膜菌科(Helotiaceae)中引起松树腐烂病的铁锈薄盘菌(*Cenangium ferruginosum*)以及核盘菌科(Sclerotiniaceae)中引起多种林木菌核病的核盘菌(*Sclerotinia sclerotiorum*)和核果褐腐病的核果链核盘菌(*Monilinia laxa*)等均为其中重要的植物病原菌。有些能引起叶斑，如引起月季黑斑病的蔷薇双壳菌(*Diplocarpon rosae*)等。

2.1.5.6 担子菌门菌物及其所致病害

担子菌门菌物一般称为担子菌，是菌物中最高等的类群，其共同特征是有性生殖产生担子和担孢子。担子菌分布极为广泛，有些是著名的植物病原菌，引起严重病害，如锈菌、黑粉菌；有些是味美的食用菌或珍贵的中药材，如香菇、木耳和灵芝等；少数种类能与植物共生形成菌根。

绝大多数的担子菌具有发达的菌丝体，并具桶孔隔膜。在其生活史中菌丝可产生3种类型的菌丝，即初生菌丝(primary mycelium)、次生菌丝(secondary mycelium)和三生菌丝(tertiary mycelium)。初生菌丝由担孢子萌发产生，初期无隔多核，但很快产生隔膜将细胞核隔开而成为单核菌丝，初生菌丝存在的时间很短。次生菌丝是一种双核菌丝，由初生菌丝的两个单核细胞进行质配形成。这类菌丝在担子菌的生活史中占相当长的时期，主要起营养作用，常形成菌核、菌索等结构。次生菌丝常以锁状联合(clamp connection)(图2-16)的方式来增加细胞个体。锁状联合有助于将双核细胞中来源不同的两个核均匀分配到子细胞中。有些担子菌的菌丝体无锁状联合。三生菌丝(包括生殖菌丝、骨架菌丝和联络菌丝)由次生菌丝特化形成，并由它形成许多种类的担子果。

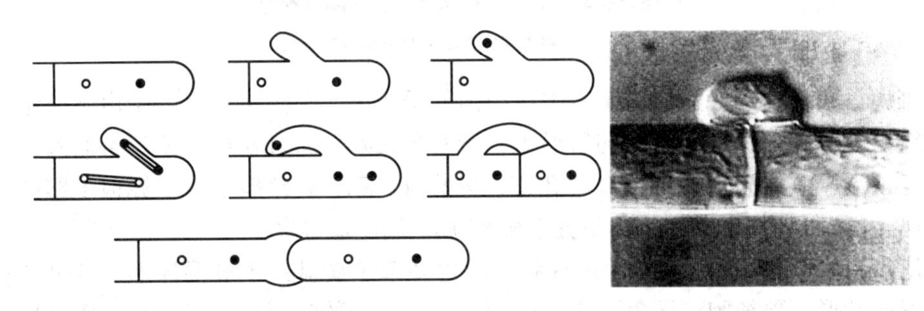

1. 锁状联合过程(宗兆锋等，2002)　　2. 锁状联合菌丝的显微照片

图2-16　锁状联合的形成过程示意

担子菌中除锈菌和某些黑粉菌外，很少有无性阶段。无性繁殖常通过芽殖或菌丝体断裂等方式产生无性孢子。有些担子菌能产生真正的分生孢子，如多年异担孔菌(*Heterobasidion annosum*，异名*Fomes annosus*)能产生珠头霉属(*Oedocephalum*)的分生孢子。

担子菌的有性生殖过程比较简单。除锈菌外，一般没有特殊分化的性器官。多数高等担子菌都是通过两个可亲和的初生菌丝结合形成次生菌丝。在营养阶段后期，双核菌丝顶端直接产生担子。担子初期细胞双核，以后双核进行核配，形成1个二倍体的细胞核，接着进行减数分裂，形成4个单倍体的细胞核。每个细胞核形成1个单核的担孢子，着生在担子的小梗上(图2-17)。有些担子菌由两个单核单孢子结合，萌发后形成双核次生菌丝，如黑粉菌。锈菌则通过性孢子与菌丝或受精丝结合进行质配，形成双核次生菌丝，以后双核次生菌丝产生冬孢子，冬孢子萌发形成担子，经减数分裂后在担子的侧面或顶部产生担孢子。

担子的类型多种多样，根据担子隔膜的有无可将其分为有隔担子和无隔担子。无隔担子单细胞，棍棒状，顶端着生4个小梗，小梗顶端各生1个担孢子。有隔担子有纵隔膜或横隔膜，将担子分成4个细胞，每个细胞上有1个小梗，小梗顶端各生1个担孢子(图2-18)。

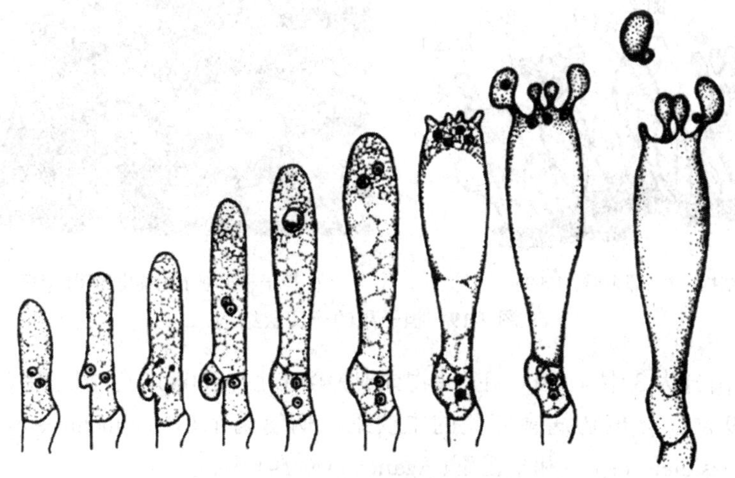

图 2-17　典型担子和担孢子的形成过程

（许志刚，2003）

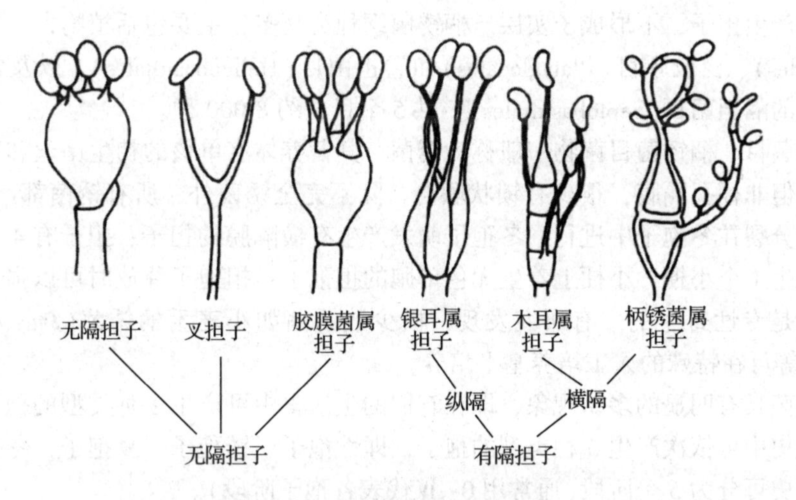

图 2-18　担子的不同类型示意

（邢来君，1999）

高等担子菌的担子着生在高度组织化的子实体内，这种子实体称为担子果，如蘑菇、木耳、银耳和马勃等。在担子果中，担子常排列成层，称为子实层。子实层中除担子、担孢子外，往往还间有侧丝、囊状体和刚毛等不孕结构（图 2-19）。

担子果的发育类型有裸果型、半被果型和被果型 3 种。子实层从一开始就暴露的为裸果型，如多孔菌目（Polyporales）；子实层最初被菌幕所覆盖，担子成熟后露出子实层的为半被果型，如部分伞菌目（Agaricales）；子实层包裹在担子果内，只有在担子果分解或遭受外力损伤时担孢子才释放出来的为被果型，如马勃属（*Lycoperdon*）。有些担子菌不产生担子果，如锈菌和黑粉菌。

担子菌门属于真菌界。《菌物词典》第 8 版（1995）将担子菌分为冬孢菌纲（Teliomycetes）、黑粉菌纲（Ustilaginomycetes）和担子菌纲（Basidiomycetes）3 个纲。《菌物词典》第 9 版

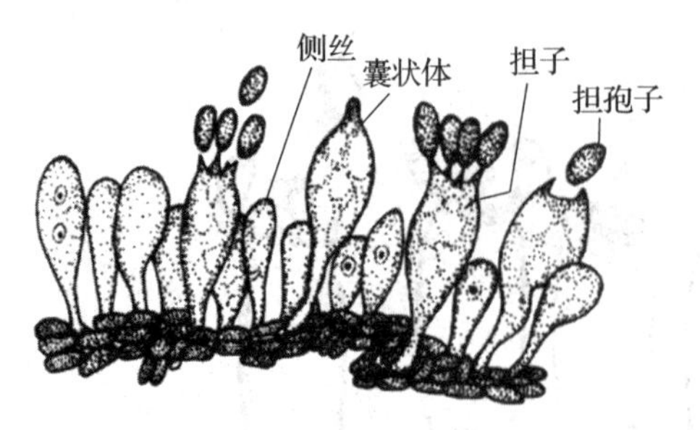

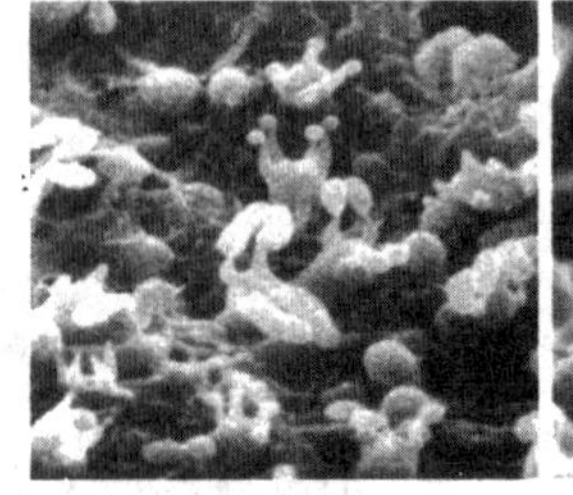

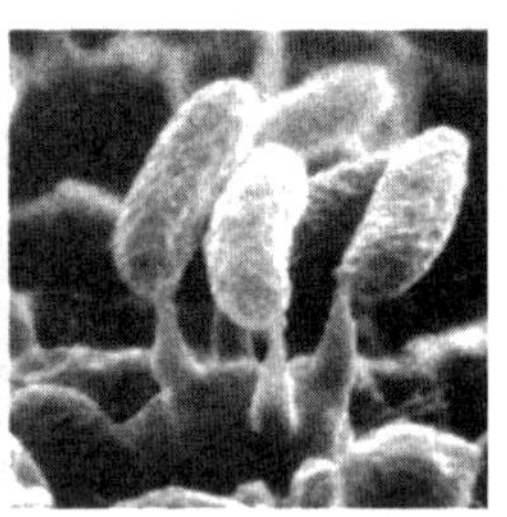

1. 子实层结构示意(邢来君，1999)　　2. 担子和担孢子扫描电镜图(康振生，1995)

图 2-19　担子果的子实层结构

(2001)将担子菌分为 3 纲 41 目。在《菌物词典》第 10 版(2008)中，担子菌门分为 16 纲 52 目 177 科 1 589 属。与植物病害有关的主要纲：柄锈菌纲(Pucciniomycetes)、黑粉菌纲、外担菌纲(Exobasidiomycetes)和伞菌纲(Agaricomycetes)等。

(1)柄锈菌纲

柄锈菌纲菌物的菌丝很少形成锁状联合。不形成担子果，形成分散或成堆的冬孢子，冬孢子萌发产生担子，不形成子实层。柄锈菌纲种类繁多，主要包括植物寄生性的柄锈菌目(Pucciniales)、泛胶耳目(Platygloeales)和卷担菌目(Helicobasidiales)，以及常与介壳虫联系在一起的隔担菌目(Septobasidiales)，共 5 个目，约 8 000 种。

①柄锈菌目。柄锈菌目菌物一般称为锈菌，其营养体有单核的初生菌丝和双核的次生菌丝，有隔但非桶孔隔膜，很少有锁状联合。除不完全锈菌外，所有锈菌都产生冬孢子，核配和减数分裂在冬孢子中进行。冬孢子萌发产生有横隔膜的担子；担子有 4 个细胞，每个细胞上产生 1 个小梗，小梗上着生无色单胞的担孢子；担孢子释放时可以强力弹射。通常认为锈菌是专性寄生的。有研究发现，极少数锈菌如小麦禾柄锈菌(*Puccinia graminis* f. sp. *tritici*)等可在特殊的人工培养基上培养。

许多锈菌具有明显的多型现象，即在它们的生活史中可产生多种类型的孢子。典型的锈菌在生活史中可依次产生 5 种类型的孢子，即性孢子、锈孢子、夏孢子、冬孢子和担孢子，其生活史可分为 5 个阶段(通常用 0～Ⅳ代表各孢子阶段)。

性孢子器阶段(0)：担孢子萌发形成的单核菌丝侵入寄主，后在寄主表皮下形成性孢子器，顶部有孔口与外界相通。性孢子器中产生性孢子和受精丝。性孢子无色、单胞、单核。同一菌丝产生的性孢子和受精丝不能进行交配。

锈孢子器阶段(Ⅰ)：锈孢子器由性孢子器中的性孢子与受精丝交配后形成的双核菌丝体发育而来，因此锈孢子器和锈孢子一般是与性孢子器和性孢子伴随产生。锈孢子器大多有包被，有杯状、管状、角状等类型。锈孢子黄色或橙黄色，单胞，双核，球形或卵形，表生小刺或小瘤。锈孢子只在春季产生 1 次，又称春孢子。

夏孢子堆阶段(Ⅱ)：夏孢子由双核菌丝产生，单胞、双核，多为鲜黄色或棕褐色。夏孢子萌发形成双核菌丝可继续侵染寄主，是锈菌唯一能不断重复发生的阶段，其作用与分生孢子相似，但两者性质不同。许多夏孢子聚生在一起形成夏孢子堆。

冬孢子堆阶段(Ⅲ)：冬孢子是双核菌丝产生的厚壁双核孢子，一般在寄主生长后期形成，是休眠孢子。许多冬孢子聚生在一起形成冬孢子堆。冬孢子成熟时其细胞中的双核进行结合。冬孢子是锈菌唯一的典型二倍体，一般认为是锈菌的有性阶段。

担孢子阶段(Ⅳ)：成熟的冬孢子萌发产生担子，双倍体核移入担子中，经减数分裂形成4个单倍体核。担子横隔为4个细胞，每细胞生1小梗，其上产生1个担孢子。

锈菌生活史的5个发育阶段按顺序分别以符号0、Ⅰ、Ⅱ、Ⅲ和Ⅳ代替，但Ⅳ很少用，因为担孢子(Ⅳ)总是随着冬孢子(Ⅲ)而出现。

锈菌发育过程中普遍存在转主寄生现象，通常0、Ⅰ在一个寄主上，Ⅱ、Ⅲ在另一个寄主上，两个寄主的亲缘关系往往相距很远。如一些鞘锈菌(*Coleosporium* spp.)的一个寄主是较低等的松属树种，另一个则是高等的菊科植物。这两个寄主互称为转主寄主。

并非所有锈菌都具有上述5个发育阶段，如亚洲胶锈菌[*Gymnosporangium asiaticum*，异名梨胶锈菌(*G. haraeanum*)]缺乏夏孢子堆阶段；同时，也不是所有锈菌都需转主寄生，如玫瑰多胞锈菌(*Phragmidium rosae-multiflorae*)的5个阶段都在同一个寄主上发生。

柄锈菌目是个庞大的类群，包括14科166属7 798种，全部是植物寄生菌，主要危害植物茎、叶和果，大多引起局部侵染，在病斑表面出现的锈子器、夏孢子堆或冬孢子堆，呈黄色、橙色至黑色似铁锈，故称锈病。有些如柱锈菌属(*Cronartium*)、栅锈菌属(*Melampsora*)、鞘锈菌属和胶锈菌属(*Gymnosporangium*)等的许多种类是林木上的重要病原菌。

柱锈菌属：为转主寄生锈菌。0、Ⅰ阶段寄生在松树上，Ⅱ、Ⅲ阶段寄生在多种双子叶植物上。冬孢子矩形，单胞，上下左右紧密结合，形成的冬孢子堆常从夏孢子堆中长出，外露呈毛柱状。危害松树引起松干锈病，可分为溃疡型和肿瘤型两种。溃疡型干锈病常称为疱锈病，感病皮层在产生锈孢子器后坏死，病菌向外围扩展，翌年在新扩展部分产生性孢子器和锈孢子器。当溃疡包围枝干1周后，其上部即枯死。病原菌有多种，五针松上的为茶藨生柱锈菌(*Cronartium ribicola*)，在我国红松、华山松、新疆五针松、偃松及乔松分布区均有发生；二或三针松上有多种，我国发现的为松柱锈菌(*C. pini*，异名*C. flaccidum*)。肿瘤型干锈病通常称为瘤锈病，在我国主要由栎柱锈菌(*C. quercuum*)引起，在多种二针松上普遍发生，转主寄主为栎属和栗属树木(引起叶锈病)；枝干受侵部位木质部增生形成肿瘤，病菌不引起韧皮部坏死，也不扩展到肿瘤以外的皮层中，而是每年在肿瘤上产生新的性孢子器和锈孢子器；转主寄主为栎属和栗属树木(引起叶锈病)。松干锈病中五针松疱锈病危害最严重，为世界林木三大病害之一。

栅锈菌属：大部分转主寄生，少数单主寄生。冬孢子圆柱形或长椭圆形，单胞，无柄，在寄主表皮下呈栅栏状排列。常引起杨树叶锈病，在我国较重要的有落叶松—杨锈病(*Melampsora laricis-populina*)、毛白杨锈病(*M. magnusiana*)和胡杨锈病(*M. pruinosae*)等。栅锈菌属还常引起柳树锈病。

鞘锈菌属：多数转主寄生。性孢子器和锈孢子器寄生于松属针叶上，夏孢子堆和冬孢子堆寄生于单子叶或双子叶植物上。冬孢子单胞，圆柱形，顶壁厚，呈胶质，生于寄主表皮下，侧面连接而不分离，萌发时分成4个细胞，转变成担子。主要引起松针锈病，在各种松树上几乎都有发生，如红松松针锈病(*Coleosporium saussureae*)和油松松针锈病(*C. phellodendri*)等。

胶锈菌属：性孢子器埋生寄主叶片表皮内，锈孢子器丛生于寄主下表皮，后外露呈长管状，包被膜状；大多数种缺少夏孢子阶段；冬孢子堆寄生于寄主表皮下，后外露呈垫状至舌状，称为冬孢子角。冬孢子阶段寄生刺柏属植物引起锈病，担孢子侵染蔷薇科植物(性孢子器和锈孢子器生在蔷薇科植物上)，锈孢子侵染刺柏属等植物。如亚洲胶锈菌，病害对圆柏的影响不很明显，但能使梨园遭受重大损失。

②隔担菌目。隔担菌目菌物大多与寄生在高等植物上的介壳虫共生。担子果不发达，原担子的壁很厚(有些像锈菌的冬孢子)，异担子则横隔为4个细胞，小梗上着生担孢子。

该目在《菌物词典》第10版(2008)中仅1科7属179种，其中隔担属(*Septobasidium*)中有少数种是植物病原菌，因其担子果平伏在树皮上似膏药，故所致病害称为膏药病。如引起桑膏药病的柄隔担耳(*S. pedicellatum*)和柑橘膏药病的柑橘生隔担耳(*S. albidum*)。

(2)黑粉菌纲

黑粉菌纲菌物通常寄生于植物上引起多种症状并形成大量黑粉状孢子，一般称为黑粉菌。菌丝分隔较为简单，通常无桶孔隔膜或桶孔覆垫，在培养基上生长时呈酵母状。根据《菌物词典》第10版(2008)，本纲包括2目12科62属1 113种，多与植物病害关系密切。

黑粉菌目(Ustilaginales)：菌丝有隔，分枝，生于寄主细胞间，少数产生吸器伸入寄主细胞内，有的菌丝上有锁状联合。无性生殖不发达，有些种的担孢子可以芽殖方式产生芽孢子。有性生殖过程简单，一般是以2个担孢子、2条初生菌丝或担孢子与初生菌丝进行质配形成双核次生菌丝。菌丝生长到后期，在寄主组织内形成厚垣孢子(即冬孢子)。冬孢子初为双核，成熟后核配，多在萌发时才进行减数分裂，形成担子。担子有3个横隔或无隔，无小梗，担孢子直接产生在担子上。

黑粉菌的寄生性很强，在自然界中，只能在一定的寄主上生活才能完成生活史。但它们多数能在人工培养基上生长，少数还可在人工培养基上完成生活史。绝大多数黑粉菌寄生于禾本科和莎草科等植物上，通常在发病部位形成黑色粉状的冬孢子堆，故所致病害称为黑粉病。林木上只发现黑粉菌(*Ustilago shiraiana*，现名 *Bambusiomyces shiraianus*)危害刚竹属中的一些种以及青篱竹属的少数种和箭竹的春梢和笋(或嫩竹)，引起黑粉病。

(3)外担菌纲

外担菌纲菌物为高等植物上的寄生菌。以双核菌丝在寄主细胞间扩展，产生吸器深入细胞内吸取养分。该类群主要是无隔担子，含6目，包括不具有冬孢子的外担菌目(Exobasidiales)和微座菌目(Microstromatales)以及具有冬孢子的实球黑粉菌目(Doassansiales)、叶黑粉菌目(Entylomatales)、丛枝黑粉菌目(Georgefischeriales)和腥黑粉菌目(Tilletiales)。《菌物词典》第10版(2008)将此纲分6目16科53属597种。

①外担菌目。菌丝生于寄主细胞间；担子单个或成丛从菌丝上生出，突破角质层呈灰白色粉状子实层，不形成担子果。许多种可危害山茶科、石楠科和樟科等木本植物，主要危害嫩叶、幼果或嫩枝，引起被害部位肿大畸形，所致病害症状与外囊菌属相似。该目含4科17属。

外担菌属(*Exobasidium*)：为较重要的属。林业上造成较大损害的是细丽外担菌(*Ex. gracile*)引起的油茶茶苞病(叶肿病)。病菌可危害花芽、叶芽、嫩叶和幼果。受害部位常表现为数叶或整个嫩梢的叶片成丛发病呈肥耳状，子房及幼果受侵后肿大成桃形，内部中空。杜鹃饼病(*Ex. rhododendri*)在我国江南园林中也较常见。樟树粉实病菌(*Clinoconidiam sawadae*，异名 *Ex. sawadae*)可引起果实肿大，内部全变为褐色粉末状。

②腥黑粉菌目。冬孢子萌发产生无隔的担子，顶端簇生细长的担孢子。含 1 科 6 属 186 种。

腥黑粉菌属(*Tilletia*)：该属冬孢子堆多生于寄主子房内，少数生在其他部位，成熟后呈粉状或带有胶性，淡褐色至深褐色，大多具有腥味。冬孢子单生，外围有无色或淡色的胶质鞘，表面常有网状或瘤状纹饰，少数种光滑。冬孢子萌发时，产生无隔的先菌丝，顶端产生担孢子，常成对结合，产生次生小孢子。

(4)伞菌纲

一般有发达的担子果，林地上到处可见的蘑菇，立木和倒木上的木耳、银耳等均为该纲菌物的担子果。菌丝体发达，具典型的桶孔隔膜，有桶孔覆垫。根据担子果的开裂与否过去将担子菌分为层菌类和腹菌类，前者担子果裸果型或半裸果型，后者被果型。Ainsworth(1973)的分类系统将这类菌物分为层菌纲(Hymenomycetes)和腹菌纲(Gasteromycetes)。后来的分类方法更重视菌物的超微结构和分子生物学证据，淡化了担子果的类型在高阶分类中的作用。在《菌物词典》第 8 版(1995)的分类系统中，将层菌类和腹菌类合并为一个纲，称为担子菌纲。

《菌物词典》第 10 版(2008)中，将原担子菌纲中的一些种类分出独立成纲，如银耳纲(Tremellomycetes)和花耳纲(Dacrymycetes)等；将多数种类归伞菌纲，包括 17 目 100 科 1 147 属。该纲大多为腐生菌类，有许多可引起木材腐朽，少数为植物寄生菌，也有一些与植物共生形成菌根。其中与林木关系较密切的有伞菌目、木耳目(Auriculariales)、牛肝菌目(Boletales)、多孔菌目和刺革菌目(Hymenochaetales)等。

该纲中引起木材腐朽的种类能分泌不同的水解酶以降解木材中的纤维素、半纤维素及木质素，因而导致不同类型的腐朽。有的以分解木质部的纤维素为主，残留下大量的褐色木质素，称为褐色腐朽；有的则主要分解木质素，残留较多的纤维素及半纤维素，形成白色腐朽。立木腐朽按发生部位可分为根部腐朽、干基腐朽和树干腐朽，但根腐常蔓延至干基部，干基腐朽也常蔓延至根部。

①木耳目。大多为木材上的腐生菌，少数寄生于植物或其他菌物上。担子果为裸果型，大多为胶质，干后呈坚硬的壳状或垫状。子实层分布在担子果表面。典型的担子有横隔分为 4 个细胞。常见的有木耳，为重要的食用菌。

②刺革菌目。具褐色或浅褐色的担子果，遇碱变黑，菌丝无锁状联合，囊状体刚毛状。其桶孔隔膜具无穿孔的桶孔覆垫。本目包含 2 科 48 属约 610 种。

常见的如引起针叶树心材白色腐朽的松孔迷孔菌(*Porodaedalea pini*，异名 *Phellinus pini*)和引起阔叶树心材白腐的火木层孔菌(*Ph. igniarius*)，以及引起阔叶树梢头腐朽的粗毛纤孔菌(*Inonotus hispidus*)等。

③多孔菌目。担子果通常革质、木质或木栓质，少数肉质。担子果分菌盖和菌柄两部分。典型的菌盖圆形或半圆形，菌柄中生或侧生。但大多数无柄，以菌盖的侧方固着在基物上。担子果一年生或多年生。子实层体孔状或片状，少数为褶状。菌丝体发达，多数种类具双核菌丝和锁状联合，并可形成根状菌索、菌核等结构。该目分布广泛，种类较多。有些是腐殖质上的腐生菌，有些生于植物残体，大多数则生于立木和木材上，引起腐朽。

多孔菌目是一很大的类群，科属间及种间的亲缘关系和进化系统都有待进一步研究，目前对这个类群的分类仍存在不同观点。在《菌物词典》第10版(2008)中，多孔菌目分13科216属1 801种。其中较重要的科为多孔菌科(Polyporaceae)和灵芝科(Ganodermataceae)等。

该目中如迷孔菌属(*Daedalea*)、层孔菌属(*Fomes*)、灵芝属(*Ganoderma*)、革裥菌属(*Lenzites*)、暗孔菌属(*Phaeolus*)和栓菌属(*Trametes*)等都是立木、倒木和木材上常见的致腐菌物。常见的有橡胶树灵芝(*Ganoderma philippii*，异名 *G. pseudoferreum*)引起的阔叶树红根病、施魏尼茨暗孔菌(*Phaeolus schweinitzii*)引起的针叶树干基褐腐和硫色绚孔菌(*Laetiporus sulphureus*)引起的针阔叶树干基褐腐等。

④红菇目(Russulales)。种类较多，《菌物词典》第10版(2008)中，红菇目包括12科，其中如耳匙菌科(Auriscalpiaceae)、刺孢多孔菌科(Bondarzewiaceae)、木齿菌科(Echinodontiaceae)、猴头菌科(Hericiaceae)、红菇科(Russulaceae)和韧革菌科(Stereaceae)等，共80属1 767种。

该目刺孢多孔菌科中的多年异担孔菌可引起针叶树根白腐病。

⑤伞菌目。又称蘑菇目。担子果发达，典型的为伞状，由菌盖、菌褶、菌柄、菌环和菌托等部分组成(图2-20)，多为肉质。有些种类无菌环或菌托，或二者都缺。子实层着生在菌盖下面的菌褶上。次生菌丝大多具有锁状联合，有些种形成坚硬的菌索或菌核。一般不产生无性孢子。担孢子有色或无色。

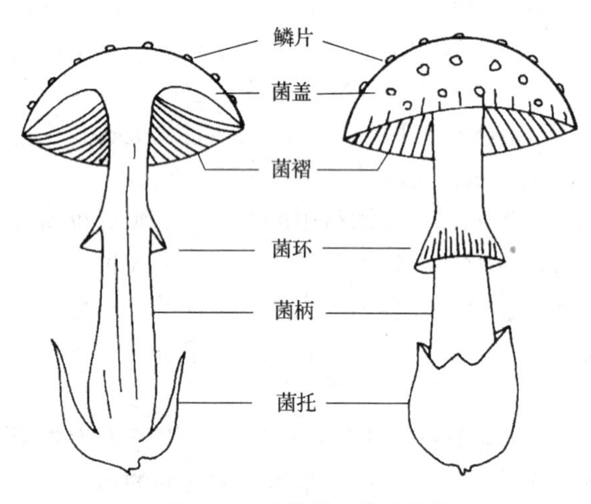

图2-20 伞菌子实体的结构
(邢来君，1999)

伞菌目菌物大多是腐生菌，其中很多是食用菌或药用菌；少数有毒，通称毒伞菌或毒蘑菇；有些可与植物共生形成菌根；少数种寄生，引起树木和果树的根腐病等，其中最著名的是蜜环菌引起的林木根朽病。蜜环菌寄主范围很广，几乎所有乔灌木树种，不论幼龄或成龄都能受害，引起根系和根颈部木质部腐朽，最终导致林木生长衰弱并逐渐死亡。腐朽木材白色海绵状，并具黑色细线纹；皮层与木质部间常有黑色根状菌索和白色扇状菌丝体。数十年前，蜜环菌被认为仅是一个侵染不同寄主的分布广泛的种。近年，交配型实验和分子序列数据表明该种存在多个基因分离的组群。如今蜜环菌被精确定义为几十个种，如狭义蜜环菌(*Armillaria mellea sensu stricto*)寄主范围较宽，主要为害阔叶树；奥氏蜜环菌(*A. ostoyae*)主要为害针叶树。

2.1.5.7 无性型菌物及其所致病害

典型的菌物生活史包括无性阶段和有性阶段，但在自然条件下有许多菌物尚未发现其有性阶段，这可能由于缺乏性亲和的相对交配型或可能丧失了有性生殖能力；或许由于菌物不同的发育阶段往往是在不同的时间和条件下发生的，当人们发现其无性阶段时，尚未发现或认识其有性阶段。对于这样一类菌物，由于只了解其生活史的一半，过去通称半知菌(fungi imperfecti)。一旦发现其有性阶段，将根据其有性生殖的特点归入相应的类群中。随着分子生物学技术的发展和应用，现已证明，它们绝大多数属于子囊菌，少数属于担子菌或接合菌。Kendrick(1989)提出使用有丝分裂孢子菌物(mitosporic fungi)代替半知菌，在《菌物词典》第 8 版(1995)中得到采用。《菌物词典》第 9 版(2001)将以有丝分裂方式产生繁殖结构的菌物称为无性型菌物(anamorphic fungi)进行归类。《菌物词典》第 10 版(2008)中将无性型菌物归入到其相应的子囊菌或担子菌等的有性型中。鉴于不少菌物无性阶段发达且在植物生长季常出现易观察识别，在菌物分类学中仍具有不可忽视的作用，本书仍将大多已知有性阶段的“半知菌”作为“无性型菌物”归类介绍以供参考。

无性型菌物的营养体大多为发达的有隔菌丝体，少数为单细胞(酵母类)或假菌丝。

无性繁殖的基本方式是从营养菌丝上分化出分生孢子梗，在分生孢子梗上形成分生孢子。分生孢子成熟后脱落，随风或雨水飞溅，或由动物传播，在适宜的条件下萌发形成菌丝。分生孢子在一个生长季节可发生若干代(子囊菌或担子菌等的无性阶段)；也有少数无性型菌物不产生任何孢子，不断以菌丝或菌核的方式存活和繁殖。

分生孢子的形态各异，通常可分为单胞、双胞、多胞、砖格形、线形、螺旋形和星形等 7 种类型(图 2-21)。分生孢子梗着生的方式也各不相同，有的散生，有的聚生而形成分生孢子梗束(synnema)或分生孢子座(sporodochium)。有些无性型菌物先由菌丝体形成称为分生孢子盘(acervulus)或分生孢子器(pycnidium)的孢子果，其中产生分生孢子梗。这些由菌丝体特化而成的承载分生孢子的结构称为载孢体(conidioma)(图 2-22)。

分生孢子形成的基本形式可分为体生式和芽生式两大类型。前者由营养菌丝细胞以断裂的方式形成分生孢子，通称节孢子，这类分生孢子的产孢细胞是原来已存在的菌丝细胞。后者是产孢细胞以芽生的方式产生分生孢子，即产孢细胞的某个部位向外突起并生长膨大，形成分生孢子。

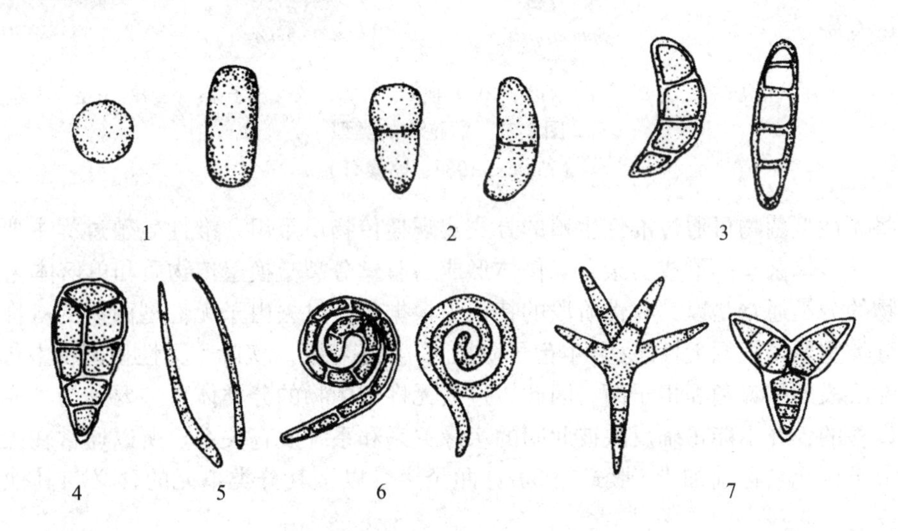

1. 单胞孢子；2. 双胞孢子；3. 多胞孢子；4. 砖格孢子；5. 线形孢子；6. 螺旋形孢子；7. 星形孢子。

图 2-21　分生孢子形态类型

(许志刚，2003)

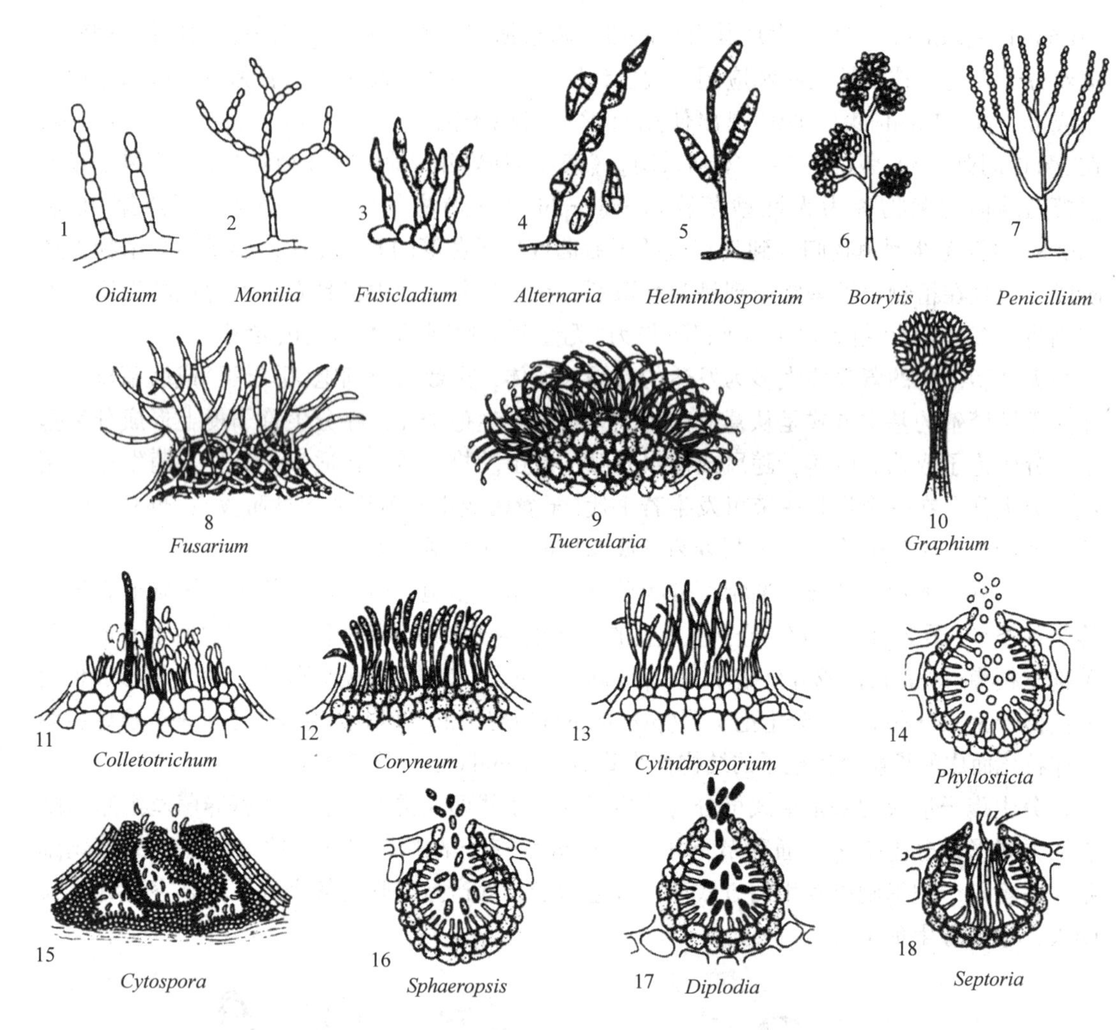

1~7. 各种分生孢子梗；8、9. 分生孢子座；10. 孢梗束；11~13. 分生孢子盘；14~18. 分生孢子器。

图 2-22 载孢体的类型

(Agrios，1988；略修订)

有些无性型菌物可通过准性生殖的方式实现遗传物质重组。准性生殖过程主要包括三个阶段：异核体菌丝的形成→杂合二倍体形成→有丝分裂交换遗传物质和单倍体化。

菌物的分类通常是以其有性阶段的特征为根据的。过去由于无性型菌物的有性阶段不明，其分类主要是根据无性态(分生孢子阶段)的形态特征。实际上无性型菌物中包含了未发现有性阶段的子囊菌和担子菌。因此，过去无性型菌物的分类体系主要是为了应用方便而人为设立的，并不能正确反映彼此间的亲缘关系和系统发育关系。所以通常在无性型菌物各级分类单元名称前加上“形式”(form)两个字，以示其分类单元的含义与其他菌物的不同。

在无性型菌物早年的分类系统中，影响较大的有 Saccardo(1899)的分类系统、Ainsworth(1973)的分类系统[分为芽孢纲(Blastomycetes)、丝孢纲(Hyphomycetes)和腔孢纲(Coelomycetes)3个形式纲]、Hawksworth(1983)的分类系统和 Hawksworth et al. (1995)出

版的《菌物词典》第8版的分类系统。在《菌物词典》第8版(1995)中，原“半知菌”改称有丝分裂孢子菌物，提出采用编码方式对其进行描述。该分类系统首先建立9种载孢体类型，继而根据类似Saccardo分类系统的孢子类型将孢子分为7种形式，然后将载孢体类型、孢子类型和产孢方式用阿拉伯数字编码，依次对各属的特征以编码的方式予以描述。

本书根据现代分类学观点，对无性型菌物不设立形式上的各高分类阶元。为便于承上启下，本书将无性型菌物分为丝孢类和腔孢类2个类群，仅在属和种级分类单元上加以介绍；并指出其所属有性型的分类地位及目前的名称。

(1)丝孢类

分生孢子直接从菌丝或从分生孢子梗上产生，分生孢子梗散生、束生或着生在分生孢子座上，不产生在分生孢子盘或分生孢子器内。有些种类除产生厚垣孢子外，不产生分生孢子。为便于学习，将该类菌物分为无孢菌、丝孢菌、束梗孢菌及瘤座孢菌加以介绍。

①无孢菌。菌丝体发达，不产生分生孢子，但有些可形成厚垣孢子或菌核。腐生或寄生。有些是重要的植物病原菌。

丝核菌属(*Rhizoctonia*)：菌丝褐色，在分枝处缢缩。菌核表面粗糙，褐色至黑色，表里颜色相似，菌核间有丝状体相连。有性态为担子菌的角担菌科(Ceratobasidiaceae)，是一类具寄生性的土壤习居菌，寄主范围很广，苗圃中松杉类针叶树幼苗极易受害。病菌主要侵染幼苗根颈部分，引起根腐、猝倒或立枯病，常见种为茄丝核菌(*Rhizoctonia solani*)。

小核菌属(*Sclerotium*)：菌核圆形或不规则形，表面光滑或粗糙，外表褐色或黑色，内部浅色，组织紧密。有性态为担子菌的核瑚菌科(Typhulaceae)。主要危害植物近地面部分，引起猝倒、茎基腐等。如齐整小核菌(*Agroathelia rolfsii*，异名*S. rolfsii*)，是一种根部习居菌，可引起200多种植物的白绢病，即在根表产生白色绢丝状菌丝体，有时还形成菌核。受害根部皮层腐烂，导致全株枯死。

②丝孢菌。菌丝体发达，有色或无色。分生孢子直接从菌丝上产生或从散生的分生孢子梗上产生。该类菌物中，有些是重要的工业菌物；有的是可用于农林病虫害防治的重要生防菌，如白僵菌属(*Beauveria*)和木霉属(*Trichoderma*)等；还有许多是重要的植物病原菌，如轮枝菌属(*Verticillium*)、尾孢属和链格孢属(*Alternaria*)等。

轮枝菌属：分生孢子梗轮状分枝，产孢细胞基部略膨大。分生孢子单胞，卵圆形，单生或聚生。有性态为子囊菌的小绞旋球腔菌科(Plectosphaerellaceae)。轮枝菌是常见的植物枯萎病菌，在木本植物上以大丽轮枝菌(*Verticillium dahliae*)为多。病菌从植物根部伤口侵入，进入维管束而导致全株枯萎。其寄主范围很广，树木中以槭类较为感病，病株一般零星分布。

尾孢属：分生孢子梗褐色至橄榄褐色，呈曲膝状，孢痕明显加厚。分生孢子线形或鞭形，无色或淡色，多隔膜。有性态为子囊菌的球腔菌科。该属大多数菌物是重要的叶部寄生菌，如赤松尾孢菌[(*Cercospora pini-densiflorae*，现名吉布逊小球腔菌(*Mycosphaerella gibsoii*)]可引起赤松、马尾松、黑松和油松等叶枯病，感病针叶产生褪色段斑，后病斑变黑色。播种苗和1~2年生苗受害最重，死亡率达50%以上。此外，巨杉尾孢霉(*C. sequoiae*，现名*Passalora sequoiae*)可引起柳杉赤枯病；油桐球腔菌危害三年桐和千年桐的叶片和果实，引起落叶落果。

链格孢属：分生孢子梗深色，合轴式延伸。分生孢子倒棍棒形、椭圆形或卵圆形，褐色，具纵横隔膜，顶端无喙或有喙，单生或串生。有性态为子囊菌的隔孢腔菌科(Pleosporaceae)。可引起叶斑和果腐等病害。如梓链格孢(*Alternaria catalpae*)危害梓、楸等叶片引起大斑病，链格孢(*A. alternata*)引起杨树叶枯病以及柑橘和苹果的果实腐烂等。

③束梗孢菌。分生孢子梗集结成孢梗束，上部分散，分生孢子多顶生，少侧生。大多为腐生菌，少数寄生于植物。如拟青霉黏束孢(*Graphium penicillioides*，有性态为 Microascaceae)生于黑杨、榆树、鹅耳枥和蔷薇等植物的树皮和木材上。

④瘤座孢菌。分生孢子产生在垫状分生孢子座上，分生孢子梗短。腐生或寄生。有的寄生于昆虫，是重要的害虫生防菌，有的是重要的植物病原菌，如镰刀菌属(*Fusarium*)。

镰刀菌属：分生孢子梗无色，自然情况下常结合形成分生孢子座，人工培养条件下极少形成；分生孢子无色，有大小 2 种类型：大型孢子多胞，镰刀型；小型孢子单胞，椭圆形至卵圆形。有性态为子囊菌的丛赤壳科。寄主范围广泛，可危害 50 多科植物，主要引起根腐、茎腐、枯萎、枝干溃疡和梢枯等。引起根腐的镰刀菌中主要有腐皮镰刀菌(*Fusarium solani*)和尖孢镰刀菌(*F. oxysporum*)，大多为土壤习居菌，菌丝体和厚垣孢子可在土壤中长期存活，遇适当寄主就侵染。槐树溃疡病菌(*F. tricinctum*)常自叶痕侵入，引起槐树枝条溃疡。桑芽枯病菌(*F. lateritium*)可危害桑、合欢、臭椿等引起溃疡。引起枯萎病的镰刀菌以尖孢镰刀菌最为常见，可引起油桐枯萎和合欢干枯病等。

(2)腔孢类

分生孢子着生在分生孢子盘或分生孢子器内。分生孢子盘和分生孢子器在外形上与子囊盘和子囊壳相似。分生孢子梗短小，着生在分生孢子盘上或分生孢子器的内壁上。腔孢类约有 1 000 属 9 000 种。其中有不少是重要植物病原菌，常在感病部位形成小黑粒或小黑点，为病菌的分生孢子盘或分生孢子器。

①产生分生孢子盘的腔孢菌。分生孢子盘形成于寄主表皮下或角质层下，分生孢子梗紧密排列在分生孢子盘上；分生孢子单个顶生。成熟时分生孢子盘突破寄主表皮外露；分生孢子一般具胶黏状物质。腐生或寄生，有些是重要植物病原菌，如刺盘孢属(*Colletotrichum*)、拟盘多毛孢属(*Pestalotiopsis*)、痂圆孢属(*Elsinoe*，异名 *Sphaceloma*)、棒盘孢属(*Coryneum*)等，侵害植物可引起炭疽、叶斑及溃疡等症状。

刺盘孢属：分生孢子盘生在寄主表皮或角质层下，有时生有褐色、具分隔的刚毛。分生孢子梗无色至褐色。分生孢子无色，单胞，长椭圆形或新月形。有性态属于子囊菌的小丛壳科(Glomerellaceae)。引起多种树木的炭疽病，常见的为盘长孢状刺盘孢(*Colletotrichum gloeosporioides*)，可侵染杉木、柳、泡桐等多种植物的叶、果实、枝干，引起炭疽病。短尖刺盘孢(*C. acutatum*)侵染枇杷叶和果实；山茶刺盘孢(*C. camelliae*)侵染山茶花，均引起炭疽病。

拟盘多毛孢属：分生孢子 5 个细胞，两端细胞无色，中间细胞橄榄色，顶生 2 根以上附属丝。有性态为子囊菌的拟盘多毛孢科(Pestalotiopsidaceae)。林业上较重要的有枯斑拟盘多毛孢(*P. funerea*)，引起松针赤枯病及茶和枇杷灰斑病等。

②产生分生孢子器的腔孢菌。分生孢子器具多种形状，典型的呈球形或近球形，有孔口。外形与子囊壳相似。表生或埋生于基质内或子座内，分生孢子梗短小，生于分生孢子

器内壁上，其上着生分生孢子。该类菌物大多是植物寄生菌如引起苗木茎腐病的壳球孢属(*Macrophomina*)；引起叶斑病的叶点霉属、壳针孢属(*Septoria*)和大茎点霉属(*Macrophoma*)；引起枝干溃疡的壳囊孢属(*Cytospora*)、疡壳孢属(*Dothichiza*)、壳梭孢属(*Fusicoccum*)、拟茎点霉属(*Phomopsis*)和球壳孢属(*Sphaeropsis*)等。

壳球孢属：分生孢子器球形，暗褐色；无分生孢子梗；分生孢子单胞，无色，圆柱形至纺锤形；菌核黑色，坚硬，表面光滑。有性态属子囊菌的葡萄座腔菌科。如菜豆壳球孢菌(*Macrophomina phaseolina*)可危害多种针阔叶树苗木，受害的根和茎基上可形成大量黑色的菌核。通常在炎热的夏季，苗木茎基部受高温灼伤后，病菌自根颈部伤口侵入。

茎点霉属(*Phoma*)：分生孢子器球形，散生或聚生。孔口中生，无乳突。分生孢子梗不常见。分生孢子椭圆形、纺锤形或梨形，无色，单胞，或偶有 1 隔。有性态为子囊菌的亚隔孢壳科(Didymellaceae)等。如楸子茎点霉（*P. pomorum*，现名 *Didymella pomorum*)侵染苹果、李属、桃、梨属等多种植物果实和枝干，引起褐腐病。苹果茎点霉（*P. pomi*，现名 *Mycosphaevella pomi*)侵染山楂枝条，引起枝枯病。

壳囊孢属：载胞体为子座，初埋生后突破树皮外露，暗褐色，不规则地分为多腔室，但具一共同的中心孔口。分生孢子单胞，无色，腊肠形；孢子角明显，常有各种颜色。有性态为子囊菌的黑腐皮壳属等。引起树木的腐烂病，如金黄壳囊孢（*Cytospora chrysosperma*)可致多种杨树枝干发生腐烂病。梨壳囊孢(*C. carphosperma*) 可引起梨树腐烂病。

拟茎点霉属：分生孢子器埋生，球形或扁球形，单腔室或多腔室，孔口单生。分生孢子有 2 种类型：α 型孢子纺锤形，单胞，无色，常具 2 个油球；β 型孢子线形，单胞，无色，直或弯成钩状，无油球。有性态为子囊菌的间座壳科。常引起枝枯或溃疡病，如铅笔柏枝枯病(*Phomopsis juniperivora*，现名 *Diaporthe juniperivora*)、冷杉枝干溃疡病(*P. abietina*)和杨树拟茎点菌溃疡病(*P. populina*)等。

球壳孢属：分生孢子器球形，暗褐色，孔口中生，乳突状。分生孢子梗缺。分生孢子长圆形至棍棒形，暗褐色，单胞(萌发前可形成隔膜)，顶端钝圆，基部渐窄平截。有性态归子囊菌的葡萄座腔菌科。最常见的是松杉球壳孢(*Sphaeropsis sapinea*)引起的松枯梢病，在许多地区引起大面积松林衰退或死亡。

此外，盾壳霉属(*Coniothyrium*)和葡萄二孢属(*Botryodiplodia*)等均包括许多树木溃疡病菌。

2.1.6　林木菌物病害的症状与诊断

林木菌物病害的科学防治应建立在对病害正确诊断和对病原物正确鉴定的基础上。林木菌物病害的诊断要点主要包括：掌握各类菌物致病特点及症状类型，对病原菌物进行分离、形态观察及分子鉴定等。

大多数林木菌物病害都产生病症，如繁殖体、菌丝体、菌核或菌索等。若在病部能看到明显的病症，通常可将病部表面的各种霉状物、粉状物或粒状物挑出，或进行切片，于显微镜下进行初步观察鉴定。若病部无子实体，则可先进行保湿培养促使子实体形成。一般常见的种类可以根据子实体的形态特征初步鉴定出病菌的种类。但有时病部观察到的菌物并不是真正的病原菌，而是与病害无关的腐生菌。因此，当病部发现可疑菌物或遇到某种新的菌物病害时，较为可靠的方法是从新鲜病斑的边缘作镜检或分离，再按柯赫法则进行致病性测定，以确定真正的病因。

根肿菌常引起组织增生，使根颈部膨大或形成肿瘤，病部外表往往看不到病征，只能从病组织的切片中观察到病原菌。

卵菌引起的症状类型主要为根部、茎部和果实等的腐烂，坏死性和褪色性叶斑以及膨肿、徒长和畸形等促生性病变，受害部位常出现棉絮状、霜霉状物等。

接合菌主要造成植物花器、果实、块根和块茎等器官的腐烂，也可引起幼苗烂根，病部常产生霉状物，初白色，后转为灰色，霉层上可见黑色小点。

子囊菌多以其无性阶段危害林木(无性型菌物多为子囊菌的无性阶段)，主要引起叶斑、炭疽、疮痂、粉霉、萎蔫、溃疡、枝枯和腐烂等病害，病部常产生霉状物(白或黑色)、点状物(黑色为主)、菌核和根状菌索等，有时也产生白色棉絮状菌丝体。

担子菌引起的病害主要症状为斑点、立枯、纹枯、根腐、肿胀和瘿瘤等，病部常产生黄锈、黑粉、霉状物、粉状物、菌核或菌索。

菌物的分类和鉴定以往基本上以形态特征为主。但利用形态性状作为分类鉴定依据时，一定要注意该性状的稳定性，否则易将同一种(属)的菌物误认为是不同的种(属)。因为有些菌物在不同的基质上生长时，其形态性状不同。

菌物的鉴定除形态观察等外，可辅以生理生化和超微结构等多方面的特征。有些菌物的生活习性和地理分布等生态性状，也是分类鉴定的参考依据。

现代分子生物学技术的不断发展为菌物的分类和鉴定提供了许多新的方法，如核酸分子杂交技术、rDNA 序列分析技术、核糖体基因转录间隔区(ITS)分析技术、限制性片段长度多态性分析技术(RFLP)、随机扩增多态 DNA(RAPD)技术、简单重复序列分析技术和多基因序列分析技术等。现代分子生物学技术对于根据形态特征难以区分的菌物种类的鉴定具有重要意义。

2.2　林木病原原核生物

云讲堂

原核生物(Procaryotes 或 Prokaryote)是指无真正细胞核的单细胞生物，大小一般为 0.2~10.0 μm，其外有细胞壁和细胞膜或只有细胞膜包围。菌体没有明显的细胞核，但有核质区，无核膜。除古菌的核糖体沉降系数 S 值稍高外，多数原核生物有 70S 型的核糖体，分散在细胞质中，内质网无核糖体附着，细胞质不流动。多数有坚韧的细胞壁，但少数无细胞壁。根据《伯杰氏古菌和细菌系统学手册》(BMSAB)和《原核生物合格名称》(LPSN)，至 2024 年 4 月，原核生物被分为古菌域(Domain Archaea)和细菌域(Domain Bacteria)2 个域 43 门(古菌 4 门、细菌 39 门)106 纲 248 目 658 科 4 363 属 23 582 种 437 亚种(https://lpsn.dsmz.de/)。植物病原原核生物全部在细菌域中，包括有细胞壁的植物病原细菌 27 个属和无细胞壁的细菌 2 个属，即候选植物菌原体属(*Candidatus* Phytoplasma，简称植原体属)和螺原体属(*Spiroplasma*)。

2.2.1　有细胞壁的植物病原细菌

细菌是一类有细胞壁但无固定细胞核的单细胞原核生物。引起植物病害的细菌有 300

多种，引起 500 多种植物病害。我国已发现有 100 多种细菌病害。蔷薇科植物和杨树根癌病、桉树和木麻黄青枯病、柑橘溃疡病、柑橘黄龙病等细菌病害对林业和果树生产的危害都相当严重，甚至造成大面积危害，导致果农收入急剧下降，影响区域经济社会发展。

2.2.1.1　细菌的一般性状

细菌主要有球状、杆状和螺旋状，植物病原细菌则以杆状为主，因而常称为杆菌。各种细菌的大小差异较大，球菌的直径一般为 0.6~1.0 μm，杆菌的大小一般为 1.0~3.0 μm × 0.5~0.8 μm，螺旋菌一般为 14.0~60.0 μm ×1.4~1.7 μm。

细菌的基本结构包括细胞壁、细胞膜、细胞质、核质区和核糖体等，有些细菌还有一些特殊结构，如芽孢、鞭毛、纤毛和荚膜等。

细胞壁是细胞膜外的一层坚韧并略有弹性的结构，能维持细胞的外形，对细胞具有保护作用。多数细菌的细胞壁由肽聚糖组成。用革兰氏染色法可将细菌分为革兰阳性菌 (G^+) 和革兰氏阴性菌 (G^-) 两大类。革兰氏阳性菌的细胞壁肽聚糖含量较高，为 40%~90%，而革兰阴性菌细胞壁肽聚糖含量仅为 5%~10%。关于革兰氏染色反应原理的说法不尽相同，但普遍认为革兰阴性菌的细胞壁由于肽聚糖含量少，结构疏松，当用乙醇溶液脱色时，结晶紫和碘复合物容易被去除，当菌体用蕃红复染时，菌体被染成红色。而革兰氏阳性菌的细胞壁由于肽聚糖含量高，结构紧密，乙醇溶液脱色时无法把结晶紫和碘复合物清除，菌体用蕃红复染难以着色，故菌体仍呈紫色。

细胞壁外常被黏稠的物质包裹，薄的称为黏质层(slime layer)，厚的称为荚膜(capsule)。绝大多数植物病原细菌具有细长的鞭毛(flagella)。着生在菌体一端或两端的鞭毛称为极生鞭毛(polar flagella)，着生在菌体四周的鞭毛称为周生鞭毛(peritrichous flagella)(图 2-23)。

细菌细胞壁内的所有物质称为原生质体(protoplast)。原生质体包括原生质膜(或细胞膜)，该膜主要控制物质向内或外的选择性渗透。原生质膜包裹着细胞质(cytoplasm)和核质区(nuclear material)。细胞质是由蛋白质、脂肪、碳水化合物、其他有机质、矿物质和水组成的复合体。核质集中在细胞质的中央，形成一个近圆形的核质区(由含 DNA 的环形染色体组成)，其作用相当于真核生物的细胞核，但无核膜，这种结构的细胞称为原核细胞。此外，在有些细菌中，还有单个或多个独立于核质之外呈环状的遗传物质，称为质粒(plasmid)，它编码控制细菌的抗药性或致病性等性状。质粒可以在细菌之间或细菌与植物间转移，如根癌土壤杆菌。

有些细菌由于原生质体失水浓缩在菌体内可以形成芽孢(endospore)，其抗逆能力很强。要杀死细菌的芽孢，一般要用 121℃左右的高压蒸汽处理 15~20 min。

单个菌体在光学显微镜下呈透明状或黄白色，很难观察到细微形态。但在固体培养基上，单个菌体能够较快地繁殖并产生肉眼可见的黏稠状物，称为菌落(colony)。不同细菌菌落的形态、大小、颜色都

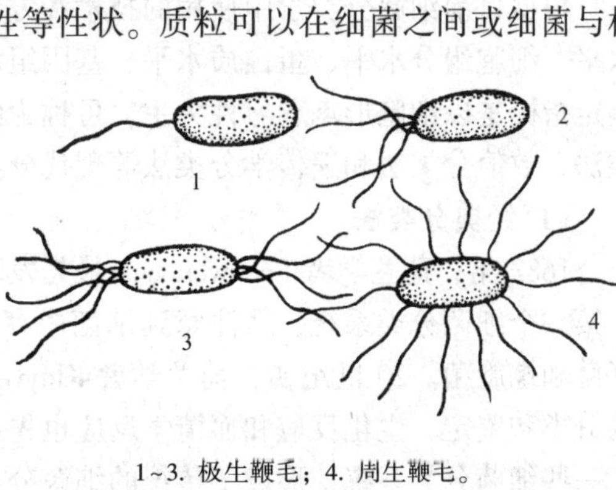

1~3. 极生鞭毛；4. 周生鞭毛。

图 2-23　细菌鞭毛着生方式

有差异，有圆形、椭圆形或不规则形，直径大小可为 0.2 mm 至几厘米。菌落的边缘为光滑、波浪形或齿状，菌落表面呈扁平、突起或皱缩状。多数种的菌落呈乳白色、灰色或黄色。有些种在培养基中产生色素，如荧光假单胞杆菌。

绝大多数植物病原细菌有鞭毛，无芽孢，细胞壁外有黏质层，但很少有荚膜。革兰氏染色大多为阴性，少数为阳性。

2.2.1.2　细菌繁殖和培养

杆状的植物病原细菌通过二分裂(binary fission)的方式进行繁殖。裂殖时，菌体先稍微伸长，细胞膜自菌体中部向内缢缩，同时形成新的细胞壁，最后母细胞从中部分裂为两个子细胞。当细胞壁和细胞膜进行分裂的时候，核质形成环状似染色体的结构，均等地分散到两个新的菌体中；质粒也以均等的方式繁殖。细菌的繁殖速度很快，在适宜的条件下，每 20~50 min 就可以分裂一次。以此速度增长，一个细菌在 1 d 内就可以繁殖约 100 万个子代细菌。因此，病原细菌一旦侵入植物，可在短时间内繁殖到巨大的数量，从而引起植物产生一系列病变，最终导致植物发病。

植物病原细菌多数为弱寄生菌，对营养要求不严，可以在人工培养基上生长，一般在中性或微碱性的条件下较适宜。生长最适宜的温度为 26~30℃，能耐低温，也有少数细菌喜欢高温，如引起植物青枯病的茄拉尔氏菌(*Ralstonia solanacearum*)的适宜生长温度为 30~37℃。一般植物病原细菌的致死温度在 48~53℃ 处理 10 min 即死亡。

2.2.1.3　细菌分类方法

植物病原细菌的分类学(taxonomy)包括分类(classification)、命名(nomenclature)和鉴定(identification)3 项内容。分类是根据生物的相似特点和关系，把它们划分成不同的类群。命名是根据国际细菌命名法则，为这些类群命名。而鉴定则是用已知的分类体系确定新分离菌株所属的类群。

细菌的分类等级包括域(domain)、门(phylum)、纲(class)、目(order)、科(family)、属(genus)、种(species)及亚种(subspecies)，在实际的分类应用中，种下分类单元不都是亚种，有的还用生理小种(physiological race)、生物型(biotype)、生物变种(biovar)、致病变种(pathovar)和血清型(serovar)等表示。

根据目前细菌分类学中使用的技术和方法，可把它们分成 4 个不同的水平：细胞形态水平、细胞组分水平、蛋白质水平、基因组水平。在细菌分类学发展的早期，主要的分类鉴定指标是以细胞形态和习性为主，可称为经典分类法。在 20 世纪 60 年代以后，化学分类法、数值分类法和遗传学分类法等现代分类方法不断出现并日渐成熟。

(1)经典分类法

1683 年，荷兰学者 Leeuwenhoek 最先发现了细菌。但是，直到 1872 年才由 Cohn 建立了第一个细菌分类系统，他注意到细菌中存在巨大的差异，并按其形态将细菌分为球菌、杆菌和螺旋菌。20 世纪初，荷兰学者 Kluyver 和丹麦学者 Orla-Jensen 将生理特征引进细菌的分类和鉴定，生化反应和血清学反应也先后被引入细菌分类中。在此基础上，先后建立了一些细菌分类系统，形成了传统的细菌分类学。

传统分类的显著特点是在形态、革兰氏染色反应、生理生化性状描述、血清学反应、致病性测定、寄主范围、过敏性反应和对噬菌体的敏感性等的基础上，经过主观判断和性状选择建立的细菌分类系统。这种方法对于人们认识和区分细菌很有效，但不能准确反映细菌的系统发育关系。而且，由于主观判断的差异，常常在不同分类学家之间产生不同的分类系统，或者分类系统常被修改。

(2)数值分类法

该法是在20世纪50年代后期随着多元方差分析和电子计算机的发展而兴起的一种分类学方法。最早由Sneath于1957年引入细菌分类学中，至今已形成一套完整的理论和技术体系，并获得了大量的成果，已成为细菌分类学中的基本方法。该法是在对一定量的生物个体进行大量性状观察的基础上对研究数据进行收集和计算机处理，计算出所有供试个体之间的相似性，进而在这些相似性的基础上将全部供试个体排列成群。数值分类遵循的一个主要原则是“等权”原则，即在建立分类单元时给分类单位的各个性状以相等的权重。

数值分类之所以在细菌分类中得到较为迅速的应用和发展，其原因在于细菌本身的特点，即细菌个体小、形态简单，其分类中较多地采用了生化、生理等特征，由此获得的大量数据很难进行人工处理，对于性状的取舍及重视程度亦受到较多的主观影响，所以细菌分类学发展的本身要求一个客观的分类分析方法，数值分类方法则恰好可以解决上述问题。由于数值分类是根据尽可能多的性状所反映的信息，借助数学方法和计算机进行处理，所以数值分类在分类关系的估价和分类单元的建立上都是客观的、明确的和可重复的。细菌数值分类仍需要通过传统分类的实验方法获取大量分类性状，所以，数值分类是传统分类方法的延续和发展。

(3)核酸分析分类法

传统的细菌分类法和数值分类法均以表型特征相似性为基础。然而，在不同细菌类群中，单纯表型相似性还不能准确地确定细菌的系统发育关系。随着分子生物学及遗传学的发展，自20世纪60年代以来，细菌分类学中发展了一系列核酸分析方法，其中包括细菌DNA中鸟嘌呤(G)和胞嘧啶(C)摩尔百分比的测定(G+C mol%)、DNA-DNA杂交、DNA-rRNA杂交和16S rRNA序列测定等。

①DNA碱基组成的测定。DNA含有4种碱基，即腺嘌呤(A)、鸟嘌呤(G)、胸腺嘧啶(T)和胞嘧啶(C)。在双链DNA中，每个有机体的G+C mol%(即G+C与4种碱基的摩尔质量百分比)均有较稳定的值。目前已是细菌的一个重要特征，是细菌种、属描述的必需项目。在《伯杰氏古菌和细菌系统学手册》中，几乎对所有的细菌属和种都列出了DNA G+C mol%范围。新属、种的描述也都要求这一特征。大量实验证明，遗传学关系相近的有机体具有相似的DNA G+C mol%。如两个有机体之间的G+C mol%差异很大，则可以大致地肯定它们不是一个种。一般种内G+C mol%相差≤3%，属内为10%~15%。但是，两个有机体的DNA碱基组成相同，而其DNA序列上可能有很大的差异。因此，有机体之间碱基组成相似时，二者间的遗传关系并不一定相近。只有当它们具有大量共同的表型性状，或在遗传结构方面也彼此相近时，才能说它们在遗传学和进化关系上相近。

②DNA-DNA杂交。由于G+C mol%测定不能判定细菌的亲缘关系，DNA-DNA杂交技术则弥补了G+C mol%的缺陷，它可以反映细菌菌种间的DNA序列相似性程度，即细菌DNA的同源性。DNA杂交法的基本原理是用DNA解链的可逆性和碱基配对的专一性，将

不同来源的 DNA 在体外加热解链，并在合适的条件下，使互补的碱基重新配对结合成双链 DNA，然后根据能生成双链的情况，检测杂交率。如果两条单链 DNA 的碱基顺序全部相同，则它们能生成完整的双链，即杂交率为 100%。如果两条单链 DNA 的碱基序列只有部分相同，则它们生成的“双链”中局部仍为单链，其杂交率小于 100%。因此，杂交率越高，表示 2 个 DNA 之间碱基序列的相似性越高，亲缘关系也就越近。DNA 分子杂交是鉴别菌种的可靠标准，如果杂交率大于 70%就判定是同一种菌。G+C mol%的测定和 DNA 杂交实验为细菌种和属的分类研究开辟了新的途径，解决了以表观特征为依据所无法解决的一些疑难问题，但对于许多属以上分类单元间的亲缘关系及细菌的进化问题仍不能解决。

③DNA-rRNA 杂交。目前研究 RNA 碱基序列的方法有两种。一是 DNA 与 rRNA 杂交，二是 16S rRNA 寡核苷酸的序列分析。DNA 与 rRNA 杂交的基本原理、实验方法与 DNA 杂交一样，不同的是，DNA 杂交中同位素标记的部分为 DNA，而 DNA 与 rRNA 杂交中同位素标记的部分是 rRNA；另外，DNA 杂交结果用同源性百分数表示，而 DNA 与 rRNA 杂交结果用 $Tm(e)$ 和 rRNA 结合数表示。$Tm(e)$ 值是 DNA 与 rRNA 杂交物解链一半时所需要的温度。RNA 结合数是 100 μg DNA 所结合的 rRNA 的微克数。根据这个参数可以给出 RNA 相似性图。在 rRNA 相似性图上，关系很近的菌就集中到一起，关系较远的菌在图上占据不同的位置。

④16S rRNA 寡核苷酸测序技术。rRNA 普遍存在于原核生物体内，并参与蛋白质的合成，是任何生物都必不可少的，而且在生物进化的漫长历程中保持不变，可看作为生物演变的时钟。在 16S rRNA 分子中，既含有高度保守的序列区域，又有中度保守和高度变化的序列区域，因而它适用于进化距离不同的各类生物亲缘关系的研究。16S rRNA 的相对分子量大小适中，约 1 540 个核苷酸，便于序列分析。因此，它可以作为测量各类生物进化和亲缘关系的良好工具。

20 世纪 70 年代，美国科学家卡尔 · 沃斯(Carl Woese)等人开始对细菌 16S rRNA 测序的研究，将原核生物的 16S rRNA 寡核酸序列用于细菌分类，提出将生物划分为三界：古菌界(Archaea)、真细菌界(Eubacteria)和真核生物界(Eukaryotes)。

⑤16S-23S rRNA 间区。16S rRNA 序列测定已成为细菌种属分类的标准方法，但有其局限性，23S rRNA 分子比较大(约 3 kb)，尚未在细菌的分类和鉴定中得到广泛应用。而 16S-23S rRNA 间区(intergenic spacer region，ISR)比 16S rRNA 相对变异大，已广泛用于相近种及菌株的分类和鉴定。16S-23S rRNA ISR 序列测定弥补了 16S rRNA 序列的缺陷，但有些菌株不能进行分型，要想广泛应用这一技术，需要建立更多菌株的 16S-23S rRNA 序列库，以便对比研究。

(4)化学分类法

用化学或物理的技术来分析整个细菌细胞或细胞各部分的化学组成给细菌分类和鉴定带来了极有价值的信息，并由此产生了化学分类法。对于那些用传统方法不能得到满意的分类结果的细菌群，化学分类法是细菌系统分类的一个重要途径。化学分类包括的内容非常丰富，其分析技术涉及光谱、色谱、生物化学及分子遗传学的分析技术。分析涉及细胞的各类组分，从完整细胞到生物大分子及细胞的元素组成。主要的分类依据有细胞壁成分(如细胞壁的肽聚糖和脂多糖)、脂肪酸组成及代谢产物分析、类异戊二烯醌组分分析和蛋白质序列分析及电泳等。

从技术发展的角度看，数值分类、DNA-DNA 杂交和 16S rRNA 测序几项技术已经基本定型，在分类技术体系中的作用也已基本确定。但化学分类却仍在发展中，不断有新的技术出现，而这些新技术对于细菌分类的影响还较难评价。化学分类的方法很多，各种方法都有其优缺点，具体应用时要根据研究对象和目的进行选择。

(5) 血清学分类法

血清学分类法是伴随着免疫学理论和技术发展起来的，它既是传统方法，又是现代方法。从 19 世纪末人类认识到免疫反应与细菌的关系之后，血清学方法就很快被引入到细菌分类中。该法依赖于细菌细胞组分具有的抗原性，即其在脊椎动物体内诱发抗体产生的能力。抗原和抗体可以特异结合，依据抗原抗体反应的专一性，可以区分细菌的不同类型。由于血清学研究中所用的抗体存在于血清之中，所以将这种含有抗体的血清称为抗血清。

(6) 多相分类法

为阐明细菌系统发育的关系，现代细菌分类已进入多相(polyphasic)分类阶段，即描述从界至属、种所有水平的分类单元时，综合使用许多新技术，如表型特征指纹分析的 Biolog 系统、化学分类的指纹图谱系统、核酸技术中的 DNA-DNA 杂交、DNA 和 rRNA 序列分析等综合研究，结果均按相似性程度进行数值聚类，多以树状图表示，多项结果相互印证后，建立细菌的多相分类系统，使细菌分类朝着更趋自然的方向发展，更好地反映细菌分类单元的亲缘关系。

上述各种细菌分类方法，均以不同的细菌特征为基础，从不同的角度为细菌类群的区分和揭示细菌的系统发育关系提供证据。目前，作为整体的细菌分类技术体系只是初具轮廓，种、属的划分开始有了统一的标准，并在不断发展和完善之中。因此，目前细菌分类以多相分类为主，即采用多种表型和基因型的方法，从多方面对细菌进行研究，再确定其分类地位。

2.2.1.4　细菌分类系统

国际上比较全面的细菌分类系统有 3 个，即苏联学者克拉西里尼科夫编著的《细菌和放线菌的鉴定》、法国普雷沃的《细菌分类学》和美国细菌学会组织编写的《伯杰氏细菌鉴定手册》(*Bergey's Manual of Determinative Bacteriology*)。这 3 个系统只有《伯杰氏细菌鉴定手册》的分类系统被微生物学家广泛采用。《伯杰氏细菌鉴定手册》于 1923 年出版了第 1 版，并相继于 1925 年、1930 年、1934 年、1939 年、1948 年、1957 年和 1974 年出版了第 2~8 版。1984 年，该手册更名为《伯杰氏系统细菌学手册》(*Bergey's Manual of Systemic Bacteriology*)，分 4 卷出版。以细胞壁的结构特点为主，将原核生物界分为 4 个门，即薄壁菌门(Gracilicutes)、厚壁菌门(Firmicutes)、软壁菌门(Tenericutes)和疵壁菌门(Mendosicutes)，共 35 个类群。《伯杰氏系统细菌学手册》与《伯杰氏细菌鉴定手册》有很大不同，首先是在各级分类单元中广泛采用细胞化学分析、数值分类方法和核酸技术，尤其是 16S rRNA 寡核苷酸序列分析技术。这个手册的内容包括了较多的细菌系统分类资料，反映了细菌分类从人为的分类体系向自然的分类体系的变化。

2001—2012 年，《伯杰氏系统细菌学手册》第 2 版分成 5 卷陆续出版。第 1 卷包含古菌、蓝细菌和光合细菌等 13 个门，第 2 卷包含普罗特细菌门(Proteobacteria)(包含 3 个分卷)，第 3 卷包含厚壁菌门，第 4 卷包含拟杆菌等 12 个门，第 5 卷包含放线菌门(Actinobacteria)。植物病原细菌分布在第 2~5 卷中。第 2 版更多地采用了核酸序列资料，对各类群进行了调整，是对细菌系统发育分类重大进展的总结，但在某些类群中，序列特征与某些重要的表型特征相矛盾，给主要按表型特征进行细菌鉴定带来新的困难，如何解决这些问题，尚待进一步研究。

2015 年，约翰·威利父子(John Wiley & Sons，Inc.)出版公司首次在线出版《伯杰氏古菌和细菌系统学手册》，取代并扩展了《伯杰氏系统细菌学手册》第 2 版。新的手册包含 1 750 篇独立的文章，部分章节已更新至 2023 年，是对细菌最权威的描述。

2.2.1.5 细菌命名

细菌学名是按《国际细菌命名法规》命名的，该法规由第 1 届国际细菌学大会通过。1980 年，国际系统细菌学委员会(ICSB)公布了《核准的细菌名录》(*Approved Lists of Bacterial Names*)，并于 1989 年做了补充，这个名录包括经核准后生效的所有细菌的科学名称。1980 年，国际植物病理学会下属的植物细菌分类委员会还列出了《植物病原细菌致病变种名录》的模式菌系，并制定了命名致病变种的国际标准。因此，植物病理学家在进行植物病原细菌分类时，必须同时遵守以亚种为最低分类单元的国际细菌命名法规和植物病原细菌致病变种的国际标准。

《国际细菌命名法规》于 2008 年改为《国际原核生物命名法则》。新法则于 2022 年进行了修订，规定所有原核生物分类单元的名称需要经过 2 种途径才能被确定为合格名称：其一，在《国际系统与进化微生物杂志》上发表的原核生物新名称经过 2 年无争议后才被确认为合格名称；其二，在其他刊物上有效发表的新名称必须经过《国际系统与进化微生物杂志》进行审定后才能被确认为合格发表的新名称，该刊不定期发布合格的新名称名录。最新的合格名称可以在原核生物合格名称(LPSN)中查询(https://lpsn.dsmz.de)。

细菌和其他生物一样，采用国际上通用的双名法，属名和种名都以拉丁文的形式表示，其中属名在前，首字母大写；种名在后，首字母小写。如引起根癌病的根癌土壤杆菌为 *Agrobacterium tumefaciens*；若是致病变种，则需在种名后写上致病变种名称，并在致病变种名称前加上 pathovar 的缩写 pv.，如柑橘溃疡病菌为柑橘黄单胞杆菌柑橘致病变种 *Xanthomonas citri* pv. *citri*。

对于尚不能在人工培养基上获得纯培养的植物病原细菌，分类地位尚未确定，用候选名称"*Candidatus*"命名，如植原体属和韧皮部杆菌属，分别命名为 *Candidatus* Phytoplasma 和 *Candidatus* Liberobacter。

2.2.1.6 植物病原细菌主要类群

植物病原细菌目前有 27 个属，分布在细菌域的普罗特细菌门、放线菌门和软壁菌门中。目前，植物病原细菌有 300 多个种。

在普罗特细菌门中，菌体的细胞壁由相对薄而疏松的肽聚糖组成，革兰氏染色反应通常为阴性。该门中引起植物病害的细菌有土壤杆菌属(*Agrobacterium*)、假单胞杆菌属(*Pseudomonas*)、黄单胞杆菌属(*Xanthomonas*)、拉尔氏菌属(*Ralstonia*)、欧文氏菌属(*Er-*

winia)、嗜木杆菌属(*Xylophilus*)、木杆菌属(*Xylella*)和韧皮部杆菌属。放线菌门的植物病原细菌主要有棒杆菌属(*Corynebacterium*)和节杆菌属(*Arthrobacter*)，革兰氏染色通常为阳性。

①土壤杆菌属。菌体杆状，不产生芽孢，大小为 1.5~3.0 μm×0.6~1.0 μm，以 1~4 根周生鞭毛运动，如果是 1 根，则多为侧生。没有荚膜和芽孢。革兰氏染色阴性。菌落通常为圆形、隆起、光滑，无色素，白色至灰白色、半透明。过氧化氢酶阳性，氧化酶和尿酶通常也呈阳性。该属细菌有的种含有引起植物肿瘤症状的质粒，称为致瘤质粒(tumor inducing plasmid，Ti 质粒)，主要引起桃、樱桃、苹果、梨、杨树和葡萄等林木和果树的根癌病或冠瘿病。

②假单胞杆菌属。菌体杆状，大小为 1.5~ 4.0 μm×0.5~1.5 μm。有 1 至数根极鞭，没有荚膜和芽孢。革兰氏染色阴性，营养琼脂上的菌落圆形、隆起、灰白色，在低铁培养基上会产生水溶性色素，严格好气，化能异养型，代谢为呼吸型，无发酵型。接触酶阴性，过氧化氢酶反应阳性。菌体中会积累一种含碳化合物，即聚 β-羟基丁酸盐(PHB)。主要引起叶斑、腐烂、溃疡、萎蔫和肿瘤等症状，如引起丁香细菌性疫病的丁香假单胞杆菌丁香致病变种(*Pseudomonas syringae* pv. *syringae*)。

③黄单胞杆菌属。菌体杆状，大小为 0.7~1.8 μm×0.4~0.7 μm。极生 1 根鞭毛。革兰氏染色阴性。无荚膜和芽孢，细菌产生大量的胞外黏液，在琼脂培养基上菌落黄色。代谢呼吸型，氧化酶阴性或弱，接触酶阳性，极端好气。该属的不同种和致病变种会引起许多植物产生各种类型症状，常见的有叶、茎部坏死斑(叶斑、条斑和溃疡等)，还有腐烂和系统性萎蔫等。如引起柑橘溃疡病的柑橘黄单胞杆菌柑橘致病变种。

④拉尔氏菌属。是由原假单胞杆菌属中的 rRNA 第 2 组独立出来的一个类群。菌体短杆状，极生鞭毛 1~4 根，革兰氏染色阴性，好氧菌。在培养基上形成光滑、湿润、隆起和灰白色的菌落，与假单胞杆菌属的区别是该属细菌不产生荧光色素。引起桉树、木麻黄和油橄榄的茄假单胞杆菌(*P. solanacearum*)，此菌已于 1996 年更名为茄拉尔氏菌。茄拉尔氏菌寄主范围广，可以危害 30 余科 100 多种植物，能引起茄科植物、桉树、桑树和木麻黄的青枯病。病害的典型症状是植物全株呈现急性凋萎，病茎维管束变褐，横切后可见切面上有白色菌脓溢出。病菌可以在土中长期存活，为土壤习居菌。病菌可随土壤、灌溉水、种薯和种苗传播。侵染的主要途径是伤口，高温多湿有利于发病。

⑤欧文氏菌属。菌体杆状，大小为 1.0~3.0 μm × 0.5~1.0 μm。有多根周鞭，革兰氏染色阴性，菌落乳白色。菌体以单生为主，有时成双或呈短链状。在植物病原细菌中，它是唯一兼性厌气的类群。利用果糖、D-葡萄糖、半乳糖、β-甲基葡萄糖苷和蔗糖产酸，部分菌也可利用甘露醇、甘露糖、核糖和山梨醇产酸，但很少利用核糖醇、糊精、卫矛醇和松三糖产酸。氧化酶阴性，过氧化氢酶阳性，最适生长温度为 27~30℃。引起枝枯萎蔫症状，如梨火疫病菌(*Erwinia amylovora*)。

⑥嗜木杆菌属。菌体杆状，直或微弯，以单根极生鞭毛运动，革兰氏染色阴性。细菌生长很慢，最高生长温度为 30℃，产生尿酶，利用酒石酸盐，不利用葡萄糖、果糖、蔗糖产酸，不水解凝胶，氧化酶阴性，过氧化氢酶阳性，严格好气。本属只有 1 种，即葡萄嗜木杆菌(*Xylophilus ampelinus*)，主要寄生在木质部，引起葡萄组织坏死和溃疡。

⑦木杆菌属。大多数是单细胞菌体，短杆型，大小为1.0~4.0 μm×0.25~0.35 μm，无鞭毛，在某些情况下，细胞会连成线状，革兰氏染色阴性。该属细菌能在特殊培养基上培养，细菌菌落很小，边沿平滑或有细波纹。细菌只寄生在植物木质部，严格好气，没有色素产生。该属目前只有1个种，即引起葡萄皮尔斯病的苛养木杆菌(*Xylella fastidiosa*)，会使感病植株叶片枯焦坏死、叶片脱落、枝条枯死、生长缓慢、结果少而小、植株矮缩和萎蔫，最后引起植株死亡。

⑧韧皮部杆菌属(*Candidatus* Liberobacter)。1994年建立的一个候选属(*Candidatus* 缩写为 *Ca.*)。该属的细菌寄生在植物的韧皮部组织和传播媒介——木虱科昆虫的血淋巴及唾液腺中，至今尚未在人工培养基上分离培养成功。但在电镜下可看到形态为梭形或圆球形的细菌，梭形的大小为200~300 nm，圆球形的大小为500 nm，革兰染色阴性。该属含有3个种，都在柑橘上危害。在亚洲发生的柑橘黄龙病，定名为韧皮部杆菌亚洲种(*Ca.* Liberobacter asiaticum)；在非洲发生的柑橘青果病，定名为韧皮部杆菌非洲种(*Ca.* Liberobacter africanum)；在美洲发生的柑橘黄龙病病原为韧皮部杆菌美洲种(*Ca.* Liberobacter americanus)。亚洲种和美洲种属耐热型，发病的温度高，为25~40℃，非洲种发病温度低，最适温度为20~25℃，在30℃以上症状则减轻或消失。均由媒介昆虫传播，亚洲种和美洲种由柑橘木虱(*Diaphorina citri*)传播，非洲种由非洲木虱(*Trioza erytreae*)传播。

⑨棒杆菌属。1984年建立的新属。菌体多形态，包括直的或微弯曲的杆状、楔形和球形，大小为0.8~2.5 μm × 0.4~0.75 μm。革兰氏染色阳性。主要引起植物萎蔫症状，如密执安棒杆菌(*Clavibacter michiganense*)可以引起番茄、辣椒、苜蓿、玉米、马铃薯等植物萎蔫病。

⑩节杆菌属。菌体在生长过程中有明显的球状与杆状两种交替的现象，在新培养物中，菌体多为不规则的杆状，有的呈"V"形。在老培养物中，菌体多变为球形，大小为0.6~1.2 μm，革兰氏染色阳性，无芽孢，偶尔可运动，细胞壁肽聚糖中含有赖氨酸，严格好气，不水解纤维二糖，接触酶阳性，能液化明胶。适宜生长温度25~30℃。美国冬青节杆菌(*Arthrobacter ilicis*)是唯一的种，引起冬青疫病，危害叶片和小枝。

2.2.1.7 植物细菌病害的症状

植物病原细菌侵染植物后，一旦与植物建立寄生关系，就会对植物产生影响，使植物在生理上、组织上产生病变，最后在形态上表现各种症状，植物细菌病害的症状可分为4个类型。

(1)坏死

细菌病害常见的坏死症状有斑点和溃疡。细菌侵入植物组织后，致使薄壁组织的细胞坏死，造成枯斑，通常表现在叶片、果实和嫩枝上。病斑在初期往往呈水渍状，有的斑点周围还有褪绿圈，称为晕圈。叶片上的病斑常以粗的叶脉为界形成多角形病斑，如核桃细菌性黑斑病(*Xanthomonas arboricola* pv. *juglandis*)；也有不受限制迅速扩展成大型圆斑的，如丁香细菌性疫病。有的核果类果树的叶片受害后，组织坏死常脱落形成穿孔，如桃树细菌性穿孔病。柑橘黄单胞杆菌柑橘致病变种危害柑橘后，病斑组织木栓化并龟裂，形成溃疡斑，如柑橘溃疡病。

(2)腐烂

细菌侵入一些多汁液的植物组织后，先在薄壁组织的细胞间繁殖，分泌果胶酶，溶解细胞壁的中胶层，使细胞的透性发生改变，造成细胞内物质外渗，产生腐烂症状，如梨、苹果的火疫病。

(3)枯萎

细菌侵入植物组织后，在维管束的导管内繁殖，并上下蔓延，使导管堵塞，造成水分运输受阻，同时也可以破坏导管或邻近薄壁细胞组织，使整个输导组织遭受破坏，导致枯萎，被害植物的维管束组织变褐，在潮湿条件下，其横断面有黏稠状菌脓溢出，如桉树、木麻黄和油橄榄青枯病。

(4)畸形

细菌侵入组织后，会引起组织增生，如土壤杆菌含有 Ti 质粒，一旦侵入植物组织细胞后，细菌将 Ti 质粒上的 DNA 整合到寄主的染色体 DNA 上，从而改变植物细胞的代谢途径，造成植物细胞无序增长，形成肿瘤或发根，如樱花、核果类果树根癌病。

2.2.1.8 植物细菌病害的发生特点

(1)植物病原细菌的寄生性

绝大多数植物病原细菌都是弱寄生菌，可以人工培养。但有些细菌对营养要求苛刻，至今还不能人工培养，如韧皮部杆菌属的细菌，所以这些细菌被认为是专性寄生细菌。茄拉尔氏菌腐生性很强，在土壤中可长期存活，在人工培养基上培养后，致病性易丧失。另外，植物病原细菌的寄生专化性也有差别，如丁香假单胞杆菌桑树致病变种(*Pseudomonas syringae* pv. *mori*)只危害桑树，而茄拉尔氏菌、软腐欧文氏菌和根癌土壤杆菌可危害不同科的植物，寄主范围很广。

(2)植物病原细菌的侵染来源

①带菌或发病苗木和无性繁殖材料。带菌或发病苗木及无性繁殖材料是细菌存在的重要场所，也是一个地区新病原传入的来源，如柑橘黄龙病菌可以通过苗木传播。

②病株残体。带病的枯枝落叶在未分解之前，一般都有活细菌存在，可以成为初次侵染来源。病原细菌存活时间的长短取决于带菌残余组织所处的环境状况，如是高温高湿环境，植株组织容易腐烂，细菌则存活不长；如果环境干燥低温，植株组织不易腐烂，细菌则活得较长。

③土壤和肥料。大部分的植物病原细菌不能在土壤中长期存活，但有的细菌则可以存活较长时间，如根癌土壤杆菌和茄拉尔氏菌。这些可以在病植株残体或土壤中长期存活的细菌，称为土壤习居菌。肥料带菌是指有机肥料中混有病株残体，并将未腐熟的肥料施用到土壤中，可使土壤带菌。据报道，在桉树幼林中施用未腐熟的肥料，桉树青枯病的发病率明显提高。

④野生寄主、其他作物和杂草。野生寄主、其他作物和杂草如果被病原细菌感染，也是细菌病害的侵染来源。尽管有的不表现症状，但它们是中间寄主，会起到侵染源的作用。

(3)植物病原细菌的传播方式

植物病原细菌主要靠雨水传播，当下雨时，雨滴就会把病株上的菌脓溅飞并传到健康的植株上；如遇暴风雨，细菌会传得更远更快。土传病原细菌有时会被流水传至很远的地方。在农事操作过程中，修剪工具在修剪病部后也会带菌传播细菌病原。因此，要制订科学的操作手册，在进行林业管理活动时，严格按照手册操作，防止因人类活动导致病原传播扩散。

昆虫和一些动物也可以传播植物病原细菌，如油橄榄肿瘤病菌可以在油橄榄蝇的肠道内存活，当成虫飞到无病的植株上产卵时，病原细菌就被接种到寄主组织内，进行侵染。而梨火疫病菌一部分则是由蜜蜂传播到花上侵入的。柑橘木虱可携带柑橘黄龙病菌等。

人类活动也是细菌病原远距离传播的方式之一，如美洲发生的梨火疫病，就是由欧洲的移民带到美洲的。

(4)植物病原细菌的侵入途径

植物病原细菌主要从自然孔口和伤口侵入。植物的自然孔口有气孔、水孔及蜜腺等，尤以从气孔侵入的最多。伤口可由多种自然因素造成，如风、雨、冰雹、冻害或昆虫等，也可由人为因素造成，如耕作、嫁接、收获或运输等。此外，根的生长也会造成伤口。这些伤口都可以成为细菌侵入的途径。

不同的细菌其侵入途径是不相同的，假单胞杆菌和黄单胞杆菌从自然孔口侵入为主，寄生性比较强，如柑橘溃疡病菌可从气孔侵入，也可以从伤口侵入；茄拉尔氏菌、根癌土壤杆菌和软腐欧文氏菌则以伤口侵入为主。

2.2.1.9 植物细菌病害的防治

细菌病害的防治，应严格做好检疫工作，清除侵染来源，防止各种伤口产生，或施用抗生素进行治疗。对于青枯病等维管束病害，细菌主要从根部伤口侵入，因此，需要选育抗病树种(品种)或选用抗病砧木嫁接才能达到防治的目的。

2.2.2 无细胞壁的植物病原细菌

这是一类无细胞壁但有原生质膜包围的单细胞原核生物，与植物病害有关的有螺原体属和植原体属，细胞常呈多态性，大小差异较大。

2.2.2.1 螺原体属

菌体呈螺旋形，繁殖时可产生螺旋形分枝。培养生长需要甾醇，主要寄生在植物韧皮部和昆虫体内，会使感病植物产生矮化、丛生及畸形等症状，引起柑橘僵化病(*Spiroplasma citri*)，由叶蝉传播。

2.2.2.2 植原体属

(1)植原体的基本特性

1967年，日本学者土居养二(Yoji Doi)在桑树萎缩病的病树韧皮部组织中发现了与动物病原支原体相似的细菌，将其称为类菌原体(mycoplasma-like organism，MLO)。1992年，国际系统细菌学委员会(International Committee of Systematic Bacteriology，ICSB)同意将MLO更名为植物菌原体，简称植原体(Phytoplasma)。2004年，植物菌原体分类学组将其名称改为候选植物菌原体属。

植原体的形态通常呈圆球形或椭圆形(图2-24)。圆形的直径100~1 000 nm，椭圆形的大小为 200 nm× 300 nm。菌体容易变形，可以穿过比菌体直径小的空隙。植原体的细胞结构简单，没有细胞壁。菌体由单位膜组成的原生质膜包围，厚 7～8 nm。细胞质内有颗粒状的核糖体、丝状的 DNA 及可溶性蛋白质等。至今还不能在离体状态下人工培养。

繁殖方式有二均分裂、出芽生殖、丝状体缢缩形成念珠状并断裂为球状体，或老细胞外膜消失，内含体释放到体外发育为新个体。

由于植原体没有细胞壁，不合成肽聚糖和胞壁酸等，对青霉素等抗生素不敏感，但对四环素类药物敏感，感病植物用四环素处理后症状会暂时消失或减退。

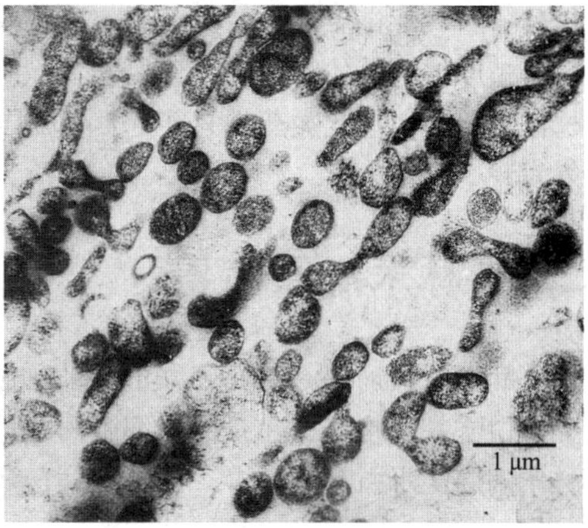

图 2-24　长春花变叶病韧皮部筛管细胞内的植原体
（龚祖埙，1990）

（2）植原体的分类

隶属于细菌域软壁菌门柔膜菌纲（Mollicutes）非固醇菌原体目（Acholeplasmatales），科名未定，候选植物菌原体属（*Candidatus* Phytoplasma，缩写为 *Ca*. Phytoplasma），简称植菌体属。植原体分类的最大变化是将其从厚壁菌门划分到软壁菌门中，其分类依据已从 16S rRNA 基因测序提高到全基因组测序水平。至 2023 年，合格发表的植原体有 67 种，其中已全基因组测序的有 47 种。

根据 16S rRNA 限制性片段长度多态性分析和核糖体蛋白质基因（*rp*）序列特征，以及症状特征的区别，植原体被分为 30 个组，与林木和果树病害相关的有 4 组。

第 1 组是翠菊黄化病组，特征是叶黄化、花变小或丛枝。如桑树矮化病、白杨丛枝病、油橄榄丛枝病和泡桐丛枝病等。

第 2 组是桃 X 病组，特征是引起黄化、丛枝等。如桃、樱桃的 X 病、胡桃丛枝病。

第 3 组是榆树黄化组，特征是黄化、丛枝。如榆树黄化病、榆树丛枝病、枣疯病和葡萄黄叶病。

第 4 组是苹果丛簇组，特征是卷叶、黄化等。如苹果簇叶病、梨衰退病和桃卷叶病。

（3）植原体病害的症状

到目前为止，已报道有 1 000 多种植物被植原体危害，主要症状表现为黄化、矮缩、丛生、花变叶及花、叶和芽变小等。木本植物中有梨衰退病、葡萄黄叶病、枣疯病、苹果簇叶病、泡桐丛枝病、榆树黄化病、檀香木丛生病和桉树黄化病等。

（4）植原体病害的发生特点

植原体所致病害为系统性病害，病菌可以扩散至植株的各个部位，但分布不均匀。病菌可在病株和媒介昆虫体内越冬。通过嫁接、菟丝子和昆虫媒介进行传播。利用病株的芽作接穗，嫁接在健康的植株上，当愈合后，植原体就会传到砧木上。在木本植物上潜育期较长，有的在 1 年以上。传播植原体的主要介体是刺吸式口器昆虫，如叶蝉、飞虱等。据报道，蚜虫和介壳虫也可传播植原体。传播媒介吸食病组织后，要经过 10～45 d 的循环期，植原体由消化道经血液进入唾液腺后才能传病，带菌介体可终生传病，但病原不经卵传代，新一代昆虫须重新吸食感病植物获得植原体后才能传播病害。

植原体病害的防治措施包括：清除病株；控制传播介体；利用四环素族抗生素处理病株进行治疗，但此类药物只能起到抑制或减轻症状的作用，而不能根除病害，治疗后常复发。

2.3 林木病原病毒

病毒(virus)是一类超显微的、非细胞结构的分子生物，通常由核酸分子组成的基因组和蛋白质衣壳构成，在专性活细胞内寄生生活。引起林木病害的病毒为林木病原病毒。由林木病原病毒引起的病害，为林木病毒病害。

2.3.1 植物病毒主要性状与分类

2.3.1.1 植物病毒的主要性状

(1)病毒的形态和大小

完整成熟的具有侵染能力的病毒个体称为病毒粒体。植物病毒的基本形态为球状、杆状和线条状。球状病毒的直径大多在20~35 nm，少数可以达到70~80 nm，球状病毒也称等轴体病毒或二十面体病毒。杆状病毒多为15~80 nm×100~250 nm，两端平齐，少数两端钝圆；线状病毒多为11~13 nm × 750 nm，个别可以达到2 000 nm以上。少数病毒，如植物弹状病毒，该病毒粒体呈圆筒形，一端钝圆，另一端平齐，直径约70 nm，长约180 nm，略似棍棒。有的病毒看上去是两个球状病毒联合在一起，称为双联病毒(或双生病毒)。还有的呈丝线状、柔软不定型以及杆菌状(图2-25)。

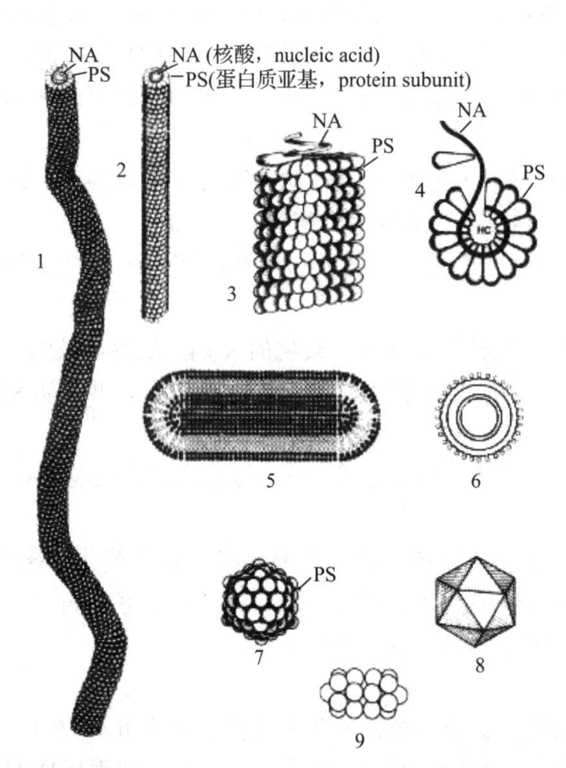

1. 长而弯曲的线状粒体；2. 杆状粒体；3. 杆状和线状病毒蛋白质亚基排列；4. 杆状和线状病毒核酸排列；5. 杆菌状粒体；6. 杆菌状粒体横切面；7. 多面体病毒粒体；8. 二十面体的等轴对称结构；9. 双联病毒粒体。

图2-25 病毒的形态和结构

(2)病毒结构和化学组成

病毒粒体的基本结构主要包括两部分，即中间由核酸形成的核酸芯和外部由蛋白质形成的衣壳。植物病毒基本化学组成是核酸和蛋白质，核酸占5%~40%，蛋白质占60%~95%；有的病毒粒体中还含有少量的糖蛋白或脂类，还有水分和矿物质等。核酸是病毒的遗传物质，是病毒遗传和感染的物质基础。一种病毒只含有 1 种核酸，DNA 或者 RNA。植物病毒的核酸大多为双链 RNA，少数为单链 RNA、双链 DNA 和单链 DNA。核酸构成了病毒的基因组。病毒的蛋白质分为结构蛋白和非结构蛋白。结构蛋白系指构成一个形态成熟的有侵染性的病毒颗粒所必需的蛋白质，如植物病毒的衣壳蛋白(CP)，由 1 条或多条多肽链折叠形成的蛋白质亚基，是构成壳体蛋白的最小单位。非结构蛋白指由病毒基因组编码的，在病毒复制或基因表达调控过程中具有一定功能，但不结合于病毒颗粒中的蛋白质。组成蛋白质的氨基酸及顺序决定着病毒株系的差异，表现在免疫决定簇则决定其免疫特异性。

电镜观察发现，病毒的结构呈现高度对称性，由蛋白质亚基构建成为螺旋对称、等轴对称或者复合对称结构的病毒粒体。呈现杆状或线状的病毒粒体，其蛋白质亚基有规则地沿着中心轴呈螺旋排列，形成高度有序、对称的稳定结构，即螺旋对称。烟草花叶病毒(tobacco mosaic virus，TMV)是螺旋对称的典型代表。等轴对称，又称正二十面体对称结构，是多数球状病毒粒体的结构构型。它由 20 个等边三角形组成，具有 12 个顶角，20 个面和 30 条棱，每个顶点由 5 个三角形聚集而成，这些边和点都是对称的。复合对称是前两种对称的结合，即两种对称结构复合而成。植物病毒中一般具有多层蛋白的病毒属于此种结构。如弹状病毒科病毒。

(3)病毒的增殖

病毒的繁殖方式与细胞生物不同。病毒是专性活细胞内寄生物，缺乏生活细胞所具备的细胞器以及代谢必需的酶系统和能量。病毒增殖所需的原料、能量和生物合成的场所均由寄主细胞提供，在病毒核酸的控制下合成病毒的核酸、蛋白质等成分，然后在寄主细胞内装配成为成熟的、具有感染性的病毒粒体。病毒的这种增殖方式称为复制。植物病毒在入住宿主细胞后脱去蛋白质外壳。如 TMV 的衣壳粒以双层盘的形式组装成衣壳，pH 值的改变、RNA 的嵌入对衣壳的装配起关键作用。病毒侵入后，蛋白质衣壳和核酸分开，核酸利用寄主细胞的物质和能量合成负模板，再利用负模板拷贝出大量 DNA，再转录成 mRNA，再翻译成蛋白质衣壳，最后组装成病毒粒体。

2.3.1.2　植物病毒的分类和命名

植物病毒的分类和命名不断更新和发展。植物病毒的分类依据病毒的最基本、最重要的性质：①构成病毒基因组的核酸类型(DNA 或 RNA)；②核酸是单链(single strand，ss)还是双链(double strand，ds)；③病毒粒体是否存在脂蛋白包膜；④病毒形态；⑤核酸分段状况等。随着对病毒了解的不断深入和病毒分类框架体系的不断完善，病毒分类强调对保守基因和蛋白质进行比较序列分析，包括基因的系统发育、基因同义性和共有基因的含量，并考虑其他分子特性。

植物病毒的分类和命名工作是在国际病毒分类委员会(The International Committee on Taxonomy of Viruses，ICTV)的统一领导下进行的。ICTV 于 1973—2011 年先后发表了九次《病毒分类与命名》报告。在 1995 年出版的 ICTV 第六次报告中，植物病毒与动物病毒和细菌病毒一样实现了按科、属、种加以分类。2019 年起，新的病毒分类系统(即 ICTV 第十次报告)陆续发表在线版的各种类型病毒分类规则。ICTV 在 2020 年批准了新的病毒分类系统，确定了病毒的各级分类阶元，最高阶元为域(realm)，每个阶元下面可以有亚阶元，即域(亚域)、界(亚界)、门(亚门)、纲(亚纲)、目(亚目)、科(亚科)、属(亚属)和种。

在2019病毒分类系统中，寄主为植物的病毒包括了植物病毒和亚病毒感染因子(类病毒、卫星病毒和卫星核酸)。植物病毒共有1 608种，涉及2个域、3个界、8个门、13个纲、16个目、31个科、8个亚科、132个属、3个亚属。根据病毒的核酸类型、链数和极性等特征，植物病毒划分为6大类群，即单链DNA病毒(501种)、双链DNA逆转录病毒(85种)、单链RNA逆转录病毒（25种）、双链RNA病毒(50种)、单链负义RNA病毒(98种)、单链正义RNA病毒(849种)。

至2023年，病毒共归类为6域、10界、17门(2亚门)、40纲、72目(8亚目)、264科(182亚科)、2 818属(84亚属)、11 273种。病毒属不再保留代表种/典型种(type species)，病毒科下面也不再有暂定种。

病毒的名称分为种名(学名)和普通名称(俗名)。各级分类阶元(域、界、门、纲、目、科、属与种)及亚阶元的名称均应为斜体，第一个词的首字母大写，其他词均小写，例如，烟草花叶病毒的种名为*Tobacco mosaic tobamovirus*，种名后不能加缩写(TMV)；病毒的普通名称全部正体书写，所有词均小写，普通名称后可加缩写，例如，烟草花叶病毒的普通名称为tobacco mosaic virus，TMV。今后，病毒学名的命名规则如下：采用拉丁双名(病毒属名+种加词)；第二个词(种加词)多数为拉丁文形容词，或者从任何词根创建的拉丁化单词(例如，烟草花叶病毒的拉丁双名为*Tobamowiruis tabaci*)；新发现的病毒可以直接用拉丁学名命名；现在已经正式批准的病毒种名，可以继续使用；种加词可以是拉丁字母、数字、字符集等文本的组合，但不能只用一个拉丁字母或阿拉伯数字。

2.3.2　林木病毒病害症状与诊断

2.3.2.1　症状类型

病毒侵染林木后能够引起外部形态产生明显的病变特征，称为外部症状；显微镜观察能够发现林木的细胞和组织的病变特征，称为内部症状。

病毒病害的外部症状主要有：

①变色。包括不均匀变色和均匀变色2种类型。不均匀变色包括花叶、斑驳类型。病毒侵染后引起叶片不均匀褪绿称为花叶症状；斑驳指病叶上有褪绿斑点，点较大，边缘不明显，分布不均匀。花叶症状的前期，往往先表现为叶脉透明称为明脉；有时叶脉表现为脉带，是指沿叶脉变深绿色；有的在平行叶脉间，出现浅绿、深绿或者白色为主的长条纹、线条与条点。均匀变色主要表现为褪绿和黄化，全株或部分器官表现为浅绿色或黄色，黄化不像花叶那样普遍。

②坏死。病毒危害引起的坏死常发生于叶、茎、果实等部位，表现为坏死斑、坏死条纹，叶片上出现同心纹形的斑称为环斑；有的环斑的环未封闭，成为环纹；有的在叶片上有很多线纹联结，在全叶形成橡树叶状轮廓的纹，称为橡叶纹。

③畸形。病毒侵染后容易引起林木畸形。有的表现为局部组织或器官的变形，如卷叶、线叶、蕨叶、叶片皱缩、产生疱斑、耳状突起、增生等；有的表现为整个植株的矮缩、矮化、丛簇。

病毒侵染后的内部症状表现为林木生理、细胞和组织的变化。

林木受到病毒侵染后，往往表现为呼吸强度的先上升后下降、光合作用下降、叶绿素受到破坏、淀粉在叶部积累、碳水化合物含量下降、内源激素水平失衡导致组织增生、维管束和薄壁组织坏死等特征。某些林木被病毒侵染后，在病组织中产生的一种特殊结构，存在于细胞质或细胞核中，在显微镜下可以观察到，称为内含体(inclusion body)。内含体是病毒侵染林木发病后的重要特征，分为不定型内含体 X 体和结晶体。X 体无一定形状，半透明，通常外有一层膜是由病毒粒体和寄主物质构成。结晶体有六角型、长条型、正四面体型等，个别的还有皿状，无色透明，主要是由病毒粒体和寄主的蛋白质有规则地排列形成。并不是所有的病毒病都有内含体，有些必须发育到一定阶段才形成，同时一种病毒还可有多种形态的内含体。

2.3.2.2　林木病毒病害的诊断

林木病毒病害的诊断可依照田间观察、症状鉴别、病原鉴定等步骤，但因为病毒是专性活细胞内寄生的、非细胞生物，因此，病毒病害的诊断除了病害症状观察、田间分布和相关因素综合分析外，还要进行病毒生物学实验、病毒汁液体外性状测定、血清学实验、粒体形态和大小电子显微镜观察等。

病毒病害的症状如上所述，其一个重要特点是病毒病都不表现病征。这一点可以区别于一些真菌和细菌侵染的病害。病毒病害在症状上容易与生理病害，尤其是缺素症，以及环境污染所造成的林木病害混淆，但病毒病害在林间通常有一个发病中心，具有扩展趋势。

生物学实验的目的是确定病原的侵染性，用实验方法证明病毒与病害的直接相关性。生物学实验还可以确定病毒的传播方式，明确病毒所致病害的症状类型和寄主范围。用来鉴别病毒或其株系的具有特定反应的植物称为鉴别寄主。凡是病毒侵染后能产生快而稳定、并具有特征性症状的植物都可作为鉴别寄主。不同病毒或其株系在不同鉴别寄主上反应可能不同，从而将其区分开。

在经典病毒学中，病毒在体外的存活能力是病毒的重要特征之一，病毒汁液的稀释限点、钝化温度、体外存活期的测定，可以作为病害间接诊断的依据。稀释限点(dilution end point，DEP)是指保持病毒侵染力的最高稀释度，用 10^{-1}，10^{-2}，10^{-3}，…表示，它反映了病毒的体外稳定性和侵染能力，也象征着病毒浓度的高低。钝化温度(thermal inactivation point，TIP)是指处理 10 min 使病毒丧失活性的最低温度。大多数植物病毒的 TIP 在 55~70℃时，烟草花叶病毒的 TIP 最高，为 97℃。体外存活期(longevity in vitro，LIV)指在室温(20~22℃)下，病毒抽提液保持侵染力的最长时间。大多数病毒的存活期在数天到数月。

血清学方法是诊断和鉴定病毒的基础方法，在诊断林木病毒病害中，具有快速、简便、灵敏、经济的特点。其依据的原理都是抗原与抗体的特异性结合，目前最常用的方法是酶联免疫吸附反应(enzyme linked immunosorbent assays，ELISA)。ELISA 方法的基本原理是酶分子与抗体或抗抗体分子共价结合，此种结合不会改变抗体的免疫学特性，也不影响酶的生物学活性。此种酶标记抗体可与吸附在固相载体上的抗原或抗体发生特异性结合。滴加底物溶液后，底物可在酶作用下出现颜色反应。因此，可通过底物的颜色反应来判定有无相应的免疫反应，颜色反应的深浅与标本中相应抗体或抗原的量呈正比。此种显色反应可通过 ELISA 检测仪进行定量测定。ELISA 灵敏度高，可检测纳克(ng)水平的病毒，特异性强、操作简便，广泛用于植物病毒的诊断与鉴定。

随着聚合酶链式反应(polymerase chain reaction，PCR)检测技术是根据病毒核酸序列设计引物，以被检测样品核酸为模板，进行 PCR 反应，能够检测 10^{-18}g 水平的病毒，灵敏度极大提高。结合扩增目标产物的序列测定和核苷酸的序列系统进化分析，对病毒的株系、其重组和变异特征的分析能够提供有价值的信息。目前 PCR 技术已经广泛应用于病毒的检测诊断，并产生了一系列相关技术和方法。

2.3.3 林木病毒病害发生特点

病毒是活细胞寄生生物。因此，病毒侵入植物时，需要一个轻微的伤口，通常称为微伤口。这种伤口既能造成植物细胞壁破坏，又不导致细胞大量死亡。这样，病毒在侵入后能够在活细胞中繁殖，然后逐渐扩展到周围细胞。

病毒从植物的一个局部到另一局部的过程称为移动。病毒自身不具有主动转移的能力，它的移动都是被动的。病毒在植物叶肉细胞间的移动称为细胞间转移，主要通过植物细胞的胞间联丝移动，这种转移的速度很慢。病毒通过维管束输导组织系统的转移称作长距离转移，转移速度较快，大部分植物病毒的长距离移动是通过植物的韧皮部，少数可以在木质部移动。

植物病毒从一植株转移或扩散到其他植物的过程称为传播，根据自然传播方式的不同，可以分为介体传播和非介体传播两类。

非介体传播包括机械传播、嫁接传播、种子、花粉传播等。机械传播是重要的非介体传播方式，也称汁液摩擦传播或接触传播，植株间接触、林业操作、修剪工具污染等均可造成病毒的机械传播。带毒接穗或砧木嫁接造成的病毒传播，是林木育苗和品种改良中病毒传播的重要途径。

植物病毒的介体种类很多，主要有昆虫、螨类、线虫、真菌、菟丝子等。其中以昆虫最为重要，其中 70%为半翅目的蚜虫、叶蝉和飞虱，而又以蚜虫为最主要的介体。病毒经昆虫口针、前消化道、后消化道，进入血液循环后到达唾液腺，再经口针传播的过程称为循回，这种病毒与介体的关系称为循回型关系，其中的病毒称为循回型病毒，介体称为循回型介体；病毒不在介体体内循环的相互关系称为非循回型。循回型相互关系中又根据病毒是否在介体内增殖而分为增殖型和非增殖型。病毒在昆虫体内持毒时间不同，根据介体持毒时间的长短可以分为非持久性、半持久性和持久性 3 种相互关系。非循回型病毒是非持久性的，病毒停留在昆虫口针中重复传染，持毒期短为几秒至几分钟；非增殖型病毒为半持久性的，保毒期略短，为几小时至几天，昆虫蜕皮失毒；而增殖型病毒则为持久性的，不因昆虫蜕皮而失毒，甚至终生带毒和遗传给子代。

林木病毒多表现为系统侵染，发病后表现为系统症状。系统侵染是指病毒从最初的侵染点，经过细胞间的胞间移动和通过韧皮部的长距离移动，运转到林木其他部位并建立侵染点的过程。病毒侵染后，在林木体内增殖，但林木不表现症状的现象称为潜伏侵染。受到侵染而不表现症状的植株，称为带毒者。有些林木在病毒侵染表现症状后，因温度等环境条件变化而出现症状消失的现象，称为隐症。

在林木病毒病的侵染来源中，苗木和带毒的无性繁殖材料，如接穗、砧木、插条等，不仅能够造成病毒随着植物的繁殖传播，而且能够调运形成远距离传播。感病的植株，包括发病的林木、果树，以及病毒的其他寄主，如蔬菜、野生植物等，都可能成为病害的侵染来源。虫传病毒，尤其是增殖型病毒，越冬的带毒介体和卵孵化的带毒若虫就是病毒病的侵染来源。土壤中的病毒一般不能作为侵染来源，但是随土壤中线虫或真菌传播的病毒则可能成为侵染来源。

2.4 寄生性种子植物

种子植物绝大多数是具有根系、自周围环境汲取无机营养物质，并具有叶绿素，能进行光合作用产生有机物的自养生物，只有少数是必须依赖其他植物提供部分或全部养分的寄生性异养生物。全世界营寄生生活的种子植物已知有2 500多种，分属于12个科。其中，最重要的是桑寄生科(Loranthaceae)、菟丝子科(Cuscutaceae)和列当科(Orobanchaceae)。樟科(Lauraceae)、檀香科(Santalaceae)和玄参科(Scrophulariaceae)中也有少数重要的寄生性种类。桑寄生科、菟丝子科和樟科的寄生性植物仅危害寄主植物的地上部分。列当科和玄参科的寄生种类则是根部寄生物。

寄生性种子植物虽然都是严格的专性寄生物，但它们对寄主的依赖性却有所不同。据此，可以区分为半寄生性种子植物和全寄生性种子植物。

半寄生性种子植物有正常的绿色叶片或含叶绿素的茎，能进行光合作用；但它们没有正常的根，根已转变成特殊的吸根。吸根深入寄主植物的木质部，与寄主的导管相连接，吸取寄主体内的水分和无机盐类，供自己光合作用之用。半寄生性植物以桑寄生科为主，该科植物约有6属1 300多种，大多是多年生常绿小灌木，分布在热带及亚热带，在我国主要分布在长江流域以南。樟科的无根藤(*Cassytha filiformis*)也是半寄生植物，在长江以南颇为普遍，其外表形态很像菟丝子，但缠绕茎为绿色，寄生在多种阔叶树或杉木上，也可危害灌木及草本植物，危害方式与菟丝子相似。

全寄生植物的叶退化成鳞片状，全身不含叶绿素，故不能行光合作用。根退化成吸器，深入寄主植物体内汲取水分和有机养分，它们不仅与寄主组织的导管相连，而且与寄主的筛管也相连。菟丝子科和列当科植物都是全寄生物。菟丝子科仅1属，即菟丝子属(*Cuscuta*)，我国约有10种，南北各地均有分布。菟丝子为一年生草本植物，茎线状，黄白色，不含叶绿素，叶和根均退化。以茎缠绕寄主植物枝干，从茎上伸出吸器，穿透寄主皮层吸取养分。

我国常见的全寄生性种子植物有菟丝子属、列当属(*Orobanche*)和无根藤属；半寄生性种子植物有桑寄生属(*Loranthus*)、槲寄生属(*Viscum*)、独脚金属、松杉寄生属等。

2.4.1 菟丝子属

菟丝子是菟丝子科菟丝子属植物的通称，俗称无根草、菟丝、黄丝和金线草等，是一类缠绕在木本和草本植物茎叶部、营全寄生生活的草本植物。世界上已记载的有100多个种，我国已发现10种。木本植物中如垂柳及银白杨也受其害。

菟丝子属于一年生攀缘性寄生草本植物，无根，叶退化呈无色鳞片状。茎为黄色旋卷的细丝。秋季开放淡黄色或粉色细小花，头状花序。果实为扁圆形蒴果，内有种子2~4

1. 寄生在柑橘上的菟丝子

2. 菟丝子的花

图 2-26　菟丝子的危害状况

粒，种子极小，卵圆形稍扁，黄褐色至黑色。其形态如图 2-26 所示。

菟丝子种子几乎与寄主植物同时成熟，大量的种子散落在土壤中，种子萌发后，形成无色丝状茎穿出土面在空中旋转，一旦碰上寄主植物就缠绕上去，下部萎缩与土壤脱离，在与寄主植物接触处形成吸器，分化出与寄主维管组织相通的导管和筛管以吸取养分。藤茎不断发育和伸展缠绕，在寄主上形成的吸器不断增多，使寄主植物生长削弱。随菟丝子的蔓延，相邻植株也被缠而连成一大片，被寄生的植株枯黄，易早死。寄主植物被严重缠绕，可致树木生长不良，濒于死亡。其侵染过程如图 2-27 所示。

菟丝子的防治：减少侵染来源，冬季深耕，使菟丝子种子不能发芽；春末夏初发现菟丝子立即清除。

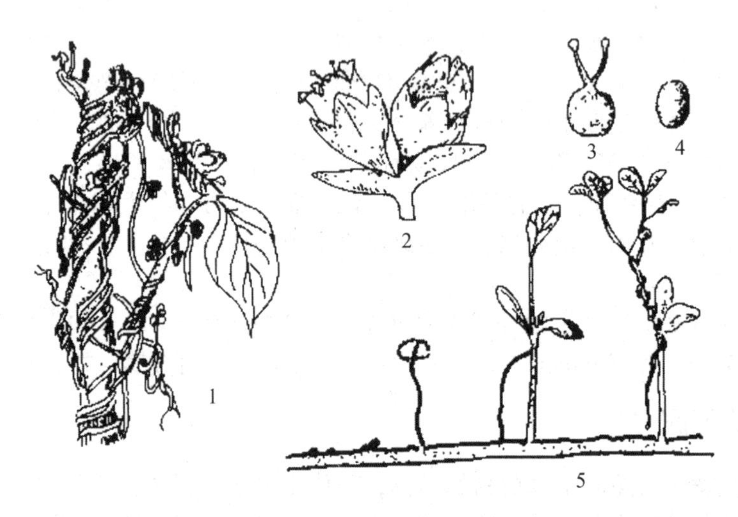

1. 菟丝子危害状；2. 花；3. 子房；4. 种子；5. 菟丝子种子萌发及侵染寄主的过程。

图 2-27　菟丝子的侵染过程

(许志刚，2003)

2.4.2　列当属

列当是一类在草本(或木本)植物根部营全寄生生活的列当科植物的总称，通常所说的列当指列当属植物。列当属植物的种子随寄主种子传播很远，一旦传入很难根除。

列当科植物已有25属超过了200种，列当属已有100种，主要分布在高纬度地区，可以作药材。在我国主要分布于西北和东北地区，常见有4种，其中列当(*Orobanche coerulescens*)及在吉林发现的向日葵弯管列当(*O. cernua*)和直管列当(*O. cerulescens* var. *hansii*)，属于花茎不分枝的类型；还有分枝列当(*O. ramose*)和埃及列当(*O. aegyptiaca*)在我国危害最严重，主要分布在新疆，寄主以瓜类、豆类、马铃薯、番茄、烟草、花生、向日葵、辣椒为主。

列当是一年生根部寄生植物，没有叶绿素也没有真正的根，而是以在寄主根上形成的吸器吸取寄主水分和营养物质，并向上形成直立的茎。茎高30~40 cm，单生或分枝，呈黄褐至紫褐色，茎上螺旋式排列着退化呈鳞片状的叶片，色泽与茎相似。种子极小，扁圆，褐色，成熟散出后很易随风传播，在不适于萌发的条件下可保持存活数年。种子也可因雨水、生产活动等混入植物种子进行多种途径传播。

主要防治措施：实行与非寄主轮作，严重危害地区要铲除开花前的嫩茎，培育抗病品种，化学防治等。

2.4.3　桑寄生属和槲寄生属

桑寄生属和槲寄生属是在木本植物枝梢上营半寄生生活的寄生性种子植物，属桑寄生科。该科植物多数种是具有叶片和叶绿素的半寄生植物，仅少数种无叶绿素，需营全寄生生活。寄主都是木本植物，包括裸子植物的松杉类和被子植物的桑、樟、栗、杨等。

槲寄生

桑寄生的茎呈褐色，圆筒状，叶对生舌状。雌雄同花，浆果球形或卵形，内果皮有一层胶质保护种子，其种子主要靠鸟类取食浆果后传播。被鸟食后再吐出或排出的种子黏附在树皮上，种子吸水萌发并产生吸盘，吸盘下生根侵入树皮，并深入扩展形成假根和次生吸根直达寄主的木质部，与寄主导管相通，并建立起吸取寄主水分和无机盐的寄生关系。与此同时，萌发的胚芽也发育形成短枝和叶片，随着枝叶的发展，再通过不定芽在树枝上建立新的侵染点而发展成丛生状灌木丛(图2-28)。

被桑寄生危害后，林木一般表现为提前落叶，翌年出叶迟，影响树木长势，且被寄生处肿胀，木质部分纹理紊乱，出现裂缝或空心，严重时枝条枯死或整株死亡。

槲寄生是槲、梨、榆和桦等阔叶树上营半寄生的高等植物，世界各地均有分布，尤以温带为多。在森林、经济林、防护林、果树及行道树上均有发生，南方树木受害较重；多寄生在直径1~2 cm的寄主枝条上，少数可在30 cm左右的枝干上寄生。

槲寄生具有革质对生叶片，有的叶退化，小茎作叉状分枝，花极小，雌雄异花。其侵染传播和寄生特点与桑寄生相同。浆果内含1粒种子，浆果在冬季成熟，初为乳白色，后为红色。树木被害后，枝干上有高0.5~1.0 m的槲寄生灌丛，灌丛着生处略肿大，冬季落叶后更明显。受害枝干的木质部呈辐射状割裂，失去利用价值，被害树木的生长受阻。病树通常可存活多年而不死亡。

1. 寄生状

2. 枝叶的形态

图2-28 槲寄生(桑寄生)的危害

桑寄生和槲寄生种子由鸟类传播。果实成熟后鲜艳的颜色招引鸟类取食。但种子不能消化，被吐出或随粪便排出。由于种子上有一层吸水性很强的黏结物质，使种子黏附在树皮上。条件适宜时，种子萌发产生胚根，胚根与寄主接触后产生吸盘固定在枝条上。防治的唯一方法是在冬季果实成熟前砍除被害枝条。

2.5 林木病原线虫

线虫又称蠕虫，属线形动物门的线虫纲(Nematoda)。线虫的数量很多，在动物中仅次于昆虫。大多数种类可独立生活在土壤中或水中，以各种有机物为食。其中很多能寄生在人、动物和植物体内，引起病害。危害植物的称为植物病原线虫或植物寄生线虫，或简称植物线虫。植物受线虫危害后所表现的症状，与一般的植物病害症状相似，因此常称之为线虫病。习惯上都把寄生线虫作为病原物来研究，所以它是植物病理学内容的一部分。

2.5.1 形态和结构

线虫体形细长如线，表面光滑，呈透明或半透明的管状，头尾稍尖，长0.3~4.0 mm，宽0.015~0.035 mm。雌雄异体，少数种类雌虫呈梨形或柠檬形，仅头部稍尖。体壁从外到内由角质层、下皮层和肌肉层组成，其内消化系统和生殖系统明显。消化系统最前端即口腔，细长的口腔中有一针管状口针，是穿刺植物表皮而取食的器官；口针之后为膨大成球形的中食道球，其后附有唾液腺。食道下接肠、直肠直到肛门。生殖系统在成虫体内十分发达，占体腔的大部，雌虫具1~2个卵巢，通过输卵管、子宫而到阴门。雄虫具1~2个精巢，经输精管达于体末的泄殖腔，在该体壁上生出一对交合刺。雄虫的生殖孔和肛门是同一开口(图2-29)。

2.5.2　线虫生活史

植物病原线虫生活史中具有卵、幼虫和成虫 3 种虫态。线虫由卵孵化出幼虫，幼虫发育为成虫，两性交配后产卵，完成一个发育循环，即线虫的生活史。线虫的生活史很简单，卵孵化出来的幼虫形态与成虫大致相似，所不同的是生殖系统尚未发育或未充分发育。幼虫发育到一定阶段就蜕皮一次，蜕去原来的角质膜而形成新的角质膜，蜕化后的幼虫体长大于原来的幼虫。每蜕化一次，线虫就增加一个龄期。线虫的幼虫一般有 4 个龄期。垫刃目(Tylenchida)线虫的第一龄幼虫是在卵内发育的，所以从卵内孵化出来的幼虫已是 2 龄幼虫(开始侵染寄主，也称侵染性幼虫)。经过最后一次的蜕化形成成虫，这时雌虫和雄虫在形态和结构上已明显不同，生殖系统已充分发育，性器官容易观察。有些线虫的成熟雌虫的虫体膨大。有的线虫在发育过程中，雌虫和雄虫的幼虫在形态上已经有一定的差异。雌虫经过交配后产卵，雄虫交配后随即死亡。有些线虫的雄虫很少，或很难找到它们的雄虫。有些线虫的雌虫不经交配也能产卵繁殖(孤雌生殖)。因此，在植物病原线虫的生活史中，一些线虫的雄虫是起作用的，有的似乎不起作用或作用还不清楚。在环境条件适宜的情况下，线虫完成一个世代一般只需要 3~4 周，如温度低或其他条件不合适，则所需时间要长一些。线虫在一个生长季节里大多可以发生若干代，发生的代数因线虫种类、环境条件和危害方式而不同。

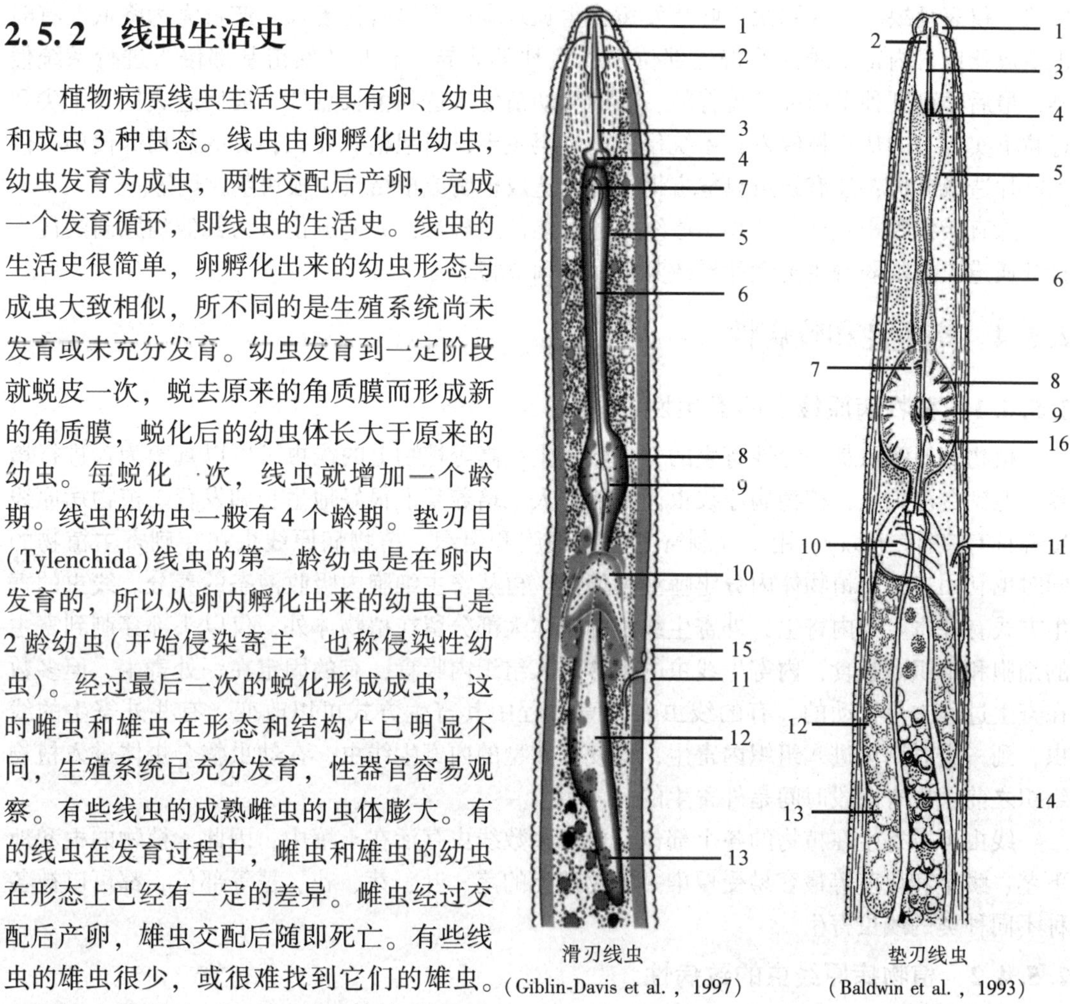

滑刃线虫
(Giblin-Davis et al., 1997)

垫刃线虫
(Baldwin et al., 1993)

1. 唇区；2. 口针针锥部；3. 口针针杆部；4. 口针基节；5. 食道前体部；6. 食道腺管；7. 背食道腺开口；8. 中食道球；9. 瓣门；10. 神经环；11. 排泄孔；12. 后食道腺叶；13. 食道腺核；14. 肠；15. 半月体；16. 亚腹食道腺开口。

图 2-29　植物线虫解剖结构
(示体前部)

线虫生活史

2.5.3　侵染和危害

植物病原线虫在植物上的寄生分内寄生和外寄生 2 种方式。外寄生现象发现较晚。20 世纪 50 年代才被人们觉察。外寄生线虫以口针刺入寄主的根部组织中，除头部外，大部躯体留在根外，通常引起根表面产生病斑，根尖干死，有时还造成根系过度分支。此外，外寄生线虫感染后，还会引起腐生菌感染，造成更严重的根腐；寄主地上部通常无特征性病状，仅表现缺水、缺肥状，叶片发黄，生长衰弱，干旱时易萎蔫，产量大为降低，有时也造成死苗。内寄生线虫的寄生部位因线虫种类而异，有时从幼苗基部侵入进行系统侵染，最后蔓延到种子内部危害籽粒；有的从幼苗侵入达到生长点外，最后造成顶叶干尖和籽粒不实；有的从小枝侵入，系统侵染蔓延至主干，引起整株死亡；有的只局部侵染，侵入叶片造成叶斑；还有线虫只危害地下部，造成根腐或根结或块根块茎腐烂等。

除直接危害寄主外，植物病原线虫还可能传播病毒，或造成伤口为其他病原菌的侵入打开通道，或削弱寄主抗性而导致其他病原菌危害。

2.5.4　寄生性和致病性

2.5.4.1　植物病原线虫的寄生性

植物病原线虫都是专性寄生的，少数寄生在高等植物上的线虫可以以真菌为食进行培养。但到目前为止，植物病原线虫尚不能在人工培养基上很好地生长和发育。植物病原线虫都具有口针(stylet)，用于穿刺寄主植物细胞和组织。植物病原线虫在穿刺寄主植物的同时也利用口针向植物体内分泌唾液及酶类，再从寄主细胞内吸收液态的养分。线虫的寄生方式有外寄生和内寄生，外寄生线虫的虫体大部分留在植物体外，仅以头部穿刺到寄主的细胞和组织内吸食；内寄生线虫的虫体进入组织内吸食，有的固定在一处寄生，但多数在寄生过程中是移动的。有的线虫在发育过程中其寄生方式可以改变，有些外寄生的线虫，到一定时期可进入组织内寄生；即使是典型的内寄生线虫，在幼虫整个虫体进入植物组织之前，也有一段时间是外寄生的。

线虫可以寄生在植物的各个部位。由于多数线虫存活在土壤中，因此，植物的根和地下茎、鳞茎和块茎等最容易受侵染。植物地上的茎、叶、芽、花、穗等部位，都可以被各种不同种类的线虫寄生。

2.5.4.2　植物病原线虫的致病性

有很多线虫对植物有致病性，有的能造成毁灭性损失。线虫的穿刺吸食和在组织内造成的创伤，对植物有一定的影响，但线虫对植物破坏作用最大的是食道腺的分泌物。食道腺的分泌物，除去有助于口针穿刺细胞壁和消化细胞内含物便于吸取外，大致还可能有以下这些影响：①刺激寄主细胞增大，导致形成巨型细胞或合胞体(syncytium)；②刺激细胞分裂，形成瘤肿或根部过度分枝等畸形症状；③抑制根茎顶端分生组织细胞的分裂；④溶解中胶层使细胞离析；⑤溶解细胞壁和破坏细胞。由于上述各方面的影响，植物受害后就表现各种病害症状。植物地上部的症状有顶芽和花芽的坏死，茎叶的卷曲或组织的坏死，形成叶瘿或种瘿等。植物枝干受害后则造成整株枯萎死亡。根部受害的症状，有的表现为生长点被破坏而停止生长或卷曲，根上形成瘤肿或过度分枝，根部组织的坏死和腐烂等。多肉的地下根或茎受害后，组织先坏死，以后由于其他微生物的侵染而腐烂。根部受害后，地上部的生长受到影响，表现为植株矮小、色泽失常和早衰等症状，严重时整株枯死。值得指出，由于土壤中存在有大量的腐生性线虫，因此在植物根部以及植物地下部或地上部坏死的组织内外看到的线虫，不一定是致病性的线虫，要注意区分寄生性线虫和腐生性线虫。腐生性线虫的特征主要是：口腔内没有口针，食道多为双胃型或小杆型，尾部细长如丝状，在水中非常活跃。

植物病原线虫除去本身引起病害外，与其他病原物的侵染和危害也有一定的关系。土壤中存在着许多其他病原物，根部受到线虫侵染后，容易遭受其他病原物和真菌的侵染，从而加重病害的发生。有些土壤中的寄生性线虫，如剑线虫属(*Xiphinem*)是传播许多植物病毒的介体，它们可传播病毒或为其他病原物侵染创造了侵入的伤口，从而引起更为严重的病害发生。

寄生于植物的线虫已知有数百种，主要包括粒线虫属(*Anguina*)、滑刃线虫属(*Aphelenchoides*)、伞滑刃线虫属(*Bursaphelenchus*)、茎线虫属(*Ditylenchus*)、异皮线虫属(*Heterodera*)和根结线虫属(*Meloidogyne*)等。与林木病害有关的线虫中，伞滑刃线虫属的松材线虫自传入我国以来，引起了松树大量枯死，造成了严重的经济和生态损失。根结线虫属的线虫在我国南方苗圃中比较普遍，危害苗木根系，引起根皮及中柱细胞不正常生长，形成大小不等的瘿瘤。被害植株生长不良，受害严重的也会引起全株枯死。

2.5.5　植物病原线虫的分离

植物寄生线虫通常是从它们感染植株的根部或者周围的土壤中分离的。少数几种侵害植物地上部分的线虫是从它们侵染的植物部分分离的。值得指出，由于土壤中存在有大量的腐生性线虫，因此，在植物根部以及植物地下部或地上部坏死的组织内外看到的线虫，不一定是致病性的线虫，要注意区分寄生性线虫和腐生性线虫。腐生性线虫的特征主要是：口腔内没有口针，食道多为双胃型或小杆型，尾部细长如丝状，在水中非常活跃。

植物寄生线虫常用分离的方法是贝尔曼漏斗法或过筛法。

贝尔曼漏斗法分离线虫：用一个直径 12~15 cm 的玻璃漏斗，下端接一段橡皮管，并用止水夹将水管夹住。将要分离的植物材料切成薄片，或用粉碎机等将植物材料破碎，将样本包在多层纱布里放在玻璃漏斗中，或是直接放在垫有棉巾纸的漏斗中，向漏斗中加水淹没植物材料，6~8 h 后，从下端橡皮管中放出 5~8 mL 水，便可回收到植物体内 90%以上的活线虫。

贝尔曼漏斗法

过筛法分离线虫：将 300 cm^3 的土壤样本，与 2 000 mL 水混合，摇匀后静止 30 s，将浮在上面的液样倒过一个 20 目的筛子(1 英寸的直线距离上，直线排列有 20 个筛孔，1 英寸=2. 54 cm)，筛除大的残渣而让线虫通过。然后分别用60 目和200 目的筛子过滤，将筛子上面的线虫和残渣用水冲洗下来，放到一浅盘中就可直接检查和进一步分离。

2.5.6　线虫的分类

所有的植物寄生线虫都属于线形动物门线虫纲，且大多属于侧尾腺亚纲(Phasmidia)垫刃目。

其分类的主要依据是有无侧尾腺口，阴门周围有无特殊的会阴花纹及花纹的形态，雄虫有无交合伞及交合伞的长短形状，有无交合刺等。与林木相关的主要植物病原线虫有：

①根结线虫属。雌雄成虫异形，雌虫呈洋梨形，内寄生或半寄生虫体多在瘤状结节中，双卵巢，阴门周围有特殊会阴花纹，卵大多排出体外，集中在尾部胶质的卵囊中，雄虫蠕虫状，尾端钝圆，无交合伞，有交合刺。

②茎线虫属。两性成虫都为纤细蠕虫形，头尾弯曲度大，雌虫卵巢单列直伸，雄虫成虫交合伞不包到尾尖，寄生在植物的茎、芽和地下球根，引起组织的腐烂和变形扭曲。

③伞滑刃线虫属。雌虫卵巢前伸，卵母细胞通常单行排列。后阴子宫囊长，延伸到阴肛距 3/4 处。上阴唇长，向下覆盖，形成阴门垂体(或阴门盖)。尾近圆柱形，尾端钝圆，或有短的尾尖突。雄虫尾尖，侧面观似爪状。精巢前伸。交合刺大，呈很独特的弓形，成对，不联合，基部有一大而尖的喙，交合刺末端有一几丁质凸出物。该属中经济上最重要的是松材线虫。

2.5.7 线虫的防治

①植物检疫。有些重要的线虫病在我国尚未发现，如水稻茎线虫。有些在我国局部地区发生，如松材线虫。应采取检疫措施，防止这些植物病原线虫的传播蔓延。

②轮作和间作。植物寄生线虫都是专性寄生的，它们的卵和幼虫在土壤中存活的时间有限。用非寄主植物进行轮作，可以达到防治的目的。在美国，人们发现用猪屎豆与黄瓜、桃等间作，能降低黄瓜和桃线虫病的发生，这是因为根结线虫虽然也能侵染猪屎豆，但在猪屎豆的根中不能发育成熟或不能产卵。

③种苗处理。有些线虫是在种子或苗木中越冬，并由种苗传播。因此，可以用温水浸种(43~53℃处理，时间从几分钟到 30 min)，以热力杀死线虫(50℃处理 30 min，可杀死大多数线虫；82℃处理 30 min 则称为土壤消毒)。

④土壤处理。土壤处理是防治植物线虫病的传统方法，使用化学药剂或热处理等方法对土壤进行消毒，以杀灭线虫。

⑤病株处理。对于病原和传病媒介都在病死树中越冬的松材线虫病，病死树木及时完全的处理是病害防控的重要措施。

2.6 其他病原生物

2.6.1 螨类

螨是属于蛛形纲的一类微小型节肢动物。种类很多，其中危害林木及果树的也为数不少。寄生于林木的主要是四足螨类，引起多种阔叶树叶部的毛毡病。受害叶片上出现绒毛状隆起的病斑，严重时，可使叶片卷曲，以成、若螨在寄主的叶、芽、嫩茎、花及幼果上吸食危害，初期常使被害处显现褪绿微小斑点，后变为褐色或红褐色斑块或叶面卷曲，严重时造成叶、花、果脱落。这类病原肉眼不易发现，繁衍快、种群密度大，且除治不易。

对螨类而言，除一些十分重要的种类以外，有关的研究仍较薄弱。已知如普通叶螨(*Tetranychus ulticae*)，通称棉红叶螨、二点红蜘蛛、棉花红蜘蛛等，在国内广为分布，危害农、林作物达 200 余种。据测定，寄主每叶有螨 15 头、30 头、60 头时，光合作用分别减少 26%、30%、43%。山楂叶螨(*Tetranychus viennensis*)分布也很广，危害多种果树及阔叶树，受害较重的果树，一般减产 30%~35%。榆全爪螨(*Panonychus ulmi*)广泛分布于我国北部及西北地区，危害多种树木及果树。栗小爪螨(*Oligonychus ununguis*)在湖南、安徽等地危害杉木，可使受害叶枯萎凋落，严重时整株死亡。杉无毛瘿螨(*Asetacus cunning-*

hamiae)在广西也危害杉木。六点始叶螨(*Eotetranychus sexmaculatus*)分布于我国南方部分地区，通称油桐红蜘蛛，影响桐果及果仁出油率。栗小爪螨(*Oligonychus* sp.)，又名栗红蜘蛛，危害栗叶，也是常见的重要害螨。

螨的生活史及习性：螨一般世代多、繁殖快，如山楂叶螨在辽宁兴城 1 年 3~6 代，随分布区的南移，世代增多，在河南可繁殖 12~13 代；榆全爪螨在辽宁 1 年 6~7 代；针叶小爪螨在湖南桃源 1 年 20~22 代；六点始叶螨在四川 1 年 17 代左右；栗小爪螨 1 年 4~9 代。因此气候条件适宜时很易猖獗成灾，一般情况下干旱有利其繁殖，但过分干燥时，由于寄主叶组织缺水，对其生长发育产生不利影响，如榆全爪螨对此的反应很明显，降水多、湿度大，产生不利影响。

螨一般以两性生殖方式进行繁殖，但也可进行孤雌生殖，如栗小爪螨、普通叶螨，其孤雌生殖的后代均为雄性。叶螨多喜在寄主叶背栖息，常成群沿叶脉集结危害，但一些种类则喜在叶面活动，如栗小爪螨则喜欢栖息叶面，其他如芽、嫩茎等处也为其栖息场所，无疑与其取食及活动习性有关。栖息活动处常布以薄丝，卵也常常在网络下面，也可借吐丝下垂随风传播。但有些种类不吐丝，如危害果实及一些树木的勒迪氏苔螨就如此，其栖息活动的场所都可能成为其产卵的地方。螨类的传播可以是主动迁移，在食料缺乏的情况下往往成群他迁。风、流水、鸟兽、昆虫、人为活动及寄主植物等都可能成为其被动传播的载体。螨虫越冬方式多样，以成螨(如六点始叶螨)、受精雌螨(如普通叶螨、山楂叶螨)或卵(如榆全叶螨、针叶小爪螨)越冬，有一些种类成螨或卵均可越冬。越冬场所较复杂，常在芽鳞、枝杈、枝干、树皮、伤疤等缝隙、干基土缝、石块下及其隐蔽处潜匿。翌年出蛰危害时间视越冬虫态、分布地域及当年的气候条件而异，芽、叶萌动时往往也是它们活动的始期。

螨类种群密度除受寄主生理状态及气候条件等因素的影响外，天敌对其有较大的控制作用，多种食螨瓢、草蛉、粉蛉、蓟马、食虫花蝽、捕食螨，以及病原真菌等，均可以将螨种群数量压到很低的水平。

2.6.2　藻类

寄生性藻类是在高等植物上营寄生生活的一类低等藻类植物，一般可以自养，少数气生藻类可在高等植物体表面营附生或寄生生活(半寄生或全寄生)。寄生性藻类常见于热带和亚热带的果园和茶园中，寄生在植物的树干或叶片上，引起藻斑病或红锈病，造成一定损害。寄生性藻类的寄主植物主要包括茶树、柑橘、山茶、石榴、荔枝等。

寄生藻分布范围很广，在北纬 32°到南纬 32°的范围内均有分布。寄主植物的枝干或叶片受害后先是引起黄褐色的斑点，然后逐渐向四周扩散，形成近圆形的纹饰。该纹饰稍隆起，灰绿色至黄褐色，表面呈天鹅绒状或纤维状，不光滑，边缘不整齐，直径 2~20 mm。后期病斑表面平滑，色泽较深，常呈深褐色或棕褐色，又称红锈病。有时，藻寄生在幼枝或枝干上，形成梭形病斑，病部皮层出现不规则的开裂，病斑上可见绒毛状霉层，造成幼茎折断、枝条枯死。叶片上的藻斑过多时，可引起寄主植物提早落叶，树势衰弱，枝条枯死，从而造成减产。

对高等植物具有寄生能力的藻类大多数属于绿藻门的头孢藻属(*Cephaleuros*)和红点藻

属(*Rhodochytrium*)。红点藻属的典型寄主是锦葵科的玫瑰茄，侵害后引起叶瘤及矮化症状。头孢藻属的寄主范围较广，茶、柑橘、荔枝、龙眼、杧果、番石榴、咖啡和可可等均可受害，引起藻斑病。

在寄生性藻类中，以头孢藻属的锈藻(*Cephaleuros virescens*)分布最广。锈藻的营养体主要是在寄主体表扩展形成绒状藻斑。在热带和亚热带的阔叶树木上藻斑病非常普遍。锈藻在生长的后期常受子囊菌的侵染，生出分生孢子器和子囊壳，从而转变为地衣。寄生性藻类分布较广，但以热带和亚热带的湿热地区最为常见。寄主主要是木本植物。

2.7 林木非侵染性病原

2.7.1 化学因素

化学因素引起的植物非侵染性病害中，最常见的有植物营养失调、药害和环境污染物中毒等。随着农林业生产的发展，农林业栽培制度和措施发生了很大变化，如复种指数的提高，集约化经营程度加大，保护地栽培面积的扩大，农林作物赖以生存的环境逐步人工化，化肥、激素、农药的大量使用，社会工业化过程造成的环境污染等使植物生长的环境恶化。化学因素引起的非侵染性病害的种类不断增多，发病面积扩大，给农林业生产带来较大的影响。

(1)植物营养失调

植物生长发育所需的基本营养物质包括大量元素(氮、磷、钾、钙、镁、硫)和微量元素(铁、锰、锌、铜、硼、铝)等。许多营养元素是植物细胞的构成成分，它们参与植物的新陈代谢，在新陈代谢中发挥各自的生理功能，使得植物体能够完成其遗传特性固有的生长发育周期。当植物缺乏某种必需元素时，就会因植物生理代谢失调，导致外观上表现出特有的症状，称为缺素症。当各种必需元素间的比例失调或某种元素过量，也会导致植物出现各种病态，如植株矮小、生长发育受抑制、失绿、坏死、畸形、徒长、叶片肥大等。植物营养失调的结果往往导致植物的品质变劣，生物产量和经济产量下降，甚至死亡。

植物营养失调的原因是多方面的。如植物营养元素的缺乏，一般是由于土壤中某种元素不足或缺乏，植物无法吸收到必需的数量；土壤中本来含有一定量的某种元素，但由于干旱或营养元素被无机物或有机物所吸附固定，土壤的理化性质不良、土壤的pH值不适等原因导致土壤中的某种营养元素无法被植物吸收；不良的气候条件、土壤管理不善、偏施某类肥料导致养分不均衡；某种营养元素过多，阻碍或抑制植物对其他元素的吸收和体内分布的生理效应等。

华北地区许多种阔叶树的黄化病则是由于土壤中缺乏可溶性铁的结果。铁在植物体内是许多重要酶的辅基。叶绿素的成分虽不含铁，但叶绿素的合成需要铁。铁可能是合成叶绿素的一系列酶系统中某些或某种酶的辅酶或活化剂。由于铁在植物体内不易移动，所以缺铁时首先表现在生长中的幼嫩部分，老叶则仍保持绿色。症状轻微时，嫩叶呈淡绿色，但叶脉仍为绿色。严重缺铁时，嫩叶全部呈黄白色，并出现枯斑，甚至枯焦脱落。缺铁引起的黄化病最易发生于碱性土壤上。刺槐、悬铃木、苹果、桃等都是对土壤缺铁很敏感的树种。

(2) 药害

因农药使用浓度过高、施用方式或施用时期不当或混配失当等，植物产生不正常的现象，成为植物药害。有些药害表现在植物对某类药剂特殊敏感，稍有疏忽便会无意中造成严重药害。还有些药害是由于不当药剂施用于土壤或前茬作物，也会给后茬作物带来危害。

人们早就知道，在使用波尔多液(由石灰和硫酸铜配制而成)时要注意黄瓜、葡萄等对石灰敏感，而柑橘、苹果、梨、桃等对铜素敏感，对前者要施用石灰少量式波尔多液，对后者要施用多石灰式波尔多液。若使用不当，则叶片发僵、变脆，发生枯斑、焦边，甚至枯死或落叶。自有机药剂和选择性药剂兴起之后，特殊敏感造成的药害问题更多了。瓜类和棉花对滴滴涕、2,4-D、 2,4,5-T 等有机氯极为敏感。喷过这些药的喷雾器如果只用通常的水冲洗，即使冲洗数遍，再用来喷其他适用药剂于瓜类和棉花，也会引起花叶、畸形，好像病毒病害的症状。

植物药害按药害发生时期可分为直接药害和间接药害，前者指施用农药对当季植物造成药害，后者指施用农药使邻近敏感植物受害、长残效的除草剂使下茬敏感植物受害或者在前茬植物上使用的农药残留使本季植物受害。按照农药施用后植物药害症状出现的时间，可分为急性药害和慢性药害两种。急性药害一般在施药后 2~5 d 发生，常在叶面上出现坏死的斑点或条纹斑，叶片褪绿变黄，严重时枯萎脱落。一般来讲幼嫩组织或器官容易发生此类药害，如施用无机的铜、硫杀菌剂容易引起急性药害。慢性药害并不会很快表现出明显的症状，而是逐渐影响植株的正常生长发育，使植物生长发育缓慢，枝叶不繁茂，进而黄化以致脱落，等等。常见的药害症状有斑点、变色、畸形、枯萎、生长停滞、不孕、脱落、劣果等。

(3) 环境污染物中毒

环境污染也会对植物健康生长产生不良的影响。绝大部分污染物含有毒性较强的物质、强酸强碱或强氧化性物质。这些污染物主要源于交通运输、工业排放物等，特别是各种冶炼厂和燃煤电力厂。工厂排出的废气、废水、废渣以及不适当地使用化学药剂造成空气、水质和土壤的污染，对林木的生长也是有害的。对植物造成毒害的环境污染物主要有大气污染物、水体污染物和土壤污染物。

在工矿区，空气中往往含有过量的二氧化硫、氟化物等有害气体。林木受到毒害后，表现有典型的病理过程，通常称为烟害。空气中的二氧化硫主要来源于煤和石油的燃烧。有的树种对二氧化硫非常敏感。如空气中含硫量达 0.05 μg/g 时，美国白松顶梢就会发生轻微枯死，针叶表面出现褪绿斑点，针叶尖端起初变成暗色，后呈红棕色至橘红色。阔叶树受害的典型症状是自叶缘开始沿着侧脉向中脉伸展，在叶脉之间形成褪绿的花斑。如果二氧化硫的浓度过高时，则褪色斑很快变成褐色坏死斑。一般认为，二氧化硫进入植物叶片后，直接被氧化形成亚硫酸，再与体内的乙醛或酮类反应，形成 α-羟基磺酸危害叶片。同时 α-羟基磺酸盐也是酶促反应的抑制剂。女贞、刺槐、垂柳、银桦、夹竹桃、桃、棕榈、悬铃木等对二氧化硫的抗性较强。

空气中的氟化物主要来自以萤石、冰晶石、磷灰石等其他含氟矿石为原料的工厂，如炼铝厂、磷肥厂、钢铁厂和玻璃厂等。针叶受害后，由顶部向基部坏死。阔叶树受害后，一般在叶尖和叶缘处出现红棕色病斑。病、健组织间具明显界线，严重时坏死组织成片脱落。一般认为氟化物是多种酶的抑制剂，如能抑制琥珀酸脱氢酶，影响体内氧化过程。遭氟毒害后，植物体内积累有过量的有机酸、自由氨基酸和过氧化氢，这些都对植物有毒害作用。此外，氟还和镁合成氟化镁，破坏体内的叶绿素。桃、枣、板栗、杨树等对氟化物较敏感，而女贞、垂柳、刺槐、油茶、银桦、油杉、夹竹桃、白栎、苹果等则抗性较强。

空气中的臭氧主要是由于交通和工业废气经过光化学反应生成。汽车放出的废气能产生高浓度的臭氧。所以在城市上空，臭氧的浓度可达 0.5~0.8 μg/g。敏感的植物暴露于臭氧(浓度在 0.1 μg/g 以下)中，只要几天时间，叶片上就可出现症状，如产生失绿斑。北美五针松在 0.1 μg/g 浓度的臭氧下。只需 2~3 h 针叶就会出现急性坏死斑；如浓度增至 40 μg/g，经 2 h 处理后，抗性较强的成熟针叶也会发生严重的枯尖现象。除北美五针松外，无刺皂荚、美国梧桐等也是敏感树种。臭氧危害植物的机理还没有一致结论，一般认为它能改变细胞膜和细胞质中许多成分的性质。有试验证明，幼叶经臭氧处理后，对葡萄糖的透性增加。

酸雨也是工业排放物的产物。由矿物燃料燃烧产生的二氧化硫和二氧化氮，释放到大气中后就转化(水解)成 H_2SO_4 和 HNO_2，随降雨落到地面时称为酸雨。酸雨对森林的不良影响在欧洲引起了很大反响。近几十年来，雨水的酸度明显增加了。在英国、斯堪的纳维亚半岛和美国东部，有的地区雨水的 pH 值达到 3.0 以下。酸雨会改变土壤，特别是森林表层土壤的 pH 值，影响有机物质的分解和林木对某些物质的吸收，进而影响林木的生长。研究表明，近些年欧洲云杉的大量死亡与酸雨有密切关系，瑞典森林生长量的下降也主要是酸雨造成的。

厂矿、城市废物造成的空气和土壤污染，对森林危害的范围是惊人的。据报道，加拿大安大略省的萨德伯里地区，1965 年，3 个大的镍和铜冶炼厂每天排放的二氧化硫约达 6 000 t，林木受害严重地区呈一个椭圆形，面积达 1 846 km^2；加上外围受害较轻地区，总覆盖面积竟超过 6 000 km^2。

不同空气污染对不同侵染性病害的影响各异。由于病原生物与寄主植物同样会受到空气污染物的危害，而且许多情况下，病原物往往是更为敏感的。所以，在空气污染较重的地区常发现侵染性病害的减轻。有不少调查材料证明，在二氧化硫污染严重的地区，由柱锈菌属、鞘锈菌属、栅锈菌属、被孢锈菌属(*Peridermium*)、散斑壳属、皮下盘菌属(*Hypoderma*)所引致的林木病害极少发生，或较无污染林分大为降低。那些具有气生菌丝的病原菌物对污染物尤为敏感。据报道，在奥地利一个造纸厂附近，桤树完全不受球针壳属真菌 *Phyllactinia alnicola* 的侵染，纽约和其他都市空气污染严重地区的紫丁香白粉病都很轻。但是也有少数相反的病例，如据调查，日本一个工业区，赤松凋萎病(*Rhizosphaera kalkhoffii*)较其他地区严重，立木心腐病在二氧化硫污染地区的发生也较严重。

2.7.2 物理因素

引起植物非侵染性病害的物理因素，主要包括温度胁迫、光照不适、水分失调和通气不良等。不同种类的植物或其器官对不良物理因素的反应不同，较为敏感的植物或器官往往先表现症状，当不良物理因素消失时，病害即停止发展，病株大多可恢复正常。

(1)温度胁迫

植物的生长发育需要一定的温度条件，当环境温度超出了它们的适应范围，就对植物形成胁迫；温度胁迫持续一段时间，就可能对植物造成不同程度的损害，温度胁迫包括高温胁迫、低温胁迫和剧烈变温胁迫。

一般植物在1~40℃温度范围内都能正常生长，其所能忍受的最低和最高温度则因植物种类而异。植株在不同生育阶段和不同部位对温度的敏感性颇有不同。幼嫩组织和分生组织比老熟组织敏感，生长点、幼芽比茎叶敏感。如果敏感的部位在敏感的时期遇到过低温度，即使温度远高于冰点，植物也会受害生病。一般说，低温危害比高温危害更为常见。

夏季的高温常使土壤表面的温度达到灼伤幼苗的程度。这种情况不仅见于炎热的南方，在北方的苗圃中也是常有的。受地表灼伤的幼苗有时很像侵染性的猝倒病和立枯病，但灼伤苗仅根颈部有灼伤病斑，而根系则是完好的，无腐烂现象。苹果、柑橘等果实上的日烧病颇为常见，常发生于树冠西南方或果实上中午稍后时的向阳面，在天气突然暴热而土壤供水又不足时最易大量发生。有些植物的幼苗在上述条件下发生日灼死苗，其柔弱的幼茎在距土表不高处被烫坏而折倒。局部植物组织可能由于日光照射和土面反射可升温至50℃以上。果树主干向阳面近地表处有时也发生日灼溃疡病，这是由于冬季晴天中午局部树皮受日晒及土表反射的双重作用而升温，入夜后温度又急剧下降，连日反复如此，寒热交替致使树皮受伤。

低温也可引起林木病害。幼苗、嫩株常因霜冻而死。突然的低温可以造成大面积的成年树木的死亡。毛白杨的破腹病就是冻害的结果，这种病害多发生于树干下部的西南面或南面。由于白天温度较高，夜间温度骤降，引起树干皮层破裂，裂缝中流出汁液，汁液经微生物的发酵和空气的作用，变成黑色带臭味的胶状物。经多年发展，裂缝有时深及木质部，长达数米，对毛白杨的生长和材质影响极大。

低温造成桉树大面积死亡

(2)光照不适

植物的生长发育需要有一定的光照条件，光照不足或光照过强都可使植物正常生长受到影响。光照不足影响喜光植物叶绿素的形成和光合作用，致使叶片黄化或叶色变淡，花芽因养分不足而早落，植株生长瘦弱，容易发生倒伏或受到病原物的侵染。另外，光照过强可引致某些喜欢弱光的植物叶片出现坏死斑点。但更为常见的是，光照过强与高温、干旱结合引起日灼病。

光照时间的长短(光周期)对植物的生长和发育的影响更为重要。光周期条件不适宜，可以延迟或提早植物的开花结实，甚至导致植物不能开花结实，给生产造成严重损失。

(3)水分失调

水对植物体内的各种生理生化反应和体温调节起重要作用，植物体内水分的平衡是其维持正常新陈代谢活动的前提。各种植物的生长都有其适宜的湿度范围，除大面积旱、涝灾害外，土壤水分对植物的供应失调也常造成植物病害。土壤排水不良，则土壤缺氧，根呼吸不好。缺氧还利于土壤中嫌气微生物活动，产生亚硝酸、亚硫酸等物质危害根系。土壤缺氧除使得根系表现衰弱腐烂外，地上部分往往随之表现生长缓慢甚至停滞，老叶发黄或出现黑褐色湿斑，有时植株萎蔫。水分失调包括水分供应不足、水分过多和水分的骤然变化。

土壤含水量和大气相对湿度过低，都可引起植物水分供应不足，表现旱害。植物因水分供应不足而形成过多的机械组织，使一些幼嫩多汁的器官的薄壁细胞转化为厚壁的纤维细胞，同时光合作用降低，呼吸作用增强，生长受到抑制导致植株矮小瘦弱等。剧烈干旱可引起植物的萎蔫、叶缘焦枯等症状。大气相对湿度过低现象通常是短暂的，很少直接引起病害；但如果与大风、高温结合起来，则会导致植株大量失水，造成叶片焦枯、果实萎缩或植株萎蔫，对林木影响很大。

土壤中水分过多造成氧气供应不足，使植物的根部处于窒息状态，最后导致根变色或腐烂，地上部叶片变黄、落叶、落花等症状。土壤水分过多引起的缺氧还促进土壤中的厌气微生物的生长，产生一些对根部有害的物质。涝害或渍害使植株叶片由绿色变淡黄色，并伴随着暂时或永久性的萎蔫。变色和萎蔫的原因主要是根系受损害造成的植株吸水力降低，其次还可能与有害物质的影响有关。

水分的骤然变化也会引起病害。前期干旱，后期雨水多容易引起植物果实脱落和裂果或组织开裂。这是由于干旱情况下，植物的器官形成了伸缩性很小的外皮，水分骤然增倍后，组织大量吸水，使膨压加大，导致器官破裂或离层形成。而前期水分充足、后期干旱也会引起果实腐烂等。

小　结

菌物是一类具有细胞核，无叶绿素，不能进行光合作用，以吸收(或吞噬)为营养方式的生物体。其营养体通常是丝状分支的菌丝体，少数为没有细胞壁的原质团或具细胞壁的单细胞。菌丝分为无隔菌丝和有隔菌丝，可形成吸器、附着孢、附着枝、假根、菌环和菌网等变态结构，也可交织在一起形成疏丝组织和拟薄壁组织，并由这些组织形成菌核、菌索、子座等特殊菌丝组织体。菌物通过产生各种类型的孢子进行有性和(或)无性繁殖。无性孢子主要有游动孢子、孢囊孢子、分生孢子和厚垣孢子等，在林木病害的传播、蔓延和流行中起重要作用。常见的有性孢子有休眠孢子囊、卵孢子、接合孢子、子囊孢子和担孢子。有性孢子有助于病菌度过不良环境，往往成为翌年林木病害的初侵染源。某些菌物还可以进行准性生殖。菌物的生活史大致可归纳为 5 种类型：无性型、单倍体型、单倍体—双倍体型、单倍体—二倍体交替型、二倍体型。

菌物包括黏菌、卵菌和真菌。它们被分别归入原生动物界、藻物界和真菌界。

根肿菌门属原生动物界，其营养体为裸露的原质团，有性生殖产生休眠孢子。根肿菌门含 1 纲。均为植物细胞内的专性寄生菌。寄生于高等植物根或茎的细胞内，往往引起寄主细胞膨大和组织增生，受害根部肿大。

卵菌门属藻物界，其共同特征是有性生殖以雄器和藏卵器交配产生卵孢子。另一特征是产生具鞭毛的游动孢子。卵菌的营养体为二倍体，大多为发达的无隔菌丝体，细胞壁中含纤维素。卵菌门含 1 纲，其中寄生于高等植物并引起严重病害的主要是腐霉目和霜霉目菌物。腐霉常引起根腐、猝倒及果腐等症状。疫霉常引起根腐、茎腐、枝干溃疡和叶枯等；霜霉所致病害病部表面常形成典型的霜状霉层。

真菌界的菌物承认了 8 个门。其中主要包括壶菌门、接合菌门、子囊菌门和担子菌门等。

壶菌门菌物的营养体形态变化很大，为单细胞至较发达的无隔菌丝体。有性生殖大多产生休眠孢子囊。壶菌门分 2 纲，其中仅少数壶菌目菌物可以寄生于高等植物。

接合菌门菌物的共同特征是有性生殖产生接合孢子。营养体大多是发达的无隔菌丝体。在《菌物词典》第10版中(2008)，接合菌门含10目，其中多为腐生物，有些能与高等植物共生形成菌根；少数可寄生植物引起病害。如根霉和毛霉，主要造成果实、块根和块茎等器官的腐烂，也可以引起幼苗烂根。

子囊菌门菌物的共同特征是有性生殖产生子囊和子囊孢子。营养体为发达的有隔菌丝体。大多数子囊产生在子囊果内，子囊果有闭囊壳、子囊壳、子囊座和子囊盘几种类型。除少数缺乏无性繁殖阶段外，多数子囊菌的无性繁殖发达，可产生不同类型的分生孢子。根据《菌物词典》第10版中(2008)，子囊菌门分15个纲，其中与植物病害有关的主要为外囊菌纲、粪壳菌纲、座囊菌纲和锤舌菌纲等。外囊菌纲不形成子囊果，子囊裸生在寄主表面，与植物病害关系较大的是外囊菌科中的外囊菌属。粪壳菌纲子囊果为子囊壳，子囊单层壁，与植物病害有关的主要是间座壳目、肉座菌目、小囊菌目、蛇口菌目、黑痣菌目和炭角菌目等。座囊菌纲子囊果多样，为子囊盘、子囊壳或闭囊壳，子囊多具双层壁，与植物病害关系较大的是葡萄座腔菌目、煤炱目、小煤炱目、多腔菌目、格孢腔菌目等。锤舌菌纲子囊果为子囊盘，与植物病害有关的有白粉菌目、柔膜菌目、锤舌菌目和斑痣盘菌目等。危害植物的子囊菌多引起根腐、茎腐(溃疡)、果(穗)腐、枝枯、萎蔫和叶斑等症状。

担子菌门菌物的基本特征是有性生殖产生担子和担孢子。营养体是发达的有隔菌丝体，菌丝隔膜多为桶孔隔膜。多数担子菌营腐生生活，少数营寄生生活。根据《菌物词典》第10版(2008)，担子菌门分16纲，其中与植物病害有关的为柄锈菌纲、黑粉菌纲、外担菌纲和伞菌纲等。柄锈菌纲菌物的菌丝很少形成锁状联合，与植物病害关系较大的是柄锈菌目和隔担菌目。黑粉菌纲的菌丝通常没有桶孔隔膜或桶孔覆垫，与植物病害关系较大的是黑粉菌目。外担菌纲主要是无隔担子类，较重要的为外担菌目和腥黑粉菌目。伞菌纲具有发达的担子果，菌丝具典型的桶孔隔膜，有桶孔覆垫，较重要的有伞菌目、木耳目、牛肝菌目、多孔菌目和刺革菌目等。担子菌所致的病害主要有锈病、黑粉病、过度生长性病害、根腐病及立木腐朽等。

无性型菌物是一类有性阶段不发生或在自然条件下很少发生，主要以无性阶段为主的菌物。《菌物词典》第10版(2008)将无性型菌物归入其相应的子囊菌或担子菌等的有性型中，其无性繁殖形成各种类型的分生孢子。丝孢类菌物的分生孢子不着生在分生孢子器或分生孢子盘内，以往分为无孢菌、丝孢菌、束梗孢菌和瘤座孢菌4类。无孢菌不产生分生孢子；丝孢菌的分生孢子梗散生；束梗孢菌的分生孢子梗聚生成孢梗束；瘤座孢菌的分生孢子着生于分生孢子座上。其中有许多重要的植物病原菌，在发病部位多数可见各种颜色的霉状物。腔孢类菌物的分生孢子着生于分生孢子盘或分生孢子器内，其中不少是重要的植物病原菌，在发病部位往往形成小黑点，引起的病害主要是叶斑、炭疽、疮痂、萎蔫、溃疡、枝枯和腐烂等。

林木菌物病害诊断的要点主要包括：掌握各类菌物的致病特点及症状类型，对病原菌物进行分离、形态观察与鉴定等。大多数林木菌物病害都产生如繁殖体和菌丝体等的病征。菌物的分类和鉴定基本以形态特征为主，并可辅以生理生化、生态、超微结构及分子生物学等多方面的特征。对林木菌物病害的正确诊断和对病原物的正确鉴定是林木病害防治的基础。

林木病原原核生物为单细胞生物，没有真正的细胞核。细菌的基本形态有球状、杆状和螺旋状，植物病原细菌以杆状为主。除植原体和螺原体外，大多数细菌都有细胞壁。细菌除有细胞壁、细胞膜、核质区和核糖体结构外，有的还有芽孢、鞭毛、纤毛、性纤毛及荚膜等。植物病原细菌多数可以人工培养，最适生长温度为25~28℃。

细菌可以根据细胞壁的有无和革兰氏染色分成有细胞壁的革兰氏阴性菌、革兰氏阳性菌和无细胞壁细菌。有细胞壁的植物病原细菌有21属，其中重要的林木病原细菌有土壤杆菌属、假单胞杆菌属、黄单胞杆菌属、拉尔氏菌属、欧文氏菌属；无细胞壁的植物病原细菌有2个属，即植原体属和螺原体属。

植物病原细菌主要从植物的自然孔口和伤口侵入，寄生关系建立后，会使植物发生生理和组织病变，产生各种症状。细菌的侵染来源主要有种子、苗木、病株残体、带菌土壤和肥料、野生寄主和发病植株。病原细菌传播的主要途径是雨水，此外农事操作的工具、带菌的昆虫也可以传播。

病毒是一类超显微的、非细胞结构的分子生物，通常由核酸分子组成的基因组和蛋白质衣壳构成，在专性活细胞内寄生生活。完整成熟的具有侵染能力的病毒个体称为病毒粒体。植物病毒的基本形态为球状、杆状和线条状。病毒粒体的基本结构主要包括两部分，即中间由核酸形成的核酸芯和外部由蛋白质形成的衣壳。核酸是病毒的遗传物质，是病毒遗传和感染的物质基础。一种病毒只含有1种核酸，DNA或者RNA。植物病毒的核酸大多为双链RNA，少数为单链RNA、双链DNA和单链DNA。核酸构成了病毒的基因组。

病毒是专性活细胞内寄生物。病毒增殖所需的原料、能量和生物合成的场所均由寄主细胞提供。在病毒核酸的控制下合成病毒的核酸、蛋白质等成分。然后在寄主细胞内装配成为成熟的、具有感染性的病毒粒体。病毒的这种增殖方式称为复制。病毒病害的诊断除了病害症状观察、田间分布和相关因素综合分析外，还要进行病毒生物学实验、病毒汁液体外性状测定、血清学实验、粒体形态和大小电子显微镜观察等。

植物病毒传播可以分为介体传播和非介体传播两类。植物病毒的传播介体主要有昆虫、螨类、线虫、真菌、菟丝子等。其中以昆虫最为重要，其中70%为同翅目的蚜虫、叶蝉和飞虱，而又以蚜虫为最主要的介体。非介体传播包括机械传播、嫁接传播、种子、花粉传播等。林木病毒多表现为系统侵染，发病后表现为系统症状。病毒侵染后，在植物体内增殖，但植物不表现症状的现象称为潜伏侵染。受到侵染而不表现症状的植株，称为带毒者。有些植物在病毒侵染表现症状后，因温度等环境条件变化而出现症状消失的现象，称为隐症。

有少数种子植物必须依赖其他植物提供部分或全部养分的寄生性异养生物称为寄生性种子植物。寄生性种子植物虽然都是严格的专性寄生物，但它们对寄主的依赖性却有所不同。可以区分为半寄生性种子植物和全寄生性种子植物。半寄生性种子植物有正常的绿色叶片或含叶绿素的茎，能进行光合作用。但它们没有正常的根，根已转变成特殊的吸根。吸根深入寄主植物的木质部，与寄主的导管相连接，吸取寄主体内的水分和无机盐类，供自己光合作用之用。

植物受线虫危害后所表现的症状，与一般的植物病害症状相似，因此常被称为线虫病。习惯上都把寄生线虫作为病原物来研究，所以它是植物病理学内容的一部分。植物线虫生活史中具有卵、幼虫和成虫3种虫态。线虫由卵孵化出幼虫，幼虫发育为成虫，两性交配后产卵，完成一个发育循环，即线虫的生活史。植物病原线虫都是专性寄生的，少数寄生在高等植物上的线虫可以在真菌上培养。但到目前为止，植物病原线虫尚不能在人工培养基上很好的生长和发育。线虫的寄生方式有外寄生和内寄生，外寄生线虫的虫体大部分留在植物体外，仅以头部穿刺到寄主的细胞和组织内吸食，类似蚜虫的吸食方式；内寄生线虫的虫体进入组织内吸食，有的固定在一处寄生，但多数在寄生过程中是移动的。与林木病害有关的线虫种类在我国尚未进行系统研究，已知的林木线虫病害种类不多。最重要的是松材线虫病引起松树大量枯死。根结线虫在我国南方苗圃中比较普遍，危害苗木根系，引起根皮及中柱细胞不正常生长，形成大小不等的瘿瘤。被害植株生长不良，受害严重的也会引起全株枯死。

除了上述六大类主要侵染性病原外，危害林木的四足螨类可以引起多种阔叶树的毛毡病。寄生性藻类在植物的树干或叶片上，可引起藻斑病或红斑病。

非侵染性病害也是林木病害的重要组成部分，一些非侵染性的化学因素(如植物营养失调、药害、环境污染物中毒等)和物理因素(如温度胁迫、光照不足、水分失调等)则可以引起林木的非侵染性病害。

思考题

菌物部分

1. 什么是菌物？菌物主要包括哪几类微生物？
2. 菌物获取营养物质的方式有哪些？对营养物质及其生长的环境条件有何需求？

3. 菌物无性繁殖和有性繁殖所产生的孢子类型有哪些？
4. 简述林木病原菌物的无性繁殖和有性繁殖的特点及其在病害流行中的作用。
5. 简述菌物生活史的含义及生活史类型。
6. 简述卵菌门及其代表目主要形态特征与习性。
7. 简述卵菌门中与林木病害有关的重要属的形态特征及其所致病害特点。
8. 简述子囊菌门的形态特征和子囊果的类型。
9. 简述子囊菌门中与林木病害有关的重要属形态特征及其所致病害特点。
10. 简述担子菌门的形态特征。
11. 简述担子菌门中与林木病害有关的重要目及属的形态特征及其所致病害特点。
12. 什么是无性型菌物？
13. 简述无性型菌物中重要属的形态特征及其所致病害特点。
14. 如何进行林木菌物病害诊断和鉴定？

原核生物部分

1. 原核生物与真核生物有何本质区别？原核生物包括哪些类群？
2. 观察细菌形态时为什么要染色？常用的染色法有哪几种？
3. 何谓革兰氏染色？它在细菌分类和鉴定中有何作用？
4. 目前世界上普遍采用哪种细菌分类系统？并简述其历史。
5. 细菌的鞭毛有何功能？在分类学上有何重要性？
6. 植物病原细菌有哪些重要属？各有何特点，引起哪些病害？
7. 植物细菌性病害有哪些症状特点？
8. 植物病原细菌的侵入方式有哪些？
9. 植物细菌病害的侵染来源和传播途径有哪些？
10. 植原体的基本特性是什么？
11. 植原体病害的症状有何典型特征？
12. 简述植原体病害的发生特点和防治方法。

病毒部分

1. 病毒在形态、化学组分及生物学特性方面与细胞生物有何区别？
2. 简述植物病毒核酸类型和病毒核酸的主要功能。
3. 植物病毒由哪些组分组成？
4. 植物病毒的新分类系统与旧分类系统有何重要区别？分类主要依据是什么？其属、种命名方法与其他病原物有何不同？
5. 林木病毒病害的症状有哪些类型？
6. 病毒在植物体内运转通过哪些方式？
7. 林木病毒病害有哪些传播方式？
8. 介体与病毒之间的相互关系有哪些类型？
9. 如何进行林木病毒病害的诊断和鉴定？
10. 如何根据林木病毒病害的发生特点提出相应防治措施？
11. 查阅病毒发现历程的相关文献，思考对自己学习和研究工作的启迪。
12. 查阅文献，了解我国植物病毒学发展进程中的重要科学家及其科学贡献。

高等寄生植物、植物寄生线虫、螨类、非侵染性病害部分

1. 什么是全寄生、半寄生?
2. 寄生性种子植物主要有哪些类型?
3. 植物寄生线虫在寄生性和致病性方面具有哪些特点?
4. 植物寄生线虫的生活史有何特点?
5. 如何分离植物寄生线虫?
6. 林木非侵染性病原有哪些?
7. 简述林木非侵染性病害的症状和发生特点。
8. 寄生性螨类和藻类引起病害的特点如何?

推荐阅读书目

宋玉双,叶建仁. 中国松材线虫病的发生规律与防治技术. 北京:中国林业出版社,2019.

龚祖埙,陈作义,沈菊英. 中国植物类菌原体图谱. 北京:科学出版社,1990.

贺运春. 真菌学. 北京:中国林业出版社,2008.

林万明. 细菌分子遗传学分类鉴定法. 上海:上海科学技术出版社,1990.

刘仲健,罗焕亮,张景宁. 植原体病理学. 北京:中国林业出版社,1999.

陆家云. 植物病害诊断. 2版. 北京:中国农业出版社,1997.

陆家云. 植物病原真菌学. 北京:中国农业出版社,2001.

拉帕杰. 国际细菌命名法规. 陶天申,陈文新,骆传好,译. 北京:科学出版社,1989.

王金生. 植物病原细菌学. 北京:中国农业出版社,2000.

谢联辉,林奇英. 植物病毒学. 北京:中国农业出版社,2004.

谢联辉. 普通植物病理学. 2版. 北京:科学出版社,2013.

许志刚. 普通植物病理学. 5版. 北京:中国农业出版社,2021.

杨苏声. 细菌分类学. 北京:中国农业大学出版社,1997.

阿历索保罗,明斯,布莱克韦尔. 菌物学概论. 4版. 姚一建,李玉,主译. 北京:中国农业出版社,2002.

曾士迈. 普通植物病理学. 北京:中央广播电视大学出版社,1989.

张执中. 森林昆虫学. 北京:中国林业出版社,1997.

AGRIOS G N. 植物病理学. 5版. 沈崇尧,主译. 北京:中国农业大学出版社,2009.

FAUQUET C M, MYO M A, MANILOFF J, et al. Virus taxonomy. Ⅷth Report of the international committee on taxonomy of viruses. San Diego: Elsevier Academic Press. 2005.

GARRITY G M. Bergey's Manual of systematic Bacteriology. 2nd ed. Springer, 2004.

GOSZCZYNSKA T. Introduction to practical phytobacteriology. Safrinet, 2000.

SCHAAD N W, JONES J B, CHUN W. Laboratory guide for the identification of plant pathogenic bacteria. 3rd ed. APS Press, 2001.

WHITMAN W B, TRUJILLO M E, DEDYSH S, et al. Bergey's manual of systematics of archaea and bacteria. John Wiley & Sons, 2015.

第 3 章

植物侵染性病害的发生过程和侵染循环

3.1 植物侵染性病害的发生过程

植物侵染性病害的发生过程简称病程。从病原物方面来看，病程是从病原物与寄主接触开始，经一系列侵染活动后，至病原物停止活动为止。它包括一系列顺序环节，所以，病程又称侵染程序。病程不仅是病原物侵染活动的过程，同时受侵寄主也会产生相应的抗病或感病反应，并且在生理上、组织结构上和外部形态上产生一系列的变化，逐渐由健康植物变为感病植物，甚至死亡。在这一过程中植物与病原物构成了一个体系，称为植物病害体系(pathosystem)。

典型的真菌病害的病程包括：真菌孢子与寄主植物接触；在适宜条件下孢子萌发，产生芽管或侵染丝克服寄主的阻碍反应侵入寄主体内并发育为菌丝；菌丝在寄主体内获取营养，与寄主建立寄生关系；菌丝不断生长和扩展，引起寄主病变直至表现症状；菌丝体进一步扩展并逐渐发育成熟产生子实体，寄主表现典型症状。

这个过程可以分 4 个阶段：①接触期，从孢子同寄主接触到开始萌发为止；②侵入期，从孢子萌发到菌丝与寄主建立寄生关系为止；③潜育期，从寄生关系建立到寄主开始表现症状为止；④发病期，寄主开始表现症状到症状停止发展为止。病程是一个连续的过程，各个阶段之间原没有明显界线，在此仅为了便于更好地认识和说明每个过程，人为地把它分为几个阶段。

3.1.1 接触期

病原物同植物体接触是无选择性的，靠近传染源的植物都有与病原物接触的机会，但一种病原物只有对自身的寄主植物的感病部位的接触才是有效的。病原与寄主的接触可能受寄主植物所处环境的影响。如林分或林带的迎风面接触风传孢子的机会自然要多些，混交林中非寄主树种常对病原体的散布有阻隔作用，使得病原与寄主接触机会减少。

接触期的长短因病害种类而异。病毒和植原体与寄主的接触和侵入往往是同时完成，因此一般没有明显的接触期。真菌孢子与寄主的接触期则因病害种类和环境条件不同而有很大差别。桃缩叶病菌的子囊孢子在桃树芽鳞间越冬，到翌年新叶初发时才进行侵染，这种病害的接触期就很长。一般真菌的分生孢子寿命较短，与寄主接触后如不能在较短时期内得到萌发的条件，就会失去生命，如果条件存在，则在几小时内就可萌发进行侵染。

在自然条件下，人们不容易发现病原物何时与寄主接触。在接触期内，病原物怎样进行活动也不大清楚。因此，早期的植物病理学家们对侵染程序中的接触期少有注意。已有的研究表明，病原物在寄主植物表面的生存和活动也会受到以下几方面影响：①大气温度、湿度和光照。②叶面温度和湿度除受大气温湿度影响外，植物的蒸腾作用和叶面结构也对其有影响。由于蒸腾作用，叶面的温度常较大气温度低，而湿度则较高。一般叶面粗糙的更易于保持较高湿度。③植物表面渗出的化学物质和气孔排出的挥发性物质对病原物会产生直接的促进或抑制作用。如具活动能力的鞭毛菌的游动孢子对气孔排出物质有趋性，植物组织浸出液能促进病菌孢子的萌发等。④植物表面微生物群落对病原物有拮抗作用或刺激作用，植物表面微生物种群结构同植物的分泌物密切相关。Bire 和 Rowat(1963)曾发现毛果杨的树皮表面，特别在树皮不平整的部位，生存着对溃疡病菌(*Hypoxylon pruinatum*)有拮抗作用的微生物。

3.1.2 侵入期

侵入期是侵染程序中最重要的阶段。植物侵染性病害能否发生，关键是病原物能否成功侵染。病原物的侵染途径和方式，寄主的抗侵染能力，环境条件等对侵染过程都有影响，所以关于植物侵染性病害侵入期的研究是林木病理学中的一个重要问题。

3.1.2.1 侵入途径与方式

(1) 无伤表皮侵入

刺盘孢分生孢子萌发形成附着孢

无伤表皮侵入是许多病原真菌的侵入方式。真菌孢子的芽管顶端可以膨大形成附着胞(appresorium)。过去认为附着胞是因芽管同其他物体接触的刺激而产生的，它同寄主的性质没有关系，即使在玻片上也会产生这种现象。但后来发现许多真菌的附着胞因条件不同而表现不同的特性，如有时能形成附着胞，有时又不形成，或者附着胞只能在寄主表面的特定位置上形成等。附着胞的形状不规则，能够分泌胶质，把芽管紧密地固定在植物表面上，然后自附着胞上产生直径较细的侵染丝(infection hyphae，或称穿透钉 penetration peg)穿过寄主表面的角质层和表皮细胞外壁(图 3-1)。

一般认为侵染丝穿透角质层同时有机械作用和酶的作用。然而，侵染丝对表皮细胞壁的穿透则很少看到需要有机械压力的证据，它们通常是使细胞壁变软或溶解，无疑酶起着主要作用。但是，也发现有的菌物侵染丝还能穿透非生物薄膜，或能穿透非寄主叶片的角质层，似乎侵染丝的穿透并没有选择性。曾有报道寄主角质层的厚度与对一些直接侵入真菌的抗性有关，例如，角质层较厚的小檗对小麦秆锈菌担孢子侵染的抗病力较强。但更多的情况是穿透能力与寄主的抗病性之间似乎并无很密切的关系，植物的抗侵染力主要受其他因素的制约。

侵染丝穿透角质层后，也可以向表皮细胞间的中间层楔入，而不进入细胞。各种锈菌的担孢子、杏穿孔霉(*Stigmina carpophila*，异名 *Clasterosporium carpophilum*)、山杨黑星菌(*Venturla radiosa*，异名 *Fusicladium radiosum*，*F. tremulae*)、各种白粉菌等，都是这样从无伤表皮侵入的(图 3-2)。

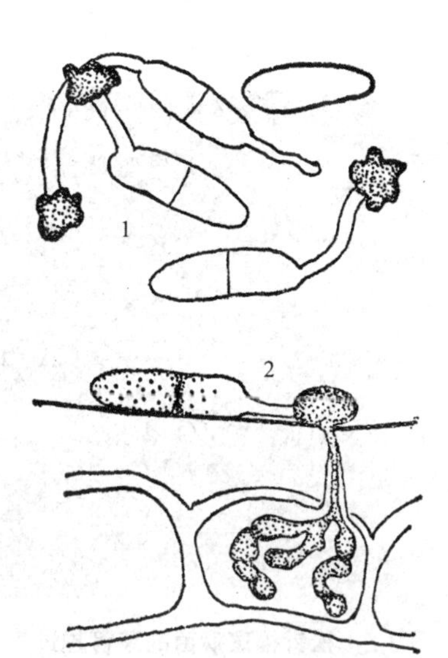

1. 孢子萌发，芽管先端生附着器；
2. 附着胞下方产生侵染丝，穿透角质层和表皮细胞壁，在细胞内定殖。

图 3-1　一种刺盘孢孢子的萌发和侵入

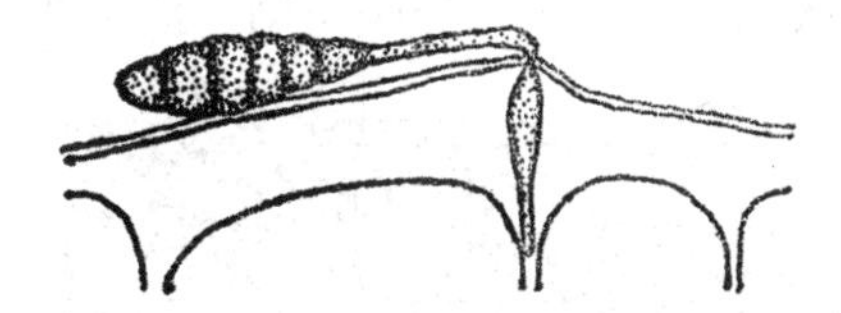

图 3-2　杏穿孔霉孢子的萌发和侵入

(示侵染丝直接穿过角质层向寄主表皮细胞间楔入)

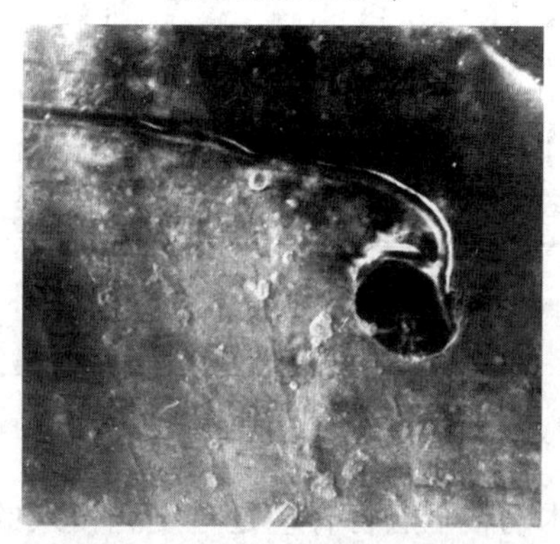

图 3-3　松针褐斑病菌孢子萌发

(示芽管直接侵入气孔；叶建仁 摄)

树木根朽病病原——蜜环菌可以由根状菌索进行无伤表皮侵入。根状菌索的尖端接触到健康树根时，能分泌一种黏性物质并且还能生出一些菌丝侵入皮部的外层，使其更牢固地附着在根上，然后根状菌索在紧贴树根处长出侧枝突破树根的表皮及周皮侵入体内。幼苗猝倒病则是由病原物的菌丝直接穿透嫩茎的皮层而侵入的。

除真菌以外，高等寄生植物和一些内寄生线虫也是由无伤表皮侵入的。

(2) 自然孔口侵入

自然孔口(气孔、皮孔、水孔、蜜腺等)侵入在真菌和细菌病害中都属常见。真菌孢子的芽管侵入气孔的方式同无伤表皮侵入相似，在气孔外室或气孔的边缘形成附着器，然后产生侵染丝通过保卫细胞进入气孔下室和叶肉组织中。有些真菌则不一定形成附着器，如松针褐斑病菌(*Lecanosticta acicola*，异名 *Scirrhia acicola*)的分生孢子萌发后，芽管能直接从气孔侵入(图 3-3)。松落针散斑壳(*Lophodermium pinastri*)的芽管在气孔外室中膨大成球形，并产生分枝侵入保卫细胞，使它失去作用，然后进入气孔下室，产生分枝进入叶肉组织中(图 3-4)。

植物叶上的气孔虽然很多，但对真菌孢子来说仍然是稀疏的，孢子不大可能正好落在气孔上。气孔中挥发出来的微量化学物质可以吸引芽管向气孔生长或者吸引游动孢子向气孔运动。有些自气孔侵入的病菌，常发现芽管绕过一个气孔而从另一气孔进入，松针褐斑病菌的分生孢子、马格栅锈菌的夏孢子就有这种现象(图 3-5)，其原因是气孔中的挥发物质的发散是有时间性的。

气孔的大小和开闭对病原物的侵入有一定的影响，有些病原物如松针褐斑病菌必须在光照下从气孔侵入，在黑暗中则只能从伤口侵入。

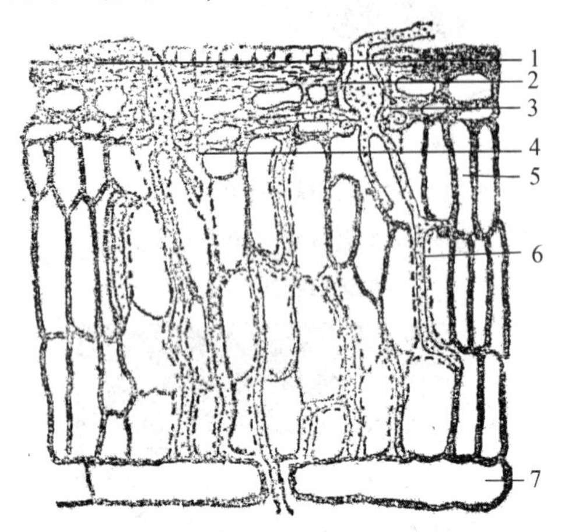

1. 芽管；2. 气孔外室；3. 保卫细胞；4. 气孔下室；5. 叶肉细胞；6. 细胞间菌丝；7. 内皮层细胞。

图 3-4 松落针病菌自气孔侵入

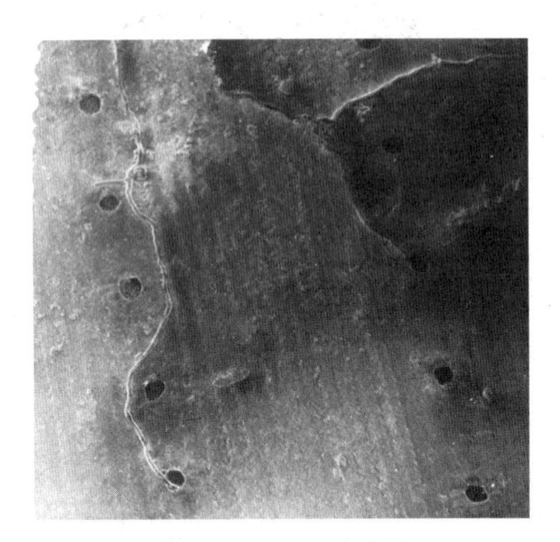

图 3-5 松针褐斑病菌的芽管越过气孔而不侵入(叶建仁 摄)

树木的枝干病害有些是自皮孔侵入的，常见的如苹果轮纹病(*Macrophoma kuwatsuki*)和槐树溃疡病等。苹果、梨果实上的皮孔常常成为病菌的侵入途径，引起果实腐烂。

植物病原细菌除自气孔侵入外，还可以从水孔、蜜腺等自然孔口侵入。通常总是在孔口上有水滴或水膜存在时，细菌在水中运动而进入孔口。

(3) 伤口侵入

伤口是病原物侵入的普遍途径。伤口的有效与否，不在于它的大小，有些伤口可能是肉眼看不见的，也能为病原物所利用。植物受伤的机会是很多的，有由于植物本身生长造成的伤口，如叶痕和侧根突破主根周皮长出时产生的伤口，槐树溃疡病就常自叶痕侵入；由环境因素造成的伤口就更多，如冻伤、灼伤、暴风雨袭击伤、昆虫和动物咬伤、人工打枝和修剪伤、自然倒木或伐倒木对邻近树木的擦伤、林火烧伤等，都可能成为病原物侵入的途径。杉木针叶随风摇动时，常常互相刺伤，成为叶枯病细菌(*Pseudomonas cunninghamiae*)侵入的主要途径，所以处在风口的杉木林发病重。

伤口侵入对树木枝干溃疡病类和立木腐朽病类特别重要。因为树木较大的枝干上没有自然孔口，皮层很厚而病原物无法直接侵入，所以这些病害的病原物大多是从伤口侵入的，常称它们为伤口寄生物。对于伤口寄生物来说，伤口不仅仅是侵入的门户，而且是桥头堡。病原物先以腐生状态在伤口的死组织上或垂死组织上生活，然后以此为基地，向伤口内活组织入侵。林木自然整枝或人工打枝留下的残桩常常成为树干溃疡病或立木腐朽病的侵染点。

树木溃疡病的接种试验表明，不同类型的伤口接种效果是不一样的。一般情况下，雷击伤、烧伤或烫伤比用刀削伤容易接种成功。其原因可能是刀削伤口仅仅是表层细胞受到损伤产生了一个伤口，而植物组织的生活力受影响较小，对病原物行腐生营养的环境是有限的。而雷击伤、烧伤或烫伤的伤口有一定的深度，造成一个比较纵深的有利于腐生的环境，从伤口表面中心点向四周及下方组织，受伤的程度不同，对病原物由死组织向垂死组织、受伤组织和健康组织逐步扩展蔓延是有利的。

立木腐朽是典型的伤口侵入病害。过去认为，木腐菌自伤口侵入后首先引起木材变色，然后逐渐分解木质细胞壁，使木质部腐朽。近年研究证明，树木伤口下木质部变色是树木对各种伤害的保护反应。在变色木质部中，有单宁和醌类化合物积累，导管或管胞中还有胶质物和填充体，这些物质都能抵制木腐菌的侵染。某些子囊菌、无性型菌物和细菌能利用这些物质，因此在变色材中常常可以分离到细菌、酵母菌以及长喙壳菌(*Ceratocystis* spp.)、镰刀菌(*Fusarium* spp.)、间座壳菌(*Diaporthe* spp.)等菌物，而不能获得木腐菌。当这些非木腐菌类清除了变色材中对木腐菌有抑制作用的物质后，变色材的颜色逐渐消退，木腐菌才有随后发展的可能。树木伤口木质部中微生物的演替现象说明伤口侵染并不是一个简单的过程。

病毒和植原体只能从极轻微的伤口侵入，媒介昆虫造成伤口的同时往往已将这类病原物传入了寄主体内。

(4)其他侵入途径

花器侵入，通常是指从花的柱头侵入。真菌孢子像花粉一样在柱头上萌发，芽管像花粉管一样穿过花柱而进入子房，核果类树木褐腐病是常见的病例。芽侵入一般是病原物从幼芽侵入，使芽不能正常生长而形成丛枝，如樱桃丛枝病。由针叶侵入如松类疱锈病(*Cronartium* spp.)，其担孢子常自针叶无伤表皮或气孔侵入，菌丝体向下扩展进入枝条或主干，在枝干上形成溃疡或瘿瘤，针叶并不发病或仅表现一褪色小点。根毛不具角质层，许多根病真菌的菌丝可能直接侵入它的幼嫩细胞。

每种病原物的侵入途径有一定的专化性。有些病原物只能从某一个途径侵入，有些则可以从多种途径侵入。一般而言，能够直接从无伤表皮侵入的，常也能从气孔和伤口侵入；而通常从伤口侵入的病原物多不能从无伤表皮或气孔侵入。

3.1.2.2　建立寄生关系

病原物侵入寄主体内后，大多能立即与寄主植物建立寄生关系。所谓建立寄生关系，就是病原物成功地从寄主体中获取了营养物质。建立了寄生关系表示侵染成功，也是侵入期结束和潜育期开始的标志。

并不是所有侵入的病原物都能成功地与寄主植物建立寄生关系，有的可能由于得不到养料而侵染失败。造成侵染失败的原因可能有两方面，一是病原物的侵染密度，即病原物个体的数量；二是寄主的抗病性。

一般而言，寄生性很强的真菌，如锈菌的夏孢子和白粉菌的分生孢子，只要1个孢子就能在高度感病的寄主上侵染成功。而一些兼性寄生物则需要多量的孢子才能引起有效的侵染。如小麦赤霉病菌(*Fusarium graminearum*)的接种液浓度不能低于每毫升含 1×10^4 个分生孢子。病毒和细菌的接种液也必须有一定的浓度，病毒的稀释终点就是这一特性的反映。

侵染密度对侵染的影响是与寄主的抗病性相联系的。抗病力越强的寄主要求越高的侵染密度。苗龄2个月的美国长叶松苗用松针褐斑病菌的分生孢子液接种时，每毫升$5×10^4$个孢子即可引起较高的发病率，但对3个月左右的幼苗接种，用每毫升$50×10^4$个孢子的接种液仅能引起中等的发病率。

植物生理机能的活跃程度影响其保卫反应的能力和强度。当病原物入侵时，如果寄主处在生长旺盛时期，保卫反应强烈，则侵染往往失败，兼性寄生物常会碰到这种情况。杨树腐烂病一般在春季大量发生，待进入杨树生长旺季，虽然接种体和侵入途径都存在，但病害很少发生，即使人工接种也是如此。

从孢子开始萌发到建立寄生关系的时间因环境条件而异。当环境条件对孢子萌发和芽管的生长都最有利时，这个过程只要几小时就能完成，一般不超过24 h。

3.1.2.3 环境条件对侵染的影响

病原物的侵染活动是在一个很小的空间内进行的，这个小环境受各种因素的影响，产生许多变化，常与大环境有较大差别。如苗床上密集的苗木之间的湿度与大气候的差异是很大的，在植物的叶面上，由于植物本身的蒸腾作用，其叶面湿度也往往比大气湿度高。所以病原物的侵染活动主要是受小气候的直接影响，当然小气候也是受大气候影响的，人们仍然可以根据大气候的变化来分析植物病害发生发展的规律。

环境条件对侵染的影响可通过作用于病原物和寄主两个方面来实现。目前人们对于这些影响了解得还不多，主要是对真菌孢子的萌发积累了较多的资料，而且取得这些资料的实验也大多是在玻璃器皿中进行的。当然，孢子萌发是病原真菌侵染活动最初的也是最重要的一步。

(1)湿度对侵染的影响

真菌孢子萌芽一般要求有高湿度。除白粉菌外，孢子萌芽的最低相对湿度都在80%以上，湿度越高对孢子萌芽越为有利。白粉菌的分生孢子虽可在较低的相对湿度下萌芽，但仍以在高湿度下最为合适，但在水滴中萌发不好。白粉菌分生孢子细胞液的渗透压很高，能从较干燥的空气中吸收水分供发芽需要。也有人认为白粉菌的分生孢子发芽时体积不膨胀，是因为孢子本身的含水量比其他真菌要高很多，所以萌发时不需要外界供给水分。许多真菌要在液态水中才能萌发良好，如大多数锈菌的夏孢子只有在液态水中才能萌发，即使是100%的相对湿度也不能发芽；栎枯萎病的病原菌——栎长喙壳(*Ceratocystis fagacearum*)的子囊孢子和分生孢子，串珠霉(*Monillia* spp.)的分生孢子等萌发也有类似情况。

孢子在玻片上萌芽和在植物叶片上萌芽的环境是有差异的，叶面的蒸腾作用使叶面形成一个较高湿度的小环境，甚至可以使孢子的外面形成一薄层凝集水。如玻片上的蔷薇白粉菌(*Sphaerotheca pannosa*)分生孢子，当大气湿度降至94.9%时，分生孢子萌发率减小到2.8%，但在叶面上，大气湿度降至22%~24%时，萌发率仍有37.5%。这说明在大气湿度较低的情况下，仍有发生侵染的可能。

鞭毛菌的游动孢子和能够游动的细菌在水滴中最适宜于侵染。因为它们只有在水中才能游动。细菌就是借这种方式进入植物体的。

一般而言，土壤湿度过高对土壤中病原物的侵入是不利的，因为它影响病原物的呼吸作用，而且会促进土壤中腐生生物的生长，可能对病原物产生拮抗作用。

(2)温度对侵染的影响

孢子萌发和菌丝生长的温度范围是较大的，一般用最低、最适和最高温度来表示。一般植物病原真菌孢子萌发的最低温度为 1～2℃，最高温度 30～38℃，最适温度为 17～28℃，不同种类有较大差异(图 3-6)。杨树灰斑病菌(*Coryneum populinum*)的分生孢子萌发温度较低最低、最适和最高温度分别是 3℃、23～27℃和 38℃；杉木炭疽病的病原菌——盘长孢状刺盘孢的分生孢子萌发的最低、最适和最高温度分别为 12℃、20～24℃和 32℃；松针红斑病的病原菌——松穴褥盘孢(*Dothistroma pini*)则分别为 8℃、18℃和 25℃。孢子萌发的最适温度通常也有一个幅度，这个幅度的大小受其他条件(如湿度、营养、pH 值等)的制约。一般在其他条件对孢子萌发为最有利时，其最适温度的幅度就较大，反之则较小。

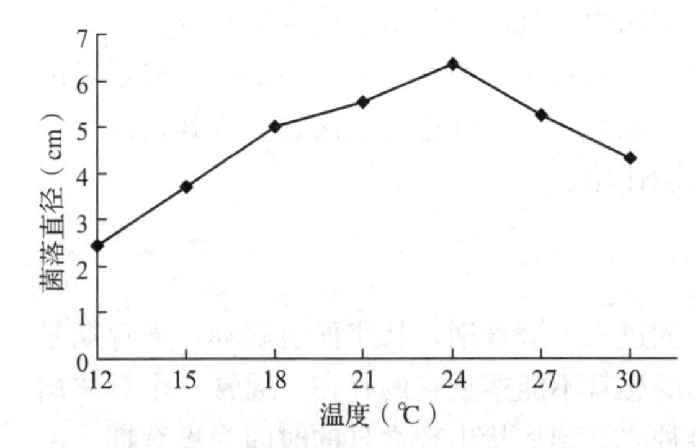

图 3-6　温度对松树脂溃疡病菌菌丝生长的影响

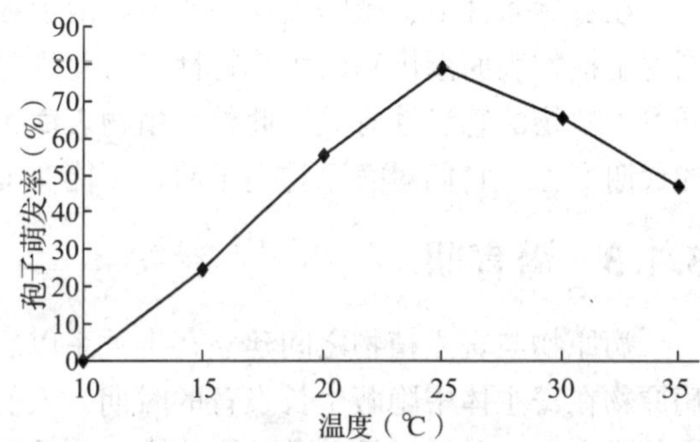

图 3-7　温度对松树脂溃疡病菌孢子萌发的影响

温度对孢子萌发和芽管生长的速度影响更大。图 3-7 为松树脂溃疡病菌孢子萌发的温度要求。25℃为萌发最适温度，10℃以下已不再萌发，35℃时仍然有较高的萌发率。与菌丝生长的温度适应性相比，孢子萌发的最低温度明显要比菌丝生长的最低温度高。

最高的侵染率有时并不同孢子萌发的最适温度相一致，因为侵染还会受到其他环境因素和寄主感病性的影响。寄主处于最感病状态的环境条件有时并不是病原物生长和孢子萌发最适宜的条件。

(3)光照对侵染的影响

光照对真菌孢子萌发的影响较小。大多数真菌孢子在光照或黑暗中都可萌发，虽然有些真菌的孢子萌发可能受到光照的某种促进或抑制。

光照作用于寄主植物因而影响侵染进程的情况较为常见。如松针褐斑病菌的分生孢子在光照下萌发是自气孔侵入的，如在黑暗中接种，因为气孔关闭，它只能从伤口侵入。在杉木炭疽病的接种试验中，也发现有类似现象存在。杉木枝条在室内用炭疽病菌的分生孢子接种后，分别放在窗口光照较强的地方和室内光照较暗的地方培养，前者发病针叶数几乎为后者的 10 倍，且潜育期较短，病斑扩展较快。

(4)基质对孢子萌发的影响

通常真菌孢子群集在孢子器或孢子堆中是不萌发的，仅有某些锈菌的冬孢子在孢子堆中能正常萌发，如亚洲胶锈菌、竹秆锈病的病原菌——皮下硬层锈菌(*Stereostratum corticioides*)等。群集的孢子不能萌发是由于孢子堆中有水溶性自抑物质存在。当孢子分散或稀释以后，自抑物质的浓度降低了，孢子才能正常萌发。有些真菌孢子堆中的自抑物质浓度很高，孢子需经洗涤以后才能萌发。华东地区杨树黑斑病菌的多芽管型(*Marssonina populi* f. sp. *multigermtubi*)的孢子堆产生5~6 d后，其中的孢子需经洗涤后才能萌发。自抑物质存在有助于维持孢子寿命。

少数真菌的孢子能够在蒸馏水中萌发，孢子萌发液中加入少量营养物质(如葡萄糖等)，常对孢子萌发有促进作用。多数真菌孢子的萌发必须供给一定的营养物质。这种营养物质可能是单纯的，也可能是复杂的。如黑粉菌孢子在2%的蔗糖液中就能良好萌发，毛白杨黑斑病菌(*Marssonina populi* f. sp. *monogermtubi*)的分生孢子在蒸馏水中不萌发或萌发率极低(3%以下)，若在蒸馏水中加入1%葡萄糖或蔗糖几乎没有什么作用，但在自来水中却可萌发良好。

在自然条件下，植物表面的渗出物溶解在液滴中，就能满足孢子萌发的营养要求。不同寄主植物表面渗出物的生化特性是有差别的，它们对病原物孢子萌发的影响有时还可能同寄主植物的感病性有关。此外，植物表面也可能存在植物分泌的杀菌物质或其他微生物的代谢产物，它们对病原物孢子萌发可能有抑制作用。

3.1.3 潜育期

病原物与寄主植物之间建立寄生关系以后就进入了潜育期。从字面上解释，潜育期是病原物在寄主体中隐蔽生长发育的时期，人们的感官不能察觉它的存在。通常一个具体病害的潜育期，是通过接种试验来确定的，从接种之日到症状出现之日的时间为潜育期。由于人工接种时总是为侵染提供了最有利的条件，所以在人工接种时接触和侵入两个阶段往往在几小时内就可以完成。因此，此处的潜育期与理论上的潜育期相差不到1 d。

(1)寄生关系的方式

对病原物来说，寄生关系实质上就是营养关系。它们以不同的方式自寄主体中吸取营养，并以它们的代谢产物影响寄主生活。病原物自寄主体中吸取营养的方式有两种基本类型。一种基本类型是直接自活的寄主组织中吸取营养，许多病原真菌的菌丝在植物细胞间生长，使得寄主受侵组织的细胞渗透性增加，细胞间就有较多水分和营养物质供病原物利用，外子囊菌等真菌就是用这种方式营寄生生活的。专性寄生的真菌则通常是从细胞间菌丝产生侵染丝穿透寄主细胞壁，在寄主细胞内形成囊状、指状或其他形状的吸器(haustorium)，直接自细胞质中吸取营养，如白粉菌、锈菌等。另一种基本类型是自死的寄主组织中吸取营养，病原物先分泌酶或毒素将寄主组织分解或杀死，然后在死组织中定殖并吸取营养，此后再以此为基地，分泌毒素杀死组织外围的活细胞，为病原物的进一步扩展准备基地。

在大多数情况下，病原物的寄生方式并不可能划分得如此清楚。由于本身的活力、寄主的抵抗性和环境条件的不同，它们或多或少地接近于上述两种方式中的一种。有时同一种寄生物在不同情况下也会表现不同的营养方式。

(2)病原物对寄主植物组织和器官的选择

病原物在寄主植物上寄生的部位有一定的选择性。白粉菌是外寄生的，它们在植物表面扩展，并以吸器侵入表皮细胞吸取养料。绝大多数病原物是内寄生的，它们侵入之后，在一定的组织或器官中扩展。许多病原物只能危害非木质化的组织，如各种叶部寄生物和枝干韧皮部的寄生物。引起树木枝干溃疡病的病原物有时也能稍稍进入木质部，而各种木腐菌则以危害枝干木质部为主。有些病原真菌或细菌能够侵入植物的导管中，随着蒸腾的液流迅速向上扩展，或者引起导管的堵塞，致使植物全身中毒或失水而枯萎。植原体则寄生在植物筛管细胞中，随植物同化产物的输导而向下扩展。

许多病原物只能危害植物的某一种器官，如云杉球果锈病(*Thekopsora areolata*)只发生在球果鳞片上；松落针病只危害松树的针叶；松疱锈病虽然主要从针叶上侵入，但最后定殖在枝干上。也有一些病原物能危害两种以上的器官，如许多以危害叶片为主的病原物常常能同时危害嫩梢和果实，最突出的是油茶炭疽病，除根部以外，油茶的叶、果、花、芽、嫩梢和枝干都可能感病。

(3)局部侵染和系统侵染

大多数病原物在寄主体内扩展的范围限于侵入点附近，范围的大小因不同病害而有差异，但总是有一定的限制，这种现象称为局部侵染。叶斑病类是典型的局部侵染病害，病斑的大小通常都是一定的，如毛白杨黑斑病的单个病斑直径不超过1 mm，油橄榄孔雀斑病的病斑直径可达10~12 mm，杉木炭疽病菌不但能扩展到整个针叶中，而且能从针叶扩展到嫩梢上去。锈病、枝干溃疡病、根腐病等也都是局部侵染的病害。

病原物自侵入点侵入后能通过寄主植物的维管束系统扩展到整个植株或植株的绝大部分，称为系统侵染(system infection)。树木的系统侵染病害有3种情况：一是枯萎病类，病原物在树木根或干中侵入维管束，并在导管中扩展，引起全株枯萎。如油桐枯萎病，病原镰刀菌自根部伤口侵入，进入维管束后，以导管为通道扩展到树干、枝条、叶片和果实中。二是植原体引起的丛枝病类，病原物在筛管细胞中寄生，并通过筛管扩展至植物的各个部分。如泡桐丛枝病、枣疯病等。三是由紫色革菌(*Chondrosterium purpureum*)引起的阔叶树银叶病，病原物只在树根及干基部的木质部存在，但它产生的毒素却可通过导管的水流进入叶部，使叶片的表皮细胞层同栅状组织脱离，因而表现银叶症状。

有些病害也能使整个植株发病，如油茶炭疽病能危害除根以外的各个器官，即便是各个器官同时发病，也是由许多局部侵染造成的。杨树腐烂病发病严重时往往可使整个树干的韧皮部坏死，这种情况通常是由树干上多数溃疡局部发展汇合而来，不是系统侵染的病害。幼苗猝倒病因茎基部坏死而致整株倒伏枯死，也是局部侵染的病害。

(4)潜育期的长短

植物病害潜育期的长短差别是很大的，主要取决于病原物的生物学特性。此外，环境条件和寄主的抗病性也有一定的影响。叶部病害的潜育期一般为7~15 d，也有较长或较短的，如杨树黑斑病为2~8 d，杨树灰斑病为5~10 d，油茶炭疽病5~17 d，松针褐斑病10~20 d，松落针病2~3个月。系统侵染的病害，特别是丛枝病类，潜育期要长些。立木腐朽病的潜育期有时长达十年或数十年，到树干中心已腐烂形成空洞，外表有些尚难察觉出来。

在潜育期中，寄主体就是病原物的生活环境，寄主体内水分和养分受外界条件影响较小，而温度则是与外界气温密切相关，因此潜育期的长短会受到外界温度的影响。一般情况下，在适于病原物生长的温度下潜育期较短；温度偏低或偏高，潜育期延长。如毛白杨锈病，在13℃下，潜育期为8 d，15~17℃时13 d，20℃时7 d。在抗病力较强的寄主上，潜育期有延长的趋势。

3.1.4 发病期

感病植物症状的出现标志着潜育期的结束和发病期的开始。症状出现以后，病原物仍有一段或长或短的生长和扩展的时期，然后才进入繁殖阶段。因此，在这个时期寄主的外部症状会有所发展。由无性型菌物引起的局部侵染病害通常在病斑扩大到一定程度时即行停止，病原物随即产生无性子实体，一个侵染程序至此结束。这类病害的发病期往往很短，几天之内就可完成。

病斑扩展及子实体形成

有些病原真菌的生活史中缺少无性阶段，每年只发生1次侵染，它们所致的植物病害的发病期往往比较长，如松落针病，在南京地区感病针叶症状在5~6月出现，病针叶于9、10月提早脱落，而子实体要到翌年3月才在落叶上形成。落叶松落叶病和槭树黑痣病等也都属于这种类型。

树木枝干病害的发病期可能延续数年。如松疱锈病，病菌在枝条的溃疡中不断向下扩展，如果枝条不因病死亡，它就会进入主干，使主干上产生溃疡。落叶松癌肿病(*Trichoscyphella willkommii*)的溃疡周围常产生愈伤组织，但病原物并不死亡，翌年继续扩展，使溃疡斑扩大，并在外围形成新的愈伤组织，这样年复一年，在树干上形成一环靶状的溃疡。松疱锈病和落叶松癌肿病在每年的一定季节都在病部产生子实体。系统侵染的丛枝病从个别枝条开始发病到全树冠都表现症状往往要经过数年。树木的根部病害也有类似的情况。

对真菌病害来说，在病组织上产生孢子是病程的最终环节。这些孢子是下一次病程的侵染来源，对病害流行有重要意义。目前对于大多数真菌病害其林间孢子产生的生理基础和环境条件还所知甚少。从实验室的研究资料，可以看到孢子的形成受下列一些因素的影响。

(1) 温度

一般而言，各种病原真菌的孢子形成都要求一定的温度范围，其幅度比生长所要求的温度范围要窄，其中有性孢子产生的温度范围比无性孢子更窄，并且一般要求较低的温度。如许多白粉菌在植物生长季节不断以无性孢子进行繁殖，到晚秋才产生闭囊壳，可能主要是受温度的影响。许多病原子囊菌的有性孢子要在越冬后的落叶中产生，其发育过程需要一个低温阶段。通常无性孢子产生的最适温度同该菌生长最适温度基本一致，无性型菌物为25~28℃，卵菌为15~20℃。当然也有不少特殊的情况，有的真菌要求高温和低温交替作用才产生孢子，例如，苹果炭疽病菌在实验室恒温条件下不容易产生孢子，但在变动的室温下，几天之后就能产生大量孢子。

(2) 湿度

除白粉菌能忍受较干燥的条件外，大多数真菌孢子形成都要求适合的大气湿度。瓜果腐霉的菌丝体放在清水中培养，能很快形成孢子囊和卵孢子。大多数真菌进行繁殖时，高湿度能促进其孢子的产生。因此在实验室中，对未产生子实体的病组织，常用保湿的方法促其产生子实体。但病组织表面的自由水或饱和大气湿度对有些真菌的繁殖也并非有利。

有人还注意到真菌产生孢子对潮湿环境维持时间的要求，发现有的真菌仅要求很短的潮湿时间(2~3 h)，如香蕉小球腔菌(*Mycosphaerella musicola*)；但大多数真菌需要有较长的潮湿时间。

(3) 光照

光是许多真菌产生各种繁殖器官所必需的。不同的真菌在其繁殖过程中，对光照的需求是不同的，有的仅在某一个阶段需要有光照，有的在全部发育阶段都需要光照。对光照强度和光波长度的要求也有差异。在实验室中，有些真菌在完全黑暗中培养也能产生孢子，而且同光照下培养没有什么差别；而另一些真菌则需要光的刺激，一般在白天散射日光下接受光照，12 h 光照与 12 h 黑暗交替，就能促进孢子产生。有些真菌需要在全光条件下培养才能产生孢子，紫外光和近紫外光(黑光灯)对某些真菌的繁殖有良好的促进作用。葡萄座腔菌的许多菌系在 PDA 培养基上不容易产生分生孢子器，但在黑光灯下培养 4~5 d 即可产生大量分生孢子器。

(4) 寄主或培养基质

林间观察可以发现，专性寄生物的孢子常在寄主活组织上形成，兼性寄生物的孢子则常在坏死组织上产生；有些真菌的子实体仅在病斑的边缘形成，可能是一种中间类型。一般认为“饥饿”可以促进孢子产生，即营养条件不利于菌丝体生长时，可以促进产生孢子。某些锈菌冬孢子的产生可以用降低寄主活力的方法抑制真菌的生长而诱发。在实验室中，常用降低培养基碳源的方法来促进孢子产生，有时甚至仅用水琼脂培养就可促进产孢。

许多植物病原真菌在人工培养条件下不产生孢子或很不容易产生孢子。松落针病菌的子实体在自然界的落叶上非常普遍，但至今无人用人工培养方法获得孢子。尾孢霉(*Cercospora* spp.)在一般的培养中也是不产生孢子的，需要用特殊的培养基或特殊的培养方法。许多研究者对微量元素、维生素、繁殖激素等与真菌孢子形成的关系做了探索，都没有发现存在共同的规律。植物病原真菌的繁殖可能同寄主的性状有密切关系，有人建议用植物组织经冷法灭菌(用氧化丙烯熏蒸灭菌)后来培养病原真菌，此法对某些病原菌有一定效果。总的来说，植物病原真菌在自然界进行繁殖的生理生态是千差万别的，至今仍有许多未知值得研究。

(5) 孢子本身产生的物候期

植物病原真菌孢子开始产生和结束的时间，在不同地区和年份是有差别的。一般而言，地区上的差异是由于方位、纬度和海拔的影响，年份之间的差异则是气候条件的作用。低海拔和温暖的条件下，孢子产生较早而持续期较短；高海拔或冷凉、潮湿的条件下，孢子产生较迟，持续时间较长。如五针松疱锈病菌在北美东部大多数年份锈孢子产生的持续期为 48~90 d，极限分别是 12 d 和 140 d。美国西部锈孢子盛发期在 4 月中旬至 6 月中旬，但在高海拔地方要迟 1 个月。在温暖和干燥的年份，锈孢子产生盛期仅能维持 2~3 周，而在冷湿的年份，可持续 2 个月或更长时间。

3.1.5　潜伏侵染和复合侵染

(1)潜伏侵染

病原物侵入植物组织以后，由于寄主或环境条件的限制，暂时停止生长活动，但仍保持其生命，寄主植物也不表现症状，这种现象称为潜伏侵染。当有利于病菌活动的条件出现后，潜伏的病菌又开始生长和扩展，并使植物发病。

就真菌病害来说，孢子在寄主体表萌发以后，芽管产生附着器，然后自附着器产生侵染丝穿透角质层或进一步穿透表皮细胞外壁。这时如果寄主处在非感病状态，侵染丝就不再活动，潜伏在角质层下或表皮细胞外壁中等待时机，此时还没有建立寄生关系。自气孔侵入的芽管或侵染丝则可能在气孔下室中潜伏下来。

健康植物体内带有真菌或细菌是常见的现象。这些菌类是寄生者，并不是病原物，所以这种现象不是潜伏侵染。病毒的寄主范围很广，有的寄主植物感染病毒后，始终不表现症状，但却是病毒的侵染来源之一。这种寄主植物只是带毒者，也不是潜伏侵染。有些植物病害的潜育期很长，例如，立木腐朽，病菌侵入以后在木质部中生长，要经若干年之后才在树干表面产生子实体。这些情况都不是潜伏侵染，因为病菌在寄主体中始终在生长。

潜伏侵染的研究过去大多以热带或亚热带果树的炭疽病和灰霉病为对象。香蕉的幼果盘长孢状刺盘孢侵染时，由附着器产生的侵染丝在角质层下潜伏，有时在其下方出现少数几个变褐色的表皮细胞或加厚的纤维素层。当香蕉果实经过处理达到成熟时，病菌恢复生长，引起炭疽病。葡萄、杧果和鳄梨果实受刺盘孢侵染时，潜伏侵染的情况与在香蕉上的相似。

Terashita(1973)从 11 个科的 37 种常绿阔叶树和 14 个科的 24 种落叶阔叶树上均分离到了一种具潜伏侵染现象的刺盘孢。在我国南方的杉木上，这种真菌在生长季任何时候都可侵染杉木的针叶，从外表健康的针叶进行组织分离，带菌率高的可达 40%~60%，但杉木炭疽病一般只在每年 4~6 月，于先年秋梢的顶端表现症状。

树木枝干溃疡病的潜伏侵染现象也比较普遍。在江苏，12 月中旬将外表健康的一年生加拿大杨苗的树干截条经表面消毒后，放在无菌环境下并给以适当的发病条件，经 1 个月后有 60%~70%发生了由葡萄座腔菌引起的溃疡病，说明侵染在 12 月中旬以前就发生了。在自然条件下，这种病害要到翌年 3 月下旬才在受到干旱或其他不利因素影响的苗木上才表现症状。沈伯葵等(1983)证明槐树溃疡病(*Dothiorella ribis* 和 *Fusarium tricinctum*)存在潜伏侵染现象，尤以茶藨子小穴壳菌(*Dothiorella ribis*)的潜伏率高，刘艳(2003)证明松枯梢病存在潜伏侵染。

树木溃疡病的潜伏侵染可能同树皮的含水量有关。当树皮含水量降低到一定程度，潜伏就被打破。树皮含水量达到饱和含水量的 80%左右是临界点，根据不同的寄主—病原物组合而略有变动。很明显，树皮含水量降低会影响植物生理机能的活跃程度。

杉木炭疽病的潜伏侵染在春季转化为发病可能同新芽萌发消耗秋梢中的贮存碳水化合物有关。在实验室中，受潜伏侵染的杉枝在光照很弱的条件下水培，可以诱发症状，也表明光合作用的产物同发病有关。

潜伏侵染只发生在兼性寄生物所致的植物病害中，专性寄生物和强寄生物不会有潜伏侵染。

(2)复合侵染

某种植物病害的发生是由于两种以上的病原物同时或先后侵染而引起的，这种现象称为复合侵染。最简单的复合侵染现象是第一种病原物引起的病斑成为第二种病原物的侵入途径。如杉木细菌性叶枯病的老病斑中，常常能够分离到杉木炭疽病菌。欧洲地中海沿岸板栗有一种由栗疫霉(*Phytophthora cambivora*)引起的根腐病(常称墨汁病)，由根部蔓延至树干基部。发病之后，常常有毒盘多格孢菌(*Coryneum perniciosum*)、疏松侧孢霉(*Sporotrichum laxum*)、白圆酵母(*Torula nivea*)等真菌随后侵入，促使病害发展更快，树木迅速死亡，以致在很长期间内曾误认为后面 3 种真菌是墨汁病的病原物。

美国山核桃苗木受一种线虫 *Criconemoides quadricornis* 和腐霉菌(*Pythium irregulare*，现名 *Globisporangium irregulare*)的混合侵染，使根系的重量损失达 44%。分别用 2 种病原物单独接种，都不引起损失。2 种病原物之间的关系现在还不清楚。但在榆树的根中，曾发现线虫 *Pratylenchus penetrans* 的繁殖数量由于大丽轮枝菌的侵染而增加的现象。

在江苏地区，槐树溃疡病的病组织中，经常有大量细菌存在。两者混合接种和用镰刀菌单独接种，病斑扩展速度相差不大。细菌单独接种也有一定的致病力。两种病原物之间的关系也是尚待研究的问题。

复合侵染在兼性寄生物所致的病害中是比较常见的现象，在寄生性强的病原物中则甚少见。这种现象使人们不容易判断最初的病原，也不容易探明它们的侵染规律，在植物病害的研究中，值得特别注意。

3.2　侵染循环

3.2.1　林木病害侵染循环的概念

侵染循环(infection cycle)指的是在一定期间内(通常为 1 年)，植物侵染性病害连续发生的过程。这个过程以病原物的活动为主线，包括几个互相关联的环节。侵染程序(病程)依靠侵染循环中的各个环节相连，包括在两次侵染程序之间，病原物是如何离开寄主体传播到新的寄主植物体上，病原物在一年中侵染会发生多少次，病原物如何保持其生命度过冬季成为下年最初的侵染源等。如落叶松落叶病(*Mycodiella laricis-leptolepidis*，异名 *Mycosphaerella laricis-leptolepidis*)，春末夏初在有病落叶中越冬的病菌产生子囊孢子，孢子放射后随风传播到落叶松新叶上，在适宜的条件下孢子萌发，芽管自气孔侵入，经过几天的潜育期，受侵叶出现褐色斑点，并于早秋提前落叶，病菌在落叶中越冬，至翌年春末夏初再产生子囊孢子进行传播侵染。在这个病害中，病菌孢子靠风传播，一年中病程只发生一次，病菌以菌丝在落叶中越冬等就是这个病害侵染循环的几个重要环节。

绝大多数病害的侵染循环是在 1 年内完成的，树木的叶部病害和一年生植物的病害大多是这样，但由于树木的枝干和根是多年生的，它们的某些病害往往需要 1 年以上的时间才能完成一个侵染循环。例如，梨—圆柏锈病，锈孢子在夏季侵入圆柏嫩枝后，可能要到第 3 年春季才表现症状并产生冬孢子。还有比较复杂的情况，例如，松栎锈病，担孢子侵染松树以后，也要经 2~3 年才在树枝上形成瘿瘤，而瘿瘤形成以后，每年都可产生锈孢子侵染栎树叶片，这种病害的侵染循环就存在重叠现象，但它的各个环节总是在每年的同一季节发生。

真菌病害的侵染循环和病原物的生活史是有联系的，如落叶松落叶病，病原真菌的生活史中缺少分生孢子阶段，所以一年只发生一次侵染。和它同属的油桐球腔菌有完整的分生孢子阶段，它所引起的油桐叶斑病在一年中就有多次侵染。所以认识病原菌的生活史对侵染循环的研究很重要。但真菌的生活史同侵染循环是两个不同的概念。生活史相同的真菌引起的植物病害的侵染循环可能是不同的。如松针锈菌(*Coleosporium asterum*)和落叶松—杨栅锈菌都是具有完全生活史的转主寄生锈菌，但松针锈菌是以单核菌丝在松树针叶内越冬，而落叶松—杨栅锈菌则是以双核冬孢子在杨树落叶中越冬。生活史不同的真菌引起的植物病害，侵染循环可能是相同的，例如，有丝分裂孢子菌物赤松尾孢菌[*Cercospora pini-densiflorae*，现名吉布逊小球腔菌(*Mycosphaerella gibsonii*)]引起的松苗叶枯病的侵染循环和由子囊菌引起的油桐叶斑病基本上是相同的。

3.2.2 病原物的越冬

病原物用来进行侵染的最小单位称为接种体(inoculum)。病毒粒体、细菌个体、寄生植物的种子、线虫个体以及真菌孢子、菌核、菌索或菌丝等，都可成为接种体。在复循环病害中，再侵染的接种体总是来源于当年受侵的新病斑上。在一个生长季节之初，单循环病害的接种体来源和复循环病害初侵染的接种体来源是相同的概念，它们一般都是来源于病原物的越冬场所。有些病原物越冬的场所很多，但这些场所对提供初侵染的接种体并不同样重要。例如，油茶炭疽病菌(*Colletotrichum* spp.)可以在地面有病落果中越冬，但地面落果并不是初侵染接种体的重要来源，主要来源是树上感病的芽、残存的花和带菌落蕾痕等。

病原物能以多种方式越冬。营养体、各种孢子、子实体、休眠孢子、菌核、菌索等都可以在一定条件下度过不良环境。病原物在越冬期间，处于休眠状态，而且潜伏场所比较固定，因此是侵染循环中的一个薄弱环节，掌握这个环节常常是某些病害防治上的关键。例如，毛竹枯梢病菌是在毛竹病死枝梢中越冬，目前，在冬春之际清除病死竹是防治这一病害最可靠的方法。

病原物越冬的场所主要有下列几个方面。

(1)有病寄主

感病寄主是树木病害最重要的越冬场所。树木不但枝干是多年生的，常绿针阔叶树的叶也是多年生的，在活寄主的组织中，或在树上因病而死的或垂死的组织中，都可以少受或不受腐生微生物的影响，病原物可以在寄主组织的保护下越冬。病原物可以以菌丝体在寄主组织中越冬，如松干锈菌(*Cronartium* spp.)、多种树木溃疡病菌、毛竹枯梢病菌等，它们是在已经发病的寄主组织中越冬。又如，松针锈菌、毛白杨锈菌等，是以菌丝体在尚未表现症状的组织中越冬。以各种形态的子实体或孢子在寄主组织中越冬的，如杨树溃疡病菌、松针褐斑病菌、柳杉赤枯病菌等。桃缩叶病菌虽然不在寄主体内，却是以孢子在芽苞鳞片间越冬。病原细菌和植原体也以在感病寄主上越冬为主要方式。

有些病原物的寄主范围比较广或者是转主寄生的，它们可能在转主寄主上或其他寄主上越冬。例如，梨赤星病菌在圆柏小枝上越冬，柑橘溃疡病菌可以在野生的芸香科植物上越冬。这种情况在研究初侵染来源时是不可忽视的。

(2)病植物残体

病植物残体包括因病而枯死的枯立木、倒木、枯枝、落叶等。枯立木和倒木或者本来就受到立木腐朽菌的侵染，或者因其他原因枯死、风倒后而受侵染。腐朽菌在它们体中长期生活，每年都可能产生大量孢子，所以枯立木和倒木是立木腐朽病的重要侵染源。树木的新鲜伐根很容易受到多年异担孔菌和蜜环菌孢子的侵染而成为根腐病的侵染源。杨树腐烂病菌及其他一些溃疡病菌也能在病死树干或枝条中越冬。

有病落叶是许多叶部病害病原物的越冬场所。如叶锈菌以冬孢子在落叶上越冬，大多数白粉菌以闭囊壳在落叶上越冬，落叶松落叶病、松落针病、油桐叶斑病等的病原物则以菌丝体在落叶中越冬，翌年春天产生子囊孢子成为初侵染源。许多引起叶斑病的无性型菌物，如杨黑斑病菌(*Marssonia populi*，现名 *Drepanopeziza populi*)、松苗叶枯病菌等，都可能在落叶中越冬。

地面上的落叶经一个冬季的日晒雨淋，很容易腐烂，阔叶树的叶片比针叶更甚，在落叶中越冬的病原物不能不受各种腐生微生物的剧烈影响。与树上病叶相比，病原物在落叶中的存活率是很低的，这种情况与病原物与腐生物竞争能力有关，也与病原物越冬的状态有关。竞争能力强的或者已经形成子实体或休眠体越冬的，存活率自然要高些。

落叶如果混入土壤中，病原物越冬后的存活率将更低。试验表明，感染松苗叶枯病的针叶在枝条上越冬后，取带病斑的针叶组织分离培养，病菌存活率达 86.6%，土表越冬的存活率为 38.8%，埋在土壤中约 10 cm、20 cm 和 30 cm 深处越冬的存活率分别为 14.5%、16.0%和 0。

(3)土壤

植物地上部分有病的带菌残体混入土壤中后，虽然其中的病菌保存率不很高，带有此类残体的土壤仍有可能成为初侵染的来源。此外，对土传病害或根部病害来说，土壤则是最重要的或是唯一的侵染来源。

植物根病真菌可以分为根部习居菌(root inhabiting fungi)和土壤习居菌(soil inhabiting fungi)两大类。根部习居菌能侵染植物的活根，并在根中定殖，但不能离开寄主根组织直接在土壤中生活。当受侵的根死亡后，随着根组织的腐烂和分解，它们也逐渐为土壤中的腐生微生物取代。但树木较粗的根，从受侵到死亡，从死亡到腐烂，需要经过较长的时间。因此，树木的病根常常是根部病害的侵染来源。例如，多年异担孔菌和蜜环菌都是由孢子侵染树木的新鲜伐根，在伐根中定殖，然后以伐根为基地，通过病根和健康树根的接触而传染。当病根腐烂和分解后，根部习居菌还可在土壤中形成菌核、菌索等休眠体，在一定时期内保存其生命。

土壤习居菌与腐生菌类竞争的能力比较强，当没有适当寄主植物存在时，或当寄主根组织分解以后，它们能直接在土壤中营腐生生活。当土壤条件对它们的生活不利时，例如，温度过高或过低，水分过多或不足，通气不良，有机质贫乏等，它们也可能形成休眠体保存其生命。

(4) 种用材料

种子和块茎、球茎、插穗、接穗等无性繁殖材料可能带有不同的病原物，它们也可能成为植物病害的初侵染来源。

种子带病可以分为以下几种情况：①病原物混杂于种子之间，如小麦线虫病(*Anguina tritici*)的虫瘿和菟丝子的种子；②病菌孢子附着在种子表面，如小麦腥黑穗病和棉花炭疽病(*Colletotrichum gossypii*)等；③病菌潜伏在种皮内或胚内，如小麦散黑穗病(*Ustilago triti-*

ci)、水稻白叶枯病(*Xanthomonas oryzae*)等。

借种子传播的病毒很少，以豆科植物上较为常见，且种子带毒率一般不高。但无性繁殖材料如林木的插穗、球茎类花卉的球茎等常常是病毒病害的重要侵染源。

在林木病害中，虽然曾有报道一些林木的种子可以带菌，例如，板栗种子带有栗疫病菌孢子，油茶种子表面或内部可能带有刺盘孢属真菌(*Colletotrichum* spp.)，核桃种子可能带有黑斑病细菌(*Xanthomonas juglandis*)，但它们都不是该病害的重要初侵染源。迄今为止，还没有充分证据能表明一种重要林木病害是通过种子传播的。

用扦插繁殖的林木，带病插穗可能是病毒或植原体病害的侵染源。杨树枝条插穗可以传播杨树花叶病毒，泡桐的根插穗可以传播泡桐丛枝病。选用无病的插穗是防治这两种病害的重要途径。

3.2.3 病原物的传播

病原物的传播是指病原体从它原来产生的部位转移到健康植物体上的过程。传播可能是主动的，但大多数情况下是被动的。某些病原物有一定的运动能力，如线虫、鞭毛菌的游动孢子和具鞭毛的细菌，它们在土壤中蠕动或在水中游动，可作短距离转移。在森林苗圃中，猝倒病在密集的幼苗之间的蔓延是由病原物的菌丝体的生长延伸来实现的。蜜环菌的根状菌索可以沿基物或土壤表面延伸达 10 m 之远，并能直接侵染树根。病原物主动传播的距离非常有限，在植物病害中也不是普遍现象。所以接种体的传播绝大多数是被动的。

(1)风力传播

真菌孢子很多是借风力传播的。子囊孢子、担孢子、锈菌的锈孢子和夏孢子大多是风传孢子。真菌孢子数量多，体积小，易于随风飞散。一般情况下，绝大多数孢子只能在产地附近成为有效的接种体。例如，五针松疱锈病菌的担孢子，在严重感病的茶藨子附近，距侵染源 1.5 m 处，每一百万针叶上平均有 46 个侵染点，距离 10 m 处有 5 个，距离 15 m 处只有 1 个。这种情况并不排除有少数孢子在特别有利的气流条件下被带到较远的地方。曾有人在加拿大一严重感染五针松疱锈病地区的上空 1 525 m 处收集到疱锈菌的锈孢子。在巴西，有人在距发病地区 150 km 的 1 000 m 高空收集到咖啡锈菌(*Hemileia vastatrix*)的夏孢子。这种情况很重要，个别有效的接种体可以在距离较远的地区建立新的侵染点，成为另一个病害侵染中心。南美洲原来没有咖啡锈病，1970 年第一次在巴西的东海岸发现，以后逐渐向南几乎传遍全南美洲。最典型的实例是小麦锈病，无论是在中国还是北美洲，小麦锈菌在北方不能越冬，北方春小麦的锈病是从南方冬小麦区产生的夏孢子逐步传播去的。

总之，风力传播是自然界最有效的传播方式，传播的有效距离受气流活动情况、孢子的数量和寿命以及环境条件的影响。有人建议，防治梨赤星病应在梨园周围 2.5~5.0 km 范围内不栽植圆柏。在加拿大，五针松苗圃周围 1.6 km 范围内的茶藨子必须清除。

(2)雨水传播

植物病原细菌、大多数黑盘孢目和球壳孢目真菌的分生孢子之间都有胶质存在，只有在雨天吸水膨胀和溶化以后，才能从植物组织中或子实体中散出，随着水滴的溅散而传播。带菌的雨滴可被风吹扬至较远的地方，在风雨交加的时候，正是这些病原物传播的好时机。鞭毛菌的游动孢子只能在水滴中产生和活动，由此引起的病害也是由雨水传播的。雨水传播的距离一般不会很远，这样的病害蔓延不是很快。

生存在土壤中的病原物，还可随灌溉和排水的水流而传播。某些带菌的植物残体如枯枝落叶等也可能在流水中漂浮至远方。

(3)植物传播

树木根的自然嫁接是树木病害传播的方式之一。树木根系发达，互相交错。两条靠近的根由于本身直径生长持续产生的压力，使它们在接触处互相接合。在接合的根中，水分、养分可以互相转移。病根中的病原物也能扩展至相接的健康根中。

在自然界，同一树木的根或同种树木的根之间，根接现象比较普遍。异种树木之间的根接则与两种树木的亲和性有关，根接现象一般较少发生。

已经确定许多真菌病害是可以通过根接进行传播的，如榆树枯萎病、栎树枯萎病、蜜环菌和其他高等担子菌所致的根腐病等。植原体引起的系统侵染性病害推测也可以通过根接传播，这在美国榆韧皮部坏死病上已被证实。

(4)动物传播

在动物中，昆虫是传播植物病害的最有效媒介。昆虫活动于植物之间，体表携带病菌孢子，像传播花粉一样传播病原物。同时它们在取食和产卵时，给植物造成伤口，为病原物的侵染创造有利条件，更增强了传病效果。这种传播作用是机械的，没有专化性。榆小蠹虫以在虫道中生长的真菌为食料，其中包括榆树枯萎病的病原菌，这种病菌的孢子通过昆虫的消化道后，仍然保持其生命。所以几种榆小蠹虫成为榆树枯萎病的重要传播者。油橄榄肿瘤病细菌(*Pseudomonas savastanoi*)与它的传播者油橄榄实蝇之间存在着共生关系。细菌在实蝇的中肠中定殖，随粪便排出体外，同时也沾染在昆虫的卵上。卵孵化时，细菌又进入幼虫的中肠。实蝇的发育不能没有这种细菌，细菌通过实蝇的活动而传播。

鸟类是寄生植物的主要传播者，它们对某些真菌也可能有传播作用。有人发现有 19 种在板栗树上或其附近筑巢的鸟类身上带有栗疫病菌孢子，最多可达 70×10^4 个孢子以上。

(5)人为传播

人们在育苗、造林、抚育及运输等各种活动中常常会无意识地传播病原物。

移栽植物时，用了有病的苗木，就可能将病菌带到造林地和果园中去，引起幼林发病。用有病的接穗或砧木嫁接，也是传播病原物的一种方式。松土、除草、施肥、修剪等，由于人和工具在植物间活动，也有短距离的传播作用。

人的运输活动造成病原物的长距离传播。种子、苗木、农林产品以及货物包装用的植物材料，都可能携带病原物。由于这些材料的运输数量多、距离远，传播病害的危险性很大。一个地区新病害的引进，多半可以追溯到这些途径。

病原物的个体或孢子在离开寄主体或母体以后，都有逐渐死亡的趋势。病毒和植原体是细胞内的寄生物，它们离开寄主体后，很快就死亡。真菌孢子的寿命或长或短，一般而言，有性孢子较无性孢子寿命长；多细胞的孢子比单细胞的孢子寿命长；孢子壁较厚、颜色较深的孢子比孢子壁薄和无色的孢子寿命长。

霜霉菌的孢子囊或分生孢子，柄锈菌的担孢子和白粉菌的分生孢子等是寿命较短的孢子，通常只能生活几天。柄锈菌的夏孢子和锈孢子、无性型菌物的分生孢子等，一般可存活数周。某些子囊孢子、锈菌的冬孢子、高等担子菌的担孢子和黑粉菌的厚垣孢子等寿命最长，它们可存活数月或数年。它们中有些孢子需要经过一定的休眠期才能萌发。

温度也是影响孢子寿命的重要因素。低温(0℃左右)下各种真菌的孢子都能生存较长时间，温度越高寿命越短。湿度对孢子寿命的影响则比较复杂。锈菌的担孢子和白粉菌的分生孢子以在饱和相对湿度下寿命最长，湿度越低寿命越短；锈菌的锈孢子和夏孢子则以中等相对湿度下寿命最长，两个极端时寿命较短；还有一些真菌的孢子，如栎长喙壳的子囊孢子和内生分生孢子在低湿度下生存力最强。日光的直接照射常使孢子很快死亡。

接种体是一个群体，这个群体中各个个体的生活力是不同的，当它们处在不利的条件下，有的个体很快死亡，有的个体还可保持其生命达一定时期。通常孢子死亡百分数的对数与时间呈直线关系。接种体的寿命对接种体的传播距离是一个重要的影响因素。特别是能借风力或动物和人类活动作长距离传播的接种体，必须具有较长的寿命和较强的抗逆性。

3.2.4　一年中侵染发生的次数(单循环病害和复循环病害)

落叶松落叶病在一个生长季节中只有越冬病菌产生的孢子进行一次侵染，当年感病的针叶上不会再产生新的接种体，因此过了越冬病菌产生和释放孢子的季节，当年就不会再发生新的侵染。这种类型的病害称为单循环病害(single cycle disease)。决定单循环病害的因素有以下几方面。

(1)病原物的生活史

在自然条件下，凡是一年中只进行一次繁殖的病原物所引起的病害都是单循环病害。落叶松落叶病的病原物是一种子囊菌，它的生活史中不产生无性孢子，所以每年只有在落叶中产生的有性孢子进行一次侵染。

(2)侵染发生的条件

有些病原物一年中虽能进行多次繁殖，但因为侵染发生的有利条件只在某一时期出现，也只能是单循环病害。例如，桃缩叶病菌除在病叶上产生子囊孢子外，子囊孢子还可以芽生方式产生更多的分生孢子。但子囊孢子和分生孢子在当年都不进行侵染，在桃芽鳞片间潜伏，到翌春桃芽萌发时才侵染幼叶。一般认为这是因为病菌孢子的萌发需要早春桃芽萌发时产生的某种物质的刺激，过了这一时期，这种条件就不存在了。毛竹枯梢病的病原菌——竹喙球菌(*Ceratosphaeria phyllostachydis*)虽然在一年中先后能产生子囊孢子和大量的分生孢子，但它只从新竹发枝展叶期的嫩枝腋部侵入，这种条件也只在短时期内出现，所以，毛竹枯梢病也是单循环的。

(3)潜育期

有些病害的潜育期很长，虽然以无性孢子进行活动，但在一个生长季节中没有产生第2次无性孢子的机会。例如，竹秆锈菌的夏孢子于5~6月侵染新竹，病竹要到冬季才产生冬孢子堆(冬孢子堆的作用不明)，翌年4~5月才产生夏孢子堆，所以一年也只发生一次侵染。

(4)传病媒介

有些病害在自然界是由昆虫传播的，昆虫的发生有季节性，因而没有进行多次侵染的机会。例如，松材线虫病是由松墨天牛传播的，虽然松材线虫在松树树干的树脂道中几天就繁殖一代，但松墨天牛在我国大多数地区每年只有一代，因而决定了这种病害是单循环的。

单循环病害虽然只在每年的一定时期进行一次侵染，但病原物是一个群体，它们所产生的孢子或繁殖体成熟有先后，寿命有长短，所以侵染仍会持续一段时期。侵染率与时间呈抛物线关系，即可以分为始期、盛期和末期，侵染率以盛期为最高。过了侵染时期，病害就不会传染和蔓延，病原物也不再增殖。因此这类病害一般不可能在一个生长季节中发展到流行的程度，而要经过多年的积累。当在一个地区或一个林分中病原物积累到一定程度，这一年又遇到对病原物繁殖、传播和侵染特别有利的气候条件，侵染就可能很普遍而严重。这类病害发生的时期比较短而集中，因此，相对于复循环病害来说比较容易控制。

杉木细菌性叶枯病在一个生长季节中除由越冬的细菌进行第一次侵染外，病原细菌能在当年新受侵的针叶上不断繁殖，不断进行侵染。不但侵染的次数多，持续的时间长，而且各次侵染重叠出现。这类病害就称为复循环病害(multicycle disease)。在复循环病害中，由越冬的病菌或孢子，或由病菌越冬后在越冬场所产生的孢子或繁殖体进行的侵染称为初侵染(primary infection)。在初侵染的病组织上新产生的病原体所进行的侵染以及随后所发生的一系列侵染都称为再侵染(reinfection; secondary infection)。

在一个生长季节中能进行多次繁殖的病原物所引起的病害大多是复循环病害。鞭毛菌、无性世代发达的子囊菌、锈菌的夏孢子阶段、多种无性型菌、花叶病毒、根结线虫等所致的病害都属这种类型。

复循环病害的初侵染不一定很普遍，往往只有少数植株受到侵染，形成一个或几个发病中心，在适宜的条件下，通过不断地再侵染，使病害不断蔓延扩展，在一个生长季节中有可能达到流行的程度。由于气候条件的变化，复循环病害的侵染率与时间成"S"形曲线关系，在一个生长季节中可能出现2个以上的侵染高峰期。如果由于连年的积累，越冬的病原物基数高，初侵染又比较普遍，这类病害就更具危险性。由于它们侵染的时期长，情况比较复杂，也就比较难于控制。

小 结

植物侵染性病害的发生过程(病程，侵染程序)可以分为接触期、侵入期、潜育期和发病期等4个阶段。从病原物同寄主接触到侵入活动开始(孢子萌芽)为接触期。在接触期中，病原物在寄主体表面的活动受外界环境条件、寄主的外渗物质和根围或植物表面微生物种群的影响。从病原物侵入活动开始到同寄主建立寄生关系的阶段为侵入期。病原物可以直接穿透无伤表皮侵入或从自然孔口、伤口及其他特殊途径侵入。侵染能否发生受外界条件的影响。真菌孢子在适当的温度下萌发，一般要求高湿度或有自由水存在。侵染能否成功，即病原物能否同寄主建立寄生关系取决于病原物的侵染能力、侵染数量和寄主的感病性。从寄生关系的建立到寄主开始表现症状的阶段为潜育期。病原物从寄主组织或细胞中吸取营养，并不断生长和扩展；寄主组织则产生各种抗扩展的反应。病原物则要求在一定的寄主组织或器官上定殖。大多数病原物在寄主体内扩展的范围有限，称为局部侵染；有些可以通过寄主维管束系统扩展到整个植株或植株的绝大部分，称为系统侵染。潜育期的长短主要取决于病原物的生物学特性，也受外界温度和寄主抗病力的影响。受病植物症状的出现表示潜育期的结束和发病期的开始，发病期中，病原物仍有一段或长或短的扩展时期，症状也随着有所发展。最后病原物产生繁殖器官，症状停止发展，病程乃告结束。潜伏侵染和复合侵染在兼性寄生物引起的病害中较为常见。

侵染循环是在一定期间内侵染性病害连续发生的过程。这个过程以病原物的活动为主线，包括几个互相连锁的环节。这些环节主要是初侵染来源，侵染程序及其周转和接种体的释放与传播。侵染循环一般在1年之内完成，但许多林木的枝干病害和根部病害具多年生性质，它们的侵染循环需要2~3年或更长的时间才能完成，并且出现重叠现象。初侵染来源一般就是病原物度过休眠季节的场所。有病寄主体内、病植物残体上、土壤中或种子的表面及内部是病原物主要越冬场所，也常成为翌年主要的初侵染来源。

单循环病害一个生长季节只发生一次侵染。当病害连年发生，使病原物积累达一定的数量，又恰逢有利于接种体产生、释放、传播和侵染的条件，单循环病害也能达到流行的程度。复循环病害除初侵染外，还可发生多次再侵染，使病害在一年中不断蔓延扩展。接种体的释放和传播有主动的和被动的因素。许多病原真菌孢子的释放与水分或蒸汽压有关。风吹、雨水溅散和昆虫携带是自然界接种体传播的主要形式。某些真菌、细菌以及病毒和植原体与媒介昆虫之间常有某种生物学的关系存在。接种体的远距离传播则常与人们的耕作活动和种苗、农林产品的交换及运输有关。消灭或减少初侵染来源，防止接种体的传播是植物病害防治的重要途径。

思考题

1. 典型的植物侵染性病害的发生过程包括哪几个时期？
2. 病原物的侵入途径有哪些？它们与病原物的寄生性存在着怎样的联系？
3. 决定病害潜育期长短的主要因素是什么？它还受哪些因素的影响？
4. 潜伏侵染与潜育期有什么区别？
5. 什么叫侵染循环？它包括哪些重要环节？
6. 单循环病害与复循环病害各有什么特点？
7. 侵染循环与病程之间是什么关系？
8. 为什么说了解侵染循环是病害防治的基础？

推荐阅读书目

康振生，孙广宇. 普通植物病理学. 北京：中国农业出版社，2022.
谢联辉. 普通植物病理学. 2版. 北京：科学出版社，2013.
许志刚. 普通植物病理学. 5版. 北京：高等教育出版社，2021.

第 4 章

病原物的致病性和林木的抗病性

4.1 病原物的致病性

在病原物与受害植物相互作用的过程中，病原物对受害植物所产生的不利影响或破坏性称为病原物的致病性。病原物的致病性往往是以寄生性为前提的，绝大多数病原微生物对于受害植物来说同时也是具有寄生性的微生物。

4.1.1 病原物的寄生性

生物根据其合成主要代谢物质的能力，可以分为自养和异养两类。绿色植物是典型的自养生物。它们利用光能以无机化合物为原料制造自身所需的有机物。少数细菌，如红硫细菌科(Chromatiaceae)和硝化细菌科(Nitrobacteriaceae)的细菌也是自养的，它们能将氧化型的无机物(如 CO_2、NO_3^- 等)还原成自身需要的有机碳、氮化合物。异养生物自己不能以无机物合成自身需要的有机碳化物，必须直接或间接地以自养生物所制造的有机化合物为原料，来合成自身生长发育所需要的有机碳化物。病毒、植原体、细菌、真菌、动物、少数种子植物等都属异养生物。植物的各种病原微生物都是异养的，它们需要从植物体上获取有机物质。

4.1.1.1 寄生物类型

异养生物依其营养方式可以分为寄生物和腐生物两个基本类群。寄生物是直接从活的有机体内吸取养料，其生长发育过程往往与寄主的生理活动交织在一起。它们中有许多是引起各种生物病害的病原。腐生物则以无生命的有机物质，如死的生物体及其分解物、动物排出物、植物的枯落物等为有机营养的来源。从严格的概念上讲，寄生物和腐生物在营养方式上是互不相同的，但实际上两个类群之间没有绝对分界线。许多异养生物同时具有某种程度的寄生性和腐生性。因此，寄生物和腐生物之间存在着一定的中间类型。在植物病理学中，习惯上把与病害有关的生物按其寄生能力的强弱划分为以下 4 种类型。

(1)专性寄生物

专性寄生物(严格寄生物、绝对寄生物，obligate parasites)是寄生性最强的一类，只能从活的有机体中吸取营养物质，不能在无生命的物体(包括死的有机体)上生长发育。它们生长要求的营养物质比较复杂，不能用人工培养基培养。病毒和寄生性种子植物都是专性寄生物，某些真菌，如霜霉菌、白粉菌、锈菌等也都属于这一类型。

(2)兼性腐生物

兼性腐生物(强寄生物，facultative saprophytes)寄生性次于前一类，通常以营寄生生活为主，也具有一定的腐生能力，在某种条件下可以营腐生生活。例如，外子囊菌、外担子菌、黑粉菌、植原体等，它们在自然条件下，只以寄生的方式存活，但在一定的人工培养基上也可以勉强生存。有许多叶斑病菌，如黑星病菌、尾孢霉、黄单孢杆菌等也可以归入这一类群，它们对活组织有很强的寄生能力，但当病组织死亡后，它们还能以腐生方式生存一段时间。在自然界兼性腐生物的寄生习性与腐生习性往往交替出现。这种现象多与寄主植物发育过程相联系，当寄主植物处于生长阶段，这类寄生物营寄生生活；当寄主进入成熟、衰亡或休眠阶段，则转营腐生生活。许多病原真菌，随着营养方式的改变而发生发育阶段上的转变，由无性阶段转入有性阶段。

(3)兼性寄生物

兼性寄生物(弱寄生物，facultative parasites)以营腐生生活为主，在特定条件下，也能侵害活的寄主组织。例如，引起松树皮层腐烂的铁锈薄盘菌通常作为腐生菌在枯枝上营腐生生活，只有当松树受虫害、损伤、受压或因其他原因树势衰弱时才侵染活组织。壳囊孢属真菌、引起猝倒病的丝核菌、多种致病的镰刀菌，以及许多引起立木腐朽的真菌都属于这一类群，这类寄生物用人工培养基进行分离培养较易成功。

(4)专性腐生物

专性腐生物(严格腐生物、绝对腐生物，obligate saprophytes)专营腐生生活，只能在各种无生命的有机物上生存，不能侵染活的有机体。各种食品上的霉菌，木材上的腐朽菌，林地上的鬼笔、马勃、地星等都是典型的专性腐生菌。实际上，从严格意义上来说，这类生物与植物病害并无关系，但由于它们经常造成食品变质、木材腐朽、变色，所以仍然是植病工作者研究的对象。

一般认为，寄生生活方式是比较进化的，腐生生活方式是较原始的。生物在获得寄生能力的过程中，逐渐减弱或丧失腐生能力。

4.1.1.2 侵袭力的概念

寄生性与侵袭力两个概念有着密切联系。作为一种寄生物必须具备一定的侵袭能力，也就是先要能侵染寄主，利用它作为营养基质，生活于寄主体内，并能战胜寄主的抵抗力，在其上或其中进行繁殖。高又曼把侵袭力的强弱按下列几个标准来划定：①侵染数限。建立寄生关系所必需的病原物个体越少侵袭力越强。②侵染期的延续。建立寄生关系所需的时间越短，则侵袭力越强。③潜育期长短。潜育期越短则侵袭力越强，反之越弱。④发病数量。在相同条件下，引起病害的数量(发病百分率、感病指数)越高，则侵袭力越强。用上述标准综合地衡量一个寄生物的侵袭力。例如，白粉菌、霜霉菌和叶部锈菌等都具有低的侵染数限、短的潜育期和高的发病数量等特点，是一些侵袭力强的病原物。相反，某些立木腐朽菌大量的孢子都不易建立侵染点，潜育期长，因而是一些侵袭力弱的寄生物。

4.1.1.3　寄生专化性与生理小种

一种寄生物只能适应一定种类的寄主植物，也就是说寄生物对寄主是有“选择性”的。一种病原物所能适应的寄主植物种类通称为该病原物的寄主范围(或称寄主谱)。

不同的寄生物寄主范围不同。灰葡萄孢(*Botrytis cinerea*)可以侵害从裸子植物到被子植物的几千种毫无内在联系的生长衰弱的植物；在不通风的苗床上，几乎可以侵害所有的园艺作物幼苗。茄丝核菌的寄主范围也相当广泛，在适宜条件下，可以侵染 200 多种植物。有的病原物寄主范围却很窄，如山杨黑星菌仅寄生于少数几种杨树上，西方瘤锈病菌(*Endocronartium harknesii*)只能侵染几种松树。

病原物的寄主范围往往与寄主本身的亲缘关系有某种联系。如杨属和柳属植物对腐皮壳菌几乎都是感病的。马格栅锈菌[*Melampsora magnusiana*，异名杨栅锈菌(*M. rostrupii*)]的寄主涉及多种杨属树种；松属树种几乎都可能成为散斑壳菌(*Lophodermium* spp.)的寄主。锈菌的两个转主寄主在亲缘上虽相隔很远，但其 0、Ⅰ阶段的各寄主间和Ⅱ、Ⅲ阶段的各寄主间却往往存在近缘关系。如栎柱锈菌，0、Ⅰ阶段发生在松属植物上，而Ⅱ、Ⅲ阶段的寄主绝大多数属于壳斗科植物。当然，有许多寄主范围广的病原物，其寄主之间有时并不存在这种联系。

生理小种(physiologic race)或系(strain)是近代植物病理学中经常涉及的一个名词，用以说明病原物的种内在形态上相似，而在某些培养性状、生理生化特性、致病性或其他方面有所不同的生物型或生物型群。一种病原物的种群是由无数形态上基本一致的个体组成的，但种内各个体的特性不是固定不变的，它们在生理上、甚至在形态上都在不断地发生某些变化。从理论上说，很难找到两个完全一致的个体。通过有性交配产生的后代，虽然在主要的方面仍保持亲代的特性，但必然存在某种差异。在无性繁殖过程中，亲、子两代的差异程度相对于有性繁殖来说要小得多，但同样也会产生少数特性不同的个体。就病原物来说，“毒性”这个生物学特性是相当容易产生变异的。后代中这些与双亲特性不同的个体称为变体(variant)。一个新的变体出现后，如果不能适应周围环境，特别是不能适应于寄主植物，它将失去立足之点而死亡。相反，如果它能适应环境，克服了植物的抗性而定殖下来，并繁衍其后代，就将成为一个在遗传上一致的群体，称为生物型(biotype)。若干个具有某些共同特性的生物型所组成的群体则称为生理小种或系。不同的生理小种具有不同的毒性基因，表现出对寄主植物种内不同品种的选择性。

在植物病理学上，常将能侵染同一寄主种的若干个生理小种的群体称为专化型(specialized form 或 forma specialis，简写为 f. sp.)。如寄生于各种树木上的槲寄生在形态上都是基本相同的，但这些个体对寄主却有不同的适应性。根据它们的寄主范围的不同，至少可将这个种划分为 3 个专化型：阔叶树槲寄生(*Viscum album* f. sp. *mali*)，寄生在多种阔叶树上，但不侵害针叶树；冷杉槲寄生(*Viscum album* f. sp. *abietis*)主要寄生在冷杉上，也能侵害某些槭属树种，但不侵害松树；松槲寄生(*Viscum album* f. sp. *pini*)以松属树种为基本寄主，也能侵染云杉和日本落叶松，但不侵害冷杉，也很少侵染阔叶树。阔叶树槲寄生专化型还可以划分为若干个生理小种。

寄生专化是个普遍的现象，不仅发生在寄生程度高的专性寄生菌上，兼性腐生菌和兼性寄生菌也可能有专化性。如南京地区杨树上的黑斑病菌可以分为2个专化型，一个寄生在毛白杨和响叶杨上，另一个寄生在加拿大杨及其他黑杨派杂交杨上。不同的专化型或生理小种除对寄主的选择上有所区别外，在其他生理特性上、甚至形态上也可能发生某种分化。如上述专化于毛白杨和响叶杨上的黑斑病菌专化型，其分生孢子在蒸馏水中不能萌发，而另一专化型可以萌发。

4.1.2 病原物的致病性

寄生物以寄主体为获取营养物质的对象和生活场所，或多或少都要对寄主产生某种不良影响或毒害作用，即所谓致病作用或毒性。当然，不是所有的寄生物都能引起寄主发病。有些寄生物由于致病性很低，以致长期生活在寄主体内而不为人们所发现。

寄生物对寄主的致病作用是多方面的。消耗寄主的营养物质仅仅是致病作用的一个方面，而且往往并非主要的方面。很难设想，一株参天的大树会仅仅因为被夺去极为有限的营养物而致病甚至致死。大量的研究证明，寄生物致病原因在于其生活过程中产生的某些物质对寄主生理的干扰或毒害作用。寄生物所产生的致病物质中，酶、激素、毒素等占有重要的地位，是研究得最多的致病因素。

(1)酶的致病作用

植物病害最常见的症状是细胞组织坏死。细胞坏死的重要原因之一是病原物产生的酶引起寄主细胞壁的分解。植物细胞壁主要成分为纤维素、半纤维素、果胶聚合物和糖蛋白等。许多植物病原菌能产生多种果胶水解酶和裂解酶，如内多聚半乳糖醛酸酶或果胶质转移消除酶等，分解植物细胞壁中果胶质聚合物。

许多引起木质部腐朽的真菌也都具有多种分解木材细胞壁的酶。木材受侵染后，细胞壁的基础成分遭到破坏。如松木受干朽菌(*Serpula lacrymans*)侵染后纤维素的含量由原来的48.2%降至1.05%。

(2)激素的致病作用

病原物分泌生长调节素的致病作用在引起肿瘤、丛枝等过度生长症状类型方面非常明显。患有上述病害的植物提取液，其生长调节物质的活性可较健康植物的提取液高若干倍。病原菌产生的生长调节素包括植物生长素、赤霉素、细胞分裂素和乙烯等。

植物生长素的致病作用在根癌病细菌所致的癌肿病中研究得很多。这种细菌在培养基中可以产生异生长素，其浓度足以引起琼脂上培养的寄主细胞增生。在病瘤组织中，吲哚乙酸和其他生长素的含量较健康组织多数十倍。瘤组织中的这些生长素一部分可能是病菌产生的，但大部分是由病菌诱发植物产生的。植物组织产生生长素的机能一旦被诱发以后，即不再需要病菌的继续刺激而自行产生。所以已经完全转变的瘤细胞能在无菌的情况下继续增殖。

赤霉素的致病作用是在研究水稻恶苗病(*Fusarium fujikuroi*)中发现的。病菌使水稻的节间过度伸长，植株畸形增高。试验证明，从病原物的培养液中可分离出赤霉素，用其处理水稻植株，能引起典型的恶苗症状。

乙烯可能是一种在致病上有重要作用的激素。许多病原真菌和细菌都可以产生乙烯，而且以很低的浓度处理植物即可引起早衰、落叶等症状。乙烯是普遍存在于植物健康组织中的一类激素。病组织内乙烯的含量较高，也可能是来源于坏死的植物组织而非来源于病原菌。

(3) 毒素的致病作用

植物毒素是指在很低的浓度下即可对植物有毒害作用的物质。能引起病害的毒素可能来源于病原物，也可能来源于染病植物本身，或由植物与病原物相互作用产生。维多利素是研究较多的一种毒素，是燕麦叶斑病菌(*Bipolaris victoriae*)产生的一种肽类物质。维多利素具有非常典型的植物毒素特性，以四万分之一的浓度处理感病的燕麦品种，即可引起典型的叶斑症状。

植物病原物产生的毒素，按其对寄主的特异关系可以分为选择性毒素和非选择性毒素两类。如果病原分泌的毒素只对同种寄主的感病品种起作用，而抗性品种不敏感，这种毒素称选择性毒素。目前已有许多引起植物病害的毒素经过鉴定，确定了其化学成分。如榆树枯萎病中，致病毒素是一种低分子量毒素，经鉴定为缩氨酸・鼠李・甘露糖朊，定名为榆长喙壳素(ceratoulmin)。将美洲榆枝条插入含 15 μg/mL 毒素的溶液中，8~24 h 便能产生凋萎症状。

毒素的致病作用首先是改变寄主组织细胞的渗透性，使细胞内的物质容易渗出，并丧失积累盐类和其他物质的能力。从液泡释放的钾或其他物质进入细胞质后，引起呼吸作用的增强。液泡中放出的酚类物质最后造成细胞的死亡。毒素破坏细胞的渗透性，使水分大量外渗，也是植物产生水渍状症状和引起萎蔫的重要原因。在树木的银叶病和榆树枯萎病等病例中，毒素在致病中都起着重要作用。

在各种具体病例中，致病作用可能不是某一个单独的因素造成的。如在榆树感染枯萎病菌的情况下，病菌既是毒素的生产者、维管束的堵塞者，同时又是营养物质的掠夺者。这些因素都可以使植物受害，只是在出现萎蔫症状上，毒素和堵塞起着更重要的作用。

绝大多数寄生物都具有某种致病性。病原物的致病性一般是以具有寄生性为前提，没有寄生性的生物其致病性是无从发挥的。寄生性和致病性虽是紧密联系的，但在一个寄生物上，这两种性状的发展却并非平行的。一种普遍的现象是寄生性强的寄生物对其寄主的破坏和毒害反而趋于缓和。松栎锈菌侵染松树后，菌丝体扩展于枝、干的皮层中，但皮层组织经受多年的侵染仍保持生命力。欧洲桑寄生在辽东栎上寄生多年，受侵部分并不出现坏死现象。寄生物与寄主间的这种适应性可以看作是自然选择的结果，这类高级寄生物从寄主活细胞中吸取养料，寄主长期保持正常的生活能力，对寄生物是有利的，而寄主的迅速死亡也就意味着寄生物生命的结束。相反，低级寄生物多具有较强的致病性，受兼性寄生物侵害的寄主组织往往发生急剧的坏死。如茄丝核菌的菌丝接触寄主幼嫩根部，便紧附在表皮上并分泌毒素，寄主细胞受毒素的影响迅速死亡。然后，菌丝进入死亡的表皮组织内部。这一过程在皮层的薄壁组织中不断地重复进行。菌丝体始终处于死组织的包围之中，并从中汲取养分。从严格意义上来说，这种病原物的营养方式是腐生性的，寄主组织的坏死有利于病菌的扩展。

病原物致病性的强弱与其对寄主危害性的大小并无必然联系。寄主植物受害的大小除与病原物的致病性有关外，还涉及病原物在体内扩展的范围、延续时间、寄生位置等一系列因素。例如，病毒是致病性较为缓和的专性寄生物，但一旦侵染成功之后便扩及全株，对寄主来说，最后往往是致命的。而某些致病性强的病原物，如苹果链格孢(*Alternaria mali*)，侵染后使叶片组织迅速坏死，但它多发生于秋末的苹果、梨叶片上，已近自然落叶季节，对寄主影响不大。

4.1.3　寄生性和致病性的变化

病原物的寄生性和致病性像其他生物学特性一样有着一定的稳定性。各种病原物的寄主范围、致病力、所致症状特征等基本上是稳定的。但这些性状在一定的内外因素影响下又经常处于某种程度的变动之中。这种变动有时是缓慢的、渐进的，有时则可能是突然的质的变化。植物病原物多属微生物，它们在进化上较原始，体积小，结构简单，易受外界的影响，可塑性较强；同时它们个体多、繁殖快，有性和无性杂交的可能性大，因此易于出现遗传上的变异。病原物生理小种和专化型的出现，就是对寄主寄生适应性变异的结果。

病原物寄生性和致病性可因遗传物质重组、突变和对寄主的适应而发生改变。

(1)因遗传物质重组而发生改变

有性和无性杂交是引起寄生性和致病性改变的重要原因。病原微生物，特别是异宗配合的病原真菌，杂交是较易发生的。正常的交配，尤其是杂交会引起遗传基因的重新组合，从而导致后代中出现性状的差异。例如，秆锈菌在小檗上往往进行有性杂交，非但同一专化型的生理小种间可以杂交，不同的专化型也能杂交，所以在有小檗生存的地区，秆锈菌生理小种的出现特别频繁。苹果黑星病菌也是易于发生杂交的病菌，几乎每一次交配都是杂交的，并导致各种新的专化型的出现。

除有性交配外，真菌菌丝细胞间的无性交配也可能产生新的生理小种。在稳定的寄主—病原物体系中，病原物少数个体遗传物质的改变一般不易被发现。当寄主条件发生改变，如引入抗病品种时，病原群体内个体间寄生适应性的差异就可能表现出来：大多数不适应新品种的个体被寄主淘汰了，少数能适应的个体得以繁衍起来。例如，当马铃薯晚疫病菌与不带R抗病基因的马铃薯原种长期共存的条件下，病菌的群体绝大多数不能侵染带有R抗病基因的马铃薯品种。当用带有R抗病基因的品种代替原种栽植时，病菌群体中绝大多数个体无法在新品种上生存，仅有极少数有适应力的个体保存并繁殖起来成为新的生理小种。这种寄生适应性的改变，说明在病菌原始种群中，本来就包含了基因型不同的个体，一些基因型特异的个体因杂交(或其他原因)而产生，并在特定的寄主环境条件下发展起来。

曾经认为，由单孢子或单细胞培育起来的病菌菌种在各方面应该都是一致的，无论经过多少次移种都始终不变。但实际上并非如此。有人将核果类树皮溃疡病菌(*Diaporthe perniciosa*)的单孢子分离菌株的幼嫩菌丝分割成小段分别培养，结果获得了3个在生长和分枝特性上不同的菌株。可见，在菌丝细胞的分裂过程中，不同细胞在遗传物质上也会出现差异。

(2)突变

病原真菌、细菌和病毒的寄生性和致病性有时会发生突然的改变。突变的原因可能是受高温、有毒物质、短光波射线或其他原因的刺激。如用66℃左右的高温直接处理含病毒的汁液很容易引起病毒的改变。对感染了某些病毒的植物体进行35℃左右的热处理也常引起病毒的变化。这种改变一般是使致病力减弱，变成弱毒品系，但也可能出现致病力增强的类型。

(3)因对寄主植物的适应而改变

外界环境的改变往往会引起寄生物在生理性状上的相应变化。在各种外界条件中，营养和寄主状况对病原微生物寄生性和致病性的影响最为显著。一般的规律是病原物在人工培养基上长期生长和繁殖会使其侵袭力降低。相反，反复在活寄主上接种则有利于增强侵袭力。

用新鲜的蔷薇双壳菌分生孢子接种于寄主，潜育期约16 d，被接种叶片53.2%发病。如将此菌在麦芽琼脂上培养3个月后再行接种，侵袭力大为降低，潜育期延长近1倍，发病率降至6.7%。茄拉尔氏菌也是个典型例子，病株上分离出来的菌种在人工培养基上生长会逐渐减弱其侵袭力，经几个月后就可能完全失去寄生能力；但如经过对活植物的接种，其侵袭力又可以恢复。

有不少例子说明，通过对抗病性不同的寄主接种，可以改变病原物的侵袭力。比较普遍的情况是，病原真菌和细菌在抗病的品种上寄生以后，一般都增强它的侵袭力；而通过寄生在感病的品种则使其侵袭力减退。例如，萎蔫病菌(*Xanthomonas stewarti*)接种在感病的玉米品种上，后代侵袭力减退；接种在抗病的品种上，则侵袭力增强。但植物病毒致病力改变的方向与上述情况有所不同：通过寄生在感病的寄主后，致病力往往反而增强。

关于病原物对寄主寄生适应性而引起的变异也有不同看法。有人认为，在绝大多数情况下，病原物的寄生性和致病性只能通过杂交、细胞中核的分离、突变等原因而改变；寄主植物不能引起病原物寄生适应性的任何变化，只不过是把病原物群体中个体间本来存在的遗传基因上的差异表现出来罢了。但是，既然微生物在人工培养基上可以形成各种相应的酶来适应新的营养条件，便很难否定病原物在不同的寄主上发生类似改变的可能。

4.1.4　共生和抗生

在高等植物与微生物之间，除寄生关系外，还存在着共生关系。菌根和豆科植物根瘤是两种常见的共生体。

共生关系是植物与微生物两者均可从中得益的关系，但共生关系的起始阶段却是一个典型的侵染过程。菌根真菌开始侵入植物并在根部尖端幼嫩组织中定殖时，其行为与真正的根部寄生菌基本上是一致的：菌丝在根尖表皮细胞和细胞间蔓延，一直深入到中柱轴内，并汲取所需养分。此时如果植物处于不利环境之中，生活力降低，菌根菌不仅无益于植物，且可能威胁幼苗的生存，不能建立起互利的共生关系。相反，如果植物具有很强的生活力，把侵入的菌丝全部消化掉，互利关系也不能建立。只有当植物与菌根菌的力量相适应，达到侵染与抗扩展相持的平衡状态时，才能形成互利的关系，组成稳定的植物与真菌的综合体(菌根)。例如，一种菌根真菌 *Boletus leguminosarum* 侵染落叶松根部时，其菌丝深入到周皮组织中。以后由于寄主细胞的抗病性反应，细胞内菌丝的扩展受到限制，开始交织成小团，并进一步被落叶松细胞所消化，最后只保存着根尖外层细胞中的少量菌丝及附在根尖表面的菌丝套。在这种相对平衡的状态中，菌根菌一方面从树木获取碳水化合物及其他物质，另一方面以其在土壤中的菌丝分解腐殖质，汲取氮素营养物质，氮素物质通过组织内的菌丝进入植物体，树木从中获得部分氮素养料。豆科植物根瘤形成的过程也大致与此相似，根瘤菌(*Rhizobium leguminosarum*)具有固氮能力，植物通过细菌获得部分氮素营养。细菌则从植物得到有机碳化物。这种平衡是动态的，当条件发生改变时，如土壤中缺乏氮和硼时，根瘤细菌可能变成真正地引起根尖瘤肿的病菌，使共生关系解体。

有些菌根真菌与寄主植物的共生关系在长期的系统发育过程中，已经共同进化达到高级的阶段，植物如缺少共生真菌，本身不能正常生长，甚至逐渐枯萎。如金钱松苗木如不能形成菌根，生活一般不超过 3 年。

抗生是指一种生物的生活活动对另一生物的生长发育起抑制作用的现象。在抗生关系中，两个互相作用的生物不像寄生和共生关系那样组成一个统一的综合体，它们是彼此分离的。

有些微生物新陈代谢过程中的某些分泌物对其他微生物的生长发育产生抑制作用。这是最常见的一种抗生现象。在实验时经常发现，培养基上青霉菌菌落周围出现一个无细菌的环，这是青霉菌所分泌的青霉素对细菌抑制作用造成的结果。能分泌抗生素的微生物种类极多，青霉菌以及许多放线菌所产生的抗生素已广泛应用于医药和防治植物病害。

还有另一种性质的抗生作用。有的微生物并不分泌对其他微生物有抗生作用的物质，但它对环境的适应性强，生长非常迅速，因而能很快地占领营养基地，使得其他微生物无法定殖和扩展。

4.2　林木的抗病性

4.2.1　抗病性的概念

寄主与病原物的关系最基本的是寄主与病原物在生理上相互亲和的关系，病原物得以在寄主体内获得营养而生长发育，同时寄主能够容忍病原物在体内存活。没有这种亲和性，寄主—病原物复合体便不能建立。

在病原物的寄主范围内，不同的植物与病原物的亲和性是有差别的，有的容易与病原物亲和，易受侵染，称为感病植物。这种易亲和或易感染的特性称为感病性。反之，则相应地称为抗病植物和抗病性。抗病性和感病性是同一事物的两个方面。“感病的”与“不抗病的”在概念上是一致的。免疫在植物病理学中一般用以表示最高度的抗病性，但也有用它表示绝对的不亲和性。

植物的抗病性有明显的专化性。对这一病害抗病的植物，对另一病害可能是感病的，对这一病原小种具有高度过敏性反应的作物品种，对另一小种则可能是高度亲和的。如湿地松对松材线虫病是抗病的，但对松针褐斑病却非常感病。

抗病性可以分为被动和主动 2 类。被动抗病性是在病原物侵入之前，植物就已经具备的抗病特性。主动抗病性则是病原物侵入以后，植物由于受到侵染的刺激而产生的抗病反应特性。有人认为植物的主动抗病特性虽然是在受到病原物侵染以后才表现出来，但这种抗病反应的潜在能力在植物受侵染以前就具备了。所以被动抗病性和主动抗病性的划分也不能绝对化。

1968年，J. E. Vanderplank提出把植物的抗病性分为垂直抗病性和水平抗病性。它反映出寄主和病原物之间关系的两种类型。一种类型是寄主植物抗病性的变化与病原物毒性的变化是互相联系、互相适应的。寄主群体抗性的变化会影响病原物群体毒性的变化，即影响病原物生理小种的组成。如具有R_1抗病基因的马铃薯品种只感染具克制R_1基因的晚疫病菌生理小种，而不具此毒性的小种将不能在其上寄生。同样，具R_2抗病基因的马铃薯品种只感染具克制R_2基因的小种，而排斥其他小种。所以，当寄主的抗性基因发生改变时，病原物群体的组成将受到影响而相应改变，这样的抗病性称为垂直抗病性。另一种类型是病原物毒性不依寄主抗性基因的变化而变化，寄主品种没有它们自己所特有的病原物小种，这样的抗病性称为水平抗病性。这两种类型可用简图说明。在图4-1中，一种寄主植物的一系列不同感病种群，与一种病原物的一系列不同致病性的品系之间的关系是垂直的，A寄主种群对a病原物品系是严重感染的，对其他品系则完全不感染；b病原物品系对B寄主种群是致病的，对其他种群则完全不能致病(图中数字代表病害数量)。从寄主方面来说，这样的抗病性称为垂直抗病性，所以垂直抗病性是完全的但又是暂时的，当出现新的病原物致病品系时，它的作用就可能消失。

		寄主感病种群		
		A	B	C
病原物致病品系	a	5	0	0
	b	0	5	0
	c	0	0	0

图4-1　寄主感病种群同病原物致病品系之间的垂直关系

		寄主感病种群		
		D	E	F
病原物致病品系	d	1	2	3
	e	2	3	4
	f	3	4	5

图4-2　寄主感病种群同病原物致病品系之间的水平关系

在图4-2中，寄主种群同病原物品系之间的关系是水平的，不论何种寄主种群对所有病原物品系都是感病的，仅在程度上有差别。不论何种病原物品系对所有寄主种群都是致病的，不过程度上有差别。从寄主植物方面来说，这样的抗病性就是水平抗病性，所以水平抗病性是不完全的，但却是持久的，不会因为新的病原物小种的出现而丧失作用。简言之，凡是一种植物的某个品种只对某种病原物的某些小种起作用的抗病性是垂直抗病性，凡对某种病原物的所有小种都有作用的抗病性是水平抗病性。

在垂直抗病性的寄主—病原物体系中，寄主的抗性基因对病原物群体起着一种选择作用。一个新育成的品种起初可能表现对当地的某一病原物群体是抗病的，不适应于该品种的病原物个体大量消亡，而少数在毒性基因类型上能适应于该寄主品种的个体将得到增殖，并发展成新的生理小种。因此，这种选择作用将促使病原物群体中能适应抗性寄主的病原个体数量逐年增多，这种现象称为定向选择(directional selection)，其结果是导致寄主抗性的丧失。在农作物中，定向选择的过程发展很快。一个抗性品种连续种植5~7年后往往丧失其抗性。与此相反的趋向，是寄主植物的抗性使病原物群体的毒性保持在低的水平不变，这种现象称为稳定化选择(stabilizing selection)。稳定化选择在垂直抗性的寄主—寄生物体系中是罕见的。

4.2.2　林木抗病机制

植物抗病的机制是很复杂的。在多数情况下，抗病反应是由于植物多种性状或生理活动联合作用的结果。如松树对茶藨生柱锈菌的抗性可分别表现为过敏反应、降低受侵频率、延缓病菌生长、受侵针叶早落、1 年生苗期抗病、耐病等。不能企图用植物的某一种反应形式来概括或解释植物的一切抗病现象，但由于研究手段的限制，在许多研究中往往只能阐明个别因素在抗病中的作用。

(1)抗侵入

植物体表被表皮、角质层、树皮等保护组织所复被。这层保护组织是病原物入侵的障碍，使植物减少许多受侵染的机会。这种抗侵入的因素是非专化性的，对任何入侵的微生物都有阻止作用。一种抗侵入的植物其内部组织可能是感病的，一旦抗侵入的机制被破坏，就可能变成感病植物。

对于直接穿透侵入的病原物来说，由蜡质、几丁质和类脂物质等组成的角质层肯定是个障碍。角质层的厚度必然影响侵入的可能性。试验证明，马格栅锈菌对毛白杨的侵染成功率与寄主叶片角质层的厚度有明显的相关性，角质层未发育的幼叶极易受侵染，而具有厚的角质层的老叶则高度抗病(表 4-1)。

表 4-1　毛白杨角质层厚度与抗锈病的关系

叶片年龄	角质层厚度(mm)	病情指数
幼叶(7 d 以下)	发育不明显	28.02
成长叶(20 d 左右)	1.0~1.4	2.17
老叶(2 个月以上)	1.6~2.2	0.67

成熟果实的角质层和表皮的抗病作用更加明显。随着果实的成熟，内部组织对病菌的抗病性不断降低，而角质层却不断加厚。成熟的果实在表面角质层完好时，病菌是难于侵入的，一旦形成伤口便迅速为黑根霉或灰霉等真菌侵入而腐烂。

树木枝、干、根部表面的树皮、木栓层和角质层是这些器官抗病原物侵入最重要的因素，由于有完好的树皮保护，许多危害木质部的立木腐朽菌和腐烂病菌就难于侵入。

有的病菌必须从气孔侵入。在这种情况下，植物的抗病性往往与体表气孔的数量、大小及结构密切相关。在柑橘属植物中，气孔密度高、孔隙大的种类，如甜橙等最易感染溃疡病(*Xanthomonas citri*)，一些气孔少、孔隙小的种类则较抗病。

除上述机械性的抗侵入因素外，有些植物还可以分泌一些有毒物质以阻止病原物的侵入。如具有紫色外皮的洋葱，其外层鳞片含有槲皮素，水解时产生原焦儿茶酸和焦儿茶酚，这些物质对侵害洋葱的炭疽病菌(*Colletotrichum circinans*)和茎腐病菌(*Botrytis allii*)的菌丝有杀伤作用，所以紫皮洋葱较抗病。落叶松—杨栅锈菌在感病的寄主美国黑杨(*Populus trichocarpa*)上 3~4 h 即大量萌发；但在抗病的杨树品系上，由于寄主表面化学物质的影响，病菌孢子的萌发被延迟，24 h 后才形成极少量的芽管。

(2)抗定殖和抗扩展

寄主植物被病原物侵入以后，并不意味着抗病性的全部瓦解。黄瓜可被二孢白粉菌

(*Golovinomyces cichoracearum*，异名 *Erysiphe cichoracearum*)的侵入丝所侵入，但并不因此生病。从玉米上分离到的禾谷刺盘孢(*Colletotrichum graminicola*)能侵入燕麦叶片，但受侵染的燕麦叶片仍保持着抗病性，最后把侵入表皮细胞的菌丝杀死。这说明抗侵入不过是防御的第一道线，而且往往并非抗病性能的主要机制。大多数植物的抗病机能主要在于各种生理和生化因素使病原物不能在寄主体内定殖，不能建立稳定的寄主—病原物体系，或使病原物的扩展受到限制。

植物组织的分化，使一些对组织选择性强的病原物的扩展受到限制。许多叶斑病菌，如核桃黑斑病细菌、柿尾孢菌等，由于受寄主厚壁组织的阻滞，其扩展多限于较粗叶脉之间的薄壁组织中，因而形成角状病斑。引起木材蓝变的长喙壳属真菌由于缺乏分解纤维素和木素的能力，其扩展基本上被限制在髓射线和管胞中。

延缓病原物在体内的扩展也是一种抗病表现。美国西部白松(*Pinus monticola*)受到茶藨生柱锈菌的侵染后，病菌菌丝在次生针叶及茎内的生长速率较在其他寄主内缓慢。这样就延迟了整个侵染的进程而起到抗病的作用。由美国引种至意大利的美国西部黄松(*P. ponderosa*)受松芍药柱锈菌侵染后，叶及茎组织内虽有菌丝体存在，但不出现病菌的繁殖器官，这可以看作是一种更高形式的抗扩展表现。植物细胞的生化特性，如细胞中某些营养物质和生长素的含量、细胞汁液的酸度、渗透压和对病菌有毒物质的存在等与植物的抗病性都可能有一定的联系。如篱边革裥菌、壳囊孢菌(*Cytospora ceratophora*)、绯球丛赤壳菌(*Neonectria coccinea*，异名 *Nectria coccinea*)等形成硫胺素的能力很弱，裂裥菌、白绢病菌对硫胺素是异养的。如果树木细胞不能供给这种物质，它们将无法定殖。榆树枯萎病菌对硫胺素等是很敏感的，当培养基中加入硫胺素、促生素和环己六醇时，对此病菌的生长有特别的促生作用。因此，高度感病的榆树种可能同时含有这 3 种物质。

生物碱、酚、单宁等物质对许多病原菌都有毒害作用，可能成为抗病的因素。如欧洲赤松体内一种溶解于氯仿的生物碱在抗松根腐多年异担孔菌上有重要作用。针叶树在受到微生物侵害或受伤时出现流脂现象，松脂由树脂酸和萜烯类物质组成，后者对真菌和细菌都是有毒的，有阻止病原物侵入和扩展的作用。如云杉木材中所含的单萜烯($C_{10}H_6$)类化合物，特别是β-蒎烯能强烈地抑制松根腐层孔菌的生长。

(3)保卫反应

上述抗侵入和抗扩展因素都是被动的，不管病原物是否侵染植物，这些因素都是存在的。除了这些被动的抗病因素外，作为一个活的有机体，植物在受到病原物的侵染以后，必然要发生一系列主动的反应，这种反应是普遍存在的。实验证明，银杏在受侵染时，即使病原物根本不能穿透其角质层，银杏也有所反应。保卫反应是指由病原物的侵染刺激引起的、以反抗病原物本身或其致病物质为特征的生理活动，这种反应的结果可能使植物免于发病或少受损害。

植物受到某些病原物侵染刺激后，侵染点周围的组织细胞往往产生过敏性反应而迅速死亡，这种反应并不一定具有保护意义。特别是那些由兼性寄生菌引起的病害，组织的死亡正是病菌获取营养物质的有利条件。但是对于那些专性寄生物，如锈菌、白粉菌、霜霉菌来说，这种过敏性坏死反应将使其陷于死细胞的包围之中，无法与活细胞接触而建立寄生关系；或者起初虽能建立寄生关系，但在受侵细胞死亡之后，病原物就不能继续生存或繁衍后代。例如，当马铃薯受到晚疫病菌侵染时，感病品种的反应是缓慢的。侵染点附近的组织由受侵染时起，到原生质发褐、变成纤维状结构、细胞核过分增大，直至坏死，大约需要14 d。由于晚疫病菌在适宜的条件下，仅需3 d即可形成孢子囊，病菌最后虽随同寄主的细胞坏死而同归于尽，因已完成繁殖的使命，并不影响病害的流行。在抗病的马铃薯品种上，受侵染后病程的发展虽与感病品种完全相同，但从细胞受侵染到开始死亡的过程仅需2 d即可完成，因此病菌还来不及形成孢子囊便终止了活动，使下一次侵染不能继续进行。抗病植物这种迅速的坏死反应即所谓过敏性坏死保卫反应，在近代培育抗锈病、抗白粉病等抗性品种时，都非常受到重视。

有些抗病的松树受到干锈病菌的侵染也表现出过敏性反应。例如，沙松(*Pinus clausa*)和火炬松(*P. teada*)受茶藨生柱锈菌侵染后，次生针叶可出现过敏现象。有些松树针叶受这种锈菌侵染后，于菌丝体进入枝干以前便提前脱落，从而阻止了病菌对枝干的侵染。

植物受侵染后，形成隔离组织，把病原物及有害产物与健康组织隔绝开来，也是一种有效的保卫反应。核果类植物的叶片受到嗜果枝孢霉(*Venturia carpophila*，异名 *Cladosporium carpophilum*)侵染后，菌丝分泌的有毒物质在38 h内即可使气孔保卫细胞受害，引致细胞壁变褐加厚，并逐渐在侵染点周围形成一褐色的坏死斑。4 d后寄主的保护组织开始形成。坏死斑外围的细胞受刺激，使已经成熟的组织细胞再度获得分生的能力，并由这些细胞分裂出一离层组织，最后病斑自离层脱落，在叶上形成穿孔。离层的形成一方面切断了营养物质从健康组织流入病区，另一方面可以保护健康组织免受病原物毒素以及植物组织坏死产物的毒害。榆树受榆长喙壳侵染后，导管中产生胶状物质和填充体，把导管堵塞起来，既阻断了树液的运行，也阻碍了病菌分生孢子的扩散。据报道，在抗病的榆树中，寄主的堵塞反应先于病菌的扩散而发生，结果使病菌被限制在局部输导组织中，树木不表现或仅轻微表现出症状。在感病树木上，堵塞作用虽同样发生，但时间上晚于或平行于病菌的扩散，结果只起到阻断液流的作用，而不能阻止病菌的扩散。美洲榆感染枯萎病后，在老木质部和新形成的健康木质部之间有一层不传导的栅障围。如果栅障围产生及时，有延缓病菌扩展的作用，寄主有足够的时间来形成新的健康木质部，维持树液的流通，并得以继续生存若干时日。

树木枝干形成层具有活跃的分生能力。皮层受到某些腐烂病菌和溃疡病菌的侵染后，于病害休止期间往往形成愈伤组织，把坏死部分与健康组织隔离开来，使树木恢复健康。不过这种愈伤组织并非总是有效的，有时病原菌仍可突破愈伤组织进一步扩展，结果形成多年生的同心轮纹状的病疤。

植物细胞的原生质也具有保卫反应的能力。在研究燕麦散黑穗病时发现，菌丝对抗病品种和感病品种幼苗的侵袭力是相同的，但到分蘖期以后，抗病品种中的菌丝直径变小，数量迅速下降，终至完全消失。证明抗病寄主细胞有抑制和消解病菌的能力。

(4)获得免疫性

当动物受到病毒侵染时，可以产生一种有免疫作用的物质，称为干扰素。这种干扰素能抑制新的病毒核酸合成，故可以保护细胞不受其他病毒的侵染。类似现象也见于植物中。如当烟草感染花叶病毒就不再受白花叶病毒的侵染。植物受到病原物弱毒品系的侵染以后，侵染点附近组织可不再受强毒品系的侵染。如梨火疫病菌的无毒菌系能保护苹果茎干不受火疫病的危害。细菌和真菌的抽提物也能产生类似的保护效应。把在 60℃ 下处理 10 min 杀死的根癌细菌接种到蔷薇的导管中，以后再在原接种处邻近的上方接种活的有毒性的根癌细菌，则病害潜育期较正常情况大为延长，发病率降低。

虽然上述反应与动物的获得免疫性很相似，但至今在植物体内仍未能得到类似干扰素的物质。

(5) 耐病和避病

有些植物在受病原物侵染之后，像感病植物一样严重地发病，但其产量或生长量受病害的影响较其他感病植物要轻微得多，植物的这种特性称为耐病性。耐病性也是植物抗病性的一种表现。耐病性是比较稳定的，我国许多具有耐病特性的作物在生产上已使用多年仍未丧失其抗病保产的价值。

避病其实算不得是植物的抗病性。由于病害的流行大多具有明显的季节性规律，流行季节一般是处在最适于植物受病和病原物侵染的时机。有的植物本质上并非抗病的，但由于某种原因，使其最易感病的时机与病原物的侵染期相错，或者缩短了寄主感病部分暴露在病原物之下的时间，从而避免或减少了受侵染的机会。避病虽不是植物抗病的本质，但在生产上却是可以利用的。

针叶树种幼苗越幼嫩越易感染猝倒病。几种引起猝倒的病菌如茄丝核菌和几种镰刀菌生长适温都在 20℃ 以上。春天，如播种过晚，种苗出土后正赶上气温上升至适宜侵染的温度，猝倒病必然严重。若能适当催芽和提早播种，使苗木在侵染适温到来以前提高木质化程度，病害便可大为减轻。橡胶树白粉病菌主要是在春季 3~4 月橡胶树换新叶时侵染嫩叶而造成流行病，病菌不能侵染老叶，且不适于高温。当白天温度在 35℃ 以上持续数日，菌丝体即死亡。如果胶园内的树木从冬季就开始陆续换叶，并先后受到侵染，使病菌数量得以积累，到早春大量换叶时便造成了流行的有利条件。如加强管理，使橡胶树延迟至晚春才换新叶，且促使其换叶时间整齐，则此时病菌的积累较少，气温已升高，便可以有效地减轻病害的程度。

4.2.3　林木抗病性的遗传与变异

抗病性是植物本身的遗传特性，遗传性是会产生变异的。一般而言，植物的被动抗病性，特别是形态和组织结构上的抗病机制不容易发生变异，主动抗病性即植物的保卫反应比较不稳定。杂交可以引起后代基因重新组合，是植物抗病性变异的主要原因，结果往往使子代的抗病性介于两亲本之间。例如，对马格栅锈菌高度易感的新疆杨(*Populus alba* var. *pyramidalis*)同完全不感病的合作杨(*P. opera*)杂交，其子代杂种的抗病性表现为中等而偏于感病的亲本。对栗疫病高度感病的美洲栗同高度抗病的中国栗(*Castanea mollisima*)或日本栗(*C. crenata*)杂交，子代的抗病性也处于中间状态而较接近感病亲本。如以此杂种再与高度抗病的亲本回交，其后代的抗病性则接近于抗病亲本。超亲遗传现象也是常见的，在感病或中等抗病的种间或种内杂交，有可能出现高度抗病的后代。

异花授粉植物品种间的自然杂交是很普遍的。例如，普通油茶物种中就出现众多的自然品系，其中许多对炭疽病是高度抗病的，也有许多是高度感病的。自然杂交为我们提供了许多选种的材料。人工进行种间或种内杂交更可以有意识地培育具有高度抗病性的优良品种。

在原始的天然森林中，林木的种群是一个复杂的群体。它实际上包含着许多品系或类型。原产于这一森林环境的病原物同样是一个复杂的群体。寄主林木和病原物的后代都依从遗传的规律不断地产生具有某种变异的个体。由于自然选择的结果，过分敏感的寄主个体在病原物的侵袭下被淘汰。另外，毒性过大的病原物也将由于不能继续得到寄主而归于消失。只有寄主—病原物关系处于某种平衡的情况，病害的生态体系才能得以维持。所以，在一种病害的原产地，寄主植物群体在系统发育的漫长过程中，保存下了在病原物侵袭下得以生存的抗性基因，表现出对病原物一定水平的稳定的抗病性。

许多暴发性林木流行病，往往是发生在过去没有这一病害的地区，寄主林木在没有该病原物的环境下发展起来，由于在其系统发育中从未与这种病原物接触过，未经受这种自然选择的压力，群体中很少保存有相应的抗性基因。美洲栗对栗疫病菌，北美五针松对茶藨生柱锈菌，欧、美榆树对榆长喙壳等著名的世界性病害流行都是类似情况。但这不等于说，凡是未与病原物接触过的寄主植物都不具抗性基因而只具感病性基因。如北美五针松种群中也存在对疱锈病抗病的个体，经过若干代的选育，可以形成抗病的群体。说明在北美五针松群体中原本存在着抗病性基因，而不是仅仅具有感病性基因。Vanderplank 在论述感病基因的功能时认为，感病基因是健康植株必不可少的有机组成部分，它编码合成植物所必需的蛋白质。因此，它的存在并非专门为了招来病原物的侵染。正如植物气孔的存在不是为了便于某些病原细菌的侵入，而是具有植物所必需的功能。所谓“感病基因”实则具有 2 种功能，其主要功能应是作为植物正常基础的组成部分，这一功能与寄生现象无关，其次生功能才是为病原物的寄生提供条件。同样的解释也适用于病原物的毒性基因。感病基因或毒性基因这些名称是从植物病害的角度人为命名的。对感病基因作这样的理解有助于说明，为什么在没有病原物的地方会存在具有感病基因的潜在寄主，以及为什么在远离寄主的地方会存在具有毒性基因的潜在病原物。

如上所述，在天然的森林生态系统中，林木及其病原物种群都是一个自然复系(multi-line)，林木抗病基因的组合是多种多样的，水平抗性表现居于主导地位，对所有病原物小种都有一定的抗性，而不表现对小种的特异抗性。随着农业的发展，许多野生植物被驯化为栽培作物，特别是那些自花授粉和无性繁殖的作物，由自然复系种群变为单一品系种群。由于人工选择的结果，它们的垂直抗性得到发展和利用，水平抗性逐渐被淘汰或掩盖。病原物也由于定向选择的结果，变成单一的专化型或生理小种。为了对抗病原物的某一个或数个生理小种，人们设法培育具有新抗性基因的作物品种。这样的品种一旦培育出来，起初往往具有显著的抗病增产效果。但由于适应这一新品种的病原物小种也会随之出现和迅速增殖，因此，这种具有垂直抗病性的作物品种常在数年内即失去抗病作用。因此，育种学家必须从系统工程和全局角度寻求新的治理之道，经常继续培育一系列新品种以应付病原物小种不断更替的局面。水平抗病性的提出使人们开始注意到抗病育种的另一个方向，将来有可能在这些作物中培育出具有水平抗病性的新品种。在树木抗病育种工作中，过去实际上大多是利用水平抗性，其效果虽不如单一品系种群的垂直抗病性那样显著，也很少有抗病作用迅速消失的现象。

4.2.4　植物个体发育和生活力对抗病性的影响

植物的个体发育有两种不同的过程，即整个植株的发育和各个器官的发育。这种情况在木本植物上更为明显。树木在不同的发育阶段，它的枝叶每年都有一个从新生到衰老的过程。个体发育对抗病性的影响与植物的遗传基因无关，主要是组织结构和生理上发生变化的结果。

松苗在其初生阶段由于分生组织幼嫩，对猝倒病菌抗侵入和抗扩展的能力都弱，随着细胞壁的加厚和木质化程度的增加，抗病力逐渐增强。松苗叶枯病在 1 年生苗的后期和 2 年生苗上最为流行，但以下部老叶受害最重，5 年以上的幼树就很少感病了。不论松树的年龄如何，松落针病都可以危害较为衰老的针叶，而立木心材腐朽则是松树老年的特有病害。

植物的幼嫩器官由于角质层较薄或木栓组织尚未形成，抗直接侵入的能力较弱。但在正常情况下，这些器官正处在生长旺盛时期，生理机能活跃。因此，危害这些器官的病原物大多属于强寄生物，如毛白杨锈菌、桃缩叶病菌、三角槭白粉菌、杨黑斑病菌等。反之，当植物器官达到成熟或衰老阶段，由于角质层增厚或木栓组织的形成，抗直接侵入的能力增强，但生理机能渐趋衰退，抗寄生的能力减弱，许多自气孔或伤口侵入的病原物较易于在这些器官上寄生。在这些寄生物中，强寄生的和弱寄生的都有。落叶阔叶树的叶片到秋后常会发生各种类型的叶斑病。

一般而言，植物生活力强时，抗病力也强，反之则弱。这种情况反映在寄主—兼性寄生物组合中最为明显。例如，生活力衰弱的杨树极易感染溃疡病，而生活力强的植株则有很强的抗病力。又如，在辽东半岛生长正常的赤松对松腐烂病是抗病的，但如果因松干蚧的危害或其他因素影响而被减弱了生长势，松树则变得极易感病。在寄主—专性寄生物的组合中，寄主生活力的强弱与抗病性的关系似不明显。但有些现象仍然表明，在这类组合中，寄主的抗病力也是随生活力的增强而提高的。如在南京，黑松对松栎锈菌一般不感染，但被压于林冠下生长极为不良的植株也有发病的。

4.2.5　环境条件对植物抗病性的影响

环境条件可能对植物遗传性的变异产生影响，外界的强烈刺激还会引起植物遗传基因的突变，例如放射线的照射就有这种作用。但一般情况下，环境条件对植物抗病性的影响主要还是通过组织结构和生理机能的改变而发生作用。

温度是影响植物生长的重要因素，有人发现针叶树幼苗猝倒病芽腐型的严重程度取决于病原物生长速率同幼苗出土速度的比率。当温度对幼苗的生长有利时，幼苗迅速出土，芽腐的程度就轻。反之，如温度对幼苗生长不利而适宜于病原物的生长时，幼苗出土较慢，则病害较重。桃缩叶病菌在早春直接侵入桃树的嫩叶，如果这时气温偏低，桃叶成长缓慢，角质层较薄，就为病菌的侵入提供了良好条件。

引起树木根朽病的蜜环菌在培养基上生长的最适温度是 25℃，但许多树木根腐病发生的适宜温度并不同病菌生长的适温相符合。例如，桃、杏等的根系生长适温为 10～17℃，而发病的适温为 15～25℃；柑橘和蔷薇的根系生长适温为 17～31℃，而发病适温为 10～

18℃。说明在不适于根系生长的温度条件下树木对蜜环菌的感病性增加了。

水分同树木的活力和抗病性有密切的关系。土壤中水分过多时，常使通气不良降低了根系的活力和抗病力。植物体内水分过多常使细胞间隙充水，有利于病原细菌的侵入和扩展。在水分充足的条件下，植物组织柔嫩，也易于感病。水分不足会使植物组织的膨压降低，也会使抗病力降低。许多研究证明，树木对溃疡病的抗病力与树皮的含水量成正相关。一般情况下，当树皮的含水量降低到饱和含水量的80%以下时，才会感染溃疡病。冬春雨量稀少是我国淮河流域杨树溃疡病和杨树腐烂病流行的一个重要因素。

光照强度影响植物同化作用的进行和组织的分化。光照不足往往使植物的抗病力降低。在温室中培育松类幼苗常因光照不足而致猝倒病严重发生。对杉木炭疽病菌进行人工接种时，光照不足使潜育期缩短，发病率增加。女贞锈病(*Puccinia klugkistiana*)在行道树庇荫下的女贞绿篱上往往发病较重，也是受光照不足的影响。

营养物质是影响农作物抗病性的重要因素之一。一般而言，过量的氮肥会降低植物的抗病力，钾肥则相反。磷肥对植物抗病性的影响视病害种类而有显著差异。据试验，增施氮肥和磷肥，会降低火炬松苗木对梭形柱锈菌(*Cronartium quercuum* f. sp. *fusiforme*)的抗病力，钾肥无明显作用。此外，有些微量元素能提高植物对某些病害的抵抗性，如铜和锰对马铃薯晚疫病，锌对小麦白粉病，硼对甜菜根腐病等都已得到证明。

小　结

植物病原物都是异养生物，按其寄生性程度习惯上分为专性寄生物、兼性腐生物、兼性寄生物、专性腐生物。

专性寄生物要求供给特殊的营养物质，要从活的植物细胞或组织中汲取养料，在一般人工培养基上不能生长；它们产生生长刺激物质或直接破坏寄主正常的代谢过程而使植物发病，植物表现褪色、疯长、肿大、矮化、畸形等症状；它们常有明显的生理分化现象，产生专化型或生理小种。

兼性寄生物能利用一般含碳有机物作为营养来源，在人工培养基上生长良好，并能完成其生活史；它们通常分泌酶或毒素杀死活寄主细胞或组织，然后从中汲取养料，因此对寄主的破坏能力强，病植物多表现枯斑、溃疡、腐烂等坏死性症状；它们也有生理分化现象，但不如专性寄生物那样普遍和明显。

兼性腐生物是介于两者之间。专性腐生物一般不引起植物病害，能使食物、布帛、木材等腐烂变质。

病原物的寄生性和致病性可以由于杂交或环境条件的变化而产生变异。病原真菌和细菌在抗病的寄主上寄生以后，其寄生性和致病性可能增强，通过感病寄主则可能减弱。有些病原真菌和细菌在人工培养基上长期生活，其寄生性和致病性会有所降低，但再通过寄主体上寄生以后，其寄生性和致病性可能恢复。

植物的抗病性和感病性是同一事物的两个方面。抗病性分为被动抗病性和主动抗病性。被动抗病性是植物在受到病原物侵染之前就已经具有的抗病特性，包括组织结构和生理生化方面的特性，如角质层厚度、气孔结构、厚壁组织分化，生物碱、酚、单宁等抑菌物质或杀菌物质的存在等。主动抗病性是植物受病原物侵染后的抗病反应，如过敏性坏死反应，分生组织和木栓细胞的再生，愈伤组织的形成，植物保卫素的产生等。避病现象虽不是植物的抗病特性，但在生产上常被成功地加以利用。

抗病性受植物遗传基因控制。植物的抗病性是同病原物长期共处(或斗争)中形成的。远离病害原产地的寄主植物常不具有抗病性。经长期栽培的作物，由于人工选择的结果，逐步丧失了水平抗病性，并不断培育出垂直抗病性。垂直抗病性同寡基因抗病性，水平抗病性同多基因抗病性有近似含义，但也已发现水平抗病性也有受单基因控制的。

自然杂交和人工杂交可以导致抗病性的改变，为选育抗病品种提供材料。植物抗病性还会因植物个体发育阶段而有不同的表现，也会因环境条件和本身生活力的不同而有所增强或减弱，一般在适生的环境下和活力旺盛的时候抗病力强。

思考题

1. 根据异养生物寄生性的强弱，可以将它们区分为哪几类？它们与植物病害间有什么联系？
2. 病原物的寄生性与致病性之间是什么关系？它们间的关系有什么规律可循？
3. 哪些因素可以导致病原物寄生性和致病性的变化？
4. 植物的垂直抗病性和水平抗病性有哪些区别？
5. 林木的抗病机制有哪些？
6. 林木的抗病性是如何形成、发展和变化的？
7. 林木抗病基因中心和病原物的致病基因中心是如何形成的？

推荐阅读书目

康振生，孙广宇. 普通植物病理学. 北京：中国农业出版社，2022.
谢联辉. 普通植物病理学. 2版. 北京：科学出版社，2013.
许志刚. 普通植物病理学. 5版. 北京：高等教育出版社，2021.

第5章

林木病害流行和预测

林木病害是病原物与寄主林木在特定环境条件下相互作用构成的动态系统。林木病害无论是轻微的还是严重的，暴发的还是潜伏的，都是一个随着时间和空间而发展变化的动态过程。森林中的个别植株发生病害并无多大经济或生态意义，只有在一定时间和空间内某种病害在森林植物种群中大量严重发生，并造成重大经济损失或生态系统失衡才能称为流行。林木病害的流行和预测是林木病理学研究的重要内容之一。

5.1 林木病害流行

林木病害流行(tree disease prevalent)是指森林植物群体中感病个体迅速增加或者说某种病原生物在一定时间内，在大面积植物群体中传播，侵染大量寄主个体，并造成严重的经济损失或生态系统失衡的现象。对病害流行和影响病害流行的因素进行研究的科学称为病害流行学(Epidemiology)。植物病害流行的两个构成要件就是普遍而严重发生和造成较大经济损失或生态系统失衡。

5.1.1 病害流行要素

植物病害的发生必须要有感病的寄主植物、具致病力的病原物和一定时间内适宜的环境条件，只有三者之间相互配合才能导致病害的发生。同样，植物病害的流行也是这3个因素协同作用的结果，只是造成病害流行的各因素之间的配合要求在更大范围和更长的时间内发生。除此以外，人类的活动也对植物病害流行起着重要作用，表现为诱发和促进一种病害的流行，或者对几乎要发生的流行病采取适当干预而有效抑制了病害流行的发生与发展。现有的不少研究都认为时间也是病害流行的重要组成成分。病害发生的特定时间以及所经过时间的长短会影响寄主感病性、病原物数量以及适宜环境存在的长短，时间通过作用于病害发生的3个组成成分，影响病害流行。

在病害流行的组成要素中，病害发生的3个要素(寄主、病原、环境)是最基本的，时间通过这3个基本要素影响病害的发展速度和严重程度。寄主、病原、环境、时间之间的

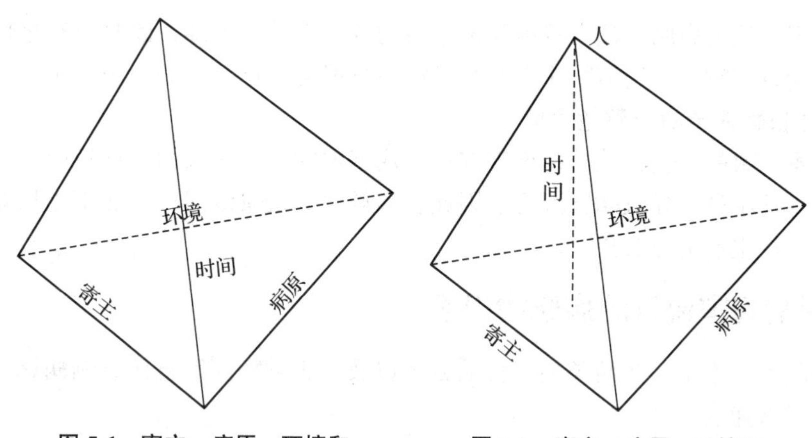

图 5-1　寄主、病原、环境和时间之间的相互关系

图 5-2　寄主、病原、环境和时间与人之间的相互关系

相互关系可以看作一个四面体，每个面代表一个要素(图 5-1)。

当考虑时间的重要性时，适宜的温度和湿度的持续时间与出现频率、介体出现的时间、寄主成熟早晚等在病害发生发展以及流行过程中的作用等就变得十分明显了，如果图 5-1 四面体的 4 个面能定量的话，四面体的体积将与群体内的病害数量成正比。

农林植物具有的经济价值和生态意义往往受到人类活动的影响。首先，人影响农林植物的种植区域、种植数量、种植密度、抗病程度等；其次，人类栽培抗病性不同的品种，决定了何种病原物将成为优势种和优势小种，通过栽培技术措施(化学控制和生物控制)决定初侵染和再侵染接种体的数量；再者，通过种植时间选择、改变种植密度、施肥、浇水等技术措施改变病原物和寄主植物生长的环境和微环境，影响病害的发生与发展。总之，人通过自身的活动影响病害四面体中组成成分的组合，从而影响植物群体中病害发生数量；同时，人作为病害流行的重要因子影响着或者改变着病害流行；因此，人作为病害发生发展重要影响因素在很多病害流行、预测与控制中发生着重要作用。基于此，也有学者将人作为四面体的一极形成另一个四面体。由于时间和人都对病害发生的 3 个组成成分产生影响从而影响病害流行，有人建议将寄主、病原物、环境、时间和人作为病害流行的五要素。这样，病害流行的各要素之间关系变为图 5-2。

图 5-2 中，寄主、病原和环境分别代表三角形的一个边，人作为四面体顶端，从四面体顶端到三角形的垂线作为时间。按照这种方式，人分别与病害流行的其他 4 个要素相互作用，增加或减少病害流行范围与严重程度。

5.1.2　影响病害流行的寄主因素

寄主内在因素和外在因素在病害流行中起着重要作用。

(1)寄主遗传上的抗病性或感病性水平

小种专化抗性(垂直抗性)的寄主植物能够阻止病原物在其内部定殖和扩展，而不会发生病害流行，除非有能够克服小种专化抗性的病原物新小种出现，进而导致该寄主的抗病性“丧失”变为感病寄主。具有较低抗性水平(水平抗性)的寄主植物可能会受到侵染，病害的发生发展和流行与寄主的抗性水平和环境条件密切相关，感病寄主由于缺乏抵抗病原物的抗性基因，就为病原物建立侵染和侵染后的发展提供了基础，此时当有毒性的病原物和适宜的环境条件时，感病植物非常有利于病害发展与流行。

(2) 寄主植物遗传的一致性程度

遗传背景一致的寄主，尤其是携带同一抗病基因的寄主被大面积种植时，就容易出现新的病原物生理小种，导致病害流行。因此，大规模种植遗传同质性的寄主植物往往会造成病害流行，在生产上应避免。

5.1.3 影响病害流行的病原物因素

病原物的毒性水平、繁殖类型、传播方式以及生态学特性等直接影响病原物对植物的危害程度和扩散速度。

(1) 毒性水平

毒性强的病原物品系或者小种较毒性弱的更容易引起林木病害，不少病害的突然流行，往往与新的毒性品系或者小种的出现有关，新的强毒病原物可能是通过突变、杂交以及寄主适应而产生，也可能是从国外或者地区外传入引起的。

(2) 病原物的繁殖类型

病原物都能产生后代，但是产生后代的数量有差异，大部分真菌、细菌和病毒产生的后代的数量远比线虫和寄生性种子植物多，能够产生数量更多后代的病原物较相对产生数量较少的病原更容易引起病害流行。除了产生的后代数量外，繁殖周期长短与病害流行关系也极为密切。繁殖周期短的大多数真菌、细菌、病毒可在一个生长季节多次繁殖，这又称多循环病原，比如锈菌、霜霉菌、叶斑类病菌等。有些土壤真菌和线虫繁殖周期长，在一个生长季节只有一个或者少数几个繁殖周期，接种体数量增长慢，流行速度慢。在林木病害中有不少繁殖周期较长的病原物，比如黑粉菌和短循环锈菌往往一年只能完成一个生活循环，甚至有些病原物需要 1 年以上才能完成一个繁殖周期，如胶锈菌、松疱锈菌和矮槲寄生等。这些病害接种体逐年增加，需要几年积累才能导致病害流行。

(3) 病原物传播方式

病原物的传播方式与扩散速度关系密切。多数病原真菌如锈菌、叶斑病类真菌等，孢子释放到空气中，可被气流传播到数千米远距离，这些真菌病害最容易大面积扩散和流行。有些以媒介昆虫来传播的病害，如病毒病、松材线虫病以及细菌病害等，也容易随媒介昆虫的传播大范围扩展而造成流行。一些依赖雨水传播的病害，如土传病害、细菌病害，常常因为传播距离有限而被局限在一个小区域内，难以导致突然的和广泛的病害流行，但是也能引起局部的严重病害。

(4) 病原物生态特性

不少病原物，如多数叶部和枝干真菌、寄生性种子植物等，通常在植物表面产生接种体，很容易从一个植株表面传播到另一个植株表面，而且距离可观，容易导致广泛的病害流行。另有一些维管束真菌、细菌、病毒和原生动物在植物体内繁殖，如果无媒介的协助，难以实现快速传播。因此，这类病害的流行与媒介昆虫的数量与活动范围关系密切。有些土壤真菌、细菌、线虫等通常在土壤中产生接种体，土壤中的这些接种体即使能传播也相对缓慢，难以快速流行。

(5)接种体的数量

寄主植物所在区域接种体(孢子、卵等)的数量是病害流行的重要因子，接种体数量越多，能到达寄主的接种体数量越大，到达时间越早，发生流行的可能性就越大。因此，接种体的数量控制是人类干预植物病害的重要方面。

5.1.4　影响病害流行的环境因素

植物病害三角或四面体说明，病害流行除了感病寄主和毒性强的病原物外，环境因子影响大规模病害流行。这就与环境因子影响有密切关系。环境因子既影响病原物的存在、生活力和繁殖率，也影响病原物的传播距离和方向，还影响寄主植物的生长以及传播媒介的活动和数量。环境因子中最为重要的是温度和湿度。

(1)温度

不适合寄主植物生长的温度能降低寄主植物的水平抗性，在某些情况下甚至可能减弱或者抑制垂直抗性基因的表达，降低植物垂直抗性，在这种环境下生长的植物容易感病。极端温度也可能通过减少病原接种体的存活而减少病害流行风险。比如，寒冷冬季能减少真菌、细菌和线虫的存活，同时也减少媒介生物存活数量，暖冬情况正相反。除了影响接种体初始数量外，在病原物的生长季节，温度影响病原物各个阶段的生长和发育，造成病原物繁殖能力和循环次数变化而改变病害流行。

(2)湿度

长时间高湿度不仅促进寄主长出多汁的感病组织，也促进真菌孢子和细菌的萌发和繁殖，造成病害流行。当然，高湿度也可以改变媒介昆虫的繁殖和活动。大多数情况下，高湿度不利于媒介昆虫的增殖，可降低病原物传播风险。

(3)其他环境因子

风影响气流传播接种体的传播距离、影响部分媒介昆虫的迁飞，从而影响病害扩展和蔓延。暴风雨可使林木在相互碰撞中造成伤口，从而有利于真菌和细菌侵染。冰雹造成植物伤口也有利于病原物的侵染。自然地理环境因子对寄主及病原物产生影响，其中坡度影响土壤质量和寄主生长；坡向影响区域小气候，影响土壤质量、寄主植物和病原物的生长，阴坡与阳坡对病害流行的影响显著差异。

环境因子通过作用于寄主和病原来影响植物病害流行，当不利于寄主抗性、有利于病原繁殖和侵染发生的环境因子出现时，就会导致病害流行。

5.1.5　病害流行的季节变化和年份变化

植物病害流行的季节性受病原物大量发生期、寄主感病期和气候条件的影响。

单循环病害通常在春季或夏季流行。如落叶松落叶病的子囊孢子在6月初释放，6月下旬到7月上旬是孢子释放的高峰期，孢子侵染后潜育期只有几天，发病高峰一般是在7月中旬出现。复循环病害一年中有2个或多个发病高峰，开始的侵染多是零星分布的，通过不断地多次再侵染而逐渐达到最高峰。如毛白杨锈病是在冬芽内越冬的，以侵染嫩叶为主，因此，在4月新叶开放时就有较多的病叶出现，到6月病害达到高峰。7~8月由于气温高，病害发展缓慢，但到9月又进入了一个小高峰，虽不如春季严重。

一种病害发生与流行的季节大致是固定的，但因为各年气候变化的情况不完全相同，所以病害的始发期和盛发期有可能提前或推迟。

病害流行的年份变化主要受气候条件的影响。大多数林木的叶果类病害都以发病季节降雨量多的年份发病严重。如杨树黑斑病在辽宁各年发病程度与当年6~8月的降水量成正相关。

在林木病害中，有许多地方性病害没有明显的季节变化和年份变化，也不会发生突然的病害流行。这类病害主要是危害林木枝干的多年生病害，如松干锈病、丛枝病、立木腐朽等。这类病害潜育期长，病害发展慢，病害大量发生要经过多年的积累才能形成。

5.2　病害流行预测

根据病害流行的规律，推测今后一个时期某种病害流行的可能性、流行时间和严重程度，称为病害流行预测。病害流行预测对于林木病害的预防和控制十分重要。通过预测病害流行的时间和严重程度，人们可以决定采取什么预防措施来防止病害流行，以便最大限度减少病害流行造成的经济损失和生态影响。

林木病害流行预测可以分为短期预测和长期预测。短期预测是指在一个有限的区域内，在病害发生前数天或数十天预测病害流行的可能性。长期预测主要指预测来年病害可能流行的情况。由于影响病害流行的各种因素，如气象因素、植物的感病性、病原物的基数等，在未来的短时期内可以比较准确地掌握，因此短期预测的准确性比较高，实际应用也较多。

病害预测的方法和依据因不同病害的流行规律而异。通常主要是依据病原物的生物学特性，侵染过程和侵染循环的特点，病害流行前寄主的感病状况与病原物的数量，病害发生与环境条件的关系，当地的气象预报等因素来进行。对这些情况掌握得越准确，病害的预测也越可靠。预测的具体方法因病害种类而异，有的侧重以病原物的数量为依据，有的侧重以某些个气象因素为依据，或同时以二者为依据。

在感病寄主一定的情况下，气象因子是影响寄主感病性和病原物生长繁殖的重要因子。因此，大部分病害的预测都与气象因子紧密联系，通过对气象因子的变化分析来预测病害流行趋势。如银杏苗木茎腐病，病原物是一种土壤习居菌，普遍存在于我国南方苗圃土壤中，1年生的银杏幼苗是高度感病的，而茎基部的高温灼伤是病菌侵入的必要条件。根据历年经验，病害通常在梅雨期结束10 d左右开始发生。其严重程度与7~8月的降水和气温有密切关系。雨日多，气温就不会高，土壤温度也相应要低，病害一般不会严重发生。反之，如果降雨少，日最高气温达到35℃以上的天数多，病害就会流行。因此，只要根据当地的气象情况，就可预测当年病害发生的早晚和严重程度。

梨—圆柏锈病的预测也是以气象因素为主要依据的。病菌没有再侵染。初侵染来源是附近圆柏上的担孢子。病菌的冬孢子角在圆柏上越冬后，春季萌发生担孢子。冬孢子角的萌发和担孢子侵染梨(或苹果)需要一次大于15 mm的降雨和连续两天相对湿度在90%以上的潮湿天气。在北京地区如4月下旬至5月中旬遇到上述天气，当年锈病将大发生。如春季干旱直至5月底，以后即使出现上述天气，由于叶片已老熟，抗病力增强，发病将不严重。

松针褐斑病菌在发病林分中，终年都有活孢子存在，它们可以在树上病叶和病死叶中越冬，孢子随雨水溅散传播，气温在20~28℃条件下都能良好萌发。在福建北部地区，气候温和，雨量多，湿度高，每年3月即可发生侵染，5~6月为发病盛期，气温过高的7~8月，病害发展缓慢，9~10月温度适宜，又出现一次发病高峰，但是9~10月雨水不如5~6月大，因此病害发展速度不如5~6月。对于松针褐斑病的流行预测可根据林分中活孢子的存活数量、温度、降雨量等。温度适宜，降雨多，林分中活孢子数量多，病害流行速度就快，发病就重。

通过接种体数量预测病害流行比较困难，主要因为接种体观测和活体数量的确定存在实际困难，而且初始接种体数量与前一个季节的气候因子关系明显。因此，尽管有些病害可以通过接种体存活数量来预测病害流行，但是多数情况下，人们还是愿意综合前一季节的气象因子和发病季节的气象因子来预测病害流行速度和规模。

目前所开展的林木病害流行预测大多是定性预测，只是预测病害发展和流行的大致趋势。为提高对病害预测的准确性，植物病害预测正向数量化方向发展，即在多年试验、调查等实测数据的基础上，采用数理统计学回归分析的方法，找出影响病害流行的各主要因素之间数量关系。在回归方程(单元的或多元的)中，寄主的感病性，病原物的数量及毒性、环境条件、营林措施等均为自变量，流行程度为因变量。由于采用数学方程式表达，所以流行因素(自变量)数量上的任何变动都相应地改变流行的强度(因变量)。

随着计算机技术的快速发展和植物病害流行规律研究的发展，人们逐步研究和应用数学模型来进行植物病害流行的模拟和预测。这种方法要求人们对病害流行要素及要素组分资料充分掌握，对这些资料掌握越多，模型越精确，越接近真实情况。这样就能获得一系列的数学方程，即数学模型。通过数学模型描述流行病比回归方程更精确。随着地理信息系统(geogrphic information system，GIS)、物联网(internet of things，IoT)、人工智能(artificial intelligence，AI)的发展，不少病害流行的自变量，比如感病寄主的分布与数量、温度、湿度等气象因子采集工作量减少，数据获取间隔变小，精准度大幅提升，利用空间模型进行分析的方式越来越成熟，以GIS、IoT、AI大模型等新技术融合的方式建立流行病的预测模型成为新发展趋势。但无论哪种方法，病害预测的精度都十分重要，精度越高，流行预测本身价值越大，而精确度则取决于模型的合理性以及建模所用数据的可靠性。因此，建立高精度的模型需要有大量准确的实测数据和对病害流行规律的充分认识。

就目前而言，大部分林木病害的流行规律还不完全清楚，特别是对于感病寄主与病原物的毒力定量描述和建立一种精确的数量关系还存在一定困难，对于气候因子影响寄主感病性和病原致病性的定量描述也存在困难，对气象因子影响病原物的繁殖以及传播定量描述相对容易，加上人为活动对病害影响以及不少病害还存在媒介昆虫传播，因此，要想精确地描述和模拟一个流行病的发生情况还有很长的路要走。当然，有些病害的发展可能仅受少数关键因子的支配，在这种情况下，仅仅对这些关键因子的了解就可以对病害做出准确预测。

小　结

由于自然因素和人为活动的影响，某种植物的侵染性病害在某个地区、一定的时期内大面积普遍而严重发生，使寄主植物受到重大损失，此现象称为植物病害流行。

病害流行是一个随着时间和空间而发展变化的动态过程。寄主感病性、病原物毒性、环境适宜程度、人类活动等是影响林木病害流行的重要因素。这些要素之间相互作用以及各种适宜条件配合的持续时间决定着病害的发生、发展和危害程度。植物病害流行的季节性变化受病原物大量发生期、寄主感病期和气候条件的影响。病害流行的年份变化主要受气候条件的影响。

根据病害流行的规律，推测今后一个时期某种病害流行的可能性、流行时间和严重程度，称为病害流行预测。林木病害流行预测可以分为短期预测和长期预测。短期预测是指在一个有限的区域内，在病害发生前数天或数十天预测病害流行的可能性。长期预测主要指预测来年病害可能流行的情况。病害预测的方法因不同病害的流行规律而异。通常主要是依据病原物的生物学特性，侵染过程和侵染循环的特点，病害流行前寄主的感病状况与病原物的数量，病害发生与环境条件的关系，当地的气象预报等因素来进行。有的侧重以病原物的数量为依据，有的侧重以某些个气象因素为依据，或同时以二者为依据。

思考题

1. 什么是林木病害流行？林木病害流行的条件有哪些？
2. 哪些因素经常导致一种病害在一个地区流行？
3. 林木病害流行预测的意义何在？如何实现林木病害流行的预测？

推荐阅读书目

肖悦岩，季伯衡，杨之为，等．植物病害流行与预测．北京：中国农业大学出版社，2005.
曾士迈，杨演．植物病害流行学．北京：农业出版社，1986.
马占鸿．植病流行学．2 版．北京：科学出版社 ，2019.

第 6 章

林木病害防治

我国总体上仍然是一个缺林少绿、生态脆弱的国家，植树造林，改善生态，任重而道远。发展林业是全面实现现代化的重要内容，是生态文明建设的重要举措。在林业发展过程中，林木病害是影响我国植树造林成效和林业高质量发展的重要阻碍因素。在国家努力推动生态文明建设、有力推进乡村振兴的形势下，亟须科学合理地开展林木病害防治工作。

松材线虫病治理实施案例

林木病害防治，即通过人为措施对林木病害的发生发展进行干预，以实现森林经营和生态效益的目标。病害防治的目的是保持森林健康，调节树木种群与病原之间的关系，降低森林植物群体的感病程度，以减少经济和生态损失。病害防治的对象是林木群体，但对具特殊价值或意义的单株树木，例如，庭园绿化树木、行道树、古树名木等，仍要妥善保护，有时还要进行病害治疗，促使其恢复健康。林木病害防治是系统工程，需要综合运用行政、市场、法治、科技等多种手段。要牢固树立绿水青山就是金山银山的理念，重视林木病害防治，多部门、全方位联动，采取绿色防控措施，实现林木病害可防、可控、可治和全程防控"绿色化"，把林木病害控制在不大面积发生的水平，助力建设人与自然和谐共生的美丽中国。

6.1 林木病害防治指导思想

病害发生发展规律是拟定防治措施的理论依据。植物侵染性病害的发生和发展取决于寄主的抗病性、病原物的致病性和环境因素的作用，以及不适当的人为活动的影响。病害防治就是在充分了解病害发生和发展规律的基础上，采用回避(avoidance)、杜绝(exclusion)、铲除(eradication)、保护(protection)、抵抗(resistance)、治疗(therapy)等策略，通过调节林木、病原物和环境的相互关系，阻止各种有利于病害流行的因素最佳配合现象发生；增强林木的抗病力或保护它不受病原物的侵染；杜绝或减少病原物的种群数量或切断其侵染链；改善生态环境，使之不利于病原物数量的积累和侵染活动的进行，或有益于林木抗病性的发挥等方法和技术，达到防治目的。

一些林木病害发生的影响因素比较简单，寻找病害侵染链中较容易控制的环节，用单一的措施，就可避免病害的发生和流行。例如，根据梨—圆柏锈病病原菌需转主寄生，缺少夏孢子阶段，在单一寄主上无再侵染发生，病害自然传播的距离小于 5 km 等特点，在梨(苹果、海棠)园周围 5 km 以内避免种植圆柏，可有效防止病害的发生。夏季土壤表面高温在银杏苗木茎基部造成的灼伤伤口，是病原菌侵入寄主的途径，在盛夏用遮阴或苗床覆草的方法降低土壤温度，银杏茎腐病的发病率就可控制在最低水平。在生产实践中，大多数病害发生的影响因素比较复杂，用单一的方法往往难以奏效，只有从多方面采取措施相互配合才能控制病害流行。

20 世纪 70 年代，我国提出了“预防为主，综合防治”的植物保护工作方针。此时，美国在针对害虫控制中化学农药滥用的现实问题，提出了有害生物综合治理(integrated pest management，IPM)的概念。其核心是以生态学为基础，充分利用自然控害因素，综合协调应用各种防治措施将有害生物数量降到经济阈限之下，实现灾害治理的生态、经济和社会效益。但因其过度依赖自然因素导致在实际应用中很难实施，最终还是走到了以化学控制为主的路上。我国在林业有害生物控制的长期实践中，形成了具有中国特色的 IPM，即有计划地应用有利于生态平衡和经济效益，并为社会所接受的各种预防性的、抑制性的方法，对森林生态系中的物理环境、植物和微生物区系、寄主的抗病性以及病原物的生存和繁殖等进行适当的控制和调节，使有害生物的发生维持在可以忍受的水平。此后，在 IPM 理论的基础上，逐步形成了有害生物生态管理或生态调控(ecological pest management，EPM)模式，核心是生态学和经济学相结合，强调“协调共存”为理论基础的可持续控制。EPM 以森林生态系统的生物多样性为基础，以系统结构为核心，以系统稳定性为目标，在病虫灾害形成过程中，根据系统性可持续性和区域性原则，充分利用系统的自我调控功能，调节以林木—病原物/害虫—天敌为主链条的食物网及其相关联的信息网关系，使病原物和害虫种群低于生态和经济以及社会的允许水平，以促进森林生态系统健康和林业可持续发展。EPM 强调充分发挥生态系统的自我调节能力，不存在危害阈值的概念，当有害生物的种群数量很少时就开始进行防治，提倡尽量不使用化学农药。

1987 年世界环境与发展委员会提出了可持续发展(sustainable development)的概念之后，森林有害生物可持续控制策略(sustainable pests management in forest，SPMF)成为热门话题。SPM 策略强调从生态系统的角度出发，通过对整个生态系统的维护与调控，增强系统的结构和功能的稳定性，发挥生态系统对有害生物的制衡作用，将有害生物控制在生态、社会和经济效益可接受的范围，并在时空上达到可持续控制的效果。

20 世纪 90 年代初，美国在 IPM 的基础上，提出了森林健康(forest health)的理念，将森林病虫火等灾害的防治思想上升到森林健康的高度，更加从根本上体现了生态学的思想。其实质就是要使森林具有较好的自我调节并保持其系统稳定性的能力，从而使其最大、最充分地持续发挥其经济、生态和社会效益的作用。森林健康理念的提出，要求对各种生态环境下病害发生发展的规律，寄主与病原物的相互关系，以及各种病害防治的具体方法进行深入研究，以便人们更好地调节生态系统中的各种关系，实现森林经营的目标。

生态文明建设关乎人类未来，建设美丽家园是人类的共同梦想。要牢固树立尊重自然、顺应自然、保护自然的意识，构筑尊崇自然、绿色发展的生态体系，保护好人类赖以生存的地球家园，实现世界的可持续发展。林木病害防治也要树立人与自然和谐理念，充分运用现有科技手段，采取切实可行的综合性举措，达到保护森林、维护森林生态系统平衡的目的。

森林健康理念的提出，要求对各种生态环境下病害发生发展的规律，寄主与病原物的相互关系，以及各种病害防治的具体方法进行深入研究，以便人们更好地调节生态系统中的各种关系，实现森林经营的目标。

森林中的各种病原物是森林生态系中不可分割的组成部分，这类生物的存在和发展受各种森林生态因素的影响，同时又影响着一系列的森林生态因素。在一个稳定的森林生态系统中，要消灭某种自然存在的病原物是非常困难的，在大多数情况下也是不必要的。适当地调节其种群数量往往更符合人类的利益。因此，在进行病害防治时，不同经营目标的森林，要求采取不同的防治策略，必须考虑森林生态的平衡，不能因为治理一种病害而破坏这种平衡，或造成环境污染；也不能忽视防治中的经济问题，必须通过病害防治来增加经济效益，而不是相反。在特殊情况下，可能为了整体和长远的利益，损失局部地区的经济效益。一种病害所致损失的大小，因地、因时而异。森林中一株树木的病害，尽管对单株可能是致命性的病害，但对群体来说也可能无足轻重；但同样的病害如果发生在行道树、庭院树或有纪念意义的树木上，其生态和经济价值将大不相同。也就是说“可以忍受的水平”在不同的场景是不一样的。在防治手段上，可采取多种现代化防治技术有机结合，特别强调生态控制的重要性，建立一个以目的树种为主体的相对平衡的生态系。

林木的生长期长，生态系的组成较为复杂，比较容易保持其平衡和稳定。但若森林的组成、结构不合理，也难以按照森林有害生物综合治理的要求进行改造。因此，必须从林业区划、造林设计与施工、营林生产到森林更新的各个环节对未来森林病虫害的发生都给予充分的考虑。通过合理的林业经营管理活动，协调和调整森林群落的生态环境，保持和恢复良好的森林生物的动态平衡，将有害生物损失控制在特定的阈值内。

林木病害防治的具体方法包括植物检疫、营林技术、选育抗病树种、物理防治、化学防治和生物防治等。这些措施和方法要根据病害和时间空间的具体条件有机地配合运用，而不是机械组合。在这些措施中，营林技术防治和生物防治应当优先考虑，因为它们最符合生态学的原则。

6.2 林木病害检疫

植物检疫(plant quarantine，phytosanitary)又称法规防治，其目的是利用立法和行政措施来防止检疫性有害生物的人为传播。植物检疫的基本属性是依法的强制性和预防性。

自然条件下，受地理、气候条件的影响，植物病害的原始分布常常是仅在一定区域内。人为生产运输活动为植物病害的远距离传播创造了条件。世界上许多毁灭性的林木病害，如栗疫病、五针松疱锈病、榆树枯萎病、松材线虫病等，在大陆之间的传播都是由人为活动引起的。当前我国林业生产中的毁灭性病害松材线虫病也是从国外传进来的。植物病害检疫就是针对危险性病害经常通过人为活动进行传播的特点提出来的病害防治方法。世界各国的生产实践证明，植物检疫是植物保护体系中的重要组成部分，是预防危险性植物病虫传播扩散的十分有效的手段。

《中华人民共和国生物安全法》(2020)对防控重大新发动植物疫情有了明确的规定，国家在进出境植物检疫和国内植物检疫方面也制定了一系列植物检疫法律法规、规章和其他植物检疫规范性文件。如《进境植物检疫性有害生物名录》(2007 年发布，2021 年 4 月更新)、《中华人民共和国进出境动植物检疫法》(1991)、《中华人民共和国进出境动植物检疫法实施条例》(1996)、《植物检疫条例》(1983 年发布，2017 年修订)、《森林病虫害防治条例》(1989)等，各地方政府也制定了一些有关植物检疫的规定。这些法规是我国开展植物检疫工作的法律法规依据。

6.2.1 植物检疫的任务

我国现行的植物检疫体制划分为进出境植物检疫和国内植物检疫。其主要任务如下：

第一，防止对国内或国外具有危险性的病虫杂草随着植物及其产品由国外输入或由国内输出，即进出境植物检疫。我国进出境检疫由海关总署统一管理，在口岸、港口、国际机场等处设立检疫机构。对旅客携带的植物和植物产品和通过邮政、民航和交通运输部门邮寄和托运的种子、苗木等植物繁殖材料以及应施检疫的植物和植物产品等进行检验。

第二，将在国内局部地区已发生的对植物具危险性的病、虫、杂草封锁在一定的范围内，不使其传播到未发生地区，并且采取各种措施逐步将它们消灭，就是国内植物检疫。在我国，国家林业和草原局生态保护修复司和生物灾害防控中心主管全国森林植物检疫工作，检疫工作由各地设立的检疫机构负责具体实施。国内森林植物检疫要经过调查，划定疫区和保护区。在疫区需采取封锁、消灭措施，防止检疫性有害生物由疫区传出。在保护区则需采取严格的保护措施防止检疫性有害生物传入。

6.2.2 植物检疫性有害生物的确定

植物检疫性有害生物由政府以法令规定。列为检疫性有害生物的只是那些在国内尚未发生或仅局部地区发生，可以随种子、苗木、原木及其他植物材料由人为传播，传入概率较高，适生性较强，一旦传入可能给当地农林生产造成重大损失的生物。在开展全国林业检疫性有害生物风险分析的基础上，按照国际上有关植物检疫协议、标准以及我国林业有害生物发生特点等进行审定。2021 年，农业农村部、海关总署联合发布了《进境植物检疫性有害生物名录》，名录列出 446 种有害生物，其中有 41 种(不包括水果)是林业检疫性有害生物。《全国林业检疫性有害生物名单》中有 3 种病原生物，它们是松材线虫、松疱锈病菌和落叶松枯梢病菌。

根据国际和国内植物病害发展的情况和生产上的需要，植物检疫性有害生物名单可以增加或减少。在国家检疫性有害生物名单的基础上，各省份还可根据本地的需要，制订本省区的补充名单，并报国家农林主管机构备案。

对林木病害来说，一般种子传播的重要病害较少，而苗木、插条、接穗等几乎可以传带各种病原物，应作为重点检验对象。有的病害，如松材线虫病可以随原木甚至木包装材料中的媒介昆虫携带传播，这些材料也应列为检疫检验材料。对种子、无性繁殖材料在其原产地，或农林产品在其产地或加工地实施的检疫和处理，称为产地检疫，是国际和国内检疫中最重要和最有效的措施之一。

6.2.3 检疫处理与出证

(1)检疫处理

经现场检验和实验室检测，如果发现带有国家规定的应禁止或限制的检疫性有害生物，应依法对货物分别采用除害、退回、销毁或禁止出口的处理。①凡能用熏蒸、消毒、冷、热等方法除害的，进行处理后放行。②凡带有尚无有效方法处理的检疫性有害生物，应即退回或就地销毁，禁止入境。③输出的植物、植物产品经检验发现有进境国检疫要求中所规定的不能带有的有害生物，并且无有效除害处理方法的，则应禁止出口。④凡怀疑带有检疫性有害生物而又一时难以查明的种苗及其他繁殖材料，应在专用的隔离苗圃试种观察，直到证实未带有检疫性病害后，再行分散栽植。

(2)检疫出证

经检验、检测合格或经除害处理合格的林木及其制品，由检疫机关签发单证准予放行。

6.3 营林技术防治

采取适当的营林技术措施不但是林木健康生长所必需，而且对某些林木病害有良好防治效果，是病害防治方法中具有基础性的根本措施。这些措施的防控作用在于创造了有利于林木生长发育的条件，增强了寄主的抗病性；或造成了不利于病原物生长、繁殖、传播和侵染的环境，使病害不会发展到流行的程度。在许多情况下，林木速生丰产的措施同时也能达到病害防治的目的。例如，缩短林木的轮伐期可以减少立木腐朽的损失；增强树木的生长势是预防林木枝干溃疡病类的主要方法。但有时也需要专门的防治措施，例如在苗床上盖草以预防银杏茎腐病，清除转主寄主来预防某些锈病等。许多林木病害的流行常常由于林木培育技术不当所致，如杉木炭疽病在丘陵地区的流行，同立地条件的选择有关；枝干溃疡病的发生与造林质量和经营质量差有关。因此，必须采取有利于保持森林生态环境稳定，有利于林木健康生长、而不利于病害发生和流行的营林技术措施。

6.3.1 育苗技术中的防病措施

(1) 根据苗木生长的要求来选择圃地

应避免将苗圃设置在土质黏重、地势低洼的地点。因为在这种半嫌气的土壤条件下，苗木根的呼吸受阻，土壤中易于积累硫化氢和水杨醛等有害物质，会促进猝倒病、根癌病、苗木白绢病等的发生。如只能在这种地段上设置苗圃，则应采取改良土壤、排水等措施。在易于排水的砂地或黑色土壤上设置苗圃，则应防止夏季高温引起的灼伤。其次要考虑的是病害的侵染来源。一般长期栽培蔬菜、瓜类及其他作物的土地上，积累的病原物比较多，这些病原物大多可危害树苗。这种土地不宜选作苗圃地或经过土壤消毒后才可使用。苗圃最好远离有同种林木的林分，以免病原物从林木传到苗木。

(2)做好各项育苗管理措施，培育壮苗

①使用无病种子、种条、接穗、插穗等繁殖材料。繁殖材料若带病，则传播病害，增

加初侵染接种体数量，降低苗木的质量。培育无毒苗，已成为防治泡桐丛枝病等植原体病害或病毒病害的切实可行的途径。

②及时间苗，保持适当的苗木密度，使苗间通风透光。一方面使苗木均衡生长发育，增强抗病力；另一方面可减少湿度，显著降低许多叶部病害如叶锈病、叶斑病的发病率。

③施用有机肥以调节土壤微生物种群和促进苗木生长；均衡施肥，增强苗木的抗病力。施用石灰或硫酸亚铁以调节土壤酸碱度；覆盖苗床或给苗床遮阴以调节土壤温度和蒸发量等，对某些苗木病害有抑制作用。

(3)轮作

在一些由线虫和根部习居菌引起的根病发生严重的圃地，实行轮作可使土壤中的病原物因缺乏合适的寄主而逐渐消亡，而且有利于土壤中有益微生物的繁殖，对病原物产生抑制作用。

(4) 注意苗圃卫生

发现病苗及时拔除烧毁，以免形成发病中心。起苗后清除病苗及其残余物，以减少侵染来源。

6.3.2 造林技术中的防病措施

适地适树是森林营造的基本原则之一，对于一些弱寄生性病害和非侵染性病害的预防至关重要。在拟订计划时，必须了解造林树种的生物学特性和可能出现的病害种类、分布及危害，结合造林地的气象、地形、坡向、坡度及土壤等因素，加以综合分析，以便根据立地类型配置恰当的造林树种。尽量使用乡土树种造林。

选用健壮无病苗木造林是提高造林质量的重要保证。带病的苗木不仅本身的成活率低，还会把病原物带到新植林中，引起幼林病害的发生。

营造混交林可以形成比较复杂的生态环境，对保持林地生产力和增强林分抗逆性有益，对病害的蔓延传播有阻隔作用，但应注意混交树种的搭配。在某种锈病严重的地区，要避免使用病菌的两个转主寄主作为混交树种。

6.3.3 林分抚育中的防病措施

幼林及成林的科学养护和抚育管理，尤其是恰当的水肥管理，合理的林分密度与结构，不仅有利于增强林木生长势，提高抗病力，也是病害防治的重要手段。病死树要及时清除；弱树、枯枝也应作适当处理。因为有些弱寄生的病原物往往先是在这类林木上寄生滋长，然后才蔓延开来。如松腐烂病菌，通常是作为枯枝上的腐生物存在着，当林木衰弱时，便从枯枝的死组织向活组织蔓延而成为寄生菌，引起枝条或林木的死亡。

在林分的管理中，及时发现和清除病害的发源地往往是防止病害蔓延扩散的关键。流行性病害，尤其是区外传入的病害，在其暴发之前，病原物有一个从定殖到数量积累的过程。从新病害定殖到普遍性地暴发，期间往往需要几年、十几年的时间，只要及时发现并采取适当的抚育措施或其他防治方法，完全可以在成灾之前加以清除，或将它限制在一个小的范围内。例如，在幼林地若发现少数林木根朽病病株，及时将其清除，就可避免林木根朽病在该林地的泛滥。

山火、放牧、随意刮皮打号，是引起林木机械损伤、导致病原物特别是枝干溃疡病菌、立木腐朽菌类侵入的重要途径，应当禁止或严格控制。

6.4　抗病育种

选育和利用抗病性强的树种或品种，是林木病害防治的重要途径。一个抗病品种选育成功，可以较长期地起防病作用，免除常年使用其他防治方法的人力物力消耗。特别对某些防治比较困难或目前还没有有效防治方法的病害，选育抗病树种似乎是唯一可行的防病方法。林木上的一些重要病害，如欧美的榆树枯萎病、北美的五针松疱锈病和栗疫病，经过上百年的防治实践，都把选育抗病树种作为防治研究的主要方向，并且取得了显著成绩。我国在杨树育种中用黑杨派不同树种间的杂交试验，获得具有速生、抗溃疡病、灰斑病等特点的优良无性系。

抗病树种选育的途径包括以下几方面。

（1）抗病树种利用

林产品对质量的要求不像农产品那样严格，可以因地制宜地用亲缘关系相近的抗病树种代替感病树种。松针褐斑病主要危害湿地松、火炬松和黑松，但马尾松感病极轻，对生长几乎没有影响。种间抗病性的遗传通常比较稳定，在抗病树种适生的地方用于代替感病树种，在经济上和技术上也没有很大困难，因此，它是提高林分抗病性的简易方法。抗病品种只有合理利用才能够充分发挥其抗性遗传潜能，达到持久抗性的目的。

（2）抗病种源选择

20世纪初，欧洲的许多林学家发现地理来源不同的松树种子培育出来的苗木对松落针病的感病程度有很大差异。他们归因于不同地理来源的种子育成的苗木对当地立地条件有不同的适应能力。有些种源的苗木适应能力差，生长势弱，因而感病重。

（3）抗病单株选择

抗病单株选择是利用林木个体间抗病性差异进行选择的一种方法。许多林木病害普遍发生的林分中，常常可以发现一些个体发病很轻，或完全不发病，它们可能具有可遗传的抗病因素。用其进行繁殖，可能获得抗病的无性系或家系。

我国在20世纪60年代初开始，利用普通油茶的自然品种极为丰富，抗病性分化十分明显的特点广泛开展油茶抗炭疽病的单株选择，取得了显著成效。80年代起，在福建等地开展的湿地松、火炬松抗松针褐斑病单株选择也取得了很大的成功。

（4）抗病实生苗选择和抗病种子园的建立

用从抗病单株上采收的自由授粉或控制授粉的种子育苗，苗期接种，淘汰感病苗木；按小株行距种植健壮苗木于感病严重的地区，经自然考验，伐除感病和生长不佳的个体，保留健壮个体作为母树。由于母树来源于实生苗，提供了较丰富的基因组合，比较能适应病原菌的变异。选择出的抗病个体可直接用于建立种子园进行繁殖。在种子园中，对幼龄母树林加强管理，逐年清除病树及品质不良的树木，保留健壮的树木用于生产种子。

（5）种间杂交培育抗病杂种

利用生物学性状和经济性状不太理想但具有高度抗病性的树种作父本，同感病但其他性状优良的树种杂交或回交，然后在子代中进行选择，可以获得优良的抗病杂种。意大利用多个亚洲榆树种与荷兰的榆树品种'Plantyn'杂交，以确保杂交后代能够抵御榆树枯萎病病菌将来可能出现的突变。到2003年，已有2个品种在生产上推广，显示出其亲本中含有抗榆树枯萎病的特征。

(6) 利用遗传工程技术进行抗病育种

利用遗传工程技术培育广谱持久抗病林木品种是林木病害绿色防控的重要策略，借助遗传学、分子生物学、组学和基因编辑技术等现代生物育种技术，可以在很大程度上缩短常规育种的周期，大幅提高育种效率，创制优质多抗新品种。

抗病分子育种是一项系统工程，一方面需要挖掘更多新的抗病资源，明晰抗病机理；另一方面需利用基因编辑、全基因组关联标记、遗传转化和植株再生等新技术，才有可能培育出新的抗病品种。相较传统育种，采用基因编辑技术等现代生物育种方法对目标性状进行改良的针对性强，可更加精准地加快抗病育种进程。

植物抗病能力的鉴定是抗病育种过程中的重要环节。鉴定方法有自然感染法和人工感染法。自然感染法是将初步选育出来的家系或其子代在病害流行地区栽培，任其自然感病。由于不同地区病原物致病性可能有所不同，而且环境条件对植物的抗病性也有一定的影响，所以有时要将鉴定植物分别在不同的地区栽培，观察它们的抗病能力和对环境的适应性。人工感染法就是用病原物进行人工接种，观察鉴定植物的发病情况。用人工感染法比较植物的抗病性时，除要控制一定的环境条件外，接种材料、接种体含量和接种时间等都是经常影响抗性测定结果的因素。抗病性的鉴定要用人工感染和自然感染相结合的方法，反复筛选，才能做出可靠的结论。

CRISPR/Cas(clustered regularly interspaced short palindromic repeats/ CRISPR-associated proteins，成簇规律间隔短回文重复序列及其相关蛋白基因)系统是新型的基因编辑技术，具有高效、灵活、精准等优点，已在植物遗传改良及生物育种等领域广泛应用。基于杨树全基因信息和基因编辑技术如CRISPR-Cas9，国内外科学家获得一系列杨树抗花叶病毒、抗溃疡病、抗逆的新品种。一个抗病品种的选育成功往往需要花费几年甚至几十年。抗病品种育成后，一般可以较长期地发挥防病作用。但仍应注意栽培管理技术的改进，以及其他防治措施的配合，防止抗病性的退化。

6.5 物理防治

利用热力、低温、电磁波、核辐射等物理手段抑制、钝化或杀死病原物，进行病害防治的方法，称为物理防治。目前应用较广的是用热力处理种苗和土壤，以杀死其中的病原菌。如在有条件的温室，将带孔的钢管或瓦管埋入地下40 cm处，地表覆盖厚毡布，然后通入82℃的蒸汽消毒30 min，可以杀死土壤有害病菌，效果好且不污染环境。森林苗圃在育苗前焚烧枯枝落叶和荒草进行土壤消毒，可清除侵染来源。在杏树林地覆盖白色聚乙烯薄膜，通过日晒，起到土壤消毒的作用，能有效防止轮枝菌枯萎病(*Verticillium* wilt)的发生。

林木种子播种前用温水浸泡一定时间，有利于杀死附着在种子表面和种皮内的病原菌。将接穗、插条和种根在热水中浸泡，对抑制植原体病害的发生有效。浸泡的温度和时间依植物种类和材料的不同有所不同。以 35~38℃处理泡桐幼茎组织结合茎尖培养，泡桐丛枝病脱毒率可达 100%。用同样的方法也可使某些感染病毒的植物材料脱除病毒。

低温冷藏是控制植物产品采后病害的有效方法。低温本身虽不能杀死病原物，但可抑制病原物的侵染和生长，从而控制林产品贮运期病害。

射线处理对病原物有抑制和杀灭作用。用 250 Gy/min 的 γ 射线处理桃，射线总剂量达 1 250~1 370 Gy 时，可以有效地防止贮藏期桃褐腐病。

根据病原物侵染和扩散的特点，在植物表面设置屏障，阻止病原物的侵入危害或扩展，可以减轻病害的发生。例如，用高脂膜喷布苹果，在果实表面形成薄膜，膜层不影响果实的正常呼吸，但可以阻止病原菌的侵入，从而有效控制苹果炭疽病的发生。

6.6 化学防治

植物病害的化学防治是指利用化学药物防治植物病害的方法。化学防治是植物病害防治的一个重要手段，适用范围广，收效快，方法简便，特别在面临病害大发生的紧急时刻，甚至是唯一有效的措施。

6.6.1 化学药剂的作用和使用方法

按照化学药剂的作用，可以大致分为铲除剂、保护剂、治疗剂和植物免疫激活剂。

铲除剂通过直接与病原体接触发挥杀菌作用。此类药剂一般在植物的休眠期，用来处理病原物的越冬、越夏场所，也可在植物生长期，通过渗透作用将已侵入寄主不深的病原物或寄生在寄主表面的病原物杀死，具有局部治疗的作用，如高浓度的石硫合剂、溴菌腈、甲醛。

保护剂的作用在于病菌侵入植物之前施于植物体表，杀灭在植物体表的病原物或抑制病原真菌的孢子萌发从而达到阻止病原物侵入、保护植物的目的。如低浓度的石硫合剂、波尔多液、代森锰锌和百菌清等。保护性杀菌剂不能被植物吸收，只能在植物表面发挥作用，对已侵入植物的病原物无效。因此，应根据病害侵染循环的特点科学使用。除了在可能被病原物侵染的植物表面施药外，保护性杀菌剂还可以用来处理病原物的越冬越夏场所、带菌种苗等侵染源，消灭或减少病原物的初始菌量。

治疗剂能进入植物组织内部，抑制或杀死已经侵入的病原菌，使病情减轻或恢复健康。治疗性杀菌剂一般能被植物吸收并在体内传导，故此类杀菌剂又称内吸性杀菌剂。此类药剂进入植物体内，可对病原物直接产生毒害或通过影响植物的代谢，改变其对病原物的反应或影响病原物的致病过程。内吸杀菌剂对病原菌的作用往往具有专化性，且作用位点多数是单一的。如甲基硫菌灵(甲基托布津)、三唑酮、多菌灵、醚菌酯和甲霜灵等。

植物免疫激活剂(激发子) 能激活和调控植物免疫信号以抵抗病原物的侵染，具有广谱性、持久性、稳定性、延后性和安全性，是有害生物绿色防控的新技术和新方法。植物免疫激活剂不直接作用于有害生物，没有直接杀死病原菌的活性，可与化学药剂混用，以达到增效或治理抗性的目的，但要在发病前使用，以起到激活植物免疫的作用。植物激活剂分为生物源和非生物源两大类。常见的生物源植物激活剂包括植物激活蛋白，如 Harpin

蛋白、极细链格孢激活蛋白(阿泰灵)、维达力、β-1,3-葡聚糖、寡聚几丁质、脱乙酰几丁质、纤维素结合激发子凝集素、隐地蛋白等；非生物源植物激活剂包括内源植物激活剂，如水杨酸及类似物、β-氨基丁酸、噻菌灵、油菜素内酯、磷酸盐；外源化学小分子植物激活剂，如 2,6-G 二氯异烟酸(INA)、噻酰菌胺(TDL)等。Messenger(梨火疫病菌中分离 harpin 蛋白)成为世界上一个知名的免疫诱抗品种，对多种病害具有保护活性；阿泰灵(链格孢菌植物免疫蛋)可湿性粉剂已在国内管理部门登记注册，被评为“2019 年农业农村部十大新产品”。

化学药剂的剂型可以分为液剂、粉剂、可湿性粉剂、乳剂和烟剂等。使用时根据防治对象、药剂的性质、施用地环境等来选择适宜的剂型。

化学药剂的使用方法包括种苗消毒、土壤消毒、熏蒸(释放烟雾剂)和喷洒植株、树干注射、外伤治疗等。

(1)种苗消毒

一些林木病害是通过种子、苗木传播的，因此种苗消毒是防治植物病害一项很重要的措施。用液体杀菌剂浸种或用粉状杀菌剂拌种能杀死种子表面的病原物，长效杀菌剂处理种子还可以保护种子不受土壤中病原物的侵害，甚至对幼苗也有保护作用。常用的药剂有多菌灵、三唑酮等。

(2)土壤消毒

将杀菌剂或杀线虫剂施入土壤中防治土传病害或根结线虫病害。一般于播种前用药液浇灌或用药粉撒施于苗床土壤中，混合均匀，或做成药土施于播种沟中或用以覆盖种子。具有熏蒸作用的药剂多沟施或穴施，并用土覆盖或另加塑料薄膜覆盖；营养袋育苗或苗床育苗常将土壤与杀菌剂混合后，堆成堆，用塑料薄膜覆盖。数日后，去掉覆盖物，将土壤散开摊晾，待药味散尽后播种或育苗，如用甲醛进行土壤消毒。苗圃中也常用硫酸亚铁处理土壤。

(3)熏蒸和喷洒植株

植株喷药是最常用的施药方法，包括喷雾和喷粉两种形式。化学药剂中的大多数药剂都可以喷洒的方式施药。用于喷雾时要做到雾滴细小，喷洒均匀周到。喷粉适用于大面积喷药防治病害，也适用于温室防治病害。在郁闭度较大的林分中，可使用杀菌烟剂。杀菌烟剂由杀菌剂、发烟剂和助燃剂按一定比例混合而成。当发烟剂燃烧时，发生 400℃左右的高温，使杀菌剂有效成分气化，在空中冷凝为微小颗粒。如用百菌清烟剂防治落叶松落叶病，效果良好。

(4)树干注射

在树干基部钻孔加压，或在树干上吊挂装有药液的药瓶，利用重力，向孔内缓缓注入内吸杀菌剂药液，对一些根部和干部病害有一定的疗效。通过树干注射营养液治疗树木缺素症和用于古树复壮，有显著效果。目前，已有专用的树干注射器用于多种林木维管束病害的防治。

(5)外伤治疗

对树干上发生的腐烂病、锈病，可将病部树皮刮除或用刀划破，然后涂抹渗透性较强的杀菌剂，以杀死病菌，防止病部扩展，促进伤口愈合。例如，治疗苹果树腐烂病，在刮除病斑后先用苯甲丙环唑等杀菌剂消毒，然后再用 3%甲基硫菌灵或 3%抑霉唑 5~10 倍液涂抹病疤；用不脱酚洗油处理红松疱锈病菌引起的干锈溃疡斑等。立木腐朽病菌和许多弱寄生菌常通过枝干上的伤口侵入树木，在伤口上涂抹保护剂(如波尔多浆)，可以减少此类病害的发生。

6.6.2　病害防治常用的化学药剂

防治植物病害的药物因防治对象的不同可分为杀菌剂(fungicide)、杀卵菌剂(oomicide)和杀线虫剂(nematicide)。杀菌剂主要用于真菌病害，少数种类如农用抗生素则主要用于细菌病害。杀卵菌剂用于卵菌病害。杀线虫剂主要用于防治由线虫引起的植物病害。

根据主要化学成分的不同，杀菌剂可以分为无机杀菌剂和有机杀菌剂。

(1)无机杀菌剂

无机杀菌剂是一类在使用化学药剂防治植物病害的早期出现的药剂，主要杀菌成分是无机化合物。

①波尔多液。由硫酸铜和石灰混合制成的天蓝色胶状悬液。为广谱杀菌剂。其杀菌的有效成分是碱式硫酸铜。通常以硫酸铜∶石灰∶水=1∶1∶100的比例配制成1%的等量式波尔多液使用。根据树种对硫酸铜和石灰的敏感性以及病害种类的不同，可以降低使用浓度，或者改变硫酸铜与石灰的比例，配制成石灰倍量式、石灰多量式或石灰半量式的波尔多液。

波尔多液黏着力强，一次施用可以维持15 d左右的有效期。要现用现配，不能贮藏，否则效果差，且易生药害。潮湿多雨的气候下施用也较易生药害。目前已有市售的替代性药剂，如松脂酸铜。

②石硫合剂。由生石灰、硫黄粉和水以1∶2∶10的比例熬制的药剂，其杀菌的有效成分是多硫化钙，除用于防治多种真菌病害外，对螨类也有防效。石硫合剂原液经密封，在避光条件下可长期贮存，使用时加水稀释。石硫合剂的浓度以波美比重计度量。生长季节中的使用浓度一般在0.3~0.5°Bé，树木在落叶休眠期作铲除剂使用时，浓度可增至3~5°Bé。石硫合剂在高温季节使用易生药害。

(2)有机杀菌剂

20世纪30年代，出现了有机杀菌剂。先是有机汞制剂，随后出现二硫代氨基甲酸盐类化合物，如代森锌，由于此类药剂的高效、低毒和廉价，开创了有机杀菌剂的新时代。此后，醌类、酚类和杂环类化合物相继出现，有机杀菌剂几乎完全取代了无机杀菌剂。60年代以后，研制成萎锈宁、苯来特和托布津等具有内吸作用的杀菌剂，从而把杀菌剂的发展推进到了一个新时代。内吸杀菌剂的选择性较强，对非目的微生物的毒力和对环境的污染较少，是当前化学杀菌剂发展的主要方向。

①代森锰锌。是广谱的保护性有机硫杀菌剂。化学名称是乙撑双二硫代氨基甲酸锰和锌离子的配位络合物。工业品为灰白色或淡黄色粉末，属低毒农药。剂型为70%或80%可湿性粉剂。在高温时遇潮湿和遇碱性物质则分解。可与一般农药混用。用于预防多种植物的叶部病害。

②百菌清。是广谱的保护性有机氯取代苯类杀菌剂。化学名称是2,4,5,6-四氯-1,3-二氰基苯，高效、广谱杀菌剂，具有保护作用。对弱酸、弱碱及光热稳定，无腐蚀作用。工业

品为浅黄色粉末，多为50%和75%可湿性粉剂。在植物表面易黏着，耐雨水冲刷，持效期一般7~10 d。使用时注意不能与石硫合剂等碱性农药混用。对多种叶、果病害防治效果很好。

③甲基硫菌灵。属低毒性内吸性广谱杀菌剂。在植物体内转化为多菌灵。剂型为50%、70%可湿性粉剂，对多种病害有预防和治疗作用。对叶螨和病原线虫有抑制作用。持效期一般10 d；不能与碱性及无机铜制剂混用。长期单一使用易产生抗药性，并与苯并咪唑类杀菌剂有交互抗性，应注意与其他药剂轮用。

④多菌灵。属低毒性内吸性广谱杀菌剂，苯并咪唑类化合物。有明显的向顶输导性，具有保护和治疗作用。对子囊菌、担子菌和无性菌类多数病原真菌有杀菌活性。剂型有40%胶悬剂和50%可湿性粉剂。除叶面喷洒外，也作拌种和土壤处理使用。

⑤三唑酮。属于低毒性杀菌剂。是一种具有较强内吸性的杀菌剂，具有双向传导功能，并且具有预防、铲除、治疗和熏蒸作用，持效期长，在1个月以上。常用剂型有25%可湿性粉剂、25%乳油。对锈病、白粉病有特效，对黄栌白粉病、梨—圆柏锈病、胡杨锈病等病害有很好的防治效果。可与碱性以及铜制剂以外的其他制剂混用。

⑥甲霜灵。属于低毒性杀菌剂，常用25%可湿性粉剂，内吸性杀菌剂，具有保护和治疗作用，有双向传导性能，持效期10~14 d，土壤处理持效期可超过2个月。对霜霉病菌和疫霉病菌引起的多种植物病害有效。单一长期使用该药，病菌易产生抗性。生产上大多使用复配剂。

(3)农用抗菌素

抗菌素在防治植物病害上有许多优点，如使用浓度低、选择性强、易于向植物体渗透和转移等，可防治多种植物病害，尤其是植原体和细菌引起的病害。目前在农林业生产中使用较多的抗菌素有井冈霉素、多抗霉素、链霉素、春雷霉素、宁南霉素、放线菌酮、农抗120，中生菌素等。抗菌素可用于喷雾或注射。用300 mg/L的内疗素注射红松皮下以治疗松疱锈病有显著疗效。

(4)杀线虫剂

杀线虫剂种类较少，主要用于土壤消毒，也有用于杀死植物体内线虫的药剂。这类药剂除能杀线虫外，还有杀菌作用，对人畜毒性较大，一般在播种前使用。目前常用的杀线虫剂有噻唑膦、阿维菌素、甲维盐、氟吡菌酰胺、淡紫拟青霉、棉隆、克线宝等，均用于防治农林植物线虫。棉隆属低毒广谱熏蒸杀线虫剂，有粉剂、可湿性粉剂和微粒剂几种剂型，可兼治土壤真菌、地下害虫及杂草。在土壤中分解成有毒的异硫氰酸甲酯、甲醛和硫化氢等，易于在土壤中扩散并且持效期较长。适用于防治果树、林木上的各种线虫。持效期4~10 d。阿维菌素具有杀虫、杀螨、杀线虫活性，不能杀卵，无内吸和熏蒸作用，能杀灭根际、树体内及土壤中的线虫，易被土壤中微生物降解。

在林业上，为防治树干冻伤、日灼、虫伤和病菌感染，庭园树、行道树和果树于秋末春初常使用涂白剂。涂白剂的主要成分见表6-1。也可以其他杀伤力强的药剂代替硫黄。具体配方常因需要和条件有所不同。

(5)纳米杀菌剂

利用纳米技术，将杀菌剂有效成分在制剂或/和使用分散体系中的平均粒径以纳米尺度分散状态稳定存在的农药，主要分2类：一是有效成分的纳米级微粒，如微乳剂、纳米

表6-1　涂白剂的几种配方

配　方	用　途
1. 生石灰 5 kg + 硫黄 0.5 kg + 水 20 kg 2. 生石灰 5 kg + 石硫合剂残渣 5 kg + 水 5 kg 3. 生石灰 5 kg + 石硫合剂原液 0.5 kg + 盐 0.5 kg + 动物油 100 g + 水 20 kg 4. 生石灰 5 kg + 盐 2 kg + 油 100 g + 豆面 100 g + 水 20 kg 5. 生石灰 2.5 kg + 盐 1.25 kg + 硫黄 0.75 kg + 油 100 g + 水 20 kg	涂抹树干基部 1~2 m 高，6、9 月各涂 1 次，防日灼和冻害，防治干部病虫害

乳剂和纳米分散剂；二是借助于纳米制备技术(包括纳米载体负载)包裹、吸附和偶联等方式装载有效成分的农药，如纳米微囊、纳米微球和纳米凝胶等。常见的聚合物载体主要包括：有机聚合物(壳聚糖聚酯、聚氨酯等合成低聚物和高分子等)、无机聚合物(纳米二氧化硅、纳米黏土、氧化石墨烯、纳米分子筛和氮化硼等以及有机/无机杂化材料(金属有机骨架材料等)。利用纳米技术和材料改善杀菌剂性能，已成为农药剂型研发的前沿领域。

6.6.3　使用化学药剂应注意的事项

使用化学药剂一定要注意安全、周到和及时。杀菌剂的毒性虽然一般较杀虫剂低，但仍应注意减少与皮肤、黏膜的接触，尤其应防止进入口腔、眼睛及破皮的伤口，以防中毒。喷药时应使药剂全面地、均匀地覆盖在被保护的植物器官表面。喷药的时机因病害种类而异。保护性药剂必须在病原物侵入以前施药。施药的具体时间应结合病害流行的短期预测进行。

化学防治效果显著、收效快、使用方便，在园林、经济林和森林苗圃中使用较多。但使用不当可杀伤植物微环境中的有益微生物，污染环境和导致农林产品中的农药残留，对植物产生药害，引起病原菌产生抗药性。针对化学防治可能产生的负面影响，当前林业生产要求全面开展无公害防治，使用高效、低毒、低残留的杀菌剂，并选择对环境影响最小的施药技术。化学防治作为应急措施一般只在有害生物突发时、高发期实施。在充分了解病害发生规律、施用药剂的性质、被保护植物生物学特性、施药时的环境条件等方面情况的基础上，正确合理地使用杀菌剂，避免植物产生药害。克服病菌抗药性的措施主要是采用交替和混合施用杀菌剂的方法，减少施药次数，避免高浓度施药和通过栽培措施减轻病害压力，减少施药需要。选择生物源农药，减少对环境的污染。此外，应用协调化学防治和其他防治方法相结合的综合防治；在条件允许情况下，积极使用生物防治剂替代(或部分替代)化学防治剂；在植物病害的防治过程中，逐渐减少对杀菌剂的依赖性。

6.7　生物防治

林木病害的生物防治是指利用生物或其产物防治林木病害。自然界普遍存在的有利于控制病原物的生物间的相互作用，包括抗生作用、寄生作用、捕食作用、竞争作用、诱发抗性、形成菌根等。生物防治正是对这些相互作用的巧妙利用。

(1)抗生作用

通常，一种微生物的代谢产物能抑制其他微生物的生长，称为抗生作用。在欧洲，发现一种赤杨的根围聚集了大量放线菌及其他菌类，它们中的大多数对根白腐菌有拮抗作用，因此，在挪威云杉和赤杨的混交林中或在赤杨林采伐迹地上的第一代云杉林中通常不发生根腐病。绿色木霉(*Trichoderma virens*)等很多木霉菌被用作多种土传植物病原菌的拮抗菌，因为它们在代谢过程中可以产生拮抗性化学物质来毒害植物病原真菌，这些物质包括抗生素和一些酶类。抗生素类物质，主要有木霉素(trichodermin)、胶霉素(gliotoxin)、抗菌肽(peptide antibiotic)等；酶类包括几丁质酶、葡聚糖酶、蛋白酶等，这些酶的主要功能是消解真菌细胞壁，从而抑制病原菌的生长。

在世界上许多国家，放射形土壤杆菌(*Agrobacterium radiobacter*) K84菌株被成功用于防治由土壤杆菌引起植物冠瘿病。该菌株携带一个能编码细菌素的质粒pAGK84，细菌素抑制病原菌，从而起到防病的作用。近年来，又通过遗传构建了更为安全有效的工程菌株K1026，该菌已通过了田间药效及安全性试验，定名为Nogall，作为第一个商品化的遗传工程杀菌剂开始在澳大利亚、美国、日本等国登记销售。

(2)寄生作用

寄生在病原物上的微生物称为重寄生物或超寄生物(hyperparasite)。例如，白粉菌寄生菌(*Ampelomyces quisqualis*)可寄生在白粉菌的分生孢子梗上，能抑制白粉病的发展。锈菌寄生菌(*Scytalidium uredinicola*)寄生在锈菌的锈孢子器和夏孢子堆中，使松梭形柱锈菌单位面积上锈孢子器的最大产孢量降低72%。

许多病原真菌的弱毒性与双链RNA的侵染有关。栗疫病菌受到病毒(dsRNA)侵染后，致病性减弱，成为弱毒菌系。用弱毒菌系处理受到毒性菌系侵染而发病的栗树，可以使病株逐渐恢复健康。然而，这一过程要求弱毒菌系具有侵染性并且易于传播病毒给强毒的菌系。病毒一般通过菌丝融合进行传播，此过程通常受几个营养体非亲和性基因(*vic*)所控制。栗疫病菌中弱毒菌系的传播在同一营养体亲和群菌株间易于发生，而与不同菌株具有的*vic*基因数量呈负相关。当菌株间有2个以上基因不同时，传播率下降到3%~4%。

(3)捕食作用

一些真菌能够形成菌丝环等特殊的结构来捕食土壤中的线虫。*Arthrobotys*属的真菌已经广泛应用于根结线虫病以及食用菌线虫病的防治。

(4)竞争作用

通常表现为植物体表侵染点的空间或营养基地竞争。成功的竞争常发生在侵染阶段，阻止病原菌的侵入。

针叶树根白腐病能在松根中存活很多年，借病根和健康根接触而传播。病菌产生的担孢子也可通过新鲜伐根的断面侵染伐桩，病菌很快扩展到伐根的各部位，使它成为健康活立木的侵染源。将大伏革菌(*Phlebiopsis gigantea*)的孢子悬浮液接种在新鲜伐桩表面，能有效抑制根白腐菌对林木的侵染，将由病菌引起的干基腐朽控制在较低水平，并且能够降低病原菌的传播速率。因为大伏革菌能够在新伐的树桩表面迅速生长，便阻止了根白腐菌在伐桩上的定殖。目前，大伏革菌制剂已经商品化用于伐桩处理。这种生物防治根白腐病的方法，已在欧洲许多国家推广使用。

(5)诱导抗性

利用生物、物理或化学因子处理植株，将会改变植物对病害的反应，使植物产生局部的或系统的抗性，这一现象称为诱导抗性(induced resistance)。

诱导植物产生抗性的生物因子有真菌、细菌或病毒。一些病原的非致病性生理小种、弱致病性病原体、非致病性病原体及真菌细胞的细胞壁都可以用来作为诱导因子。植株经诱导后激发产生一系列的防卫反应，与植物抗病性有关的物质代谢加强了。

用分离自杨树的盘长孢状刺盘孢预先接种油茶果实，较未用该菌处理的油茶果实，处理果实的田间自然发病率明显降低，4年间5块样地共4 hm^2 的油茶林地，相对防治效果平均为44%。

用柑橘速衰病毒(citrus tristeza virus，CTV)的弱毒株系接种葡萄柚，接种株不产生根系腐烂致死的症状，仅表现轻微的茎干凹陷病斑，在很长时间内不受速衰病毒的侵染。一些杀菌剂既有杀菌作用，也可以诱导植物产生抗病性，如吡唑醚菌酯。

(6)形成菌根

许多真菌能与高等植物的根形成菌根。菌根有助于改善植物的营养状况，特别是提高土壤中磷的有效性，从而促进生长。菌根提高了植物的抗逆性，增强了植物对不利环境条件的适应性。同时，菌根也对植物根系病原微生物的活动产生影响。因此人们也常把菌根作为一种生物防治因素加以利用，特别在育苗移栽的林果上，菌根可以起到保护根系免于受其他病原侵染和增强植株健康水平的抗病作用。

实践中，生物防治对植物病害的控制作用通常并非某一机制的单独作用，而更多的是两种或两种以上机制协同作用的结果。例如，木霉菌在植物病害生物防治中可以表现出多种作用机制。

植物病害的生物防治符合植物病害综合治理的生态学原理，对环境造成污染的风险小，在日益重视生态平衡和环境质量的今天，生物防治愈发重要。

小　结

植物病害防治的方针是“预防为主，综合治理”。有害生物综合治理(IPM)是防治植物病害的基本策略。该策略从生态学的观点出发，研究生物种群动态和与之相联系的环境，采用尽可能相互协调的有效防治措施，并充分发挥自然抑制因素的作用，将有害生物种群控制在经济受害水平以下，并使防治措施对森林生态系统内外的不良影响减少到最低限度，以获得最佳的经济、生态和社会效益。有害生物生态调控(EPM)则将生态学和经济学相结合，强调“协调共存”，发挥生态系统自我持续控制病虫害的能力。森林健康(forest health)的理念是在有害生物综合治理的基础上，进一步提出了将森林病虫火等灾害的防治思想上升到森林健康的高度，其实质是要使森林具有较好的自我调节并保持其系统稳定性的能力，从而使其最大、最充分地持续发挥其经济、生态和社会效益的作用。

病害防治的原理是根据植物病害发生发展的规律及其影响因素，采取各种措施来增强寄主抗病力或保护寄主不受侵染；杜绝、减少病原物的数量或切断其侵染链；改变环境条件，使之有利于寄主而不利于病原物，从而达到防止病害发生或流行的目的。

植物病害检疫是针对危险性病害可以通过人们的生产活动而进行传播的特点提出来的病害防治手段。植物检疫性有害生物由政府以法令规定。植物检疫的基本属性是其强制性和预防性。植物检疫的任务是防止危险性病虫杂草随着植物及其产品由国外输入或由国内输出；将在国内局部地区已发生的危险性病、虫、杂草封锁在一定的范围内，不使其传播到未发生地区，并且采取各种措施逐步将它们消灭。

采取恰当的营林技术措施不但是林木健康生长所必需，而且对某些林木病害有良好防治效果。要从育苗、造林、林分抚育等林业生产的全过程，对未来森林病虫害的发生、发展都给予充分的考虑，从源头上预防林木病害的发生。通过合理的林业经营管理活动，协调和调整森林群落的生态环境，促进林木健壮生长，及时发现和清除病害的发源基地，清除侵染来源，抑制病原物的繁殖和活动，使林木丰产措施和防病措施得到统一，是林木病害防治的基本方法。

抗病树种选育的方法包括树种利用、种源选择、单株选择、实生苗选择和种子园的建立、种间杂交、遗传工程技术等。当前应用最广的是抗病单株选择，建立抗病无性系种子园，提供抗病种子。植物抗病能力的鉴定是抗病育种过程中的重要环节。选择恰当的鉴定体系是正确进行植物抗病能力鉴定的关键。

利用热力、低温、电磁波、核辐射等物理手段抑制、钝化或杀死病原物，进行病害防治的方法称为物理防治。目前应用较广的是用热力处理种苗和土壤，低温冷藏、射线处理和在植物表面设置屏障都可起到物理防治植物病害的作用。

杀菌剂作用强，收效快，是植物病害防治的重要手段。按照杀菌剂防治植物病害的作用方式，可以将杀菌剂划分为保护性杀菌剂、治疗性杀菌剂和铲除性杀菌剂3种类型。杀菌剂的使用方法主要包括种苗消毒、土壤消毒、熏蒸和喷洒植株、树干注射、外伤治疗等。应使用高效、低毒、低残留的杀菌剂，避免病菌产生抗药性，并选择对环境影响最小的施药技术。在植物病害的防治过程中，逐渐减少对杀菌剂的依赖性。

植物病害的生物防治是在农林业生态系统中调节寄主植物的微生物环境，使其利于寄主而不利于病原物，或者使其对寄主与病原物的相互作用发生利于寄主而不利于病原物的影响，从而起到病害防治作用的方法。自然界普遍存在的有利于控制病原物的生物间的相互作用包括抗生作用、寄生作用、竞争作用、诱发抗性、形成菌根等。生物防治就是利用这些作用，增强植物的抗性，抑制植物病害发生的过程。

思考题

1. 林木病害防治的指导思想是什么？
2. 怎样理解林木病害防治的策略？
3. 营林技术防治林木病害体现在林业生产的哪些环节？
4. 为什么说林业技术措施是林木病害防治的根本措施？
5. 抗病树种选育的途径有哪些？
6. 化学防治的使用方法有哪些？
7. 怎样合理使用杀菌剂防治植物病害？
8. 检疫性有害生物是怎样确定的？
9. 植物病害检疫的主要任务是什么？
10. 生物防治的依据有哪些？
11. 常见的植物免疫激活剂有哪些？

推荐阅读书目

王振中，张新虎．植物保护概论．北京：中国农业出版社，2005.
谢联辉．普通植物病理学．2版．北京：科学出版社，2013.
许志刚，胡白石．普通植物病理学．5版．北京：高等教育出版社，2021.
邱德文，曾洪梅．植物免疫诱导技术．北京：科学出版社，2021.

第 7 章

林木种子和苗木病害及其防治

7.1 种子和苗木病害概说

种子是人工育苗造林及天然更新的重要繁殖材料，也是木本油料树种及某些林果兼用林木的重要产品。优良种子的规范选育以及种子的科学生产经营，是发展现代种业、保障国家粮食安全、促进林业发展的重要基础。不健康的种子不仅降低了使用价值，而且作为播种材料时还将降低出苗率，使苗木生长柔弱。病害往往造成苗木大量死亡，甚至使育苗完全失败。如果不进行严格检疫，许多苗木病害还将传至造林地，成为幼林病害的侵染源或降低造林成活率，导致生物安全事件的发生。因此，林木种子和苗木的健康状况，直接或间接地影响造林的质量。

种子的病害主要是霉烂问题。种子霉烂多发生于贮藏期、催芽期和播种至出芽期间。霉烂的发生与贮藏条件、催芽处理方法、种子带菌情况以及种子的生命力等有着密切联系。因此，在防治上主要着重于贮藏环境中温度、湿度的控制，种子消毒方法和保持种子的生命活动。

苗木病害种类虽然较少，但是，同样的病害，当发生在苗木上时，所造成的损失往往要比发生在大树上严重得多。例如，杨黑斑病和锈病，在大树上通常是引起早期落叶，可是若发生在幼苗上则会严重妨碍生长，直至造成死亡。幼苗易于受害的原因，主要是由于组织幼嫩，对病害的抵抗力弱；另一重要原因是幼苗植株体积小，受病面积占全株面积的比例往往较大。如刚出土的幼苗，一个不大的病斑就可能环割幼茎，致使水分及营养物质的运输中断，大部分叶片或幼根受害。此外，苗圃的生态条件也适于病害的流行。因为苗圃中植株密集，又易受暴干暴湿和骤冷骤热的影响，很适于病菌的侵染和迅速传播。

苗木能感染多种病害。目前，针叶树苗木猝倒病是苗圃中发生最普遍且危害最大的病害。虽然世界各国对该病害已进行长期的研究，积累了大量防治经验，但由于引起病害的病原菌种类较多，且基本上都是些对环境适应性强、分布广泛的土壤习居菌，因此很难根除。其他如茎腐病、根癌病、线虫病、叶斑病、锈病、白粉病，以及某些生理性病害，在不同的场合下也可能引起严重损失。

苗木病害防治的根本途径在于正确执行育苗技术措施。选择适当的苗圃地，及时催芽、播种、除草，合理施肥、灌溉和轮作，适时遮阴和除去覆盖物，做好苗圃卫生等，与苗木病害的发生和发展都有密切关系。如夏季温度很高的地区，若不及时遮阴，不仅会直接使苗木受灼伤，而且易于诱发茎腐病和立枯病等传染性病害。

近年来，苗圃中广泛使用化学药剂防治病害。在采用化学防治时，必须注意适时、适量。有些病害，如苗木猝倒病，其防治措施必须是在播种前或播种时用药剂处理种子或土壤。否则，一旦发病后再采用药剂防治，往往收效甚微。由于幼苗的耐药力一般比大树差，过量用药易于引起药害，因此，药剂的浓度和用量必须适当。

此外，加强对进出国境或国内各地区间调拨苗木的检疫，是防止危险性病害传入蔓延、牢牢掌握国家生物安全主动权的重要手段。

7.2　种子和苗木病害及其防治

7.2.1　种实霉烂

【分布及危害】种实霉烂是一类很普遍的病害。种实收获前、贮藏期及播种后都可能发生霉烂，尤其在贮藏期间更为常见。种实霉烂不但影响种子质量，降低食用价值和育苗的出苗率，而且对人畜也有害，如致癌物质黄曲霉毒素是由一些引起种实腐烂的菌物所分泌的。

【症状】被害种实多数在其种壳或果实外皮上生长各种颜色的霉层或丝状物，少数为白色或黄色的蜡油状菌落。霉烂的种实一般都具有霉味。生有霉层的种子变成褐色。切开种皮时内部呈糊状，有的仍保持原形，只有胚乳部分有红褐色至黑褐色的斑纹，也有形状、颜色无变化的。

【病原】引起种实霉烂的病原菌在分类上多属于卵菌门、接合菌门菌物和无性型菌物，少数为细菌。生产中常见的种实霉烂菌类主要有以下几类。

青霉菌类(*Penicillium* spp.)：霉层中心部呈蓝绿、灰绿或黄绿色，霉层边缘都是白色菌丝。分生孢子球形，串生(图7-1)。

曲霉菌类(*Aspergillus* spp.)：种皮上的菌丝层稀疏，在放大镜下可见针头状的子实体。子实体在种子上井然排列，呈褐色或黑褐色。被害种子种皮腐烂，烂芽或不萌发。

链格孢类(*Alternaria* spp.)：霉层绒毛状，培养后期产生黑色素，边缘白色。被害种子不萌发或萌发后烂芽。

匍枝根霉(*Rhizopus stolonifer*，异名*R. nigricans*)：菌丝细长白色，菌丝老熟后生出小黑点即孢子囊。此种菌虽然在种子萌发时最常见，但危害性不大。少数情况下可导致种子萌发后烂芽。

镰刀菌类(*Fusarium* spp.)：发病种皮上生白色霉层，后期中心红色或蓝色，其上可见小水珠。镰刀菌类一般不影响种子萌发，少数情况下，幼芽被菌丝破坏。

细菌：细菌引起的种实霉烂，被害种子表面生有油状或白蜡状菌落，若种皮有伤口时，细菌可侵入种子内部，使种子糊化而失去萌发力。

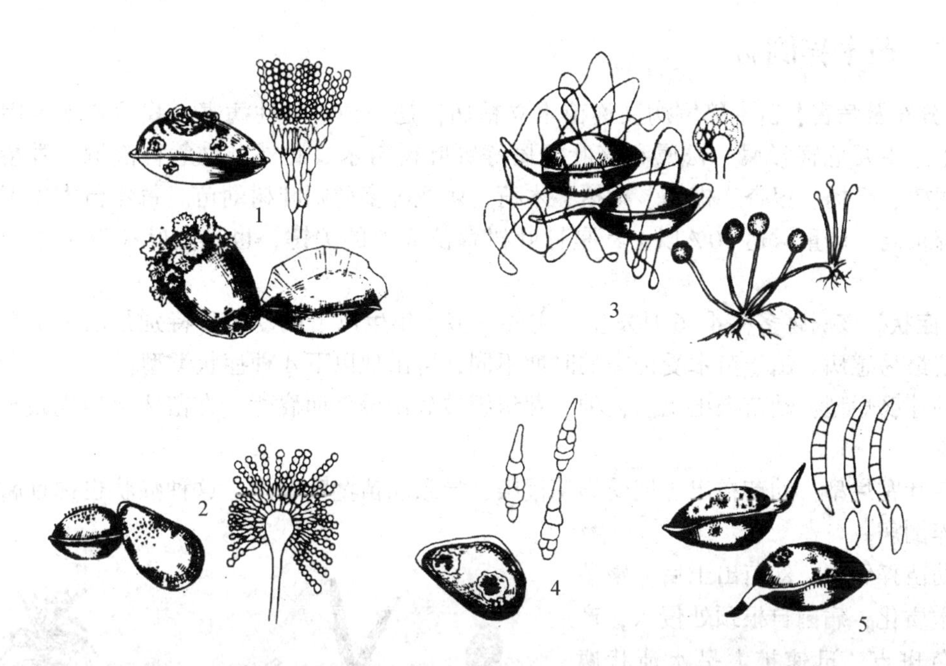

1. 青霉菌引起的种实霉烂；2. 曲霉菌引起的种实霉烂；3. 黑根霉引起的种实霉烂；
4. 链格孢菌引起的种实霉烂；5. 镰刀菌引起的种实霉烂。

图 7-1 种实霉烂

（西南林学院等，1993）

引起种实霉烂的菌类还有很多，在不同的林木种实上有所不同。

【发病规律】引起种实霉烂的病原菌普遍存在于自然界中，种子和这些菌接触的机会很多，通常它们都是以孢子或菌丝附着在种实表面。健康、活力旺盛的种实不易受到此类病原菌危害，但种皮受伤、种子生命力降低、种实本身含水量过高或贮存环境温湿度过高、通风不良等，都会为病菌的侵染和扩展创造有利条件，造成病害迅速发展。

引起种实霉烂的病原菌以25℃左右为其最适生长温度，但高于或低于此温度也可生长发育。因此，在贮藏库里，湿度往往成为种实发生霉烂的主要环境因子。

【防治措施】

①种实成熟及时采收，采收时避免损伤。

②贮藏前种子应适当干燥，除橡实、板栗等大粒种子外，一般应干燥至含水量为10%~15%，并剔除损坏的种子、已感病的种子以及受害虫蛀食的种子。入库时注意防止碰伤种实表面。仓库内保持0~4℃低温，保持通风。

③仓库应消毒处理，并保持库内卫生，减少病菌。

④用沙埋种子催芽时，种子和沙均要消毒。用0.5%的高锰酸钾溶液浸种15~35 min，清洗后再混沙。沙子先用40%甲醛1∶10倍液喷洒消毒，堆放30 min，待农药气味散失后再使用。

7.2.2　苗木猝倒病

云讲堂

【分布及危害】苗木猝倒病又称苗木立枯病，是一种世界性病害，我国各地苗圃中普遍发生。主要危害杉属、松属和落叶松属等针叶树苗木。此外，也危害泡桐、香椿、臭椿、榆树、枫杨、银杏、桦树、桑树、木荷、刺槐等多种阔叶树幼苗。每年苗木猝倒病发病率都很高，严重时达 50%以上，是针叶树育苗成败的关键，也是阔叶树育苗中的重要问题。

苗木猝倒病

【症状】该病害多在 4~6 月发生，主要危害 1 年生以下的幼苗，特别是出土 1 个月以内幼苗最易感病。由于苗木受侵染的时期不同，可出现以下 4 种症状类型：

种芽腐烂型：幼苗未出土前，种、芽组织被病菌侵染而腐烂，在苗床上出现缺苗、断垄现象。

茎叶腐烂型：幼苗在出土期受病菌侵染，导致幼苗茎叶腐烂。这种症状也称首腐或顶腐型猝倒病。

幼苗猝倒型：幼苗出土后，嫩茎尚未木质化，病菌自根颈处侵入，产生褐色斑点，迅速扩大呈水渍状腐烂，病苗迅速倒伏，引起典型的幼苗猝倒症状，此时苗木嫩叶仍呈绿色，病部仍可向外扩展。猝倒型症状多发生在幼苗出土后的 1 个月内。

苗木立枯型：苗木茎部木质化后，病菌由根部侵入，引起根部皮层变色腐烂，造成苗木枯死而不倒伏。这种类型也称根腐型立枯病(图 7-2)。

1. 种芽腐烂型；2. 茎叶腐烂型；3. 幼苗猝倒型；4、5. 苗木立枯型。

图 7-2　杉木猝倒病症状

(周仲铭，1990)

【病原】引起苗木猝倒病的原因有非侵染性和侵染性病原两大类。非侵染性病原主要包括圃地积水、覆土过厚、土表板结或地表温度过高等。侵染性病原主要有丝核菌、镰刀菌和腐霉菌，偶尔也可观察到链格孢菌等其他菌种。

引起猝倒病的主要是茄丝核菌(*Rhizoctonia solani*)。菌丝有隔，粗 8~14 μm，幼嫩时无色，呈锐角或直角分枝，分枝处细胞明显缢缩。老菌丝黄褐色，细胞稍粗，分枝近直角，分枝处稍缢缩。菌核组织比较疏松，形状、大小不等，直径 1~10 mm，深褐色。适于 pH 值 4.5~6.5 的条件下生长，对二氧化碳忍耐性低，多分布在10~15 cm深的土层中，菌丝生长适温为24~28℃，但在18~22℃时苗木容易发病。

镰刀菌中主要有腐皮镰刀菌和尖孢镰刀菌。它们的菌丝多隔，无色，细长多分枝，产生两种孢子，即小型单胞的分生孢子和大型分隔(3~5个)镰刀状分生孢子。在菌丝和大型分生孢子中，有时还形成厚垣孢子。厚垣孢子顶生或间生。镰刀菌分布在土壤表层中，生长适温为25~30℃，以土温20~28℃时苗木感病最重。

腐霉菌中主要有瓜果腐霉(*Pythium aphanidermatum*)和德氏腐霉(*P. debaryanum*)。它们的菌丝无隔，无性繁殖时产生薄壁的游动孢子囊。前者游动孢子囊呈球形，后者为长形或不规则形，囊内产生游动孢子，游动孢子借水游动，侵染苗木。有性繁殖时，产生厚壁色深的卵孢子。腐霉菌喜水湿环境，能忍耐二氧化碳，生长适温为26~28℃，但在土温17~23℃时危害苗木严重。

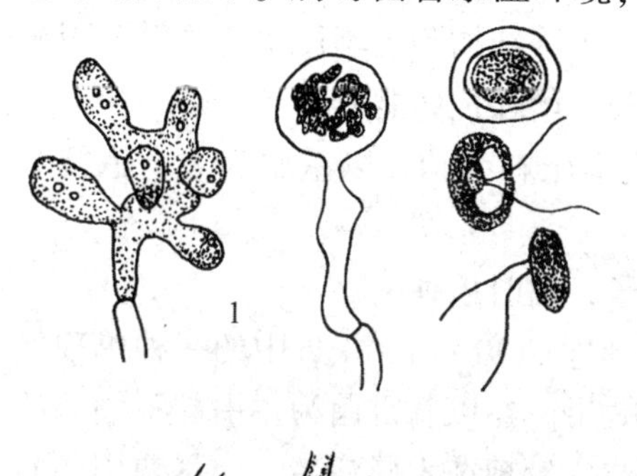

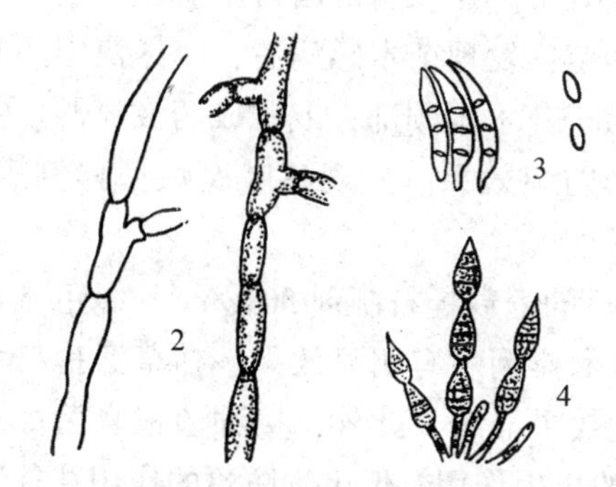

1. 腐霉菌的孢囊梗、孢子囊、游动孢子和卵孢子；2. 丝核菌的幼、老菌丝；3. 镰刀菌的大、小分生孢子；4. 链格孢的分生孢子梗及分生孢子。

图7-3　杉苗猝倒病病原

(周仲铭，1990)

链格孢中，主要是链格孢(*Alternaria alternata*)。菌落毡状，深绿色至深褐色。菌丝有隔，分生孢子梗有隔，无分枝，棕褐色。分生孢子串生，由8~10个孢子链生，分生孢子有斜横隔及少数纵隔。分生孢子形状变化较大，颜色较深(图7-3)。

【发病规律】丝核菌、镰刀菌、腐霉菌都是土壤习居菌类，平时能在土壤中的植物残体上营腐生生活。它们以厚垣孢子、菌核或卵孢子度过不良环境，一旦遇到合适的寄主和潮湿的条件即可萌发侵染危害。因此，土壤带菌是该病病原菌的主要来源。病害发生发展与下列情况有关。

①前作感病。前作是茄科、葫芦科及十字花科等感病植物或是连作针、阔叶苗木，土壤中病株残体多，病菌基数大，繁殖快，苗木容易感病。

②雨天操作。在雨天进行整地、做畦或播种作业，常因土壤潮湿，容易板结，不利于种子萌发和出土，种子易被病菌侵染发病。

③圃地粗糙。土壤黏重，土块太粗，苗床不平整或太低，圃地积水，均有利于病菌繁殖，不利于苗木生长，苗木易发病。

④肥料未腐熟。未经腐熟的有机肥料常常混有病菌及病株残体，有利于病菌繁殖，而且肥料在苗床上熟腐时发热会伤及种苗，为病菌侵染提供方便条件。

⑤播种。播种过早或过迟，均易发生猝倒病。在南方如播种过迟，幼苗出土晚，出土后又遇梅雨季节，湿度大，有利于病菌生长。此时苗茎幼嫩，抗病性差，病害容易流行。在北方如播种过早，常因气温偏低，延长幼苗出土时间，易发生种芽腐烂。播种晚也易发病。

此外，种子质量的好坏、播种量是否适当以及管理措施是否及时，都会直接或间接影响幼苗猝倒病的发生和发展。

【防治措施】根据苗木猝倒病发生发展规律，在防治上主要采取以改进育苗技术措施和减少土壤中病菌数量为主的综合措施。

①选好苗圃地。尽可能避免用连作地，以及易感病植物的栽培地育苗。如果无法选择地块，则需经过土壤消毒后再播种。在南方可利用新垦山地育苗；若无新垦山地，可采用熟土或梯田育苗。

②细致整地。播种前，苗圃地要精耕细整，以免高低不平积水。整地要在土壤干爽和天气晴朗时进行，以免水分太大造成板结，影响苗木出土。南方酸性土壤，可结合整地每公顷撒300~375 kg石灰，抑制土中病菌生长，使植物残体分解。在南方，播种前可在播种沟内垫一层1 cm厚的心土或火烧土，播后再用心土或火烧土覆盖种子，但心土易板结，不宜常用。条件方便地区，可用森林腐殖土，既可改变土壤结构和土壤微生物区系，减少病菌侵染机会，也能增加土壤肥力，促进苗木茁壮生长，增强抗病能力。

③合理施肥。肥料应以有机肥料为主，无机的化学肥料为辅；以基肥为主，追肥为辅。有机肥料或垃圾肥都要经过充分腐熟后才能使用。

④精选良种、适时播种。播种前应选质量好的种子，适时播种。

⑤化学防治。用药剂处理土壤：采用多菌灵或地菌净(120 g/100 kg)中的一种单独使用或几种混合使用，对丝核菌和镰刀菌有很好的防治效果。在以腐霉菌为主引起猝倒病的地区，可使用乙磷铝或瑞毒霉素药剂。用药剂处理幼苗：发现苗木感病后，应尽快用药防治。可以敌克松、多菌灵或代森锌等药剂制成药土撒于苗木根颈部，或配成药液喷洒。铜大师(1：800)、普力克(1：600)对该病亦有很好的防治效果。发现茎叶腐烂型猝倒病，应喷波尔多液或其他药剂防治，10~15 d喷1次。

⑥生物防治。用哈氏木霉(*Trichoderma harzianum*)的麦麸蛭石制剂50 g/m^2，绿色木霉的麦麸蛭石制剂100 g/m^{2}防治由茄丝核菌引起的苗木猝倒病有明显效果。枯草芽孢杆菌类(*Bacillus subtilis*)防治茄丝核菌引起的杉苗猝倒病效果显著。此外，接种菌根真菌如厚环牛肝菌(*Suillus grevillei*)对松树幼苗猝倒病有很好的抗生作用。但生物防治的作用往往因受多种环境因子的干扰而导致使用效果不稳定。

7.2.3 松苗叶枯病

【分布及危害】松苗叶枯病最先在日本发现，以后在朝鲜、越南、马来西亚、菲律宾、印度、斯里兰卡和非洲的一些国家有报道。我国长江流域以南各地，东起台湾西至湖南，南起香港北至河南南部均有分布，是松苗上发生较普遍的病害。该病在我国的主要寄主有马尾松、黑松、油松、黄山松、加勒比松等。湿地松和火炬松很少发病。当年播种苗和1~2年生苗受害最重，严重时发病率高达100%，枯死率达50%。

【症状】病菌首先侵染幼苗下部针叶，逐渐向上扩展。受害针叶从叶端开始先出现一段一段的褪色黄斑，以后逐渐变成灰褐色至灰黑色，表面密生黑色霉点，沿气孔线纵行排列，即病菌的分生孢子梗和分生孢子，最后病叶先端枯死或全叶枯死。病死叶干枯后下垂扭曲，但不脱落(图7-4)。

【病原】该病由吉布逊小球腔菌(*Mycosphaerella gibsonii*)引起。有性世代在东南亚和非洲等地发现。国内只在香港发现，其他地区未见报道。异名为赤松尾孢菌（*Cercospora pini-densiflorae*）。菌丝体在寄主针叶气孔下室或较深处形成分生孢子座，从子座上产生一束紧密成丛的分生孢子梗，自气孔中伸出针叶表面。分生孢子梗淡褐色，有1~2个分隔，大小为15~18 μm×3.5~5.0 μm。分生孢子单生，长棍棒状或鞭状，直或稍弯曲，有2~5个分隔，大小为30~50 μm×2.5~3.2 μm，初无色后变淡黄色。

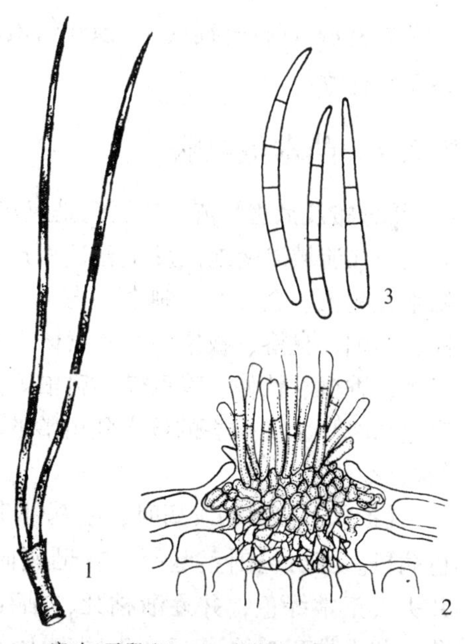

1. 病叶(示段斑)；2. 病菌的子座和分生孢子梗；3. 病菌的分生孢子。

图7-4　松苗叶枯病菌

（杨旺，1996）

该病菌在PDA培养基上不产生孢子，但若稍增加葡萄糖或蔗糖，pH值5.0~6.0时，经荧光灯(BL-B)连续照射，在20~25℃下经5 d培养可产生较多的分生孢子。分生孢子在18℃下萌发迟缓，在25℃下4 h即开始萌发，24~28℃萌发率最高。孢子萌发需相对湿度95%以上，在水滴中萌发最好，若干涸，芽管即停止伸长，24 h后重加水滴，芽管仍能继续伸长，说明病菌对干旱有一定的抵抗力。

【发病规律】病菌以菌丝体或子座在感病针叶内越冬，越冬后有近40%的病叶保存有活的病菌，如果将病针叶埋入土中，病菌的存活率则随埋入的深度增加而减少。春季环境适宜时产生分生孢子进行初侵染，孢子随风传播。因此，发病圃地连作松苗时，往往发病严重。2年生苗木的老病叶在5月上、中旬已有分生孢子产生，是重要的侵染来源。当年生播种苗于7月中、下旬开始发病，8~10月为盛发期，11月以后逐渐停止。高温高湿有利于病菌的侵染。

发病程度与苗木生长情况有较密切的关系。凡土壤瘠薄、整地粗糙、保水保肥差、苗木过密、植株纤弱，则发病较重。此外，不同松树和年龄感病程度不同，湿地松、火炬松抗病性最强；赤松较抗病，1~2年生苗虽有时发病较多，但栽植后的幼树很少发病；马尾松苗期较易感病，定植后2~3年生的苗木也易发病，但随树龄增长，抗性明显提高；加勒比松等最感病。

【防治措施】

①选择土质疏松肥沃、利于排灌的地方作苗圃。如在病圃连作或邻近病圃地育苗，应彻底清除病苗及其残余物集中烧毁或起苗后深耕翻入土内。

②加强苗木抚育管理，适时间苗，促进苗木健壮生长，增强抗病力。

③发病期间应仔细检查，及早拔除病苗，集中烧毁。并用1∶1∶(100~200)的波尔多

液或0.3°Bé 石硫合剂或1∶500倍液的退菌特等杀菌剂，每隔15 d左右喷1次，连续喷2~3次有效。

7.2.4 苗木茎腐病

云讲堂

【分布及危害】苗木茎腐病是亚热带地区的一种病害，我国主要发生在淮河流域以南，尤以长江流域以南地区发生普遍而严重。本病可危害银杏、香榧、杜仲、鸡爪槭、扁柏、柏木、侧柏、金钱松、柳杉、杉木、水杉、马尾松、湿地松、火炬松、枫香、麻栎、刺槐、乌桕、臭椿、板栗、大叶黄杨、槐树、大叶桉、细叶桉等20多种针阔叶树苗，尤以银杏、香榧、杜仲、鸡爪槭、扁柏等受害最重。银杏1年生苗木常发生该病，严重时枯死率达90%以上。病害的危害随苗龄的增长而减轻，即使是最感病的银杏，3~4年生苗感病的极少。

苗木茎腐病发病部位的小菌核

【症状】苗木初发病时，茎基部出现水渍状黑色病斑。随后包围茎基部，并迅速向上扩展，叶片失去正常绿色，并逐渐枯死，枯死叶下垂不脱落。苗木枯死3~5 d后，不同寄主表现的症状不完全一致。银杏、香榧等苗木茎基部皮层较厚，病部皮层稍皱缩，内皮组织腐烂呈海绵状或粉末状，灰白色，其中有许多黑色小菌核。髓部变褐色，中空，也有小菌核产生。杜仲、板栗等茎基部皮层较薄的苗木，坏死皮层不皱缩，而紧贴于木质部，皮层组织不呈海绵状，也不呈粉末状，剥开病部表皮，在皮层内表面和木质部表面也有黑色小菌核产生。最后病部扩展至根部，使根部皮层腐烂(图7-5)。

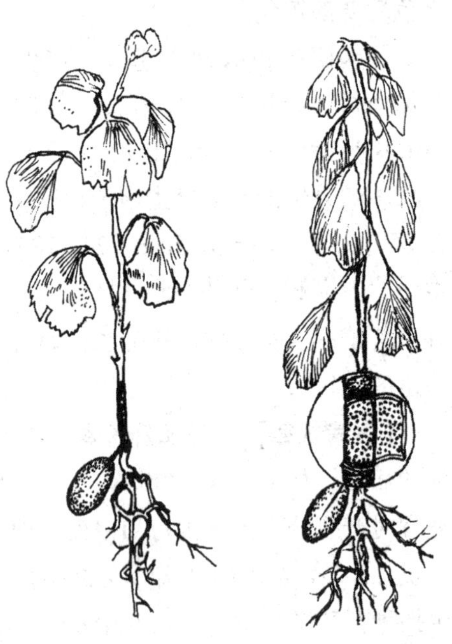

1. 茎腐症状　　2. 病部皮下菌核

图7-5　银杏茎腐病

(中国林业科学研究院，1984)

当年生苗木最易受害，随着苗龄的增长抗病性逐渐增强，2年生苗只有在严重发病的年份受侵发病，但根部常仍保持健康，当年尚可萌蘖新枝。1年生苗发病轻的也有这种现象。

【病原】该病由无性型菌物菜豆球壳孢菌(*Macrophomina phaseolina*)引起。病菌在树苗上一般不产生分生孢子器，在感病桉树上偶有发现。在芝麻和黄麻上比较容易产生分生孢子器。分生孢子器埋生于病部表皮下，近球形，有孔口，直径89~275 μm。分生孢子梗细长，不分枝，无色，10~14 μm×2.5~3.5 μm。分生孢子长椭圆形，壁薄，单胞，无色，先端稍弯曲，大小为10~30 μm×5~10 μm。容易形成大量菌核。

病菌在PDA培养基中生长的最适温度为30~32℃，对酸碱度的适应范围广，在pH值为4.0~9.0时生长良好。在30℃下经48 h，菌落直径达70 mm以上，2~3 d后，即形成大量菌核。菌核黑色，表面光滑，近圆或扁圆形，大小受营养条件的影响。在PDA斜面培养基上，菌核直径为80~300 μm。但在土壤中生长常受拮抗微生物影响。

【发病规律】该病菌是一种土壤习居菌，以菌丝体和菌核在土壤中生存，在适宜的条件下自伤口侵入寄主危害。病害发生与寄主生长状态及环境条件有密切关系。据在南京对银杏苗木茎腐病的研究发现，夏季炎热，土壤温度升高，苗木茎基部受高温灼伤，给病菌侵入提供了条件。因此，病害一般在梅雨季结束后 10~15 d 开始发生，以后发病率逐渐增加，至 9 月后停止发展。病害的严重程度取决于 7~8 月的气温。例如，1953 年梅雨期早而短，6 月底即结束，7 月初气温逐渐上升，接着出现长期高温干旱，银杏 7 月中旬即开始发病。由于发病早，银杏苗木木质化程度低，故这一年发病极重，发病率高达 70%。1954 年雨季延迟至 7 月底才结束，病害至 8 月中旬才开始发生，比 1953 年迟了 1 个月。由于苗木木质化程度较高，抗病力提高，故发病率较低，在 40%以下。1955 年夏季气温较低，病害在 8 月底才开始发现，发病率仅 10%左右。因此，在南京地区可以根据每年梅雨期的早迟和长短以及 7~8 月的气温和降雨变化来预测当年病害发生的迟早和严重程度。

【防治措施】苗木茎腐病的防治主要采取两方面的措施：一是用有机肥作基肥，促进苗木健壮生长，提早木质化，提高抗病力；二是夏季降低苗床土表温度，防止灼伤苗木茎基部。

①育苗时施足腐熟的厩肥或以棉籽饼肥作基肥，适当追肥，可促进苗木生长，增强抗病力；同时可能影响土壤中拮抗微生物群体的变化，抑制病菌的生长和蔓延，可显著降低发病率。

②在苗床上搭遮阴棚降低土温，可收到较好的防治效果。遮阴要管理好，时间不宜过长，否则苗木生长较差，苗期耐阴的树种(如香榧)等不会有此缺点。南京地区可从梅雨期结束后开始，至 9 月上旬，晴天 10:00~16:00 遮盖。在发病季节用稻草等覆盖苗床，以降低土温和减少水分蒸发，防治效果也较好。此外，在水源方便的地方，高温干旱时可灌水抗旱，也有降低土温的作用，并利于苗木的生长。

7.2.5　苗木白绢病

【分布及危害】苗木白绢病又称苗木菌核性根腐病，主要发生在亚热带和热带地区。我国长江流域以南地区发生较普遍。该病可危害多种植物，如我国感病的木本植物中油茶、楠木、青桐、楸树、梓树、樟树、马尾松、柑橘、苹果、泡桐、香榧、桉树、杉木等。据调查，有些油茶苗圃感病苗木死亡率为 22.6%，严重的达 50%左右。

苗木白绢病

【症状】各种感病植物的症状大致相似。病害主要发生在苗木近地表的根颈部或茎基部。初发生时，病部的皮层变为褐色，在潮湿的条件下，不久即产生白色绢丝状的菌丝体，而后产生菜籽状的菌核，初为白色，后渐变为淡黄色至黄棕色，最后成茶褐色。菌丝逐渐向下延伸至根部，引起根腐。病苗叶片逐渐发黄凋萎，最终全株枯死。病苗根部皮层腐烂，表面有白色绢丝状菌丝体和菜籽状菌核(图 7-6)。在土壤很干燥的条件下，见不到白色菌丝体和菌核时，可将苗木根部冲洗干净后保湿培养，2~3 d 后即有白色菌丝体，并逐渐产生菌核。

【病原】该病由担子菌中的罗氏阿太菌[*Agroathelia rolfsii*，异名齐整小核菌(*Sclerotium rolfsii*)]引起。菌丝白色棉絮状，后稍带褐色。菌核表生、球形，直径 1~3 mm，与油菜籽相似，棕褐色至茶褐色，光滑，易与菌丝分离，内部白色。有性世代很少出现，只在湿热环境中才产生。

病菌生长最适温为 30℃，最低为 10℃，最高为 42℃。酸、碱度适应范围为 pH 值 1.9~8.4，在 pH 值 5.9 时最适于繁殖。光线能促进菌核的产生。菌核在土壤中能存活 5~6 年，在室内可存活 10 年以上。

【发病规律】 病菌以菌丝体或菌核在病株残体、杂草上或土壤中越冬。越冬后的菌丝体或菌核在适宜的条件下，产生新的菌丝体，侵染苗木的根颈部。病部菌丝可沿土壤间隙向邻近植株蔓延。在疏松的土壤中可进一步向下延伸危害根部。菌核在土壤中可随地表水流动而传播，但远距离传播主要通过苗木调运。病菌偏喜高温，因而决定了病害的地理分布和发病季节。在长江流域，病害一般在 6~9 月上旬发生，7~8 月是病害盛发期。

发病初期，病害具有较明显的发病中心，并由中心点向四周扩散蔓延，引起植株大量死亡。

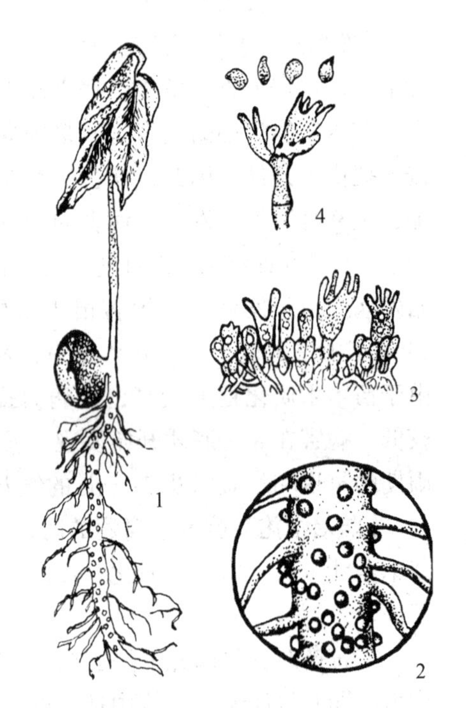

1. 病苗；2. 病根放大示病部着生病菌的菌核；3. 病菌的子实层；4. 病菌的担子和担孢子。

图 7-6 苗木白绢病

土壤湿度和性质对病害发生有直接影响。通常在湿度大的土壤中发病率高；土壤有机质丰富、含氮量高的圃地，病害很少发生；而贫瘠的土壤，尤其是缺肥苗床，苗木生长纤弱，抗病力低，往往病害严重；在酸性至中性(pH 值 5.0~7.0)土壤中病害发生多，而在碱性土壤中发病则较少。土壤黏重板结的园地，发病率高。

【防治措施】

①优选圃地，加强管理。发病严重的圃地，可与玉米、小麦等不易受侵害的禾本科作物轮作 4 年以上；整地时深翻土壤，将病株残体及其表面的菌核埋入土中，可使病菌死亡；筑高床，疏沟排水，及时松土、除草，并增施氨肥和有机肥料，以促进苗木生长健壮，增强抗病能力。

②病害初期，及时清除发生中心的病株，可取得事半功倍的效果。

③化学防治。土壤消毒，用 80%敌菌丹粉可预防苗期发病；苗木消毒，可用 70%甲基托布津或多菌灵 800~1 000 倍液、2%的石灰水、0.5%硫酸铜溶液浸 10~30 min。发病初期，用 1%硫酸铜液或用 10 mg/L 萎锈灵或 25 mg/L 氧化萎锈灵浇灌苗根，可防止病害蔓延。

④外科治疗。用刀将根颈部病斑彻底刮除，并用抗菌剂‘401’50 倍液或 1%硫酸铜液消毒伤口，再涂波尔多液浆等保护剂，然后覆盖新土。

⑤物理防治。采用土壤曝晒法，即在炎热的季节，用透明的聚乙烯薄膜覆盖于湿润的土壤上，促使土温升高，杀死菌核，从而达到防治病害的目的。

⑥生物防治。利用木霉菌、假单胞杆菌及链霉菌等微生物制剂处理土壤、种子或其他繁殖材料，有较明显的防病效果。

7.2.6 苗木灰霉病

【分布及危害】苗木灰霉病主要危害苗圃幼苗及留床苗，主要分布在我国广东、广西、海南及云南等地。病害严重时可导致苗木嫩茎、嫩枝及叶片呈腐烂型坏死或全株死亡。华南地区苗床桉树幼苗发病率可达15%~30%，1991年热带林业研究所一个约50 m^2 的苗床上，发病率高达90%；移栽苗木发病率一般可达10%~15%。灰霉病是温室中一类常见的病害，据报道，新疆以温棚育云杉苗平均发病率达51.8%。除苗木外，蔬菜、瓜果、许多草本观赏植物也常见受害，有时会造成毁灭性的损失。

【症状】植物的花、果、叶、茎均可感病。桉树幼苗发病初期，病部组织呈浅褐色，水渍状软腐，后期溃烂。叶片病斑大小0.5~3.0 cm不等，甚至全叶感病。茎部或枝条上的病斑可达0.5~2.0 cm，不规则状散生。小的幼苗多数在1~2 d内全株感病，大的苗木则可形成多处发病点。感病苗木往往从感病腐烂部位折倒，最终导致全株枯死。病斑初期呈浅褐色，以后颜色逐渐加深。在潮湿条件下，病斑表面可长出许多白色密集排列的毛状物，即病原菌分生孢子梗，经5~6 h后，即转变为灰黑色或浅灰褐色，后期还可散发出许多灰黑色粉末，为病原菌的分生孢子。

【病原】该病由无性型菌物灰葡萄孢(*Botrytis cinerea*)引起。分生孢子梗着生于病斑表面的菌丝体上，无色至淡色，大小为280~2 000 μm×12~14 μm，丛生，有横隔，顶端呈不规则树状分枝，分枝末端膨大，顶端细胞膨大成球形，上面有许多小梗。分生孢子单胞，近无色，7.0~9.5 μm×9~14 μm，椭圆形或卵形，少数球形，着生于小梗上聚集成葡萄穗状。

灰葡萄孢

【发病规律】病菌以菌核在土壤或病残体上越冬越夏。病菌耐低温，7~20℃大量产生孢子。病害发生与苗木长势及苗床等环境条件关系密切。播种量过大，苗木密集或移栽苗堆放过密，苗棚通风条件较差，幼苗生长过旺，分苗移栽时伤根、伤叶，均会加重病情。苗期棚内温度15~23℃，弱光，相对湿度在90%以上或幼苗表面有水膜时易发病。

【防治措施】加强栽培管理是预防病害发生的重要措施。

①苗床或营养杯使用的基肥应充分腐熟，苗床播种或移栽苗木密度不宜太大。

②合理施用肥料，适当少施氮肥，增施磷、钾肥，培育壮苗，以增强植株抗病力。

③清除病苗，发现灰霉病病苗要及时拔除，并及时喷药保护。

④搞好大棚通风排湿工作，使空气的相对湿度不超过65%。

⑤发病后控制浇水次数及浇水量。

⑥化学防治。露地育苗，在新梢生长期喷施25%多菌灵500~800倍液；温棚育苗条件下，重病区1年喷药2~3次，每次间隔7~10 d；移栽前用速克宁或扑海因1 500倍液喷淋幼苗。

小 结

林木种子和苗木的健康状况，直接或间接地影响育苗和造林的质量以及造林计划的完成。种子的病害主要是霉烂问题，多发生于贮藏期、催芽期和播种至出芽期间。霉烂的发生与贮藏条件、催芽处理方法、种子带菌情况以及种子的生命力等有着密切联系，在防治上主要着重于贮藏环境中温度、湿度的控制，种子消毒和保持种子适当的生命活动。

常见的苗木病害有苗木猝倒病、松苗叶枯病、苗木茎腐病、苗木白绢病、苗木灰霉病等。苗木病害防治的根本途径是执行适当的育苗技术措施和科学的田间管理。

苗木猝倒病的病原菌种类多，主要是丝核菌、镰刀菌和腐霉菌。该病害的发病规律与林业技术措施如苗圃地前作、整地、施肥、播种等密切相关，因此，在防治上也应采取相应合理的技术措施。

松苗叶枯病是由吉布逊小球腔菌(无性世代为赤松隔尾孢菌)引起，病原菌以菌丝体或子座在感病针叶内越冬，存活。病害发生程度与苗木生长情况有较密切的关系，苗木生产过程中若采取连作病害发生重。防治方面，应选择土质疏松、易于排灌的地段做圃地，并避免连作，加强抚育管理，促进苗木健壮生长，增强其抗病力。在发病期间应及时拔除病苗，集中烧毁。其次，可适当采取喷洒波尔多液、石硫合剂、退菌特等杀菌剂，可取得一定效果。

苗木茎腐病病原为菜豆球壳孢菌，该菌在土壤中普遍存在，是一种土壤习居菌。夏秋之间高温灼伤在茎基部产生伤口是该病害唯一的侵染条件。因此，于高温期间进行适当遮阴，或于苗木株行距之间覆草，降低土表温度，避免茎基部产生伤口，是防治病害的最有效措施。

苗木白绢病是由罗氏阿太菌(无性世代为齐整小菌核菌)引起。病原菌的生长繁殖喜高温，对土壤的酸碱度适应范围广，是我国南方苗圃中一种常见病害。病原菌以菌丝和菌核在病株残体、土壤或被害杂草上越冬。在防治上应做到优先选择苗圃地，加强管理。对连年发病严重的圃地，应注意与玉米、小麦等不易受侵害的禾本科植物进行轮作。深翻土壤，将病株残体及其表面的菌核埋入土中，可使病菌死亡。此外，在病害发生期，应及时清除发病中心，防止病害扩散蔓延。

苗木灰霉病由灰葡萄孢引起，是温室和南方苗圃中一种常见的病害。病害发生与环境条件关系密切，苗木密度大、光照差、通风不良、相对湿度高等条件下易发病，加强栽培管理是预防病害发生的重要措施。

思考题

1. 简述种实霉烂的症状特点和病原菌种类。
2. 简述苗木猝倒病的发病规律。
3. 简述苗木猝倒病防治的林业技术措施。
4. 简述松苗叶枯病发病的主要条件。
5. 简述苗木茎腐病诊断的主要依据。
6. 简述苗木茎腐病的发病规律及防治措施。
7. 简述苗木白绢病在什么样的天气条件下发生严重。
8. 简述苗木灰霉病发病的主要环境条件。

推荐阅读书目

杨旺. 森林病理学. 北京：中国林业出版社，1996.
袁嗣令. 中国乔灌木病害. 北京：科学出版社，1997.
周仲铭. 林木病理学. 修订版. 北京：中国林业出版社，1990.
朱天辉. 园林植物病理学. 北京：中国农业出版社，2002.

第 8 章

林木叶部和果实病害

8.1 叶部和果实病害概说

林木的叶部最易受各种侵染性或非侵染性因素危害，因此叶部病害极为普遍。林木叶部病害种类多，数量大，分布广，一片森林中几乎找不出一株完全无任何叶部病害的植株。若以林木的器官来划分，叶部病害的种类远超其他器官病害的数量。据《中国经济植物病原目录》记载，我国杨、松、栎 3 属树木上约 80 种病害中，叶部病害约占 60%，超过其他器官病害的总和。由于林木叶片数量多，总面积大，局部叶片受害，其余健康叶片仍可继续进行光合作用，即使树叶因病脱落后，仍可萌发新叶，因此树木叶部病害往往容易被忽视。事实上，有些叶部病害的危害十分明显，引起大量落叶、落果，严重影响树木及果实产量，甚至导致全株死亡。例如，松针褐斑病不仅造成针叶枯死脱落，而且可导致幼林大面积成片毁灭。南方一些地区成千上万亩松林秋季一片枯黄，多与松赤枯病、赤落叶病危害有关；如果连年危害，针叶逐渐短小，节间变短，发芽期推迟，树势衰弱，易致次期害虫和病害的发生，最终致整片松林被毁的现象也相当普遍。东北地区落叶松落叶病发病严重的年份可使整个林分呈红褐色，病重植株提前 50 d 落叶，高生长量下降 21%，胸径生长量下降 76%以上，立木材积生长平均降低 40%。梨和苹果的赤星病及梨黑星病等经常引起果实的大量减产，甚至完全无收，经济损失严重。

集约化、规模化的森林经营方式提高了生产效率，但同时，由于大面积栽植单纯的同龄林，病害问题日益严重。在我国占有很大比重的针叶树种如松、落叶松及杉木等的叶部病害不断流行。除松落针病和落叶松落叶病的流行，20 世纪 60~70 年代的松赤落叶病和松赤枯病在一些地方也十分严重；70 年代杉木炭疽病在丘陵红壤等地区暴发，接着松针褐斑病在福建等地危害，使得湿地松和火炬松的发展受到很大的阻碍；80 年代的松针红斑病首先在东北樟子松上发现。杨树黑斑病、锈病也有一定面积和程度的发生。

8.1.1 叶围的生态环境

叶表面是一个复杂的生态环境，除有各种病原物外，还存在着多种其他微生物及微生物生存所需要的营养物质。

大量研究表明，植物叶面含有的营养物质包括糖类、氨基酸、植物生长素、生物碱、酚及无机盐等。这些营养物质通常来源于 4 个方面：叶片组织外渗营养，大气尘埃、花粉及土壤颗粒在叶面上的沉积，蚜虫等昆虫蜜露，叶面栖居者的排泄分泌物。对毛白杨叶围煤污菌群落组成及演替的研究结果表明，叶面真菌群落的发生发展依赖于叶面营养物质消长，通常叶面真菌的分离物数量随叶片的衰老而增加。

叶围微生物种类繁多，在植物叶表面附生或腐生，当病原微生物落到叶表时，便处于叶围微生物的包围之中。因此，病原菌并非单独在叶片上活动，其侵染活动往往受到其他微生物的影响。叶围微生物对病原微生物可能产生极其复杂的影响，如抑制或促进真菌孢子的萌发、附着孢形成、菌丝的生长及侵入活动。有些微生物，如锈寄生属(*Sphaerellopsis*)、瘤座孢属(*Tubercularia*)、芽枝霉属(*Cladosporium*)和轮枝菌属的一些种是锈菌的重要寄生菌，直接抑制锈菌孢子的形成；棒曲霉(*Aspergillus clavatus*)、短小芽孢杆菌(*Bacillus pumilus*)等能溶解锈菌的芽管。各种病原真菌在侵入寄主前都有一个在叶面生长芽管、附着孢或菌丝的阶段，这个阶段除了使用孢子本身的营养外，有时还要吸取叶围的营养物质。许多微生物都是竞争这些营养物质的对手。因此，病原微生物只有摆脱了各种叶围微生物的不利影响之后，才能侵入叶内。这既包括有对营养物质的竞争，也包括对某些病原物的寄生或分泌具有拮抗作用的物质。

叶围微生物不仅通过抑制或促进病原微生物的活动而影响病害的发生，而且对植物产生复杂的影响。例如，煤污病虽与植物未建立寄生关系，但由于叶面布满暗黑色的菌丝层而影响植物的光合作用。此外，有些在叶表的腐生微生物在特定的条件下也可变为寄生物而导致病害发生。我们可以在叶面上加入特种营养物质或微生物，改变叶围的生态环境，促进某些有益微生物的快速增加，从而抑制一些有害微生物的活动，并改变植物的生理活动。

植物叶片的结构、生物学特性及物理化学性质都影响叶部病害的发生。叶面角质层的厚度、表皮细胞的强度及其他附属物均影响病菌的侵入；气孔的密度、大小及开放时间则直接影响由气孔进入的病菌数量。孢子的萌发和芽管的生长、侵入都需要一定的水分，叶片细胞液的外渗、水分的排出、在叶面凝结的露水等均能改变叶围的水分状况，满足孢子萌发及芽管生长所需要的水分，利于病害的发生。

8.1.2　叶、果病害发生的特点

叶部病害种类多、病原也多，真菌、细菌、病毒、植原体、螨类等都能引起林木叶部病害，个别藻类也能危害叶部。真菌引起的叶部病害种类最多，尤其锈菌、白粉菌、无性型真菌(生长季节中，子囊菌的无性阶段)占了叶部病害的大多数。细菌、病毒、植原体病害多见于阔叶树，极少见于针叶树。例如，目前国内由细菌引起的针叶树叶部病害仅有杉木细菌性叶枯病一例。由于病毒病害往往具有系统性侵染的特点，叶部表现出来的病毒病害可能是由叶部侵入，也可能是由其他部位侵入而在叶部表现症状。许多非侵染因素引起的林木病害也多首先在叶部表现出症状，如各种大气污染物(二氧化硫、臭氧等)、农药等所致中毒，或因铁、硼等缺乏造成的缺素症。

叶部病害的症状有畸形、小叶、黄化、花叶、白粉、煤污、黄锈、叶斑、炭疽、毛毡

等多种类型，多数症状类型都与某些特定的病原有密切联系，如白粉病、锈病、煤污病和炭疽病分别由真菌的白粉菌、锈菌、煤污菌和刺盘孢引起，叶片皱缩、变小或为囊状的畸形则由真菌中的外子囊菌、外担子菌、病毒或某些非生物因素引起，病毒、植原体及某些生理因素、污染物可造成叶片变小、黄化或花叶，螨类是叶片出现毛毡状的重要原因，真菌、细菌、病毒及某些非生物因素是造成形状、颜色、大小各异的斑点类病害的病原。大多数真菌引起的叶部病害可根据其症状特点初步判断其病原，但由细菌、病毒、植原体及某些非生物因素引超的叶部病害仅仅根据外部症状特点往往不易准确判断病原种类。

由于林木的叶片多为 1 年生，即使常绿树也仅 2~3 年生，因此叶部病害的发展具有明显的年周期性。绝大多数叶部病害在一个生长季中都有多次再侵染发生，其初侵染来源和再侵染来源有多种形式。叶部病害的初侵染来源往往和病原的越冬场所密切相关，初侵染来源主要有以下几个方面。

(1) 在染病的落叶中

已定殖于叶片上的病原物，入冬前随病叶脱离病株；常绿树种虽不是每年落叶，但严重感病的叶片也多在冬前落叶。在病落叶中，病原物可以无性繁殖器官或有性繁殖器官越冬，并作为来年的初侵染来源。如绝大多数白粉病以有性繁殖器官闭囊壳越冬。但有许多真菌在我国通常不产生有性世代，在自然界中只能以无性繁殖器官越冬和进行初侵染，如尾孢属、偏盘菌属、壳针孢属等的许多种类即如此。有些真菌，如毛白杨锈病、胡杨锈病等病害的病原菌虽也产生有性繁殖器官——冬孢子，但冬孢子在整个侵染循环中不起作用。还有许多病害的病原菌以菌丝状态在病叶中越冬，翌年在病落叶上产生繁殖器官作为初侵染源，如落叶松落叶病菌以菌丝或子囊腔的雏形越冬，翌年子囊孢子才成熟进行初侵染；松落针病菌大多数也以菌丝状态在病落叶中越冬，翌年产生子囊盘。

由于叶部病害病菌在病落叶上越冬或越夏，后产生繁殖器官作为初侵染的来源，借风力进行传播侵害叶片，所以树冠不同位置的叶片受害程度不同。如落叶松落叶病的病叶率，树冠下部远大于上部，这是由于距地面越近，空气中的孢子越多，孢子捕捉材料距地面 0.5 m 处捕捉的病菌孢子量分别为距地面 2 m、4 m 和 6 m 处的 2 倍、4 倍和 6 倍。松针褐斑病和松苗叶枯病等也如此，由树冠基部针叶开始感病，逐渐向上蔓延。

叶部病害的轻重与越冬病菌的数量有密切关系。但不是所有定殖于叶上的病菌都能越冬，事实上大多数病菌在越冬过程中就被恶劣的环境淘汰掉了，能够保存下来具有侵染活力的只是其中的少数。病菌在越冬中大量死亡，并非完全由严寒所致，绝大多数真菌的孢子和细菌对低温都有很强的忍耐能力，能在低温下保存很长时间。越冬过程中病菌的大量死亡主要是由于冬末春初气温和土温逐渐升高，土壤湿度大，叶片被腐生菌分解迅速腐烂，腐生能力较弱的叶部病菌很易被腐生力很强的微生物淘汰。早春叶部病菌的大量死亡还可能是由于温度的忽高忽低骤然变化，使已经萌发的孢子无法适应而导致死亡。

许多常绿树的叶部病害，如松赤落叶病、油橄榄孔雀斑病等的病菌在树上的病叶中越冬，翌年老叶病斑产生繁殖器官作为初侵染来源。

(2) 在先年被害的枝条中

一些叶部病害，除危害叶片外，也同时危害枝条。如杨树黑斑病除以病落叶作为初侵染来源外，受害嫩梢上溃疡斑中的病菌也可越冬。北京杨炭疽病菌只危害叶柄基部及柄基附近嫩梢，叶干枯长久不落，该菌便以菌丝及分生孢子状态在病叶叶柄基部嫩梢的病斑中越冬，翌年夏季湿度合适时，病斑上产生分生孢子进行初侵染。

(3) 在冬季的芽鳞上

桃缩叶病菌的芽孢子或子囊孢子在芽鳞上越冬，翌年作为初侵染来源侵害刚开放的芽。毛白杨锈病、胡杨锈病的病原菌以菌丝状态在芽鳞内越冬，翌春当冬芽发芽时，锈菌活动，刚萌发的嫩芽上布满橘黄色的夏孢子堆，然后作为初侵染来源侵害其他嫩叶。梨黑星病及某些白粉病等也是以类似状况进行初侵染。

(4) 在转主寄主中

转主寄主是某些锈病的唯一的初侵染来源，如梨—圆柏锈病对寄主梨树来说，初侵染源是圆柏上产生的担孢子，栎树叶锈病的初侵染源是转主寄主松树肿瘤中产生的锈孢子。但落叶松—杨锈病对于寄主杨树在有或无转主寄主落叶松时，均可以冬孢子在杨树病落叶中越冬，翌年冬孢子萌发产生担孢子作为初侵染来源。

除上述几种初侵染来源方式外，昆虫也可作为病毒和植原体所致叶部病害的初侵染来源。

越冬后病原的数量直接关系当年初侵染的数量，因此影响病害的危害程度。尤其对于没有再侵染的病害，如落叶松落叶病等，越冬病原的数量更直接影响该病的发病强度。

初侵染的时期一般在早春至初夏，这一方面是由于当时气温逐渐升高，湿度逐渐增加，适于越冬后病菌孢子放射、传播和萌发侵入；另一方面叶片幼嫩，外部的保护组织及内部的抗性机制尚不健全，对病菌的侵入尚缺乏足够的抵抗能力。例如，毛白杨锈病的病原菌在芽鳞内越冬后随芽的萌发而产生夏孢子，侵染毛白杨嫩叶；6~7月叶片逐渐成熟，很少受侵染；8~9月时，毛白杨锈病第2次发病，也仅侵害秋天新长出来的嫩叶。有些病菌在春天至初夏活动与不耐高温有关，如桃缩叶病。但也有些叶部病害的初侵染时间是夏天，例如，多芽管专化型的杨树黑斑病在北京地区6~7月才发生，北京杨炭疽病6~8月当有适当降水时才产生分生孢子进行初侵染。同为白粉病，各种白粉菌的初侵染时间也不尽相同，苹果白粉病、蔷薇白粉病春天就开始进行初侵染，以侵害嫩叶为主；而臭椿白粉病等则在7~8月才侵染。

多数叶部病害在一个生长季中具有多次再侵染。再侵染的来源比较单纯，已经受侵染的同类植物或受同类病原侵染的其他种类植物均可作为再侵染来源。

叶部病害病原的传播主要靠风、雨、昆虫等作为动力或媒介，而病原本身的主动传播几乎无任何实际意义。许多叶部病害可以产生大量适合风传的孢子，借风力进行远距离传播。例如梨—圆柏锈病的担孢子可传播2.5~5.0 km。许多在地面落叶上越冬的病菌是借风力将孢子传播到树冠。也有不少病菌是靠雨水淋洗、溅打或风雨协同作用而传播的，如细菌及某些产生于分生孢子器、子囊果内的孢子或有胶状物的病原，必须借助雨水或风雨的协同作用传播。昆虫传播的叶部病害一般仅局限于病毒和植原体引起的病害，昆虫在叶片上活动时也会携带一些病原菌的孢子而起传播作用。

细菌和真菌侵入叶的途径主要是气孔或直接穿透角质层。许多真菌引起的病害，其孢子落到叶表后萌发出纤细的芽管，直接靠机械压力穿透角质层，有的还可借助水解酶的作用加快侵入过程。细菌和真菌均可从气孔进入植物体内。植物叶片上布满气孔，它们不仅为各种病菌侵入植物体内提供通道，而且由于叶片呼吸、蒸腾及分泌等在气孔周围形成了一个特殊的生态环境，为病菌在叶部的蔓延和侵入提供了水湿和营养条件。病毒和植原体只能从伤口侵入叶内，在自然条件下，伤口不是真菌和细菌的主要侵入途径。

8.1.3　叶、果病害防治原则

在成年林中，绝大多数叶部病害并不表现显著的危害，因此一般都不必进行防治，只有大面积严重发生、造成重大经济损失时才采取必要的防治措施，如南方国外松的松针褐斑病、北方落叶松落叶病。在苗圃、幼林、果林、经济林以及行道树和公园等旅游景点的树木叶部病害，或造成严重经济损失，或严重影响景观，则需要及时采取防治措施。

选育抗病品种、适地适树、营造混交林是防治叶部病害的重要措施。例如，相邻地块箭杆杨因杨树黑斑病危害叶片几乎全部落光，而 I-72 杨，I-69 杨的叶片却很少感病；再如，北京杨的不同品种，有的因炭疽病危害几乎有 2/3 叶片变黑，而抗病的品种树冠仍保持翠绿。对于松针褐斑病，我国南方的乡土树种几乎都抗病，而引种的国外松多为高度感病或中度感病；松针褐斑病的发生、流行因地区而异。杉木细菌性叶枯病、杉木炭疽病等的发生多与造林地立地条件有关。营造大面积纯林是各种病害逐年严重、发生面积越来越大的重要因素之一。

清除侵染来源是防治叶部和果实病害常用的有效措施之一，包括清除病叶、病果和病芽。一般结合果园、苗圃等抚育管理工作进行，也可喷农药清除。发芽前喷洒高浓度的石硫合剂可铲除在植物表面或芽鳞内越冬的病菌，这种办法在桃缩叶病的防治上效果明显。发芽后不久在树冠上喷洒粉锈宁是杀死毛白杨病芽上的夏孢子、铲除毛白杨锈病侵染来源的有效措施。防治需要转主寄主才能完成生活史的锈病最有效的措施是在其有效传播距离内铲除转主寄主，例如，在距梨园、苹果园 5 km 范围内没有圆柏则不会有梨和苹果锈病发生。

在充分掌握病害在当地发生发展规律的基础上，适时地喷药保护叶片不受侵染，是生长季节中最常使用、效果显著的防治方法。

加强管理，改善环境状况，尤其是温、湿度条件，提高植物对叶、果病害的抗病能力，是防治叶部病害的另一重要措施，此项措施可结合抚育、修剪等措施进行。

8.2　叶部和果实病害及其防治

8.2.1　针叶树叶斑病

8.2.1.1　松落针病

【分布及危害】松落针病是松树的常见病害之一，广泛分布于世界各国，在我国，红松、马尾松、油松等多种松树上均有发生。1984 年，辽宁红松林落针病发病面积 4 000 hm^2，占红松林面积的 20%；2006 年，辽宁油松落针病发生面积超过 15×10^4 hm^2，占全省油松林面积的 18.75%；福建的马尾松也曾遭受松落针病的危害，使松树提早落针，严重影响松树生长。近年来，松落针病在东北林区发生严重，局部地区连年发生，越来越重，出现大面积枯死现象。

【症状】松落针病菌通常危害2年生针叶，有的1年生针叶也可受害。由于受害松种和病原种类不同，症状表现也略有差异。在马尾松针叶上，最初出现很小的黄色斑点或段斑，至晚秋全叶变黄脱落；在油松上针叶初期看不到明显病斑，颜色由暗绿色逐渐变成灰绿色，直至变成红褐色而脱落。通常情况下，针叶在春末夏初即开始出现脱落现象，但真正明显出现脱落是在夏末秋初，大量脱落则是在秋末冬初。也有病叶枯死而不脱落的。翌年春季，在落地的病针叶上产生黑色或褐色横线，将针叶分为若干段，在两横线间产生黑色或褐色长椭圆形小点，即病菌的分生孢子器；此后则产生较大的黑色或灰色椭圆形突起，有油漆光泽，中间有一条纵裂缝，即子囊果。因病原种类不同，有的针叶上横线纹较多，有的少或缺；子实体的数量和大小也不同。

【病原】该病由子囊菌门散斑壳属真菌引起。我国对散斑壳属的分类研究始于20世纪80年代，现在已报道松树上有21个种，多数种生于衰老或枯死的松针上，营腐生生活，少数种为寄生或兼性寄生，引起落针病。其中以扰乱散斑壳(*Lophodermium seditiosum*)，大散斑壳(*L. maximum*)，针叶散斑壳(*L. conigenum*)和寄生散斑壳(*L. parasiticum*)危害较重。

扰乱散斑壳的子囊盘长椭圆形，表面灰色，遇湿呈黑色，周边线明显，稍凸出松针表面。子囊盘为全表皮细胞下生，基壁线黑色，子囊盘开口处有唇状细胞结构，多无色，有时灰色。子囊圆筒形，120~170 μm×9~13 μm；子囊孢子线形，单胞，无色，83~120 μm×2~3 μm；侧丝较直，顶端膨大不明显，有时弯曲。分生孢子短杆状，无色，单胞(图8-1)。

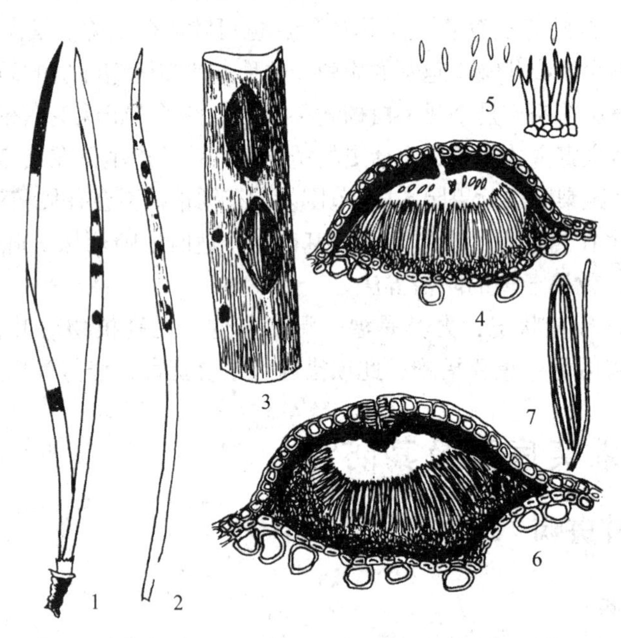

1. 樟子松受病针叶；2. 松针上产生子囊盘；3. 子囊盘放大；4. 分生孢子器；
5. 分生孢子梗及分生孢子；6. 子囊盘横切面；7. 子囊及侧丝。

图8-1 松落针病

【发病规律】病菌以菌丝体或子囊盘在病落叶或未脱落的病针叶上越冬。翌年3~4月形成子囊盘，4~5月子囊孢子陆续成熟，雨天或空气潮湿时，子囊盘吸水膨胀而开张，露出乳白色子囊群。子囊孢子从子囊内放射出来后借气流传播。子囊孢子萌发后自气孔侵入，经 1~2 个月的潜育期后出现症状。由于子囊孢子放射时间可持续 3 个多月，因而病害的发生历时较长。

病害发生与气候因子密切相关。当日平均气温为 25℃、相对湿度 90%以上时，对病菌子囊孢子的释放、传播和萌发侵入有利。

幼林发病率高，20 年生以上林分则较少发病。天然纯林及混交林发病较轻，人工纯林发病较重。郁闭度大、通风不良的林分发病率高。地势低洼、土壤瘠薄、苗木过密发病严重。

苗木长势弱有利于病害发生和流行。另据国外报道，该病发生与空气污染也有一定关系。

【防治措施】

①营林措施。对苗期的落针病应加强育苗管理，提高苗木抗病力。造林时应遵循适地适树原则，成林后及时抚育、修枝，保持合理的密度，提高林分抗病力。对发病林分要及时伐除重病株，适当修除病树的病枝，冬季清除病落叶，防止病害蔓延。

②化学防治。根据病害发生规律，适时喷药。药剂可选 1%波尔多液、65%代森锌、45%代森铵 200~300 倍液等。也可用硫黄或百菌清烟剂进行防治。

8.2.1.2　松赤枯病

【分布及危害】该病是松树幼龄林中常见的病害，广泛分布于我国贵州、四川、广西、广东等 10 多个省份。危害马尾松、云南松、油松、华山松、黑松、黄山松、湿地松、加勒比松、火炬松、杉木、金钱松、柳杉等树种，以马尾松、云南松等受害最重。受害针叶半截或全叶枯死，林分一片枯红，状似火烧，引起提早落叶，不仅严重影响树木生长，还可造成林分成片死亡。

【症状】病菌主要危害幼林新叶，少数老叶也受害。受害针叶初现黄色段斑，渐变褐，稍缢缩，后期呈灰白色或者暗灰色，病斑稍凹陷或不凹陷。病健交界处常有一暗红色的环圈。病部散生圆形或广椭圆形黑色小点，即病菌的分生孢子盘。潮湿时分生孢子盘长出褐色或黑褐色的丝状或卷发状的分生孢子角。病斑可出现于针叶上的不同位置，表现为叶尖枯死、叶基枯死、段斑枯死和全叶枯死 4 种症状，以叶尖枯死为主。

【病原】该病由无性型菌物枯斑盘多毛孢(*Pestalotiopsis funerea*)引起。分生孢子盘初埋于表皮下，后外露，黑色，粒点状，直径 100~200 μm；分生孢子梭形，20~25 μm×7~10 μm，一般为 5 个细胞，中间 3 个细胞暗褐色，两端细胞无色，顶端有 2~4 根刚毛，刚毛长 10~19 μm，孢子基部有 5~7 μm 长的小柄(图 8-2)。

病菌在 12~30℃范围内均可生长，19~25℃生长较快，温度低于 12℃或高于 35℃时则停止生长。菌落白色，绒状，边缘整齐。24~29℃培养 9~14 d，开始产生分生孢子盘。自然光照和空气充足有利于产孢。分生孢子在 5~30℃都能萌发，以 20~30℃萌发量最多。

【发病规律】病菌以分生孢子和菌丝体在树上病叶中越冬。孢子借风雨传播，由自然孔口和伤口处侵入。分生孢子全年均可散放，大量散放期从 5 月中旬开始至 9 月底，6 月上旬是散放高峰期。潜育期因环境条件而异，最短 7~10 d。针叶感病后 1 周左右就可产生新的子实体，故有多次再侵染。

高温、多雨有利于病害的扩展蔓延，尤其高温降雨后，又出现高温少雨天气，是该病大发生的重要因素。当月平均气温在16℃以上，病害开始发生；月平均气温在12℃左右时病害基本停止。新针叶抽出(3月底至4月初)到生长停止，均可受病菌侵染，大量侵染期一般在5月中旬至6月下旬。一般于4月中旬开始出现症状，7~8月为发病高峰期，10月渐趋停止。

病害的发生与立地条件、生态因子有很大关系。海拔超过800 m、土壤瘠薄的林区，病害较严重；阳坡重于阴坡；同一坡向，坡下部重于上部。纯林重于混交林，15年生以下的幼龄林发病重，随着林龄的增大发病程度减轻；林分密度大发病重；经营粗放、寄主长势弱，发病重。

不同松树对松赤枯病菌的抗性有一定差异。据研究，用松赤枯病菌产生的毒素对不同松属树种进行测定，马尾松、油松、云南松最敏感，湿地松、火炬松次之，华山松、辐射松、黑松有较强的抗性。

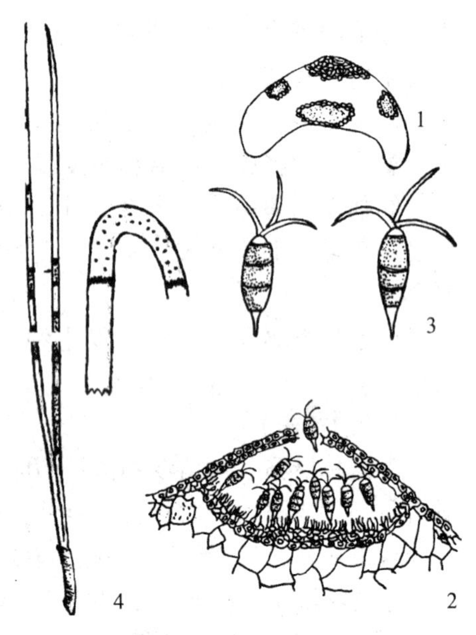

1. 被害针叶横切面；2. 病菌的分生孢子盘；3. 分生孢子；4. 被害针叶(示段斑)。

图8-2 松赤枯病

(周仲铭，1990)

【防治措施】

①营林措施。选用抗病性较强的树种造林，尽量营造混交林；加强抚育管理，增强林分抗病力；清除病原，隔断侵染源。

②化学防治。根据病害发生规律，于6月左右施放‘621’烟剂或硫烟剂(‘621’烟剂中按8∶2混入硫黄粉)。此外，可选用50%多菌灵、70%甲基托布津或65%代森锌可湿性粉剂800~1 000倍液进行喷雾。

8.2.1.3 松针褐斑病

云讲堂

【分布及危害】该病主要分布在北美洲和中美洲，南美洲和欧洲有零星分布。在我国福建、江西、安徽、广东、广西、浙江、湖南和江苏等地均有发生，其中在福建发生较普遍而严重。在美国，该病的寄主有28种松树，以长叶松和欧洲赤松受害最重。我国南方的乡土树种几乎都抗病，而引种美国的湿地松、火炬松、长叶松和加勒比松多为高度感病或中度感病。感病植株轻者生长受影响，重者整株枯死。在福建，该病曾造成数百公顷湿地松幼林成片毁灭。

【症状】感病针叶最初产生褪色小斑点，多为圆形或近圆形，后变为褐色，并稍扩大，直径1.5~2.5 mm，2~3个病斑连接可形成3~4 mm长的褐色段斑。在病害适生的季节，病斑出现数天后即在中央产生子实体，每个病斑上多数只产生1个子实体。子实体初为灰黑色小疱状，针头大小，或为长1 mm左右的长形小疱。子实体成熟后，常自一侧或两侧破裂，黑色分生孢子堆自裂缝中挤出。在针叶枯死部分，无病斑的死组织上也可能产生子实体。

一根针叶上常产生多个病斑，重病叶上可达20个以上。典型病叶明显分为3段：上段变褐枯死，中段褐色病斑与绿色健康组织相间，下段仍保持绿色。当年生针叶感病后，多于翌年5~6月枯死脱落。新生嫩叶感病，常不表现典型病斑，而是针叶端部迅速枯死，在枯死部位产生子实体。病害自树冠下部开始发生逐渐向上发展。病重幼树整株枯死。

马尾松一般只有少数针叶感病，病叶上出现 1~2 个褐色段斑，长 1~2 mm，针叶仍保持绿色，在林间较少产生子实体。个别感病较重的马尾松植株发病针叶上病斑数较多，并有典型的褐色圆斑出现，可使针叶端部枯死。

【病原】该病由无性型菌物松针座盘孢菌(*Lecanosticta acicola*)引起。其有性阶段为子囊菌亚门的狄氏小球腔菌(*Mycosphaerella dearnessii*)，在我国尚未发现。病菌的分生孢子座生于叶肉组织中，块状或纽扣状，黑色，高 75~225 μm，宽 100~275 μm。长度变化较大，可达 1 mm 以上。子座上方平展呈浅盘状(图 8-3)。分生孢子梗淡褐色，不分枝，15~25 μm×3 μm。分生孢子圆筒形，直或不规则弯曲，两端较狭窄，先端钝尖，下端略平截，茶褐色或烟褐色，1~6 个隔膜，大多为 3 个隔膜，大小为 23~48 μm×3~5 μm，平均大小为 34. 4 μm×3. 7 μm。

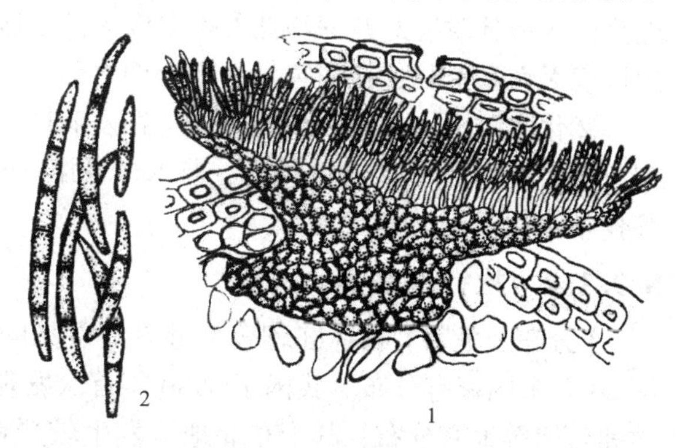

1. 分生孢子；2. 子实体切面。

图 8-3 松针褐斑病菌

(袁嗣令，1997)

病菌在 PDA 或 PSA 培养基上，12~32℃下都能生长，以 24~28℃为最适。分生孢子萌发温度为 8~28℃，但以 20~24℃为最适。

松针褐斑病菌可产生 2 种毒素，导致寄主细胞内产生超氧阴离子自由基，引发膜脂过氧化，造成细胞膜破损，发生严重离子渗漏现象，最后导致细胞死亡。

【发病规律】病菌以菌丝体和子实体在树上病叶越冬，至春季产生分生孢子进行初侵染。在福建北部地区，分生孢子产生盛期为 4 月下旬至 5 月中旬，5~6 月为发病高峰期，病害潜育期为 20~25 d，可形成多次再侵染，9~10 月可出现一次发病小高锋。分生孢子在高湿条件下释放和萌发，自气孔侵入。

若旬平均温度为 20~25℃，湿度大，雨日多，雨量大，病害发展迅速。若旬平均气温高于 27℃，病害发展就较缓慢。

松针褐斑病菌生长缓慢，侵染和潜育期较长，依赖雨水溅散传播，自然传播距离不远，不利于病害流行。但是，在暖湿地区，林间终年有大量孢子存在，侵染随时都可发生。病害的发生流行与气候关系密切。将各地区病害严重程度结合气候因子进行分析，我国松针褐斑病的区域可归纳为主要流行区、偶然流行区和无害区：主要流行区集中在福建中北部及其毗邻的江西东南端和浙江南端一带，其他省区除个别县外属无害区或偶然流行区。丘陵地区一般属于无害区。

不同寄主对该病的抗病性差异很大。湿地松、火炬松、日本黑松等高度感病；长叶松、短叶松、沙松、加勒比松等中等感病；马尾松、黄山松等抗病；海南五针松不感病。

随松树年龄增长，寄主对松针褐斑病菌的感病性降低，湿地松 2~4 年生发病重，5~8 年生抗病力增强、发病轻。10 年以上大树较少感病。松林的感病性与松树的生长状况无明显联系，在重病区生长状况很好的植株同样发病严重。

湿地松个体之间的抗性差异非常显著，在重病林分中常常可以见到感病极轻或完全不感病的植株。湿地松和火炬松不同地理种源之间虽存在感病差异，但总体都是比较感病的。

【防治措施】

①营林措施。不在松针褐斑病流行地区营造湿地松和火炬松等高度感病的松林，在偶然流行区造林时应避开深沟低谷等湿度大的地区；避免连片集中造林，最好造混交林；选用抗病无性系造林；在病害发生高峰期之前，及时清除病树病枝并集中烧毁。

②化学防治。在苗圃或幼林中，在发病期，用25%多菌灵或70%甲基托布津可湿性粉剂500倍液喷2~3次。造林前，苗木根系用含有效成分3%~5%的多菌灵或5%~8%的甲基托布津的黏土泥浆打浆。

8.2.1.4 松针红斑病

【分布及危害】松针红斑病是世界上常见的松树叶部病害，在美国、加拿大、新西兰等20多个国家有分布。我国于1980年首次发现该病，目前在黑龙江、内蒙古、辽宁、吉林和云南等地有分布，其中东北地区发生较严重。松针红斑病在国外可危害40多种松树以及欧洲落叶松、西特喀云杉、北美黄杉等植物，在我国主要侵染樟子松、红松、油松、长白松、偃松、云南松、赤松、湿地松、火炬松、加勒比松等，还可危害红皮云杉等植物，不仅危害苗木和人工幼林，而且可以危害天然林，轻者影响树木正常生长，重者使苗木和幼树整株死亡。

【症状】发病初期松针尖端或其他部位产生褪绿变黄的点状斑，呈水渍状，随着病斑不断扩大，病斑中心渐变褐色至红褐色，边缘淡黄色。在老病叶上，病斑常扩大成较宽的(0.5 cm左右)带状，病斑与病斑之间仍呈绿色(有的针叶以红褐色为主间有灰白色的段斑)，因此西方称之为红带病。病斑处常溢松脂，发病严重的针叶，病斑布满全叶，致使针叶逐渐枯黄死亡，提早脱落。病斑上产生的小黑点为病原菌子实体，常在松针上横列，似一条黑色横线，老病针上甚至布满子实体。落地松针上产生的子实体周围常形成明显的红色带。

树冠下部枝条上的针叶通常先发病，逐渐向树冠上方发展，严重时整株树呈火烧状，只有当年新生针叶仍为绿色。病树生长衰弱，逐渐枯死(图8-4)。

【病原】该病由松穴褥盘孢(*Dothistroma pini*)引起。分生孢子盘生于针叶表皮下，开始呈腔室状，逐渐突破表皮外露呈盘状，黑色，单生或几个并生在一个子座上。子座黄褐色，大小为111~222 μm×133~488 μm。分生孢子无色，线形，直或略弯曲，成熟时具1~5个隔膜，多为3个隔膜，大小为17.3~39.5 μm×2.7~4.2 μm。

病菌在PDA培养基上生长缓慢，7 d后可产生大量分生孢子，并产生红色素。菌丝在液体培养基上生长最适温度为15~30℃。麦芽糖为菌丝生长和产孢最佳碳源。色氨酸为菌丝生长最佳氮源，而酒石铵胺和天冬素为产孢最佳氮源。分生孢子在2%麦芽汁中萌发率最高，萌发最适温度为15~20℃。相对湿度低于98%时孢子不萌发。

【发病规律】病原菌以菌丝和不成熟的分生孢子盘在病叶内越冬，翌年5月上旬至6月上旬产生分生孢子，分生孢子借雨水溅散传播，自气孔或伤口侵入叶内，潜育期长达60 d以上。分生孢子放散与温度、湿度关系密切，在雨后湿度大时，放散孢子量较多。在5~9

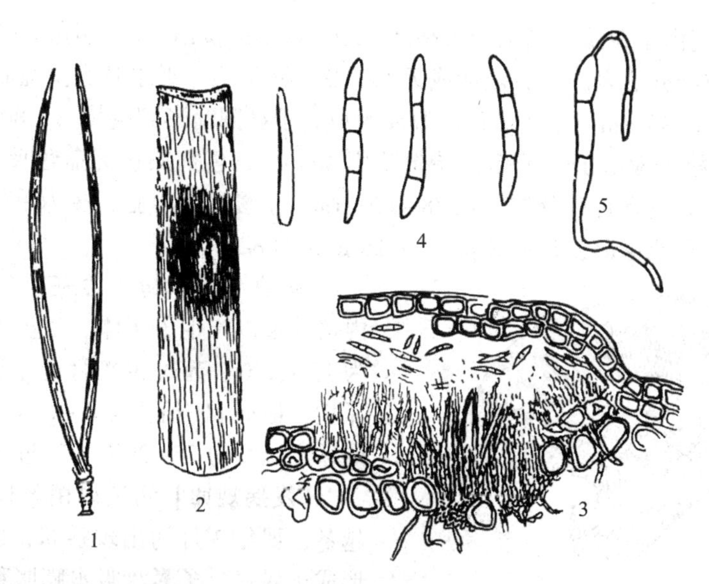

1. 病松针；2. 病松针红斑中的分生孢子盘；3. 病松针切片；4. 分生孢子；5. 分生孢子萌发。

图 8-4　松针红斑病

月均可捕捉到孢子，以 5~7 月放散量最多。

多雨年份病害发生严重。与非感病树种混交的林分病害轻，适当修枝比未修枝的病害轻。不同树种、不同种源抗病性不同。

【防治措施】

①防止病苗上山造林。发现病害及早处理。

②加强圃地管理，及时清除病株及残体，集中烧毁。增施有机肥，提高苗木抗病力。对发病苗木喷洒 75%百菌清可湿性粉剂 600~1 000 倍液或 50%福美双可湿性粉剂 500~800 倍液，每隔 15 d 喷洒 1 次。

③对于易感林分，应及时修枝和透光伐以增强树势。在孢子释放盛期喷药防治，或施放 2.5%百菌清烟剂。

8.2.1.5　侧柏叶枯病

【分布及危害】该病主要在江苏、安徽等地大面积发生，河北也有分布。20 世纪 80 年代初，江苏盱眙 2 670 hm^2 侧柏上发生叶枯病的面积达 2 000 hm^2，其中死亡或濒于死亡的面积有 400 hm^2。幼苗和成年林都能感染，轻者影响生长，连续数年则林分呈现一片枯黄。

【症状】病菌侵染当年生鳞叶，幼嫩细枝也往往与鳞叶同时出现症状，最后连同鳞叶一并枯死脱落。鳞叶受侵染后，当年不出现症状，于翌年 2 月底至 3 月初迅速出现叶枯，并在 6 月中旬前后在枯死鳞叶和细枝上产生黑色颗粒物，遇潮湿天气吸水膨胀呈橄榄色杯状物，即为病菌的子囊盘。

受害鳞叶多由先端逐渐向下枯黄，或从鳞叶中部、基部首先失绿，然后向全叶发展，由黄变褐迅速枯死。在细枝上则呈段斑状变褐，最后枯死。树冠下部往往发生较严重。

病害发生在春季，当年秋梢基本不受害。病重植株鳞叶凋枯，似火烧状，病枝叶大批脱落。树干或枝条上往往萌发出一丛丛的小枝叶。植株连续数年受害会导致全株枯死。

【病原】该病由子囊菌门侧柏绿胶杯菌(*Chloroscypha platycladi*)引起。子囊盘单一或聚集在枯死鳞叶或细枝的表面，有短柄或无柄，黑色漏斗状，吸水膨大呈盘状或杯状，橄榄色，直径 0. 21～0. 46 mm。子实层由黏胶质组成。子囊圆筒形到棍棒形，80～129 μm×10～15 μm，内含 8 枚子囊孢子。子囊顶端微孔用 Melzer 染色剂染色无蓝色反应。侧丝丝状，透明，顶端略膨大，有时有分枝，长 78～120 μm。子囊孢子单胞，多为单列，透明或略带淡橄榄色，椭圆形或球形，13～18 μm×8～15 μm(图 8-5)。

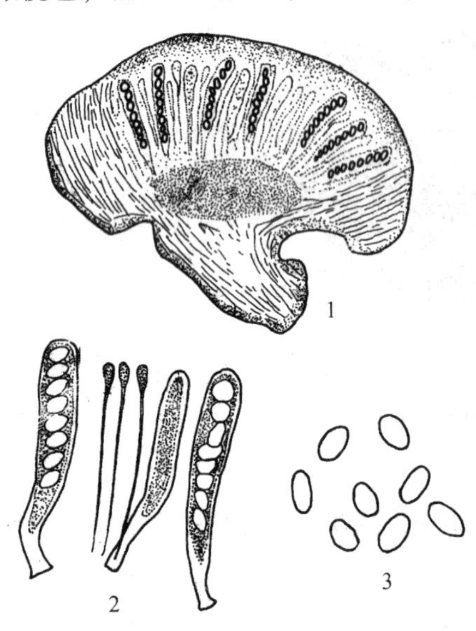

1. 病菌的子囊盘；2. 子囊及侧丝；3. 子囊孢子。
图 8-5　侧柏叶枯病
(袁嗣令，1997)

病菌在玉米粉培养基上生长最好。但室内培养难以产生子实体。菌丝体生长最适温度为 15～28℃，超过 30℃停止生长，35℃以上则死亡；最适 pH 值为 4. 5～6. 5。子囊孢子萌发的适宜温度为 25～30℃，超过 35℃则不萌发。

【发病规律】病菌以菌丝体在感病叶片中越冬，翌年 3 月初出现症状，6 月在枯死叶上形成子囊盘。子囊盘吸水膨胀释放出子囊孢子进行侵染。6 月中旬前后为侵染盛期，7 月上旬基本停止侵染。一年只侵染一次。

病害的发生与立地条件、树龄有关。病害发生初期往往呈现发病中心，其中心多位于林间岩石裸露、土层瘠薄、侧柏长势弱的地段。凡立地条件差、土层浅薄的地块，树木长势衰弱发病重，林缘受害较轻。林分密度大受害亦较重，病害随树龄增大而加重。

病害的严重程度与 6 月的气温和降水量呈正相关，与冬季的气温和降水量呈负相关。6 月高温、降水量大，冬季寒冷干燥，翌年发病严重。

不同侧柏种源之间抗性存在明显差异，山西晋城、贵州黎平、山西交城和陕西华阴种源抗性较强，但均未达到可用于进行病害防治的高抗程度。由于测定是在幼龄期间进行，其抗性是否随林龄增长发生变化尚不清楚。

【防治措施】

①营林措施。适度修枝、间伐，改善侧柏生长环境。增施有机肥料，促进侧柏生长，提高抗病性。

②化学防治。子囊孢子释放高峰期，喷施 40%灭病威、40%多菌灵或 40%百菌清 500 倍液进行防治。丘陵山区可采用杀菌剂Ⅰ号和Ⅱ号烟剂，按每公顷 15 kg 用量，于傍晚放烟。

③选育抗病品种。

8. 2. 1. 6　杉木细菌性叶枯病

【分布及危害】杉木细菌性叶枯病广泛分布于我国江西、安徽、江苏、浙江、福建、湖南、四川、广东、广西、湖北、河南、贵州和重庆等地。海拔 300 m 以上的山区和半山区较为常见，低山丘陵地带的一些地方也非常严重。病菌侵染针叶和嫩梢，引起针叶或梢头枯死。苗木及 10 年生以下幼林发病严重。据安徽省部分地区调查，人工幼林发病率一般为 50%～80%，严重的高达 100%，病株当年高生长下降 30%～90%。受害严重的林分，林冠如同火焚，林分终遭毁灭。

【**症状**】在当年生新叶上，最初出现针头大小褐色斑点，周围有淡黄色水渍状晕圈，叶背晕圈不明显。以后病斑扩大成不规则状，暗褐色，对光透视，周围有半透明环带，外围有时有淡红褐色或淡黄色水渍状变色区。病斑进一步扩展，使成段针叶变褐色，长 2～6 mm，两端有淡黄色晕带。最后，针叶在病斑以上枯死或全叶枯死。

老叶上的症状与新叶上相似，但病斑颜色较深，中部为暗褐色，外围为红褐色。后期病斑长 3～10 mm，中部变为灰褐色。嫩枝上病斑开始同嫩叶上相似，后扩展为梭形，晕圈不明显，严重时多数病斑汇合，使嫩梢变褐致死（图 8-6）。

1. 病枝、叶症状；2. 病原细菌。

图 8-6 杉木细菌性叶枯病

（袁嗣令，1997）

【**病原**】该病由杉木假单胞杆菌（*Pseudomonas syringae* pv. *cunninghamiae*，异名 *Pseudomonas cunninghamiae*）引起。病原细菌短杆状，单生，1. 4～2. 5 μm×0. 7～0. 9 μm，鞭毛 5～7 根，生于两端。不产生荚膜和芽孢，革兰氏染色阴性。好气性。

在牛肉膏蛋白胨琼脂培养基上菌落较小，白色，圆形，平展，表面光滑，有光泽，边缘平整，无荧光。在马铃薯葡萄糖琼脂培养基上生长好，菌落较大、较厚、有脂肪光泽。生长 pH 值范围为 4. 4～9. 2，最适 pH 值 6. 8～7. 6。生长适温为 10～32℃，最适 28℃，低于 8℃或高于 34℃时停止生长，致死温度为 59℃。

【**发病规律**】病菌在活针叶、枝梢的病斑中越冬。随雨滴的溅散和飘扬传播，自伤口侵入，亦可从气孔侵入，潜育期 5～8 d。主要危害 10 年以下杉木幼树。苗木带病是远距离传播的主要途径。

据安徽和江西长江南岸丘陵地区的观察，病害于每年 4 月下旬至 5 月中旬开始发生，6 月为盛发期，7～8 月高温低湿期间，病害基本停止发展。9 月中旬至 10 月下旬又出现一个高峰，但不如 6 月严重。

在月平均气温达到 24℃时，病害高峰与月平均降水量成正相关，而与月平均气温、日照率和蒸发量成负相关。春秋二季雨水多的年份发病重。

病菌在自然界仅见于杉木上，经人工室内接种可侵染柳杉、秃杉和池杉，但发病很轻。水杉、落羽杉和墨西哥落羽杉经接种也不发病。

自然条件下，造成伤口的原因主要是杉木枝叶相互刺伤，因而，处在迎风坡或风口的林分发病重；林缘、林道发病重于林内；山腰以上部位发病重于山腰以下部位。

此外，立地条件不良或抚育管理差的杉木幼林发病严重。

【防治措施】

①坚持“适地适树”的原则，选择土层肥沃、土壤疏松湿润，受风小的山坡、山洼造林，避免在迎风坡、风口处营造杉木林。在病害发生较普遍的地区营造混交林，或在林分的迎风面用其他树种营造防风林。

②造林时严格选用无病苗木；育苗时进行药剂拌种、加强营林管理措施，适量增施磷、钾肥，提高抗病力。

③发病重的地方可用杀菌剂于发病期防治。在发病初期喷施四环素等抗菌素药液 500 倍稀释液有一定效果。也可选用 1 000 万单位硫酸链霉素可湿性粉剂 500 倍液喷雾防治。

8.2.2　阔叶树叶(果)斑病

8.2.2.1　杨树黑斑病

云讲堂

杨树黑斑病

【分布及危害】杨树黑斑病又称杨树褐斑病，是杨树重要病害之一，发生范围广泛，杨树栽培区几乎都有分布。该病能侵染多种杨树，苗木、幼树、大树都可感病，条件适宜时，能够大面积暴发流行，造成杨树提前落叶，并萌发二茬叶，严重影响树木的正常生长，削弱树势，为溃疡病、腐烂病等由弱寄生菌引起的其他病害发生提供条件。

【症状】杨树黑斑病主要危害杨树叶片和叶柄，有时也危害嫩梢、蒴果和果穗柄。树种不同，症状表现有一定差异。在青杨派树种上，病斑主要出现在叶背面；在黑杨派和毛白杨派树种上，病斑主要在叶片的正面出现。叶斑初期为针刺状小斑点，后扩大成直径约 1 mm 圆形黑褐色病斑，潮湿时病斑中央会出现乳白色胶黏状的分生孢子堆。老叶上病斑开始即为黑褐色。病斑数量多时，可相互连接成不规则的斑块，严重时叶片大部分变黑枯死、脱落(图 8-7)。在嫩梢上的病斑初为梭形，黑褐色，稍隆起，中间产生略带红色的分生孢子盘和分生孢子堆，嫩梢木质化后，病斑形成溃疡斑。

【病原】杨树黑斑病菌的病原为偏盘菌属[*Drepanopeziza*，异名盘二孢属(*Marssonina*)]

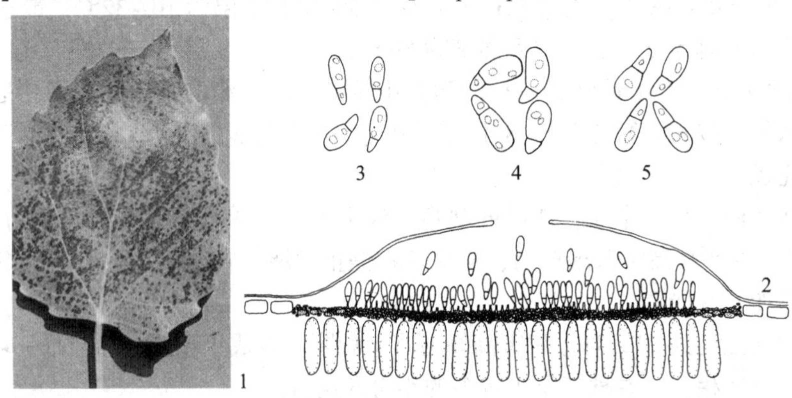

1. 病叶症状(贺伟 摄)；2. 分生孢子盘及分生孢子；

3. *Drepanopeziza brunnea* 的分生孢子；4. *D. populi* 的分生孢子；5. *D. castagnei* 的分生孢子。

图 8-7　杨树黑斑病症状和病原

真菌。寄生在杨树上引起杨树黑斑病的偏盘菌属真菌分为 4 个种 2 个专化型。我国有 3 种，主要为杨生偏盘菌[*Drepanopeziza brunnea*，异名杨生盘二孢菌(*Marssonina brunnea*)]，这个种分布于我国除新疆以外的大多数杨树栽培区。分生孢子盘生于叶表皮下，稍突起，后突破表皮而外露。分生孢子梗短，不分枝。分生孢子外形均为倒卵形，双细胞，两细胞不等大，大细胞顶端近圆形；小细胞基部略尖；直或稍弯曲。菌株内个体间分生孢子大小范围跨度很大，尤其在培养基上生长的孢子；叶片上产生的孢子相对一致。菌株间分生孢子的长度、宽度和分隔位置差别不明显。病菌在病叶上产生的分生孢子平均长度在 14. 2~17. 6 μm，宽度在 5. 6~7. 0 μm，分隔位于孢子基部的 26. 6%~39. 2%处；培养基上产生的分生孢子平均长度在 15. 0~21. 4 μm，宽度在 5. 3~9. 2 μm，分隔位置在 28. 7%~44. 3%。分生孢子大小和形态与菌株的地区来源和寄主来源无明显相关性。杨生偏盘菌在我国有 2 个专化型：单芽管专化型(*D. brunnea* f. sp. *monogermtubi*)，分生孢子萌发时产生 1 个芽管，在自然条件下以侵染白杨派树种及其杂交种为主，对青杨派和黑杨派树种几乎不致病或致病力很弱。多芽管专化型(*D. brunnea* f. sp. *multigermtubi*)，分生孢子萌发时产生 1~5(通常 2~3)个芽管，在自然条件下以侵染黑杨派树种及派内杂交种和黑杨派同青杨派杂交种为主，人工接种时也能侵染几种青杨派树种和两种白杨派树种。

在我国另外 2 个种主要分布于新疆。一种为杨偏盘菌(*D. populi*)，分生孢子盘宽 200~300 μm，分生孢子宽倒卵形至梨形，上端细胞多向一侧弯曲，大小为 17~26 μm×7~11 μm。另一种为白杨偏盘菌(*D. castagnei*)，分生孢子盘宽 70~400 μm，分生孢子倒卵形，直立或稍弯，大小为 16~22. 5 μm×7~11 μm。

【发病规律】病菌以菌丝体、分生孢子盘在病落叶或一年生枝梢的病斑中越冬。翌年春产生分生孢子，成为初侵染源。病菌的分生孢子堆具有胶黏性，孢子需通过雨水或凝结水稀释后，随水滴飞溅或借风传播。病原菌直接侵入，或由气孔、伤口侵入，潜育期2~8 d。

发病时期因地区、树种不同而不一致。在南京，毛白杨、响叶杨黑斑病 4 月初开始发病，5 月发病最重，随后停止发展，9 月下旬病害又有新的发展，但加杨常于 6 月中旬开始发病，逐渐加重至全部落叶。在山东，毛白杨从 5 月初开始发病，黑杨自 6 月开始见到病斑，8~9 月病害表现最重。在东北地区，一般 6 月下旬开始发病，7~8 月发病严重。

发病轻重与雨水多少有关，雨水多发病重，雨水少发病轻。在气温和降雨适宜时，很快产生分生孢子堆，又能促进新的侵染。夏、秋季节多雨，苗木和林木过密，播种育苗的畦地过湿等，均有利于病害流行。

【防治措施】

①注意圃地选择，应选择排水良好的圃地，避免连作。

②加强肥水管理，改善通风透光条件，提高树木的抗病性。合理密植，及时间苗、间伐，保持苗木和林内通风透光。及时清扫林内落叶，以减少病源。

③在病害初侵染前，最迟于雨季来临之前，向苗木和大树喷 70%代森锰锌可湿性粉剂 600 倍液、50%多菌灵可湿性粉剂 700 倍液或 70%甲基托布津可湿性粉剂 1 000 倍液等，连喷 2~3 次，控制病害发生蔓延；有条件的地方可应用 8%百菌清烟雾剂或 2. 5%氟硅唑油烟剂进行施烟防治。

8. 2. 2. 2 杨树黑星病

【分布及危害】该病害分布较广泛，新疆、陕西、内蒙古、四川、贵州、河南、山东、北京和辽宁等地均有分布。危害杨属(*Populus*)的密叶杨、苦杨、青杨、小叶杨、欧美杨等青杨派和黑杨派树种，可造成叶片枯焦、提前脱落及嫩梢枯死。

【症状】主要危害 1~3 年生苗木，发生于叶片、叶柄及嫩梢上。发病初期，在叶片背面产生圆形不明显病斑，直径 2~3 mm，后期在病斑上布满黑色霉层，即病原菌分生孢子梗及分生孢子。发病严重时，黑色霉斑扩大，连接成片。在叶片正面的相应处，形成黑色或灰色的枯斑。在叶柄和嫩梢上产生长圆形、稍凹陷病斑，其上长满黑色霉层(图 8-8)。

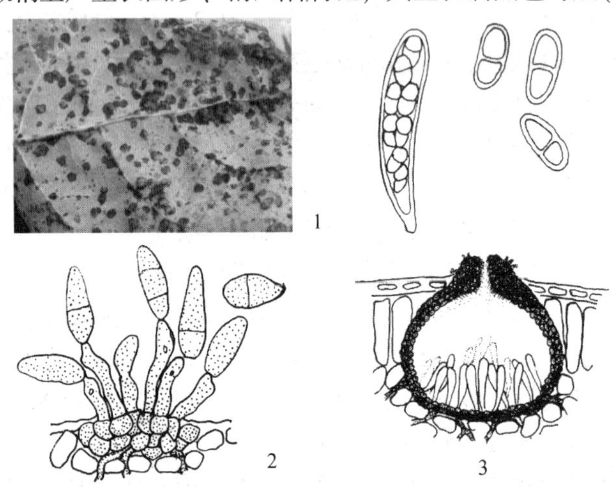

1. 病叶症状(刘振宇 摄)；2. 分生孢子梗与分生孢子(《山东林木病害志》编委会，2000)；
3. 子囊壳、子囊及子囊孢子(《山东林木病害志》编委会，2000)。

图 8-8 杨树黑星病症状和病原

【病原】病原为子囊菌门座囊菌目的黑星孢属的山杨黑星菌(*Venturia radiosa*，异名 *Fusicladium radiosum*、*F. tremulae*)。分生孢子梗丛生，粗短，暗褐色，无分隔。分生孢子鸭梨形、长椭圆形，暗色，初为单胞，后生横隔膜，隔膜多为 1 个，少数 2 个，孢子大小为 10~18 μm×6~7 μm。其有性阶段少见。

【发病规律】病原菌以菌丝和分生孢子在病落叶和病枝梢越冬，翌年 4、5 月产生分生孢子，借风雨传播。在我国中部地区，该病一般 5 月开始表现症状，6 月下旬至 7 月为发病盛期。在新疆，8 月为发病盛期。树冠下部首先发病，逐渐向上部扩散，下部叶发病重于上部；苗圃地幼苗、幼树发病较成龄树严重。降水多、林内空气湿度大，该病易流行。

【防治措施】

①秋末冬初及时清除病叶、病枝梢，减少侵染来源。注意育苗过程中控制圃地湿度。

②发病初期抓好化学防治，喷 1∶1∶150 波尔多液、65%代森锌 600 倍液或 50%甲基托布津可湿性剂 500 倍液，每隔 10~15 d 喷 1 次。

③选用白杨派和欧美杨等较抗病品种。

8. 2. 2. 3 杨树花叶病毒病

【分布及危害】杨树花叶病毒病是一种危害杨属植物的世界性病害，欧洲、北美及亚洲的部分地区有分布，国外分布于保加利亚、西班牙、荷兰、比利时、意大利、丹麦、捷克、波兰、法国、瑞士、加拿大、美国、日本、印度等国家。在国内主要分布于北京、江苏、山东、河南、甘肃、四川、青海、陕西、湖南、湖北。1935 年首先在保加利亚报道发生，我国于 1972 年从意大利引进杨树插条时随之传入。主要危害幼苗、幼树，致使幼苗生长受阻，幼树生长量至少降低 30%。严重发病的植株木材结构异常，密度和强度降低，使用价值降低。

【症状】主要危害 1~4 年生的苗木和幼树。6 月上、中旬开始发病，在植株下部叶片上出现点状褪绿斑，聚集为不规则黄色斑，常沿叶脉发生，叶脉透明，小支脉出现枯黄色线纹。发病严重的病树，叶片皱缩、变厚、变硬、变小，甚至畸形，有的主脉和侧脉出现紫红色坏死斑，叶柄上也能发现紫红色或黑色坏死斑点。有的杨树品种上可能不表现明显症状。病害在高温季节表现隐症。

【病原】病原为杨树花叶病毒(poplar mosaic virus，PopMV)[加拿大杨花叶病毒(Canadian poplar mosaic virus)]，属于线形病毒科(*Flexiviridae*)香石竹潜隐病毒属(*Carlavirus*)。在电子显微镜下，病毒粒体为线条状，模式种长 675 nm，宽 13 nm，我国观察到的病毒粒体长 434~894 nm，平均 717 nm，宽 12~14 nm(图 8-9)。核衣壳为螺旋状，无包膜。病毒基因组为正单链 RNA，长度为 6.48 kb。病毒的钝化温度 74℃、稀释限点 10^{-4}、体外存活期 2 d。

1. 症状(刘振宇 绘)　　2. 杨树花叶病毒粒体形态(Staniulis et al.，2001)

图 8-9　杨树花叶病毒病

【发病规律】PopMV 病毒可以通过机械摩擦接种传染，在自然界通过种条和根部接触传播，花粉可以传播病毒，但种子不传播。嫁接和带毒插条繁殖是病害传播的重要途径，人为调运种条是最主要的传播方式。其他介体传播方式尚不明确。杨属植物是杨树花叶病毒的唯一自然寄主，杨属植物中黑杨、青杨易遭受病毒侵染。杨树不同品种、无性系感病性有差异。不同树龄发病程度不同，苗期和幼树发病重，大树发病轻。

【防治措施】

①严禁从疫区或疫情发生区调运苗木、插条进入非病区，发现带有病毒的苗木等繁殖材料要销毁。

②培育和选用无病壮苗：对插条苗要精选种条；对平茬苗和生产苗应严格检查；严禁

用病苗育种造林。

③有条件的苗圃可用组织培养方法进行茎尖脱毒，保证供应无毒苗育种造林。

④热处理。可在 37~39℃下处理杨树枝梢 4~10 周，最上端 1 cm 的枝梢为无毒组织。

8.2.2.4　银杏叶枯病

【**分布及危害**】银杏叶枯病是一种常见的病害，在我国银杏(*Ginkgo biloba*)产区均有不同程度的发生。受害植株叶片枯死致提前脱落，导致树势衰弱，银杏产量和品质明显下降。

【**症状**】病害从叶片先端开始发病，叶片组织褪绿变黄，逐渐扩展至整个叶缘，由黄色变为红褐色至褐色坏死。其后病斑继续向叶基部延伸，整个叶片呈暗褐色或灰褐色，枯焦脱落。6~8 月，病健组织的交界明显，病斑边缘呈波纹状，颜色较深，其外缘部分还可见较窄或较宽的鲜黄色线带。9 月，病斑边缘呈现水渍状渗透扩展，病斑明显增大，病健组织的界限也渐不明显。发病后期，病斑上产生病原菌的子实体(图 8-10)。在叶片背面出现的黑色至灰绿色霉层为链格孢的分生孢子梗和分生孢子；有的病斑背面和正面会出现黑色小点状物，潮湿时形成粉红色黏液，这是刺盘孢的分生孢子盘和分生孢子；银杏盘多毛孢则多在 9~10 月在病斑背面产生黑色粒点。

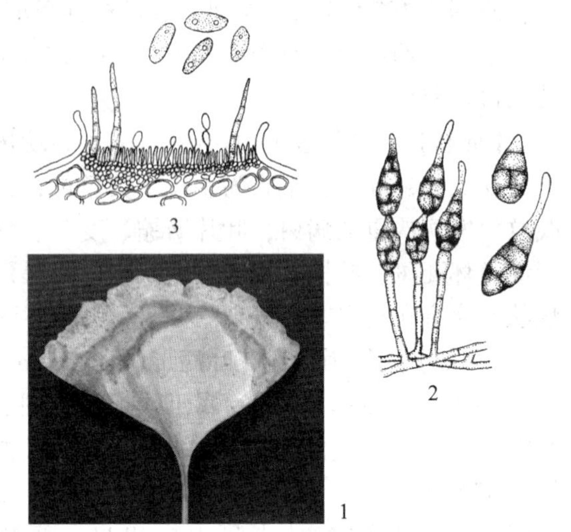

1. 病叶症状(朱丽华　摄)；2. 链格孢的分生孢子梗与分生孢子(《山东林木病害志》编委会，2000)；3. 盘长孢状刺盘孢的分生孢子盘及分生孢子(《山东林木病害志》编委会，2000)。

图 8-10　银杏叶枯病症状和病原

【**病原**】银杏叶枯病目前发现有 2 种病原真菌。

链格孢(*Alternaria alternata*)：是该病的主要病原菌。分生孢子梗单生至丛生，直立或弯曲，不分枝，有分隔，褐色，大小为 40.0~90.5 μm × 4.0~7.5 μm；分生孢子卵形、椭圆形、纺锤形或棒形，大小为 25~41 μm×11~25 μm，顶端有喙或无，喙长 7~21 μm，橄榄褐色，横隔膜 2~8 个，纵隔膜 0~6 个，分隔处缢缩或者不缢缩，表面平滑，常 2 或 3 个串生。

围小丛壳菌(*Glomerella cingulata*)：隶属子囊菌门壳菌目。无性阶段为盘长孢状刺盘孢(*Colletotrichum gloeosporiodes*)。分生孢子盘褐色，直径 50~87 μm，其上有褐色刚毛；分生孢子椭圆形，单胞，无色，大小为 10~18 μm ×4.0~6.5 μm。

【**发病规律**】病原菌以菌丝或分生孢子在病落叶上越冬，发病时间在不同地区有一定差异。在山东，6 月苗木开始发病，7 月初大树发病，8~9 月是发病高峰期。病害发生与树势、树龄、立地条件、栽培管理措施等多种因素有关，温度和降水量是决定病害发生和消长的主要因素。树势降低，病害发生严重。大树较幼苗抗病，树龄越大，发病越迟，发生越轻。土壤干旱、贫瘠、板结，发病早且重。苗木生长过密，圃地通风不良，发病严重。雄株比雌株抗病，雌株结果越多，发病越重。

【防治措施】

①冬、春季及时清除枯枝落叶，减少病害侵染来源。

②加强土肥水管理，避免使用土壤瘠薄、板结、低洼积水的土地，增施基肥，加强追肥，提高树势。密植银杏园要合理修剪，改善通风透光条件。

③适时进行药剂防治。喷施 1∶2∶200 波尔多液，或 40%多菌灵 500 倍液，或 75%百菌清 1 000 倍液，或 70%代森锰锌 600~800 倍液，或 50%异菌脲 1 000~1 500 倍液等。

8. 2. 2. 5　桃缩叶病

【分布及危害】桃缩叶病是一种世界性病害。19 世纪初欧洲首先报道，我国最早记载是 19 世纪末。此病在我国各地都有发生，尤以春季潮湿的沿江河湖海等局部地区发生严重，内陆干旱地区发生很少。桃树(*Prunus persica*)感病后引起叶片肿胀皱缩，严重时病叶干枯脱落，影响当年产量和翌年花芽分化。寄主除桃树外，还有和桃近缘的杏等。

【症状】主要危害幼嫩组织，其中以嫩叶为主，嫩梢、花和幼果也可受害。春季嫩叶刚从受侵芽鳞抽出即可受害，表现为病叶变厚肿胀，卷曲变形，颜色发红。随叶片逐渐展开，卷曲程度也随之加重，病叶明显肿大肥厚，皱缩扭曲，质地变脆，呈红褐色，上生一层灰白色粉状物，即病菌的子囊层。严重时病叶变褐、枯焦、脱落，常引起夏芽生长，严重时病梢扭曲，生长停滞，最后整枝枯死(图 8-11)。花及幼果受害，花瓣肥大变长，大多脱落；病果畸形，表面龟裂，容易早落。

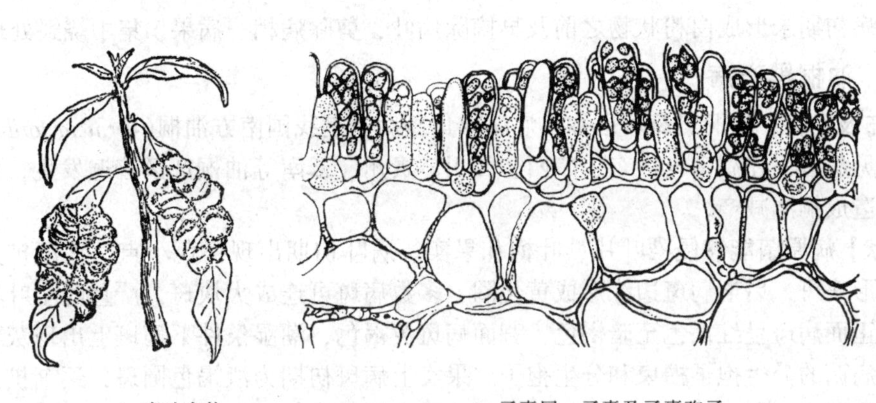

1. 病叶症状　　2. 子囊层、子囊及子囊孢子

图 8-11　桃缩叶病症状和病原

【病原】病原为畸形外囊菌(*Taphrina deformans*)，属子囊菌门外囊菌目外囊菌属。子囊裸生，栅状排列成子实层。子囊圆筒形，上宽下窄，顶端扁平，大小 25~40 μm ×8. 0~12 μm，内生 4~8 个子囊孢子。子囊孢子单胞无色，圆形或椭圆形，大小 6. 0~9. 0 μm × 5. 0~7. 0 μm。子囊孢子在子囊内芽殖形成芽孢子。芽孢子无色，单胞，卵圆形，大小 2. 5~ 6. 0 μm ×4. 5 μm。薄壁的芽孢子可直接再芽殖，厚壁的芽孢子可休眠。在老的培养基和病枝表面，病菌形成厚壁芽孢子。病原菌的生长温度为 10~30℃，适温为 20℃。对寄主侵染适温为 10~16℃，最低 7℃ 。厚壁芽孢子耐寒，存活时间长，在 30℃时，可存活 140 d，较低温时为 315 d，在果园可存活 1 年以上。

【发病规律】 病菌主要以子囊孢子在桃芽鳞片和树皮上越夏，以厚壁的芽孢子越冬。芽孢子也可在土中越冬。翌年春桃树萌芽时，芽孢子萌发，直接从表皮侵入或从气孔侵入正在伸展的嫩叶。孢子大多从叶背面侵入叶组织。侵入叶肉组织中的菌丝大量繁殖，分泌多种生理活性物质，刺激寄主细胞异常分裂，使胞壁加厚，叶肉栅状组织的细胞作垂直方向分裂。该病一般不发生再侵染，偶尔发生再侵染，但危害不明显。病害一般在桃树展叶后开始发生，5 月为发病初期，经 1 个月左右达到发病盛期，当日均气温升至 20℃ 以上病害即停止发展。

低温高湿的气候条件有利于病害的发生。春季桃芽膨大和展叶期，由于叶片幼嫩易被感染，如遇 10~16℃ 冷凉潮湿的阴雨天气，往往促使该病流行；春季温暖干旱则发病较轻。

一般早熟品种发病重，晚熟品种发病轻。严重感病的品种有金桃、爱尔巴特、传十郎等；较易感病的品种有白桃；极少感病的品种有士用、福鲁克土多库伦士利、福鲁柯士美依等。

【防治措施】

①早春及时喷药是防治的关键，桃树花芽刚露红但尚未展开前，喷洒一次 2~3°Bé 的石硫合剂或 1∶1∶100 波尔多液，但如遇冷凉多雨天气利于病菌侵染，可再喷 25%多菌灵可湿性粉剂 500 倍液，或者 70%代森锰锌可湿性粉剂 500 倍液、70%甲基硫菌灵可湿性粉剂 1 000 倍液等。

②发病初期未形成白粉状物之前及早摘除病叶，剪除病梢、病果，集中烧毁处理。

8.2.2.6 油桐黑斑病

【分布及危害】 油桐黑斑病也称黑疤病或角斑病，是我国南方油桐(*Vernicia fordii*)产区的一种常见病害，在湖南、广东、广西、四川、贵州、云南等油桐产区普遍发生，引起落叶落果，造成桐油减产。

【症状】 病原菌能够侵染叶片、叶柄和果实。病叶初期出现褐色小点，逐渐扩大成圆形或多角形病斑，后期病斑边缘形成黄化圈，多数病斑可连成大块斑，严重时全叶枯死脱落。叶片正面病斑呈红褐色至暗褐色，背面病斑黄褐色，潮湿条件下病斑上出现灰黑色霉状物，即病菌的分生孢子梗束和分生孢子。果实上病斑初期为淡褐色圆斑，逐渐扩大，纵向发展较快，形成质地坚硬的椭圆形黑褐色大硬疤，病疤稍下陷，后期病斑上出现黑色小点，为病原菌子实体(图 8-12)。

【病原】 病原菌为油桐球腔菌(*Mycosphaerella aleuritis*)，为子囊菌门座囊菌目球腔菌属真菌。子囊腔黑色球形，60~100 mm，成熟时有乳头状突起；子囊棍棒状，子囊孢子双行排列，椭圆形，双胞，无色，大小为 2.5~3.2 μm×9~15 μm。无性世代为油桐尾孢菌(*Cercospora aleuritis*)。分生孢子座近球形，直径 20~47 μm；分生孢子梗丛生在子座上，直或稍弯，淡褐色，2~3 个隔膜，4~6 μm×33~63 μm；分生孢子淡色，圆柱形至棍棒形，直或弯曲，隔膜 6~11 个，大小为 4.0~5.4 μm×71~114 μm。

【发病规律】 病原菌在病落叶或病落果中越冬，翌年 3~4 月形成子囊孢子，子囊孢子借气流传播，侵染新叶，形成叶斑，叶斑上产生分子孢子，并以分生孢子进行多次再侵染。在油桐整个生长期内病害可连续发生。

【防治措施】

①结合冬春桐林抚育，清除病落叶、病落果，减少侵染来源。

②加强抚育管理。幼龄桐林每年进行 1~2 次抚育，成龄桐林每年要松土除草和埋青施肥。

③喷药保护。发病前，喷施 1%波尔多液，每 7~15 d 喷 1 次。

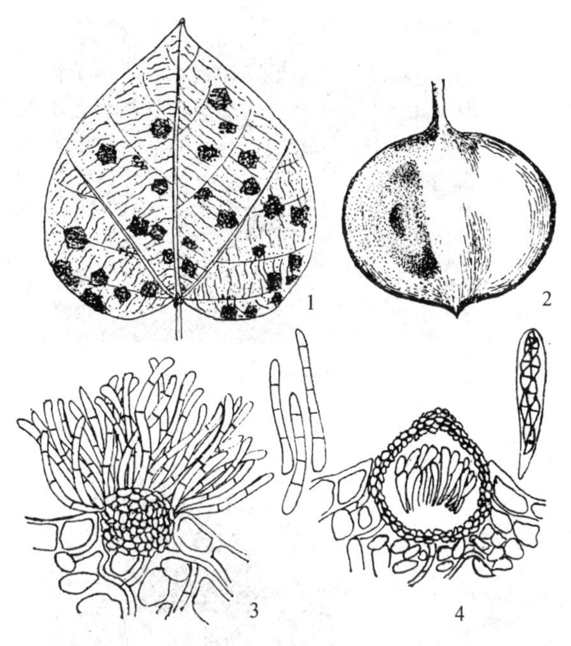

1. 病叶症状；2. 病果症状；3. 分生孢子梗和分生孢子；4. 子囊壳、子囊及子囊孢子。

图 8-12　油桐黑斑病

（北京林学院，1979）

8.2.2.7　柿角斑病

柿角斑病

【分布及危害】柿角斑病是柿树（*Diospyros kaki*）的主要病害之一，遍布全国各产区，危害苗木与大树，发病严重时可造成叶片枯焦、早期落叶、落果，对产量和树势均有较大影响。

【症状】主要危害叶片，也可危害柿蒂。叶片发病，初在叶片正面或背面产生黄绿色晕斑，很快变黑，成为圆形斑点；随着病斑的不断扩展，颜色不断加深，最后形成中部浅褐色，边缘黑色的多角形病斑。在适宜条件下，病斑表面密生黑色绒球状小粒点，为病菌分生孢子座及分生孢子。病叶背面颜色较浅，开始为淡黄色，后为褐色或黑褐色，黑色边缘不甚明显，小黑点稀疏。严重发病时，叶片上有多数病斑，连接成片，造成叶片变黑枯焦。柿蒂上的病斑多发生在四角上，浅褐色至深褐色，有时有黑色边缘，形状不规则，两面均可产生黑色绒球状小粒点，背面较多。

【病原】病原为无性型真菌柿尾孢菌（*Cercospora kaki*）。分生孢子座半球形或扁球形，暗褐色，大小为 22~66 μm ×17~50 μm，其上丛生分生孢子梗。分生孢子梗短杆状，不分枝，顶端尖端稍细，不分隔，淡褐色，大小为 7~23 μm×3.5~5.0 μm，其上着生分生孢子。分生孢子长棍棒状，直立或稍弯曲，上端较细，基部稍宽，无色或淡黄色，有 0~8 个隔膜，大小为 15~77.5 μm×2.5~5.0 μm（图 8-13）。该菌除危害柿树外，还可危害君迁子（*Diospyros lotus*）。

【发病规律】病菌主要以菌丝体和子座在病蒂和病叶中越冬，结果大树以挂在树上的病蒂为主要初侵染来源。病蒂可在柿树上残存 2~3 年，病蒂内的菌丝可存活 3 年以上。翌年 6~7 月，越冬病蒂产生大量分生孢子，通过风雨传播，从气孔侵入，形成初侵染。潜育期一般 25~28 d，在山东、河北等地，一般在 8 月开始发病，9 月叶片上大量病斑形成，病叶开始脱落。当年生病斑上产生的分生孢子可以进行再侵染，但由于该病的潜育期较长，再侵染在病害循环中不重要。

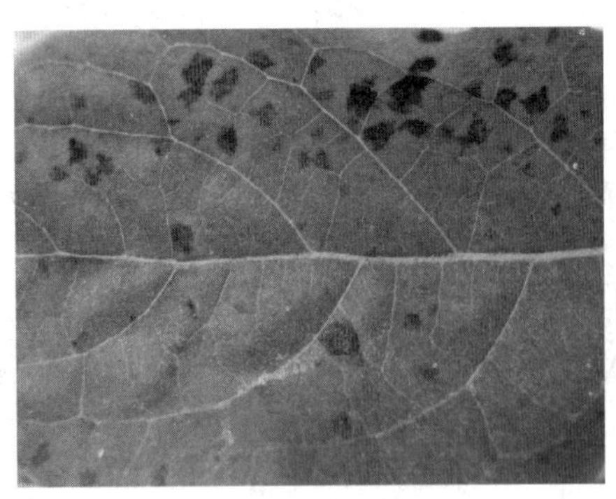

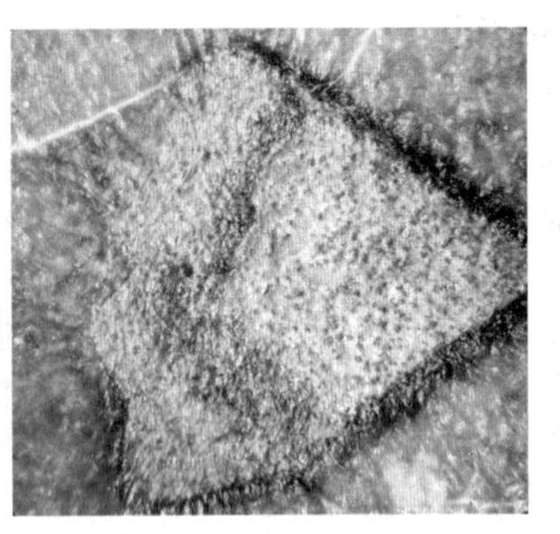

1. 病叶症状(刘振宇 摄)　　2. 病斑上子实体层(刘振宇 摄)

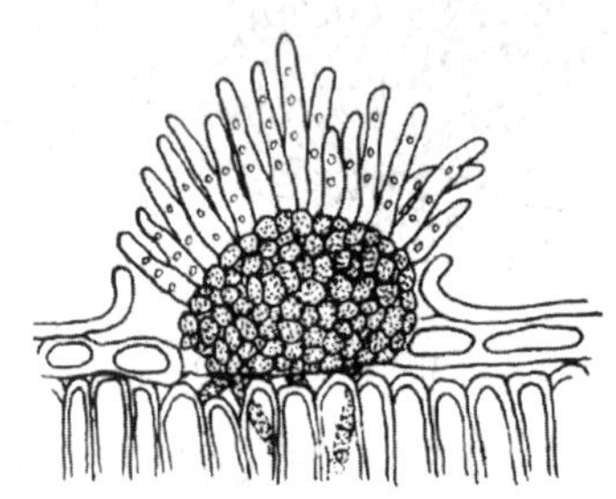

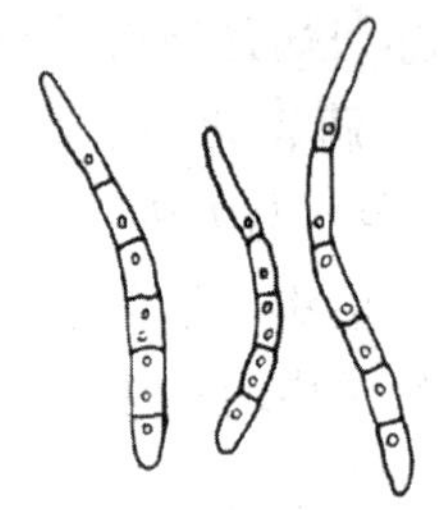

3. 子实体和分生孢子(《山东林木病害志》编委会，2000)

图 8-13　柿角斑病症状和病原

柿角斑病的发生与降雨密切相关，5~8 月降雨早、雨量大，发病严重。环境潮湿有利于该病发生，渠边河旁的柿树及树冠下部和内膛叶片发病重；育苗地柿树种植密度大，病害发生严重。树上病蒂多或育苗地病落叶积累多可导致发病严重。

【防治措施】

①秋冬季节或春季发芽前彻底清除挂在树上的病蒂及落地病蒂、病叶，以减少初侵染来源。

②重视柿树落花后 20~30 d 的药剂防治，常用 1∶(3~5)∶(300~600)波尔多液，也可选用 65%代森锌可湿性粉剂 500~600 倍液、70%代森锰锌可湿性粉剂 800 倍液等。

③加强果园管理，增施有机肥料，改良土壤，促使树势生长健壮，提高抗病力，合理修剪，适时排灌，降低田间湿度。

④避免柿树与君迁子混栽。

8.2.2.8　核桃细菌性黑斑病

云讲堂

【分布及危害】该病在核桃栽培区均有发生，主要危害果实和叶片，嫩梢、芽、雄花序及枝条也可受害，造成叶片穿孔皱缩，果实变黑、腐烂、早落，致使果实或使核仁干瘪，出仁率和含油量降低。

【症状】叶片感病后，沿叶脉出现圆形黄褐色斑点，后扩大呈近圆形或多角形黑斑，直径 1 mm 左右，病斑上有黄色晕圈，严重时可形成穿孔、叶片皱缩。较老叶片上的病斑边缘常呈黑褐色，而中央呈灰色至灰褐色。果实受害，开始果面上出现小而微隆起的黑褐色小斑点，扩大成圆形或不规则形黑斑并下陷，边缘有水渍状晕纹；潮湿条件下，病斑迅速扩大，果实由外向内腐烂，使核壳及核仁变黑，严重时，全果变黑腐烂，提早落果；老果受害时只达外果皮。叶柄和嫩梢上的病斑呈长圆形或不规则形状，黑褐色，稍下陷，严重时病斑扩展包围枝干一周，枝梢枯死。芽受害后常变黑枯死。

1. 病叶症状；2. 病原细菌。

图 8-14　核桃细菌性黑斑病的症状和病原

（周仲铭，1996）

【病原】病原菌为油菜黄单胞杆菌核桃致病变种（*Xanthomonas campestris* pv. *juglandis*），属原核生物界薄壁菌门黄单胞杆菌属。菌体短杆状，大小为 1.3~3.0 μm×0.3~0.5 μm，极生单鞭毛(图 8-14)。生长适温 28~32℃，最高 37℃，最低 5~7℃，致死温度为 53~55℃ 10 min，最适 pH 值 6.0~8.0。

【发病规律】病菌在病枝梢、病芽及病果的病斑上越冬，翌春核桃展叶期菌体通过雨水、昆虫等传播侵染叶片，并再侵染果实与枝梢。细菌从气孔、皮孔和各种伤口侵入，于 4~8 月发病，并发生多次再侵染。发病与温湿度有密切关系，一般细菌侵入叶面的最适温度为 4~30℃，侵染幼果的最适温度为 5~27℃。发病与雨水关系密切，春、夏多雨年份，发病早且严重。果实上的虫伤、日灼伤是细菌侵入的适宜条件。

【防治措施】

①清除侵染源。采果后结合修剪，清除病枝、病叶、病果，集中烧毁，减少翌年侵染源。

②加强栽培管理，提高树势，并加强治虫防病。

③发芽前喷 1 次 3~5°Bé 石硫合剂，消灭越冬病菌；生长期喷 1∶0.5∶200 的波尔多液，也可选择使用农用链霉素、可杀得等药剂。

8.2.2.9　梨黑星病

【危害及分布】梨黑星病又称疮痂病，广泛分布于我国南北梨产区，是梨树(*Pyrus sorotina*)的重要病害，常造成生产上的重大损失。

【症状】叶片、果实、嫩梢及芽鳞均可受害。叶片发病时，多在叶背主、支脉间呈现圆形或不规则形淡黄色斑，随后生长出黑色霉层，其边缘呈星芒状辐射，是病菌的分生孢子梗和分生孢子。危害严重时，整个叶背布满黑霉，在叶脉上也可产生长条状黑色霉斑。有时在叶片正面也产生病斑，病情严重时造成大量落叶，产生二次叶。新梢受害，先从新梢基部发病，最初出现肥肿、褪绿，并逐渐产生圆形黑色霉斑，其后病斑开裂、疮痂状。果实自幼果至成熟期的果实均可受害。幼果受害后，在果面上产生淡黄色圆形或椭圆形斑点，逐渐扩大并产生黑色霉层，之后病部凹陷，组织硬化、龟裂，导致果实畸形和早落；

大果受害同，在果面产生大小不等的圆形黑色病疤，病斑硬化，发生星状龟裂，表面粗糙呈疮痂状，但果实不畸形。

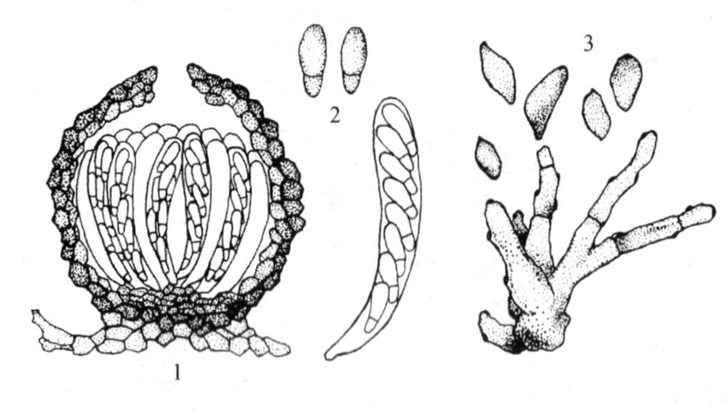

1. 子囊壳；2. 子囊及子囊孢子；3. 分生孢子梗及分生孢子。

图 8-15　梨黑星病的病原

(《山东林木病害志》编委会，2000)

【病原】病原为梨黑星病菌(*Venturia pyrina*)，属于子囊菌门格孢腔菌目黑星菌属。病原菌有性阶段子实体只在越冬后的落叶上产生。子囊壳近球形，壳壁暗褐色，具乳头状孔口，四周有针状刚毛，子囊棍棒状，无色，内生 8 个子囊孢子，子囊孢子黄褐色，长卵圆形，双胞，上大下小。分生孢子梗暗褐色，散生或丛生，直立或弯曲，尖端钝状突起，分生孢子着生于梗的顶端或其上一端的旁边，单细胞，纺锤形，呈淡褐色(图 8-15)。

【发病规律】病菌主要以分生孢子或菌丝体在芽鳞片内或病枝、落叶上越冬，或以未成熟的子囊壳在病落叶上越冬。翌春以分生孢子和子囊孢子侵染新梢，出现发病中心，所产生的分生孢子，通过风雨传播，引起多次再侵染。

病菌在 20~23℃发育最为适宜。分生孢子萌发要求相对湿度在 70%以上，低于 50%则不萌发；干燥和较低的温度有利于分生孢子的存活，温暖湿润的条件则利于病菌产生子囊壳。病害发生的日均温为 8~10℃，流行的温度则为 11~20℃。若雨量少、气温高，此病不易流行；但若阴雨连绵，气温较低，则蔓延迅速。因此，降雨早晚、雨量大小和持续时间是影响病害发展的重要条件。雨季早且持续时间长，尤其是 5~7 月雨量多、日照不足，最容易引起病害流行。此外，树势衰弱、地势低洼、树冠茂密、通风不良的梨园也易发生黑星病。

我国各地气候条件不同，病害的发生时期也有所差别。云南、广西等地在 3 月下旬至 4 月上旬即开始发病，6~7 月为发病盛期；在江苏、浙江一带，一般在 4 月中、下旬开始发病，梅雨季节为发病盛期；在河南、河北、山东、辽南地区，5 月上中旬开始发病，7~8 月为发病盛期；在东北地区，一般 6 月中下旬开始发病，8 月为盛发期。

不同品种抗病性有较大差异。一般以中国梨最感病，中国梨中又以白梨最感病，日本梨次之，西洋梨较抗病。发病重的品种有鸭梨、秋白梨、京白梨、安梨、花盖梨等；玻梨、巴梨、面酸梨、香水梨、洋梨、油梨、红霄梨等比较抗病；雪花梨、蜜梨等很少发病。

【防治措施】

①彻底清园。秋末冬初清扫落叶落果；早春梨树发芽前结合修剪清除病梢、病枝叶；发病初期摘除病梢和病花丛，同时进行第一次药剂防治。

②加强果园管理。增施有机肥，增强树势，提高抗病力，疏除徒长枝和过密枝，增强树冠通风透光性。

③喷药保护。梨树花前和花后各喷 1 次药，以保护花序、嫩梢和新叶。以后根据降雨情况，每隔 15~20 d 喷药 1 次，共喷 4 次。药剂一般用 1∶2∶200 波尔多液、50%多菌灵可湿性粉剂 500~800 倍液或 50%甲基托布津可湿性粉剂 500~800 倍液等。

8.2.2.10　阔叶树漆斑病

【分布及危害】阔叶树漆斑病又称黑痣病，是槭属(*Acer*)植物常见病害，几乎危害槭属的各个树种。在榆、柳、栾、杜鹃、小檗等树种上也会发生漆斑病。该病普遍分布于全国各地，一般不引起很大损失。

【症状】受害叶片出现淡黄色圆形斑点，逐渐在病斑中央形成突出、有光泽的漆黑斑点，如黑色漆块覆盖在黄斑表面，其周围有一淡黄色变色区(图 8-16)。寄主与病原菌种类不同，症状有一定差异。圆形病斑直径 2~13 mm 不等，有时数个小病斑聚成一个大病斑，近圆形。槭类树漆斑病在秋末槭叶变红时，病斑周围仍保持绿色。

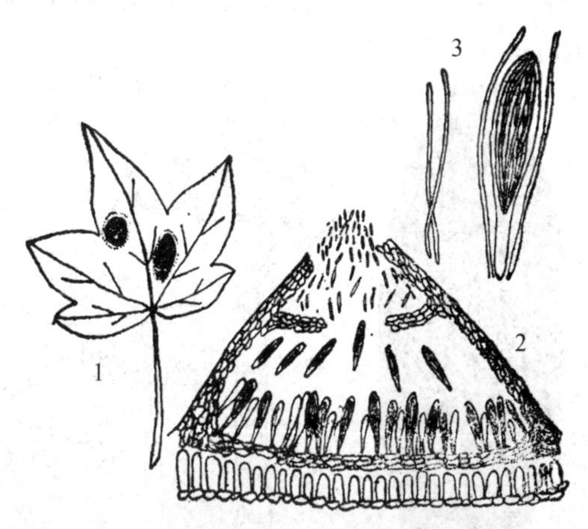

1. 病叶；2. 子囊盘；3. 子囊、侧丝及子囊孢子。

图 8-16　槭树漆斑病症状和病原

(周仲铭，1990)

【病原】该病由子囊菌门斑痣盘菌属或符氏盘菌属(*Vladracula*)真菌引起。斑痣盘菌属子囊盘长形，弯曲、放射形排列于子座内；子囊棍棒形，有侧丝；子囊孢子线形或针形，单胞，无色；分生孢子圆柱形，合轴式产孢。其中槭斑痣盘菌(*Rhytisma acerinum*)在五角槭等槭树上形成大型黑痣状病斑，直径 6~13 mm；斑痣盘菌(*R. punctatum*) 寄生在多种槭树上，病斑直径 2~3 mm；柳斑痣盘菌(*R. salicinum*) 寄生在柳树上，病斑直径 2~5 mm。符氏盘菌属的子囊盘近圆形，扁平，黑色，不规则或辐射状开裂；侧丝短，线形，成熟时消失或不消失；子囊同期成熟，长棍棒状，内含 8 个子囊孢子；子囊孢子圆形或棍棒状，无色，无隔；分生孢子倒卵圆形，内壁芽生式产孢，产孢细胞具囊顶。环纹符氏盘菌(*Vladracula annuliformis*)危害三角槭，病斑直径 2~3 mm。

【发病规律】病原菌以子座及子囊盘在病叶上越冬，翌年 4~5 月产生子囊及子囊孢子，子囊孢子成熟并散发出来，随风雨传播，由气孔侵入。菌丝在叶表皮细胞蔓延、扩展，至夏末、秋初形成盾状黑色子座覆盖于斑点上。降雨多、湿度大的年份发病较普遍。阴湿的环境易于发病。

【防治措施】

①秋、冬季收集病、落叶，集中烧毁，减少侵染来源。

②早春子囊孢子成熟分散之前，喷施 1∶1∶200 波尔多液，或 50%多菌灵可湿性粉剂 1 000 倍液，或 65%代森锌可湿性粉剂 500 倍液等。

8.2.2.11　阔叶树藻斑病

【分布及危害】分布于长江流域以南潮湿、炎热地区，危害茶树、油茶、荔枝、龙眼、柑橘、杧果、黄皮、番石榴、白玉兰、樟树、冬青等多种果树和林木，在老龄树上发生尤为普遍。发病严重时，果树的成叶和老叶可布满病斑，影响光合作用，造成树势早衰。

【症状】主要危害成叶和老叶。病斑在叶片正反两面均能发生，以在叶正面为多见。发病初期，叶表面先出现针头大小的淡黄褐色圆点，小圆点逐渐向四周作辐射状扩展，形成圆形或不规则形稍隆起的毛毡状斑，表面呈放射状纹理，并有绒毛，边缘缺刻。随着病斑的扩展、老化，病斑边缘颜色和中间颜色往往不同。藻斑大小不等，大者直径达 10 mm。

【病原】藻斑病是由寄生性红锈藻(*Cephaleuros virescens*)引起。病部表面毛毡状结构为红锈藻的营养体(藻丝体)，由稠密细致的二叉分枝的丝网构成。营养体可侵入叶片皮层和树枝(嫩梢)的皮层组织。在叶内，红锈藻的细胞呈链状，相互连接成丝状体，延伸在叶片组织细胞间。丝状体(藻丝体)具分隔，细胞短，内含许多红色素体，呈橙黄色。孢子囊梗从繁殖阶段的藻丝体上长出，红褐色，有分隔，毛发状，末端膨大成头状，上生 8~12 条叉状小梗，每一小梗顶端着生 1 个椭圆形或球形、单胞、红褐色的孢子囊。孢子囊成熟后，遇雨水破裂，散发出游动孢子。游动孢子近椭圆形，双鞭毛，侧生，无色，可在水中游动(图 8-17)。

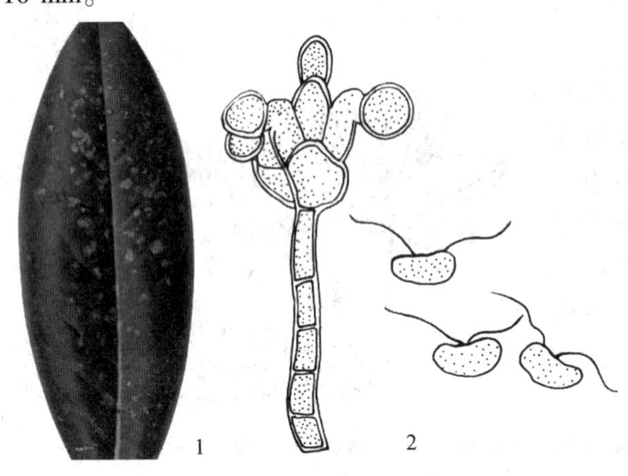

1. 荷花玉兰病叶症状(刘国坤 摄)；2. 锈藻孢囊梗、孢子囊及游动孢子(周仲铭，1990)。

图 8-17 阔叶树藻斑病症状和病原

【发病规律】病原以藻丝体在病部组织越冬。翌年春季当温湿度适宜时，营养体产生孢囊梗和孢子囊，孢子囊成熟易脱落，并借风雨传播，孢子囊遇水即破裂散发出游动孢子，游动孢子落在寄主叶片上萌发芽管，从气孔侵入叶片组织，逐渐发展成为丝状营养体。在病部的营养体再产生孢囊梗和孢子囊，借风雨传播，辗转侵染危害。

温暖高湿的气候条件，适宜于孢子囊的产生和传播，在降雨频繁、雨量充沛的季节，藻斑病发病严重。树冠和枝叶密集、过度庇荫、通风透光不良的果园发病普遍。土壤瘠薄、缺肥、干旱或水涝和管理差等原因造成树势衰弱，常有利于病害发生。

【防治措施】

①加强果园管理，合理施肥和增施有机肥改良土壤，以增强树势，提高抗病力。注意排水，适度疏剪，避免果园过度庇荫，利于通风透光，降低湿度。

②及时清除病枝落叶，并集中烧毁，以消灭侵染源。

③在每年病害易发期，对发病较普遍的果园，选用 0.5%~0.7%波尔多液、0.5~1°Bé 石硫合剂喷洒。

8.2.2.12 阔叶树瘿螨害

【分布及危害】阔叶树瘿螨害在我国各地均有发生，主要危害木本植物，如杨、柳、白蜡树、槭、漆树、枫杨、樟、榕树、青冈、椴树、荔枝、杧果、龙眼、梨、柑橘、葡萄、胡桃、梅花、丁香等林木和果树。被害植株细胞受刺激，组织产生增生现象，形成毛毡状病斑，严重地破坏了叶片的光合作用，发病叶片枯黄，早落，树木生长衰弱，果树产量降低。

【症状】发病初期，叶片背面产生苍白色、不规则病斑，之后发病部位表面隆起，病斑上多数茸毛密生成灰白色毛毡状物，故称毛毡病。病叶上的毛毡物是寄主表皮细胞受病原物刺激后伸长和变形的结果。这种刺激往往在寄主细胞中产生褐色素或红色素，因此毛毡状物逐渐着色，其色泽因寄主及病原物种类的不同而异。枫杨毛毡病的病斑呈褐色，荔枝毛毡病的病斑呈栗褐色，漆树毛毡病呈红棕色。毛毡状病斑主要分布于叶脉附近，也能相互连接覆盖整个叶片。发病严重时，叶片发生皱缩或卷曲，质地变硬，引起早落叶。在有些树种上，受瘿螨危害后，并不形成典型的毛毡状病斑，而是呈绣球状或者穗状，叶片扭曲、皱缩，叶背凹陷，叶面凸出，有些则形成虫瘿状，沿叶脉整齐排列成行。尤其顶芽和侧芽被害后，皱缩肿胀，卷曲成团(图 8-18)。

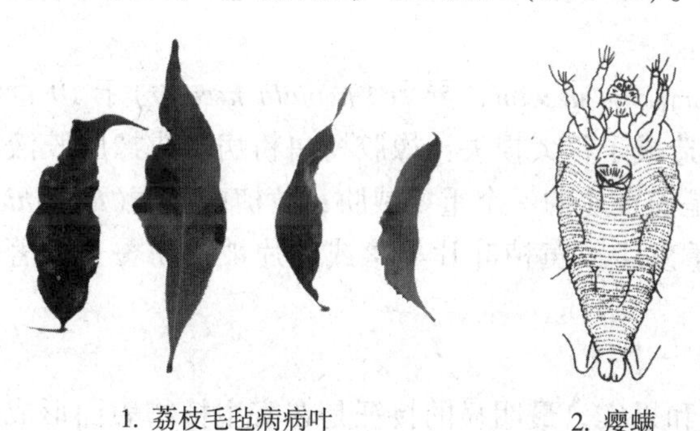

1. 荔枝毛毡病病叶
（刘国坤 摄）

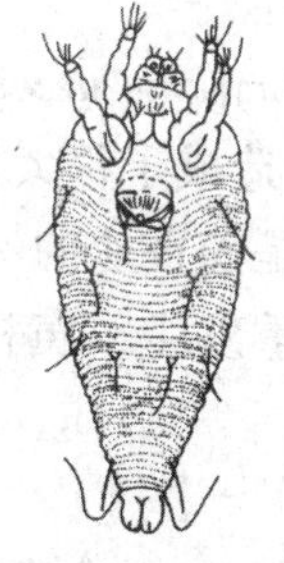

2. 瘿螨
(《山东林木病害志》编委会，2000)

3. 毛白杨皱叶病症状
（刘振宇 摄）

图 8-18　阔叶树瘿螨害

【病原】病原是瘿螨(*Eriophyes* spp.)，属蛛形纲真螨目瘿螨科瘿螨属。成螨体近圆锥形至椭圆形，黄褐色，体长 100~300 μm，体宽 40~70 μm。头胸部有两对步足，腹部较宽大，尾部较狭小，尾部末端有 1 对细毛；背、腹面具有许多皱褶环纹，背部环纹很明显。幼螨体形比成螨小，背、腹部环纹不明显，卵球形、光滑、半透明。

常见的植物毛毡病病原有：赤杨毛毡病(*E. brevitarsus*)、椴叶毛毡病(*E. tiliae-liosona*)、槭叶毛毡病(*E. macrochelus eriobius*)、毛白杨皱叶病(*E. dispar*)、胡桃楸毛毡病(*E. trisiriatus enineus*)、葡萄毛毡病(*E. vitis*)、荔枝毛毡病(*E. litchi*)等。

香樟毛毡病

【发病规律】瘿螨 1 年发生 10 多代，有世代重叠现象，一年中的不同时期都可以看到卵、若螨、成螨同时存在。瘿螨以成螨在芽的鳞片内、病叶内以及枝条的皮孔内越冬。翌年夏季，随着芽的开放和嫩叶抽出，瘿螨便随着叶片的展开爬到叶背面进行危害、繁殖。随着气温升高，危害不断扩大。在高温干燥条件下，瘿螨繁殖很快。夏秋季为发病盛期。天气干旱有利于该病的发生。近距离传播主要靠风和螨的爬动，带病苗木和无性繁殖材料的运输常造成病害远距离传播。

【防治措施】

①加强检疫，防止扩散。

②发现病芽、病叶后，及时摘除、销毁，秋季清除病落叶并集中处理，减少侵染源。

③在春季发芽前，喷洒5°Bé的石硫合剂，杀死越冬病原物；也可采用哒螨酮、克螨特、吡虫啉等药剂在发芽前和发病期喷雾。

8.2.3 白粉病类

白粉病是一类广布世界的植物病害，危害的植物种类很多。白粉病寄主的确切数量尚不清楚，据平田幸治(Hirata)1986年统计，寄主有9 838种被子植物，分属于44目169科1 617属，其中90%以上为双子叶植物，而Bradshaw et al.(2022)估计有16 000种。在森林中，白粉病是阔叶树上普遍发生的一类病害。针叶树上尚未发现。

林木上白粉病的发生虽然很普遍，但是对林木的损害一般并不严重。因为白粉病造成树木或苗木死亡的例子并不多。然而，白粉病可造成寄主生理生化上的病变，如呼吸和蒸腾作用的加剧，导致树木提早落叶，树势衰弱，严重影响生长，包括高生长、径生长、根生长，而且易引起一些潜伏侵染性病害的发生，进而引起树木死亡。在生产上，树木白粉病主要在经济林、果园和苗圃中受到重视。

白粉病

历史上有名的病例，如葡萄白粉病(*Erysiphe necator*，异名*Uncinula necator*)于19世纪中叶在欧洲大流行，给法国的葡萄种植业造成了很大损失；橡胶树白粉病造成橡胶胶液产量下降；桑白粉病(*Phyllactinia moricola*)是养蚕业的一个重要威胁；黄栌白粉病(*E. verniciferae*，异名*U. verniciferae*)在北京香山严重发生，黄栌叶片早落或叶片被白粉覆盖，著名的香山红叶景观黯然失色。

(1)症状

主要危害叶片，也可危害嫩枝、花器和果实。最明显的特征是在寄主植物表面形成由菌丝、分生孢子梗、分生孢子等组成的白粉层。白粉层有的很厚，似毡状，有的很薄，隐约可见；有的着生在叶的一面，有的着生在叶的两面；后期白粉层上产生初为黄色，后逐渐变黄褐、最后成黑色的小颗粒，是病菌的闭囊壳。

(2)病原

白粉病由子囊菌门白粉菌目真菌引起。菌丝无色，无附着枝；子囊果为闭囊壳；子囊孢子单胞无色。全部为被子植物的专性寄生菌。其无性世代有4种产孢类型：粉孢属(*Oidium*)，孢子串生；拟小卵孢属(*Ovulariopsis*)，孢子单生，梗直，有隔；旋梗孢属(*Streptopodium*)，孢子单生，梗基部旋转数周；拟粉孢属(*Oidiopsis*)，孢子单生，梗从气孔伸出。

白粉菌各属的划分传统上主要依据闭囊壳上附属丝的形态、闭囊壳内子囊的数目、菌丝着生方式(内生、外生，还是内外生)以及分生孢子类型进行。莱维尔(Léveillé)是研究白粉菌的鼻祖。他在1851年将白粉菌分为6个属：单丝壳属、叉丝单囊壳属、白粉菌属、叉丝壳属、钩丝壳属和球针壳属。后来，在白粉菌的研究中，出现了不同的派别。美国、苏联等在分属、分种上都比较保守。如美国学者Salmon承认莱维尔的6个属，下分49个种。中国、日本和欧洲的一些学者则主张分细一些。中国白粉菌研究始于20世纪30年代，戴芳澜最早开始研究。郑儒永等(1987)记述了中国已报道的18个有性型属和4个无性型属。近年来，采用形态学与分子系统学和超微结构相结合的分析方法，使白粉菌的分类发生了很大变化。根据 Braun & Cook（2012）的分类系统以及最新发表的文献，目前世界上白粉菌归属 20 个属，其中 17 个有性型属和 3 个无性型属，共 976 种（Wijayawardene et al.，2020）。新分类系统中，白粉菌属的变化最大，将狭义白粉菌属、钩丝壳属、叉丝壳属和小钩丝壳属（*Uncinuliella*）等几个属并入白粉菌属；单丝壳属并入叉丝单囊壳属。然而，也有学者持不同观点，例如，Ekanayaka et al.（2019）和 Johnston et al.（2019）根据形态和分子生物学数据，将白粉菌分为 23 个属，其中除了前述 20 个属以外，保留了粉孢属、拟粉孢属和拟小卵孢属 3 个无性型属，共计 1 201 种。随着越来越多分类单元被测序，白粉菌的分类系统将会不断完善并趋于稳定。

林木上比较重要的属有：白粉菌属、球针壳属、内丝白粉菌属（*Leveillula*）、叉丝单囊壳属等。

（3）发病规律

白粉病一般以越冬后的闭囊壳释放的子囊孢子进行初侵染，潜育期很短，往往只有几天，很快就会产生分生孢子，并随风散布，进行再侵染。在整个生长季节中，白粉病不断产生分生孢子进行多次侵染，直到秋天寄主停止生长时产生闭囊壳。一般以闭囊壳在落叶上越冬；或者以菌丝状态在寄主组织内或在芽鳞中或在寄主体表越冬，这种情况下，春天刚萌芽的嫩叶、嫩梢就可以被侵染，其上布满白粉。在热带亚热带地区，分生孢子也可以越冬。

白粉菌在真菌中是最耐干旱的。有的白粉菌如桤木白粉菌和葡萄白粉菌的分生孢子，在相对湿度接近零时还能萌发。尽管如此，人们仍然认为较高的湿度有利于白粉菌孢子的萌发和侵染。如蔷薇白粉菌分生孢子萌发的最适湿度为 95%～99%。干旱地区白粉病重，有人认为主要是因为寄主受干旱影响，降低了膨压，削弱了抗病力所致。

白粉菌最适生长温度平均约为 22℃。耐热的能力低于寄主。高、低温的交替有利于白粉菌的生长发育，尤其对闭囊壳和子囊孢子的形成有利。沙区白粉病重，可能与昼夜温差大有关。

通常认为白粉病的病情与寄主长势成正相关。一般而言，温暖、干燥、较弱的光线、肥沃的土壤、氮多、钾少、植物徒长等，均有利于白粉病的发生。

（4）防治措施

加强管理，注意施肥期和氮磷钾的比例，控制浇灌，避免干燥和过湿，避免徒长；培育抗病品种；集中病枝、病叶烧掉，减少侵染源；化学防治硫制剂效果好。石硫合剂、代森锌、福美双、托布津、粉锈宁等均可使用；白粉菌上有一类重寄生菌，即白粉寄生菌属（*Ampelomyces*，异名 *Cicinobolus*），有待于研究其生物防治的可能性。

8.2.3.1　板栗白粉病

【分布及危害】板栗白粉病在我国板栗产区广泛分布。辽宁、吉林、河北、山东、河南、陕西、云南、贵州、四川、江西、湖南、湖北、安徽、江苏、浙江、广西、广东均有分布。除危害板栗外，还可危害麻栎、锥栗、梓树、朴树、柳树、核桃、赤杨、鹅耳枥、柿树等多种阔叶树。主要危害叶片及嫩梢，发生严重时常造成病叶早落，嫩梢枯死，影响板栗苗及幼树的生长，降低板栗质量和产量。

云讲堂

【症状】病叶上初生块状褪绿的不规则形病斑，后在叶面或嫩枝表面形成白色粉状物，即病菌的菌丝及分生孢子。秋天，在白色粉层中产生初为黄白色、后为黄褐色、最后变为黑色的小颗粒状物，即病菌的闭囊壳。幼芽、嫩叶受害严重时呈卷曲、枯焦状，不能伸展。嫩枝受害严重时可扭曲变形，最后枯死。

【病原】该病由子囊菌门白粉菌目多种真菌引起，重要的有以下 2 种。

栎球针壳(*Phyllactinia roboris*、*Ph. guttage*，异名 *Ph. corylea*)。余永年等(1987)在《中国真菌志》第一卷中将此种细分为 32 个种。菌丝体生叶背面，部分生于寄主组织内，易消失；分生孢子单生于分生孢子梗顶端，倒卵圆形，5~12 μm×8~15 μm；闭囊壳黑褐色，扁球形至球形，直径 175~313 μm(平均 221 μm)；附属丝球针状，5~18 根；子囊 9~37 个，近圆筒形至长卵形，具略弯曲的柄，60~105 μm×25~40 μm；子囊孢子 2 个，罕 3 个，无色，单胞，椭圆形，25~45 μm×15~25 μm(图 8-19)。

栗生白粉菌(*Erysiphe castaneigena*，异名 *Microsphaera sinensis*)，属于白粉菌属。菌丝体生于叶的两面，以叶正面较多，且厚；闭囊壳黑褐色，扁球形，直径 70~155 μm(平均 88 μm)；附属丝 4~13 根，顶端为 2 叉状分枝 3~7 次；子囊 2~6 个，卵形、椭圆形或亚球形，43~63 μm×34~54 μm；子囊孢子 7~8 个，无色，单胞，椭圆形，13~24 μm×8~15 μm。

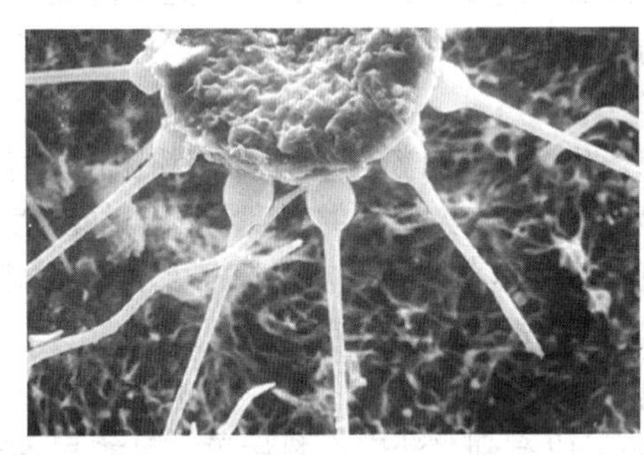
1. 栎球针壳

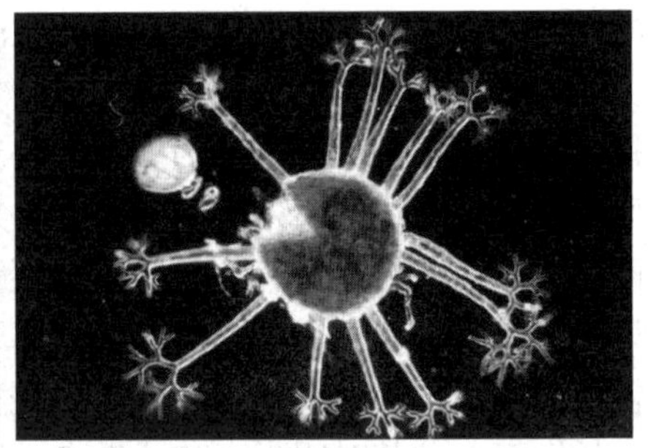
2. 栗生白粉菌

图 8-19 板栗白粉病病原菌

【发病规律】病原菌以闭囊壳在病落叶上越冬，翌年春季释放子囊孢子，借风传播，由气孔侵入寄主进行初次侵染。3~4 月发病后，产生分生孢子。分生孢子经风传播进行再侵染，一个生长季节可有多次再侵染，使病害不断蔓延扩展。8~9 月形成闭囊壳，9~10 月闭囊壳逐渐成熟。

秋冬季未进行病枝修剪和病叶清除的栗园，来年春季在适宜的条件下，病原菌分生孢子可以进行再侵染，使已感病的栗树病情加重，并迅速扩大蔓延；林分密度大的栗园，通风透光差，相对湿度高，发病严重；栗园立地条件差，坡陡，上层瘠薄干旱，树体抗逆性差，受害程度相对较高；不同板栗品种抗病性能有明显差异，单纯本地良种栗园抗病差，感病重，本地种与外地种间套种感病相对较轻。

高氮低钾的土壤条件有利于病害的发生。温暖、潮湿的气候条件有利于病害的发展。低氮、高钾以及硼、硅、铜、锰等微量元素对病害有缓减作用。

【防治措施】

①减少越冬菌源。冬季结合修剪，清除病枝、病芽、落叶，集中焚毁。重病区连续进

行数年。

②合理施肥、灌溉，严格控制氮肥，适当施用磷、钾肥，防止植株徒长。

③推广抗病良种，调整单一品种结构。选择适宜当地生长的抗病良种进行间套栽植。

④药剂防治。栗树休眠季节喷洒石硫合剂预防；发病初期喷洒 15%三唑酮 1 000 倍液或 12. 5%烯唑醇 1 500 倍液，或 70%甲基托布津、50%退菌特 800 倍液，半个月 1 次，喷 2~3 次。

8. 2. 3. 2　苹果白粉病

【分布及危害】苹果白粉病是一种世界性病害，在我国各苹果产区均有发生。该病不仅侵染各种苹果属植物，还可危害山荆子、花红、槟子和海棠等。

苹果白粉病

该病在吉林、辽宁、河北、河南、山东、山西、陕西、新疆、青海、四川、云南、贵州、安徽、江苏和浙江等地均有发生，尤以渤海地区、西北，以及云南等苹果产区发病严重。

【症状】主要危害叶片、新梢，花、幼果和芽也能受害。受害的休眠芽茸毛稀少，呈灰褐色，干瘪尖瘦，鳞片松散，萌发较晚，严重时未萌发即枯死。病芽萌发后生长缓慢，新叶皱缩畸形，淡紫褐色，质硬而脆，叶背具白粉层(菌丝体、分生孢子梗和分生孢子)。随着枝叶生长，白粉层蔓延至叶面。从病芽抽出的新梢，表面布满白粉，节间短而细弱，以后病梢大部分叶片干枯脱落，仅在顶端残留几片新叶。受害花器的萼片及花梗畸形，花瓣狭长，黄绿色，不能坐果，受害严重的花芽干枯死亡，不能开放。受害成叶于叶背面产生白色粉末状病斑，相对的叶面则褪绿变黄，浓淡不匀，最后病叶两面布满白粉，皱缩、扭曲，并变褐枯死。初夏以后病部的白粉层变褐脱落，并在叶背的叶脉、叶柄及新梢等部位产生成堆的小黑点(闭囊壳)。

【病原】白叉丝单囊壳(*Podosphaera leucotricha*)，属于子囊菌门白粉菌目叉丝单囊壳属。闭囊壳球形，直径 62~96 μm，暗褐色至黑褐色，基部的附属丝无色，较短呈丛状，上部的附属丝无色，具隔膜，较长而分散，有 1~2 次叉状分枝；子囊在闭囊壳内单生，近球形，45~75 μm×32~68 μm，无色，内含 8 个子囊孢子；子囊孢子单胞，无色，卵圆形；分生孢子梗棍棒状，顶端串生分生孢子；分生孢子单胞，无色，椭圆形(图 8-20)。

【发病规律】苹果白粉病以菌丝潜伏在冬芽的鳞片间或鳞片内越冬。顶芽带菌率显著

1. 病叶症状

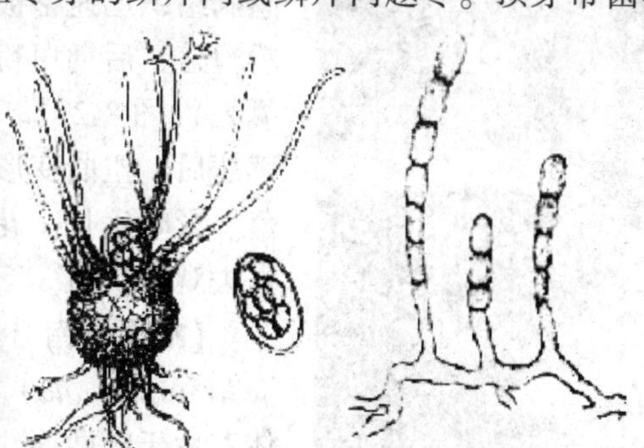
2. 闭囊壳、子囊、分生孢子梗及分生孢子

图 8-20　苹果白粉病

高于侧芽。第四侧芽以下则基本不受害。分生孢子经由气流传播。4~6月为发病盛期，8月底在秋梢上再次蔓延危害。病害发生的两个高峰期完全与苹果树的新梢生长期相吻合。

苹果品种之间抗病性有差异。‘倭锦’‘红玉’和‘柳玉’等发病最重，‘国光’次之，‘印度’‘青香蕉’‘金香蕉’‘金冠’‘元帅’和‘红星’等发病轻。

菌丝生长最适温度为20℃，分生孢子萌发最适温度在21℃，最适相对湿度100%，在33℃以上即失去生活力，在1℃低温干燥时能存活两周。

病害发生与气候条件关系密切。春季温暖干旱有利于前期病害的发生和流行。夏季多雨凉爽、秋季晴朗有利于后期发病。果园地势低洼、栽植过密、土壤黏重，有利于发病。偏施氮肥，可造成树冠郁闭、枝条细弱，加重病害。剪枝不当、枝条缓放过多、致带菌芽数量增加，也会使发病加重。

【防治措施】

①减少侵染源。结合冬季修剪，剪除病枝、病芽。重病园冬芽带菌率高，可实行强度修剪。萌芽至开花期复剪，减少病菌侵染源。

②加强栽培管理。种植密度过大，偏施氮肥和不合理的排灌，会使小环境有利于发病。因此，要高度重视合理施肥和修剪等的栽培措施，使园内通风透光、树势健壮，提高抗病力。在病害常年流行地区，逐步淘汰感病品种。

③喷药保护。在苹果树发芽前，喷洒石硫合剂，对铲除病芽内越冬菌丝有一定作用。开花前后药剂防治更重要，可用25%粉锈宁1 000~1 500倍液、70%甲基托布津800~1 000倍液、石硫合剂和十三吗啉乳油等，在花前、落花70%和花后15 d各喷1次。

④选用抗病品种。不同苹果属植物和苹果品种对白粉病的抗病性差异明显。在病害常发区，要压缩感病品种(如‘倭锦’‘红玉’和‘国光’等)的种植面积。

8.2.3.3 紫薇白粉病

紫薇白粉病

【分布及危害】紫薇白粉病为紫薇上常见病害，全国各地广泛分布。紫薇苗木、幼树、成树以及园林盆景均可受害，尤其以苗木受害较重，影响紫薇正常生长，降低经济价值和观赏价值。福建、广东、湖北、浙江、江苏、云南、四川、山东、上海、北京、湖南、贵州、河南、台湾等地均有分布。

图8-21 紫薇白粉病
(贺伟 摄)

【症状】主要危害叶片，还危害嫩梢和花蕾等幼嫩组织。感病组织迅速密被白色粉霉层。叶两面及嫩枝表面初期被白粉覆盖，后期白粉层上产生黄白色斑块，夹有黑色小点(闭囊壳)(图8-21)。严重时枝、叶卷曲枯死，似烧焦状。嫩叶感病后，扭曲变形，覆盖一层白粉，叶色逐渐枯黄，提早脱落。影响生长。花受侵染后，表面被覆白粉层，花穗畸形，失去观赏价值。

【病原】南方白粉菌(*Erysiphe australiana*，异名*Uncinuliella australiana*)，属于子囊菌门白粉菌目白粉菌属。菌丝体着生于叶两面。闭囊壳聚生至散生，暗褐色，球形至扁球形，直径90~125(70~142) μm；附属丝有长、短两种，长附属丝直或弯曲，长度为闭囊壳的1~2倍，顶端钩状或卷曲 1~2 周；子囊 3~5 个，卵形至近球形，48.3~58.4 μm×30.5~40.6 μm；子囊孢子 5~7 个，卵形，17.8~22.9 μm×10.2~15.2 μm。

【发病规律】病菌以闭囊壳或菌丝在病株芽鳞和枝梢上越冬。来年春天释放子囊孢子，经气流传播(或潜伏于芽内的菌丝)侵染嫩叶，适宜的条件下，菌丝迅速覆盖全叶，并产生粉孢子，扩大侵染。上海地区在 4 月下旬至 5 月初可见到新梢发病，梅雨季节雨水多时病害严重；通风不良、庇荫、植株徒长有利病害发生发展。

【防治措施】

①减少侵染源。秋末冬初清扫落叶，剪除病枝，及时销毁。紫薇萌生力强，重病的成树可于冬季剪除所有当年生的枝条，清除病落叶、病梢，可以减轻侵染。

②化学防治。20%粉锈宁 3 000 倍液，或 65%代森锌 500 倍液，或 75%百菌清 800 倍液，或 70%甲基托布津 1 000 倍液，于初发病时，每隔 10 d 喷 1 次，共喷 3~4 次。

③设置隔离带。在种植紫薇时有层次地种植针叶树，起阻碍病害发生蔓延作用。

④园林技术防治。紫薇栽植不宜过密，在紫薇花后种熟之际，及时修剪，以利通风、透光，降低湿度。

⑤生物防治。已发现 1 种白粉寄生菌(*Ampelomyces* sp.)和 1 种拟青霉菌(*Paccilomyces* sp.)是紫薇白粉病病原菌的重寄生菌。

8.2.3.4　葡萄白粉病

【分布及危害】葡萄白粉病是我国葡萄产区的主要病害之一，在我国所有葡萄产区都有分布，尤其在北方干旱种植区经常发生，主要危害叶片、新梢、果实等幼嫩器官，老叶及成熟果实较少受害。寄主除葡萄(*Vitis winifera*)外，还有山葡萄(*V. amurensis*)。

国内主要分布于新疆、甘肃、陕西、内蒙古、吉林、山东、江苏、安徽、台湾、河南、广西、四川、贵州、云南。

【症状】受病部位常常产生一层白色至灰白色的粉质霉层，即病原菌的菌丝、分生孢子梗及分生孢子，粉斑下面有黑褐色网状花纹。果实受害，停止生长，有时变畸形。在多雨时感病，病果易纵向开裂，果肉外露，极易腐烂。叶片受害，当粉斑蔓延到整个叶面时，叶面变褐、焦枯。新梢受害，表皮出现很多褐色网状花纹，有时枝蔓不易成熟。果梗、穗轴受害，质地变脆，极易折断。

【病原】葡萄钩丝壳(*Erysiphe necator*，异名 *Uncinula necator*)，属于子囊菌门白粉菌目白粉菌属。该菌的分生孢子成串着生在分生孢子梗上。菌丝体叶两面生，以叶正面为主；分生孢子无色，单胞，椭圆形，大小为 16.3~20.9 μm×28~34.9 μm；闭囊壳扁球形，直径 75~110 μm，附属丝 9~21 根，顶端卷曲；子囊 4~6 个，卵形、近卵形到近球形，短柄或无柄，55.9~68.6 μm×35.6~45.7 μm；子囊孢子不易成熟，4~6 个，椭圆形，20.3~25.9 μm×10.4~12.6 μm(图 8-22)。

【发病规律】病原菌以菌丝体在枝蔓的组织或芽鳞内越冬，翌年条件适宜时形成分生孢子。借风力传播，孢子萌发后，以吸器侵入寄主表皮细胞内吸取养分而形成褐色的网状花纹，菌丝表生，弥漫于病组织表面。栽植过密、氮肥过多，通风透光不良，均有利于发病。闷热天气易造成病害流行。

图 8-22　葡萄白粉病

【防治措施】

①加强栽培管理，增施有机肥料，加强树势，提高抗病力；及时摘心，疏剪过密枝叶和绑蔓，保持通风透光良好，可减轻病害发生。

②注意葡萄园卫生，秋末冬初收集病叶、枝蔓、病果等植株残体，集中烧毁或深埋，以减少菌源。

③在发芽前喷 1 次 3~5°Bé 石硫合剂；发芽后喷 0.2~0.5°Bé 石硫合剂，或 50%托布津可湿性粉剂 500 倍液，或 70%甲基托布津 1 000 倍液，或 25%三唑酮可湿性粉剂 1 000 倍液。

8.2.4　叶果锈病类

由锈菌(rust fungi)引起的针阔叶树叶部病害是最常见的一类林木病害，全世界均有分布，我国各地多有发生。有些叶部锈菌还能危害果实、叶柄和嫩梢，甚至枝干。植株发病后蒸腾和呼吸作用加速，光合作用减弱，叶片提早发黄与脱落，果实畸形，生长势下降，严重时甚至死苗，造成重大经济损失。

引起锈病的真菌都是专性寄生菌，是依赖寄主植物活体获取营养而生存的。因此，经过与寄主植物的长期协同发展发育，锈菌在其生长与生命活动过程中能与寄主植物保持相对的稳定性。寄主植株受锈菌侵染后，一般不会直接或很快引起组织的坏死，只在病斑上产生褪绿、淡黄色或褐色的斑点等病状，而在病斑上常常产生明显的锈色孢子堆等病征，锈病也由此而得名。当嫩梢、嫩叶等幼嫩组织被侵染时，病部常肥肿。在果实上也可导致果实畸形或开裂。

侵染针阔叶树木叶部的锈菌多为转主寄生的长循环型锈菌，产生 5 种不同类型的孢子，即性孢子(0)、锈(春)孢子(Ⅰ)、夏孢子(Ⅱ)、冬孢子(Ⅲ)和担孢子(Ⅳ)。而有的锈菌则有变异，缺少其中的 1 种或 2 种、3 种类型的孢子。叶部锈菌主要隶属于鞘锈菌属、栅锈菌属、胶锈菌属、层锈菌属(*Phakospora*)、多孢锈菌属(*Phragmidium*)和单孢锈菌属(*Uromyces*)等。

在症状上，由于产生多种不同类型的孢子、具有不同类型的生活史和发生在不同的寄主上，各种锈菌在不同的时期表现各异。一般而言，性孢子器多呈现为蜜黄色至暗褐色的点或颗粒。锈孢子器常表现为黄白色各种形状的孢子器，内有黄粉为锈孢子；少数没有包被组织，只有外露的黄色粉堆为锈孢子堆。夏孢子堆为外露的黄色粉堆。冬孢子堆生长在植物表皮细胞下，外观上表现为橘红色或锈褐色的病斑(图 8-23)。

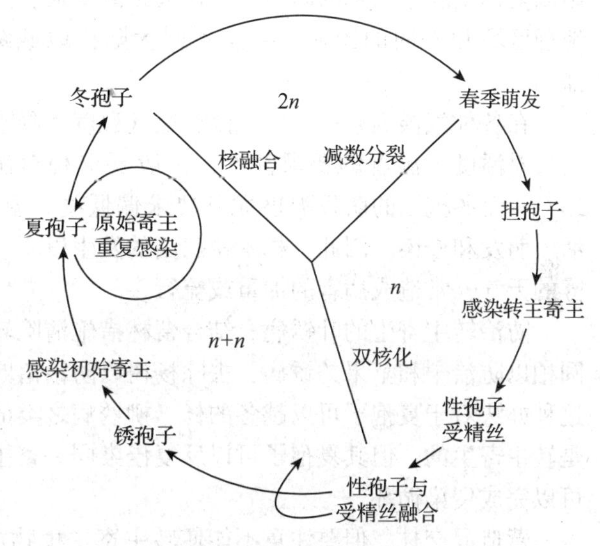

图 8-23　典型锈菌的生活循环

(宗兆锋等，2002)

寄主植物被锈菌侵染后，生理功能发生变化，蒸腾作用和呼吸作用增强，光合作用减弱，导致营养失调，渐渐使叶和嫩梢枯死，病叶提早脱落，感病严重时则影响生长或导致整株死亡。苗木受害比大树严重，一般幼芽、嫩叶、嫩枝易受侵染而发病。

引起叶部锈病的锈菌多数具有转主寄生性，因此转主寄主植物的存在对于病害的发生和发展是必不可少的，如落叶松—杨锈病、松针锈病等。但是，对于夏孢子和冬孢子阶段的寄主，如果锈菌以菌丝或夏孢子越冬时，这种锈病的转主寄主是否存在，就不是不可缺少的，如毛白杨叶锈病等。有的锈菌没有转主寄主，或者尚未发现它的转主寄主，如玫瑰锈菌、枣锈病菌和咖啡锈菌等。树木锈菌的转主寄主因菌种而异，有木本植物，也有草本植物，或者木本和草本植物兼而有之。

叶锈病菌的越冬场所和方式，依其菌种生物学特性和地理分布的不同表现出很大的差异。一般而言，冬孢子通常需要经过一个或长或短的休眠期后才能萌发，因此，冬孢子常在病落叶上越冬，翌年春季萌发产生担孢子成为初次侵染来源，如落叶松—杨锈病。但是有的叶锈病菌的冬孢子成熟后，不经休眠就能萌发产生担孢子，担孢子侵染寄主后，以菌丝体在病叶组织内或寄主休眠芽内越冬，如松针锈菌等。有些叶锈病菌既可以冬孢子在落地叶上越冬，又可以菌丝在病叶组织内越冬，如玫瑰锈病菌等。而枣锈病菌主要以夏孢子堆在病落叶上越冬。越冬后的冬孢子产生担孢子成为初次侵染来源，或者越冬后的夏孢子成为初次侵染来源。

在生活史中有 5 种类型孢子的锈菌，由冬孢子萌发产生担孢子，担孢子侵染产生性孢子和锈孢子，锈孢子侵染产生夏孢子和冬孢子。夏孢子可重复侵染，那么对寄主能发生侵染作用的只有锈孢子、夏孢子和担孢子，它们主要由风传播。担孢子萌发后可直接穿透表皮或从气孔侵入寄主，而锈孢子和夏孢子萌发后一般从气孔侵入寄主。有转主寄主的锈菌，只有在夏孢子、冬孢子阶段所在的寄主上，夏孢子有多次再侵染的作用，如杨叶锈病菌。而在同主寄主上寄生的玫瑰锈病菌，其锈孢子和夏孢子均有再侵染的作用。

胶锈菌因缺夏孢子，故无再侵染，一年内在冬孢子和锈孢子的寄主上都仅有一次初侵染。锈菌的孢子随气流传播的范围较广，亚洲胶锈菌的担孢子可传到约 5 km 处。有的锈菌以夏孢子随千余米的高空气流作远距离传播，可传播到数百至数千千米以外的不同自然地理区域和不同的国家，甚至不同大陆，地域跨数十个纬度。孢子也有借雨水溅散传播的。

在各种气候因素中，以气温、空气湿度和降水对锈病的发生影响较大。因为锈菌孢子萌发对温度、湿度的要求甚严，一般要求相对湿度在 95%以上，最适宜的温度在 12～23℃，而冬孢子的萌发温度尤其要求偏低些。温度的过高或过低都会抑制孢子形成、存活、萌发和侵染。因此，林木锈病菌的发生以春、秋两季为多。特别是多雨日、多露或大雾的天气，常造成病害的加重或流行。

防治转主寄生的叶锈病，结合营林措施清除转主寄主有时能收到理想的效果。如去除圆柏以防治梨和苹果的锈病，去除杨树以防治落叶松的叶锈病都是典型成功的例子。但是这种办法对于夏孢子可以越冬的杨、柳锈病之类的病害却毫无效果，因为这些锈菌虽然也是转主寄生的，但其夏孢子可以反复侵染同一寄主，并可越冬，故不需要转主寄主而照样可以完成侵染循环。

营造混交林，但要注意不能使转主寄主植物混交在一起。如落叶松、杨树不能混交；油松、樟子松和黄檗不能混交。在城市景观植物配置时，要将寄主植物与转主寄主观赏植物严格隔离，如柏树与转主寄主海棠、苹果、梨等要相隔 5 km 以上；杜鹃与云杉、铁杉不能混栽，紫菀等与二针松、三针松等不能混栽。如已经混栽，最好彻底清除转主寄主。

彻底清除带有越冬病原菌的病组织，尽量减少初次侵染来源和减少菌源，以减轻发病程度。如防治单主寄生的锈病和不需要转主寄主的锈病，要在秋末至翌年早春或植物休眠期，清扫落叶、落果和枯枝等植物残体；在生长季经常去除带病枝叶并集中销毁处理。

在孢子即将放散时、孢子放散期、孢子萌发和侵染期间，以及植物发病初期，喷药防治。可喷波尔多液、石硫合剂、敌锈钠、代森锌、百菌清、粉锈宁等药剂；或在孢子释放盛期放烟剂防治。如在秋末到翌年萌芽前，在剪除和清扫带病枝叶后再施药预防，可喷 2～5°Bé 石硫合剂，或 45%结晶石硫合剂 100～150 倍液。在发病初期喷 0.2～0.3°Bé 石硫合剂，45%结晶石硫合剂 300～500 倍液，或 70%代森锰锌可湿性粉剂 500 倍液，或 70%甲基托布津可湿性粉剂 1 000 倍液，或 25%三唑酮可湿性粉剂 1 500 倍液等。

选育抗病品种。不同的树木种类和品种抗锈病的能力有明显差异。因此，选育抗锈病的植物种类和品种是防治锈病经济有效的途径。

8.2.4.1　松针锈病

【分布及危害】松针锈病也称松针疱锈病，是国内外松属(*Pinus*)针叶上分布广、寄主多的一类锈病。我国从南到北皆有分布，受害树种有云南松、马尾松、华山松、樟子松、黑松、油松、赤松、红松以及湿地松、火炬松等。实际上所有松属树种的五针松、二针松、三针松的针叶都可受到不同种类锈菌的侵染。一般对大树的危害不严重，主要危害苗木和幼树，2~15年生松树发病较重，15~20年生松树发病较轻。导致松针枯死早落，影响树木生长。发病严重时可使新梢干枯，甚至全株枯死。大兴安岭加格达奇林业局跃进经营所1987年营造的樟子松林，在1988年开始发病，1989年发病率达100%，病情指数为67.4，并有部分枯死；云南蒙自弥拉地林场400 hm^2 5年生的云南松人工幼林发病率也达100%，生长量明显受到抑制；陕西省油松苗因该病危害导致针叶大量干枯死亡。

【症状】各种松树上发生的松针锈病，其症状基本相似。感病针叶最初产生褪绿色的黄色小段斑，其上生蜜黄色小点，后变为丘疹状的黄褐色至黑褐色小点，即性孢子器，常数个一起沿针叶等距离紧密排列。随后在丘疹状性孢子器的对侧出现橙黄色扁平舌状的小疱囊，为带有包被的锈孢子器，锈孢子器常数个相连排成一列，成熟后不规则开裂，散出黄色粉状锈孢子。病叶上常残留白色膜状包被。最后病叶枯黄脱落或病斑上部枯死。春旱时新梢生长变慢。连续发病2~3年，幼苗或幼树即枯死。

6~7月夏孢子堆生长在转主寄主的叶背上，橙黄色，初生长在叶表皮下，后突破叶表皮而外露。入秋的8月在叶背或叶表可看到暗橙红色的斑，稍稍凸起一些，是冬孢子堆，有时看到白色的粉末就是冬孢子。整个叶上都可看到枯死斑。

【病原】松针锈病菌是转主寄生的，由担子菌门柄锈菌纲柄锈菌目鞘锈菌科鞘锈菌属的一些种引起，一般具有长循环型的生活史，0、Ⅰ阶段在松针上，Ⅱ、Ⅲ阶段多在不同科属的草本植物上，少数也在木本植物上。鞘锈菌属已报道113种，分布全世界，我国报道59种，除少数种外，均未在松树上进行过接种试验。

红松松针锈病是由风毛菊鞘锈菌(*Coleosporium saussureae*)引起的。性孢子和锈孢子阶段寄生于红松针叶上，夏孢子和冬孢子阶段寄生于风毛菊属(*Saussurea*)植物叶片上。性孢子生于性孢子器内，性孢子小，球形，单胞，无色。锈孢子器较大，呈舌疱状；锈孢子黄色，链生，卵圆形至椭圆形，孢子表面布有疣突，无平滑区，每个疣由数个细柱组成，有5~7层环棱，基部有纤丝相连。夏孢型的锈孢子与锈孢子相似，孢子堆350~600 μm×250~550 μm，孢子卵圆形或球形，19~29 μm×11~21 μm，孢子表面有疣突，每个疣突由数个细柱组成，有的细柱下端分离，上端聚集稍膨大。冬孢子堆橘红色，蜡质，圆形，不开裂，147~576 μm。冬孢子圆筒形，上端略粗，淡黄色，64~85 μm×17~30 μm，萌发时生3隔。担孢子淡褐色，卵圆形或肾形，15~27 μm×12~20 μm(图8-24)。

樟子松松针锈病的人工接种结果表明，在不同地区其转主寄主不同，在内蒙古红花尔基林业局是蒙古白头翁(*Pulsatilla ambigua*)，在大兴安岭塔河林业局为掌叶白头翁(*P. patens*)和轮叶沙参(*Adenophora tetraphylla*)，因而确定病原菌为白头翁鞘锈菌(*C. pulsatilae*)，但在辽宁其转主寄主为黄檗(*Phellodendron amurense*)，在黑龙江省阿城、勃利等地的转主寄主为紫花铁线莲(*Clematis fusca*)和黄檗。白头翁鞘锈菌的0、Ⅰ阶段还生长在赤松上。

一枝黄花鞘锈菌(*C. solidaginis*)的性孢子和锈孢子阶段生在马尾松、华山松、云南松和红松上，夏孢子和冬孢子阶段生活在一枝黄花属(*Solidago*)、翠菊属(*Callistephus*)、紫菀属(*Aster*)等菊科植物上，在我国南方很普遍。

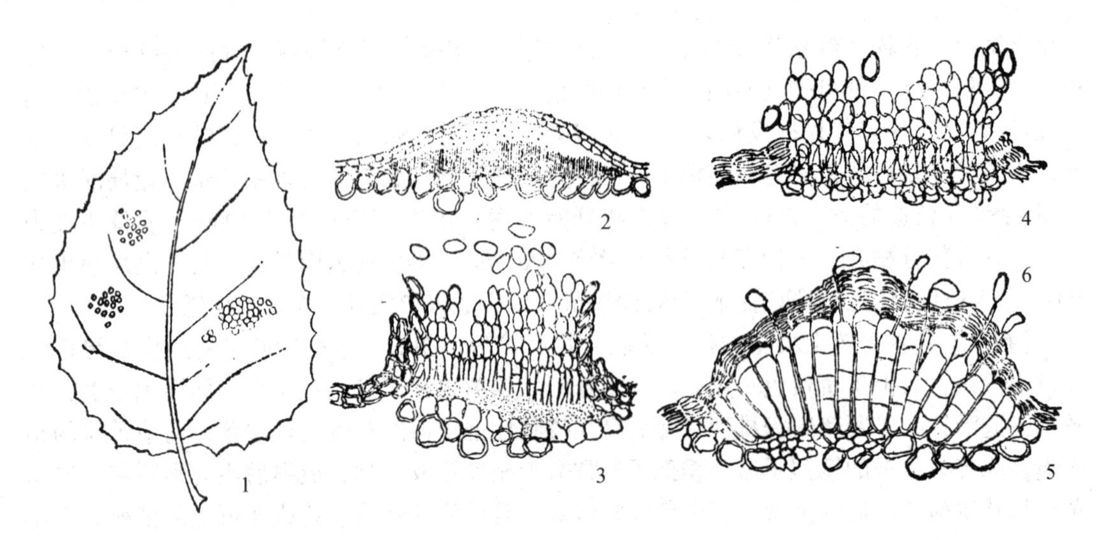

1. 风毛菊叶上的夏孢型锈孢子堆(散生的)和冬孢子堆(集生的); 2. 松针横切面上的性孢子器; 3. 锈孢子堆; 4. 夏孢型锈孢子堆; 5. 冬孢子堆; 6. 担孢子。

图 8-24　松针锈病的病原菌

(周仲铭, 1990)

千里光鞘锈菌(*Coleosporium senecionis*)的性孢子和锈孢子阶段生于云南松上, 夏孢子和冬孢子阶段生于千里光属(*Senecio*)植物上。

黄檗鞘锈菌(*C. phellodendri*)的性孢子和锈孢子阶段生在油松、赤松和樟子松上, 夏孢子和冬孢子阶段生在黄檗属(*Phellodendron*)植物上。

另外, 我国偃松上还有一种短循环型的偃松鞘锈菌(*C.* sp.), 性孢子不详, 缺锈孢子、夏孢子, 冬孢子生于偃松(*Pinus pumila*)针叶上。

陕西省的马尾松松针锈病是由紫菀鞘锈菌(*C. asterum*)引起, 转主寄主为羽裂紫菀(*Aster pinnatifidus*)和白头翁(*Pulsatilla chinensis*)。紫菀鞘锈菌的 0、Ⅰ 阶段也可生长在油松和黄山松上。

【发病规律】各种松针锈病的发病规律都很相似。红松松针锈病是 8 月下旬在转主寄主上的冬孢子萌发, 产生大量的担孢子。担孢子由气流传播到松针上, 萌发后由气孔或直接穿透针叶表皮细胞侵入松针, 产生淡绿色斑, 形成初生菌丝在松针内越冬(白头翁鞘锈菌和黄檗鞘锈菌也可在秋季由初生菌丝产生少量性孢子器, 以初生菌丝和性孢子器在松针上越冬)。翌年 4 月菌丝开始活动, 4 月中旬形成性孢子器, 5 月上、中旬产生锈孢子器, 5 月中旬至 6 月中旬锈孢子放散。锈孢子由气流传播到转主寄主风毛菊的叶片上, 萌发后由气孔侵入叶片, 于 6 月中旬至 8 月中旬形成并放散夏孢型的锈孢子, 在此期间夏孢子可重复侵染 3~4 次, 随后形成冬孢子。冬孢子堆最早在 7 月下旬形成, 8 月大量产生。冬孢子当年萌发产生担孢子侵染松针。

4 月中旬的气温平均 2℃时即可产生锈孢子器, 如平均气温达 6℃时, 可提早 5 d 形成锈孢子器。锈孢子放散与 5 月的平均湿度有关, 如湿度大时, 放散孢子的时期便提早。

山阴坡的发病程度比山阳坡重; 山中下腹的发病程度比山上部重。在同样条件下, 幼树比大树受害严重, 高在 50 cm 以下的苗木受害最重, 15 年生以下的幼树次之, 大树一般只在树冠下部的少数针叶上发病。树冠下部发病重，中部轻，上部次之。6~8 月细雨连绵的年份病害易于流行。

【防治措施】

①营造混交林时，不要造樟子松或油松与黄檗混交林，并且相距应在 2 km 以上。

②清除转主寄主。做好造林调查设计，避免在目的树种的转主寄主多的地块造林，并结合锄草松土和幼林抚育尽量铲除风毛菊、千里光、紫菀等转主寄主植物，也可喷除莠剂防治转主寄主。

③对于松树苗圃和幼林要及时进行抚育，使幼林通风良好，降低湿度。

④化学药剂防治。有条件地区可喷硫黄粉或 0.3~0.5°Bé 石硫合剂，或用 80%代森铵 500 倍液，或 50%退菌特 500 倍液等喷射松树树冠进行防治。

8.2.4.2　白杨叶锈病

【分布及危害】白杨叶锈病广泛分布于我国白杨派树种栽植区，以河北、河南、山东、陕西、新疆等地最为严重，主要危害幼苗和幼树。毛白杨严重发病时，部分新芽枯死，叶片局部扭曲和提早脱落，直至嫩梢枯死，影响苗木的高生长和径生长，延迟出圃时间。因此该病是毛白杨苗木生产中的一个重要问题。除了危害毛白杨外，还危害新疆杨、河北杨、山杨、银白杨等白杨派树种。在新疆，银白杨幼苗死亡率可达 10%以上。病害对大树影响较小。

【症状】病害发生于叶、叶柄、芽及幼枝等部位，自早春放叶起至秋冬落叶止均可发病。春天展叶期，受侵染的冬芽萌动时间一般较健康芽早 2~3 d。冬芽展叶时的症状因侵染程度不同而异。如被侵染严重，往往不能正常放叶，未展开的嫩叶为黄色夏孢子粉堆所覆盖，经过 3 周左右即干枯死亡。感染较轻的冬芽，开放后嫩叶皱缩、加厚、反卷、表面密布夏孢子堆，形成黄色绣球花状的病叶。轻微感染的冬芽可正常开放，嫩叶两面仅有少量夏孢子堆。受侵染的冬芽数量一般很少，即使在严重发病的地块上也很少超过总芽数的 0.2%。正常芽展出的叶片受侵染后，在叶背面产生散生的、针头至黄豆大小的圆形黄色粉堆，即病原菌的夏孢子堆。严重时夏孢子堆可以联合成大块，且叶背病部隆起。受侵叶片提早脱落，有时叶片上形成大型枯斑，甚至枯死。叶柄和嫩枝受害后，其上产生椭圆形至梭形的溃疡斑。在较冷的地区，早春在病落叶上可见到赭色、近圆形或多角形的疱状物，即为病原菌的冬孢子堆(图 8-25)。

白杨叶锈病

【病原】白杨叶锈病的病原菌在我国已报道并被普遍承认的主要有 2 种，一种为马格栅锈菌[*Melampsora magnusiana*，异名杨栅锈菌(*M. rostrupii*)]，隶属担子菌门柄锈菌纲柄锈菌目栅锈菌科栅锈菌属。夏孢子橘黄色，圆形或椭圆形，表面有刺，大小为 19.5~25.5 μm×16.0~21.0 μm，壁厚 2.8~3.5 μm。侧丝呈头状或勺形，淡黄色或无色。冬孢子堆生于寄主表皮下，近柱形，大小为 37~50 μm×10~15 μm(图 8-26)。该菌主要以转主寄主种类、冬孢子有无和分子系统发育分析而与白杨派杨树上的栅锈菌进行区分，但马格栅锈菌的转主寄主在我国尚不清楚。据国外报道，马格栅锈菌的转主寄主为紫堇属(*Corydalis*)和白屈菜属(*Chelidonium*)植物。据国内记载，河北曾在紫堇属植物上发现过马格栅锈菌的性孢子器和锈孢子器，但并未研究其与白杨叶锈病的关系。国内还报道过白杨叶锈病的另一种病原菌——圆茄夏孢锈菌(*Uredo tholopsora*)。有人对国内已报道的上述 2 种锈菌的夏孢

1. 毛白杨叶背上的夏孢子堆

2. 毛白杨新梢被害状

图 8-25　毛白杨锈病的症状

（徐志华 摄）

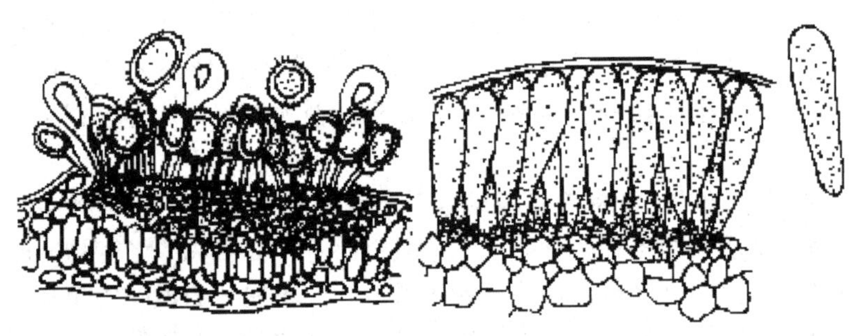
1. 夏孢子堆　　2. 冬孢子堆

图 8-26　毛白杨锈病的病原菌

（周仲铭，1990）

子和侧丝形态做电镜比较观察，并通过人工接种做寄主范围的比较，认为二者同属一种，但可能存在致病性上的分化。

【发病规律】病菌以菌丝体在冬芽和枝梢的溃疡斑内越冬。随着春季气温的升高，冬芽开始活动，越冬的菌丝也逐渐发育，冬芽开放时即形成大量的夏孢子堆，成为当年侵染的主要来源。有时受侵冬芽不能正常展开，形成满覆夏孢子的绣球状畸形叶。在嫩梢病斑内的菌丝体也可越冬形成夏孢子堆。病落叶上的夏孢子在冬季和经过冬天后虽有一部分具有萌发和侵染力，但随着春季气温的逐渐升高，其萌发力急剧下降，因此在初侵染中的作用远不如带菌冬芽重要。自然条件下，在部分地区叶片脱落前后，虽然也能形成少量冬孢子，但在转主寄主上极少见到有锈病发生，因此，冬孢子在侵染循环中并无重要作用。

在北京地区，在4月上旬气温升高到13℃左右病芽就开始出现，主要出现在枝条的上部，在4月中下旬则大量出现。病芽上产生的夏孢子借风力传播，在适宜的条件下进行初侵染，在5~6月形成第1个发病高峰。在7~8月由于气温的不断升高，不利于夏孢子的萌发和侵染，许多夏孢子堆常常消解，病情有所减轻。在8月下旬以后气温逐渐下降，随着枝叶的第2次抽发，病害又有所发展，形成第2个发病高峰，至10月下旬病情停止发展。

夏孢子萌发的最低温度为 7℃，最高温度为 30℃，最适温度为 15~20℃。夏孢子萌发后能够直接穿透角质层，自叶的正、背两面侵入。潜育期的长短依气温和叶片老熟程度不同而异，一般为 4~15 d。当日平均气温为 13℃时潜育期为 18 d，15~17℃时为 13 d，20℃时为 7 d。在相同的气温下，叶龄越小，潜育期越短，成熟叶片的潜育期明显延长，2 个月以上的老熟叶片一般不感染。因此发病的高峰期恰与夏初毛白杨的生长高峰期吻合，这时不仅气温适合于夏孢子的萌发，而且具有大量易受侵染的幼嫩叶片。在夏季高温、高湿期间，大量的锈斑(夏孢子堆及其相邻叶组织)受芽枝霉属、链格孢属和单端孢属(*Trichothecium*)的真菌所侵染，有生活力的夏孢子大量消失。因此，当秋季适宜于夏孢子萌发的气温和幼嫩叶片再次出现时，病害虽然较高温季节有所回升，但其流行的势头已远不如夏初季节。

叶片对病害的抗性，随着角质层和表皮细胞壁的逐渐增厚而提高。60 d 以上的老熟叶片，角质层和细胞壁已充分发育，很少受到侵染。另外，老叶中酚类物质含量高也可能是其抗病的一个重要原因。研究表明，毛白杨叶片受马格栅锈菌侵染的初期，叶片中的过氧化物酶、多酚氧化酶以及苯丙氨酸解氨酶的活性都表现出明显的上升趋势。这些新增加的酶活性，主要来自寄主植物对于病原物侵染的反应，叶片的感病性与这些酶的活性呈明显的正相关。由于受侵染引起的叶片酶活性的这种变化，与叶片“老化”过程中所发生的变化极为相似，表明侵染可能促进了寄主组织生理上的老化过程。

在自然条件下，毛白杨锈病多发生在 1~5 年生的幼苗和幼树上，10 年生以上树基本上不发病。但是在人工接种的情况下，大树上的初生嫩叶和萌条上的叶片，其感病情况与幼苗相同。大树在自然条件下不易受侵染的原因与下列因素有关：侧枝封顶早，嫩叶数量相对减少，且叶片老化过程加快，因而能受侵染的新叶数量减少，受侵染的时间缩短；树冠离地面高，接受孢子的数量减少。

杨属不同派系的树种对马格栅锈菌的抗性明显不同，病菌仅侵染白杨派树种及其杂交品系，其他派系的树种是高度抗病或免疫的。白杨派的树种普遍感病，但不同树种间的抗病性也有明显的差异。接种试验表明，毛白杨、河北杨和银白杨是高度感病树种，山杨和新疆杨较抗病。我国毛白杨的分布区很广，毛白杨的品系也很多，来源于不同地区的毛白杨无性系对马格栅锈菌抗病性的差异也很显著，例如，来自陕西西南部、甘肃东南部和山西中南部的无性系抗性较强，而来自河南大部、河北中南部和山东西部的无性系多较感病。

【防治措施】

①消灭初侵染源。在初春病芽出现时期，利用病芽颜色鲜艳和形状特殊的特点及时发现并摘除。摘除病芽要早、要彻底，并随摘随装入塑料袋中，以免夏孢子扬散。也可在此时期喷洒 25%粉锈宁可湿性粉剂 800 倍液。但喷药只能喷病芽，不可喷洒正常叶，否则生药害。目前生产上在毛白杨移栽时，常进行修剪，去除病梢，这对减少病芽是有积极作用的，如果辅以摘除病芽和喷药措施，可以有效地控制病害的发生。

②新开苗圃应清除 1 km 范围内的病苗病树。

③在发病期间喷洒 50%的代森铵 100 倍液，或 50%退菌特 500~1 000 倍液等，有一定

控制病情的效果。

④选育抗病、速生优良品种。栽培抗病的毛白杨品系，是最简单有效的方法，同时避免大面积营造毛白杨纯林。

8.2.4.3 青杨叶锈病

【分布及危害】青杨叶锈病又称落叶松—杨锈病，广泛分布于杨树栽植区，是杨树锈病中分布最广、寄主种类最多、造成损失最大的一种锈病，在 40 多个国家和地区都有记录。在我国主要分布在黑龙江、辽宁、吉林、河北、内蒙古东北部、甘肃及云南等地。该病危害多种杨树和落叶松，对杨树的破坏很大，特别是在苗期常造成杨树叶片提早 1~2 个月脱落，严重影响杨树苗木和幼树生长，而且为弱寄生性病害的发生创造了有利条件。杨属中青杨派和黑杨派的许多种类以及这两派间和派内的杂交种普遍感病。小苗和大树都能发病，但以小苗和幼树受害严重，有些苗圃发病率达 100%。随着树龄的增加，病害危害减小。

【症状】在兴安落叶松(*Larix gmelini*)、长白落叶松(*L. olgensis*)等叶上 1 年发生 1 次。针叶受病菌侵染后最初表现为褪绿色的斑点，病斑逐渐变黄绿色，并长出橘黄色肿起的小疱疹，其上生有极小的小黑点或黑褐色小点，即病原菌的性孢子器。在叶背面与性孢子器相对应处长出黄疱，很快突破表皮，露出黄色粉堆，即锈孢子堆，外无包被，是裸锈，但出现薄膜，为针叶的表皮组织。有时几个锈孢子堆连成一条，受病针叶局部变黄逐渐干枯(图 8-27)。

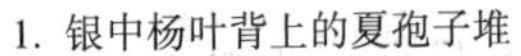

1. 银中杨叶背上的夏孢子堆

2. 银中杨叶正面上的冬孢子堆

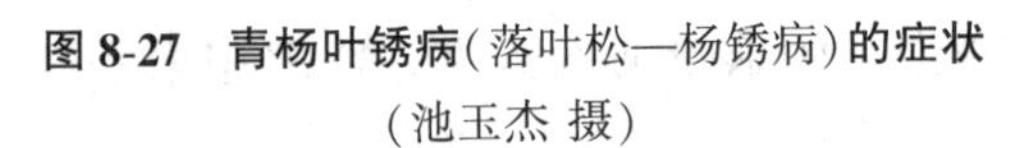

图 8-27 青杨叶锈病(落叶松—杨锈病)的症状

(池玉杰 摄)

青杨叶锈病(落叶松—杨锈病)的症状

青杨叶锈病(落叶松—杨锈病)病原菌

在受锈孢子侵染的杨树叶片背面初生淡绿色小斑点，很快就出现橘黄色小疱，也突破表皮散出黄粉，为夏孢子堆，散生或聚生，橘黄色。秋初的 8~9 月，在杨树叶片正面的表皮下，产生红褐色至深栗褐色多角形疮痂状铁锈斑，稍隆起，为冬孢子堆。病害严重时夏孢子堆和冬孢子堆很多，铁锈斑连结成片，甚至布满整个叶面，叶片就枯焦并提前早落，并影响下一年的杨树生长。翌年放叶迟，叶子小，往往引起小幼苗枯死，或延迟木质化的过程，因而易受霜害、冻害和其他潜伏侵染性病害。有时在夏孢子堆中可看到锈寄生菌(*Darluca*)，是锈菌的重寄生菌。

【病原】由担子菌门柄锈菌纲柄锈菌目栅锈菌科栅锈菌属的落叶松—杨栅锈菌(*Mel-*

ampsora laricis-populina)引起。该菌是一种长循环型生活史的锈菌，产生 5 种类型孢子，在落叶松上产生性孢子和锈孢子，在杨树上产生夏孢子和冬孢子。性孢子器生长在落叶松叶表皮下，半球形，淡黄褐色；性孢子很小，单胞，球形，无色，光滑，2.4～2.7 μm×3.4～4.8 μm。锈孢子器生于淡黄色斑上，橙黄色，0.5～1 mm；锈孢子串生，鲜黄色，单胞，球形至卵形，表面有小刺或细疣，双核，大小为 17～22 μm×14～19 μm，孢壁厚 1.5～2 μm。夏孢子单生有柄，单胞，椭圆形至球形，黄色，表面有刺，大部分在顶部有光滑区或刺小，双核，大小为 28～36 μm×16～27 μm，孢壁在两侧加厚达 7 μm；夏孢子堆中混生有头状和棒状顶部加厚的侧丝，具有防止干旱和其他微生物侵染、保护夏孢子的作用。冬孢子埋生在叶表皮下，单层栅栏状排列，单胞，长筒形，棕褐色，壁厚 1.0～1.5 μm，初双核，20～47 μm×9～10 μm。由冬孢子萌发产生担子和担孢子，担孢子在叶面上形成一层黄粉层；担孢子球形，很小，淡黄褐色，有一乳头状突起，单核，9～11 μm，在环境不良时萌发能产生次生担孢子(图 8-28)。

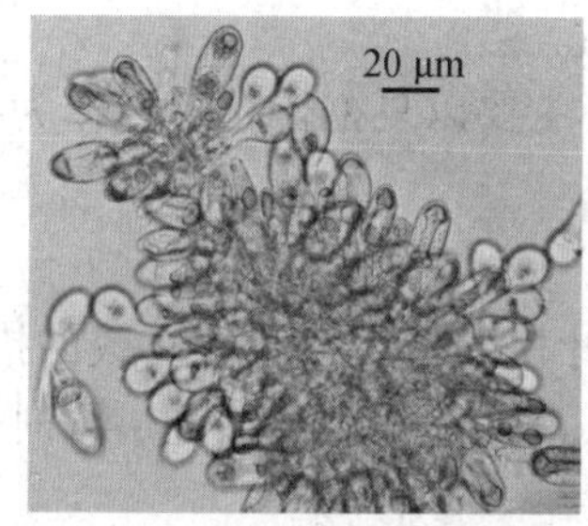

1. 黑杨叶上夏孢子堆横切面
(池玉杰 摄)

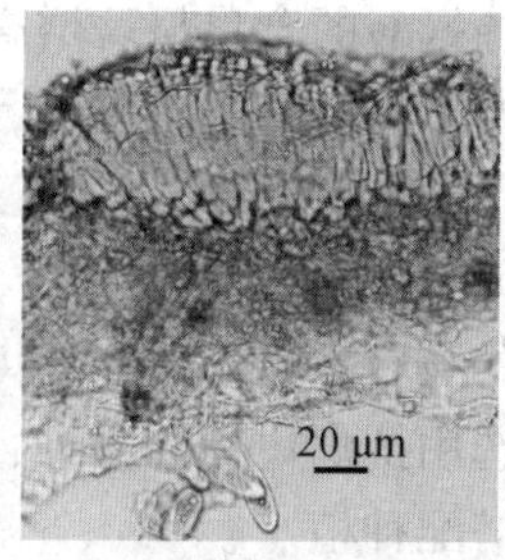

2. 黑杨叶上冬孢子堆横切面
(田志炫 摄)

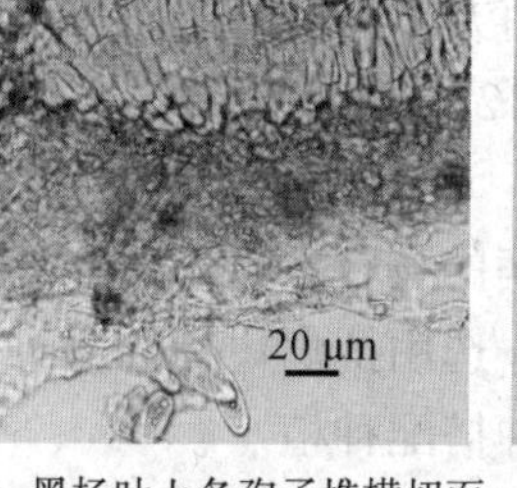

3. 夏孢子和侧丝
(田志炫 摄)

图 8-28　青杨叶锈病(落叶松—杨锈病)的病原菌

【发病规律】早春，上一年杨树落地病叶上的冬孢子遇水或潮气萌发，产生担孢子。担孢子借风力传播到落叶松叶上，萌发后产生芽管穿透表皮或从气孔侵入，7～12 d 后形成性孢子器和锈孢子器。锈孢子不再侵染落叶松，由气流传播到杨树叶上萌发，从气孔侵入或穿透表皮，5～8 d 后产生夏孢子堆。夏孢子萌发产生的芽管通过气孔或表皮侵入杨树叶片，于 6～8 月在叶上能重复侵染和反复产生 3～4 次，每次侵染后都产生双核菌丝和夏孢子，从而扩大和加重病情，因此 7～8 月的病害常常非常猖獗。8 月末以后，杨树病叶上便形成冬孢子堆，冬孢子随病叶落地越冬。冬孢子堆生活在叶的表皮下并受其保护，因此不受其他菌类的侵染，并能保持水分。

因为各种孢子萌发需要低温、高湿，因此低温、高湿是病害发生的有利气候条件。在气候温和、雨量适中、并时有小阵雨的年份，病害发生早且病情严重。林分密度大、通风不良的潮湿环境发病重。高温、干旱并常有季节性大风的年份，发病期延迟且病情较轻。孢子的最适萌发温度：担孢子在 15℃以下；锈孢子 15～18℃ 5～6 h 萌发；夏孢子 18～20℃ 3～4 h 萌发；冬孢子 13～18℃ 2～48 h 萌发。各种孢子对湿度要求十分严格，以上 4 种孢子萌发均要求 100%的相对湿度，潮湿的环境成为各种孢子萌发侵染的先决条件。春季融雪对冬孢子萌发非常有利。

杨树发病一般先从树冠下部的叶片发病，逐渐向上。幼树比大树感病，幼嫩叶片易发病，树木徒长有利于病害流行。

在落叶松上，病害一般在春季5月下旬发生，严重时针叶死亡，一般只对1~2年生的小幼苗危害大，因小苗易失水，而对落叶松大树的危害不大。兴安落叶松、长白落叶松、华北落叶松、日本落叶松和西伯利亚落叶松都能发病。在杨树上7~8月为发病盛期。落叶松发病早，杨树发病也早。

杨树与落叶松的距离近，则发病早且重。一般情况下，距离落叶松1 km之内的杨树在6月初开始发病；如果超过2 km，在6月下旬至7月上旬发病。

杨树各派之间、不同树种和品种间感病性有显著差异。青杨派高度感病，黑杨派感病至抗病，这两派间和派内的杂交种普遍感病，以该两派为母本、以白杨派为父本的大多数杂交种也感病。白杨派免疫。中东杨、青杨、小叶杨感病重；合作杨、北京杨中等感病；加杨、健杨、钻天杨等有一定抗病能力；山杨、新疆杨、毛白杨不发病。据国外报道，杨树叶中含糖量的改变与感病有关，葡萄糖与葡萄糖+蔗糖的比例大则植物易感病。受病叶中，丙氨酸的含量显著减少，而天门冬氨酸的含量显著增高。

南、北方的初侵染源不同。在南方有时不产生冬孢子，主要以夏孢子越冬并作为初侵染源。而北方的夏孢子仅有0.3%~12%具有越冬能力。

【防治措施】

①选育和栽植优质、速生和抗病的杨树种类是防治落叶松—杨锈病经济有效的措施。要结合当地的生产实际和生态条件，选用抗病树种和品种，淘汰感病重的品种。同时避免栽培单一树种，实行多树种或多品种搭配种植。

②不营造落叶松与杨树的混交林。落叶松、杨树之间的距离最好在5 km以上，这样可使锈孢子无可侵染的寄主。

③苗圃地和造林地应合理密植，及时间苗、打底叶，使通风良好，避免林地湿度过大；合理施肥，避免氮肥过量和钾肥不足；提高苗木抗病力。

④在苗圃清除侵染来源，如结合秋翻地清扫落叶等。

⑤在苗圃内进行化学防治。于4月末用1%波尔多液喷洒落叶松幼苗；夏季用25%粉锈宁1 000倍液，或70%甲基托布津1 000倍液，或1%波尔多液喷洒杨树苗木起保护作用进行防治。常用喷洒药剂还有65%的代森锌可湿性粉剂500倍液，50%托布津800倍液，50%退菌特500倍液，0.3~0.5°Bé的石硫合剂，以及敌锈钠200倍液等。在没有发病前就要及时喷药，一般15 d喷1次。

8.2.4.4 云杉球果锈病

【分布及危害】在云杉球果上有3种锈病，是云杉林的重要种实病害。

云杉—稠李球果锈病分布于内蒙古、吉林、黑龙江、四川、云南、西藏、陕西、甘肃、青海、新疆等地，危害粗枝云杉、紫果云杉、丽江云杉、油麦吊云杉、鱼鳞云杉、雪岭云杉、新疆云杉等，在四川西部的云杉林内发病非常普遍，如四川小金川林区粗枝云杉感病率达64.5%，紫果云杉为30.7%。在丹巴、宝兴等林区球果被害率高达50%~80%。四川省每年因该病危害，云杉种子不仅产量下降40%以上，而且降低了种子的质量。云南丽江粗枝云杉和紫果云杉发病中等的球果(50%球果鳞片发病)，种子发芽率降低50%，种子千粒重降低25%~33.3%。在新疆伊犁林区巩留云杉种子园内1985年病球果率高达

100%。在黑龙江省小兴安岭和长白山林区云杉每年发病株率约为 5%，病株球果被害率达 20%。病球果不结实，少数未被害的鳞片上虽能结种子，但种子不能发芽。

云杉—鹿蹄草球果锈病分布于吉林、黑龙江、四川、云南、陕西、青海、新疆等地。在新疆主要危害雪岭云杉，在天山中部发病严重的林区，病球果率最高达 20%。1988 年，新疆伊犁巩乃斯林区一株孤立木病果率达 86%，病球果虽能结种子，但发芽力很低，仅为 12.2%，千粒重为 6.2 g。

云杉锈病仅分布于新疆天山林区，病株率有的高达 100%，但病球果少，通常到 0.1%，病球果不再长大，很快枯死。

以上 3 种云杉球果锈病的危害性主要表现在 3 个方面：①感病球果提早枯裂。②种子产量大为降低。病果不结实或结实少。③种子质量降低，病果种子千粒重减少，且多粘连在果鳞上，发育不全，发芽率低。

【症状】云杉球果锈病分别由 3 种不同的锈菌引起，其症状表现也有不同。

云杉—稠李球果锈病由杉李盖痂锈菌引起，主要发生在球果上，1 年生球果即可受侵。发病部位在雌球果鳞片的内表面。发病初期在鳞片内表面(少数在外表面)出现白色疱状球形颗粒，不露出组织，为病菌的性孢子器。性孢子器盘状，多个单生于鳞片角质层下。在性孢子器同一位置着生橙黄色、深绿色或紫褐色的锈孢子器，小球状，似虫卵，不规则排列多层，直径 0.8~1.5 mm。锈孢子器最初生于表皮下，后外露。鳞片扭曲、向外反卷，锈孢子器越多，鳞片反卷越明显。有时鳞片外表面也有锈孢子器。锈孢子器成熟时开裂，散放出黄色粉状的锈孢子。病害有时也危害云杉枝条，使呈“S”形弯曲和坏疽现象。在稠李(*Prunus padus*)等李属(*Prunus*)植物的叶片两面(背面居多)，着生夏孢子堆及冬孢子堆，夏孢子堆集中呈疣状或斑点状，淡黄色至褐色；冬孢子堆围绕在夏孢子堆的周围，红褐色至深褐色，多角形，为有光泽的痂壳。

云杉—鹿蹄草球果锈病由鹿蹄草金锈菌(*Rossmanomyces pyrolae*，异名 *Chrysomyxa pyrolae*)引起，在球果鳞片外侧基部形成 2 个黄色、扁平垫状锈孢子器，形状不规则，直径 3~4 mm；鳞片不反卷，只是提前开裂。夏孢子堆和冬孢子堆生于转主寄主鹿蹄草的叶上。夏孢子堆密集散生在越冬叶或当年生叶背面的表皮下，后外露，黄粉状，圆形。冬孢子堆散生于叶背面的角质层下，有时长满全叶，为红褐色、黄褐色、褐色的垫状突起。

云杉球果上还有一种锈病，由畸形金锈菌(*C. deformans*)引起，主要危害芽和嫩梢，也危害幼果，造成枝梢畸形、多头、发叉。在球果鳞片两侧可见到金黄色、圆形或椭圆形、扁平、蜡质的冬孢子堆。球果受害后不再继续生长。

【病原】杉李盖痂锈菌(也称稠李盖痂锈菌，*Thekopsora areolata*)，为担子菌门柄锈菌纲柄锈菌目膨痂锈菌科盖痂锈菌属的真菌，锈孢子黄色，圆形、椭圆形、六角形或棱形，大小为 24~32 μm×19~24 μm。孢子壁厚 2~4 μm，表面具疣状突起，孢子基部及一侧有一平滑区，孢子串生于锈孢子器中。护膜由数层细胞组成，护膜细胞为多角形，黄褐色，大小为 23~46 μm×23~30 μm，细胞壁厚 2~4 μm，表面光滑(图 8-29)。夏孢子淡黄色，长卵形或不规则椭圆形，外表有刺，大小为 15~21 μm×10~24 μm，孢子壁厚 1~2 μm。冬孢子长卵形，略呈圆筒形或棱形，由纵横隔膜将其分为 2~4 个细胞，大小为 22~40 μm×8~24 μm。外壁薄，淡褐色，平滑。

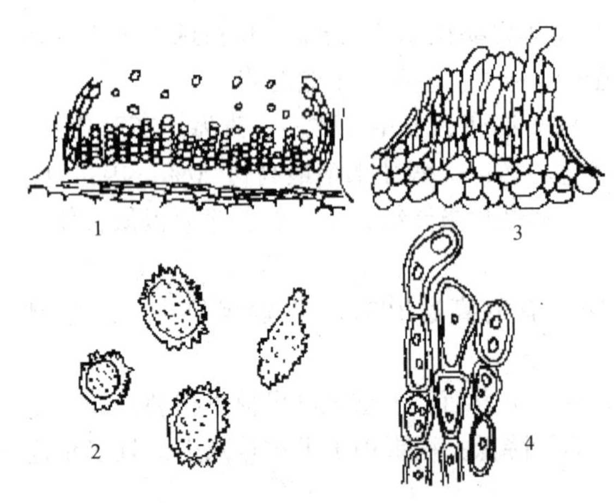

1、2. 杉李盖痂锈菌的锈孢子器、锈孢子;
3、4. 畸形金锈菌的冬孢子堆、冬孢子。

图 8-29　云杉球果锈病的病原菌

(新疆森林病害调查研究成果, 1977)

鹿蹄草金锈菌和畸形金锈菌都为担子菌门柄锈菌纲柄锈菌目金锈菌科金锈菌属的真菌。鹿蹄草金锈菌的锈孢子器生于鳞片外侧，每个鳞片上生 2 个锈孢子器。锈孢子淡黄色，串生，表面有疣，球形。夏孢子链生，椭圆形或近圆形，膜无色，厚 1.5~2.0 μm，密生小疣，内含物橙黄色，16~28 μm×17~21 μm。冬孢子单胞，链生，近圆柱形，膜光滑无色，内含物橙色，12~30 μm×7.5~16.0 μm。

畸形金锈菌的冬孢子堆生于鳞片两侧，扁平，表面被以蜡质膜，微具光泽，金黄色；冬孢子单胞，串生，浅黄色，矩形、长椭圆形或不规则形，表面光滑，膜无色，很薄，大小为 10~17 μm×6~16 μm(图 8-29)。

杉李盖痂锈菌的锈孢子从 10℃开始萌发，20℃萌发率最高，30℃时停止萌发。相对湿度对孢子萌发也有影响，锈孢子在 100%相对湿度下萌发率最高，随着相对湿度下降，萌发率降低，当相对湿度降至 79.3%时，锈孢子萌发降为零。冬孢子只有在通过林间越冬后，在自然条件下才能萌发。

【发病规律】 3 种锈菌因其生活史和生物学特性的不同发病规律各有所异，但都属于转主寄生菌。

杉李盖痂锈菌为长循环型生活史的锈菌，以冬孢子在其转主寄主稠李的落叶上越冬。翌年春季，冬孢子萌发产生担孢子，担孢子借气流传播，当云杉球果鳞片张开授花粉时，担孢子侵入云杉球果，初夏在鳞片上出现白色疣状扁平的性孢子器。夏末在鳞片上产生球形紫褐色的锈孢子器。锈孢子器当年不开裂，越冬后的翌年 5 月锈孢子逐渐成熟，锈孢子器破裂，放散出锈孢子。锈孢子借风传播到稠李叶上，萌发后侵入转主寄主的叶片，产生夏孢子堆和夏孢子。夏孢子可进行多次再侵染。秋末冬初，在叶正面产生冬孢子堆和冬孢子，以冬孢子堆在病落叶上越冬。

鹿蹄草金锈菌也为长循环型生活史的锈菌，以冬孢子在其转主寄主鹿蹄草属植物叶上越冬。翌年夏初，冬孢子产生担孢子，担孢子借风力传播，从张开的鳞片侵入球果，首先在鳞片上产生扁平状的性孢子器，而后在鳞片外侧基部产生 1~2 个扁平、稍突起的垫状锈孢子器。锈孢子器表皮脱落，散出锈孢子。锈孢子借风力传播到鹿蹄草叶上，萌发侵入，再产生夏孢子堆和冬孢子堆。

畸形金锈菌为短循环型生活史的锈菌，只有冬孢子阶段。每年夏初越冬的病芽先期开放，长出冬孢子堆和冬孢子。冬孢子作为初侵染来源侵入雌雄球果上，在球果鳞片两侧长出黄色的病斑和冬孢子堆，云杉放叶期为发病盛期。遇阴雨天气，冬孢子即可萌发产生担孢子。担孢子传播到云杉新产生的芽上，以菌丝在侵入的芽内越冬。

云杉球果锈病的发生，与云杉树种、转主寄主的多寡、林分组成、海拔高低及温湿度状况等生态环境有关系。由于自然条件和地理位置的原因，不同地区分布的树种存在差异，使云杉球果锈病发病的程度相差悬殊。例如，在四川松潘地区，粗枝云杉感病率为43.5%，紫果云杉感病率仅为1.8%；而在小金川，粗枝云杉感病率为64.5%，紫果云杉为30.0%。据四川报道，若气候适宜，以感病树种粗枝云杉为主，转主寄主野樱桃数量多的林区云杉球果锈病就发生严重；相反，在高海拔区，气温偏低，以抗病的川西云杉、丽江云杉等为主，且野樱桃数量很少，则球果锈病就很轻。

云杉纯林的病害重于混交林，而且处于不同位置的林木发病状况也不同。如林缘木、孤立木的病害重于林内木及被压木；阳坡发病重于阴坡；山脊林木发病重于山中林木，而山中林木又重于山下林木。就一株树而言，树冠上部的球果感病率高于中、下部的球果，位于树冠阳面的球果感病率高于阴面的球果。此外，发病程度与树木生长状况有关，树木生长良好、发育快的发病轻；反之则发病重。

就杉李盖痂锈菌引起的云杉—稠李球果锈病而言，病害的发生与云杉林的生态环境有关。据四川的调查，在不同的云杉林型中，河滩云杉林的球果锈病感病率最高，为20.1%~34.2%；空旷地次之，为8.5%~27.9%；薹草云杉林为2.9%~19.4%。林缘木和孤立木较林内发病重；阳坡较阴坡发病重；树冠西南面较东北面发病重，树冠上部较下部发病重。又据新疆伊犁林区调查，河谷林和河漫滩林的云杉林发病重，病株率高达100%。发病严重的年份，病球果率高达100%，颗粒无收。凡云杉距稠李植株片林近的发病率就高，凡距稠李越远发病越轻。另外，不同的云杉树种抗病性也有差异。粗枝云杉和雪岭云杉对云杉—稠李球果锈病是感病树种，而紫果云杉与粗枝云杉相比具有较强的抗病性，发病较轻。这可能与紫果云杉球果小、鳞片较紧密，以及球果上分泌有大量树脂包围鳞片有关。

【防治措施】

①选择适宜地点建立云杉母树林和种子园，以提供优良无病种子进行育苗造林。在云杉母树林和种子园内及周围200 m以内的转主寄主要全部清除。根据新疆伊犁巩留林区云杉种子园的防治研究，在种子园附近1 000 m范围内伐去稠李，皆伐后用草甘膦处理伐根，使转主寄主数量显著减少，发病率下降。

②选择抗病云杉营造混交林。如在高海拔区可与冷杉、桦木混交，低海拔区可与油松、落叶松混交。

③对现有林区施放杀菌烟雾剂和喷洒化学药剂，以及清除转主寄主的方法进行防治。如在云杉球果鳞片开裂授粉期，喷洒50%粉锈宁300~500倍液，防治效果可达到97%。在四川西部地区采用人工挖除转主寄主野樱桃的营林生态防治法，防治效果高达90%。鹿蹄草多生在林内苔藓层上，担孢子传播较近，用2,4-D丁酯等除草剂喷洒防治，有一定效果。

④加强幼林的抚育，增强树势，提高抗病能力。

8.2.4.5　圆柏—梨锈病

【分布及危害】圆柏—梨锈病又称赤星病，是苹果树和梨树栽培区常见的一种病害，胶锈菌属的3种锈菌都可引起，包括圆柏—梨锈病、圆柏—苹果锈病和圆柏—石楠锈病。由于梨的种类多、分布广，所以圆柏—梨锈病的分布也最广，圆柏—苹果锈病次之，圆柏—石楠锈病较为少见。该病冬孢子阶段的寄主是观赏树木圆柏及其变种和栽培种。圆柏在我国华北、华东、中南地区和东北、西北和西南的部分地区均有分布和栽培。除圆柏外，还有龙柏、高塔柏、偃柏、新疆圆柏、欧洲刺柏、希腊柏、矮柏、翠柏、花柏及兴安柏等也感病。该病性孢子和锈孢子阶段的寄主大多是重要的果树，苹果、梨、山楂、木瓜、花楸、海棠、花红、杜梨、山荆子等多种蔷薇科果树都发生这种锈病。圆柏—梨锈病的转主寄主除梨属的多种果树外，还有木瓜、贴梗海棠、日本海棠、山楂、山林果、榅桲等。圆柏—苹果锈病的转主寄主除苹果外，还有苹果属的其他多种果树如花红、山荆子、海棠花、三叶海棠等。圆柏—石楠锈病的转主寄主为石楠属植物如小叶石楠、毛叶石楠等。几乎在圆柏栽培的所有地方，只要转主寄主同时存在，就有可能发病。

病害通常引起果树早期落叶，受病植株常在春夏即大量落叶，严重时引起叶片枯死，甚至幼苗枯死。使果实产量降低，果变畸形，且多不能食用。20世纪80年代末在北京地区圆柏—梨(苹果)锈病普遍发生，有的果园减产50%以上。病害在柏树上主要危害嫩枝和针叶，严重时引起针叶大量枯死，甚至小枝死亡。因此该病害可造成果树的重大经济损失和严重影响园林树木的观赏价值。

圆柏—梨锈病的症状

【症状】该病在蔷薇科果树上、石楠属植物上主要危害叶片。初期在梨和苹果等的叶正面出现黄绿色至橙黄色的小斑点，以后逐渐扩大成5~10 mm的圆形黏性橙黄色斑，在梨叶上病斑边缘淡黄色，在苹果叶上病斑边缘为暗红色，病组织稍肥厚向背面隆起。一张叶片上可生多个病斑(图8-30、图8-31)。此后病斑在叶正面密生许多蜜黄色小点，最后变黑色，为病原菌的性孢子器。随后病斑在叶背面产生许多丛生的黄白色、淡黄色隆起的毛状物，即病原菌的锈孢子器。

病害在果树上有时也危害叶柄、果柄、幼果和嫩枝。幼果感病后形成近圆形病斑，直径10~20 mm，初橙黄色，后变为黄褐色，病部稍肥肿，上面产生黑色小点为病原菌的性孢子器，在其周围产生黄色毛状的锈孢子器，病果生长停滞，病部坚硬，多呈畸形。叶柄感病后形成稍隆起的纺锤形病斑。嫩枝受害时病部凹陷，龟裂易断。

圆柏—梨锈病在圆柏上主要发生在刺状叶上，也危害绿色的和木质小枝。一般感病针叶的叶面、叶腋处在冬季出现黄色小点，继而略微隆起。早春逐渐形成锈褐色、咖啡色角状突起的冬孢子堆，突破表皮而外露。受害小枝常略肿大呈梭形，小枝上冬孢子堆常多数聚集。冬孢子堆成熟后，遇水浸润膨胀呈橘黄色胶质物如花瓣状或鸡冠状，犹如柏树"开花"。树上冬孢子堆多时，雨后如黄花盛开。圆柏—苹果锈病主要危害圆柏的木质小枝。感病小枝受害处肿大形成半球形或球形小瘤，称为菌瘿，直径一般为3~5 mm，大约15 mm，可能是多年生的活瘤。春季菌瘿表面破裂，露出深黄褐色、暗褐色至紫褐色的冬孢子堆，遇雨胶化呈橘黄色花瓣状。圆柏—石楠锈病危害圆柏的较大木质枝条。受害枝条略肿大呈长梭形，冬孢子堆突破表皮外露，肉桂色，常互相纵向连接成一长列。

【病原】胶锈菌属锈菌除极少数外，其性孢子和锈孢子阶段寄生在蔷薇科果树和石楠属植物上，冬孢子阶段寄生在柏科植物上，都是转主寄生菌。它们都缺少夏孢子阶段。圆柏—梨锈病的病原菌为亚洲胶锈菌(*Gymnosporangium asiaticum*)，圆柏—苹果锈病的病原菌为山田胶锈菌(*G. yamadai*)，圆柏—石楠锈病的病原菌为日本胶锈菌(*G. japonicum*)。

1. 山楂叶发病初期和中期
（池玉杰 摄）

2. 山楂叶背面的锈孢子器
（池玉杰 摄）

3. 山楂叶正面的性孢子器
（池玉杰 摄）

4. 塔柏上冬孢子角吸水膨
（范森 摄）

图 8-30　圆柏—梨锈病的症状

1. 山荆子叶背面的锈孢子器
（池玉杰 摄）

2. 山荆子叶正面与锈孢子器相对应的病斑
（池玉杰 摄）

3. 山荆子叶正面的性孢子器
（池玉杰 摄）

4. 塔柏上的菌瘿发育成冬孢子角吸水膨大
（田志炫 摄）

图 8-31　圆柏—苹果锈病的症状

亚洲胶锈菌在梨、山楂等植物上产生 0 和 Ⅰ。性孢子器瓶状；性孢子单胞，无色，8~12 μm×3~3. 5 μm。锈孢子器管状，长 5~6 mm，直径 0. 2~0. 5 mm；锈孢子橙黄色，近球形，18~20 μm×19~24 μm。冬孢子堆圆锥形或扁楔形，咖啡色，高 2~5 mm，基部宽 1~3 mm，上部 0. 5~2 mm。冬孢子椭圆形至长椭圆形，黄褐色，双细胞，分隔处不缢缩，叶上的冬孢子大小为 33~62 μm×14~28 μm，绿枝上的冬孢子大小为 35~75 μm×15~24 μm，木枝上的冬孢子大小为 37~60 μm×18~25 μm，每细胞具 2 芽孔，位于近分隔处，有时顶部也有 1 芽孔；柄无色，极长(图 8-32)。

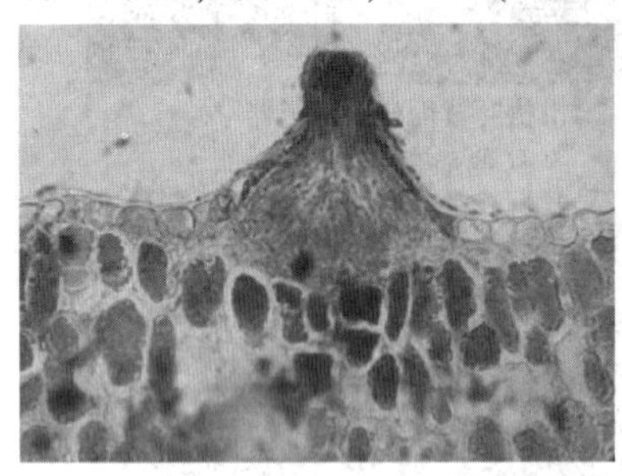

1. 性孢子器切面
(池玉杰 摄)

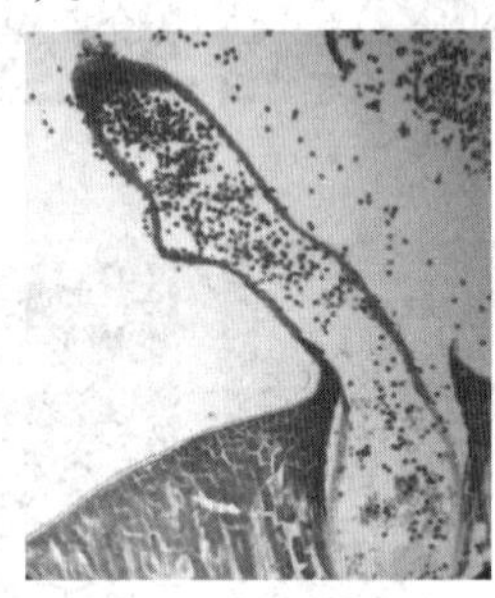

2. 锈孢子器和锈孢子
(池玉杰 摄)

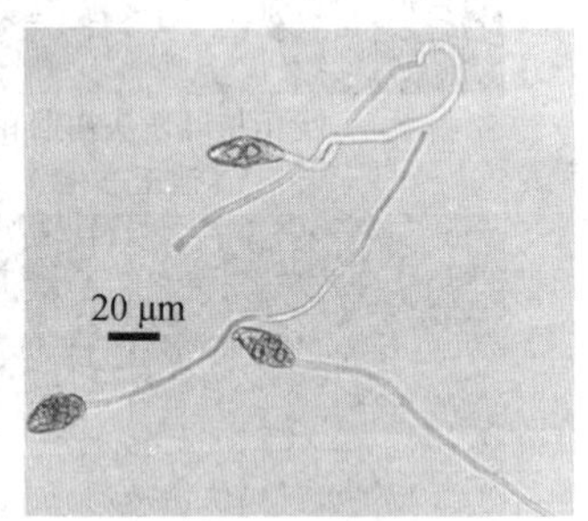

3. 带长柄的冬孢子
(田志炫 摄)

图 8-32　圆柏—苹果锈病的病原菌

山田胶锈菌和亚洲胶锈菌在形态上很相似，在苹果树上产生 0 和 Ⅰ。性孢子器近球形，直径 190~280 mm，埋生于寄主表皮下；性孢子单胞，无色，纺锤形，3~8 μm×1. 8~3. 2 μm。锈孢子器管状，5~12 mm×0. 2~0. 5 mm；锈孢子球形至椭圆形，单胞，淡黄褐色，膜厚，微带瘤状突起，有数个发芽孔，大小为 19~26 μm×16~24 μm。冬孢子堆高 1. 5~3 mm，宽 2. 5~5 mm，厚 0. 5~2 mm，常互相连接成花瓣状或鸡冠状；冬孢子双胞，黄褐色，具长柄，卵圆形或椭圆形，分隔处稍缢缩或不缢缩，大小为 33~54 μm×16~26 μm，每细胞具 2 芽孔，位于近分隔处；柄无色，极长。冬孢子萌发时每个细胞各长出有分隔的担子，每胞生 1 个小梗，顶端着生 1 个担孢子。担孢子圆形，单胞，淡黄褐色，大小为 13~16 μm×7. 5~9 μm。

日本胶锈菌冬孢子椭圆形、梭形至长梭形，顶部圆或微尖，灰褐色，双细胞，49~68 μm×17~23 μm，每细胞具 2 个发芽孔，位于近分隔处。

【发病规律】病菌以菌丝体在圆柏菌瘿中越冬，翌春形成褐色的冬孢子角，遇雨或潮湿空气即膨胀。冬孢子萌发产生大量担孢子，担孢子借气流传播到苹果树或梨树等叶片上。担孢子萌发直接侵入寄主表皮，并在叶肉细胞间蔓延，潜育期 10 d 左右。首先在叶表面形成性孢子器，性孢子混于蜜汁液中，由昆虫或雨水传播到异性受精体上进行受精。经过 5 周左右(圆柏—梨锈病约 3 周)，于叶背面形成锈孢子器。6~8 月锈孢子器陆续成熟后放散出锈孢子，锈孢子再借气流传播到圆柏针叶或嫩枝上，并以菌丝体在圆柏病部越冬。由于该菌在生活史中无夏孢子阶段，故无再侵染发生。据对安徽和江苏的观察，在春季 2、3 月间，圆柏上出现冬孢子堆，到 3 月下旬冬孢子堆先后成熟。此时如遇雨天，成熟的冬孢子堆即可胶化，同时冬孢子萌发产生担孢子。担孢子随风传播，直接侵入或自气孔侵入转主寄主的幼叶。

越冬菌量是影响发病程度的主要因素之一，如柏树病株率及病情指数高，且距果树近，则春天苹果树或梨树发病率高。

该病的发生和流行与气候条件密切相关。菌丝在菌瘿内越冬，已有一定湿度，所以温度是影响菌丝发育形成冬孢子的主要因素。山田胶锈菌在早春旬平均气温 7~12℃时，冬孢子便大量形成和出现。冬孢子萌发适温为 18~20℃，只要遇到适当雨量就可以萌发产生担子和担孢子。在适宜条件下，担孢子在 1 d 之内即可萌发侵入寄主。果树自发芽、展叶到幼果形成阶段均可被侵染，侵染期在 1 个月左右，一般在 4 月下旬至 5 月下旬。其中包括 3 个高峰期：第 1 高峰期在 4 月下旬，主要侵害幼叶、幼枝；第 2 高峰期在 5 月上、中旬，以侵染叶片为主；第 3 高峰期在 5 月中、下旬，以侵染叶片及果实为主，这主要是由于担孢子适于侵入寄主幼嫩组织。各年发病期不同，主要取决于气候条件，气温、降雨、风力是决定病害流行的 3 个重要条件。春雨多、气温低，病害轻；春旱则发病亦轻；春雨多、气温合适，发病则重。如北京地区每年发病的早晚和轻重，取决于 4 月中、下旬至 5 月上旬雨期的迟早和有无。

孢子传播的有效距离取决于风力，孢子一般可传播 5~10 km，最远可达 50 km。

各种果树品种对锈病的抗病性表现不同。在梨树中，一般中国梨最感病，日本梨次之，西洋梨最抗病。在柏树上，3 种圆柏锈病冬孢子阶段在中国一般只危害圆柏及其变种和栽培种如龙柏、塔柏、偃柏等，以圆柏和龙柏感病较重。但已发现山田胶锈菌还能危害兴安柏，受害小枝可能枯死，但对树木生长无重大影响。

【防治措施】

①圆柏受害虽然不很严重，但却是苹果锈病和梨锈病唯一的初侵染来源。在苹果园和梨园周围至少 5 km 范围内不栽植圆柏及其变种和栽培种等，以避免发生锈病。如因特殊情况不能清除圆柏或需移栽圆柏时，应于冬季剪除圆柏上的菌瘿，集中烧毁，并于每年春季在冬孢子堆成熟前，向圆柏树冠喷洒 4 000 倍 25%的粉锈宁，或 2~5°Bé 的石硫合剂，或喷洒 1∶2∶100 倍的石灰倍量式波尔多液 1~2 次，杀死越冬菌源冬孢子，或抑制冬孢子堆遇雨膨胀萌发产生担孢子。8 月在锈孢子成熟和放散前再向圆柏树冠喷药 1~2 次。

②从苹果和梨树放叶至开花前后，及时喷 25%粉锈宁 4 000 倍液，或 15%粉锈宁 800 倍液，或 0.3~0.5°Bé 的石硫合剂，或喷施 1∶2∶(200~320)倍的石灰倍量式波尔多液，或代森锌、萎锈灵等杀菌剂以保护幼叶。每 15 d 喷 1 次，共喷 2~3 次。

③圆柏及其变种和栽培种大多是优美的庭院绿化树种，在园林设计及定植时，在这些树种比较集中的公园和庭院，不宜靠近栽植贴梗海棠、杜梨、榅桲、海棠花、苹果等观赏植物和果树。

④结合园圃清理及修剪，及时将病枝芽、病叶等集中烧毁，以减少病原。

⑤选育和栽植抗病品种。

8.2.4.6 落叶松褐锈病

【分布及危害】落叶松褐锈病是由落叶松拟三孢锈菌引起的叶锈病，1951 年在吉林长白山林区首次发现，几十年来逐渐扩大蔓延，现已普遍发生在黑龙江、吉林和辽宁等地的落叶松人工林及苗圃中。一般年份发病率为 50%~70%，重病年可达 90%以上。受病后提早落叶，影响树木生长。

【症状】病害发生在叶部。发病初期在叶片尖端或中部出现褪绿斑，逐渐扩大后于 6 月中、下旬在褪绿斑的背面形成红色夏孢子堆，病斑渐渐呈丘状隆起，不久破裂露出橘红色的夏孢子。夏孢子堆直至 9 月上、中旬仍可陆续产生。当夏孢子飞散后，留下夏孢子堆痕迹，至 8 月中、下旬渐变成棕褐色，并在病斑背面出现褐色及至黑褐色的冬孢子堆。以后冬孢子堆逐渐增加，有时冬孢子堆生在老熟的夏孢子堆之中。后期被侵染的叶往往不产生任何病斑，只在绿叶背面产生大量黑褐色的冬孢子堆。病叶早落，冬孢子堆常随叶片落地越冬。病害严重时，叶片产生的褪绿斑变淡红褐色，远看时与落叶松落叶病的病状相同。没有发病的叶也多因营养不良，而呈淡绿色甚至黄绿色。

【病原】由担子菌门柄锈菌纲柄锈菌目球锈菌科拟三孢锈菌属落叶松拟三孢锈菌(*Triphragmiopsis laricina*)引起。目前尚未发现其性孢子和锈孢子阶段。夏孢子和冬孢子阶段产生在落叶松叶片背面。夏孢子堆椭圆形，生于表皮下，橘红色至赭黄色，0. 25~1. 1 mm×0. 15~0. 5 mm，成熟后开裂，并变成血红色。夏孢子单胞，多为椭圆形，鲜黄色。末代夏孢子常为球形且为淡棕褐色，27. 5~54. 0 μm×14. 0~34. 5 μm。夏孢子表面有刺疣和发芽孔，在孢子基部的刺疣比孢子上部的刺疣长；芽孔 4~5 个，均匀地分布于孢子上下两部分，并有肥厚部分。夏孢子柄 32~41 μm×4. 5~9. 5 μm，易脱落。侧丝棒状，单胞，无色透明，顶端膨大呈圆头状，下端柄长，长 64~115 μm，头部径 11. 5~29 μm，柄径 4. 5~9 μm，光滑。冬孢子堆可自夏孢子堆中生出或单独产生，点状或椭圆形，0. 2~1. 0 μm×0. 2~0. 5 μm，初埋生于表皮下，后裸出呈粉末状，暗褐色。冬孢子 3 细胞并有柄，上方 2 个细胞，下方 1 个细胞，呈倒“品”字形，亮棕黄色，成熟后暗褐色，34~43 μm×30~34 μm，上端 27~37 μm，下端 7~13 μm，每细胞具 2 个芽孔，孢壁暗褐色，表面多疱状小疣，疣顶尖或钝圆。冬孢子柄无色透明，长 75~78 μm，径 3. 5~7. 5 μm，易脱落。担孢子卵圆形，在未脱落之前即可萌发(图 8-33)。

【发病规律】以冬孢子在落叶上越冬。春季至 6 月上旬，气温在 5~25℃冬孢子都能萌发，以 19℃时萌发率最高，萌发后 6 h 产生担子和担孢子。担孢子借风传播并侵染落叶松叶。担孢子自产生起至开始萌发需 6 h。担孢子的产生与分散侵染时间从 5 月中下旬可以一直延续至 7 月下旬。落叶松叶受侵染后，14~21 d 便发病产生夏孢子，夏孢子在 14~24℃下都能萌发，以 18℃为最适。夏孢子借风力传播可以反复侵染落叶松叶。夏孢子侵染后潜育期为 14~22 d，在 7 月下旬开始形成冬孢子堆，以冬孢子随病叶落地越冬。

冬孢子、夏孢子的萌发都要求 95%以上的相对湿度。低温阴雨的天气有利于病菌的形成、扩散与传播，也有利于它们的萌发和侵染。降水量大的年份，病害普遍且重。

受病菌分散距离所限，落叶松地上 50~200 cm 的叶片，最易受侵染，病情也重。病菌可侵染兴安落叶松、长白落叶松、日本落叶松(*Larix kaempferi*)、华北落叶松(*L. principis-rupprechtii*)和新疆落叶松(*L. sibirica*)。

【防治措施】

①对于发病较重的林分，利用化学药剂喷洒树冠可收到较好的效果。在 6 月下旬至 7 月上旬，可向林冠喷射 0. 3°Bé 石硫合剂，或 1 000~1 200 倍的代森铵，或 500~700 倍的福美双。在重病区于 7 月中、下旬，重复喷射 1 次尤佳，或隔 15 d 喷第 2 次。

②在水源不足、交通不便的成林区，可在 7 月初施放硫黄烟剂，对病菌的夏孢子和冬

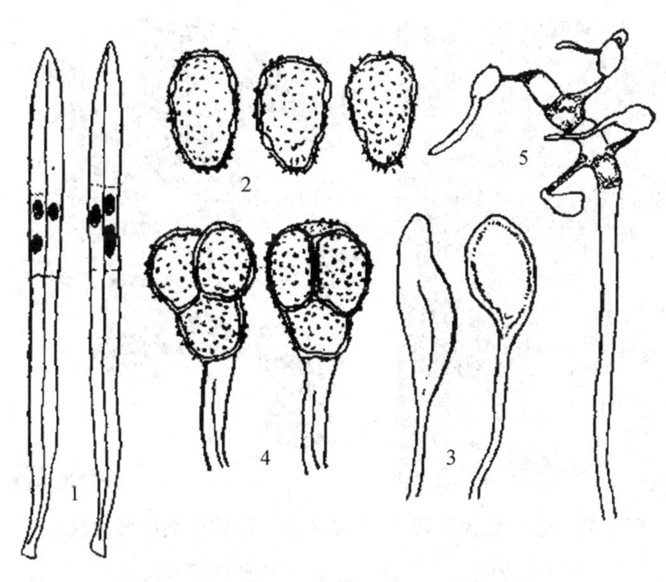

1. 落叶松叶背面的夏孢子堆和冬孢子堆；2. 夏孢子；
3. 夏孢子堆中的侧丝；4. 冬孢子；5. 担子和担孢子。

图 8-33　落叶松褐锈病的症状和病原菌

(周仲铭，1990)

孢子的萌发都有较强的抑制力，可收到较好的防治效果。

③生物防治。多主芽枝霉(*Cladosporium herbarum*)能抑制冬孢子的萌发，可作为生物防治的材料应用。如在 5 月对林地内冬孢子进行萌发检查，若有 40%以上的冬孢子都长出多主芽枝霉的菌丝，这片林地当年无须防治。可大量培养多主芽枝霉的菌种，9 月中旬或翌年 5 月上、中旬在小面积发病严重的林地上用菌液喷洒落叶。

8.2.4.7　枣锈病

【分布及危害】枣锈病是枣树上最严重的病害之一，在我国山东、河南、河北、辽宁、陕西、甘肃、江苏、浙江、安徽、福建、湖北、湖南、广西、四川、贵州、云南、台湾等枣产区普遍发生，在山东乐陵、河南内黄、河北沧州等地危害非常严重，寄主有枣树、金丝小枣、酸枣和马甲子等。枣锈病常在枣果生长期造成早期大量落叶，树势衰弱，果实瘦小皱缩，果肉减少，糖度降低，枣的产量大大减少，品质下降，有的年份甚至绝产。

【症状】枣锈病一般仅危害叶片，严重时也发生在果上。发病初期，在受害叶片的背面散生或聚生淡绿色的小点，逐渐生长变成凸起的黄褐色小疱，即病原菌的夏孢子堆。夏孢子堆形状不规则，直径 0.2~1.0 mm，大多集中于叶脉两旁、叶尖和叶基部，严重时扩散至全叶。密集在叶脉两旁的夏孢子堆有时连成条状或成片。夏孢子堆初期埋生于表皮下，具假包被，不易破裂，呈小疱状。成熟后表皮破裂散出黄粉，即为夏孢子。在叶正面与夏孢子堆相对应处，出现边缘不规则的灰绿色小点，后为黄褐色角形枯斑。病害严重时夏孢子堆的黄褐色小疱少量出现在果面、枣吊上。落叶前后在夏孢子堆的边缘，有的长出黑褐色稍凸起的小点，即冬孢子堆，较小，直径 0.2~0.5 mm，不突破表皮。叶片严重受害后变黄，大批干枯早落。幼果不红即落；部分果虽能在树上变红，但单果质量小，含糖量很低，食用价值降低。发病严重的植株只留下未成熟的小枣挂在树上。提早落叶不仅影

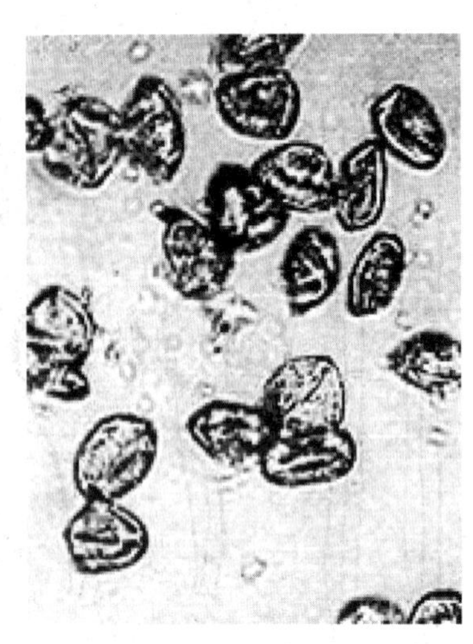

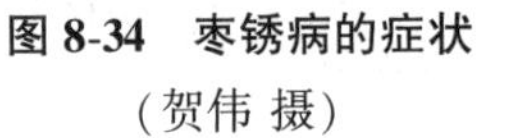

图 8-34 枣锈病的症状
(贺伟 摄)

图 8-35 枣锈病病原菌的夏孢子
(徐志华，2000)

响当年枣的产量和品质，而且影响枣树翌年的生长及年产量，一般减产 20%~60%，严重时绝产(图 8-34)。

【病原】由担子菌门柄锈菌纲柄锈菌目层锈菌科层锈菌属的枣层锈菌(*Phakopsora zizyphi-vulgaris*)引起。只发现有夏孢子和冬孢子两个阶段。夏孢子堆中有少数菌丝状的侧丝。夏孢子球形或椭圆形，淡黄色至黄褐色，单胞，表面密生短刺；大小为 14~24 μm×12~20 μm，壁厚 1.5 μm。夏孢子在水滴中不易萌发，在保湿的水琼脂表面可提高萌发率，产生 1~2 个芽管。冬孢子堆在树叶脱落前后产生，或于翌年春季在病落叶上产生。冬孢子堆生于叶背表皮细胞下，较夏孢子堆小，近圆形或不规则形，直径 0.2~0.5 mm，稍凸起，但不突破表皮，呈黑色。冬孢子在冬孢子堆内互相连接排列成多层，长椭圆形或多角形，单胞，壁光滑，顶部壁稍厚，上部褐色，下部浅褐色，大小为 8~20 μm×6~20 μm，壁厚 1.0~1.5 μm(图 8-35)。

【发病规律】枣锈病菌在华北地区的越冬方式和侵染循环方面有些还不十分清楚。有人认为该病菌可以冬孢子在病落叶上越冬，但冬孢子的作用及转主寄主还不清楚。病菌也可以夏孢子堆中的夏孢子在病落叶上越冬，并为翌年夏季初侵染的最主要来源。据河南的试验结果，在河南枣区，人工接种试验表明，在枣园内和野生酸枣树上的越冬病叶中，仅有一部分(0.1%~1%)夏孢子堆中的夏孢子具有越冬能力，越冬后的夏孢子能够萌发、侵染和致病。虽然越冬后的夏孢子仅有极少量具有萌发和侵染能力，但仍可以作为初次侵染来源。在河南枣区空气捕捉夏孢子还表明，在枣园上空开始捕捉到夏孢子的时间，多在枣锈病初次发生之前的半个月左右，表明外来的夏孢子可以是初次侵染来源之一。有人发现有些枣区的枣树芽中潜伏有锈菌的多年生菌丝，推测病菌也可能以菌丝在病芽中越冬，但未见新梢嫩叶发病，且枣锈病发病较迟。总之，侵染循环尚待进一步探讨。

枣锈病中的夏孢子由风力传播，可多次再侵染。越冬后的夏孢子在 3~33℃ 均可萌发，最适萌发温度为 24℃。在华北平原北部枣产区的山东、河北、河南等地，夏孢子通常在 6 月下旬至 7 月上旬雨水多、湿度大时开始萌发并侵入叶片，在 7 月中下旬开始发病并少量落叶，在8月下旬开始大量落叶，8~10月空气中夏孢子数量很多，可不断进行再侵染。一般8月下旬至9月上旬为枣锈病发病盛期，此时病叶即可大量脱落。病害发生期可延续到10月底枣树落叶前。有时因早期落叶严重，引起秋季第2次发芽展叶，在这些嫩叶上也可感染锈病。山东枣产区的个别年份，可在6月上、中旬见到病叶。在河北东北部枣产区，8月初开始发病。病害的潜育期8~14 d。

该病的发生与温度、湿度及枣树的生长势、生长地点关系密切。一般情况下，枣锈病的发生和流行与当年7月(6~8月)的降水次数、降水量及枣林内的湿度呈正相关。7~8月降水量少于150 mm发病轻，达到250 mm发病重，超过330 mm暴发成灾。一般雨季早、降水多、气温高的年份发病重。如河南内黄和新郑两大枣产区，凡是7月总降水量达到200~300 mm的年份，枣锈病就发生早且严重。7月降水量在130 mm以下的年份，9月初才开始发病。另据甘肃报道，在降水多的年份，6月中旬开始发病，6月下旬便开始落叶。7月日平均温度在20℃以上时，枣锈病的流行与降水量呈正相关。地势低洼，枣树林郁闭度大，树冠下间作玉米、高粱等高秆作物，发病重；反之，地势高、干燥，孤立散生、行间通风良好的及间作矮秆作物的枣林发病轻。同株发病部位冠中比冠周发病重，树冠下部首先发病，逐渐向上发展。

不同枣树品种抗病性不同，如河南内黄的'扁核酸'(安阳大枣)，新郑的'灰枣''鸡心枣''灵宝大枣'和沧州'金丝小枣'等都易感病，而河南内黄和濮阳的'核桃纹'、新郑的'九月青'和河北'赞皇大枣'等则较抗病。野生酸枣不同品系间的抗病力也有明显差别。

【防治措施】

①选用抗病或耐病品种。'九月青''核桃纹'等品种抗病力强，但枣果成熟期晚。灰枣虽不抗病，但落叶较少。在枣园中选择抗病或耐病的单株，进行嫁接换种，将会提高枣园群体的抗病或耐病能力。

②栽植时保持合理的密度，适当剪枝疏除过密枝条，枣行内间种花生、红薯、豆类等矮秆作物，以利于通风透光。在雨季及时排除积水，以增强树势。

③在晚秋清除树下落叶，集中烧毁，减少病源。

④化学药剂防治。发病初期用15%代森铵可湿性粉剂1 000倍液，或用1∶(2~3)∶300石灰倍量式波尔多液，或用50%多菌灵可湿性粉剂1 000倍液，或25%粉锈宁可湿性粉剂1 500倍液等喷洒树冠，具有良好的防病效果。在7月多雨的年份，可喷2次药液，以保证防病效果。波尔多液还有促使叶色浓绿、延缓落叶期的作用，如6~8月雨量偏少，可单一使用波尔多液。

8.2.4.8 柚木锈病

【分布及危害】柚木(*Tectona grandis*)是名贵的优质用材林树种，原产印度和缅甸，后引入我国。而柚木锈病是柚木的主要病害之一，在印度、巴基斯坦、斯里兰卡、缅甸、印度尼西亚和泰国等国家都有分布，2006年在澳大利亚首次发现，在我国广东、广西、海南、云南和台湾等柚木栽植地区该病害均普遍发生而且严重。柚木锈病可危害柚木的苗木、幼树及成年大树，以苗木和幼树受害较重。受害叶片干枯，提早脱落，感病植株的生长量受到严重损失，导致柚木用材经济效益下降。

【症状】病害危害叶片。感病叶片初期在叶背面散生零星分布的橙黄色锈粉状小点，为病原菌细小的夏孢子堆；小点迅速扩展，后期锈黄色粉状物布满全叶背，里面包括无数细小的夏孢子堆和冬孢子堆。严重时遇风吹，锈黄色粉状物随风飘流，肉眼可见。病叶表面初期产生杏黄色斑块，以后渐变为茶褐色枯斑，枯斑周围通常有杏黄色晕环，最后斑块变成灰褐色，以致叶片早期脱落(图 8-36)。

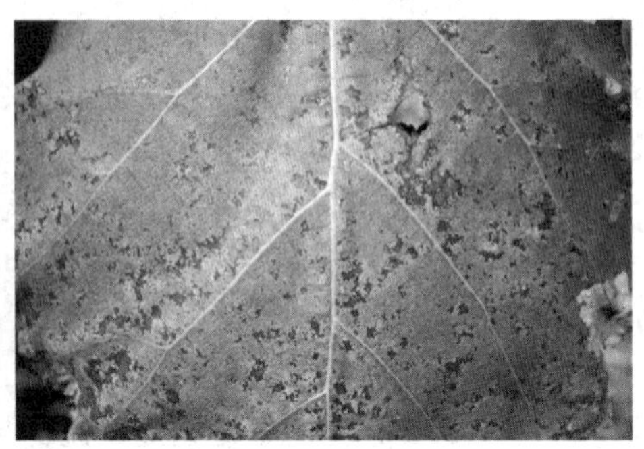

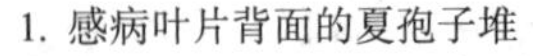
1. 感病叶片背面的夏孢子堆　　2. 病叶片正面的病斑

图 8-36　柚木锈病的症状

【**病原**】由担子菌门柄锈菌目周丝单胞锈菌属柚木周丝单胞锈菌(*Neoolivea tectonae*，异名 *Olivea tectonae*)引起。其冬孢子堆和夏孢子堆肉眼难以区别，两者均为橙黄色。在我国迄今尚未见冬孢子。夏孢子橙黄色，卵形至椭圆形，具无数小刺，大小为 20~27 μm×16~22 μm。冬孢子棍棒状，或拟纺锤形棍棒状，内含物橙黄色，细胞壁无色，大小为 38~51 μm×6~9 μm，或与夏孢子混生在一起，或生于独立的冬孢子堆中。冬孢子成熟后立即萌发，产生具有 4 个隔膜的担子，从担子上产生球形的担孢子。侧丝生于夏孢子堆中和边缘或冬孢子堆的边缘，圆柱状，向内弯曲，橙黄色，细胞壁厚达 25 μm(图 8-37)。

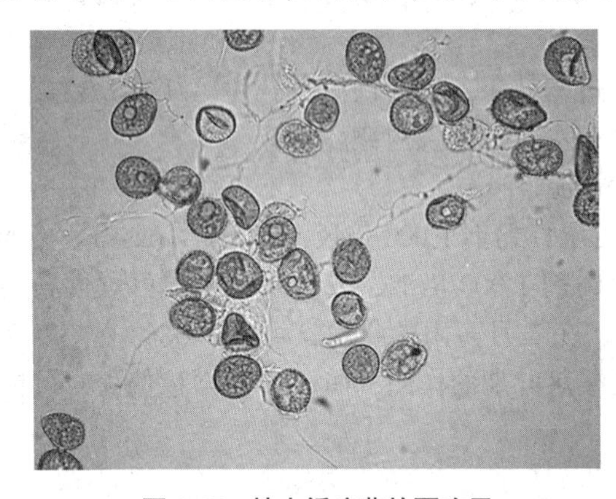

图 8-37　柚木锈病菌的夏孢子
(Cabral et al.，2010)

【**发病规律**】柚木周丝单胞锈菌是一种专性寄生菌，只在柚木叶片上寄生，不能腐生。尚未发现中间寄主。夏孢子由气流传播，病害在株间扩展。一般情况下，在南方林区的柚木叶片从 9 月至翌年 5 月普遍受害。如在广州市郊，从 10 月中旬叶片开始发病，至翌年 5 月发病结束。而在海南省内，周年均有发生。

单株感病性差异不大，地理种源的感病性差异较大，例如，从印度引进的柚木种较为感病。根据资料记载，高热而干燥的天气有利于该病的发生和发展。雨季末至旱季初期发病较多。集中成片的柚木林较多发病，零星分布的柚木较少发病。但在云南海拔 960 m 处，温度较低，湿度较大，柚木也染锈病。柚木苗期和幼林发病重，成林发病轻。对于幼林，3 年以上的幼林较多发病，1~2 年生的幼林发病较少。

【**防治措施**】

①疏伐或修枝，清除病叶，集中烧毁，并使林地空气流通，以减少病害发生。

②在发病期喷洒 75%百菌清 800 倍液，或氨基苯磺酸 200 倍液，或 25%萎锈灵 200 倍液，或 0.3°Bé 石硫合剂等。

③选育抗病品种或试用较抗病的地理种源。根据抗锈病种源优良度的聚合指数值，筛选出印度 3070(Sungam)、3072(Masale)种源，具有强而稳定的抗锈病能力。

8.2.5　林木炭疽病类

炭疽病是林木上一类普遍发生的病害，针阔叶树上都有发生，特别在阔叶树上更常见。炭疽病不仅发生于树木叶上，也常发生于果实和小枝上。主要引起落叶和落果，有的造成叶枯和枝梢枯死。苗期发病，严重时可使幼苗大量枯死，甚至使整个育苗失败，对林木生长和生产影响很大。

(1)症状

炭疽病虽然发生于许多树种，可危害植株的多个部位，其症状有某些差异，但也有共同的特征。主要表现为在发病部位造成各种形状、大小、颜色的坏死斑，有的在叶、果病斑上有明显或不明显的轮纹；在枝梢上形成梭形或不规则形的溃疡斑，扩展后造成枝枯。在病征上也具有明显的共同特征，即在发病后期，一般都会产生黑色小点——病菌的分生孢子盘，在高湿条件下多数产生胶黏状的橘红色的分生孢子堆。

分生孢子堆产生过程

(2)病原

引起林木炭疽病的病原主要是刺盘孢属真菌。有性阶段为子囊菌小丛壳科(Glomerellaceae)，但自然情况下不常见。此外，也有将子囊菌门间座壳目中的日规壳属、小日规壳属(*Gnomoniella*)和短喙间座壳属(*Lambro*)等一些种引起的病害称为炭疽病。

刺盘孢属的分生孢子盘初埋生，后突破表皮裸露。分生孢子单胞无色，椭圆形或长椭圆形，两端钝或尖，少数呈新月形的孢子，孢子内常有 2 个油球。分生孢子萌发时形成 1 个附着胞，附着胞紧紧吸附于寄主。在林木上最常见的是盘长孢状刺盘孢，它可危害多种木本植物，具有典型的炭疽病特征。

刺盘孢属真菌一般寄生性较弱，寄主范围较广。上述盘长孢状刺盘孢，其寄主多达近 100 种。虽然有致病性的分化，但有些是可以交互感染的。如由该病菌引起的苹果炭疽病，同时还侵染花红、梨、桃、核桃、刺槐和杨树等，在自然界，它们可以互为侵染来源。因此，在苹果等生产中应注意不用刺槐等作果园周围的防护林。另外，在不同的地区或不同寄主上，这种刺盘孢属真菌的致病性又可能存在着一定的差异。

(3)发病规律

刺盘孢属真菌一般以菌丝体在落叶、落果或残留于树上的病叶、病果和病枝中越冬，有的还可在芽鳞上越冬。此外，在有些地方病菌还能以子实体或分生孢子越冬。病菌孢子主要通过风雨传播，昆虫在传播中也有一定作用。通过带病的苗木和无性繁殖材料，有的甚至通过种子得以远距离传播。

病菌可通过自然孔口和伤口侵入，同时也可穿透无伤组织直接侵入，但一般多通过各种伤口侵入。杉木炭疽病菌常从发病的针叶扩展到嫩梢上。八角炭疽病菌常先侵入芽，造成芽枯，再延伸到主茎上。板栗炭疽病菌多从果壳上的毛刺侵入，再延伸到果实内危害。桃炭疽病菌分生孢子先以附着胞附着在幼果表面的绒毛上，然后扩展到果实内。由此可见，炭疽病菌能够通过多种途径和方式侵入寄主组织。由于侵入途径不同，会影响病程的长短。但一般炭疽病的潜育期较短，特别是叶炭疽病，在适宜的条件下只需几天，不久便产生分生孢子。因此，通常炭疽病都有再侵染。

潜伏侵染在林木炭疽病中已成为一种普遍现象。处于侵染初期的病菌，由于寄主生长状况或环境条件限制，而暂时中止侵染活动，待条件适宜时重新活动，引起发病。潜伏侵染几乎周年发生。病菌潜伏的部位，包括了树木地上各个可被侵染的部位。炭疽病菌一般以分生孢子萌发时产生的附着胞紧贴于寄主植物的表面，或以侵染丝、菌丝(菌丝体)在寄主角质层下、表皮细胞间隙或细胞内、气孔腔室呈潜伏状态。目前人们的看法多倾向于附着胞是潜伏侵染的关键结构，休眠的附着胞对物理、化学和生物方面许多不良影响具有较强的抗逆性。

炭疽病的流行与多种因素有关，尤其与降雨有密切关系，雨水偏多的年份发病也偏重。栽植密度大，枝叶稠密，通风透光差，易发病。杉木在立地条件差、土壤瘠薄、地势低洼、排水不良、粗放管理、林木生长差时、容易发生炭疽病。偏施氮肥枝条徒长，组织柔嫩，也利于炭疽病的发生。

(4)防治措施

首先应在经营管理上采取合理措施，促使树木生长健壮，例如，造林时必须充分注意适地适树的原则。苹果园周围避免用刺槐和杨树等作防护林。造林时不宜过密，幼林要及时修枝，保持林内通风透光。清除病叶、病果及病枝，以减少病菌的侵染来源。利用和选育抗病树种和品种，或于林内补植抗病优株，改善原有林分结构，也是防治炭疽病中应注意的方面。在加强经营管理的基础上，必要时也可以使用杀菌剂进行化学防治。但炭疽病一般发病期较长，并存在着潜伏侵染，喷药次数较多，成本较高。所以化学防治在今后必须找到有较强内吸作用的杀菌剂，才能减轻费用，收到良效。

8.2.5.1 杉木炭疽病

云讲堂

【分布及危害】杉木炭疽病在江西、湖南、湖北、福建、广东、广西、浙江、江苏、安徽、四川、贵州和河南等地都有发生，尤以低山丘陵地区人工幼林较普遍且严重。病轻的杉木针叶枯死，病重的大部分梢头枯死，严重影响杉木生长。定植1~2年的幼树感病时，可整株枯死。

【症状】杉木炭疽病主要发生于春末到夏初。不同龄的新老叶和嫩枝上都可发病，但以树木中、上部先年秋梢受害最重，通常是梢头顶芽以下约10 cm的针叶集中发病，称为颈枯型，是杉木炭疽病的典型症状。

梢头的幼茎和针叶可能同时受侵，但一般先从针叶开始。病叶上先出现不规则形暗褐色斑点，随后病部不断扩展，使叶尖变褐枯死或全叶枯死，并延及幼茎，幼茎变褐色而使整个枝梢枯死。发病轻的，顶芽仍能抽发新梢，但新梢生长受影响。在潮湿条件下，病死针叶背面中脉两侧可见到稀疏的小黑点(子实体)，以叶背面气孔带上为多。有时在潮湿条件下还可以见到粉红色的分生孢子堆(图8-38)。

在较老的枝条上，病害通常只发生在针叶上，使针叶尖端或整叶枯死。生长正常的当年新梢很少感病，秋季因生理原因引起黄化的新梢也可能发生该病。

【病原】该病由盘长孢状刺盘孢(*Colletotrichum gloeosporioides*)、果生刺盘孢(*C. fructi-*

cola)、暹罗刺盘孢(*Colletotrichum siamense*)和沧源刺盘孢(*C. cangyuanense*)引起。在自然条件下通常见到的是其无性态(图 8-38)。分生孢子盘生于病部表皮下，后突破表皮外露，呈黑色小点状。分生孢子盘上有黑褐色刚毛(有时没有)，有分隔。分生孢子聚集在一起呈粉红色。在培养基上还可自菌丝上直接产生分生孢子，分生孢子萌发时产生 1 个隔膜，在芽管端部常产生 1 个附着胞。

有性阶段在自然界较少见到，仅沧源刺盘孢在人工接种发病的杉木枝梢或在 V8 培养基上置于 25℃ 左右的条件下很容易产生。子囊壳 2 至多个丛生或单生，半埋于基质中，梨形，颈部有毛，大小为 204 ~ 286 μm × 140 ~ 209 μm；子囊棒状，无柄，大小为 77. 2 ~ 93. 1 μm ×8. 8 ~ 12. 5 μm。子囊孢子无色，单胞，梭形，稍弯曲，排成 2 列或不规则的 2 列，大小为 15. 5 ~ 22. 1 μm × 4. 5~ 5. 8 μm。

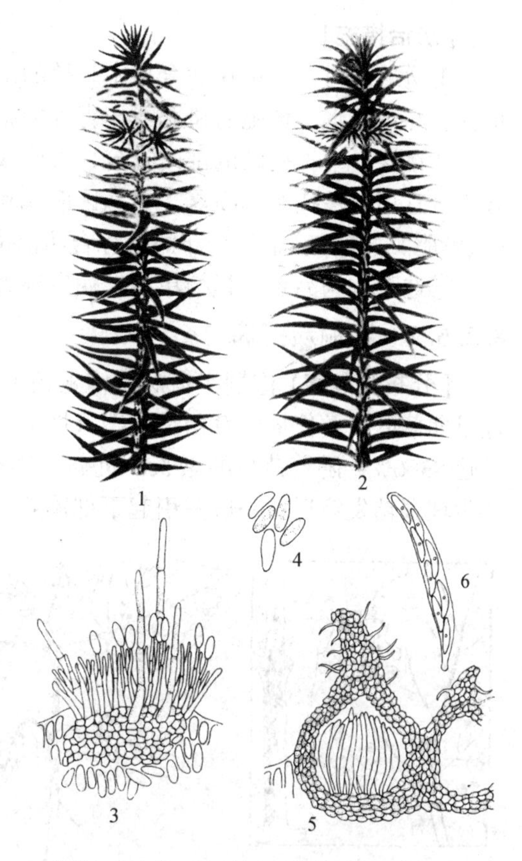

1. 病枝初期病状(中国林业科学研究院，1984)；
2. 后期病状(中国林业科学研究院，1984)；
3. 分生孢子盘(李传道 绘)；4. 分生孢子(李传道 绘)；
5. 子囊壳(李传道 绘)；6. 子囊及子囊孢子(李传道 绘)。

图 8-38　杉木炭疽病

病菌对温度的适应范围很广，在 8 ~ 39℃ 范围内都可生长和萌发。菌丝体生长的最适温度为 25 ~ 28℃，分生孢子在 20 ~ 25℃ 萌发最好。

【发病规律】病菌主要以菌丝体在病组织内越冬，分生孢子随风雨溅散传播。人工伤口接种在 20 ~ 23℃ 下，潜育期最短 8 d；在 25 ~ 27℃ 最快的 3 d 后即可发病。4 月下旬开始发病，随气温和相对湿度的增加，病害随之不断加剧。6 月中旬，当气温为 25℃，相对湿度 85%左右时，出现发病的年高峰期，针叶大量出现病斑；此外在 7 月、9 月有 2 个发病次高峰，10 月下旬病情基本停止。

该病有潜伏侵染现象。根据病菌分离结果发现，新梢普遍带菌。春梢于 4 月下旬开始被侵染，5~6 月被侵染的最多。秋梢在生长初期(8 月上旬)就有较高的带菌率。但这些被侵染的新梢只有少数在当年秋季发病，一般到翌年春季才开始大量急剧发病。

病害的发生与树龄有一定关系，随着树龄增大，林木抗病力增强，受害有所减轻。

病害的发生和立地条件及造林技术措施有密切关系。杉木生长旺盛时并不一定发病。在立地条件差、土质瘠薄，又少抚育管理，杉木本身生长不良时，炭疽病就会大发生。在立地条件好、高标准造林和抚育管理好的杉木林一般发病都较轻。在不适宜的立地条件下，杉木很容易发生生理性黄化。黄化的杉木则容易发生炭疽病。炭疽病发病程度与黄化病的程度有密切关系。

【防治措施】

①适地适树，尽量在适合杉木栽植的山地造林。注重营林措施，采取深挖整地、及时抚育、开沟排水、增施有机肥或压青等措施，促进杉木生长，增强抗病力。

②在轻、中等病区的郁闭林分，可施放百菌清等烟剂防治；在低矮幼林、有水源的地方，适宜用甲基托布津喷雾。重病区应伐除病株进行补植补造。采用抚育、松土、施尿素(或磷肥)，辅以喷甲基托布津等综合防治措施。

③选育抗病品系，杉树单株发病有很大差异，可进行单株选优，培育抗病子代。

8.2.5.2 泡桐炭疽病

【分布及危害】泡桐炭疽病是泡桐苗期主要病害之一，在泡桐栽植地区普遍发生，引起早期落叶，常使播种育苗遭到毁灭性损失，如郑州实生苗有的发病率高达98.2%，死亡率达83.6%。随着苗龄的增长，抗病力逐渐增强，2年生以上的苗木和幼树发病较轻。1年生埋根苗发病后，一般只引起下部落叶，对苗木影响较轻。

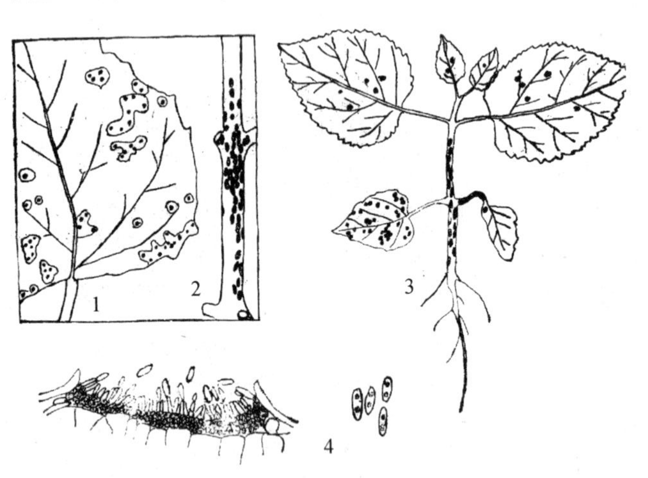

1. 泡桐叶上病斑；2. 嫩枝上的病斑；3. 幼苗上的病斑；4. 病菌分生孢子盘和分生孢子。

图8-39 泡桐炭疽病

(周仲铭，1990)

【症状】该病主要危害叶、叶柄和嫩梢。叶片上，病斑初为点状失绿，后扩大呈褐色近圆形病斑，周围黄绿色，直径约1 mm，病斑多时可连成不规则较大的病斑，后期病斑中间常破裂，病叶早落。嫩叶叶脉受害，叶片常皱缩成畸形。叶柄、叶脉及嫩梢受害，初为淡褐色圆形小斑点，后纵向延伸，呈椭圆形或不规则形，中央凹陷(图8-39)。

发病严重时，病斑连成片，常引起叶片和嫩梢枯死。雨后或高湿条件下，病斑尤其是叶柄和嫩梢的病斑上常产生黑色小点和粉红色孢子堆。

实生苗木质化前(1~2对真叶)发病，初期叶片变暗绿色，后倒伏死亡。若木质化后(有3对以上真叶)被害，茎、叶上病斑发生多时，常呈黑褐色枯死，但不倒伏。

【病原】该病由盘长孢状刺盘孢(*Colletotrichum gloeosporioides*)引起。分生孢子盘初生于寄主表皮下，后突破表皮外露。分生孢子盘黄褐色，直径121.8 μm，上生暗褐色刚毛(有时没有刚毛)。分生孢子梗无色，9.6 μm×3.8~6.4 μm。分生孢子成堆时呈粉红色。

分生孢子萌发最适温是25℃，35℃时仍有一定萌发力。空气相对湿度在80%以上时方能萌发，最适萌发湿度为90%以上。

【发病规律】病菌主要以菌丝体在寄主组织内越冬。苗圃内留床病苗及周围幼林和泡桐丛枝病病枝易发生炭疽病，常是泡桐苗发生炭疽病的初次侵染源。翌年温湿度适宜时产生分生孢子，经风雨传播可以直接侵染幼嫩组织，潜育期3~4 d。在泡桐生长期中病菌可反复多次侵染。

在陕西关中地区，幼苗于 5 月下旬至 6 月初(2 年生苗在 4 月下旬)开始发病，7 月上旬盛发，中旬达第 1 次发病高峰。8 月下旬至 9 月下旬多雨天气，该病又迅速蔓延，出现第 2 次发病高峰。

病害流行与雨量多少和湿度高低关系密切，在发病季节如遇高温多雨、排水不良，病害蔓延很快。苗木密度过大、通风透光不良易于发病。育苗技术和苗圃管理粗放，苗木生长细弱有利于病害发生。

【防治措施】

①选择距泡桐林较远的地方育苗，避免连作。如必须连作，应彻底清除和烧毁或深埋病苗和病枝叶，以减少初次侵染源。加强苗圃管理，如深耕细作，施足底肥，注意排水，及时间苗、除草，适时施肥灌溉，以促进苗木健壮生长，提高抗病力。

②发病初期及早拔除病苗，并喷 1∶1∶100 的波尔多液或 65%代森锌 500 倍液，每隔 10~15 d 喷 1 次，共喷 3~4 次。

8.2.5.3　油茶炭疽病

云讲堂

【分布及危害】油茶炭疽病是油茶的主要病害。在我国长江流域以南各地以及河南、陕西南部地区发生普遍，引起落果、落蕾、枝梢枯死，甚至整株衰亡。油茶常因此病减产 20%~30%，重病区可达 40%~60%。

【症状】炭疽病可危害油茶植株的各个部位，以果实受害最重。果实初期在果皮上出现褐色小斑，后扩大成黑色圆形病斑。后期病斑出现轮生的小黑点，即病菌的分生孢子盘。天气潮湿时可产生黏稠状粉红色的分生孢子堆。一个果实可有 1 至十余个病斑，病斑扩展后可联合。接近成熟期的病果有时沿病斑中部开裂。未成熟种子病斑褐色或黑褐色，成熟种子病斑为褪色斑，种仁病斑黑褐色。病果易脱落。

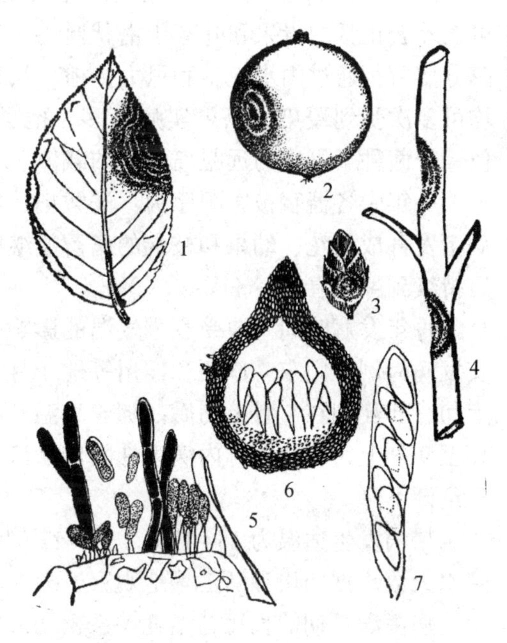

1. 病叶；2. 病果；3. 病蕾；4. 病枝；5. 病菌分生孢子盘；6. 子囊壳；7. 子囊及子囊孢子。

图 8-40　油茶炭疽病

(周仲铭，1990)

叶片病斑多发生在叶缘或叶尖，半圆形或不规则形，褐色或黑褐色，边缘紫红色，病斑上常有不规则轮状细皱纹。后期，病斑中部灰白色，其上有轮生小黑点。

新梢病斑多发生在基部，椭圆或梭形，略下陷，边缘淡红色。后期病斑褐色，有黑色小点及纵向裂纹。病斑环梢一周，梢部即枯死。

叶和花蕾病斑多发生在基部鳞片上，呈不规则形，黑色或黄褐色。病重时，芽枯、蕾落。

重病株枝条及树干上可产生椭圆形或梭形、中间部分下陷的溃疡斑，病斑下木质部呈黑色(图 8-40)。

【病原】该病由盘长孢状刺盘孢(*Colletotrichum gloeosporioides*)、果生刺盘孢(*C. fructicola*)、暹罗刺盘孢(*C. siamense*)、山茶刺盘孢(*C. camelliae*)和博宁刺盘孢(*C. boninense*)引起。病原菌分生孢子盘大小为 119~255 μm。初期埋生于寄主表皮下，后外露。刚毛暗褐色至黑褐色，隔膜 1~3 个。分生孢子无色，单胞，长椭圆形，两端钝圆，中间有时稍窄，大小 12~24 μm×4~6 μm。内有许多颗粒物，有时可见到油球 1~2 个。萌发时产生或不产生附着胞。子囊果黑色，略长圆形，散生，半埋于寄主组织。子囊无色，棍棒状，顶端开口，大小 38. 0~85. 5μm×7. 6~12. 4 μm，群集于子囊壳内垫状物上，呈放射状或扇形。子囊内含子囊孢子 8 个。子囊孢子单胞，无色或淡色，椭圆形或纺锤形，大小 15~27 μm×5~6 μm(图 8-40)。

病菌对温度适宜范围较广。菌丝在 10℃时开始生长，38℃停止，最适温度为 25~28℃。分生孢子萌发起点温度为 8℃，最高 39℃，适温为 25~28℃。分生孢子在水滴中才能萌发。病菌在多种培养基上都能良好生长。

【发病规律】病菌主要以菌丝体在油茶树上各感病组织内越冬或以分生孢子越冬，还可在外表正常的青果和叶芽中潜伏越冬。生长季节可从各病部反复产生分生孢子，借雨、露分散后，通过雨水飞溅和风力传播。从自然孔口、伤口和直接穿透侵入。油茶的各器官均可多次受到侵染，以果实病斑多、孢子量大，在病原的增殖、积累和散布上占显著地位。带菌种子可成为远距离传播的载体。

一年中各器官被害顺序为：先嫩梢、嫩叶，后果实、花芽、叶芽，直至初冬的花。由病蕾发育成的花、幼果和枝端的病蕾痕继续发病，形成一个年周期的侵染链，经冬季休眠后持续到翌年春天。

每年发病时间主要受春季气温的影响，不同地区或同一地区不同年份均有差异。以果实发病为例，广东、广西和四川等地 4 月初即可发病，湖南、江西一般在 4 月下旬至 5 月上旬，浙江则在 5 月上旬后。随着气温升高和果实发育，发病率逐月增加。一般在 7 月中旬至 9 月上旬，随着林内病害株间传播流行，出现病落果高峰。入秋后，气温下降，果病率逐渐下降。

果病发生适温为 15~19℃，25~27℃时扩展迅速。在适温条件下，果病增长率取决于降水天数。据四川和浙江等地观察，6~7 月降水日多，发病重；反之，则轻。

病菌潜育期的长短与温度关系密切。气温低，潜育期则长；反之，潜育期缩短。温度 25~28℃时，油茶果实炭疽潜育期在室内为 5~7 d；在林间为 12~15 d。

病害的发生与种植条件有密切关系。丘陵区发病多于山区，而低山区又重于高山区。一般阳坡、山脚和林缘较阴坡、山顶和林内发病重。偏施氮肥增加发病的严重程度。林分密度大发病重，稀疏林分则发病轻。在油茶林内连季套种高秆作物发病重。

油茶各物种和类型抗病性差异显著。目前广泛种植的油茶严重感病，软枝油茶、越南油茶和小果油茶等也比较感病，而攸县油茶、宜春中子、黄花糙壳油茶、云南腾冲红花油茶、小叶油茶、茶梨油茶、徽州小红和徽州大红等抗性较强。此外，普通油茶在自然生态条件下也有许多不同程度的抗病类型或单株，如湖南的寒露品种比霜降品种好，发病轻；衡山苦槠子和紫皮果类型表现抗病。

油茶对炭疽病的抗病机制与果实表皮结构、果皮内含物等有关。如表皮细胞层次多，排列紧密，果皮单宁含量高，氧化酶和多酚氧化酶活性大，抗病性则强；果毛较多、果皮紫或红色的品种抗病性较强，而青色果皮的品种易感病。

【防治措施】

①选育抗病品种。在普通油茶林，尤其重病区中，选出高产优质抗病单株，就地繁育，及时推广；在抗病的攸县油茶和较抗病的其他物种或类型中，择优试栽，适地推广；大力开展各物种中抗病单株选优，抗病优株种间、种内杂交，不断培育新的抗病丰产良种。此外，严格从无病树或轻病树的无病茶果中采种育苗。

②加强抚育管理。调整林分结构，保持林内株间枝叶不相衔接的密度。林内避免套种高秆或半高秆作物，以有利于林分通风透光。进行科学的土壤管理，合理垦复，适当间种绿肥，追施有机肥和磷、钾肥，不偏施氮肥。

③清除侵染来源。冬季至早春前，剪除病枝、病叶和病果；在重病区应伐除重病株，最大限度地控制和消灭病源。同时可补植抗病优株，提高林分的抗病成分。

④药剂防治。75%百菌清、60%百菌通或 75%甲基托布津 500 倍液于 5 月上、中旬和 7 月中、下旬进行喷雾，能较显著地控制油茶炭疽病害流行；也可选用 70%扑菌清、12%叶斑净、50%多菌灵等药物。

8.2.5.4　油桐炭疽病

【分布及危害】油桐炭疽病在广西、广东、四川、福建和湖南等地均有分布，主要危害油桐的叶片、果实和枝梢，导致早期落叶和落果、树势下降、桐油减产。20 世纪 80 年代初期，广西南宁地区千年桐(*Aleurites montana*)发病率 96.6%，病情指数达 63。同期，福建因此病害流行而大量落果，造成减产 40%~80%。

【症状】叶片感病初期，产生红褐色小斑点，后逐渐扩大成圆形或不规则形病斑，由红褐色变为灰褐色至黑褐色，具明显的暗色边缘，后期病叶枯焦，皱缩卷曲，易落。典型病斑内常生有轮状排列的黑色小点，为病菌的分生孢子盘。在潮湿条件下能产生粉红色黏质的分生孢子堆。

果实受害后产生近圆形或不规则形的病斑，病斑迅速扩大呈黄褐色软腐状，失水后变成黑褐色、中间稍凹陷的大块枯斑，病斑中部出现许多黑色粒状子实体。经保湿培养可产生卷须状、粉红色或橘红色分生孢子角。病果易脱落。

感病的 1 年生新梢产生黑褐色梭状病斑，形成枯梢。

【病原】该病由盘长孢状刺盘孢(*Colletotrichum gloeoporioides*)引起。子囊壳大小为 81.7~125.5 μm×80.5~108.5 μm。子囊无色、棒形，大小为 40.0~51.2 μm×10.2~16.5 μm。子囊孢子单胞，无色，长椭圆形稍弯或梭形，大小为 10.5~18.2 μm×5.5~7.4 μm。其无性分生孢子盘生寄主表皮下，大小为 78.9~129.6 μm×41.2~55.0 μm。刚毛褐色，有 1~3 个分隔。分生孢子梗棍棒状，顶端着生 1 个分生孢子。分生孢子单胞，无色，长椭圆形或肾形，两端钝圆或其中一端稍尖，大小为 14.9~21.5 μm×5.2~7.2 μm(图 8-41)。

【发病规律】病菌以分生孢子盘和子囊壳在寄主病组织内越冬，翌年春产生大量分生孢子和子囊孢子。借风雨传播到新叶和幼果上，主要通过自然孔口侵入，也能从伤口侵入。潜育期 2~7 d。当年产生的分生孢子，在适宜的条件下可多次再侵染。

病害发生时间因各地生态环境的差异而有所不同，广西为 3 月下旬，福建为 4 月中、

1. 病叶；2. 病果；3. 子囊壳、子囊和子囊孢子；
4. 分生孢子盘和分生孢子、刚毛。

图8-41 油桐炭疽病

(中南林学院，1998)

下旬，湖南为5月上旬。通常气温升达18~20℃、相对湿度在70%以上时开始发病。7~9月，气温在28℃以上，相对湿度80%以上，为发病高峰期。由于温、湿度的变化，1年可能出现2个发病的高峰期。10月以后，气温下降到14℃左右，相对湿度在70%以下，病害停止发生。

病害的发生发展受温度、湿度的影响显著。在适宜的温度下，降雨较多，相对湿度增高，则发病率迅速上升，病情加重。

不同品种受害程度不同。千年桐较三年桐易受害，尤以大面积纯林发病严重。此外，林分管理粗放、立地条件差、生长衰弱，发病重。

【防治措施】

①营林措施。营造千年桐与其他树种的混交林，避免营造大面积纯林。加强抚育管理，于冬末或初春，将病落叶、果深埋土内，或集中烧毁，以减少初次侵染来源。

②化学防治。发病初期，在雨后或早露未干时撒施草木灰和生石灰混合物(3∶2或2∶2)，或喷洒70%托布津400~600倍液、50%多菌灵600~800倍液。

8.2.6 煤污病类

煤污病又称煤烟病、油斑病，是一类较为普遍的病害，发生在多种木本植物的幼苗和大树上，在浙江、安徽、湖南、江西、广东、四川等地普遍发生，危害包括柑橘、油茶等重要树种，有时造成严重损失。主要危害叶片，也可危害枝干。严重时叶片和嫩枝表面满覆黑色烟煤状物，妨碍林木正常的光合作用，影响健康生长。对柑橘、油茶等的结实也有很大的影响。

(1)症状

煤污病

由于煤污病菌种类很多，同一植物上可感染多种病菌，其症状上也略有差异。但总的来说，呈黑色霉层或黑色煤粉层是该病的重要特征。在油茶上，起初叶面出现蜜汁黏滴，渐形成圆形黑色霉点，有的沿叶片的主脉产生，后渐增多，使叶面形成覆盖紧密的煤烟层，严重时可引起植株逐渐枯萎(图8-42)。

(2)病原

引起煤污病的病菌种类不一，有的甚至在同一种植物上能找到2种以上真菌。常见的有柑橘煤炱(*Capnodium citri*)、茶煤炱(*C. theae*)、柳煤炱(*C. salicinum*)、山茶小煤炱(*Meliola camelliae*)和巴特勒小煤炱(*Amazonia butleri*，异名*M. butleri*)等。

煤污病菌多以无性型出现在病部。因菌种不同，其无性型分属于无性型真菌不同的属，其中烟煤属(*Fumago*)较常见。

(3)发病规律

煤污病菌的菌丝、分生孢子和子囊孢子都能越冬，成为下一年初侵染的来源。当叶、枝的表面有灰尘、蚜虫蜜露、介壳虫分泌物或植物渗出物时，分生孢子和子囊孢子就可在上面生长发育。菌丝和分生孢子可借气流、昆虫传播，进行重复侵染。根据浙江调查，油茶煤污病病菌可以子囊壳越冬，但一般可直接以菌丝在病叶上越冬。病害每年3月上旬至6月下旬，9月下旬至11月下旬为两次发病盛期。盛夏高温病害停止蔓延；但夏季雨水多，病菌也会时有发生。病害可以节状菌丝体传播，某些昆虫(如绵介壳虫)可以传带病菌。

1. 病叶；2. 山茶小煤炱的子囊壳；
3. 茶煤炱菌的子囊腔、子囊及子囊孢子。

图8-42 油茶煤污病症状和病原

(周仲铭，1990)

病害与湿度关系较密切，一般湿度大，发病重。油茶煤污病在平均温度13℃左右，并有雾或露水时蔓延较快。南方丘陵地区的山坞日照短、阴湿，发病往往很重。暴雨对于煤污菌有冲洗作用，能减轻病害。

昆虫(如介壳虫、蚜虫、木虱等)危害严重时，煤污病的发生也较严重。有些植物(如黄波罗等芸香科植物)的外渗物质多，病害也较严重。

(4)防治措施

①不通风、闷湿的条件有利于发病，因此成林后要及时修枝、间伐透光。

②煤污病的发生与蚜虫、介壳虫、木虱等的危害有密切关系，防治了这些害虫，绝大多数的煤污病即可得到防治。若为蚜虫危害，可在植株上先撒一层烟灰或草木灰，数小时后用清水冲洗干净，或用10%的吡虫啉可湿性粉剂2 500倍液喷杀。若为粉虱类危害，可用25%的扑虱灵可湿性粉剂1 500倍液喷杀。喷洒10~20倍的松脂合剂及50%三硫磷乳剂1 500~2 000倍液可以杀死介壳虫(在幼虫初孵时喷施效果较好)。

③浙江果农用黄泥水喷洒叶面防治油茶煤污病，湖南果农用山苍子叶和果原汁加水20倍喷洒油茶防治煤污病，均有一定效果。

小 结

林木的叶部最易受各种侵染性或非侵染性因素危害，因此叶部病害极为普遍。真菌引起的叶部病害种类最多，尤其锈菌、白粉菌、无性型真菌(生长季节中，子囊菌的无性阶段)占了叶部病害的大多数。细菌、病毒、植原体病害多见于阔叶树种，极少见于针叶树上。

叶部病害的症状有畸形、小叶、黄化、花叶、白粉、煤污、黄锈、叶斑、炭疽、毛毡等多种类型，多数症状类型都与具某类特点的病原有密切联系，如白粉病、锈病、煤污病和炭疽病分别由真菌的白粉菌、锈菌、煤污菌和炭疽菌引起，叶片皱缩、变小或为囊状的畸形则由真菌中的外子囊菌、外担子菌、病毒或某些非生物因素引起，病毒、植原体及某些生理因素、污染物可造成叶片变小、黄化或花叶，螨类是叶片出现毛毡状的原因，真菌、细菌、病毒及某些非生物因素是造成形状、颜色、大小各异的斑点类病害的病原。大多数真菌引起的叶部病害可根据前述症状特点初步判断其病原，但由细菌、病毒、植原体及某些非生物因素引起的叶部病害仅仅根据外部症状特点往往不易准确判断病原。

常见的针叶树上的叶部病害有松杉落针病、松赤枯病、松针褐斑病、松针红斑病、侧柏叶枯病、杉木细菌性叶枯病等。常见的阔叶树上的叶部病害有杨树黑斑病、杨树黑星病、杨树花叶病毒病、银杏叶枯病、桃缩叶病、油桐黑斑病、柿树角斑病、核桃细菌性黑斑病、梨黑星病、阔叶树漆斑病、阔叶树藻斑病和阔叶树瘿螨害等。重要的白粉病有板栗白粉病、苹果白粉病、紫薇白粉病和葡萄白粉病等。重要的叶果类锈病有松针锈病、杨叶锈病、云杉球果锈病、圆柏—梨锈病、落叶松褐锈病、枣锈病、柚木锈病等。炭疽病是林木上常见的一类叶部病害，如杉木炭疽病、泡桐炭疽病、油茶炭疽病和油桐炭疽病等。煤污病则是常绿阔叶树上常见的叶部病害。

思考题

1. 简述松落针病的症状特点和病原种类。
2. 松落针病、松赤枯病和松针褐斑病在症状上有什么不同？
3. 杉木细菌性叶枯病的发生和流行与环境条件有何关系？
4. 阅读文献，分析杨树黑斑病病原菌分类的研究进展。
5. 杨树花叶病毒是如何传播的？如何防治杨树花叶病毒病？
6. 阅读文献，分析杨树花叶病毒病的检疫措施。
7. 查阅文献，比较危害柿树叶片形成叶斑的病害有哪些类型？比较其症状特征。
8. 油桐黑斑病的发生规律和防治措施有何特点？
9. 银杏叶枯病的病原有哪些？
10. 如何防治梨黑星病？
11. 桃缩叶病在病害的初侵染和再侵染特征上与梨黑星病有何区别？
12. 细菌引起的林木叶斑病与真菌引起的林木叶斑病在侵染循环和防治措施上有何异同？
13. 锈藻引起的阔叶树藻斑病有何危害？
14. 瘿螨危害的阔叶树症状有何特征？如何防治阔叶树瘿螨害？
15. 简述板栗白粉病的侵染循环和防治办法。
16. 简述松针锈病的发生特点和转主寄主种类。
17. 简述圆柏梨锈病的侵染循环和防治关键。
18. 简述杉木炭疽病的症状特点与发生规律。
19. 简述煤污病的症状和防治方法。

推荐阅读书目

杨旺. 森林病理学. 北京：中国林业出版社，1996.
袁嗣令. 中国乔灌木病害. 北京：科学出版社，1997.
周仲铭. 林木病理学. 修订版. 北京：中国林业出版社，1990.
吴金光. 经济林病理学. 北京：中国林业出版社，1986.

第 9 章

林木枝干病害

9.1 枝干病害概说

枝干病害即发生在连接树木根系与叶片的通道组织(树干、大小枝条)上形成的病害，既包括韧皮部产生的组织坏死，也包括由于木质部输导组织产生病变，影响水分输导，从而形成的树木枯萎，以及木质部纹理结构变形，机械强度减低等。这些皮层组织的坏死常与断枝、机械损伤一类的伤口相联系，以伤口为中心向外扩展。这种局部坏死斑称为溃疡。枝干作为树木根系与叶片的水分和养分通道，其上的任何病变都将可能影响树木的整体。因此，枝干病害通常受到高度重视。

9.1.1 枝干病害的重要性

枝干病害是林木最重要的一类病害。这类病害种类虽不及叶部病害多，但危害大，防控难度大，幼苗、幼树或成年树枝条受病后一般导致枝枯，主干受病或某些系统性侵染的病害往往引起全株枯死。如松类疱锈病、榆树枯萎病、板栗疫病、松材线虫病等均是世界性著名的林木枝干病害，造成过重大经济损失及生态平衡的破坏。我国 2005 年公布的 7 种国内森林植物病害检疫对象中，4 种为枝干病害，落叶松枯梢病、松疱锈病、松材线虫病、猕猴桃细菌性溃疡病(*Pseudomonas syringae* pv. *actinidiae*)。2021 年，农业农村部、海关总署联合发布的《进境植物检疫性有害生物名录》的 41 种(不包括水果)林业检疫危险性病原生物中，25 种为枝干病害的病原物。当前松材线虫病正在对我国的林业生态安全构成严重威胁，杨树腐烂病、杨树溃疡病、桉树青枯病、泡桐丛枝病、枣疯病、黄栌枯萎病、松枯梢病及落叶松枯梢病等枝干病害仍然是影响我国森林健康的重要生物灾害。

9.1.2 枝干病害发生特点及防治原则

9.1.2.1 枝干病害的症状和病原

按症状分，枝干病害可分为干锈病、枯梢病、溃疡病、丛枝病、枯萎病、肿瘤病、流脂流胶病等。每一类病害都有其典型的特征。

枝干病害的种类不多，但病原的类群几乎涉及所有引起植物病害的因素。灼伤、低温等所致病害是常见的非侵染性枝干病害。如在北方，春季夜晚的低温使毛白杨树皮和木质部产生裂缝，从中流出大量树液，造成毛白杨破腹病。

侵染性病害的病原有真菌、细菌和植原体，此外还有线虫、寄生性种子植物等，其中以真菌性枝干病害分布最广，危害最严重。

各种侵染性病原的寄生性强弱相差悬殊，从弱寄生到专性寄生的种类均有，还包括能自营光合作用的半寄生性病原。病原物类群的不同和寄生性的显著差异决定了各类病害发病规律的明显不同，这些将在各论有关部分分别予以叙述。

9.1.2.2　枝干病害侵染循环的特点

由于树木为多年生，发生于枝干上的病害也往往为多年生，直至枝干死亡。所以，寄生于活立木枝干上的病原物便成为初侵染来源。不少枝干病原物为弱寄生菌，被害枝干枯死后仍能在上面营较长时间的腐生生活，当温度、湿度适宜时产生繁殖器官，成为初侵染的来源。例如，离体很久的感染杨树腐烂病的枝条，夏天遇雨后会出现很多分生孢子角，随气流传播而感染新的杨树植株。枝干锈病的病原菌多是转主寄生的，例如，松栎锈病菌，在感病的松树枝上每年在受病部位形成锈孢子，锈孢子不能侵染松树，只能侵染转主寄主栎类叶片，成为栎叶锈病的初侵染来源；在栎叶上形成的冬孢子萌发后产生担孢子，再反过来侵染松树，成为松栎锈病的侵染来源。

枝干病害有无再侵染与病原物类型有关。有的枝干病害潜育期较长，需 1~2 个月，有的甚至长达 2~3 年，因而在一个生长季节难以再侵染；有的与枝干病害的特性有关。例如，由植原体引起的泡桐丛枝病，当泡桐初感植原体后，需秋天转移至根部，翌年春季随树液转移至枝干，并积累到一定数量后，才能使泡桐出现丛枝状。大多数枝干病害的老病株均在每年一定的时间发病，直至病株死亡。溃疡病类多每年春季开始发病，在春秋季各有 1 次，发病高峰期，或旧病斑扩大蔓延，或出现新的病斑。

枝干病害病原物的自然传播方式因病害种类而异。在自然条件下，病原真菌和细菌的传播主要靠风、雨或其协同作用；某些由真菌引起的枝干病害(如榆树枯萎病、栎猝死病)、由线虫引起的松树枯萎病以及由植原体引起的病害主要靠昆虫传播；寄生性种子植物的种子(如桑寄生)则主要靠鸟类传播，种子被鸟吃后未被消化掉，随其粪便排泄到寄主枝干上，萌发后侵入树体长出新的植株。

由于枝干外部有较厚的树皮，常见的病原物不能直接穿透树皮，只有幼嫩树皮有被穿透的可能。寄生性种子植物的种子萌发长出吸盘后可直接侵入树皮内。许多枝干病害的病原物主要通过各种伤口侵入，如溃疡病类的病原菌通过机械伤、冻伤、灼伤、嫁接伤等侵入；一些主要以昆虫为传播媒介的真菌、线虫、植原体等主要以昆虫为传播媒介的病原物，则通过昆虫取食、补充营养等造成的伤口侵入。也有一些溃疡病菌可通过皮孔侵入树体，一些细菌性溃疡病菌还可通过水孔、气孔等自然孔口侵入。

多数真菌性病原导致的溃疡病类，当其病菌侵入寄主后，因种种原因受抑制而潜伏于树体内，当某种因素造成树势衰弱，抗病能力降低时，潜伏的病菌恢复侵染活动，使树木发病出现症状。由于这类病害具有潜伏侵染现象，给苗木出圃时病害的检疫及造林后的林木病害防治工作带来一定的困难。

枝干病害是一类非常复杂的病害，病原种类繁多，各类病害发病特点各异。专性寄生物所致病害与寄主树势的强弱关系不大，许多生长旺盛的植株仍被侵染。如红松疱锈病病菌对红松幼树的侵染就与其生长势无关。但弱寄生物往往侵害衰弱的树木，或在树木衰弱的时候才表现出症状来。例如，杨树腐烂病多发生在因干旱缺水、管理不善、低温、冻害等导致树势衰弱的杨树林中。

9.1.2.3　枝干病害的防治原则

枝干病害防治的难度一般都大于叶部病害。枝干病原物侵入树体后大多为多年生，与植物组织连成一体，且有树皮保护。尤其是系统侵染的枯萎病，病原物定殖于树木的输导组织，随树木水分和有机物质的转运，进入树木的整体或大部分组织中，因此清除病原非常困难。此外，有些枝干病害的防治至今尚无良策；或有些病害虽已有些防治对策，但由于林业生产的种种特点而不能付诸实施。

由于不同症状类型的枝干病害发病规律有很大不同，必须根据病害的特点进行防治。林业技术措施是枝干病害防治的基础。适地适树，选择抗病树种和无病繁殖材料造林，加强抚育管理，改善林地环境，清除严重病株，减少侵染来源，对于各种类型的枝干病害的防治都是适用的。提高造林质量，控制林地树木的密度，提高树木生长势，在营林过程中尽可能避免不必要的伤口，并采取措施处理和保护伤口，预防和消除病害诱发因素对树木生长的影响，对于溃疡病类、枯梢病类等弱寄生病害的防治具有十分重要的意义。对于那些在自然条件下主要靠昆虫传播的病害，需采取针对媒介昆虫的防治措施。由真菌和细菌引起的枯萎病，病菌往往通过伤口从根部侵入，其控制策略与某些根部病害的防治相似。在各类枝干病害的防治中，化学防治都可起到一定的辅助作用。

9.2　各类枝干病害及其防治

9.2.1　枯梢病类

9.2.1.1　松枯梢病

【分布及危害】松枯梢病是世界范围内针叶树上最常见和分布最广的重要病害之一。全球有近 40 个国家报道了该病的发生，其中发生较严重的主要有新西兰、澳大利亚、南非、美国和中国等。该病寄主范围很广，可侵染松属、冷杉属、落叶松属、崖柏属、雪松属、刺柏属、云杉属和黄杉属 8 属约 60 种(含部分变种)针叶树(其中松属树种约占 5/6)。该病主要引起枯梢，在某些寄主上还能导致树干溃疡、流脂、坏死以及根颈腐烂和木材蓝变等。幼树和大树均可受害。该病所引起的直接损失主要由于主梢枯死造成松树高生长受阻，侧梢丛生而使材积增量锐减，严重时甚至使整株松树枯死；其间接损失主要与木材蓝变等所造成的木材降级有关，致使木材的商品价值降低。

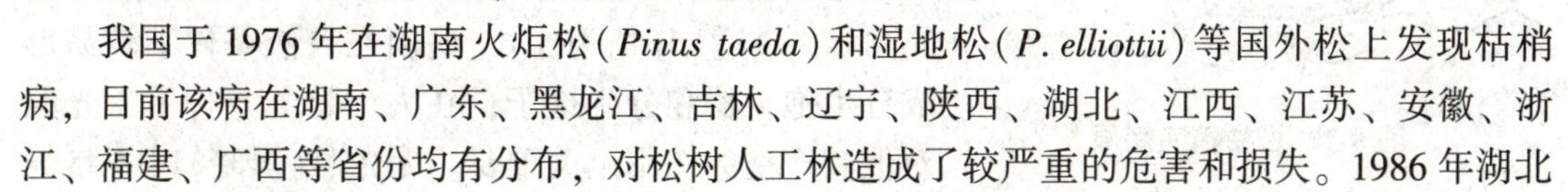

我国于 1976 年在湖南火炬松(*Pinus taeda*)和湿地松(*P. elliottii*)等国外松上发现枯梢病，目前该病在湖南、广东、黑龙江、吉林、辽宁、陕西、湖北、江西、江苏、安徽、浙江、福建、广西等省份均有分布，对松树人工林造成了较严重的危害和损失。1986 年湖北

各地湿地松和火炬松的发病面积占其总栽培面积的 25%～50%，发病株率达 28.6%～100%。1991—1993 年，福建 24 个市、县(区)都发现松枯梢病危害，全省发病面积达 1.5×10^4 hm^2，给当地生产造成了较大的经济损失。1990 年代中期该病使江苏盱眙县和安徽滁县的上万亩湿地松、火炬松幼林死亡。湖南、陕西、江西等地引种的湿地松和火炬松林也严重受害，轻病林分林木生长势下降，重病林分林木成片死亡或濒于死亡。

【症状】从幼苗到大树均能发病。病菌可侵染芽、嫩梢、针叶、枝干、根冠和球果等。顶芽受害枯死造成新梢无法正常生长。常见的典型症状是新发嫩梢受侵后萎蔫弯曲(病梢上的针叶有的尚未伸出叶鞘，有的发育不完全较短，少数已达正常大小)，随后针叶褪色变黄，进而发展成枯梢。枯梢发生在顶端时造成丛枝或多头。病菌侵入枝干可导致溃疡，病部开裂、凹陷、溢脂，其周围皮下木质部紫褐色。溃疡斑环绕整个枝干时，病部以上部分枯死。在溃疡枝干横切面可见木质部楔形蓝变。根颈处受害后，皮层组织变深红色，具黑色线纹，且延伸到木质部。感病后期在枯梢、枯叶和溃疡斑上可见圆形或椭圆形凸起小黑点，半埋生于组织中，为病菌的分生孢子器，遇湿后从孔口处溢出黑色分生孢子角。除危害活树外，病菌还可通过干部破损处、修枝锯口等侵染原木，使边材产生蓝变(灰色至黑色)(图 9-1)。

1. 火炬松枯死梢(吴小芹 摄)

2. 黑松枯死梢(吴小芹 摄)

3. 湿地松重病林分(叶建仁 摄)

图 9-1 松枯梢病症状

【病原】病原为松杉球壳孢(*Sphaeropsis sapinea*)。分生孢子器球形或椭圆形，暗褐色，单生或群生，半埋于表皮下，有乳头状孔口，孔口中生，圆形。孢子器大小为 180～360 μm×150～335 μm。分生孢子梗缺。产孢细胞全壁芽生，单生式产孢，其基部膨大，长葫芦形，无色，光滑，由分生孢子器内壁细胞产生。分生孢子长圆形至棍棒形，暗褐色，单胞(有的在萌发前产生隔膜)，顶端钝圆，基部渐窄平截。分生孢子大小为 22～40 μm×10～17 μm(图 9-2)。

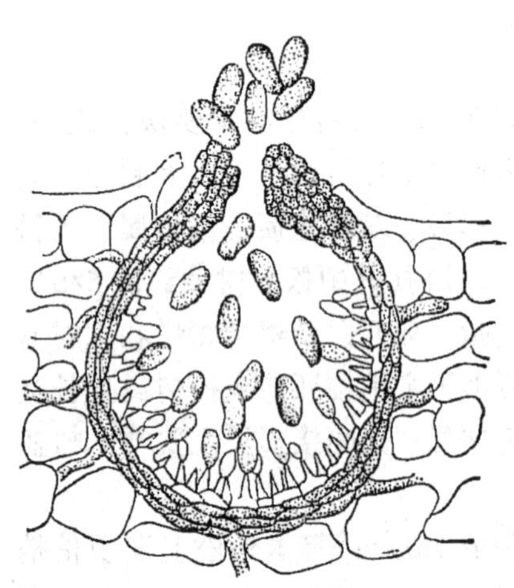

图 9-2 松枯梢病病原

病菌在 PDA 培养基上，2 d 即长出白色绒毛状菌落，后渐变灰绿至墨绿色。菌丝生长的最适温度为 26.8℃，最适 pH 值为 5.6。病菌在自然条件下较易形成分生孢子器和分生孢子；在人工培养条件下，光照对促其产孢的作用至关重要。无光照(黑暗)PDA 培养

30 d，该菌仍不能产孢。在黑光或荧光间歇照射下，15 d 即可产孢。在散光室温下，病菌 20~30 d 可产生分生孢子器。分生孢子萌发的温度范围为 15~35℃，最佳为 25℃左右。在相对湿度达 90%以上时，孢子萌发率随湿度增大而提高。国内外研究发现该病菌群体在培养性状、产孢特性、致病力及分子水平上存在明显的分化现象。

【发病规律】病菌以菌丝体和分生孢子器在病梢、病叶、茎部溃疡斑和球果等病组织中及病落叶上越冬。翌年春夏分生孢子器释放出分生孢子成为初次侵染来源。分生孢子借风雨传播。病菌主要从伤口侵入寄主，也可从针叶气孔侵入或直接侵染嫩梢、嫩叶。潜育期为 2~3 周。有再侵染。

病菌孢子在整个生长季均能释放与传播，其产生和释放与降水量、温湿度密切相关。在华东地区，孢子放散有 3~4 次高峰。4 月中旬至 5 月上旬，若气温适宜，又处于阴雨天气，则孢子达到释放高峰；6 月上中旬至 7 月上旬，新病组织开始产生大量孢子并释放，形成孢子释放的第 2 个高峰；9 月中旬若降水量适宜和 10 月中旬至 11 月上旬若林间湿度较大，又处于小阳春天气，则会出现孢子释放的第 3 个和第 4 个高峰。在辽宁西北部，病菌的侵入期主要在 5 月下旬至 6 月下旬，树木多于 6 月下旬开始出现枯梢，8 月中下旬至 9 月下旬为发病盛期，表现为枯梢、枯枝甚至枯死，10 月基本停止。降水量大的年份，孢子放散数量多，病害发生重。

病菌在火炬松、湿地松、短叶松和马尾松等松树上普遍存在潜伏侵染现象。病菌潜伏的部位主要是枝、新梢和芽。在越冬芽上潜伏的病菌可使春梢产生芽腐和枯梢。

树木的机械伤或松树枝梢虫害为病菌入侵创造了有利条件，易导致病害危害加剧。石灰岩片麻岩发育成的林分土壤较第四纪黏土上林分发病更多。土壤瘠薄、虫害、干旱、雹灾等原因所导致的树木生长不良，都能促使枯梢病加重发生。

不同树种及在不同地区，树木的抗病性表现不同。在南非，辐射松和展叶松的感病性大于湿地松和火炬松。在我国东北地区，樟子松、长白松、油松、赤松和刺柏均感病，以樟子松受害最重；在广东马尾松的感病性大于湿地松和火炬松；而在江苏、安徽，国外松感病较重，马尾松感病较轻，可能因为马尾松在该地区抽梢早，木质化程度较高，在一定程度上不利于病菌的侵入。同时，据对江苏、江西和福建部分地区松林发病情况的调查，松树树龄和郁闭度与发病程度呈一定正相关，6 年以下的松树发病较轻，随林龄增大，病情有加重趋势；且林分郁闭度越大，病害发生越重。土壤湿度、林分郁闭度、林龄及坡位是中国南方发生松树枯梢病的主要相关因子。

【防治措施】松枯梢病是一种寄主主导性病害，其流行常与特定的地理和诱导因素相联系。防治上主要从提高寄主生长势，增强寄主抗病力，减少诱导因子的影响来考虑。

①适地适树营造松树人工林。不仅要注重树种对该地气候条件的适宜性，而且要考虑到海拔、地形、立地及土壤等条件的影响。选用无病苗木造林，防止病害传播扩散。

②减少侵染源。避免在发病林分附近设立苗圃，对苗圃周围和圃内感病的行道树要及时防治，或改植非感病或其他树种。成林后要及时修枝、间伐、伐除重病树，搞好林内卫生。对现有感病林分，20 年生左右的病树可提前伐除利用。10~15 年生的幼林，及时间伐抚育，清除中、重病木，适当保留阔叶树种。5 年生左右的幼林，于秋季或春季剪除病枝，清除重病株销毁，效果较好。

③积极选用抗病乡土树种。

④在幼林或中幼林中增施氮肥、磷肥，每株施 0.5~ 1.0 kg 或用 0.1%硼砂液喷雾，可明显提高树木生长势，增强树木的抗病力，减少病害的发生。

⑤对发病苗木和林分可采用化学药剂防治。苗木移植前以 50%多菌灵 500 倍液浸苗，效果良好。在松树抽梢始期用 65%百菌清油雾或配成硼和百菌清乳油喷雾，或用百菌清可湿性粉剂 500 倍液加 0.1%硼液喷雾，或在新梢生长停止期和展叶中期，采用 70%甲基托布津 1 000~2 000 倍液或 50%多菌灵 500~1 000 倍液，或 50%苯莱特 800 倍液喷雾，可收到较好防治效果。

9.2.1.2 落叶松枯梢病

落叶松枯梢

【分布及危害】落叶松枯梢病是落叶松人工林的一种危害严重的真菌性病害。该病最早于 1938 年在日本北海道发现并确定病原，目前国外主要分布日本、朝鲜、韩国和俄罗斯。我国于 1970 年在吉林延边发现该病，现已扩散至内蒙古、黑龙江、辽宁、甘肃、青海、陕西、河北、山西、山东、湖北等 10 多个省份的 100 多个县(市)。该病主要危害多种落叶松属树种的苗木和幼树，尤其 6~15 年生幼树受害最重，且能危害 30 年生大树。寄主感病后，枝梢枯死，针叶脱落，连年发病和危害严重时，枯枝成丛，生长停止，不能成材，甚至死亡。目前，全国落叶松人工林受害面积超过 50 000 hm^2，仅辽宁每年因该病损失木材近 15×10^4 m^3，给林业生产造成严重损失。1984 年、1996 年和 2005 年均被列为入《全国林业检疫性有害生物名单》。

【症状】该病主要危害当年生新梢。东北地区 7 月上旬开始发病显现症状。一般先从树冠上部或主梢开始发病，后由树冠上部向下蔓延扩展。初病时，新梢嫩茎逐渐褪绿，顶部弯曲下垂呈钩状，茎收缩变细，并从弯曲部位逐渐向下脱叶，后期仅在顶部残留枯萎叶簇，且呈紫灰色。发病较晚者，新梢已木质化，病梢常直立枯死而不弯曲，病部针叶几乎全部脱落，病部常有树脂固着。如连年发病，由侧芽生小枝代替原主梢，则树冠形成五花头或扫帚状枝丛，高生长停止，形成小老树，严重的甚至整株死亡。

顶部枯萎的叶丛，在发病 15~20 d 后，可见叶背密生黑色小点，即病原菌的分生孢子器和少量未成熟的子囊座。顶部叶丛可保留至翌年春季。在较晚发病的已木质化的病梢上，由于病部针叶脱落，在 8 月末或 9 月初至翌年 6 月，在感病梢茎上可见散生或丛生小黑点，多为未成熟的子囊座，极少数为成熟的分生孢子器(图 9-3)。

【病原】病原为落叶松新壳梭孢[*Neofusicoccum laricinum*，异名落叶松囊孢壳(*Physalospora laricina*)、落叶松球座菌(*Guignaridia laricina*)、落叶松葡萄座腔菌(*Botryosphaeria laricina*)]，隶属子囊菌门葡萄座腔菌科。子囊座壳状，瓶形或梨形，黑褐色，大小为 170~525 μm×130~310 μm，单生或群生于病梢及顶部残留叶片的表皮下，成熟后顶端突破表皮仅孔口外露。子囊腔中含多个子囊和假侧丝。子囊无色，双壁，棒状，大小为 114~135 μm×22~26 μm，顶部圆，基部有柄，成排生于子囊腔基部。子囊孢子单胞，无色，椭圆形至宽纺锤形，大小为 24~27 μm×13 μm(图 9-4)。

该菌无性阶段的分生孢子器为球形或扁球形，单生或群生于病梢叶背面及枝条表皮下，大小为 204~246 μm×207~212 μm。分生孢子单胞，无色，椭圆形至纺锤形，大小为 23~38 μm×7~12 μm，常见 1~2 个油球。

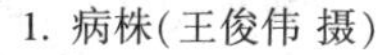

1. 病株(王俊伟 摄)　　2. 病梢(袁嗣令，1997)

图 9-3　落叶松枯梢病症状

病菌在 PDA 等多种培养基上生长良好。于25℃条件下，2~3 d 后长出白色菌丝，5~7 d 后变灰黑色；在光照条件下，可产生大量分生孢子器和分生孢子。子囊孢子和分生孢子发芽最适温度为 25~27℃，保湿 2 h，发芽率达 80%以上。

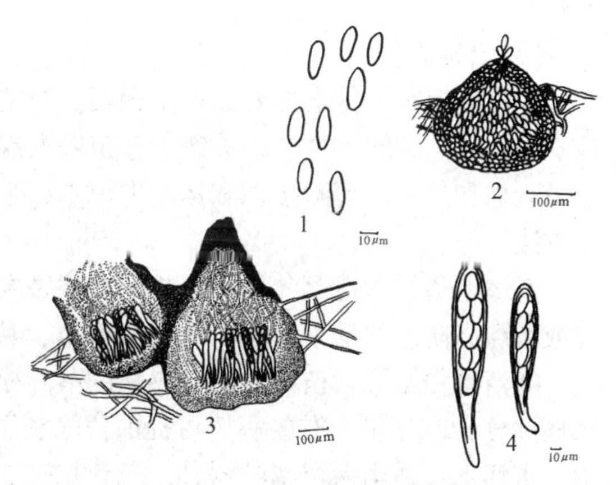

1. 分生孢子；2. 分生孢子器；3. 子囊座及子囊；4. 子囊和子囊孢子。

图 9-4　落叶松枯梢病病原

(袁嗣令，1997)

【发病规律】 病菌以菌丝体、未成熟的子囊座和分生孢子器在病梢及其残留病叶中越冬。因此，子囊孢子和分生孢子都是该病的初侵染来源。在东北地区，6 月中旬陆续成熟的子囊座及分生孢子器在降雨后释放出孢子。子囊孢子借风力传播，主要起远距离传播侵染的作用；分生孢子借雨水飞溅等传播，故传播距离较小。病菌从伤口侵入，潜育期 10~15 d。病害一般于 6 月下旬或 7 月初发生；7 月中旬至 8 月中旬为流行盛期，在当年新梢或病叶上产生的无性型(分生孢子)一年内可进行多次再侵染；8 月末至 9 月中、下旬为流行终止期，病菌在病梢上陆续产生子囊座进入越冬。有性型 1 年只发生 1 次。

该病在我国发生的主要诱因是霜害、冻害，生长在迎风地带的林分发病较重。受霜、冻害以及在风口的林分，由于伤口多，易受病菌侵染。子囊孢子和分生孢子在适温下，相对湿度 100%时，最易萌发侵染；相对湿度在 92%以下时，病菌孢子不萌发。

病害发生与当年降雨量、地形地势和树冠的垂直高度等密切相关。多雨高温(旬平均气温 20~25℃)的天气病害易流行，尤其 6~8 月连续降雨、相对湿度大、温度高的年份病情重。一般位于山脊、山口、河谷两岸和沿海附近的迎风林带，或山坡下部地势低洼，土壤黏重、有积水的地块发病重。

同时，该病的发生和严重程度与落叶松的生长速率、树龄、密度、林分枝下高、林内杂草、下木、覆盖度及林地土壤关系也极为密切。对于同龄同一品种的落叶松，高生长速率快，新梢细长者发病较重，主梢发病也较多；相反，生长速率较慢，发病则较轻。落叶松苗木造林后 1~2 年一般不发病，或发病很轻，3~4 年后才开始发病。一般密度大枯梢病重，密度小则轻；林分密度在 3 500 株/hm^2 以上时，病情有明显加重的现象，而在 2 500~3 000 株/hm^2 时，发病较轻。在中、幼龄林低密度或未郁闭的林分，下草、下木覆盖度较高时对降低病情有一定的作用。但在高密度大面积未郁闭的纯林中，下草、下木覆盖度较高而致树势衰弱的林地病情较重。适时适地管理下草、下木对控制落叶松枯梢病的病情有一定的作用。

不同落叶松品种其抗病性有很大的差异。华北落叶松、兴安落叶松易感病，日本落叶松感病轻，而长白落叶松较抗病。据研究，落叶松种间抗枯梢病的能力与物候期有密切关系。品种抗病性与开始抽新梢时间，枝梢 K^+、Mn^{2+}、酚类含量等有关。感病品种抽新梢时间提前 7~15 d，抗病品种晚 10~15 d；枝梢 K^+、Mn^{2+} 含量低，儿茶酸等含量高时，则抗病。

【防治措施】

①该病远距离传播主要靠苗木调运。对造林苗木的检疫应给予重视。同时，把好产地检疫关是控制和缩小疫区的关键。在苗圃发现病株应及时拔除烧毁或深埋，严格禁止病苗上山造林和外运。清除接穗和运输中原木、小径木上的萌生枝梢，也是简便易行的检疫处理方法。

②适地适树营造落叶松人工林。在病害发生区，避免在山坡下部、迎风处、林缘、草甸或坡麓高阶地的低平部分以及土壤瘠薄、黏重和排水不良等地营造落叶松大面积纯林。

③清除侵染源。苗圃周围有感病的落叶松林时，要及时防治或改换其他树种。对现有感病林分，20 年生左右的病树可提前伐除利用。10~15 年生的幼林，及时间伐抚育，清除中、重病木，适当保留阔叶树种。5 年生左右的幼林，于秋季或春季剪除病枝，清除重病株销毁，可收到较好防治效果。

④积极培育和营造抗病乡土树种。

⑤对发生面积较大的病区要做好预测预报。必要时可采用化学药剂防治。苗木发病可喷 75%百菌清 500~1 000 倍液。幼林发病，可于 6 月末或 7 月初，用 10%百菌清油剂、落枯净油剂等进行树冠超低容量喷雾，3. 75 kg/hm^2；或用多菌灵烟剂 7. 5 kg/hm^2 进行防治；或用托布津、代森铵 2. 0~3. 5 kg/hm^2 进行树冠常量喷雾防治，均可取得良好效果。

9. 2. 1. 3　毛竹枯梢病

【分布及危害】毛竹枯梢病于 1959 年在浙江沿海发现，此后迅速蔓延扩展，在江西、福建、江苏、安徽、上海和湖南等地相继发生。该病主要危害当年新竹的嫩梢和侧枝，造成枝枯、梢枯或整株枯死，给毛竹生产带来严重危害。20 世纪 60~70 年代，该病在浙江发生严重，据统计，1971 年浙江嘉兴和杭州地区发病面积达 12 000 hm^2，死亡新竹约 225 万株。从 70 年代后期起，浙江病区发生有所减轻，但江西、福建和湖南相继发生较重。1988—1990 年，福建三明发现病竹近 5 300 hm^2，砍除病死竹逾 20 万株。湖南 1991 年 5 月在汝城发现大面积毛竹枯梢病，随后发生面积达 4 003 hm^2。受害毛竹材质下降，竹林出笋减少，对毛竹生产造成很大的威胁。

【症状】当年新竹枝叉处先出现淡褐色斑块，后扩展呈梭形或舌形或不规则形病斑，色泽由褐色逐渐加深呈紫褐色。病斑通过各级侧枝竹节上下蔓延，当围绕枝(秆)一圈时，其上部叶片变黄，纵卷直至枯死脱落。在病竹林内根据病害发展程度不同，可出现枯梢、枯枝和全株枯死3种类型：病斑在侧枝横向扩展一周时，出现枯枝；竹梢1级侧枝节叉处病斑扩展绕竹秆一周时，出现梢枯；如果竹秆基部1级侧枝节叉处感病，绕竹秆一周时，则导致整株枯死。剖开病竹，可见病斑组织内壁呈褐色，并长有白色棉絮状菌丝体。病竹枝梢上的叶片和小枝脱落后，不再萌生新叶；这与受虫旱灾害不同。翌春，在枯枝或梢的节处出现黑色小突起(后不规则开裂)，即为病原菌的子囊壳。严重发病竹林，前期竹冠赤色，远看似火烧；后期竹冠灰白色，远看似竹林戴白帽。

【病原】该病由子囊菌门竹喙球菌(*Ceratosphaeria phyllostachydis*)引起。子囊壳暗色，埋生于病枝竹节处的组织内，聚生，偶单生，球形到扁球形，直径225~385 μm，壳壁拟薄壁组织性。子囊壳顶生圆筒形暗色长喙，喙长300~570 μm，宽70~100 μm，破寄主表皮而外露，外壁上具有细密的喙毛。子囊圆筒形，长85~95 μm，宽2~16 μm，基部具短柄；子囊单壁，两侧薄，顶部增厚，中间有一孔道，在其周围有一折光性强的非淀粉质顶环。子囊内含8个子囊孢子，双行排列，偶单行或排列不整齐。子囊孢子椭圆形，无色到淡黄色，大小为19~34 μm×6~11 μm，具3个横隔，少数具4~5个横隔，隔膜无明显缢缩(图9-5)。

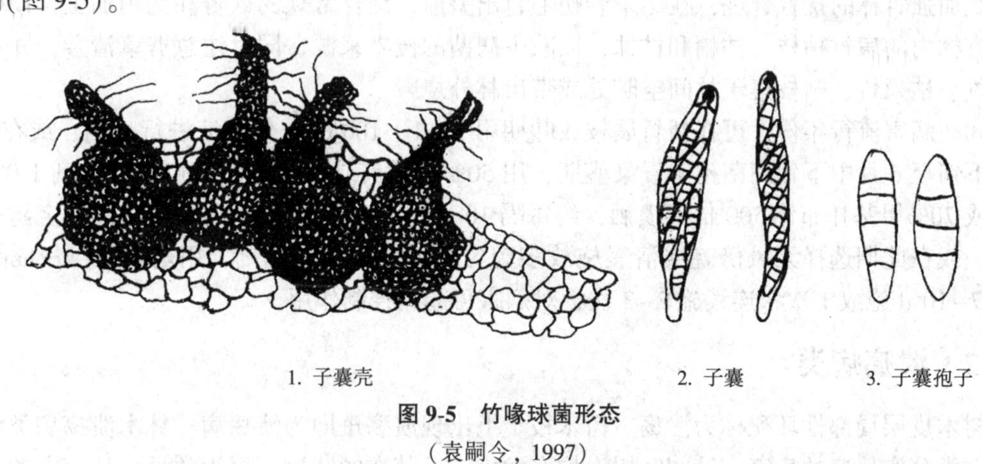

1. 子囊壳　　2. 子囊　　3. 子囊孢子

图9-5　竹喙球菌形态

(袁嗣令，1997)

该菌的无性繁殖是在病组织表皮下产生黑色炭质的分生孢子器，大部外露，顶部不开裂，224~251 μm×287~249 μm；在高湿条件下分生孢子器顶部溢出黑色卷须状分生孢子丝。分生孢子梗无隔膜；分生孢子单胞，无色，香肠形，有些弯成钩状，13~19 μm×2.6~3.9 μm，具2~4个油点。

病菌在25~28℃下于PSA培养基或笋(叶)汁煎糖琼脂培养基上生长良好，4 d后产生白色絮状菌落，后变成污白色，中间呈茶褐色至黑褐色。病菌生长适温为20~30℃，最适温度为25℃，15℃只有少量菌丝生长，5℃以下或40℃以上菌丝停止生长。在室内经光照或紫外光短时间照射，能促进产生有性阶段；在12 h明暗交替条件下，培养40~50 d产孢量最多。子囊孢子在相对湿度93%条件下萌发率最高，在70%以下不能萌发。无性阶段的分生孢子较易产生，无需特殊条件。病菌的寄主仅为毛竹，其他竹种经人工接种均无发病。

【发病规律】病菌以菌丝体和子囊孢子等越冬，其中病组织内的菌丝体为越冬的重要形式，并可存活 3~5 年，但子囊孢子为该病最主要的初侵染源。在浙江和江苏，一般每年在 4 月开始形成子囊壳，以感病 2 年病竹上产生的子囊壳为最多。子囊壳于 5 月中旬至 6 月中旬成熟，在阴雨或饱和湿度条件下释放子囊孢子，时值新竹发枝放叶期，处于易感状态。病菌孢子萌发后通过生长伤口或直接侵入寄主，潜育 1~3 个月后，寄主开始表现症状。孢子释放期可至 10 月，但由于 6 月后新竹组织老化则不再被侵染。

病害的发生与气候和竹林经营管理水平密切相关。即感病竹潜育期的长短和新竹枯死程度与 7~8 月高温干旱期出现的迟早和持续的时间长短有密切关系。据报道，在病竹林内若枯梢残留量多，且 4 月平均气温达 15℃，气温回升快；5~6 月雨日多，雨水多达 300 mm 以上；7~8 月高温、干旱期长；则该病易流行成灾。同时，林分树种结构、密度、新竹生长势以及地形条件等均影响病原菌的侵染、传播与扩散。一般在纯林、林分密度小、长势弱的竹林或处于山岗、风口、林缘、阳坡和立地条件差的竹林发病较重。

【防治措施】

①加强检疫，发展新竹林时严禁用病竹作母竹移栽新区。病区钩梢后加工的产品，也要防止流入新区。

②加强竹林的抚育管理，在冬末春初毛竹出笋前，结合常规的砍竹和钩梢加工，彻底清除竹林内的病竹枯枝、枯梢和枯株，以减少病菌的侵染来源。同时注意劈草清杂，并将重病竹、枯死竹、枯枝集于林间空旷处或带出林外烧毁。

③在病害流行年份，可在新竹展枝放叶期用 1∶1∶100 的波尔多液进行喷洒；或在 5 月中下旬至 6 月中下旬病菌孢子侵染盛期，用 50%多菌灵或 50%苯莱特可湿性粉剂 1 000 倍液或 70%甲基托布津 500 倍液喷洒，约每隔 10 d 喷 1 次，连续喷 2~3 次，有一定防病效果；或在此期选择无风傍晚或清晨施放多菌灵和五氯酚混合烟剂，用药量 15 kg/hm^2，每隔 7~10 d 施放 1 次，连续施 2~3 次，对病害可起到控制作用。

9.2.2 溃疡病类

树木皮层局部性坏死称为溃疡。树木枝干上出现溃疡斑即为溃疡病。林木溃疡病类病害是一类分布普遍的病害，针阔叶树上均有发生，尤其在阔叶树上更为常见。从南方的热带树种（如橡胶树溃疡），到北方的耐寒树种（如落叶松癌肿病），特别是皮层较薄的树种，不良的环境条件及管理粗放更易发生溃疡病。发病轻者，对树木的生长影响不甚明显；发病严重时，则使局部枝干枯死甚至全株死亡。溃疡病对苗木和幼树危害较为严重，特别是在植树造林初期，有时出现很高的病株率和死亡率，造成大面积树木枯死。如杨树溃疡病和腐烂病的危害，是不少地区春季造林失败的主要原因。

（1）症状

初期枝干受害部位产生水渍状病斑，圆形或椭圆形，大小不一，并逐渐扩展，后失水下陷，其上出现病菌的子实体，后期病斑周围形成隆起的愈伤组织。此为溃疡病的典型症状。有的溃疡病在寄主生长旺盛时停止发展，病斑周围形成愈伤组织，翌年病斑继续扩展，然后周围又形成新的愈伤组织，如此往复年年进行，病部形成明显的长椭圆形盘状同心环纹，且受害部位局部膨大。这种类型常称癌肿病（target canker）。有的多年形成的大型溃疡斑可长达数十厘米或更长。

病斑的大小和形状不定，边缘无愈伤组织形成，枝干皮层腐烂，上面长出颗粒状的子实体，这种类型称为腐烂病或烂皮病。

当小枝或幼树主梢上出现溃疡斑时，由于病斑环切枝梢，致使小枝、主梢很快枯死，上面出现子实体，这种类型称为枝枯病。

上述几种症状有的在同一种病害中均可见到，有的则只见到 1~2 种类型。例如，3 种症状类型在板栗疫病中均可见到，不同的症状类型是病害在不同时期、不同部位、不同树势情况下的不同表现。

(2)病原

溃疡病的病原非常复杂，既有非侵染性的因素，又有侵染性的病原菌。有些非侵染性因素成为侵染性病害的诱因，而侵染性病原所致溃疡病又会削弱树木对非侵染性因素的抵抗能力。

非侵染性病原主要有日灼、冻害。日灼和冻害多见于较幼嫩的枝条、顶梢和皮层较薄的树种，北方地区的所谓“烧条”(枯梢)是常见的一种现象，就是由于秋冬之冻害和春季旱风所致。

绝大多数溃疡病是由真菌引起的，极少数为细菌性溃疡病。真菌以子囊菌为主，如壳囊孢属、葡萄座腔菌属、丛赤壳属、隐间座壳属(*Cryptodiaporthe*)、薄盘菌属(*Cenangium*)、黑盘壳属(*Melanconis*)及毛杯菌属(*Trichoscyphella*)等。在自然条件下，这些真菌的有性型不常出现，看到的多是其无性型。卵菌门中的疫霉属也能引起树木的溃疡病，如橡胶树割面条溃疡病为橡胶园中常见病害。担子菌中的一些病菌也是溃疡病的病原，如油茶半边疯的病原即是伏革菌属(*Corticium*)真菌。

细菌引起的树木溃疡病不多，但危害很大，如猕猴桃细菌性溃疡病和柑橘溃疡病。杨树细菌性溃疡病(*Xanthomonas populi*)是欧洲广泛流行的一种病害，我国目前尚未发现。但近年来，欧美杨细菌性溃疡病(*Lonsdalea populi*)在我国部分地区和匈牙利等欧美杨林中发生。

(3) 发病规律

枝干溃疡按其危害年限及症状表现，可分为一年生溃疡和多年生溃疡。一年生溃疡病原真菌是一种“机会主义者”，当寄主组织出现伤口，寄主尚未产生抗病反应之前迅速侵入寄主；而当寄主产生抗病反应时，溃疡斑的扩展就被阻止。一年生溃疡非常普遍，但由于对寄主的影响很小，常常被忽略。伤口周围产生愈伤组织、形成不规则粗糙的树皮组织是一年生溃疡的典型特征。在一些用材林树种的木材中出现暗色的条纹是一年生溃疡侵染的结果。由镰刀菌属真菌引起的糖槭溃疡病属此类型。

多年生溃疡病原真菌侵入寄主植物组织后，病害进展速度慢，但病菌比较顽固。每年于发病季节，病斑经过缓慢地扩展之后，即为寄主稍隆起的愈伤组织所包围而停止发展，而病菌仍存活于其中。翌年当发病季节到来时，病菌侵入愈伤组织而继续向外扩展，夏季病菌再度被新的愈伤组织所包围。如此反复进行，致使枝干上的病斑形成一个同心轮纹的环靶状物。由于病害发展速度慢及枝干不断加粗，病斑不致在短期内环切枝干。因此，往往表现为多年延续的慢性病。由丛赤壳属真菌引起的阔叶树溃疡病多属于这一类型。但二者并不是绝对不变的，基本上属于多年性的溃疡病，在某种条件下可能发展成一年性的；相反，本来属于一年性的溃疡病，由于愈伤组织不完善，树势过弱，来年可能复发。

溃疡病的发展均有明显的周期性，一般在北方有 2 个发病期。通常于早春至初夏开始，此时树木刚开始生长，抵抗力弱，当温湿度适宜时病斑迅速扩展。夏天气温较高，树木生长旺盛，病害即停止发展，病斑逐渐被愈伤组织所包围。秋季气温降低，溃疡病又开始快速发生和扩展而进入第二个发病高峰期，但一般不如春季严重，然后进入越冬休眠阶段。溃疡病发生的这种季节性变化，主要取决于环境的温湿度。寄主的生长状态和抗侵染、抗扩展的能力，也取决于病原菌的致病能力。溃疡病菌均为弱寄生菌，寄主生活力降低时才进行侵染。对于已侵入树体内的病菌，树木通常采取物理的或化学的方法抵御其扩展。树木对枝干溃疡病菌的侵袭一般是产生组织限制反应，在侵染点周围的组织中发生细胞壁木质化，形成愈伤组织，限制病菌的扩展。树体的愈伤活动也具明显的周期变化，早春和秋末树木愈伤活动较弱，溃疡病菌乘机扩展，病害症状明显。进入生长期后，树木愈伤加快，抗扩展能力增强，病菌侵染势减弱，扩展停顿。研究表明，苹果树在 12℃时枝条树皮伤口周围组织中不发生细胞壁木质化和愈伤组织生成的过程，16～24℃时愈伤速率随温度升高而升高。

溃疡病菌以菌丝或子实体在病株的病斑中越冬。由于溃疡病菌既能在活的树木组织中营寄生生活，又可在枯死的植株、枝条、伐根、残桩、篱笆、棚架等处长时间腐生。所以，病株、病枝及有病菌存在的死树、枯枝等可能是溃疡病的侵染来源。由于溃疡病菌多具潜伏侵染的习性，表面无病的带菌苗木和枝干也是病害的侵染来源。

树木枝干一般都具有较厚的树皮，幼嫩枝干的表面有很厚的角质层和胞壁加厚的表皮细胞，较老枝干则有坚厚的木栓层保护，病菌无法直接侵入，只能通过气孔、皮孔等各种自然孔口及伤口侵入。尚未木栓化的幼茎表面有气孔，木栓层形成后则留有皮孔与外界相通，这些通道常成为病菌侵入的门户。例如，杨树溃疡病、槐树腐烂病的病斑常以皮孔为中心，说明病菌是从皮孔侵入的。杨树细菌性溃疡病则可通过叶痕侵入树体。

修剪、嫁接伤口和自然整枝产生的伤口是溃疡病菌侵入的重要途径。修剪和自然整枝后遗留下来的枝桩几乎无一例外地受到各种病菌的侵染，这些病菌以此作为基地继续向下蔓延侵入健康的组织。

日灼、烧伤、冻害造成的伤口非常有利于病菌的侵入。如杨树干基部遇火烧后，树皮烧损。烧伤不仅为腐烂病菌提供了侵入途径，且火烧后树势衰弱，加重了腐烂病的发生。我国北方寒冷地区杨树腐烂病发生严重的原因之一是树木受到冻害。冻害不仅削弱树势，使树木抗性降低，而且冻伤为病菌侵入提供了条件。虫伤及动物伤在某些情况下也是病菌的重要侵入途径。例如，蛀干害虫中的天牛、杨干象、透翅蛾等危害树木时所造成的伤口(羽化孔等)成为病菌的侵入门户。虫害往往成为一些溃疡病发生的重要诱因，例如，杨树大斑溃疡病的发生与杨树干部害虫关系密切。在杨树大斑溃疡病发生的杨树林分中，凡经杨天牛、杨干象等危害者，几乎百分之百地发生杨树大斑溃疡病。

潜伏侵染在溃疡病类中是常见的现象。试验表明，许多外表无任何症状的枝干经诱发试验后可出现溃疡病斑，并长出病菌的子实体。这类病菌常年都具有侵染力的孢子，也存在孢子萌发及侵染的外界环境条件，当孢子萌发侵入树体后，由于不具备扩展和发病的条件，暂时处于休止状态；一旦树体内的抗病因素消失或减退时，病菌便恢复侵染活动，使寄主发病。

病害的传播，一方面是病菌孢子借风、雨、昆虫、鸟兽等进行传播，有些病菌可产生数厘米长的分生孢子角，溶化于水中随水流走或雨水溅滴，干孢子角也可被风吹走而传播；另一方面可借带病或带菌的苗木、插穗等繁殖材料，甚至带皮的枝条、原木进行远距离的传播。

(4)病害流行条件

①寄主的抗病性。溃疡病菌均为弱寄生菌，主要侵害树势衰弱及抗病性弱的树木，因此抗病能力的大小是影响树木感染溃疡病的主要因素。如板栗疫病在中国大部分地区未流行的主要原因是中国板栗对疫病有较强的抗病性。植物抵抗病原菌侵害的主要因素是物理障碍和抑制寄生物生长物质的存在。杨树树皮的组织结构与杨树抗溃疡病能力的关系密切。一般欧美杨树皮较粗糙，溃疡病较少；青杨派及其杂种杨，如北京杨，树皮光滑，发病较多；有些树种，如波兰15A杨，幼时树皮光滑，易发病；成年后，树皮粗糙，很少感病。树木对溃疡病的抗病性往往与它们的抗逆性(耐干旱、寒冷、盐碱、风沙、污染等)大小密切相关，抗逆性强的树种抗溃疡病的能力也较强。

国内外对树皮含水量同树木的活力和溃疡病的关系进行了一系列研究。据报道，树皮含水量与杨树溃疡病菌接种发病率及病斑的扩展呈明显的负相关，即树皮含水量越低，发病率越高，病斑扩展范围越大。树皮含水量越高，树木产生愈伤组织能力及插条生根的能力越强；树皮内部邻苯二酚等抑菌物质含量较高，苯丙氨酸解氨酶的活性较强，次生代谢较旺盛，从而增强了寄主的抗病能力，因此发病较轻。

②环境条件。气候条件是溃疡病流行的重要因素。冬季异常严寒、春季干旱多风，是北方地区许多溃疡病、腐烂病、枝枯病发生的重要原因。河北迁西是板栗疫病轻病区，通常病害很少大发生，1978年春板栗幼树突然严重发生栗疫病，与1977年冬天异常寒冷有关。

土壤状况也是影响溃疡病流行的重要因素。土壤是树木生长发育所需水分、无机盐、微量元素的主要来源，也是根部所需空气的供给者。因此，土壤的质地、结构、含水量、盐碱含量，以及氮、磷、钾等无机物成分和有机物含量等均影响树木的生长。在土壤干旱、瘠薄、保水性差，或土壤黏重板结、透气不良、盐碱含量高的地方，溃疡病往往严重。

③栽培管理。栽培树木时应遵循自然规律，适地适树，充分满足树木对温、光、水、肥等的要求，使其正常生长。从育苗、造林到管理的每个环节、每项技术，都关系到树木生长发育所需条件能否满足。因此，栽培管理是否合理与溃疡病流行关系非常密切。

苗木质量与造林成活率关系密切，尤其苗木带菌量直接影响造林初期的发病率及成活率。这是由于造林初期的发病基本是潜伏于苗木中的病菌活动的结果。

叶部病害、食叶害虫、蛀干害虫、根部病害的严重发生均能诱发溃疡病的流行。如山东昌邑一些杨树根朽病危害严重的地段和植株，杨树大斑溃疡病和溃疡病也严重发生。杨树黑斑病、杨树锈病发生严重的林分，溃疡病、腐烂病通常也较严重，因为早期落叶削弱了树木的长势。

(5)防治原则

溃疡病类为寄主主导型病害，病害发生的状况主要取决于寄主的抗病性是否得到充分发挥。因此，病害防治的关键在于通过综合治理措施改善环境条件，提高树木的抗病能力，以林业技术措施为主、化学防治为辅，将防病保健及丰产措施融为一体。

在造林规划中，注意适地适树，选用抗病性强及抗逆性强的树种，充分利用乡土树种。培育无病壮苗；避免长途运苗，尽量随起苗随栽，植前用水浸根；在保水性差且干旱少雨的沙土地，可采取必要的保水措施，如施吸水剂、盖薄膜等，造林后应加强管理和病虫害的监测。结合抚育及时清除严重病株及病枝，保护嫁接及修枝伤口。进行必要的化学防治，阻止病菌的侵入，抑制病菌的扩展，促进病斑的愈合。

9.2.2.1　杨树溃疡病

【分布及危害】杨树溃疡病是我国杨树上的重要枝干病害。自1955年在北京发现后，目前已遍布我国杨树栽培区的20个省(自治区、直辖市)，以陕西、山西、河北、辽宁、河南、山东、北京等地发生更为普遍。严重影响造林后的成活及生长。特别对栽植初期的苗木和幼树的危害就更大。陕西关中地区20世纪70年代营造的新疆杨因溃疡病的为害，导致90%的杨树死亡。

杨树溃疡病

【症状】幼树时溃疡病斑主要发生于树干的中、下部，大树受害时枝条上也出现病斑。3月底4月初，在树干上出现褐色、水渍状圆形或椭圆形病斑，病斑直径约1 cm，质地松软，后有透明液体流出，遇空气氧化后变为红褐色。光皮杨树上的病斑常呈水泡型，树皮凸出，用手压之有透明液体溢出。后期病斑下陷，呈灰褐色，病斑边缘不明显。至5月中旬在病部产生黑色小点，并突破表皮外露，此为病菌的分生孢子器。杨树上的溃疡病斑有多种类型，除常见的直径约1cm的水渍状病斑外，尚有小斑型(直径2~3 mm)及大斑型(长5~6 cm，或更长)。一般的溃疡斑系发生于皮层内，或稍触及木质部。但大斑溃疡病斑深至木质部，变为灰褐色，病部树皮纵裂。当病斑环绕树干一周时，上部枝干死亡。秋季在病部产生较大的黑色小点，即病菌的子座及子囊腔。在新植幼树主干上部还出现枯梢型溃疡病，首先出现不明显的灰褐色病斑，此后病斑迅速包围树干，致使上部枝梢枯死，随后在枯死部位出现分生孢子器。

【病原】该病由葡萄座腔菌(*Botryosphaeria dothidea*)引起。属子囊菌门葡萄座腔菌目葡萄座腔菌属。子座埋生于寄主表皮下，后突破表皮外露，黑色，炭质，近圆形或扁圆形，0.6~0.8 cm。单个或数个子囊腔聚生于子座内。子囊腔扁圆形或洋梨形，暗黑色，具乳头状孔口，大小为180~260 μm×210~250 μm。子囊棍棒状，双壁，无色，顶壁较厚，子囊大小为100~120 μm×17.6~19.8 μm，有拟侧丝。子囊孢子8个，双列，单胞，无色，椭圆形，大小为19.2~22.3 μm×6.1~8.0 μm。分生孢子器单个或数个聚生于黑色子座内，近圆形，有明显的孔口，大小为180~210 μm×160~230 μm。分生孢子无色，单胞，长椭圆形至纺锤形，大小为20.4~27.2 μm×4.8~6.8 μm(图9-6)。

在PDA培养基上病菌菌落圆形，初为白色，后中央渐变为墨绿色，最后全部变为墨绿色或黑色。大多菌株气生菌丝发达，后期气生菌丝集成小团簇，呈棉絮状。

【发病规律】病菌主要以菌丝体和未成熟的子实体在病组织内越冬。越冬病斑内分生孢子器在春季产生的分生孢子成为当年侵染的主要来源。在自然条件下虽产生有性型，但子囊孢子在侵染中的作用显然不如分生孢子重要。病菌主要由伤口和皮孔侵入，自然条件下，病斑往往与小伤口相连、以皮孔为中心。病菌主要借风、雨传播，带菌苗木和插穗等繁殖材料的调运可进行远距离传播。

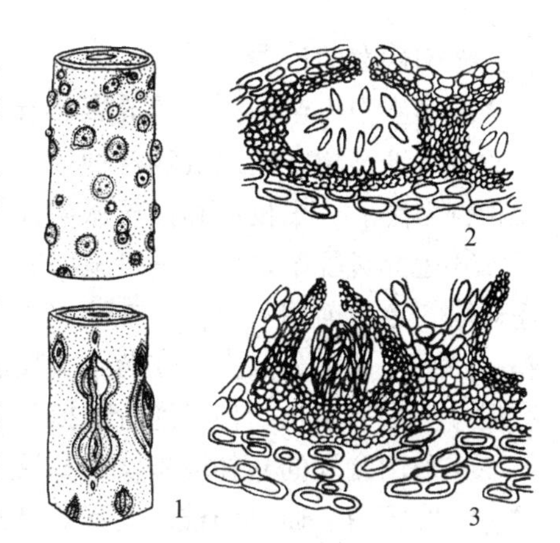

1. 树干受害状；2. 分生孢子器；3. 子囊壳及子囊孢子。

图 9-6　杨树溃疡病

（周仲铭，1990）

因各地气候不同，溃疡病在各地发生的时间有所不同。北京地区 3 月底至 4 月初开始发病，分生孢子大量释放，5 月下旬为发病高峰期，此后病势减弱。8 月下旬后又出现新病斑，达到第二次发病高峰，10 月以后停止发展。在南京地区 3 月下旬开始发病，而辽宁则到 4 月中旬才开始发病。

研究表明，北京地区杨树春季造林后发生溃疡病，是苗木本身带菌的结果。苗木的带菌量与造林后的发病率呈正相关。北京地区一般 3 月下旬开始造林，正是树木开始生长、树液流动时期。此时树木本身需要大量水分和养分，而杨苗从起苗、运输、假植到定植过程中失掉了大量水分，如果定植后不及时灌水和管理，必然导致生理机能失调。此外，树苗根系离开苗地到造林地，根系严重受损，完全恢复正常生活需要一段时间。在此恢复期内树势衰弱，抗病能力降低，易诱发潜伏的病菌活动。因此，造林后当年春季发病较重，而以后如果管理得当，一般发病很轻。

杨树溃疡病的发生与树皮内水分含量关系密切。据研究，群众杨树皮相对膨胀度大于 80%时不易感染溃疡病，小于 75%时易受感染，而小于 70%则发病严重。树皮相对膨胀度与树皮中抑菌物质邻苯二酚、对羟基苯甲酸等酚类物质含量呈正相关，而抑菌物质的多寡与溃疡病发病率呈负相关。此外，试验结果还表明，树皮相对膨胀度与树皮中的苯丙氨酸解氨酶的活性呈正相关，后者是树木中次生代谢的定速酶，其活性与树木的抗病性呈正相关。

杨树溃疡病菌为弱寄生菌，由于种种原因，如栽培管理不善、土壤水分、肥力不足、养分失调，春旱、春寒、风沙多、砂质土或土壤黏重易板结积水、盐碱土等，导致树木生长势不良等，均易引起发病。

不同杨树种（品种）对溃疡病的抗性有明显的差异，溃疡病菌也存在致病性的分化，且与地理分布有关。树皮光滑的北京杨、群众杨、大官杨等感病严重；沙兰杨、I-214 等中等感病；毛白杨、加杨、健杨、日本白杨等感病较轻。波兰 15A 杨在造林初期感病很重，但树皮粗糙后则有较强的抗病性。同一种杨树在其适生区内抗病性强，而植于非适生区则严重降低其抗病性。如北京杨在北京平原区以及河北中南部、山东等非适生区是严重感病的树种，但在北京山区、河北北部及山西北部等适生区，感病则很轻。例如，陕西关中地区 20 世纪 70 年代栽植的新疆杨几乎被溃疡病毁灭殆尽，但新疆杨在新疆极少发生溃疡病。

溃疡病菌除危害杨树外，还危害柳树、刺槐、油桐、苹果、杏、梅、核桃、石榴、海棠等多种阔叶树种和雪松等少数针叶树种。

【防治措施】对该病应采取综合治理措施。防治工作的重点在于预防，将杨树速生丰产与保健防病措施紧密结合，以林业技术措施为基础，化学防治为辅，提高树木的抗病性，抵御病菌的侵袭。

①建立卫生苗圃，培养健康壮苗，把好苗木质量关。禁用重病苗木造林。

②适地适树，选用抗病树种，营造混交林，改善林分结构。青杨派及青杨×黑杨的杂交种较为感病，黑杨派和白杨派树种较为抗病。

③造林过程中采取各种措施保持和提高苗木的含水量。随起苗随栽，少伤根，避免长途运输，定植前用水浸根。在缺水地区加吸水剂增加土壤的蓄水能力，地面覆盖农用薄膜，防止土壤水分散失。在苗干上喷洒高脂膜、甲基纤维素防止水分蒸腾。在根部施入具有促进生根、生长、伤口愈合、抑菌等作用的制剂，能够明显降低溃疡病的发生率。

④采用合理的营林措施。造林后前几年可进行林粮间作或间种沙打旺等牧草压绿肥，增加土壤肥力。通过修枝、间伐等措施控制林分密度。防治杨树林分的其他病虫害，减少胁迫因素对树木的影响。

⑤药剂防治以秋防为主，阻止病菌的侵入。同时，春天对新植苗木及时施药，用 50% 代森铵、50%退菌特、3°Bé 石硫合剂、25%丙环唑等，均有效果。对已发病的树喷药可加速病斑愈合，抑制病害扩展。

9. 2. 2. 2 杨树腐烂病

【分布及危害】杨树腐烂病又称杨树烂皮病，是杨树的重要枝干病害。广泛分布于东北、华北、西北及山东、河南等地的杨树栽培区。除为害杨属各种或品种外，也为害柳树、核桃、板栗、桑树、槭、樱、花椒、木槿、接骨木等多种木本植物。北方不少地区春季造林因此病出现杨树大面积枯死的现象。如 2006 年春季，辽宁杨树腐烂病的发生面积为 3.4×10^4 hm^2，其中死亡面积 2 286 hm^2。

【症状】杨树腐烂病主要发生在树干及枝条上。表现为干腐和枝枯(梢枯)2 种类型。

杨树烂皮病

①干腐型。主要发生于主干、大枝及分岔处。有些地区因日温差显著，出现日灼伤，往往在树干基部向阳面首先出现病斑，发病初期呈暗褐色水渍状，略为肿胀，皮层组织腐烂变软，以手压之有水渗出，后失水下陷，有时病部树皮龟裂，病斑有明显的黑褐色边缘，无固定形状。病斑在粗皮树种上表现不明显，后期在病斑上长出许多针头状黑色小凸起，此即病菌的分生孢子器。在潮湿或雨后，自分生孢子器的孔口中挤出橘红色胶质卷丝状物。条件适宜时，病斑扩展速度很快，向上下扩展比横向扩展速度快。当病斑包围树干一周时，其上部即枯死。病部皮层糟烂，纤维互相分离如麻状，易与木质部剥离，有时腐烂达木质部。如环境条件对树木有利，抗病性提高，病斑的周围组织则可长出愈伤组织，阻止病斑的进一步扩展。在东北和华北一些地区，病枝上后期会产生一些黑色小点，突破表皮外露呈灰色颗粒状物，此为病菌的子囊壳。

②枯梢型。主要发生在苗木、幼树及大树枝条上。发病初期呈暗灰色，病部迅速扩展，环绕一周后，上部枝条枯死。此后，在枯枝上散生许多黑色小点，即为分生孢子器。

在老树干及伐根上有时也发生腐烂病，但症状不明显，只有当树皮裂缝中出现分生孢子角时才开始发现。

【病原】子囊菌门间座壳目金黄壳囊孢(*Cytospora chrysosperma*)。子囊壳多个，埋生于子座内，呈长颈烧瓶状，子囊壳未成熟时为黄色，成熟后为黑色。子囊棍棒状，中部略膨大，子囊孢子 4 或 8 枚，2 行或多行排列，单胞，腊肠形。分生孢子器埋生于子座内，不

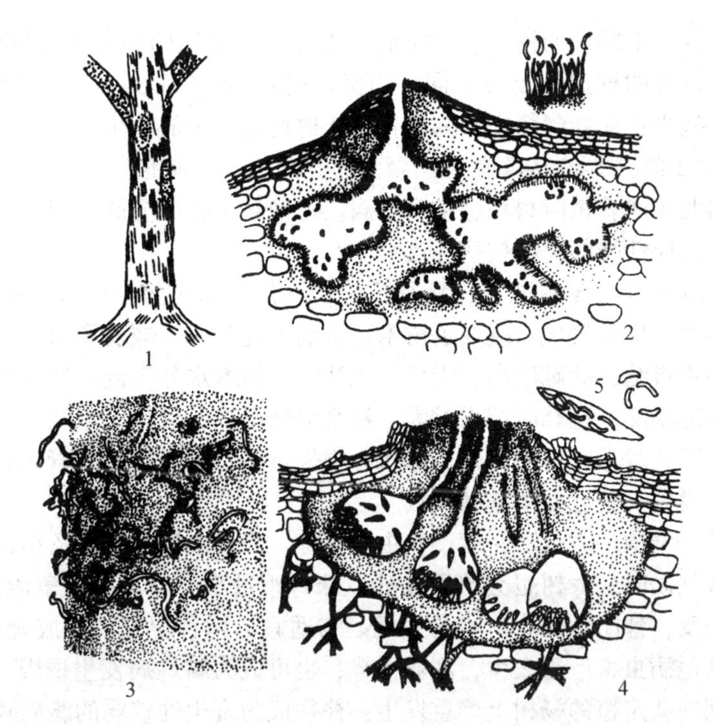

1. 病株的干腐和枝枯型症状；2. 分生孢子器、分生孢子梗和分生孢子；3. 病枝皮上的分生孢子器和分生孢子角；4. 子座、子囊壳；5. 子囊和子囊孢子。

图 9-7　杨树腐烂病症状和病原

（杨旺，1996）

规则形，孔口突出寄主表皮而外露。分生孢子单胞，无色，腊肠形(图 9-7)。

在我国引起杨树腐烂病的病原还有类半透明壳囊孢(*Cytospora paratranslucens*)、臭椿壳囊孢(*C. ailanthicola*)、雪白壳囊孢(*C. nivea*)和拟槐壳囊孢(*C. sophoriopsis*)等。其中臭椿壳囊孢与拟槐壳囊孢都在金黄壳囊孢复合种(*C. chrysosperma complex*)中，在我国西北、华北、西南地区广泛分布。

【发病规律】病菌以菌丝体、子囊壳或分生孢子器在植物病部组织内越冬。翌年春季，当温度达 10~15℃、湿度为 60%~80%时，病菌开始产生孢子。北京地区于 3 月下旬在树干病部糟烂部分或枯枝上普遍产生壳囊孢的子囊壳。子囊孢子和分生孢子均可进行初侵染。病菌孢子借气流、雨水或昆虫传播，通过各种伤口侵入寄主体内，潜育期一般为 6~10 d。

各地区气温不同，发病迟早和侵染次数也不同。北京地区病菌在 3 月中、下旬开始活动，东北地区多在 4 月上旬至 4 月中、下旬开始活动。5~6 月为发病盛期，7 月后病势渐趋缓和，至 9 月基本停止发展。温度在 6~10℃时病菌即可进行侵染，平均气温在 10~15℃时有利于病害发展；若上升到 20℃以上时，则不利于病害的发展。

腐烂病菌为弱寄生菌，先在各种伤口或衰弱的部位生活，并逐渐对活组织进行侵染，可在已死的树木上进行较长时间的腐生生活。在苗木中腐烂病菌带菌率很高。研究表明，杨树腐烂病的发生与影响树势及抗病性的自然因素及人为因素关系非常密切，主要有以下几方面。

①树种抗病性。不同种的杨树表现抗病性差异的主要原因是各种杨树对寒冷、日灼、干旱、盐碱、风沙等的抗逆性反应不同。如银白杨在-40℃下无冻害，且耐干旱、盐碱，适应性强，故发病少；而新疆杨则较差。各种杨树均有一定的适生区，超出其适应范围则表现异常。如I-72杨、I-69杨等在我国湖南、湖北等较温暖地区生长良好，对腐烂病的抗性强，但在河北等地栽植时很易感染腐烂病。树种对早春低温的适应性与其对腐烂病的抗性密切相关，适应性强的树种抗病性也强。

②气候、土壤条件。冬季冻害，夏季日灼，不仅削弱树势，而且为病菌提供侵入伤口；暖冬、倒春寒等反常气候，改变了树木正常的生理节律，减弱了对低温的适应性；土壤砂质贫瘠或黏重板结，盐碱度高，干旱，风沙大，树木水分失调，都易诱发腐烂病。

③造林及管理状况。造林时苗木过大，根系损伤严重，假植时不认真且时间过长，长途运输，造林后不及时灌水等，使得苗木水分损失过多，则易发病。管理粗放，苗木长势差，会加重病害发生，甚至导致造林失败。

④树龄、林分结构、方位、密度、病虫危害等。当年定植的幼树及6~8年生幼树发病重，但遇到异常气候时，大树也会严重发病。株行距过小，树木间竞争激烈，受到胁迫，易诱发病害；相反，郁闭度过小时也易发病。与适宜的树种混交，形成合理的林分结构，则病害较轻。其他病虫害严重发生，削弱树势，也可成为腐烂病发生诱因。例如，寄生性较强的溃疡病菌在新定植的杨树上严重发生，往往成为寄生性较弱的腐烂病发生的先驱。

【防治措施】

①选用抗逆性强的杨树种类或品种造林。树种本身的抗病能力是防病的关键，但任何树种都有其适生区，因此要适地适树，选择适于当地土壤、气候条件的杨树种类造林。

②保证造林质量。培育健康壮苗，在苗圃中生长季节喷保护剂防治，以减少苗木的带菌量。插穗应在2.7℃以下的阴冷处贮存，避免病菌的侵入和生活力的降低。造林时尽量少伤根，避免长途运输和长期假植。植后及时灌水，缩短缓苗期。营造混交林时，根据立地条件、树种特性及用途确定合理的株行距。

③造林后加强管理，及时排灌，适时松土除草，林粮间作，合理整枝间伐，保护伤口，初冬及早春树干下部涂白涂剂。及时清除严重病弱株(枝)及林分。对林分周围的侵染源，如桩木或篱笆上的病原体也应加以清理。

④化学防治。对轻病株或林分，及时刮除病斑或用刀划破病斑呈网格状后涂药，目前常用的药剂3%甲基硫菌灵、50%退菌特、5°Bé石硫合剂以及12%腐殖酸铜原液、2.315%甲硫·萘乙酸2 000倍液、30%苯醚甲环唑悬浮剂100倍液、43%戊唑醇悬浮剂200倍液、1.6%噻霉酮悬浮剂30倍液、4%农抗120水剂30倍液等。

9.2.2.3　松树腐烂病

【分布及危害】松树腐烂病又称干枯病，在欧洲称为垂枝病、软枝病及枯梢病，在世界上广泛分布。我国黑龙江、吉林、辽宁、山东、河北、陕西、江苏、四川等地均有分布。主要危害红松、赤松、油松、樟子松和云南松等树种。1999年，大连、烟台等地区的黑松(*Pinus thunbergii*)因该病发生大面积枝枯和死树。仅在大连地区调查，出现枝梢变红或变黄、枝条枯死或整株枯死的黑松林超过2 000 hm^2，平均枝枯或枯死株率51.7%，严重影响景观和防护效益。

【症状】病害发生在幼树或大树的枝干上。病害发生初期，部分小枝或病干上部的针叶变成黄绿色或灰绿色，逐渐变成褐色至红褐色，最后脱落。被害枝干部因失水而收缩起皱，针叶脱落痕处稍显膨大。小枝被害时，则易干枯死亡，表现枯枝病状。侧枝皮层被病菌侵染，则逐渐向下弯曲。当大枝或主干部发病后，病部常流松脂，发生溃疡呈腐烂状，病部一侧的侧枝条枯死。病部围绕树干一周后，导致整株枯死。

从4月起，病部皮层产生裂缝，在皮下产生黄褐色的盘状物，为病原菌的子囊盘，单生或数个成簇，逐渐变大，色亦加深，子实层为淡黄褐色，子囊盘干后收缩皱曲，雨后遇湿又会展开。

【病原】病原为子囊菌门铁锈薄盘菌(*Cenangium ferruginosum*)。子囊盘生于枝干病皮上，无柄，盘径2~3 mm，成熟后可达5 mm。子囊棍棒状，无色，内生8个子囊孢子，多呈单行排列，有时双行。子囊孢子无色至淡色，单胞，椭圆形，大小为8.0~12.5 μm×6~8 μm。侧丝无色，顶端膨大(图9-8)。子囊孢子萌发温度为15~28℃，以25℃为最适宜。菌丝生长温度为10~25℃，以15~20℃最适，pH值2.6~6.8条件下均能生长，以pH值4.0~5.0生长最好。

【发病规律】病原菌为森林习居菌类，在常态下腐生在树冠下部的枝条上，对树无害，且有促进整枝作用，当林分过密或由其他原因树木生长衰弱时，则有侵染性，引起枯枝或烂皮。病菌在秋季侵染后，以菌丝在病皮内越冬，翌年1~3月出现松针枯萎，3~4月在皮下产生子囊盘，5月下旬至6月下旬才开始成熟，7~8月为子囊孢子放散盛期。子囊孢子必须在降雨后才大量放散，靠风、雨水传播，在水湿条件下萌发并由伤口侵入皮内。越冬后翌年才表现病状。

1. 病树外观，可见腐烂下限，并见流脂，生有大量病原菌子实体；2. 病菌子实体放大；3. 子实体纵切面图；4. 子囊及子囊孢子；5. 子囊孢子及其萌发状态；6. 侧丝；7. 性孢子及性孢子梗。

图9-8　红松腐烂病

(周仲铭，1990)

10 年生以下红松幼林基本不发病，与幼年阶段光补偿点低有关，10 年以后需要更多光照条件，如不及时透光则会抑制红松生长，为病菌侵染创造条件，因此林分过密或被压木发病较重。在松树受到旱、涝、冻、虫害后长势衰弱时才能被病菌侵染，病菌先在伤口处或死皮上腐生一段时期后再侵染活组织。如山东崂山地区赤松由于受松干蚧的危害，该病非常猖獗。

研究表明，病菌在健康松树的针叶中普遍存在，病菌可从小枝进入针叶，也可从针叶进入枝条，是一种内生真菌。

【防治措施】

①加强幼林抚育，及时合理修枝，必要时在幼林郁闭后进行透光伐以增强树势。

②查明当地发病诱因，采取适当的防治措施。如虫害严重时，则应注意防治虫害。

③在子囊孢子放散期间在树冠上喷 1∶1∶100 的波尔多液、1.5~2.0°Bé 石硫合剂、50%退菌特 200 倍液或 50%多菌灵 300 倍液等，防止病菌侵入。

④病害发生后要及时清理死树和枯枝，减少侵染源。

9.2.2.4 板栗疫病

【分布及危害】板栗疫病又称干枯病、胴枯病。此病在美国和欧洲分别危害美洲栗(*Castanea dentata*)和欧洲栗(*C. sativa*)，对美洲栗天然林造成毁灭性危害，欧洲栗也几遭覆灭之灾。亚洲韩国和日本有分布。在我国分布于北京、河北、辽宁、陕西、安徽、江苏、浙江、江西、山东、山西、河南、湖南、重庆、云南、广西和广东等地。病害造成板栗树势衰弱，栗实产量大幅度下降，严重时引起树木死亡。

此病除危害板栗(*C. mollissima*)外，在我国还见于日本栗(*C. crenata*)、锥栗(*C. henryi*)等树种。国外报道也能危害毛枝栗(*C. pumila*)、红花槭(*Acer rubrum*)、美国山核桃(*Carya illinoensis*)及栎属(*Quercus*)等树种。

【症状】板栗疫病主要危害主干及较大的侧枝，但 1~2 年生枝上也时有发生。在光滑树皮上，发病初期形成圆形或不规则形的水渍状病斑，黄褐色或紫褐色，略隆起，较松软；发病至中后期，病部失水，干缩下陷，皮层开裂；撕开树皮，在树皮与木质部之间可见有羽毛状扇形的菌丝层，初为乳白色，后为浅黄褐色。树皮粗糙的主干或大枝受害后，树皮裂缝处可见黄褐色的疣状子座及丝状的分生孢子角。春季，在感病部位产生橙黄色疣状子座。此后子座顶破表皮外露，遇雨或空气潮湿时，产生黄褐色、棕褐色胶质卷丝状的分生孢子角。入秋后，子座颜色变为紫褐色，并可见黑色刺毛状的子囊壳颈部伸出子座外。病斑常发生于嫁接口附近，受昆虫危害的树皮处常出现溃疡斑。

【病原】病原为寄生隐丛赤壳(*Cryphonectria parasitica*，异名 *Endothia parasitica*)，属子囊菌门间座壳目隐丛赤壳属。子囊壳产生在子座底层，黑褐色，球形或扁球形，每个子囊壳均有与顶端相通的长喙。一个子座中生数个至数十个子囊壳。子囊棍棒状，其间无侧丝，无色，大小为 38~43 μm×6.0~8.0 μm。子囊孢子 8 个，成单行或不规则排列于子囊内，椭圆形，无色，双细胞，分隔于中间，分隔处稍显缢缩，大小为 5.5~9.9 μm×2.6~4.0 μm。分生孢子器生于鲜色肉质的子座中，不规则，多室。分生孢子单胞，无色，长椭圆形或圆柱形，直或略弯曲，大小为 1.2~1.5 μm×3.0~3.5 μm(图 9-9)。

在 PDA 培养基上菌落呈黄白色至橙黄色，棉絮状，生长迅速。少数菌株的菌落深黄色或深褐色，扩展速率较慢。还有一些菌株在 1 周内菌落基本保持白色，很少形成孢子器，此为弱毒菌株。

在欧洲还发现在寄生隐丛赤壳中混有基隐丛赤壳（*Cryphonectria radicalis*），其子囊孢子显著小于寄生隐丛赤壳，且致病力非常低（Hoegger et al.，2002），对欧洲栗的致病力低，该类菌株对我国板栗的致病力尚无研究。

据研究，国内栗疫病菌根据致病力的大小可分为弱毒系、毒性系和强毒系。将弱毒系与强毒系混合接种栗树，弱毒系能使强毒系的致病力极显著降低（降低 60%）。我国栗疫病菌营养体亲和群（vegetative compatibility group，VCG）种类多。仅在苏皖地区分离出的 219 个菌株就可划分为 131 个营养体亲和群。菌丝体结构、温度、营养体不亲和基因的数量等多种因素都会影响 dsRNA 从弱毒性菌株向毒性菌株的转移。dsRNA 的转移频率与营养体不亲和基因的数目之间呈显著负相关。

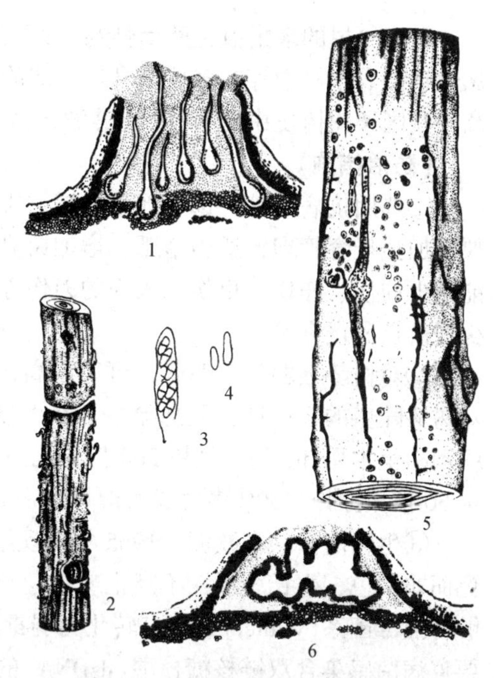

1. 子囊壳；2. 分生孢子角；3. 子囊及子囊孢子；4. 分生孢子；5. 病害症状；6. 分生孢子器。

图 9-9　板栗疫病

（杨旺，1996）

【发病规律】病原菌以菌丝体和子座在病树上越冬。病菌一年四季均可形成分生孢子器及分生孢子，每年 3 月底至 4 月上旬病菌开始活动，4 月中、下旬产生新的分生孢子。分生孢子在干燥条件下可存活 60~90 d，甚至可长达 1 年。10 月下旬开始产生有性型，翌年春季释放子囊孢子，子囊孢子从成熟的子囊壳中强力弹出。分生孢子和子囊孢子均可进行初侵染，有再侵染发生。病菌可借雨水、气流、昆虫和鸟类传播，也可随带病种子、苗木和接穗运输而远距离传播。日灼、冻害、嫁接、剪锯口和虫害等所致伤口是病菌孢子的主要侵染途径。

病原菌的生长适温为 25~28℃，高于 30℃生长不良，低于 7℃，菌丝停止生长。在我国江南，早春气温回升到 6℃时，病菌开始活动。5~9 月，气温 20~29℃时，病害发展迅速。气温超过 30℃，病害发展缓慢。11 月以后，气温下降到 10℃左右，病害基本停止发展。

板栗喜生于土壤深厚、有机质丰富、湿润而排水良好的砂岩、花岗岩风化的砂质土壤上。在山谷地积水，石灰岩山地土层较薄，pH 值过大或过于瘠薄、黏重的红壤上，板栗树生长不良，疫病较重。栽植密度过大，管理粗放，受干旱和水涝胁迫，虫害严重的林分发病较重。病情往往随着树龄增长而加重。

一般而言，中国板栗是抗病的，但板栗品种间的抗病性有明显差异。各地均有较抗病和较感病的品种。如在湖南、广西，‘铁粒头’‘九家’等品种较抗病，‘石丰’‘青扎’等品种则较感病；在北京，‘北裕 2 号’‘兴隆城 9 号’等品种抗性强，‘红光’‘怀黄’等品种抗性差。

欧洲栗树的多酚氧化酶活性与抗栗疫病有明显关系，多酚氧化酶活性越高，栗树抗疫病性越强。栗树中存在多聚半乳糖醛酸酶抑制蛋白(GPIP)，较抗栗疫病的品种 GPIP 含量高，我国栗树树皮中的 GPIP 比美洲栗树中的含量高 5~20 倍。

【防治措施】

①选用抗病品种，选择地势平缓、排水良好、土层深厚肥沃、微酸的砾质壤土栽培板栗。加强抚育管理，适当施肥，增加树势，提高抗病力。杜绝折枝采果或只收不管。尽可能减少灼伤、冻伤、虫伤和人为的刀伤等损害。彻底清除重病株和重病枝，及时烧毁，减少侵染点和侵染源。

②对树势衰弱的重病区，可采用高接换种办法提高抗病力，嫁接口要及时涂药保护。对树势旺盛的轻病株，可刮除主干及大枝上的病斑，将病组织连同周缘 0.5 cm 的健皮组织刮除至木质部，伤口处用200倍的抗菌剂'402'、30%甲基托布津500倍液或23%酪氨酮水 30 倍液涂抹。50%多菌灵可湿性粉剂 600 倍液加 0.8 mg/kg 井冈霉素喷施树冠和枝干。

③生物防治。在欧洲，1965 年发现栗疫病菌的弱毒菌系(hypovirulent strain)，菌落白色而非橙色，生长缓慢，不产孢或少量产孢。这个弱毒菌系对板栗几乎没有致病力，但能够将强毒菌系(virulent strain)转化为弱毒菌系，一般接种 3 年后，可以治愈。其机理在于，栗疫病菌感染含双链核糖核酸(dsDNA)的类病毒后，其致病性减弱，成为弱毒菌系；弱毒菌系的 dsDNA 可以通过亲和性菌系菌丝细胞的融合而转移到毒性菌株中，使正常毒性菌株转化为弱毒菌株。法国、意大利等国利用弱毒菌系成功地控制了欧洲栗疫病的发生。

9.2.2.5 猕猴桃细菌性溃疡病

【分布及危害】猕猴桃细菌性溃疡病又称猕猴桃溃疡病，是一种严重威胁猕猴桃生产的毁灭性病害。该病主要危害猕猴桃的主干、枝蔓、新梢和叶片，降低果品产量和质量，极易造成植株死亡。该病于 1980 年在美国加利福尼亚州和日本静冈县首次发现，目前分布于美国、日本、韩国、新西兰等国家。我国于 1985 年在湖南东山峰农场发现此病，现在北京、河北、辽宁、安徽、江西、山东、河南、湖北、湖南、四川、陕西等地均有发生。

此病主要危害中华猕猴桃(*Actinidia chinesis*)等猕猴桃属植物；人工接种也可使桃、杏、李、梨、樱桃、梅等轻度发病。

【症状】植株被害后多从茎蔓、幼芽、皮孔、落叶痕、枝条分叉处开始发病，病斑初呈水渍状，后扩大，颜色加深，皮层与木质部分离，用手挤压呈松软状。后期病部皮层纵向线状龟裂，流出洁白色黏液，不久变为红褐色。病斑可绕茎迅速扩展，受害茎蔓上部枝叶萎蔫死亡。此时如遇高温，病部及周围健康的皮孔可溢出白色水滴状的菌脓。叶片发病后先形成红色小点，后形成 2~3 mm 不规则形褐色到暗褐色病斑，周围有明显的黄色水渍状晕圈。潮湿条件下病斑迅速扩大成多角形水渍状大斑。

【病原】病原为丁香假单胞杆菌猕猴桃致病变种(*Pseudomonas syringae* pv. *actinidia*)，为薄壁菌门假单胞杆菌属细菌。该菌能在肉汁胨、葡萄糖、琼脂培养基上培养。该菌为好气菌，短杆状，有的稍弯曲，大小为 1.4~2.3 μm×0.4~0.5 μm。革兰氏染色阴性，无荚膜，不产芽孢，鞭毛单极生 1~3 根。菌体生长最适温度为 25~28℃，生长最高温度为

35℃，生长最低温度为-12℃；致死温度为55℃持续10 min。生长pH值范围为6.0~8.5，最适pH值7.0~7.4。低温、强光照及高湿适于该病菌的生长。

【发病规律】病菌主要在感病植株的病组织、芽、叶痕中越冬，也可随病残体在土壤中度过不良环境。猕猴桃溃疡病病原菌为弱寄生菌，主要从植株体表各种伤口处侵入。病原菌在猕猴桃花芽形成前后由植株的气孔、水孔、皮孔和伤口侵入寄主体内，潜伏越冬，在早春气温适于病原菌活动时，病菌于寄主体内进行潜育增殖。猕猴桃溃疡病在陕西每年1月下旬开始发病，枝条等部位开始溢出白色脓液后变褐色，2月下旬至3月底为高发病期。在抽梢至伤流止时(4月中旬至4月下旬)，气温升高，发病开始变缓。在孕蕾至开花期(4月下旬至5月中旬)，溃疡病菌开始侵染花蕾，枝干停止发病，花蕾受害发病，此时若天气特别潮湿多雨，病株伤口处可再度出现流胶。病菌通过风雨、昆虫传播，或春季修剪等农事操作时，借修剪刀、农具等传播。有多次再侵染。一年中有2个发病时期：一是春季伤流期至谢花期；二是秋季果实成熟期前后，多半发生于秋梢叶片上。

此病是一种低温高湿性病害。冬季及初春温度的急剧变化，是导致猕猴桃溃疡病发生流行的关键因子。凡冬季和早春寒冷受冻，则病害重。一般背风向阳坡地发病轻，海拔高的园地发病重，低海拔区发病轻或不发病；果园间作其他作物、修剪过重、施肥过量，发病较重；成年挂果树较幼年树发病重。栽植密度越大病害发生越重。一般野生株、砧木(实生苗)发病很轻。

猕猴桃不同品种对溃疡病抗性不同。‘79-1’‘78-16’和‘金魁’较抗病，‘金丰’‘79-3’和‘79-09’较感病。总的趋势是，硬毛品系比软毛品系抗病。

【防治措施】

①严格禁止从发生区调运苗木。一旦发现该病，必须将该批苗木就地销毁，并对运输工具进行彻底消毒，严防扩散。

②猕猴桃开花前、幼果期和果实膨大期，喷施5%氨基寡糖素水剂等免疫诱抗剂，以提升树体抗性。

③化学防治。萌芽后至花前喷施1~2次中生菌素600倍液、春雷霉素1 000倍液、0.15%梧宁霉素800倍液、枯草芽孢杆菌、50%氯溴异氰尿酸加0.2%~0.5%氯化钙1 000~1 500倍液等。采果后和落叶前对全园主干、大枝涂刷或喷淋2~3次药剂，0.1%~0.2%过氧乙酸加0.5%~1.0%硫酸铜、45%代森铵800~1 000倍液、叶枯唑等药剂。施药间隔期为10~15 d。对主干发病的植株，应彻底刮除病斑，用5~10°Bé石硫合剂涂干，在树干和枝蔓上均匀喷布0.1%~0.2%过氧乙酸+0.5%~1.0%硫酸铜，或800~1 000倍液45%代森铵等，压低病菌基数；在伤流期前后喷涂0.1%~0.2%过氧乙酸+0.5%~1.0%硫酸铜，1°Bé、1∶1∶200波尔多液(与石硫合剂相隔15~20 d)等，对伤口进行消毒保护。涂药时刮除的病组织要带出果园烧毁或深埋。

④加强栽培管理。夏季修剪以摘心、疏枝、疏果为主，冬季修剪应在落叶1周后开始，最迟不晚于1月中旬，少留枝多留芽；控制灌水，在猕猴桃休眠期不宜灌水，化冻水不宜早灌。结合冬灌进行施肥，肥料以农家肥为主，同时配施适量的磷肥、钾肥。萌芽期追施氮肥，开花期、坐果期、果实膨大期追施磷肥、钾肥，提高树体的抗病性；秋季果实

采收后在树干上涂白。伤口发现菌脓即从健部剪除；修剪后伤口涂布愈合剂，修剪工具应消毒。

⑤抗病品种利用。利用抗病品种和某些优质高产但抗性水平较低的品种合理搭配或砧木嫁接，同时在园地四周种植防风林带与遮阴树，园地间可适当种植一些间作物，一方面可减轻这些优质高产品种的发病程度及病害的流行；另一方面有可能延缓品种抗性的丧失，将病害控制在较低水平。

9.2.2.6 柑橘溃疡病

【分布及危害】柑橘溃疡病是影响全球柑橘生产的重要病害，许多国家将其列为检疫性病害，已列入《进境植物检疫性有害生物名录》(2007年发布，2021年修订)。目前，我国广东、广西、福建、台湾、湖南、江西、浙江、江苏、贵州、四川等地均有发生报道。苗木受害则生长受阻，延迟出圃。结果树受害，使果实品质降低，引起早期大量落叶落果，造成严重损失。柑橘、酸橙、柚、枳壳、柠檬等均易感染。

【症状】此病危害柑橘叶、果及新梢。受害叶片最初在叶的正面生针头大的黄色小点，背面则呈油浸状暗绿色稍凹陷的小点。小点逐渐扩大成圆形的病斑，病斑穿透叶片，两面凸起，表面木栓化，粗糙，灰褐色，边缘呈水渍状或油渍状，周围有黄晕。病斑直径一般为3~5 mm，病斑后期中央凹陷成火山口状。果上病斑的形状和叶上相似，木栓化程度更加显著。病果只限于果皮，不危害果肉，因而病果不变形，但易脱落。新梢的病斑常较叶片上的显著凸起，周围无黄晕，常数个病斑连成不规则形的病斑，严重时引起叶片脱落，枝梢枯死。在下雨潮湿时，病斑常有病原细菌的黏液溢出(图9-10)。

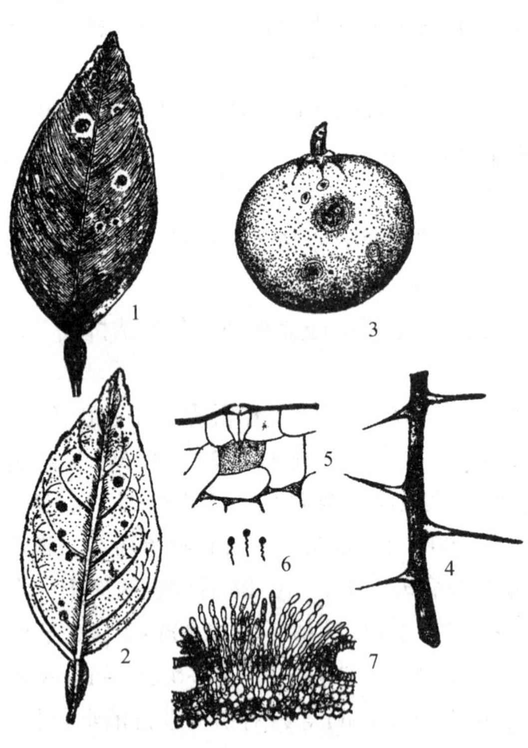

1. 叶片正面症状；2. 叶片背面症状；3. 果实症状；4. 枝条症状；5. 细胞间隙充满细菌；6. 病原细菌；7. 溃疡斑初期寄主细胞过度增殖状态。

图9-10 柑橘溃疡病

(周仲铭，1990)

【病原】由柑橘黄单胞杆菌柑橘致病变种(*Xanthomonas citri* pv. *citri*)引起。该菌属于假单胞菌门γ-变形菌纲(Gammaproteobacteria)黄单胞菌目(Xanthomonadales)溶杆菌科细菌。菌体短杆状，两端圆，大小为1.56~2.97 μm×0.45~1.47 μm，常首尾相连成串，鞭毛单根极生，有荚膜，无芽孢；革兰氏染色阴性，好气性。在牛肉汁蛋白胨琼脂培养基上，菌落圆形，淡黄色，有光泽，全缘，黏稠。此菌发育温度范围为5~35℃，最适温度为20~30℃，致死温度为52℃经10 min。pH值6.1~8.8下适宜生长，最适pH值6.6。病菌耐干燥和低温，在寄主器官可存活数月，极难清除。

柑橘溃疡病菌可划分为3种致病类型。致病型A对柑橘的致病性最高，破坏性最大，包括分布于美洲的XccAw和分布于亚洲、非洲的XccA*。致病型B和C是*X. citri* pv. *aurantifolii*，属致病型A的减(弱)毒株，分布于南美洲。

【发病规律】病原菌主要在枝叶病组织内越冬，也有少量能在病株的未显症叶片内越冬。翌年春，从病部溢出菌脓，借风雨、昆虫、人工器具及枝叶接触传播到一定程度的幼嫩组织上，由气孔、水孔、皮孔或伤口侵入。潜育期一般4~6 d。远距离传播主要通过带菌苗木、接穗等栽植材料和果实。在高温多雨情况下，重复侵染可发生多次。自3月底春梢还未老熟时开始，至12月中旬最后一批秋梢将近老熟时止，病害均可连续发生。

病菌通过分泌黏附素和胞外聚合物等形成具有保护作用的生物膜，同时需有组织表面停留20 min以上的水膜才能侵入。相对湿度高于80%时，在20~36℃范围内，温度越高，病害发生进程越快。而在此温度范围内，降水量及降水时期是病害发生流行的决定因素。由于病菌从伤口侵入比自然孔口侵入容易，所以在台风和暴雨多的年份柑橘园内病害严重。

橙类最感病，柚类、柠檬次之，柑类、橘类感染较轻，金橘类较抗病。品种的感病性和气孔分布的密度、气孔中隙的大小有密切关系。橙类的气孔最多，中隙较大，因而最感病；金橘类的气孔最稀少，中隙也最小，故抗病力较强。

幼苗较成株更易感染，树龄越大，发病越轻。因为幼苗、幼树的夏、秋梢多，枝梢组织上的气孔为病菌侵入提供了通道，所以发病较重。增施钾肥的发病较单施氮肥的为轻。潜叶蛾、凤蝶幼虫危害严重时，溃疡病一般也发生较严重。

【防治措施】

①实行严格检疫。严格禁止从病区引入带病的果实、种子、苗木、接穗和带病的枳壳、橘子皮到无病区，如发现病株应立即退回或就地烧毁以消灭病原。

②培养无病苗木。接穗芽条必须从无病区或无病果园选取。育苗期间加强病害防治工作，发现病苗立即拔除烧毁，并喷药保护周围健苗，出圃苗木须经严格检查。

③加强抚育管理。在冬季把带病菌的枯枝落叶集中烧毁。早春结合修剪，除去病枝、病叶、徒长枝等，以减少侵染来源。开深沟、降低地下水位，减少林内湿度。采取抹芽控梢、培肥养地等措施，增强植株抗病力。合理施肥控制夏、秋枝生长。果园周围培植防风林，减少病菌随风雨传播扩散的概率。

④适时喷药防治。应在夏、秋梢的叶片展开时开始喷药以保护新梢，叶片转绿期喷第2次药。保护幼果应在盛花期后10 d左右开始喷药，此后每隔10~15 d喷药1次，共喷3次。台风前后要及时喷药，以保护嫩梢幼果。常用药剂：72%农用链霉素可湿性粉剂或3%中生菌素可湿性粉剂；30%噻唑锌悬浮剂、46%氢氧化铜水分散粒剂、47%春雷·王铜可湿性粉剂、40%戊唑·噻唑锌悬浮剂等。及时防治潜叶蛾等害虫，减少伤口的形成。

⑤抗病品种的利用。选择抗病且优质丰产的种类和品种进行栽培。

9.2.3 干锈病类

干锈病是一类重要的林木病害，林木枝干感染锈病后一般导致枝条枯死，若主干受病则容易导致全株枯死。干锈病见于针、阔叶树种，以针叶树特别是松干锈病最为严重。

(1)症状

①溃疡型。病树枝干皮层增厚，产生裂缝，从中长出橘黄色锈孢子器，破裂后释放出黄色锈孢子，多数树木伴有流胶，这种症状发生在每年4~5月。秋季受侵染松树的枝干部位产生橘黄色蜜滴(性孢子)。病斑多纵向扩展，形成梭形溃疡斑。五针松疱锈病和柳干锈病形成典型的溃疡型症状。

②瘿瘤型。发病部位产生近球形或不规则形瘿瘤，连年生长皮层龟裂，裂缝中溢出黄色蜜滴，后产生橘黄色锈孢子器；病菌菌丝在病瘤中可存活多年而使瘤逐年增大，最大可达60 cm，每株树少则1个，多则数百个，严重影响生长，并导致侧枝枯死，主梢干枯或整株枯死。如马尾松瘤锈病和油杉枝锈病就是形成典型瘿瘤。

(2)病原

林木干锈病的病原通常包括担子菌门的柱锈菌属、内柱锈菌属、夏孢锈菌属、单孢锈菌属、硬层锈菌属(*Stereostratum*)等。我国目前报道了10种左右的林木枝干锈病，其中以柱锈菌属引起的枝干锈病种类最多，危害最为严重。

(3)生活史

除内柱锈外，林木枝干锈病多数有转主寄主，松树干锈菌转主寄主可为双子叶草本、灌木或者乔木，在松树上这类锈病主要产生性孢子和锈孢子，在转主寄主上产生夏孢子、冬孢子和担孢子。内柱锈产生锈孢子可以直接侵染松树，病害侵染后成为多年生，每年产生大量孢子，不需要新侵染源就能多年延续。林木枝干锈病潜育期多数比较长，五针松疱锈病菌的担孢子从侵入针叶到表现明显症状需要2~3年，但是在幼苗上病害发展速度快。

(4)病害流行

枝干锈病锈孢子萌发温度范围较宽，温凉状况和较大湿度对孢子萌发和侵染有利。马尾松疱锈病和华山松疱锈病锈孢子及夏孢子在5~30℃都能萌发，适宜温度为20℃左右，栎柱锈菌的锈孢子和夏孢子萌发温度为4~32℃，最适为12℃。红松疱锈病锈孢子在10~19℃、饱和湿度时产生芽管侵染转主植物。16℃以下对冬孢子的产生有利，20℃适宜产生担孢子，担孢子在10~18℃易于对松树侵染。枝干锈病常产生大量的各个阶段孢子，有侵染能力的锈孢子、夏孢子和担孢子多靠风力传播，传播距离从几十米到数百米不等。一般秋季产生冬孢子和担孢子，春夏季产生锈孢子和夏孢子，感病树木体内常年存在活体菌丝，并不断扩展蔓延。因此，这类病害在湿度较大气温不高的地区发生比较普遍，也较容易流行。

(5)枝干锈病防治

大部分林木枝干锈病，尤其是五针松疱锈病已被许多国家列为检疫对象。采取严格的检疫措施是预防这类病害远距离传播最有效的手段。

理论上讲，可以根据枝干锈病存在转主寄主的特点，采取铲除转主寄主的办法控制这一病害。但是，实际操作却非常困难，因为转主寄主多为灌木和草本，在林中分布广，不容易彻底清除。美国在控制五针松疱锈病的过程中曾经用了30多年执行铲除转主寄主茶藨子属植物，最终放弃。我国在红松疱锈病防治中铲除马先蒿取得了良好效果，原因是只有林缘或河边的马先蒿发病较重。间伐和修枝防林木枝干锈病在国内外有广泛应用。国内外的实践表明：对幼林修枝抚育，清除感病严重的病害木不但减少初侵染源，且促进林木生长。

化学防治在国内外防治干锈病的诸多措施中一直占主导地位。从古老的硫、铜制剂到20世纪50~60年代的放线菌酮等都曾有广泛应用，70年代内吸性杀菌剂是防病的主要药剂。松焦油涂干法对红松疱锈病的锈孢子有良好的杀死作用，但组织中的菌丝仍有部分存活，翌年即产生锈子器。托布津、粉锈宁、多菌灵和硫黄胶悬剂等涂干防效较好。

选育抗病品系防治枝干锈病可能是最有效的措施，从20世纪50年代以来，美国和加拿大就开展五针松疱锈病和梭形锈病抗病育种工作，并取得了非常明显效果。

9.2.3.1　五针松疱锈病

【分布及危害】五针松疱锈病是世界有名的危险性病害，可以毁掉大片中幼林，与榆树枯萎病、板栗疫病合称世界林木三大病害。

我国的五针松疱锈病主要分布于黑龙江、吉林、辽宁、内蒙古、河北、河南、安徽、山东、山西、湖北、陕西、四川、甘肃、青海、宁夏、新疆、云南、贵州等地，寄主有红松、华山松、西伯利亚红松、乔松和偃松等。过去的研究发现，东北林区的红松疱锈病和陕西、四川、云南三省的华山松疱锈病危害最为严重。除华南五针松和海南五针松外，大部分五针松疱锈病的分布与我国五针松的主要分布地一致，说明我国大部分五针松对疱锈病是感病的。目前，我国红松疱锈病已得到明显控制，而华山松疱锈病正在四川和云南部分地区流行，其他省份的五针松疱锈病发病较轻。华山松疱锈病主要发生于我国西南地区和陕西华山松幼林中，严重发病的林分，发病株率高达76%以上。

【症状】五针松疱锈病的症状很明显，在云南省自然条件下，8月末至9月初，病树枝干病皮部略肿胀变软，出现淡橙黄色病斑，边缘色浅且不易发现，病斑渐扩展并生裂缝，溢出初为白色、后变橘黄色具甜味的蜜露，蜜露干后，可见血迹状斑痕。翌年的春夏季，病部长出橘黄色疱囊状的锈子器，破裂后散出黄色粉状锈孢子堆。因连年产孢，皮部加粗变厚，并流出松脂。在转主寄主茶藨子或马先蒿叶背上，初期病斑不明显，后出现黄色丘疹状夏孢子堆，最后在夏孢子堆部位或新受害部位生出褐色毛状冬孢子柱。

华山松疱锈病的转主寄主在云南是冰川茶藨子，在四川是狭萼茶藨子。起初，它们的叶片上病斑不明显，甚至出现夏孢子堆时才明显可见。夏孢子可以再侵染，最后在夏孢子堆中生出毛状冬孢子柱。

【病原】病原是担子菌门柄锈菌目的茶藨生柱锈菌(*Cronartium ribicola*)。该病原菌的一个生活循环可顺序产生性孢子、锈孢子、夏孢子、冬孢子、担孢子等5种类型的孢子。锈孢子器疱囊状，黄色或浅黄色，大小为3.0~17.0 mm× 1.0~9.0 mm。锈孢子浅黄色，卵圆形或近球形，表面具疣突，孢子大小为21.0~36.0 μm × 16.0~32.0 μm。夏孢子堆丘疹状，黄色或橘黄色，直径0.5~1.5 mm。夏孢子黄色，卵形或近球形，15.0~30.0 μm×11.5~18.0 μm。冬孢子堆毛刺状，成熟时呈红棕色，高0.5~2.0 mm。冬孢子长梭形，浅黄褐色，表面光滑，33.0~59.0 μm×13.0~18.0 μm，冬孢子萌生的担子，由3个横隔分成4个细胞，每孢具1担子小梗，先端着生担孢子。担孢子浅黄色，近球形，壁光滑，大小为9.5~13.0 μm×8.5~11.5 μm。生于华山松枝干表皮下的性子器平展型，性孢子梗无色，11.5~17.0 μm×1.5~4.0 μm，紧密排列成单层。性孢子无色，单胞，卵形，大小为2.5~

4.0 μm × 1.5~2.5 μm。

【发病规律】四川和云南的华山松疱锈病 3~6 月为锈孢子释放期，3 月下旬至 4 月上旬为锈孢子散放初期，4 月中旬至 5 月中旬为散放盛期，6 月上旬为末期，散放期为 60 d 左右。锈孢子借风力传播与茶藨子叶接触，萌发后生芽管由气孔侵入叶片。锈孢子侵染后转主寄主产生夏孢子，5~8 月为夏孢子散放期。其中，5 月下旬至 6 月上旬为初期，6 月中旬至 7 月中旬为盛期，7 月下旬至 8 月上旬为末期，释放期为 70 d 左右。夏孢子能继续侵染转主寄主叶片。冬孢子最早于 8 月底出现，8~9 月陆续产生，并萌发产生担子和担孢子。担孢子借风力传播与松针接触，萌发后由气孔侵入，9 月初至 10 月中旬生蜜滴，为性孢子与蜜液的混合液。

该病发生在松树干薄皮处，因而刚刚定植的幼苗和 20 年生以内的幼树易感病。在杂草丛生的幼林内、林缘、荒坡、沟渠旁的松树易感病。转主寄主茶藨子多的地区病害严重。病菌担孢子和锈孢子的传播距离数十米至数百米不等。病原菌锈孢子、夏孢子、担孢子萌发的温度以 20℃左右为宜，需要较高的湿度。因此，病害在湿度较大气温不高的地区发生比较普遍，也较容易流行。

【防治措施】

①严格检疫技术措施。由疫区输出苗木时要检疫。在病区附近不设松类苗圃。如设苗圃时，应在冬孢子成熟前进行化学防治。

②造林后加强抚育管理，铲除树旁林内的杂草和转主寄主。

③对发病轻的林分，发病枝条要一律清除，并烧毁。树干发病可用松焦油原液和托布津、粉锈宁、多菌灵和硫黄胶悬剂等进行涂干处理，及时清除严重感病的单株。发病率在 40%以上的幼林要进行皆伐，改种其他树种。

④成林后要及时修枝、间伐、通风透光。

⑤尽管已经发现有紫霉菌能寄生五针松疱锈病，但是生物控制还没有成为现实，最近发现的木霉菌菌株野外实验显示对锈孢子和锈孢子器有较好控制作用，能产生毒素及细胞壁降解酶，可望成为一种生物防治制剂。

9.2.3.2 松瘤锈病

松瘤锈病

【分布及危害】松瘤锈病发生在黑龙江、河南、江苏、浙江、江西、贵州、安徽、广西、云南、四川等地，危害松属二针和三针松类以及壳斗科树木。据报道，可危害 11 种松类和 26 种栎类，在长江流域马尾松栽培地区、大兴安岭樟子松地区、云南的云南松地区病害严重。云南松发病率可达 30%，有些病树几乎不结实。在壳斗科寄主中，常见的有麻栎、栓皮栎、槲栎、白栎、枹栎、板栗等，其中麻栎、栓皮栎感病最重，在东北主要危害蒙古栎，但病害对栎类影响不大。

【症状】受害松树在主干、侧枝和裸根上形成肿瘤。每一主干可形成 1 个或多个瘤，肿瘤多为单生，少数连生。肿瘤一般为球形或半球形，少数为垫状增生。瘤可产生在多年生主枝或侧枝上，也可产生在先年生嫩枝上，幼树受害后常在主杆上形成肿瘤，生长矮小。每年 4 月中旬在瘤上形成锈孢子器，锈孢子器成熟后破裂，释放大量锈孢子。栎(栗)属植物受害后，在叶上形成褪绿斑，随后于褪绿斑上从叶背生出黄色粉堆(夏孢子堆)，此后又从病斑中长出冬孢子柱。

【病原】松瘤锈病由担子菌亚门栎柱锈菌(*Cronartium quercuum*)引起。该菌的性孢子和锈孢子在松树的病枝干上产生，夏孢子和冬孢子则在栎和栗类的叶片上产生，各种孢子的形态及其产生过程与前述茶藨生柱锈菌相似。性孢子无色、棒状，两端宽窄不一，4.0~6.5 μm×1.5~3.0 μm。锈孢子橘黄色，椭圆形，20.0~40.0 μm×20.0~30.0 μm，有油球，电镜扫描可见表面有柱形疣和一平滑区。夏孢子橘黄色、圆形、卵形或椭圆形，20.0~34.0 μm×10.0~20.0 μm，表面有锥刺。冬孢子黄褐色棱形，壁光滑；担孢子圆形、无色、光滑，长11.2~15.7 μm。

【发病规律】冬孢子当年成熟后，不经休眠即萌发产生担子和担孢子。担孢子借风传播，落到松针上萌发生芽管，由气孔侵入松针，并向枝皮部延伸，有的担孢子落到枝皮上，萌发产生芽管后，由伤口侵入皮层中。第2~3年瘤面上挤出蜜滴，第3~4年生出锈孢子。在南京4月上旬锈孢子即行飞散，锈孢子落到栎树叶上，由气孔侵入，5~6月生夏孢子堆。6~8月生出冬孢子柱，8~9月冬孢子萌发产生担子和担孢子，再侵染松针。病菌以菌丝体在松树皮层内越冬。木瘤中的菌丝体多年生，每年产生锈孢子，受病菌刺激木瘤年年增大。锈孢子和夏孢子的萌发温度为4~32℃，最适为12℃。在适温下锈孢子、夏孢子8 h开始萌发，5 h芽管长215 μm，25 h长900 μm。冬孢子萌发温度为8~24℃，最适为16~20℃。萌发时外壁凸起膨大，幼担子囊状无色，新生4横隔，52.5~75.0 μm×15.0~22.5 μm，每一细胞伸出一小梗，15 μm长，其上产一个担孢子。在32℃下置24 h后冬孢子产生畸形担子且不产担孢子。冬孢子在8℃下产生的担孢子多无弹射能力，在适温下5 h即可产生担孢子，30 h后担孢子即萌发。可见，温度对担孢子能否正常萌发是关键因素。担孢子萌发温度为8~28℃，最适温度为18~20℃。病害在夏秋间气温较低、空气湿度经常很高的地方松类容易发病。如在安徽黄山海拔800~1 100 m和四川缙云山的上部都具有这种气候特点，因此，黄山松和缙云山的马尾松感染率很高。而在气温高、相对湿度小的地区，即使松栎相邻栽植，病害也不严重或完全不发生。

【防治措施】

①在适合发病的区域不造松栎混交林，两树种距离2 km以上。

②砍掉重病树以减少病菌繁殖基地。病轻的松树幼林也可以剪去病瘤枝条，清理林内卫生，减少接种体数量。

③感病松树用松焦油涂抹树干病部有很好的治疗效果，托布津、粉锈宁、多菌灵和硫黄胶悬剂等涂干防效较好。

9.2.3.3　竹秆锈病

【分布及危害】竹秆锈病在江苏、浙江、安徽、山东、河南、湖北、湖南、四川、贵州、云南、广西等地都有发生，主要危害淡竹、刚竹、桂竹等竹种。病害多发生在竹秆中、下部或基部，发病严重时，小枝也会被害。

【症状】新发病植株一般在冬春季节可见明显椭圆形、长条形或不规则形的呈橙黄色、紧密结合在一起不易分离的垫状物，此即病菌的冬孢子堆。4~5月，垫状冬孢子堆吸雨水后卷曲脱落，夏孢子堆即显露出来，初为灰色，后变为黄褐色。夏孢子飞散脱落后病部变黑，11月至翌年3月又在此部位产生冬孢子堆。病斑逐年扩展，以致最后包围秆部，严重发病植株竹秆基部发黑。

【病原】病原为担子菌门硬层锈菌属皮下硬层锈菌(*Stereostratum corticioides*)。病菌冬孢子堆生于角质层下，群生成片，后突破角质层而裸露。成熟冬孢子椭圆形、两端圆，中间不缢缩或稍有缢缩，双细胞，表面光滑，淡黄色或无色，大小为20~30 μm×15~20 μm，有细长柄，柄无色或淡色，200~400 μm。成熟夏孢子多为梨形或卵球形，单细胞，大小为15~20 μm×10~15 μm。

【发病规律】每年11月至翌年春季，病部产生土红色至棕黄色的冬孢子堆，4月中、下旬雨后冬孢子堆脱落，夏孢子堆即显露出来，5~6月是夏孢子侵染新竹的主要时期。由于潜育期长达7~19个月，又没有转主寄主，所以夏孢子是该病的唯一侵染源。地势低洼、湿度较大的竹林发病重，不同竹种感病性差异大。

【防治措施】

①合理砍伐。砍老竹，留幼竹；砍瘦小弱竹，留大竹；砍密留疏。采取这种择伐的方式，能使竹林合理调节以保养分充足，促进生长健壮。

②清除病竹。除发笋期外，其他时期应定期检查，发现病竹及时清除，以减少侵染源。

③化学防治。多种药剂实验结果显示，晶体石硫合剂和粉锈灵防治效果最好。原有病株冬孢子堆喷药后提前干枯脱落。经1年多的观察，粉锈灵防治的在植株原病部未长夏孢子堆，说明粉锈灵对病菌有杀死作用。其他药剂防治后发病率虽未增加，但对病菌无杀死作用，病部仍可产生夏孢子，病易复发，并有扩展。

④在易感病区域种植毛竹、毛环竹等抗竹秆锈病的竹种。

9.2.4 枯萎病类

林木枯萎病是一类危害极大的病害。林木因病原物侵入使树木输导系统功能被破坏而出现的枯萎病，也称维管束病害。枯萎病能在短期内造成大面积的毁灭性灾害，世界著名的榆树枯萎病、松材线虫病均属此类病害。近年来我国南方部分地区的桉树青枯病有发展蔓延之势。

引起枯萎病的病原有真菌、细菌和线虫等。真菌中的枯萎病菌主要有蛇口壳属、长喙壳属、镰刀菌属和轮枝菌属，分别引起榆树枯萎病、栎树枯萎病、油桐枯萎病及一些植物的黄萎病。引起林木枯萎的细菌主要有茄拉尔氏菌，可导致桉树、木麻黄、油橄榄和柚木等树木的青枯病。由松材线虫引起的松材线虫病是我国目前危害最严重的林木病害。

枯萎病病原物自根部或枝干伤口侵入或自根尖幼嫩组织侵入，并在导管中生长发育，大量繁殖。感病植株先是叶片失去光泽，随后凋萎下垂，脱落或不脱落，终至全株枯萎而死。有的呈半边枯萎，在感病植株主干一侧出现黑色或褐色的长条斑。在患病植株枝干的横切面上，常可见到木质部外围出现深褐色的环纹，在纵剖面上可见到纵向平行的褐色条斑。在松材线虫病中，这种变色纹不明显，但木质部组织有蓝变现象。由细菌引起的枯萎病，病根、干或枝条的横切面常可见细菌溢脓。

此类病害的传播方式随病原种类而异，榆树枯萎病、栎树枯萎病和松材线虫病的主要传播媒介是昆虫，媒介昆虫体内外带有大量病原物，当其成虫在树上取食、产卵时，将病原物通过它所造成的伤口传给健康植株。但也有一些枯萎病属于土传病害，习居于土壤中的病原物依靠其自身蔓延、流水、人为活动等进行传播。

引起林木枯萎的机制，因病原物和寄主种类不同而有区别。通常认为是机械堵塞和病菌毒素作用的结果。病原物在维管束系统中大量生长和繁殖，可能直接引起输导受阻。更重要的是可能由于病原物产生的酶对寄主细胞壁中的某些物质的作用，最后产生凝胶一类物质而引起输导系统堵塞。另外，也可能是病原物在新陈代谢过程中产生有毒物质，并随树液流向各部，引起中毒，表现出萎蔫的症状。在萎蔫症状中有的表现为急性型，病株(枝)会突然萎蔫，枝叶仍呈绿色，常称青枯病，这在苗木或幼树上发生较多；有的表现为慢性型，感病植株生长不良，叶片失去正常光泽，并逐渐变黄，病株经较长时间后才枯死。

枯萎病的发生及流行条件因病原物种类而异。属于土传病害的枯萎病，如各种林木青枯病、由镰刀菌及轮枝菌引起的枯萎病，土壤中病原菌积累的数量与发病关系非常密切，影响土壤中病原菌消长及树木抗性的因素都会影响病害的发生和发展，如土壤结构、水分、施肥等。而由昆虫传播的榆树枯萎病、栎树枯萎病和松材线虫病，则与媒介昆虫的危害流行密切相关。此外，高温干旱的条件会促使病株加速枯萎。

枯萎病发展快，防治难度大，林木一旦感病，很难防治，因此，必须坚持预防为主的原则。首先，要严格检疫，严防带病及携带媒介昆虫的苗木、木材及其制品外流及传入，榆树枯萎病、栎树枯萎病及松材线虫病已列入《进境植物检疫性有害生物名录》。其次，积极防治传病害虫，妥善处理受害树干和枝条。对以土传方式传播的枯萎病要注意造林地的选择，必要时进行土壤处理，及时清除病株。正确选用抗病树种或品种，从根本上提高防治枯萎病的能力。

9.2.4.1　松树萎蔫病

云讲堂

【分布及危害】松树萎蔫病又名松材线虫病，是由松材线虫引起的一种毁灭性病害。该病最早于 1905 年在日本长崎发生，具有发病快、传播蔓延迅速、防治难度大等特点，因此被称为“松树癌症”。在国外，该病目前主要分布于北美洲的美国、加拿大和墨西哥，东北亚的日本和韩国，欧洲的葡萄牙和西班牙等国家。该病自 1982 年于我国南京紫金山黑松上首次发现后，迅速扩展蔓延，至 2020 年，该病已先后在江苏、安徽、浙江、江西、湖南、湖北、山东、广东、贵州、重庆、陕西、河南和辽宁等 19 个省(自治区、直辖市)发生，每年发生面积约 65×10^4 hm^2，累计致死松树数亿株，对我国森林资源、自然景观和生态环境造成严重破坏，黄山、泰山、庐山和张家界等许多自然景观受到严重威胁。该病现已成为我国近百年来森林中最危险的一种生物灾害。

松材线虫病在我国主要危害黑松(*Pinus thunbergii*)、赤松(*P. densiflora*)、马尾松(*P. massoniana*)、黄山松(*P. taiwanensis*)、华山松(*P. amandii*)、油松(*P. tabulifomis*)、樟子松(*P. sylvestris* var. *mongholica*)和云南松(*P. yunnanensis*)等，火炬松(*P. taeda*)、湿地松(*P. elliottii*)、斑克松(*P. banksiana*)、海岸松(*P. pinaster*)、刚松(*P. rigida*)和雪松(*Cedrus deodara*)等也可感染。

【症状】松材线虫侵染植株后，在树体内大量繁殖，造成维管系统病变，植株逐渐枯萎死亡。线虫生长繁殖过程中产生有毒物质，造成树体失去水分疏导能力，树脂分泌减少甚至停止。松树病变至枯萎分为 4 个阶段：①外观正常，能观察到松墨天牛危害松枝痕迹，松脂分泌减少，蒸腾作用下降；②针叶开始褪绿变黄，松脂分泌逐渐停止，树干上常有天牛产卵刻槽；③部分针叶变为黄褐色或红褐色、萎蔫，松脂分泌停止；④整株针叶全部变为黄褐或红褐色，当年不脱落，病树整株干枯死亡，枯死松材木质部常可见蓝变现象(图 9-11)。病株在林分中开始呈零星分布，后几年林内枯萎树木数量快速增加，直至整个林分完全毁灭。

1. 松材线虫病症状
(W. Ciesla 摄)

2. 受松材线虫危害后木材蓝变
(L. Dwine Ⅱ 摄)

图 9-11 松材线虫病症状

在适宜发病的低纬度地区，大多数病树从针叶开始变色至整株死亡需 30~40 d。但在较高纬度、高海拔地区，当年感染了松材线虫的松树则有一部分到翌年才死亡。

【病原】病原为松材线虫(*Bursaphelenchus xylophilus*)，其分类地位属线形动物门(Nematoda)侧尾腺纲(Secernentea)滑刃目(Aphelenchida) 寄生滑刃科(Parasitaphelenchidae) 伞滑刃属(*Bursaphelenchus*)。

松材线虫雌雄虫都呈蠕虫状，雄虫体长 590~1 300 μm，雌虫体长 447~1 290 μm。口针基部稍厚，中食道球占体宽 2/3。雌成虫阴门位于虫体 3/4 处，上有阴门盖(阴门前唇向后延伸)覆盖，尾部末端钝圆似指状，无尾尖突，或尾端有小而短的尾尖突，长度约 1.0 μm；雄虫尾端抱片为尖状卵圆形。雄成虫交合刺大，近端喙突明显，尖细，远端有清晰的盘状凸起。尾呈弓状，尾端尖细，侧观呈爪状，交合伞卵形(图 9-12)。鉴定病原线虫时，要注意与拟松材线虫(*B. mucronatus*)的区别：拟松材线虫的雌虫尾部呈圆锥形，末端有明显的尾尖突，长达 3.5~5.0 μm；雄虫尾端抱片为方铲状；致病力弱。

松材线虫的生活史经卵、幼虫(1~4 龄)、成虫 3 个阶段。每头雌成虫约可产卵 80~100 粒。发育温度 9.5~33.0℃，最适温度为 25℃，在 28℃以上雌虫产卵量会受到抑制，10℃以下停止发育或发育极迟缓。

从冬季到春季，3 龄幼虫在病木木质部越冬，并逐渐向天牛蛹室聚集。当天牛在春末

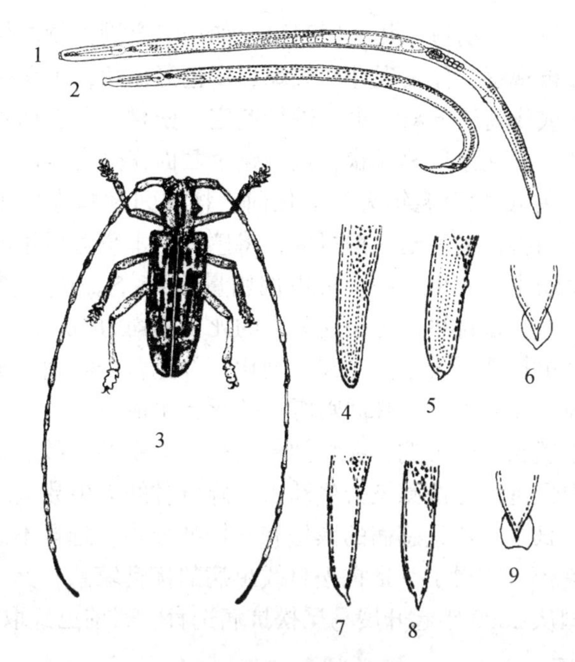

1. 雌虫；2. 雄虫；3. 松墨天牛；4、5. 雌虫尾部；6. 雄虫尾部交合伞；
7、8. 拟松材线虫雌虫尾部；9. 拟松材线虫雄虫尾部交合伞。

图 9-12　松材线虫及传播媒介

化蛹时，线虫蜕变为 4 龄幼虫，附着在天牛成虫体上，被羽化飞出的天牛成虫带到健康松树上。线虫自天牛补充营养造成的伤口侵入健康松树小枝，在枝干中大量繁殖并扩散转移，致受侵害树木停止分泌松脂，树体中线虫继续增殖，以树脂道为通道向其他部位扩散。直到针叶开始发黄时，树木的木质部中有大量线虫存在。

松材线虫传播途径

【发病规律】松材线虫病主要由松墨天牛(*Monochamus alternatus*)传播，云杉小墨天牛(*M. sutor*)和云杉花墨天牛(*M. saltuarius*)也可传播。在我国春季，羽化后的松墨天牛携带 4 龄扩散型松材线虫传播至健康松材上，开始病害的侵染循环。松材线虫主要通过松墨天牛补充营养造成的伤口侵入松树，每年 5 月至 7 月初天牛补充营养高峰期是松材线虫的侵染发生时间。林间初发病时间一般在 5 月底或 6 月初，7~8 月病死树达到高峰，秋季新出现的病死树数量下降。病害 11 月左右停止发展。在枯死树上越冬的松材线虫是来年病害发生的主要侵染来源。

据报道，在年平均气温高于 14℃的地区该病容易发生并流行。在年平均温度为 10~12℃的地区也能够发生。松材线虫病发生的最适温度为 20~30℃。由此可以推测，我国南部的绝大部分地区均具备病害发生和流行的条件。

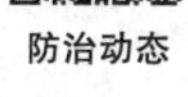
防治动态

【防治措施】松材线虫病的防治关键是消灭侵染源和杀灭传播媒介松墨天牛。

①严格实行检疫。禁止染病的原木及包装箱从疫区带入保护区。黑松、赤松、黄松、火炬松、斑克松等来自疫区的原木和枝条均应检疫。根据线虫危害后造成的症状特点，查看该地区的可疑病株。凡是从有此病分布的国家进口松树、松材及其包装物等，均应视批量多少抽样，切碎或钻孔取屑分离线虫进行检疫鉴定。

②监测。在未发现有典型症状的地区，先查找是否有天牛危害后的虫孔等痕迹的植

株，在可疑树干任何部位打一伤口，几天后观察，如伤口充满大量的树脂为健康树，否则为可疑病株。半个月后再观察，如发现针叶失绿、变色等症状，可在树干上钻取木样并切成碎条，用贝曼漏斗法或浅盆法分离线虫，进行鉴定。松材线虫感病木的截面上常有不同程度的蓝变现象，轻者蓝变现象呈辐射状，重者整个截面完全变蓝。

松材线虫的分离

③清除被害树木。在 10 月至翌年天牛羽化前，将林间病株或枯死木清除并烧毁或进行粉碎等处理，以防止病害传播蔓延。据报道，将感病松木覆盖后用溴甲烷熏蒸消灭病原线虫或枯死木中的天牛幼虫，效果较好。溴甲烷用量为 46.5 g/m^3，熏蒸时间为 90 h，日平均温度在 11.8~13.7℃，松材线虫与松墨天牛的死亡率均为 100%。

④使用引诱剂或杀虫剂消灭天牛。在天牛羽化、补充营养时期，施用天牛引诱剂诱杀天牛，或采用溴氰菊酯、噻虫啉等在林间喷雾，杀灭天牛成虫。

⑤生物防治。在松墨天牛幼虫期，在林间释放松墨天牛的天敌肿腿蜂或花绒寄甲，也可以通过肿腿蜂携带白僵菌的方法感染天牛幼虫，降低林间天牛数量。

⑥选育抗病树种。日本在严重感病的黑松和赤松林分中，选择不感病的单株，通过优树选择和子代测定等途径，获得了一批抗松材线虫病的优良家系，其子代对松材线虫表现有较强的抗病性。我国从 2000 年起开展马尾松抗病选育，目前已经取得明显进展。

9.2.4.2 榆树枯萎病

云讲堂

【分布及危害】榆树枯萎病是榆树上最危险的一种病害，1920 年首次在荷兰分离到该病的病原，因此又称其为榆树荷兰病(Dutch elm wilt)。在 20 世纪 30 年代和 70 年代此病曾两次暴发流行，迅速传遍欧洲、北美和中亚的 30 多个国家和地区，对这些地区的榆树造成了毁灭性的破坏，不仅经济上造成重大损失，而且破坏了公园、道路等地的绿化。美国在 1930—1935 年仅 5 年时间，病死树达 250 多万株；在英格兰南部，1970—1978 年有近 200 万株榆树死于该病。我国迄今尚未发现此病，为对外植物检疫对象。

【症状】本病症状最初出现在树冠上部枝梢上(图 9-13)，常表现为两种类型：①慢性黄化型。个别枝条叶片变黄色或红褐色，萎蔫，逐渐脱落，并向周围枝梢扩展，病枝分叉处常可见小蠹虫蛀食的虫道。②急性枯萎型。上层个别枝条突然失水萎蔫，并迅速扩展到其他枝梢，叶片内卷，干枯而不脱落，嫩梢下垂枯死。

发病枝条的横切面上，可见褐色环纹。在纵剖面上(或剥去树皮)，外层木质部上有黑褐色条纹。幼树发病常表现为急性型，当年枯死，大树有的数年后枯死。

【病原】由子囊菌门核菌纲(Pyrenomycetes)蛇口壳目(Ophiostomatales)蛇口壳科(Ophiostomataceae)蛇口壳属榆蛇口壳(*Ophiostoma ulmi*)和新榆蛇口壳(*O. novo-ulmi*)引起，后者致病性更强，逐渐取代前者成为优势种群。该病菌异名为榆长喙壳(*Ceratocystis ulmi*)。子囊壳生于病株树皮下或小蠹虫的虫道内，具长颈，颈长 180~360 μm，基部球形，直径 135 μm，颈端孔口具无色缘丝。子囊易胶化消失，子囊孢子单胞无色，月牙形，大小为 4.5~6.0 μm × 1.5 μm，涌出子囊壳后呈黏液滴状。

无性阶段为榆黏束孢菌(*Graphium ulmi*)。分生孢子有 3 种类型：①分生孢子着生在孢梗束上，孢梗束黑色，长 1~2 mm，端部散开呈绣球状，聚生乳白色黏质状的孢子团。孢子单胞，无色，卵圆形至长椭圆形，大小为 2~5 μm × 1~3 μm。②孢子着生在菌丝分枝端部有小刺的梗上，形成典型的孢子簇，包埋在黏性的液滴内。孢子单胞，无色，长梨

1. 感病枝条木质部变褐
（J. Taylor 摄）

2. 榆树枯萎病症状
（R. Anderson 摄）

3. 榆树枯萎病局部症状
（P. Kapitola 摄）

4. 美洲榆小蠹
（J. Baker 摄）

图 9-13　榆树枯萎病症状及传播媒介

形，一端常向内弯，大小为 4~6 μm × 2~3 μm。③酵母状孢子，菌丝体以类似酵母菌芽殖的方式增殖，也能在寄主导管中繁衍扩散(图 9-14)。

自然界中，该病菌存在两个菌系，即非侵染性菌系和侵染性菌系。侵染菌系又分为北美小种和欧亚小种。病原菌的生长发育最适温度各菌系不同，非侵染菌系为 30℃，侵染菌系为 20~22℃。最适 pH 值为 3. 4~4. 4。

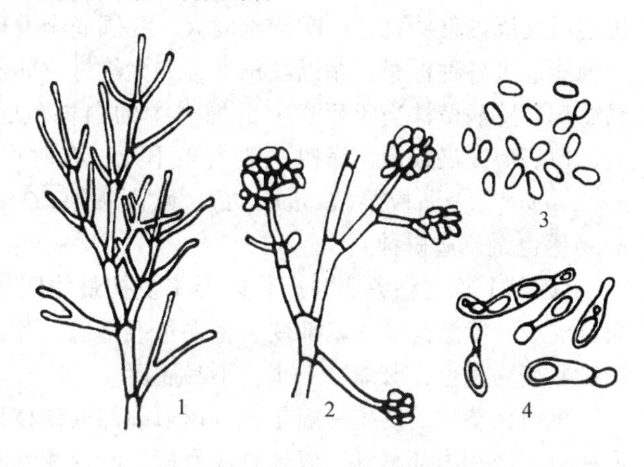

1. 分生孢子梗；2. 带有分生孢子的孢子梗；
3. 分生孢子；4. 呈酵母状萌发的分生孢子。

图 9-14　榆树枯萎病菌

【发病规律】病菌主要以子囊壳和菌丝体在枯死的树干内越冬。翌年春天在树皮下形成分生孢子座，突破树皮，产生大量的分生孢子进行传播。

病菌对活榆树的侵染主要是由带菌的小蠹虫危害引起的。已知传病的小蠹虫有 18 种，其中重要的有美洲榆小蠹(*Hylurgopinus rufipes*)、欧洲榆小蠹(*Scolytus multistriatus*)和欧洲大榆小蠹(*S. scolytus*)。雌虫于夏秋两季蛀入濒死植株或衰弱木皮内，造穴产卵，幼虫危害造成幼虫道。在幼虫道内常有病菌的菌丝体、子囊孢子和分生孢子。从虫道内羽化的成虫体外都带菌。成虫要补充营养，危害活立木的 2~4 年生健康小枝，病菌即通过虫伤侵入健康的寄主。另一种传病的方式是通过根接传染。

病菌侵入榆树导管后，通过纹孔从一个导管扩散到另一个导管，导管内菌丝能产生类似酵母菌状的芽孢，可在导管中随树液的流动而扩散。孢子的存活期很长，在伐倒的病株原木上可存活 2 年之久。

在炎热干旱的年份，病害会加速发展。不同种的榆树发病有明显的差异，所有欧洲榆和美洲榆都易感病，亚洲榆抗病性较强，我国大叶榆和小叶榆均属抗病种类。

【防治措施】

①严格检疫制度。凡是可能传带病菌和榆小蠹的产品，如原木、木材制品、包装箱等，都要进行严格检查和处理。同时也要警惕传病昆虫可能随其他产品混入国内。

②选育抗病树种。在欧美病区主要以培育和选用抗病树种为根本措施。1928 年，荷兰即开始榆树的抗病育种工作，着重选育抗病的无性系，并用嫁接的方法繁殖。

③清除并烧毁病树或病枝，切断病树和健康树根之间的接触传病，以控制侵染来源。

④药剂防治。对感病植株的树干或干基部注入内吸性杀菌剂如苯来特、多菌灵等，有抑制病害发展的疗效，并积极防治小蠹虫。

⑤生物防治。据报道，利用假单胞杆菌、无致病性的榆树枯萎病菌和轮枝菌事先接种榆树，在欧洲已取得了一定的防治效果。

9.2.4.3 栎树枯萎病

【分布及危害】栎树枯萎病于 1944 年首次发现，现主要发生在美国东部和中西部地区，是栎树上的一种毁灭性病害。大树、小树或幼苗均可受害，病势发展迅速，可在症状出现后几周内整株死亡，防治难度大。我国尚未发现该病，为对外植物检疫对象。栎枯萎病菌能危害各种栎树，尤以红栎类，如大红栎(*Quercus coccinea*)、北方红栎(*Q. borealis*)最易感病，感病植株当年死亡；白栎类中的白栎(*Q. alba*)和大果栎(*Q. macrocarpa*)也易感病，但病势发展较慢，病树一般当年不死，有时可维持几年。此外，中国板栗(*Castanea mollissima*)、美洲板栗(*C. dentata*)、欧洲板栗(*C. sativa*)、常绿锥栗(*Castanopsis sempervirens*)等也是感病树种。

栎树枯萎病

【症状】栎树枯萎病的症状以春末夏初最为明显。病树的叶片皱缩，初为淡绿色，后自叶尖或叶缘渐向叶片基部变为青铜色或褐色，叶容易脱落。但病树上当年春天新抽出的嫩叶则变为黑色，皱缩，下垂，不易脱落。

栎树枯萎病的发生一般是先从树冠顶部或侧枝顶端的叶片开始皱缩，变色，然后逐渐向树冠下部和内部蔓延，以致整株发病，叶片相继脱落，全树枯死。红栎类从个别枝条发病到全株枯死只需几周时间；而白栎类植株病情发展较为缓慢，一个季节仅有 1 个或几个枝条枯死(图 9-15)。

栎树发病后，木质部横断面最外层的年轮变为褐色或黑色。剥去病枝树皮，可见到长短不一的黑褐色条纹，且白栎比红栎更明显。病树死后，在树皮和木质部之间形成菌垫，其上产生分生孢子梗及分生孢子，菌垫不断加厚，最终可导致树皮开裂、菌丝层外露，同时还散发出一种水果香味。

【病原】栎树枯萎病是由子囊菌门核菌纲小子囊菌目长喙壳科长喙壳属的栎长喙壳(*Ceratocystis fagacearum*)引起。子囊壳单生或丛生，黑色，瓶状，具长柄，基部直径 240~380 μm，埋于基物内。子囊壳颈长 250~450 μm，顶端有一丛无色毛须状物，在孔口排列成漏斗状。子囊内有 8 个无色、单胞、椭圆形稍弯曲的子囊孢子，大小为 5~10 μm × 2~

1. 栎树林发病状
（D. W. French 摄）

2. 栎树单株发病状
（Joseph O'Brien 摄）

3. 树皮下的菌丝垫
（T. W. Bretz 摄）

4. 传播媒介昆虫之一 露尾甲
（S. Spichiger 摄）

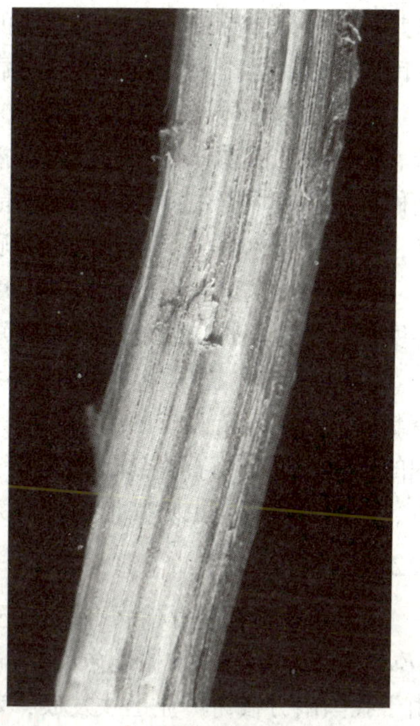

5. 木质部变褐色
（F. Baker 摄）

图 9-15　栎树枯萎病症状及传播媒介

3 μm。子囊孢子成熟后成团从孔口逸出，聚集在毛须状物内，呈一团白色黏液，肉眼可见。

该病原菌的无性阶段为无性菌类的栎鞘孢菌（*Chalara quercina*）。分生孢子单细胞，圆筒形，两端平截，有时很多孢子首尾相接成链状。分生孢子大小为 4～22 μm × 2～4. 5 μm。分生孢子梗分枝或不分枝，与菌丝区别不大。在人工培养时，菌落初为白色，后变为淡灰色至黄绿色，有时出现菌核及厚垣孢子。菌丝生长温度范围为 16～28℃，最适为 24℃。分生孢子萌发以 25～32℃为最适，25℃条件下子囊孢子产生芽管，在芽管内形成内生的分生孢子（图 9-16）。

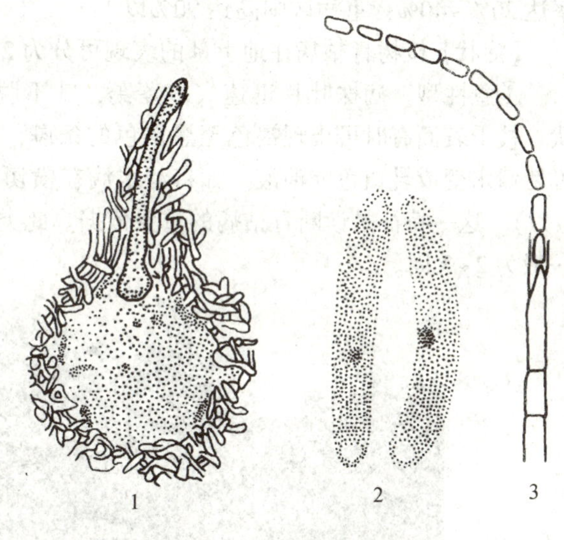

1. 子囊壳；2. 子囊孢子；3. 分生孢子梗和分生孢子。

图 9-16　栎树枯萎病菌

【发病规律】栎树枯萎病是一种典型的维管束病害。白栎类较耐病，病树当年不死，病菌在病枝内越冬，翌年继续危害。红栎类感病后，一般当年即死，病菌主要在枯死的树干内越冬，翌春在树皮下形成菌垫，突破树皮，产生大量的分生孢子进行传播。病菌传播主要是依靠介体昆虫，其中最主要的是露尾甲(图9-15)及小蠹，病树与健康树根的接触也可传播病害。远距离传播则是通过病苗及带病原木的长途运输。

病菌通过介体昆虫取食伤口或自然伤口侵入健康树木，在导管内生长繁殖，产生孢子。随树液的流动，在维管束内传播蔓延，以致达到全株各个部位。在代谢过程中能产生一种毒素，破坏寄主输导组织的功能。此外，寄主组织受病菌刺激后，在导管内形成侵填体，堵塞导管，阻碍了水分及矿物质的运输，导致树木枯萎。

栎树枯萎病潜育期的长短因温度、季节不同而有差异，最感病的红栎一般为4~6周。温度低，潜育期长；温度适宜时则短。

【防治措施】栎树枯萎病是一种危险性病害，目前在我国尚未发现。严格执行对外检疫制度，严禁病苗和带菌的原木输入，是预防该病发生的最根本、最重要的措施。除对美国的栎属、栗属、石栎属、锥属等各树种苗木、木材禁止进口外，应避免露尾甲、小蠹虫、果蝇等传病昆虫随其他树种混入国境，如发现这些虫的迹象，需严格进行灭虫处理。

9.2.4.4 青枯病

【分布及危害】青枯病在我国危害的木本植物有木麻黄(*Casuarina equisetifolia*)、桉树(*Eucalyptus* spp.)、油橄榄(*Olea europaea*)和观光木(*Tsoongiodendron odorum*)等。近年来，由于我国南方桉树产业迅猛发展，栽培面积逐年增加，青枯病的危害日趋严重，造成重大的经济损失。桉树青枯病是一种典型的维管束病害，1982年首先在广西发现，主要危害桉树幼苗和2年生以下的幼树。在我国广东、广西和海南等地该病时有流行，在云南、福建和台湾等地也有分布。在国外，巴西、南非和乌干达等国家也有报道。在流行区域，发病率达20%~40%，重病区则高达90%以上。

【症状】桉树青枯病在地上部的表现可分为2种类型：

①急性型。病株叶片迅速失水萎蔫，叶不脱落，悬挂于枝条上，呈现典型的青枯症状。枝干表面有时可出现褐色至黑褐色的条斑，植株根部腐烂。将根茎横切面浸入水中，可使清水变成乳白色浑浊液。如将清水滴在横切面上，3~5 min后于切面上渗出菌脓(图9-17)，这一特征是诊断青枯病的重要依据。此类型病株从发病到整株枯死所需时间较短，一般为2~3周。

1. 桉树青枯病症状

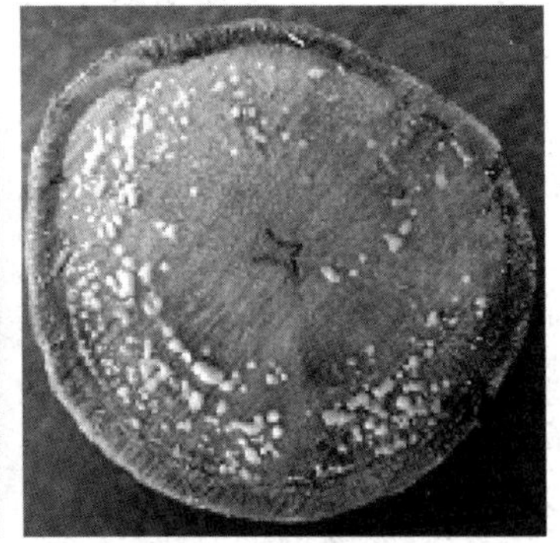

2. 病茎横切面的菌脓

图9-17 桉树青枯病症状

(冉隆贤 摄)

②慢性型。病株较矮小，下部叶片先变成紫红色，后色泽逐渐加深并向上发展，最后叶片干枯脱落。部分基干和侧枝出现不规则黑褐坏死斑，严重时整株枯死。剖开根颈同样可见木质部呈黑褐色。这种类型，从植株发病到整株枯死所需时间较长，一般为3~6个月。

【病原】桉树青枯病是由茄拉尔氏菌(*Ralstonia solanacearum*)侵染引起的。该菌的异名为茄假单胞菌(*Pseudomonas solanacearum*)和茄布克氏菌(*Burkholderia solanacearum*)。菌体杆状，短小，大小为1.1~1.6 μm × 0.5~0.7 μm，极生1~3根鞭毛(图9-18)。革兰氏染色阴性。病菌生长发育最适宜的温度为30~35℃。在马铃薯葡萄糖琼脂培养基上，菌落初为乳白色，黏液状，后渐变褐色。在培养基中加入三苯四氮唑(TTC)可以区别菌落有无毒性。具毒性的菌落形状不规则，生长旺盛，中央淡粉红色；无毒性的菌落则小而圆，呈乳黄色或深红色，菌落扁平。

茄拉尔氏菌是一个复杂的群体，在地理分布、寄主范围和生理生化特征方面都有很大的不同。其种下分类单元常用小种(race)和生化型(biovar)表示。1962年，Buddenhagen等根据其致病性和寄主范围分为3个小种。小种1号感染番茄、烟草等茄科植物及其他多种植物；小种2号危害三倍体香蕉和赫蕉(*Heliconias*)；小种3号主要侵染马铃薯及番茄，但对其他茄科植物的致病性很弱。还有一些菌株难以归类到上述3个小种中，何礼远等报道侵染桑树的菌株划分为小种4号。

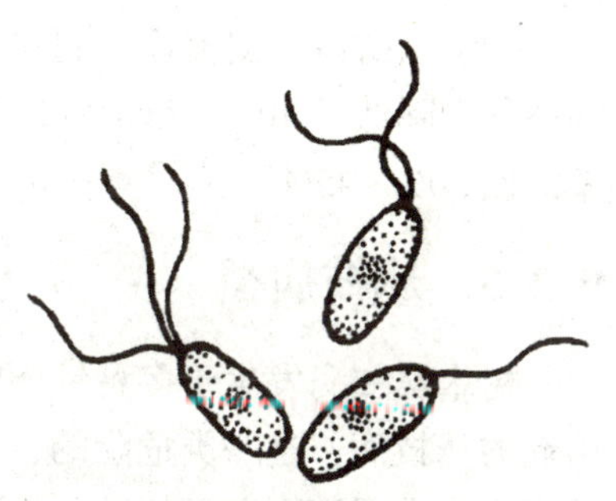

图9-18　茄拉尔氏菌

在生化型方面，Hayward于1964年根据菌株对3种双糖(乳糖、麦芽糖和纤维二糖)和3种醇类(甘露醇、山梨醇和卫矛醇)化合物的利用情况，将菌株分为4个生化型。生化型Ⅰ不能利用这6种化合物；生化型Ⅱ可利用3种醇，但不能利用3种糖；生化型Ⅲ对3种糖和醇均能利用；而生化型Ⅳ只能利用3种糖。但随着分离菌株的增多，一部分菌株与这种归类并不完全吻合。而且，生理小种与生化型之间没有必然的联系。只有侵染马铃薯的小种3号与生化型Ⅱ的菌株是一致的。一般来说，生化型Ⅰ主要分布在北美洲，生化型Ⅱ在南欧、地中海地区和南美洲，而生化型Ⅲ则主要在亚洲分布。

据报道，在我国危害桉树、木麻黄、油橄榄和观光木等木本植物的茄拉尔氏菌多数为小种1号，生化型Ⅲ。

【发病规律】病菌能自然存活于土壤、植株残体和垃圾混合物中。凡是种植过花生、烟草、马铃薯、番茄、茄、桑、木麻黄和桉树等植物的土壤和水源都有可能存在茄拉尔氏菌。病菌在土壤中存活时间与土壤的温度、湿度、酸碱度关系密切，低温时生存时间比高温时长，中性土壤较酸性土壤有利于病菌存活，土壤含水量在31%~37%时可存活390 d以上，干燥和水浸时，病菌仅能存活30 d和90 d。

桉树青枯病为典型的土壤传播型病害，病菌由根部侵入感染而蔓延于植株维管束组织内，致使植株凋萎。病菌又可由病株的根部转入土壤，再感染邻近健康桉树。根颈损伤、地表径流、根系接触等是病菌侵入、传播的主要途径。

在广东桉树种植区，一年四季均会发病，一般3月病株逐渐增加，6~10月发病较重，

7~9 月是发病的高峰期，11 月以后病害显著减轻。台风后暴雨，温度 33~35℃，相对湿度在 80%以上时最易流行。尾叶桉、巨桉和巨尾桉是高度感病的桉树，赤桉、'刚果 12 号'桉、'雷林 1 号'桉等中度感病，柠檬桉和窿缘桉为抗病树种。

【防治措施】

①培育无病苗木。木麻黄、木棉、桑树、甘薯、番茄、茄子、烟草、花生等作物的茄拉尔氏菌能与桉树交互感染，不宜选作苗圃地。最好采用火烧土、黄泥心土或轻型基质育苗。

②不用栽植过感病作物的地块造林。桉树病区砍伐后应选择非寄主树种轮栽或选择抗病性强的桉树树种或无性系造林。

③在发病林地，开沟排水，隔离病株，减少地表径流传播病菌。砍伐重病株，清除病根集中烧毁。

④生物防治。据报道，利用外生菌根防治桉树青枯病，在苗圃和林间桉树青枯病的发病率分别降低了 40%~73%和 20%~39%；用荧光假单胞杆菌防治该病，可以使苗木发病率降低 30%~45%。

9.2.5 丛枝病类

树木丛枝病发生于多种针阔叶树上。它们的危害性因病原种类不同而异。由植原体等引起的丛枝病，是一类危险的、往往具有毁灭性的病害。如泡桐丛枝病和枣疯病在我国已分别成为发展泡桐和枣树的重大障碍，桑萎缩病则影响蚕桑业的发展。由真菌引起的丛枝病危害虽没有这样大，但发病重时也会使树木生长明显衰退，甚至枯死。国内不少地方的淡竹、刚竹林的衰败与竹丛枝病的严重发生有一定关系。

(1)症状

丛枝病的症状主要表现为个别枝条或整个树冠枝条受病后顶芽生长受抑制或枯死，休眠芽和不定芽萌发，形成大量小枝和小叶。丛生小枝一般垂直向上生长，主枝不明显，节间常缩短，病枝细短，叶小，叶色黄或稍黄，叶肉内栅栏组织和海绵组织常分化不明显。由于丛生小枝机械组织形成不良，一般较柔弱，冬季易遭冻害。有的病枝并不很快枯死，尤其是较粗大的病枝，可延续生长数年或十多年，但终因逐渐丛生新枝叶，养分消耗过多而枯死，有的甚至全株枯死。此外，还出现花变枝叶的现象。

(2)病原

树木发生丛枝的原因比较复杂，一般有以下几种。

①生理性病原。如缺素(以缺硼引起的丛枝较为常见)、霜冻害、机械损伤等。要分清其原因，需要通过仔细的调查观察，从当地的气候、土壤以及其他立地条件等方面进行分析比较，必要时还要用人工诱发试验证实。

②由昆虫、螨类危害引起。如竹小蜂引起的丛枝。

③由真菌引起。这类病原真菌一般寄生性较强，病菌侵染幼嫩组织(芽或分生组织)，诱发侧芽或不定芽萌发形成丛枝，并在病部产生病征。病菌在病组织中能存活多年。有些丛枝病，丛生小枝基部常形成瘤肿，瘤上每年又可形成很多小丛枝。主要有以下几类。

a. 外子囊菌引起的树木丛枝病。病菌刺激受侵的幼嫩组织肥大，诱发丛枝，叶也或多或少肥大变形。春天在病叶的叶背或叶面形成白色粉末状的病征。如由樱外囊菌(*Taphrina cerasi*)引起樱桃丛枝病。在日本发生普遍，我国偶有发现。

b. 由锈菌引起的丛枝病。在丛生小枝、叶上常产生明显的病征——冬孢子堆、夏孢子堆或锈孢子器。如由石竹小栅锈菌(*Melampsorella elatina*，异名 *M. caryophyllacearum*)引起的冷杉丛枝病，性孢子器、锈孢子器阶段生于冷杉属(*Abies* spp.)，形成扫帚状丛枝；夏孢子堆、冬孢子堆阶段生于多种石竹科植物的叶部。

c. 子囊菌门肉座菌目麦角菌科真菌引起的树木丛枝病。如由竹针孢座囊菌(*Aciculosporium take*，异名 *Balansia take*) 引起的竹丛枝病。

④由植原体引起的树木丛枝病。病原侵入植物体后，干扰了植物体内正常的激素代谢，使细胞分裂素和生长素的含量和相对比例发生变化，当达到一定的阈值时，植物解除顶端优势，使休眠芽或不定芽萌发，形成丛枝。由于同样的原因，小枝上的腋芽又萌发成小枝，这样甚至可以重复3~4次，使病株小枝丛生成团。

有些树木如泡桐和枣树等病株因生理功能受干扰，使花器变性，退化成小枝小叶。一般丛生小枝上的叶片都变小，叶色变浅或黄化。有的植物受植原体侵染后出现韧皮部坏死，最终全株枯死，如榆树韧皮部坏死病。

植原体通常寄生于寄主的韧皮部(包括筛管细胞、伴胞、韧皮部薄壁细胞等)内，其中以筛管细胞中最多，其数量越多，表现症状也越重。

⑤由细菌引起的树木丛枝病。韧皮部杆菌属的细菌，以前称为类细菌(bacteria-like organism)，可引起与植原体类似的丛枝症状。如苦楝丛枝病、木麻黄丛枝病等。这类细菌在寄主体内局限于韧皮部，不能在人工培养基上生长。少数能够人工培养的细菌也可引起丛枝病，如分布于日本及我国广东省的茶树丛枝病(*Pseudomonas tashirensis*)。该病的主要症状特点：最初受侵部的芽肥大，徒长或矮化，浓绿色，水渍状，其组织极柔弱，叶小、厚，病梢易枯死。病枝基部不久肥大形成瘤肿，并从瘤肿部产生很多不定芽，形成明显的丛枝状。病组织内含有大量的病原细菌。主要为害山茶属植物。

另外，寄生性种子植物如油杉寄生(*Arceuthobium chinense*)，也会引起寄主产生丛枝现象。

在丛枝病中常有同一寄主上有2种以上病原存在。如用电子显微镜在泡桐丛枝病、枣疯病的病组织或抽提液中除可见到植原体外，还发现有棒状病毒，经试验证明它只引起花叶，不引起丛枝症状。用四环素类抗生素防治枣疯病时，对枣疯病的丛枝症状有一定的治疗作用，而花叶仍不消失，说明花叶由病毒引起。

(3)发病规律

上述各种丛枝病病原微生物都可以在病组织内越冬，都可通过病株或带病无性繁殖材料传播。另外，真菌和细菌的孢子和菌体还可通过风、雨等传播。植原体除主要通过无性繁殖传播蔓延外，在自然界常可通过媒介昆虫、菟丝子等传播。如桑萎缩病可以通过菱纹叶蝉和拟菱纹叶蝉传播，泡桐丛枝病由烟草盲蝽和茶翅蝽传播；枣疯病由中华拟菱纹叶蝉等传播。说明不同植原体的传播需要特定的昆虫作媒介。植原体一般不通过种子传播或种子传播率极低，如泡桐丛枝病。

真菌和细菌侵染产生的丛枝病多数是局部侵染性病害，如由外子囊菌和锈菌引起的丛枝病。植原体对树木的侵染，则为系统性侵染，丛枝仅仅是局部显示的症状而已。

关于泡桐丛枝病、枣疯病等的病原体在寄主体内增殖、运转和贮存问题的研究不仅具有重大理论意义，而且在林木丛枝病的防治中有十分重要的指导意义。病原体在寄主体内的上下运转，主要是通过筛管实现的。秋冬枝叶停止生长时，病原体随同化产物运转由上向下，贮存在根部。翌春随着枝叶的生长，病原体由下而上运转至树冠，引起疯病枝。如此年复一年，病害也就从局部扩展到全株，疯病枝也从少数增加至很多。病原体随季节的运转并不完全，在原侵染部位和发病部位保留较多的病原体，因此病害症状总是先出现在这些部位，若砍除不及时，常常不能起到根除的效果。

(4)防治措施

对于生理性原因造成的丛枝病可以对症施策；对真菌导致的丛枝病主要通过切断生活史或减少初侵染源防治。对于由植原体引起的丛枝病的防治，首先，要选用无病的繁殖材料，不要在感病林分中选取母树采根插条或根蘖苗，以确保培育无毒苗木。对无病或少病区还应加强检疫措施。其次，对已发病的植株，应及早砍除病株(枝)，减少病害的侵染来源。利用某些药物或温水处理苗木或繁殖材料，可抑制或钝化病原，减轻和延缓病害的发生。对于已发现有昆虫传播的丛枝病，治虫对防病有积极的意义。选用(育)抗病良种，在一些丛枝病的防治中有很好的作用。

9.2.5.1　竹丛枝病

竹丛枝病

【分布及危害】该病又称竹扫帚病，在我国分布极广，江苏、浙江、安徽、山东、河南、湖北、湖南、贵州、四川、陕西等地均有发生。为害的竹种也很多，以刚竹属(*Phyllostachys*)中的淡竹(*Ph. glauca*)、刚竹(*Ph. sulphurea*)、早竹(*Ph. praecox*)、水竹(*Ph. heteroclada*)、哺鸡竹(*Ph. dulcis*)等受害普遍。在浙江舟山定海、重庆万州等地的毛竹(*Ph. heterocycla*)发病也很重。另外，苦竹属(*Pleioblastus*)、唐竹属(*Sinobambusa*)和短穗竹属(*Brachystachyum*)中少数竹种也发病。

【症状】被侵染的新梢，初延伸成多节细弱的蔓状枝，病枝节间短，枝上有鳞片状小叶。秋天或翌春才开始产生小侧枝，以后丛生小枝逐年增多。老病枝常呈鸟巢状或球状下悬。每年4~6月病枝新梢端部叶鞘内产生白色米粒状物，即病菌的子实体，5~8 mm×1~3 mm。在9~10月病枝梢端部也会产生米粒状物，但不如春季多(图9-19)。病竹生长衰弱，发笋减少，重病植株逐渐枯死。

【病原】竹丛枝病由子囊菌门中的竹针孢座囊菌(*Aciculosporium take*，异名 *Balansia take*、*Albomyces take*)引起。病菌的菌丝组织包裹寄主病枝梢端的组织形成米粒状的假子座，假子座内生有多个不规则相互连通的腔室，腔室中的分生孢子梗内壁芽生大量的分生孢子。分生孢子无色，细长，35~62 μm×1.0~1.8 μm，2~3个隔膜，隔膜处稍收缩，两端细胞钝圆。在PDA上培养生长缓慢，分生孢子呈酵母状裂殖生长，狭圆柱形到丝状，35~61 μm×1.6~2.0 μm，具顶端分支附属物。病菌的有性阶段一般于6月间在假子座外侧产生淡紫色垫状子座，子座长3~6 μm，宽2.0~2.5 μm，与假子座连接处稍缢缩，无柄，肉质。子囊壳密集埋生于子座表层，瓶状，成熟时露出乳头状的孔口，大小为380~480 μm×120~160 μm。子囊圆柱形，240~330 μm×5~6 μm。子囊孢子线形，无色，220~300 μm×1.5~2.0 μm。成熟的分生孢子和子囊孢子在水琼脂上于25℃左右都能萌发，病

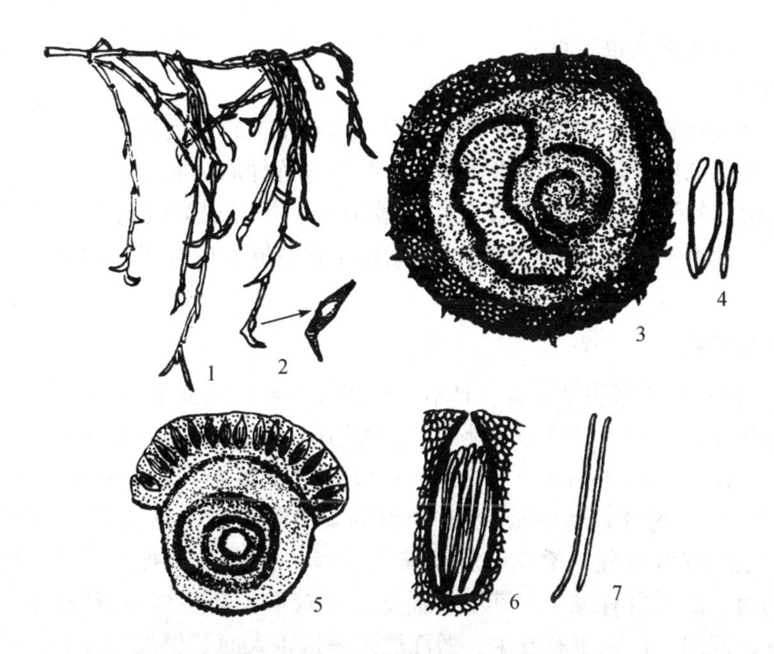

1. 病丛枝；2. 病枝梢部米粒状的子实体；3. 病菌的无性子实体剖面；
4. 分生孢子；5. 病菌的有性子实体剖面；6. 单个子囊壳；7. 子囊孢子。

图9-19 竹丛枝病

（杨旺，1996）

菌在培养基上也以25℃生长最好。

此外，箬竹异香柱菌(*Heteroepichloë sasae*)也能够引起短穗竹、毛竹的丛枝病；竹暗球腔菌(*Phaeosphaeria bambusae*)可引起叶枯型丛枝病。

有较多报道通过电镜在竹子丛枝韧皮部发现植原体。对分别采自北京及广东的凤尾竹丛枝和刺竹丛枝进行了植原体16S rDNA片段扩增及限制性片断长度多态性(RFLP)分析，结果显示它们均属于翠菊黄化(16SrI)组，而在健株中未能扩增出植原体，表明植原体与竹丛枝病的发生有关。但它们与竹瘤座菌的关系，尚有待进一步研究。

【发病规律】病菌在未枯死的病枝内越冬。翌春病枝上新梢端部白色米粒状子实体中的分生孢子在5~6月成熟，通过风雨和昆虫传播，在云南，竹尖胸沫蝉(*Aphrophora horizontalis*)是毛竹丛枝病的重要携菌传播昆虫。从新梢端部嫩叶喇叭口侵染梢端生长点，也可通过伤口侵染。经40 d以上的潜育期，到6~7月，此时正常新梢(多数是刚竹属竹种，具2~5个叶片)一般已停止生长，而被侵新梢重新开始生长，但叶片显著变小。病小枝不断生长直至夏秋高温期才停止，成细长蔓枝，2~3年后逐渐发展成丛枝团。

病枝梢在冬天常被冻死，促使翌春产生更多的丛生小枝。多年生的病丛枝越来越细弱而容易枯死；或因冻害等原因整个丛枝枯死脱落而自然病愈。带病母竹在剪除病丛枝后栽植，经多年观察，一般均不发病。在重病竹林内有时可见从跳鞭上长出细弱的嫩竹当年全株发病现象，但在同一鞭系上从土中竹鞭上长出的新竹并不发病。这可能是由于跳鞭(或近地表的鞭)上的笋芽被病菌侵染的结果。

病害的发生与立地条件关系密切。一般林缘较林内严重；密林较稀疏林严重；下坡较上坡重；溪边、凹地发病也较重。

【防治措施】

①加强竹林抚育管理。按期砍伐老、病竹，樵园压土施肥促进新竹生发。对发病轻的病竹应及早于冬春彻底剪除病枝，造林时不要在有病竹林内选取母竹。

②药物防治。粉锈宁处理的病枝有一定效果，主要表现为病枝形成的子实体明显减少，病小枝上叶片有增大的趋势。竹腔注射粉锈宁也有同样的效果，而其他药剂均无明显的效果。

9.2.5.2　桑萎缩病

【分布及危害】桑萎缩病是中国、日本、韩国等东亚国家蚕桑区一种重要的桑树病害。桑树萎缩病因其症状上的差异可分为桑花叶型萎缩病(mulberry mosaic dwarf disease)、桑萎缩型萎缩病(mulberry atrophy dwarf disease)和桑黄化型萎缩病(mulberry yellow dwarf disease)，后两者病株比前者容易枯死。3 种类型的桑树萎缩病在我国桑树栽培区分布较广，但它们的分布范围有所差异。桑花叶型萎缩病在华东主要蚕区浙江、江苏和安徽等地发生；另外，湖南、四川也有发生，其中以浙江发生较重。桑萎缩型萎缩病除江苏、浙江、安徽有发生外，四川、广东也有发生。浙江嵊州等地曾大面积暴发过此病，严重的桑园因发病率高达 70%~90%而被大批挖除。桑黄化型萎缩病除在江苏、浙江、安徽发生外，其他如福建、广东、湖南、湖北、陕西、山西、山东、河北，甚至辽宁、黑龙江等地都有分布，其中以江苏南部蚕区发生最重，一般发病率达 20%~40%，严重的桑园达 70%以上。20 世纪 70 年代以来，江苏北部一些地方发病也趋严重，有些地方病区还在继续扩大。不少桑园只有不断挖除病株，因而造成桑园严重减产。

【症状】桑萎缩病是系统侵染的病害，以局部枝条开始表现症状，逐渐发展到全株。感病后它们共同的症状特点是：枝条不同程度地变细，节间缩短，叶变小、色黄或成花叶状，叶面皱缩或卷曲，叶质粗糙，叶序紊乱，不定芽和腋芽萌发而形成侧枝丛生。但 3 种类型的萎缩病在症状上又有它们各自的特点：桑花叶型萎缩病叶背的叶脉上有小的瘤状或棘状突起，细小叶脉变褐，叶片的侧脉间出现淡绿色或黄绿色斑块，近叶脉处仍为绿色，形成黄绿相间的花叶。桑黄化型萎缩病初期生菊花状病梢，末期小枝节间短、丛生，严重时丛生成团，叶小如猫耳朵状。桑萎缩型萎缩病表现为枝条上部叶缩小，叶面皱缩，小枝丛生，但不成团。

【病原】长期以来桑花叶型萎缩病被认为是病毒所致，但近几年来国内外均报道该病原体是类病毒，并通过 Return-PAGE 等方法检测出桑花叶型萎缩病病组织中存在类病毒的小分子 RNA。同时，对花叶型、萎缩型和黄化型萎缩病的病组织，通过电子显微镜观察、病原抽提与纯化、致病性回接试验以及病原体的 16S rRNA 基因序列分析，确认桑树萎缩病中存在致病植原体(*Ca*. Phytoplasma asteris strain Mulberry dwarf phytoplasma)。

【发病规律】3 种类型的萎缩病都可以嫁接传染。花叶型可通过汁液传染，但不能通过昆虫和土壤传染。黄化型和萎缩型还可通过菱纹叶蝉(*Hishmonus sellatus*)和拟菱纹叶蝉(*Hishimonoides sellatiformis*)传染，而汁液、土壤和种子都不能传病。3 种类型的桑萎缩病病原物均在病株中越冬，都可通过接穗及苗木的调运而被远距离传播。

据报道，在传病的两种叶蝉中，拟菱纹叶蝉传病能力要强一些。菱纹叶蝉成虫在萎缩型病株上吸毒最短 3 h 即获得传染能力，在体内的循回期短则 13～28 d，长则 42～55 d。菱纹叶蝉是持久性的传毒昆虫，最长能保持60 d 以上，也可能终身保持，但卵不传毒，用持毒菱纹叶蝉接种于桑苗后潜育期短则 6～13 d，最长 265 d。桑园内媒介昆虫虫口密度大显然会促进该病的发生。

影响桑萎缩病发生的条件也因不同类型而有差异。气温对发病的影响较明显。花叶型在气温 30℃以下发生，故以春末夏初及 9～10 月为其发病高峰。若最高气温连续多天在30℃以上，就出现隐症现象而减轻发病程度。萎缩型和黄化型正相反，多发生在夏秋，特别是在 30℃以上的 7 月中旬至 9 月中旬症状会急剧显现，而在 20℃以下的春季发病较轻。

桑树品种间的抗病性在不同型的萎缩病中有差异。对花叶型较易感病的品种有‘桐乡青’‘白条桑’和‘剑持桑’等，抗病强又高产的有‘荷叶白’‘湖桑 197 号’‘大种桑’‘旱青桑’和‘睦州青’等品种。对萎缩型很易感病的如早生桑中的红皮火桑及浙江嵊州一带的‘嵊县青’‘望海桑’等品种，而‘荷叶白’‘桐乡青’对萎缩型的抗性最强。对黄化型较易感病的有‘红皮大种’‘火桑’‘荷叶白’和‘新一之濑’等，而抗性强的有‘湖桑 199 号’及‘育 2号’等。‘团头荷叶白’对 3 种不同型的萎缩病抗性都强。

桑园的栽培管理措施和发病也有密切关系：如施肥不足对花叶型，偏施氮肥对花叶型及萎缩型，夏伐过迟和秋叶采摘过度对萎缩型和黄化型都会加重发病。另外，衰老的桑树和地下水位较高时花叶型更易发生，而幼龄和中龄桑树易感黄化型及萎缩型萎缩病。

【防治措施】

①严格检疫。严禁病区的苗木和接穗外调到无病区和新区。对危害性最大的黄化型更要提高警惕。

②推广抗病品种。采用抗病品种防治桑萎缩病是最为经济有效的方法。在病区大力推广抗病品种以代替感病品种。还应注意因地制宜选用适生高产的抗病品种。

③挖除病株。由于桑树萎缩病存在较长的潜伏期，田间的桑树病株很难彻底挖除，因此要加强每年 6～8 月田间巡查，做到早发现早挖除，以杜绝病原，防止病害蔓延。

④加强桑园栽培管理。桑园的施肥应以河泥、人粪、厩肥及饼肥等有机肥料为主，化肥为辅，氮、磷、钾配合施用，避免偏施氮肥；并应注意桑园的开沟排水。这些方面对防治花叶型萎缩病更为有效。夏伐要适时，不宜过迟，秋叶要适当留养，防止过早过度采叶，以利桑树生长和提高抗病能力。这些对萎缩型和黄化型萎缩病尤其要注意。

⑤控制媒介昆虫。对能被菱纹叶蝉和拟菱纹叶蝉传播的萎缩型和黄化型萎缩病，要根据当地虫情发生规律切实做好防虫工作，这是预防病害发生和控制病害扩展的重要措施。

⑥药剂治疗。对花叶型萎缩病的治疗，通过大田试验表明，使用吖啶橙 1 000 倍液、尿嘧啶替加氟 1 000 倍液喷施病株后，桑树枝条生长量增加，症状明显减轻，表明这 2 种药剂对桑花叶型萎缩病有疗效，但未能使病树完全恢复正常生长。萎缩型萎缩病和黄化型萎缩病的治疗可用 1 万单位的盐酸土霉素，打孔注射法治疗，有较好的效果，但有复发现象，尚待进一步研究。

9.2.5.3 泡桐丛枝病

泡桐丛枝病

【分布及危害】泡桐丛枝病(paulownia witches broom，PaWB)又名泡桐扫帚病，多在亚洲发生，以我国为中心遍及周边的日本、韩国等亚洲国家。此病在我国泡桐主要产区河南、山东、河北、安徽、陕西、台湾等地较为严重，长江以南的江苏、浙江、江西、湖北、湖南栽植泡桐的地区也不同程度地发生。在河南各地，苗木和幼树发病率一般为 5%~30%，6~7 年生的发病率可达 50%，严重区高达 80%以上。幼苗及幼树病重者当年枯死，大树则影响植株生长。年龄越小，丛枝病影响泡桐生长越大。2~3 年生时，病树胸径比健树降低生长量 1/6 左右，树高降低 1/5，材积降低 1/4 以上，而 10 年生以后下降率很小。也有报道，泡桐在一定树龄阶段出现因丛枝病导致材积增加的情况。

1. 丛枝型症状；2. 柱头长成小枝症状；3. 花瓣叶化症状。

图 9-20　泡桐丛枝病

(中国林业科学研究院，1984)

【症状】枝、叶、干、根、花部均能表现症状。常见以下 2 种类型。

①丛枝型。即在个别枝上腋芽和不定芽大量萌发，侧枝丛生，节间变短，叶片黄而小且薄，有时皱缩，整个丛枝呈扫帚状，幼苗发病则植株矮化。

②花变枝叶型。花瓣变成叶状，花柄或柱头生出小枝，花萼明显变薄，花托多裂，花蕾变形。丛枝病苗翌年发芽早，萌芽密，且集中于近根约 10 cm 处，顶梢多数枯死。刨开土壤，其地面下根系也呈丛生状。病枝常在冬季枯死，其韧皮部坏死。据报道，泡桐丛枝病外部症状差异与其韧皮部筛管中植原体的含量有直接关系。一般情况下，植原体的浓度高低依次为花变叶部位>丛枝部位>黄化部位≥无症部位(图 9-20)。

【病原】泡桐丛枝病病原为一种植原体(*Phytoplasma*)，在电镜下观察存在于病株韧皮部筛管细胞中的植原体，其形态呈圆形或椭圆形，直径 100~670 nm，没有细胞壁，外部由 3 层单位膜、2 层蛋白膜和中间 1 层脂肪膜组成，厚度为 10 nm，内部有核糖核蛋白颗粒和脱氧核糖核酸的核质样纤维，繁殖主要是二均分裂，其次是出芽繁殖和从细胞内释放新生体。

通过泡桐丛枝植原体 16S rDNA 和延伸因子基因序列分析确定，我国大陆泡桐主栽区与已经报道的台湾地区泡桐丛枝植原体基本一致，全部归属于植原体 16Sr Ⅰ-D 组，即翠菊黄化暂定种(*Candidatus* Phytoplasma asteri)的 D 亚组，而与云南泡桐丛枝病植原体不同，后者属于翠菊黄化组 B 亚组(16Sr Ⅰ-B)。

植原体在泡桐树体内的分布不均匀。高浓度的植原体多出现在已表现典型丛枝症状的枝条的幼茎、叶柄和叶脉中，在变态花梗中植原体浓度往往更高；黄化叶片的叶柄和叶脉中植原体数量较少；在苗期或幼树期感病的泡桐易于从其根部检测到病原，但在成树期(5 年生以上)的病树根部植原体的检出率和浓度都大大降低。在生长季节，病树上尚未表现症状的枝条的叶柄、叶脉和茎部多检测不到植原体或浓度很低。

【发病规律】

①病害生理。根据已获得的实验证据可以推断，植原体对泡桐的致病过程如下：泡桐感染植原体后，由于体内过氧化物酶活性升高，邻苯二酚含量降低，从而促进了由过氧化物酶-IAA 氧化酶调控的生长素的氧化分解，导致体内游离 IAA 含量明显低于健康植株，从而引起植株节间缩短、顶端优势丧失、腋芽萌生、生根能力下降或丧失，最后表现为典型的丛枝症状。伴随着生根能力的下降，体内细胞分裂素水平也随之下降，进一步导致顶芽膨大和白化等更严重症状。

②传播途径。嫁接：在温室内用树皮、病芽嫁接，半年后实生苗出现典型的丛枝病。病根繁殖：用病株的树根育苗，幼苗当年发病或定植 1~2 年后发病。媒介昆虫取食：已证实烟草盲蝽(*Crytopeltis ternuis*)、茶翅蝽(*Halyomorpha picus*)是传毒昆虫。用病枝叶浸出液以摩擦、注射、针刺等方法接种泡桐实生苗，均不发生丛枝病。种子、病株土壤也不传病。

③影响发病的因子。第一，不同品种类型的泡桐抗病程度不同。一般认为，兰考泡桐、楸叶泡桐、绒毛泡桐属于重感类型，白花泡桐、川泡桐、台湾泡桐、毛泡桐属于轻感类型。不同无性系及杂交组合间抗病性也存在明显差别。叶背毛为较稠密的长柄树状或叉状毛的泡桐为高度抗病。第二，育苗方式不同，发病情况也有差异。用种子育苗在苗期和幼树未见发病。根繁苗、平茬苗发病率显著增高。第三，不同立地条件和生态环境因素对丛枝病的发生蔓延有一定关系。一般干燥气候有利于虫媒繁殖传病，但过量降水也会加重病害的发生。病害的发生可能与海拔有一定关系。第四，土壤中营养元素的种类及含量对泡桐抗病性有影响。磷的含量越高，泡桐丛枝病发病越轻；钾含量越高，而且发病轻重与磷、钾含量比值成负相关。其比值在 0.5 以上的很少发病。这可能是磷对植原体有钝化作用。

【防治措施】

①培育无病苗木。严格选用无病母树作为采根植株，发病严重地区应尽可能用种子育苗代替根插育苗或组培脱毒苗。采根后，用 40~50℃温水浸根 30 min 或 50℃温水加土霉素(浓度为 1 μg/L)浸根 20 min，有较好防治效果。

②建立无病幼林。用无病苗木造林，加强抚育管理，增施磷肥，调整磷钾比(P/K)大于 0.5，防治病虫害，促使幼林健康生长。及时挖除定植后 1~2 年发病幼树，以减少病原扩散。

③对病枝进行修除或环状剥皮。在春季泡桐展叶前，在病枝基部将韧皮部环状剥除，环剥宽度一般为 5~10 cm，以不能愈合为度，以阻止病原由根部向树体上部回流。夏季修除病枝，伤口要光滑不留茬，不撕裂树皮。切口处涂 1∶9 土霉素碱凡士林药膏。若有新萌出的病枝，可再次修除，使病原不能下行到根部。

④选育抗病品种和抗病无性系。据报道，西北农林科技大学已选育出具有稳定抗性的泡桐。另外，目前研究人员正利用转基因技术培育抗丛枝病的转基因植物。

⑤对病害进行早期检测。用于泡桐丛植病病原检测的方法除单抗斑点酶联免疫法(Dot-ELISA)、DAPI(4,6-二脒基-2-苯基吲哚)染色法、核酸杂交技术基于 PCR 技术的

LAMP 等多种检测植原体的技术已被广泛应用。

⑥药物预防和治疗。用 1 万单位盐酸四环素液或以四环素族为主的药剂注入苗木髓心，每株 25 mL，栽植后其发病率明显降低；也可以在早春树液流动前，在 2~3 年生病幼树干基部打孔施药带，可使轻病树当年治愈，发病较重的减轻病情，治愈率达 39.2%~84.7%。

总之，泡桐丛枝病的防治，要着重苗期和树龄 5 年以下阶段的预防和治疗。把选栽抗病泡桐种类，培育无病苗木和幼林，化学药物处理和修除病枝等项技术有机地结合起来，才能有效地控制丛枝病的发生。

9.2.5.4　枣疯病

枣疯病

【分布及危害】枣疯病又称公枣病，是枣(*Zizyphus jujuba*)生产上的一种毁灭性病害。我国枣区均有该病发生，其中以河北、山西、山东、河南等地发病最重。多数感病品种幼苗当年即枯死，幼树 1~2 年死亡，成年结果树枣果产量逐年下降，病枝上开出变态花器，不结果，或结不成熟的畸形果，失去食用价值，病树会在 3~5 年逐渐衰退，因而曾给红枣生产构成巨大威胁，许多枣园因此病而毁灭。河北曲阳、阜平、唐县每年刨除病树不少于 20 万株。

【症状】枣树感病后主要表现为枝叶丛生和花器返祖等畸形变化。

地上部分症状的发展顺序，一般是最先叶色不匀，继而发生皱缩，皱缩叶上的花蕾产生变态，随后出现丛枝和病果。

叶片在花后表现明显病变。先是叶肉变黄，叶脉仍绿。逐渐整个叶片黄化，叶缘上卷，暗淡无光，硬而脆。花后长出的叶片狭小，具明脉。翠绿色，易焦枯。

1. 病枝(示叶片丛生、变小和褪绿)；2. 受害花器转变成叶片；3. 病果皱缩变形。

图 9-21　枣疯病

(周仲铭，1990)

花器受害后，花梗延长 4~5 倍，萼片、花瓣、雄蕊均变为小叶，雄蕊变为小叶的叶柄且较长，有的基部增生 1 支小枣头，与叶片连生或分离。雌蕊全部转化成小枝。由雄蕊变成的小枣头，呈纤细丛生状，留在树上不落(图 9-21)。

果实受病后，小而瘦，表面有红色条纹斑点，呈花脸型，果肉组织松散，不堪食用。

病株 1 年生发育枝上的正芽和多年生发育枝上的隐芽，大部分萌发生成发育枝，其上的芽又大部分萌发小枝，如此逐级生枝而形成丛枝。病枝纤细，节间缩短，叶片小而萎黄。

根部受害后，由不定芽发育成一丛丛的短疯枝，这种根蘖枝叶经强日光照射后即全部焦枯呈刷状。后期病根皮层变褐腐烂。

【病原】枣疯病的病原是植原体，属于柔膜菌纲候选植物菌原体属(*Candidatus* Phytoplasma)。通过枣丛枝病植原体 16S rDNA 和 *tuf* 基因的序列分析，确定我国陕西、河北、山东等地枣疯病植原体属于榆树黄化组(EY) 16S rDNA Ⅴ-B 亚组。电镜观察枣疯树韧皮部超薄切片及其提取液，见有堆积成团和联接成串的不规则球状植原体，直径 90~260 nm，外膜清晰可辨，厚度 8.2~9.2 nm。疯枝上的花叶症状可能与病毒有关。

通过嫁接对病原物在寄主体内的运行规律有所了解。病原物运行方向和枣树同化产物的运行方向基本一致，且病原物一旦侵入地上部分树体内，必须首先向下运行到达根部，而后才上行，引起树冠发病。从嫁接到新生芽上表现出症状，最短 25 d，最长可达 1 年以上。潜育期的长短取决于接种时间、接种部位、接种量。

【发病规律】

①传播途径。枣疯病用汁液摩擦接种或用病株的花粉、种子、土壤以及病健株根系间的自然接触，都不能感病；但各种嫁接方法和根蘖等无性繁殖均可以传病。枣疯病在田间的传播主要通过 3 种叶蝉，即凹缘菱纹叶蝉(*Hishimonus sellatus*)、中华拟菱纹叶蝉(*H. chinensis*)和片突菱纹叶蝉(*H. lamellatus*)。

②病害生理。病树丛枝病状的出现，主要是由于病树的细胞分裂素与生长素的比值异常增高，环剥可以阻止生长素的下行而累积起来，从而改变了两者的比值，使之暂时接近了正常的平衡而“康复”。枣树感染枣疯病后，病叶的代谢受到严重干扰，不仅叶绿素大量减少，叶内游离氨基酸的变化也很剧烈。枣树叶内多种游离氨基酸的浓度几乎在整个枣树的生长季节内大量持续增高，病叶游离氨基酸的总量高于健叶 10~15 倍。谷酰胺和天门冬酰胺高出健叶 4~5 倍，病叶内的精氨酸的积累也不正常。

③病害发生影响因素。枣疯病的发生与枣树品种有明显关系，不同枣树品种抗病力也有所不同。抗病品种有骏枣、壶瓶枣等，感病品种有冬枣、梨枣、赞皇大枣、龙枣等，多数野生酸枣种类抗性中等；土壤干旱瘠薄，管理粗放，树势衰弱的枣园发病较重。但在盐碱地却很少发病，其原因在于盐碱地的植被种类不适合介体叶蝉的生长繁殖；枣疯病的发生和流行还和枣园的海拔、坡向有关。不利于叶蝉生长的区域，枣疯病发生轻或无。

【防治措施】

①培育无病木。在无枣疯病的枣树上采取接穗、接芽或分根进行繁殖。采用热处理与组织培养相结合的办法脱除病株组织内的植原体。秋冬从患病枣树基部剪取 1~2 年生的根蘖条，截成 20 cm 左右的枝条，45~50℃恒温处理 60 min，取水培后抽出的新芽，表面消毒后，在解剖镜下剖离茎尖分生组织，接种于 MS 培养基上，38℃下培养 2 周，即成为无毒枣苗。苗圃中一旦发现病苗，立即除去。

②选用抗病品种和砧木。酸枣品种间抗病性的差异很显著，可以选用抗病酸枣和具枣仁的抗病大枣作砧木。目前，一些地区已筛选出抗病单株和单系，获得了良好的抗病种质资源。

③加强栽培管理，以提高树木抗病力。为进一步杜绝媒介昆虫的滋生和越冬，还应及时清除枣园及其附近的杂草，保持田园卫生，适时防治传毒昆虫。

④去除疯枝。在枣疯病的治疗过程中应坚持手术治疗，对疯枝要随发现随去除，尤其

对新发病树和轻度患病树，以便在病原扩散之前完全去除病原，治愈病树。

其他措施可参照泡桐丛枝病的防治办法。

9.2.6　寄生植物害

寄生性种子植物有 17 科 3 000 余种，分布于各地，全部为双子叶植物，能够开花结果产生种子。寄生性种子植物由于摄取寄主植物的营养或缠绕寄主而使寄主植物发育不良。比较重要的有桑寄生科、列当科和旋花科(Convolvulaceae)的菟丝子属。

寄生性种子植物是严格寄生物，是指由于缺少足够的叶绿体或某些器官退化，不能进行充分的光合作用而依赖他种植物体内营养物质生活的某些种子植物。根据对寄主的依赖程度可分为半寄生和全寄生两种类型。半寄生种子植物的茎、叶内含有叶绿素，自身能够进行一定的光合作用，但根系退化，吸根的导管与寄主维管束相连，主要从寄主体内吸取水分、部分营养物质以供其生长。如桑寄生科植物；全寄生种子植物叶片退化，不能进行光合作用，根退化为吸器，导管与筛管分别与寄主植物的导管与筛管相连，无机盐以及有机营养物质全部依赖寄主植物供给，如旋花科的菟丝子。

9.2.6.1　桑寄生害

【分布及危害】桑寄生害多分布于热带和亚热带地区。我国西南和华南地区最常见。主要寄生在灌木和乔木树种上，引起树势衰弱，并造成经济损失。广西百色地区被寄生的油桐和油茶曾减产达 25%以上。昆明地区板栗树受害株率在个别果园达 100%。在北方，桑寄生害也有分布，寄主范围很广，涉及针阔叶树种 10 多科。山西中条山辽东栎被北桑寄生危害株率高达 90%，被害枯死率达 50%以上。在园林植物中，桑寄生植物常危害山茶、石榴、木兰、蔷薇、榆、山毛榉及杨柳科等植物。

【症状】被害树木主干或枝条上，丛生桑寄生植株。受害树木表现为落叶早，翌年放叶迟，叶变小，不开花或迟开花，易落果或不结果。枝条被寄生处肿大，木质部纹理紊乱，出现裂缝或空心，易风折，严重时枝条或整株枯死。

【病原】桑寄生科寄生性种子植物。为双子叶植物，65 属，约 1 300 种，主要分布于热带和亚热带，少数分布于温带地区，我国产 11 属 64 种 10 变种，均为有害植物，一部分种类为药用植物。大多数寄生于木本植物的茎或枝上，个别寄生于根部，以吸根侵入寄主的组织内吸取养分。半寄生灌木、亚灌木，稀草本；叶对生，稀互生或轮生，通常厚而革质，全缘，或为鳞片状；花两性或单性，具苞片或小苞片，花托与子房合生，副萼短，全缘或具齿缺，或无副萼；花被片 3~8，萼状或花瓣状，镊合状排列，分离或合生成管；雄蕊与花被片同数，对生且着生其上；子房下位，1 室，稀 3~4 室，无胚珠，仅具胚囊细胞；果为浆果，稀核果；种子 1 颗，稀 2~3 颗。

分布较普遍的是桑寄生属和槲寄生属。

①桑寄生属。约 10 种，分布于欧洲和亚洲的温带和亚热带地区，我国产 6 种。半寄生灌木；叶对生；穗状花序，花序轴在花着生处常凹陷；花两性或单性，具苞片 1 枚；花被片分离，花瓣状，长不及 1 cm；花药圆形或近圆形；浆果，外果皮平滑，中果皮具黏胶质；种子 1 颗(图 9-22)。

北桑寄生(*Loranthus tanakae*)：分布于四川、河北、山西、内蒙古、陕西、甘肃和新疆。常寄生于栎树和榆树上。半寄生小灌木；茎圆柱形，有蜡质层，常二歧分枝，无毛。叶对生，纸质，倒卵形、椭圆形至矩圆状披针形，长1.5~3.5 cm，宽8~20 mm，无毛，具短柄。穗状花序顶生，长2.5~3.5 cm，具5~8对疏生的小花；花单性，雌雄同株，黄绿色，无柄，基部有1很小的苞片；花萼筒状，极短，顶端截形；花瓣6，离生，长1~1.5 mm；雄花具6雄蕊，花药球形，2室；雌花具6不育雄蕊；子房1室。浆果黄色，近卵状球形，径约6 mm，表面平滑。

红花寄生(*Scurrula parasitica*，异名*Loranthus parasiticus*)：属于梨果寄生属，多危害桃、李、杏、柑橘、梨及山茶科、大戟科、夹竹桃科、榆科、无患子科等多种植物，以中国西南、东南各省份及台湾等地较常见。常绿小灌木，叶对生或近对生，厚纸质，卵形或长卵形，长5~8 cm，基部宽楔形，侧脉5~6对；总状花序1~2(3)，腋生或生于小枝落叶腋部；具3~5(7)花；花红色，密集；果梨形，长约1 cm，下部缢缩呈长柄状，红黄色。

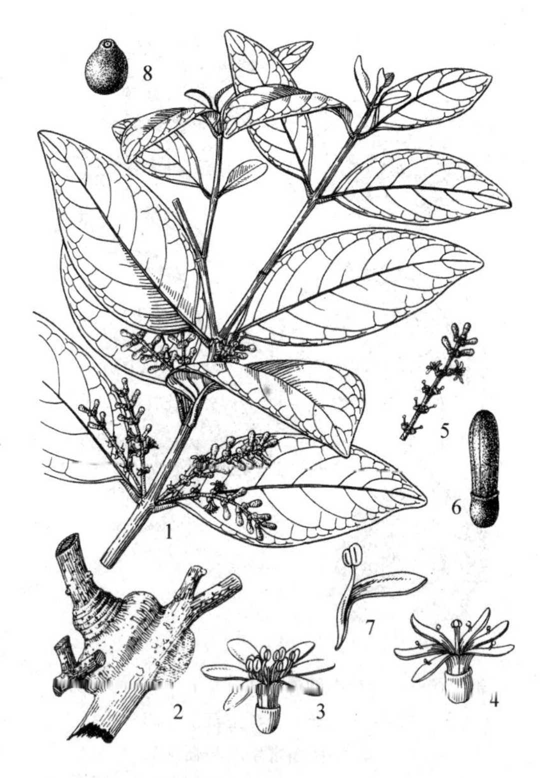

1. 具雄花序的小枝；2. 寄生症状，寄生处呈瘤状肿大，无根出条；3. 雄花；4. 雌花；5. 雌花序；6. 雌花蕾；7. 示雄蕊着生；8. 果实。

图9-22　桑寄生属植物

(西南林学院等，1993)

椆树桑寄生(*L. delavayi*)：分布于云南、广东、广西、福建、浙江、台湾等地。在海拔550~3 000 m的山地阔叶林中，常寄生于壳斗科植物上。小灌木，高约1 m，全株无毛。叶对生，卵形至长椭圆形，长6~10 cm，宽3.0~3.5 cm，顶端钝圆或钝尖，基部钝或宽楔形；叶柄长0.5~1.0 cm。穗状花序，腋生，长1~4 cm，具花8~16朵，花序轴在花着生处稍下陷；花单性，黄绿色，雌雄异株；果椭圆形或卵形，长约5 mm，淡黄色，果皮平滑。

②槲寄生属。约有70种，分布于东半球热带至温带。我国产11种、1变种，各地区均有分布。为寄生小灌木，茎具明显的节；叶对生，具直出脉，或退化为鳞片状；花小，单性，聚伞花序，顶生或腋生，无花梗；苞片1~2枚或无；雄花：花被片4枚，萼状；雌花：花被片3~4枚，萼状；花药多室，孔裂；花托卵状至长圆状；子房1室，柱头乳头状或垫状；浆果，中果皮具黏胶质(图9-23)。

槲寄生(*Viscum coloratum*)：主产东北、华北地区。寄生于杨、柳、榆、桦、枫杨、梨、栎、椴等树上。常绿半寄生小灌木，高30~80 cm。茎枝圆柱形，黄绿色或绿色，节明显，节上2~3叉状分枝。单叶对生，生于枝端，无柄，近肉质，有光泽，椭圆状披针形或倒披针形，全缘，两面无毛。花单性异株，生于枝端或分叉处；雄花花被4裂，雄蕊4，无花丝，花药多室；雌花 1~3 朵生于粗短的总花梗上，花被钟状、4 裂，子房下位。浆果球形，半透明，熟时橙红色，富有黏液质。可入药。

③油杉寄生属(*Arceuthobium*)。约 42 种，俗称矮槲寄生(dwarf mistletoe)，多年生半寄生性种子植物，寄生在松科(Pinaceae)和柏科(Cupressaceae)植物的枝条，有寄主专化性。亚灌木或矮小草本，植株小于 20 cm，茎、枝圆柱状，具明显的节，枝对生或轮生。叶对生，退化呈鳞片状，成对地合生呈鞘状；雌雄异株；花单性，小，交叉对生于叶腋或单朵，花梗短或几无；浆果椭圆状或卵球形，上半部为宿萼包围，成熟时在基部环状弹裂；果梗短，稍弯。种子 1 颗，通常卵状披针形。

1. 寄生在三年桐枝上的枫香槲寄生；2. 柄果槲寄生的花枝；3. 枫香槲寄生在寄主枝条上的着生状；4. 棱枝槲寄生的吸器。

图 9-23　槲寄生属害

(杨旺，1996)

云杉矮槲寄生(*A. sichuanense*)：主要寄生为害多种云杉(图 9-24)，偶寄生油松，广泛分布于我国青海、甘肃、四川、西藏等地海拔 2 800~4 100 m 的针叶林中，发病严重区域受害株率高达 90%以上，引起云杉大面积死亡。植株较矮小，高 2~6 cm，枝条黄绿色或绿色；主茎基部粗 1.0~1.5 mm；花单朵顶生或腋生；果椭圆状，长 3~4 mm，直径 1.5~2.0 mm，黄绿色；果梗长 1.0~1.5 mm。

【发病规律】桑寄生科植物的种子主要靠鸟类啄食浆果后传播或种子弹射传播。被鸟食后再吐出或排出的种子黏附在树皮上，种子吸水萌发并产生吸盘，吸盘下生根侵入树皮，并深入扩展形成假根和次生吸根直达寄主的木质部，与寄主导管相通，并建立起吸取寄主水分和无机盐的寄生关系。与此同时，萌发的胚芽也发育形成短枝和叶片，随着枝叶的发展，再通过不定芽在树枝上建立新的侵染点而发展成丛生状灌木丛。

【防治措施】在桑寄生植物果实成熟前铲除病枝条、寄主上的吸根和匍匐茎。生产上采用修除矮槲寄生具有很好的防治效果。桑寄生多数可以入药，一举两得；国外报道用硫酸铜、氯化苯氨基酸、2,4-D 丁酯防治有一定效果；国内有人用 10%草甘膦 1 份对水 1 份喷洒桑寄生，或用 2-D 丁酯与等量的废柴油混合剂涂敷桑寄生的茎部防治。1∶200 的 40%乙烯利对云杉矮槲寄生植株的寄生芽的致死率达到 100%；盘长孢状刺盘孢的孢子悬浮液在果期防治效果可达 40.5%。

9.2.6.2　菟丝子害

菟丝子害

【分布及危害】菟丝子可危害多种栽培和野生植物，主要危害植物的幼苗和幼树，全国各地均有发生。危害轻者，使树木生长不良；危害重者，树木和幼树可被缠绕致死。广西南部有 12 科 22 种树木被菟丝子寄生，其中台湾相思树、千年桐、木麻黄、小叶女贞、

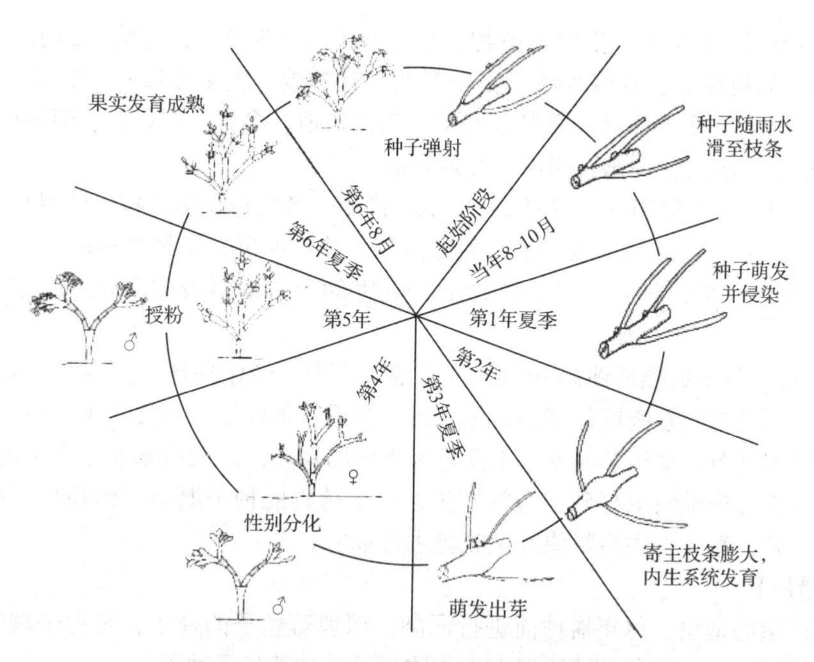

图9-24 云杉矮槲寄生的生活史

人面果及红花羊蹄等16个树种受害严重，受害率一般达30%。20世纪70年代中期，新疆玛纳斯平原林场的榆树幼年林受害率达80%以上，致使榆树大片死亡。

【症状】受害植物被黄、白、紫、红等色无叶细藤缠绕，枝叶紊乱，被缠绕的枝条往往有明显的缢痕。幼苗受害多数枯死，幼树受害一般仅局部被缠绕枝条枯死。

【病原】旋花科菟丝子属植物分布于热带至温带，约有170种，我国记载有11种。分布于热带至温带。我国产11种。缠绕、寄生草本；无叶；茎黄色或红色，具吸器，花小，总状、穗状或簇生成头状花序，萼片4~5，基部多少连合；花瓣4~5，合生成管状或钟状，近基部有5个流苏状鳞片；子房上位，2室，胚珠4颗，花柱2，分离或多少连合；蒴果，有时稍肉质，周裂或不规则破裂。

分布最普遍的是中国菟丝子(*Cuscuta chinensis*)和日本菟丝子(*C. japonica*)（图9-25）。

1. 中国菟丝子

2. 日本菟丝子

图9-25 菟丝子害

①中国菟丝子。1 年生寄生藤本植物，长可达 1 m。茎蔓生，左旋，细弱，丝状，直径不足 1 mm。叶退化成少数鳞片状。夏季开花，花少数，簇生成珠状，花冠白色。蒴果球形，种子 2~4 粒。生于灌丛、草丛、路旁、沟边等地。多寄生在豆科、菊科植物上。分布于东北、华北及陕西、贵州、四川、西藏等地。

②日本菟丝子。茎较粗壮，直径 1~2 mm，肉质，黄白色，多分枝。叶退化成鳞片状。穗状花序，长达 3 cm，花冠钟状，淡红到绿白色。蒴果卵形，长约 5 mm，褐色。多寄生在豆科等植物上。主要寄生于木本植物上，危害幼苗、幼树及多种灌木。分布于我国各地。

【发病规律】种子成熟后蒴果开裂，种子落入土中，经休眠越冬，到翌年夏初陆续发芽，遇寄主后用吸盘固着缠绕危害；若无寄主，在适宜条件下，可独立生活一段时间。木本植物主要危害幼苗、幼树和灌木，不能危害老化的树皮，高大树木通过根际萌蘖小枝或依靠其他寄主作为桥梁向上蔓延。有的寄生性种子植物的种子混杂于作物种子中被播入，条件适合时萌发，缠绕寄主后很快产生吸盘进行危害。

【防治措施】

①受害严重的地块，每年播种前进行深翻，深埋菟丝子的种子，凡种子埋于 3 cm 以下，便不易发芽出土。播种前清除混杂在作物种子中的菟丝子种子。

②春末夏初及时检查，特别是在菟丝子开花前，发现菟丝子连同杂草及寄主受害部位一起清除并销毁。

③清除起桥梁作用的萌蘖枝条和野生植物。

④种子萌发高峰期地面喷 1.5% 五氯酚钠和 2% 扑草净液，以后每隔 25 d 喷 1 次药，共喷 3~4 次，以杀死菟丝子幼苗。也可利用除草剂(如 2,4-D)，抑制菟丝子的生长或种子的发芽。

另外，也可在耕作前提早翻耕并灌水，以促使菟丝子在发芽后找不到寄主而死亡。调整作物之耕作时期，再配合施用除草剂，可达良好的防除效果。

小　结

枝干病害是林木最重要的一类病害。这类病害种类虽不及叶部病害多，但危害大，幼苗、幼树或成年树枝条受病后一般导致枝枯，主干受病或某些系统性侵染的病害往往引起全株枯死。枝干病害可分为干锈病、枯梢病、溃疡病、丛枝病、枯萎病、肿瘤病、流脂流胶病等。每一类病害都有其典型的特征。

由于树木为多年生，发生于枝干上的病害也往往为多年生，直至枝干死亡。枝干病害的潜育期较长，需 1~2 个月，有的甚至长达 2~3 年；枝干病害是否有再侵染与枝干病害的特性有关，如枝干锈病在松树上的病程一般无再侵染，但转主寄主上的夏孢子往往有重复侵染。

枝干病害病原物的自然传播方式因病害种类而异。在自然条件下，病原真菌和细菌的传播主要靠风、雨或其协同作用；某些由真菌引起的枝干病害(如榆树枯萎病)、由线虫引起的松树枯萎病以及由植原体引起的病害主要靠昆虫传播；寄生性种子植物的种子(如桑寄生)则主要靠鸟类传播。许多枝干病害的病原物主要通过各种伤口侵入，如溃疡病类的病原菌通过机械伤、冻伤、灼伤、嫁接伤等侵入，以昆虫为传播媒介的病原真菌、线虫、植原体等，则通过昆虫补充营养、产卵等造成的伤口侵入。许多溃疡病菌还可通过皮孔侵入树体，一些细菌性溃疡病菌还可通过水孔、气孔等自然孔口侵入。

枝干病害防治的难度一般都大于叶部病害。由于不同症状类型的枝干病害发病规律有很大不同，必须根据病害的特点分类施策。提高造林质量，控制林地树木的密度，提高树木生长势，在营林过程中尽可能避免不必要的伤口，并采取措施处理和保护伤口，预防和消除病害诱发因素对树木生长的影响，对于溃疡病类、枯梢病类等弱寄生病原所致病害的防治具有重要意义。对于那些在自然条件下主要靠昆虫传播的病害，需采取针对媒介昆虫的防治措施。由真菌和细菌引起的枯萎病，病菌往往通过伤口从根部侵入，其控制策略与某些根部病害的防治相似。

枯梢病是一类危害树木梢部引起梢部枝叶枯死的病害，具有寄主主导性病害的特点，其流行常与特定的地理和环境诱导因素相联系。防治上主要从提高寄主生长势，增强寄主抗病力，减少诱导因子的影响来考虑。松树枯梢病在我国南北发生非常普遍，在许多地区危害比较严重，病害的发生与干旱等环境因素引起的林木生长势减弱有密切关系。落叶松枯梢病是落叶松人工林的一种危害严重的真菌性病害，该病在我国发生的主要诱因是霜害、冻害，生长在迎风地带的林分发病较重。病害发生与当年降雨量、地形地势和树冠的垂直高度等密切相关。多雨高温(旬平均气温 20~25℃)的天气病害易流行，相对湿度大、温度高的年份病情重。据调查，一般位于山脊、山口、河谷两岸和沿海附近的迎风林带，或山坡下部地势低洼，土壤黏重有积水的地块发病重。毛竹枯梢病是毛竹林中的一种重要病害，其发生与气候和竹林经营管理水平密切相关。一般在纯林、林分密度小、长势弱的竹林或处于山岗、风口、林缘、阳坡和立地条件差的竹林发病较重。

林木溃疡病类病害是一类分布普遍的病害，针阔叶树上均有发生，尤其在阔叶树上更为常见。溃疡病的病原非常复杂，既有非侵染性的因素，又有侵染性的病原菌。有些非侵染性因素成为侵染性病害的诱因，而侵染性病原所致溃疡病又可削弱树木对非侵染性因素的抵抗能力。溃疡病的发展有明显的周期性。通常于早春至初夏开始，病斑迅速扩展。此时树木刚开始生长，抵抗力弱。夏天，当树木生长旺盛时，气温较高，病害发展缓慢，病斑逐渐被愈伤组织所包围。秋季，溃疡病的发生和扩展一般不如春季严重，然后进入越冬休眠阶段。溃疡病发生的这种季节性变化，主要取决于寄主的生长状态和抗侵染、抗扩展的能力，也取决于病原菌的致病能力。溃疡病菌均为弱寄生菌，寄主生活力降低时才进行侵染。病害发生的状况主要取决于寄主的抗病性是否得到充分发挥。因此病害防治的关键在于通过综合治理措施改善环境条件，提高树木的抗病能力，以林业技术措施为主、化学防治为辅，将防病保健及丰产措施融为一体。在我国重要的溃疡病有杨树溃疡病、杨树腐烂病、松树腐烂病、栗疫病、猕猴桃细菌性溃疡病和柑橘溃疡病等。

干锈病是一类重要的林木病害，林木枝干感染锈病后一般导致枝条枯死，若主干受病则容易导致全株枯死。干锈病多见于针阔叶树种，以针叶树特别是松干锈病最为严重。林木干锈病的病原通常包括真菌担子菌门的柱锈菌属、内柱锈菌属、夏孢锈菌属、硬层锈菌属、单孢锈菌属等，其中以柱锈菌属引起的枝干锈病种类最多，危害最为严重。林木枝干锈病多数有转主寄主，松树干锈菌转主寄主可为双子叶草本、灌木或者乔木，在松树上这类锈病主要产生性孢子和锈孢子，在转主寄主上产生夏孢子、冬孢子和担孢子。内柱锈产生锈孢子可以直接侵染松树，病害侵染后成为多年生，每年产生大量孢子，不需要新侵染源就能多年延续。枝干锈病常产生大量的各个阶段孢子，有侵染能力的锈孢子、夏孢子和担孢子多靠风力传播，传播距离从几十米到数百米不等。一般秋季产生冬孢子和担孢子，春夏季产生锈孢子和夏孢子，感病树木体内常年存在活体菌丝，并不断扩展蔓延。因此，这类病害在湿度较大气温不高的地区发生比较普遍，也较容易流行。枝干病害多具有转主寄主的特点，采取铲除转主寄主的办法控制病害。间伐和修枝防治林木枝干锈病在国内外有广泛应用。化学防治在国内外防治干锈病的诸多措施中一直占主导地位，托布津、粉锈宁、多菌灵和硫黄胶悬剂等涂干防效较好。选育抗病品系防治枝干锈病可能是最有效的措施，美国和加拿大在五针松疱锈病和梭形锈病抗病育种工作中取得了非常明显的效果。

林木枯萎病是一类典型的维管束病害，可由病原真菌、细菌和线虫引致。真菌中的枯萎病菌主要有长喙壳属、蛇口壳属、镰刀菌属和轮枝菌属等真菌，分别引起栎树枯萎病、榆树枯萎病、油桐枯萎病及一些植物的枯萎病。引起林木枯萎的细菌病原主要有茄拉尔氏菌，可导致桉树等树木的青枯病。松材线虫可危害松树导致枯萎，该病是我国目前最严重的林木病害。枯萎病病原物自根部或枝干伤口侵入或自根尖幼嫩组织侵入。感病植株先是叶片失去光泽，随后凋萎下垂，全株枯死。在病部，真菌引起的枯萎病常可见菌丝体和子实体，并有传播昆虫危害的虫道。被茄拉尔氏菌危害的树木，切开病部的横切面，5~10 min 后可见菌脓，切取小块组织置于清水中，则可见云雾状细菌从组织中渗出。被松材线虫危害的松木，木质部组织有蓝变现象。导致枯萎病的真菌和线虫均可由昆虫传播，茄拉尔氏菌则主要由流水和人为活动传播。枯萎病的防治应以预防为主，严格检疫，防治传病害虫，选用抗病树种或品种。

树木丛枝病发生于多种针阔叶树上。它们的危害性因病原种类不同而异。由植原体等引起的丛枝病，是一类危险的往往具有毁灭性的病害。如泡桐丛枝病和枣疯病在我国已分别成为发展泡桐和枣树的重大障碍，桑萎缩病则影响蚕桑业的发展。由真菌引起的丛枝病危害虽没有这样巨大，但发病重时也会使树木生长明显衰退，甚至枯死。国内不少地方的淡竹、刚竹林的衰败和竹丛枝病的严重发生有一定的关系。

寄生性种子植物是严格寄生物。根据对寄主的依赖程度可分为半寄生和全寄生两种类型。半寄生种子植物没有正常的根，但是有叶片，可以进行光合作用，如桑寄生科植物；全寄生种子植物叶片退化，不能进行光合作用，根退化为吸器，无机盐以及有机营养物质全部依赖寄主植物供给，如菟丝子科植物。云杉矮槲寄生在我国西部高山地区的云杉天然林发生普遍，已造成大量云杉枯死。

思考题

1. 试举例说明枝干病害的危害性。
2. 我国主要的林木枯梢病有哪些？它们在发生和防治上有何特点？
3. 林木溃疡病类的发病规律是怎样的？如何防治林木溃疡病类？
4. 由真菌和细菌引起的溃疡病有何不同？试举例说明。
5. 松疱锈病的侵染循环是怎样的？
6. 怎样防治松疱锈病？
7. 引起林木枯萎病的病原有哪些？
8. 真菌性枯萎病有何症状特征？
9. 细菌性青枯病的症状有何特点？
10. 茄拉尔氏菌的生理小种和生化型是如何划分的？了解病菌的生理小种对防治青枯病有何意义？简述青枯病的防治方法。
11. 松材线虫病有何症状特点？怎样才能有效控制松材线虫病？
12. 如何防治榆树枯萎病？
13. 简述栎树枯萎病的防治方法。
14. 如何防治泡桐丛枝病？其病理学依据是什么？
15. 植原体引起丛枝病的致病机制是什么？
16. 哪些枝干病害的病原物通过昆虫传播？
17. 寄生性种子植物有哪几类？它们在形态上有何区别？

推荐阅读书目

杨旺. 森林病理学. 北京：中国林业出版社，1996.
袁嗣令. 中国乔灌木病害. 北京：科学出版社，1997.
张星耀，骆有庆. 中国森林重大生物灾害. 北京：中国林业出版社，2003.
MANION P D. Tree disease concepts. 2nd ed. Englewood Cliffs：Prentice-Hall，1991.

第 10 章

林木根部病害

10.1 根部病害概说

林木根部病害通常也称土传病害，也就是存在于土壤或土壤中植物根部及其残体上的病原，通过土壤侵染植物的根部或干基部所引起的病害。树木根系的健康可能是树木整体健康中最重要的因素。然而在判断一棵树的健康时，人们往往总是先看叶片，然后是枝干，最后才是根。树干、枝条和叶片的生长取决于根部的健康状况。多数根部病害发生初期不易被察觉，少数根系受害，因其他根系的补偿作用，在地上部表现不出来。病害发展到地上部分出现树叶变黄、变小、树势衰弱时，根部多已被病原物危害而坏死。当出现衰退症状的时候，常常难以防治甚至已不可能防治。由于不易观察，人们对根部病害的了解还很不够。根部病害的诊断和防治也都有不同于叶部病害和枝干部病害的特点。了解这些特点，有助于对根部病害的学习。

10.1.1 根部病害的危害性及其特点

林木根部病害的种类从其症状类型和病原种类来看，相较其他病害少，但大多数根部病害所造成的危害往往是毁灭性的。树木的根部感病后往往影响全株，严重时造成死亡。根部病害一旦在林分定殖，常形成发病中心，不断向外扩展，终致整个林分受侵。主要分布在北美、北欧针叶树林分中的针叶树根白腐病，世界性分布的林木根朽病（*Armillaria* spp.），都是对林业生产造成重大危害的根部病害。

植物的根系不仅是吸收水肥的器官，同时也是植物地上部分与土壤间的媒介体和地上部的支柱。因此，根系被破坏后，就会涉及全株。轻者水肥吸收和输导受阻，供应不足，树势衰弱；重者不仅完全切断了水肥供应，且赖以固着和支撑的根系死亡腐烂，导致全株枯死或倒伏。但根病危害根系时有一个由少到多、由局部到全体的相对缓慢的发展过程。感病初期，虽有少数根受害腐烂，但其他健康根仍“正常”工作。且还有新根不断出现，受害的损失还可得到弥补。这一状况有时可延续若干年。尤其有些根部病害不是直接危害根部皮层，对水分及营养物质的吸收和输导的影响不是很明显，这类病害不易被察觉。如根癌病和以木质部腐朽为主的根部病害，只有当挖出根部时才被发觉。而当地上部分出现树叶变黄、变小、树势衰弱甚至枯萎死亡时，往往已发展到相当严重、无法救治的地步。

根部病害病原的诊断因其“地下发展，地上显症”，因而往往较其他类型的病害困难。根病受土壤的影响最大。土壤是一个复杂的综合体，也是一个包括多种非生物及生物因素的生态系。土壤中空气、水分、养料等的不适，有害物质的危害及有害生物的侵害，都能致使植物根部生病。这些因素对植物的影响往往是先后衔接，相互作用。当某些非生物因素使植物根生长衰弱或死亡时，弱寄生物或腐生物往往接踵而至，侵入垂死的或已死亡的根。另外，当根部由病菌侵入致病而衰弱或死亡后，也常为其他微生物的侵入创造了条件。有的后侵入的微生物代替了原来侵入的真正的病原菌，或者与病原菌相伴并存，容易将后来次生或腐生的微生物误认为是根病的病原菌。

为了分离出病原菌，有些根病要采用特殊的方法，如使用选择性培养基，采用诱饵技术等。例如，对樟疫霉(*Phytophthora cinnamomi*)引起的根腐病，用苹果果实、发芽的羽扇豆种子或桉树子叶作为诱饵，可比较容易地分离到病原菌。

因此，及时发现和早期正确诊断根部病害，对于根部病害的控制有重要意义。

10.1.2 根部病害的症状及病原

感染各种根病的树木，地上部分的病态表现常常相似。开始时新梢生长迟缓，叶色失去正常光泽或表现不同程度的失绿或黄化；继之，放叶迟缓，叶形变小，提早落叶。夏季遇到干旱炎热的天气易发生不同程度的萎蔫现象。这个过程是渐进的，由局部发展到整株，有的可延续数年之久。但在苗木和幼树上，有些根病发展很快，可能在1年或1个生长季节中全株枯死。在林分内有个别或成团状分布的已经死亡和正在死亡的树木，周围常有树冠稀疏、叶色发黄的树木。

许多根部病害，在感病植株的根颈部，甚至在其附近地表，产生一些特殊结构。根朽病发生时，在被害株根颈部及其临近地表处，有时在树干近地表处或伐根上长出病菌的子实体；针叶树受害后根颈部常有松脂流出，继而树皮与木质部脱离并逐渐腐烂剥落，有时可见到呈褐色的根状菌索。紫纹羽病危害的植株干基部覆盖一层紫红色毡状菌膜。白纹羽病在潮湿条件下可见到蛛网状的白色菌丝体。根癌病在干基处可见到肿瘤，有时在树干和枝条上也可见到。

但有些根病在根颈表面及周围看不到这些特殊标志，挖起病株检查，有的根及根颈处有水渍状变色；有的根毛和细根消失，根系不发达；有的皮层局部坏死或具溃疡斑，木质部组织变色。有的在侧根上产生结节状肿瘤等。

根病既有侵染性的也有非侵染性的。非侵染性的根病通常是由于土壤条件不适引起的，如土壤水分过多，使根呼吸不畅，窒息而死；也可能是某些有毒物质污染土壤，使根部中毒等；也可能是缺少某种元素或营养等。绝大多数根病是侵染性的，真菌是引起根病种类最多的病原物，少数由细菌、线虫、寄生性种子植物等类群所致。

在真菌界的子囊菌门中，座坚壳菌(*Rosellinia* spp.)通常是热带地区林地死地被物的习居菌，是许多阔叶树的根病病菌，其中白纹羽病菌是常见的代表。由瓦格纳长喙壳

(*Ophiostoma wageneri*)引起的黑变根病(black-stain root disease)发生在北美某些松树种类的林分中，病菌侵入根和树干基部的管胞中，在这些部位的边材中沿树木年轮出现暗褐色至黑色的弧形条纹。

担子菌门中的紫卷担子菌(*Helicobasidium purpureum*)能危害许多草本和木本植物。蜜环菌(*Armillaria* spp.)可侵染许多针阔叶树种，引起根—干基木质部腐朽及皮层腐烂，以至整株枯死。由多年异担孔菌引起的针叶树根白腐病是北温带地区普遍分布的一种重要根部病害，造成严重危害。

有丝分裂孢子类真菌中，比较常见的林木根病病菌是镰刀菌，引起多种林木的根腐病。

藻物界卵菌门的疫霉菌(*Phytophthora* spp.)，除在苗圃以外，在较潮湿的林地上常引起林木根腐，以樟疫霉最为常见，寄主范围很广。在美国危害松树，在澳大利亚危害桉树，曾使桉树大面积枯死。我国一些地区的雪松根腐病也是由它引起的。

病原细菌中，根癌土壤杆菌引起多种植物的根癌病；与之同属的发根土壤杆菌(*Agrobacterium rhizogenes*)则能导致一些阔叶树根形成毛根。

危害林木根部的线虫种类较多。如美洲剑线虫(*Xiphinema americanum*)引起栎类树木须根坏死；矮尾短体线虫(*Pratylenchus brachyurus*)引起美国鹅掌楸根腐烂；穿刺短体线虫(*P. penetrans*)的寄主十分广泛，可危害核桃、柳杉、仁果和核果类树木的根。根结线虫(*Meloidogyne* spp.)寄主广，在我国常见的有楸、梓、泡桐、桑、柳、油橄榄等，苗木和幼树受害，特别是苗木受害损失较大。

在根部病害中，混合侵染的现象较常见。如北美黄杉苗木的栓根病，主要病原物是大剑线虫(*Xiphinema bakeri*)，但自病根中还常分离到毁灭泥赤壳属真菌 *Ilyonectria destructans*(异名 *Cylindrocarpon destructans*)。用这种真菌单独接种无显著的致病力，但如用线虫和真菌混合接种，比单独用线虫接种发病要重得多。

10.1.3　根部病害的侵染循环特点

(1)根病病原体的传播

根病除随受病苗木的移植和调运等远距离传播，或管理操作等人为活动中通过工具等带土传播外，根病病原的传播有其特殊方式。多数根病真菌病原都具有主动传播的能力，它们主要是通过菌丝束或根状菌索等特殊结构在土壤中生长蔓延。如蜜环菌、紫纹羽病菌、白纹羽病菌等都有发达的根状菌索，它们可沿树根、倒木表面或土壤间隙中延伸，有的可达数米远。疫霉菌的游动孢子和病原细菌，在水中可沿着从感病根系散放出的化学物质的浓度梯度，从水中游向特殊的侵染点。

根病病原另一传播方式是接触传播。大多数根病病原都可以通过病根与健根的直接接触进行传播，这种传播方式远比枝叶病害和种实病害中的接触传播普遍和重要，它是林分中根病传播的主要方式。如在马来西亚受橡胶树白根病病原菌——小孔硬孔菌(*Rigidoporus microporus*，异名 *Fomes lignosus*)侵害的橡胶树，常形成一个与老病根接触的发病中心，并不断向四周扩展。在森林中，树木的根部彼此盘结，病菌容易通过根系传播。尽管其速度是缓慢的，但由于林木的生产时期长以及这种传播方式的持久性和稳定性，往往出现大面积感病而造成林木的成片枯死。

被动传播也见于一些根部病害。如紫纹羽病菌和蜜环菌等的孢子能随风传播。黑变根病可通过昆虫传播。引起林木枯萎病的大丽轮枝菌、根癌病的土壤农杆菌等病原菌可以通过雨水或灌溉水传播。

(2)根病病原菌的侵染

很多根病病原真菌和根结线虫具有直接侵入的能力。如紫纹羽病菌、疫霉菌和镰刀菌等常可自根尖的幼嫩组织侵入，寄主组织的老化会逐步提高抗病力。蜜环菌的根状菌索在与树根接触处能分泌一种黏性物质，并产生一些菌丝侵入皮部的外层，更牢固地附着在根上，然后又生出侧枝，突破树根的表皮和周皮侵入内部组织。

有些根病病原可通过伤口侵入。如根白腐菌的担孢子需要通过树木新鲜伐根断面，根癌细菌常从嫁接造成的伤口侵入等。

由于树木是多年生植物，病原物一旦侵入根部后，就可在相当长的时期内存活于根内，且根病病原菌常有比较广的寄主范围，更有利于存活。

根病病原物脱离活寄主后存活的情况，则与它们的生物学特性有着密切的联系。一些病原菌对寄主的依赖性较强，缺乏足够的与土壤中其他微生物竞争的能力，当寄主组织在土壤中被分解后，在较短时间内即失去生活力，如根癌细菌。另外一类病原菌不依赖寄主组织，与土壤中其他微生物竞争的能力强，可在土壤中长期存活。

无论是哪一类根病真菌，常会形成休眠体，如厚垣孢子、根状菌索、菌核、卵孢子等。这些休眠体使病原物得以度过不良环境。如大丽轮枝菌形成的微菌核可在土壤中存活15~20年之久。

这些根病病菌在寄主根外存活的年限，不仅受病菌本身的生物学特性影响，而且还受各种环境条件的影响。影响的总趋势是，凡能延缓其萌发的因素，如干燥、低温等，都有助于延长休眠的寿命。反之，诸如较高的土壤温度、合适的土壤湿度、土壤通气良好，以及某些自寄主植物上散发出来的挥发性物质，都不利于病原菌休眠体的存活。

(3)影响根病发生和流行的因素

土壤环境不仅对病原物的数量有影响，对树木的生长也起着至关重要的作用，因此对病害的发生和流行产生重要影响。

土壤湿度对林木根病发生的影响十分明显。许多根病常在潮湿的林地上发生较重。由腐霉菌和疫霉菌引起的根病，因病菌本身喜水，潮湿自然是发病的重要原因。林木紫纹羽病、白纹羽病和黑变根病都在排水不良的土壤、潮湿的林地发病较重。高的土壤湿度促进根病发生，通常是由于：①有助于病菌繁殖体的形成、传播和生长发育。②导致土壤通气不良，根部呼吸受阻，甚至窒息，而有助于病菌的侵染。③土壤在嫌气或半厌氧微生物活动下，会产生和积累某些有毒物质(如硫化氢和水杨醛等)，抑制了根的正常生长，使某些根病得以流行。

有些根病真菌，在相对干燥的条件下，更有利于发病，如镰刀菌的某些种，在土壤含水量15%~20%存活期最长，并随土壤水分的增加而逐渐缩短。

有关温度对根病发生影响的例证还较少。根部病害常常在不利于寄主生长的温度条件下发生。因此，温度过高或过低可能使寄主处于胁迫状态，阻碍抗病性的正常发挥，而病原菌对温度的适应性相对较宽，因而使得病害易于发生。

土壤结构对某些根病会产生重要的影响，如白绢病菌常在土壤内或地表生长，在疏松的土壤内发病较重，并能向下延伸侵染根部；在黏土中发病较轻，多侵染根颈处。多年异担孔菌导致的根腐病易在疏松的土壤中发生。桑紫纹羽病等常在黏重土壤中发生较重。土壤的酸碱度对一些根病发生也有影响，如蜜环菌适合在偏酸的土壤中生长，细菌根癌病的发生则以碱性土壤更有利。此外，适宜病原菌生长的作物连作或者在发病普遍林地育苗或造林都有利于病害发生。

土壤养分状况直接影响植物的生长状况，因而影响植物的抗病性；另外，也对根病病原物和土壤微生物产生影响，进而影响根病的发生。

土壤微生物对根病的影响是不应忽视的。根病病原物和土壤微生物间的相互关系是极其复杂的，经常进行着激烈的竞争，相互间常产生拮抗(抑制)和协生(促进或联合)的作用。这些作用中有的对于病害的发生起到促进作用，有的则对病害的发生起到抑制作用。

总之，影响根病发生和流行的因素，主要是通过土壤发挥作用的，而土壤因素是复杂的、综合的。在讨论某种因素对根病的作用时，必须注意到多种因素间的关系，以及当一种因素变动后，会引起其他因素的连锁反应。如土壤的结构必然影响土壤的通气性、保水和保肥能力，以及酸碱度等情况，而这些又会直接关系到土壤微生物、根病病菌以及对寄主的生长发育，进而影响根病的发生。正因如此，对根病的研究增加了难度，不经过深入细致的研究，常不易在错综复杂的因素中找出对病害起主导作用的因素。

10.1.4　根部病害的防治原则

根部病害早期不易被察觉，且比生理性病害防治难度大，根据根部病害的发生特点，可以从以下几方面采取措施。

①杜绝或铲除病原物。许多根部病害一旦传入，根治几乎不可能，如土壤农杆菌，因此要严格执行检疫制度。

②清除侵染来源。根病发生之初，在林分中常有发病中心，并以伐桩为其发病基地，所以应尽量把病株及其树桩残根挖出，彻底清除，以绝后患。发病的单株也可及早挖除后换土补植，既可避免从病株向四周蔓延扩展，又可使补植株免受侵染。

③改良土壤的理化性状。对在潮湿环境下易发生的病害，如紫纹羽病和疫霉菌根腐病等，应注意排水，降低土壤湿度。通过施肥改变土壤 pH 值，减轻根病的发生，如施用石灰等碱性肥料可以减轻由小菌核菌引起的白绢病。施用棉籽饼等做基肥，能提高土壤中放线菌的活动能力，对根病真菌产生有效的拮抗作用，对根部习居菌的影响将更大。

④提高造林质量，营造混交林，促使林木健康生长。选择适宜的造林地，最好选择没有发过病的地造林。造林时苗木窝根易受蜜环菌侵染，应保证根系舒展，使根系尽快恢复生长，增强抗病力。林间栽植某些诱饵植物或适宜的树种作混交林，可减轻根病的发生。如马来西亚在防治橡胶树白根病时，在树间栽植了 3 种匍匐性的豆科植物(毛蔓豆、距瓣豆和三裂野葛)作为诱饵植物。欧洲用赤杨和挪威云杉造混交林，利用赤杨根围微生物中放线菌的优势来防治根白腐病等。在根病较重的林分中，应在采伐后改栽其他非寄主树种，减少造林后根病的发生。

⑤生物防治。还未发病的裸露树桩断面和残根，虽尚未枯死，但对于病菌的抵抗力已大大减弱，特别容易受侵染，而成为新植幼林的侵染源，所以处理树桩伐根在防治根病措施中甚为重要。在新鲜伐桩上接种腐生菌，使其迅速占领伐桩而阻止根腐菌的侵染。如对针叶树根白腐病的防治，在采伐的同时接上腐生的大伏革菌的孢子悬浮液，可以阻止病菌的侵染。对于根癌病，常在造林前用放射形土壤杆菌菌株 K84 的菌剂或其他生腐剂进行蘸根处理，预防根癌病发生。

10.2　林木根部病害及防治

10.2.1　针叶树根白腐病

【分布及危害】本病害是针叶林中的重要根部病害，属世界分布，以北温带较为普遍。在经济上造成对松、落叶松、云杉、冷杉、铁杉、雪松及侧柏等针叶树的危害，也可危害桦、水青冈，偶尔侵染栎类和桤木等阔叶树。我国东北林区、云南西北部的高山针叶林区内，有此病分布，但危害较轻。针叶树幼林，特别是松树幼林被病菌侵染后，引起根腐，常导致大片幼林死亡。在成熟林、过熟林内，常引起干基和主干心材腐朽，严重影响经济用材出材率，因此造成损失也比较大。

【症状】在不同树种上的症状有所不同。病菌侵染根部后，逐渐向根颈及其他侧根扩展，并继续沿主干向上蔓延，引起木质部白色海绵状腐朽，在病根皮层和木质部间产生白色薄纸状菌膜。初期腐朽部分呈淡紫色，很快出现黑色斑块，斑块渐变白色，最后形成空洞。云杉根部的腐朽材中还夹有黑色线纹。含树脂较多的树种，如松类，被害根部常流出大量树脂，并和附近的泥沙石砾黏结成硬块附在病根表面。在枯死树的干基部及根部的侧根分叉处可产生病菌的子实体，并常覆盖在地表枯枝落叶层下。病株地上部分，开始针叶变黄绿色或淡黄色，叶短小，早落，病树逐渐枯萎，常常被树干害虫侵染及被风吹倒，形成林间空地(图 10-1)。

【病原】病原菌为担子菌门的多年异担孔菌(*Heterobasidion annosum*，异名 *Fomes annosus*)。子实体多年生，木质，呈贝壳状、覆瓦状互相重叠，有时平伏反卷。菌盖表面黄褐色、褐色或灰褐色。菌肉初白色，后变橙黄色。菌管黄色或淡黄色，层次不明显；管小而圆。边缘有不孕部分形成一条白色细线。担孢子卵形，无色，大小为 4~6 μm×3~5 μm。生在干基(或干上)的子实体常为蹄状。在自然条件下，也能见到该菌的无性型。分生孢子梗顶端膨大，簇状直接生于菌丝体上。分生孢子无色，亚球形到卵形，4.5~7.5(~10.5) μm×3.0~6.0 μm，在人工培养基上常大量产生，在林内树桩上接种获得成功。该病害的初侵染源主要是担孢子。

近年发现，以前被认为是多年异担孔菌的病原真菌，是一个在遗传上异质的混杂群体，除了严格意义上的多年异担孔菌外，还有 2 个近缘种，即小孔异担孔菌(*H. parviporum*)和冷杉异担孔菌(*H. abietinum*)。它们在生物学习性、形态特征、致病性、分布区域以及寄主专化性等方面都存在一定的差异。这 3 种异担子菌单孢交配实验表明，原始多年异担孔菌分别与小孔异担孔菌和冷杉异担孔菌交配，其融合率很低，而小孔异担孔菌与冷杉异担孔菌之间的融合率为 25%~75%。即使 3 种之间杂交形成菌株，其致病力远弱于亲本菌株。3 种异担孔菌之间的不育性，是确立它们为 3 个不同物种的最重要证据。

据报道，我国东北地区的异担孔菌的寄主较广泛，致病性很弱，为小孔异担孔菌。该菌在云南普遍发生在针叶树，如冷杉属、云杉属、松属等树木上。在丽江地区天然林分中的致病力很弱。我国根白腐病的发生虽然从总体上不严重，但鉴于该病害在国外的危害性，仍要做好预防工作。

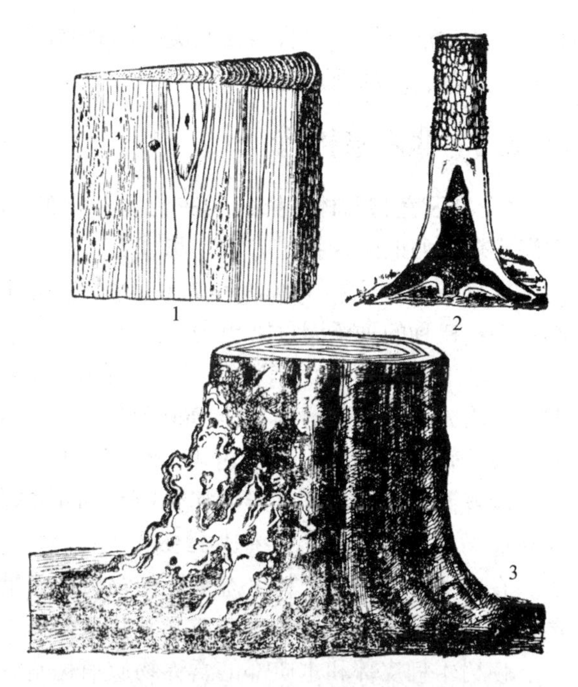

1. 腐朽症状；2. 腐朽在树干内的分布；3. 树干基部生病菌子实体。

图 10-1　针叶树根白腐病

【发病规律】病原菌的孢子在一年四季均可产生，但孢子产生盛期出现在秋季潮湿的时期。担孢子通过气流传播，侵染新伐树桩，或从林木根部和干基部的伤口侵入。病菌也可通过病根与健根接触传染，向四周扩展。根白腐菌对树桩有高度选择性，一般在伐倒 2 周内的树桩最易侵染，2 周后的树桩表面常由其他微生物感染寄居而不会被根白腐菌侵染。温度、湿度等气象因素影响根白腐菌孢子传播和侵染。湿度直接影响新伐桩表面含水量的变化。伐倒林木时的气温是影响病菌能否在伐桩上定居的重要因素。据报道，日平均气温高于 20℃或低于 0℃，病菌侵染的可能性小；而日平均气温低于 20℃或高于 0℃，都将不同程度上有利于根白腐菌的侵染。碱性土壤上的针叶林比酸性土壤上针叶林易被病菌侵染，并致死。这可能是由于酸性土壤中常有绿色木霉抑制多年异担孔菌滋生的结果。

干基腐朽的高度因树种不同而异，松树一般为 1~2 m，云杉可达 6~10 m，冷杉甚至达到 10~20 m。这与树种及含树脂量有关。因此，根白腐病对不同树种经济用材率的影响也有差异。

【防治措施】

①适地适树，加强营林管理措施，促进林木健康生长，是预防根白腐病发生的最根本方法。选用能抗病的阔叶树种，营造针阔混交林，可减少根白腐病的危害。对林分进行抚育时，最好在冬天进行，要特别注意对伐桩的处理。对采伐迹地进行更新时，特别是以前有根腐病发生的迹地，一定要对伐桩进行全面的清除和处理，防止它们成为新的侵染源。

②新伐树桩用硼砂处理伤口是有效阻止病原菌侵染危害的方法。感病树木被砍倒后立即在新伐树桩上喷撒硼砂，被证明是在美国南部和东北部非常有效的化学防治方法。对于已经受到该病原菌侵染的树木此方法是无效的。

③在新伐树桩上也可以接种其他竞争性微生物抑制根白腐菌的定居。如用大伏革菌孢子喷洒到新伐桩表面，使其定殖于木质部中，就可减少或阻止根白腐菌的侵染，从而收到

比较好的防治效果。此法已在北美、西北欧的一些国家广泛使用。目前大伏革菌的孢子已制造成片剂，水释即可使用。

10. 2. 2　林木根朽病

云讲堂

【分布及危害】林木根朽病在全世界分布广泛，主要分布在温带地区，在热带常分布在海拔较高的地区。我国云南、黑龙江、吉林、辽宁、河北、四川、贵州、湖南、山东、内蒙古、新疆和甘肃等地都有报道，红松、落叶松、杨柳和一些果树根朽病较为常见，尤其在一些树种的种子园危害更为严重。

1987 年以来，在山东新泰、潍坊等地区陆续出现杨树根朽病，造成大面积杨树枯死。北京动物园沿湖岸边的柳树，1960 年代开始出现植株死亡，至 1991 年死亡率增加到 15%，园内荟芳轩的柳树发病率高达 47. 2%。近年来东北地区的红松、落叶松、人工林、苗圃、种子园普遍发病。吉林省汪清林业局 50 hm^2 的落叶松种子园，1997 年发病率达 46%。敦化林业局红松母树林发病率达 12%。

在生态学上，在森林生态系统的物质和能量循环中，蜜环菌扮演着木材分解的先锋种的角色，它首先侵染树势衰弱或受到胁迫的林木，树木死亡后，蜜环菌还继续在寄主上生活，使树木韧皮部和木质部的营养物质消耗殆尽，并造成木材白色腐朽。

【症状】由蜜环菌引起的根朽病地上部分的症状很难与其他病原引起的根或茎的病害相区别。这种病害有时发展比较慢，最明显的症状是地上部分常常是树叶变黄，或叶部发育受阻，叶形变小，枝叶稀疏，有时枝条梢端向下枯死。针叶树种，特别是松树被蜜环菌侵染后，根颈部分常发生大量流脂，与土壤结成硬块。

在树干基部或地面下靠近根颈的主根上，可以找到此病的病征，即剥开这些地方的树皮或已脱落的树皮紧贴边材的地方可见白色扇形的菌膜存在，这种菌丝组织层有浓烈的蘑菇香味。后期干基部树皮开裂、剥离。如果只是部分大枝或树体的半边表现衰弱时，则仅可在一两根主根或树干基部的一边找到真菌组织。在病根皮层内及病根表面以及病根附近的土壤内常见深褐色或黑褐色根状菌索，其断面为扁圆形。此外，根皮表面皮孔增大，皮孔数量增多也是蜜环菌根朽病的很重要特征。

病株根部的边材和心材部分都发生腐朽，有时甚至延伸到干基部。腐朽初期，病部表现暗淡呈水渍状，后变暗褐色；腐朽后期，呈淡黄色或白色，柔软，海绵状，边缘有黑色线纹。在秋季，在靠近腐烂或枯死病树的干基部或其周围地面上，常出现一些丛状的淡褐色蜜环菌的担子果(图 10-2)。

【病原】由担子菌门蜜环菌属(*Armillaria*)的一些种类引起。这些种类在形态上比较相似，故以前均称为蜜环菌(*A. mellea*)。蜜环菌子实体伞状，菌盖肉质，圆形，中央略凸起，直径 5~15 cm，黄色至黄褐色，上表面有褐色毛状鳞片。菌柄实心，位于菌盖中央，黄褐色，上半部具有膜状菌环。菌褶初为白色，后略呈红褐色，直生或略呈延生，担孢子圆形，无色，光滑，8~9 μm×5~6 μm 。

研究表明，蜜环菌是一些生物种组成的复合种。生物种(biological species)是在一个形态上相似而在遗传上存在生殖隔离的不同群体，或称互交不育群(intersterility groups)。互交不育性试验是鉴定生物种和划分未知菌株的生物种归属的通用方法。世界上已报道的蜜环菌生物种有 40 多个，而我国有 15 种。进一步的研究表明，这些生物种的致病性、寄生性、形态、生物学特性及地理分布都有一些差异。

蜜环菌是一种著名的发光真菌，该菌的菌丝体和根状菌索顶端能发荧光，在黑暗条件下可见淡蓝色光亮。蜜环菌发光需要适当的温度，37℃为发光的最适温度，45℃以上会使蜜环菌丧失发光的能力；1%乙醇溶液能够促进蜜环菌的发光，10%以上的乙醇就会使蜜环菌的发光减弱乃至丧失。蜜环菌的发光可能是由荧光酶引起，与生物氧化过程有关。

蜜环菌的子实体具有很高食用、药用价值，我国东北地区俗称榛蘑。

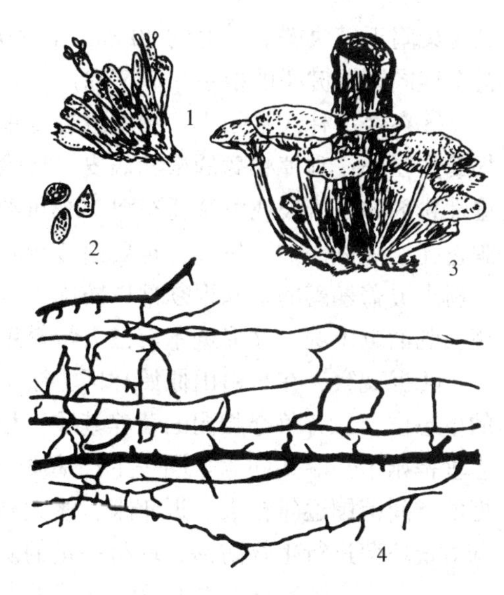

1. 担子；2. 担孢子；3. 子实体；4. 根状菌索。

图 10-2　林木根朽病

【发病规律】病菌以菌丝体、扇状菌膜及根状菌索在病树、伐桩及土壤内越冬。从蜜环菌子实体上产生的大量担孢子成熟后，随气流传播，飞落在林木残桩上，在适宜的环境条件下，担孢子萌发，长出菌丝体，从树桩向下延伸至根部，又从根部长出菌索，在表土内扩展延伸，这些菌索看起来像黑色鞋带，内部组织有明显的分化。当菌索顶端接触到活立木根部时，沿根部表面延伸，长出白色菌丝状分枝，通过机械压力和酶的作用直接侵入根内，或者通过根部表面的伤口侵入。病树与健树的根部接触也是重要的传播方式。侵入活立木根部组织的菌丝体，在形成层内延伸至根基，然后又蔓延到主根及其他侧根内。在受害根部皮层与木质部间形成肥厚的白色伞形菌膜，并从已经死亡的根部长出新的菌索。当菌丝体在受害林木根颈部分形成层内引起环割现象后，林木便很快枯萎死亡。该病害常常有一个比较明显的发病中心，病树常呈簇状分布。侵入活立木的菌丝体，病原菌从根部沿主干向上延伸，引起干基腐朽，在皮层内木质部表面常能见到网状交织的菌索。在夏季潮湿季节，主干上的菌索也能向下延伸到地面转移到邻近的活立木根部进行侵染。此外，带有蜜环菌菌索或菌丝体的枯立木被伐倒以后，堆置在潮湿环境下或用作矿坑支柱，其上仍然可以产生菌索或子实体。

林木生长健壮，则抗蜜环菌侵染能力强，不易感病；林木如受干旱、冻害、食叶及根干部害虫侵害等影响生长不良时容易感病。地势低洼，林分密度大或造林时窝根严重，或造林地上有大量的新伐桩时，也易感病。据调查，10~20 年生的幼树感病后，2~3 年即能枯萎死亡；而中年以上的大树感病后，有时能持续存活 10 年以上。

不同蜜环菌生物种的寄主范围和对寄主的致病性有所不同。狭义蜜环菌寄主范围较宽，主要是阔叶树树种；奥氏蜜环菌则主要寄生针叶树，这两个种的致病性较强。其他蜜环菌生物种的致病性则较弱，且不同树种的感病程度也有所不同。

【防治措施】

①加强抚育管理，创造树木旺盛生长的生态环境，是防治该病害经济有效的方法。

②在林中，如有单株感病致死，在消除死树和主根之后，应在其周围挖一隔离沟防止

其传染附近健康树。沟宽约 30 cm，深 60 cm，距树干 1.5~2.0 m。清除沟内所有的根系，甚至连同附近健树的根系一起清除。

③在经济林或果园内，春季或者夏季清除树干周围约 60 cm 的土壤，使根颈及较大的根暴露在外，刮掉感病的根和病皮，清除真菌组织及水渍状木质部，伤口涂 50%多菌灵可湿性粉剂 300 倍液或甲基托布津 70%可湿性粉剂 500 倍液；较大伤口涂抹后，应用塑料薄膜包扎，加以保护。另外，也要给该植株施用一些易于吸收的养料以促进生长。晚秋时，用新土覆盖暴露的根和根须部以防冻害。病根切除烧毁。也可用二硫化碳浇灌病株周围土壤，既消毒土壤，又促进木霉菌大量繁殖，抑制蜜环菌滋生。

④据观察，在长白山原始林区，簇生垂幕菇(*Hypholoma fasciculare*)与蜜环菌占有相同的生态位，二者争夺相同的营养基质，相互排斥，经常可以看到蜜环菌子实体生长圈和簇生垂幕菇生长圈共同竞争同一生长基质，而且簇生垂幕菇一般具有较强的竞争优势，其占据的空间范围逐年扩大。近年来，澳大利亚、波兰和加拿大等一些国家的学者用簇生垂幕菇对蜜环菌进行生物防治，取得一定的防治效果。

10.2.3 紫纹羽病

【分布及危害】该病又称紫色根腐病。广布世界各地，我国东北和河北、河南、山东、安徽、江苏、浙江、广东、四川、云南等地均有发生。是果树、茶桑的常见病。多种树木如柏、松、杉、刺槐、榆、杨、柳、栎、漆树、杜仲等都易受害。被害植株根部皮层腐烂，明显影响生长，最后全株枯死。特别是苗木和幼树受害后 1~2 年即枯死。

【症状】树木的幼根先被害，逐渐蔓延及粗大的侧根和主根上。病根先失去原有的光泽，后变为黄褐色，最后变黑色腐烂。大根上腐烂的皮层很容易自木质部剥离，被害根的表面有紫色网状菌丝体或菌丝束，有的还有直径约 1 mm 的紫色菌核。菌丝体主要侵染皮层，但也稍能侵入木质部引起边材腐朽。在雨季菌丝体能蔓延至根颈部或茎基部，甚至达根际土壤表面，形成紫红色皮膜状的菌丝层(菌膜)。6~7 月，菌丝体上产生微薄白粉状子实层。与此同时，病株地上部分表现为生长缓慢，顶梢不抽芽，枝梢软弱，叶形变小发黄，皱缩卷曲，枝条逐渐枯死，最后全株枯死。

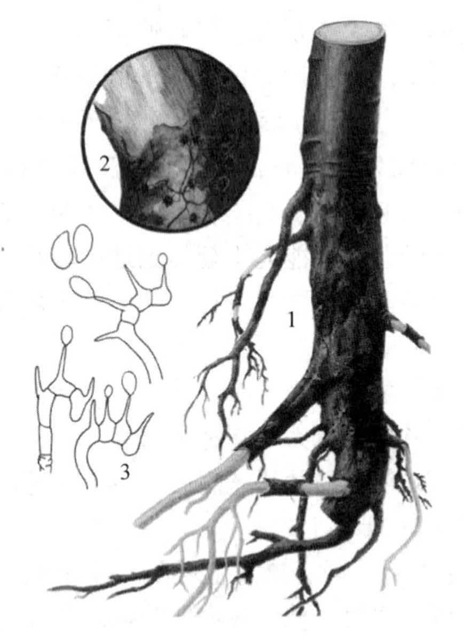

1. 病根症状；2. 病根上的菌核、菌膜和菌索；3. 担子和担孢子。

图 10-3 紫纹羽病
(西南林学院，1993)

【病原】该病由担子菌门中的紫卷担子菌(*Helicobasidium purpureum*，异名 *Helicobasidium brebissonii*、*Rhizoctonia crocorum*)侵染所致，隶属于担子菌门卷担子菌目(Helicoales)。子实体扁平，膜质，深褐色，厚 6~10 mm，毛绒状。担子无色，圆筒形或棍棒形，向一方卷曲，有 3 个分隔，大小为 25~40 μm×6~7 μm。担孢子卵形或肾状形，顶圆基部稍细，大小为 10~25 μm×5~8 μm (图 10-3)。

在PDA培养基上，病原菌初生的菌丝为淡褐色，随着菌落生长，菌丝由淡褐色变成暗褐色，在26℃下培养约2周后出现菌核。病原菌最适生长pH值约为5.8，但在pH值在5.0~8.5范围内均能生长发育。生长适宜温度为25~26℃，过高或过低的温度其生长都受到抑制或停止。

【发病规律】该病菌为根部习居菌，它以病根上的菌丝体和菌核越冬。以菌丝束在土壤中延伸，接触健康林木根部后，从幼根直接侵入。也可通过伤口侵入。林中常由病根和健根接触而传染。在适宜的条件下，病菌产生大量的担孢子，但担孢子传病作用不大。通过苗木调运可远距离传播病害。在前作感病的林地造林发病重。

该病在整个生长季节中都能发病，6~8月为发病盛期。土壤瘠薄、板结、低洼积水，均使树木根部发育不良，降低其抗病性，有利于病菌的侵染与扩展，加重病害。

【防治措施】

①选择排水良好、土壤疏松和前作没有发病的地块育苗或造林。造林时必须严格检查，防止苗木带病，对可疑的苗木进行消毒处理。用1%波尔多液浸根1 h，或2%硫酸铜浸根5 min，或以20%的石灰水浸0.5 h。处理后用清水冲洗根部，然后移栽。

②发现病株后，挖开根区土层，清除病根，周围土壤用20%石灰水或25%硫酸亚铁浇灌，也可用500倍40%多菌灵或50%代森铵500~600倍消毒后再覆土。重病植株应挖除烧毁，然后再进行土壤消毒。

③加强苗圃地和林地的抚育管理。注意排水和适当施用经过腐熟的有机肥，以增强植株的生长和抗病力，土壤黏重板结的林地要注意松土，但应避免伤及树木的根系。

10.2.4　白纹羽病

【分布及危害】该病广泛分布于全世界温带和热带地区，危害栎类、榆、槭、云杉、冷杉、落叶松等林木和板栗、油橄榄、茶、桑、咖啡、苹果、枇杷等经济林树种。苗木和大树都可受害。我国辽宁、河北、山东、浙江、江西、云南、海南和台湾等地都有报道。被害植株常因病枯死，苗木被害枯死更快，一旦发生很难根除。

【症状】林木的须根先受害腐烂，后渐延伸及侧根和主根，根部皮层腐烂易自木质部剥离。病根表面覆盖着密集交织的白色菌丝体，后呈灰色。菌丝体中有纤细的白色羽状菌丝束，病根皮层内有黑色细小的菌核。在潮湿的地区，菌丝可蔓延至植株四周地表，呈白色蛛网状。在根部死亡后，有时在皮层表面出现暗色粗糙斑块，上面长出刚毛状的分生孢子梗束。

病株地上部初现叶片变黄，早落，接着枝条干枯，最后全株枯死。苗木病后数周内即枯死。大树受害后，可持续数年，生长逐渐衰弱，如不处理，终将枯死。

【病原】该病由白纹羽束丝菌[*Dematophora necatrix*，异名褐座坚壳(*Rosellinia necatrix*)]引起。病菌隶属于子囊菌门炭角菌目。菌丝体裸露在空气中能形成厚垣孢子。子囊壳生于枯死的病根组织上，单个或成丛地埋生于菌丝体间，球形或卵形，黑色，炭质，具乳头状凸起的孔口。子囊圆柱形，周围有侧丝。子囊孢子8个单列于子囊内，稍弯，略呈纺锤形，单细胞，褐色或暗褐色，大小为42~44 μm×4.0~6.5 μm。病菌从菌丝体上产生分生孢子梗束，有分枝，顶生或侧生1~3个分生孢子；分生孢子卵圆形，无色，单细胞，大小为3.0~4.5 μm×2.0~2.5 μm。

【发病规律】病菌以菌丝体和菌核在病腐根上存活。在适宜的条件下，菌丝在土壤中延伸蔓延。当菌丝接触林木幼嫩细根时直接侵入，或通过根部表面皮孔侵入。病根接触健根和菌丝束的主动延伸是该病的主要传播方式。苗木移植、调运也是传播方式之一。有性型不常见，子囊孢子和分生孢子在病害传播上不起重要作用，因此，自然条件下病根组织是主要侵染源。病菌在12~28℃下均可生长，而以20~28℃生长最好。温暖高湿的环境、苗木栽植过密或过于庇荫均有利于病害的发生发展。果园管理不当造成的机械伤和虫伤，特别是根须处有机械伤口，可加重病害的发生。土壤瘠薄、板结、酸性过大、湿度过大等都会导致或加重病害的发生。

【防治措施】

①造林时应注意选用无病苗木。如苗木可疑，可用20%石灰水或1%硫酸铜液浸根1 h后再栽植。

②选择没有发过病的圃地和林地育苗和造林，并注意排水。施肥时避免氮肥过多。原发病重的苗圃应休闲或改种其他非寄主植物，5~6年后再育苗。必要时在清除病株病根后进行土壤消毒后继续育苗。

③林分中出现少数病株时，可在其周围挖沟隔离，清除病株及残根，集中烧毁，周围土壤用500 g/m^2 石灰或30 g/m^2 硫黄或其他杀菌剂进行消毒，防止病菌向四周扩散蔓延。

10.2.5 根结线虫病

【分布及危害】根结线虫病广泛分布于世界各地，我国南北方均普遍发生。该病是一类重要的植物病害，常造成严重的经济损失。根结线虫寄主范围很广，超过2 000种植物受到侵染。木本植物中常见的有楸、梓、柳、泡桐、法国梧桐、油橄榄、小叶黄杨等。树木从幼苗到成株均可受侵染，但受害最重的是在苗期，病株生长缓慢，停滞，病重时会使苗木凋萎死亡。

【症状】根系受害后，在主根和侧根上形成大小不等的虫瘿，有的直径达1 cm或1 cm以上；有的直径只有2 mm左右。切开虫瘿可见白色粒状物，在显微镜下可观察到梨形的线虫雌虫。严重感病的根比未感病根要短，侧根和根毛都少。由于输导组织被破坏，根的吸收功能减弱，感病植物地上部分表现出叶片变小、发黄、易脱落或干枯，有时会发生枝枯，严重的整株枯死。

【病原】由根结线虫属的一些种引起。目前，全球报道的根结线虫有近100种，我国已报道58种。世界上分布最广和最常见的根结线虫有北方根结线虫(*Meloidogyne hapla*)、南方根结线虫(*M. incognita*)、爪哇根结线虫(*M. javanica*)、花生根结线虫(*M. orenaria*)。不同种的根结线虫有其不同的寄主范围。根结线虫具有寄主小种分化现象，其中南方根结线虫有4个生理小种，花生根结线虫有2个生理小种。

根结线虫的生活史分为卵、幼虫和成虫3个阶段。卵椭圆形，产后几小时开始发育，逐渐发育成具有细长口针的卷曲在卵壳内的幼虫。幼虫蚯蚓状，无色透明，经3次蜕皮变为成虫。成虫雌雄异形，雌成虫梨形，长0.5~1.3 mm，宽0.4~7.0 mm；雄成虫线形，体长1.0~1.5 mm。两性生殖或孤雌生殖。卵产于尾部胶质的卵囊中。

【发病规律】根结线虫以2龄幼虫或卵在土壤中或以未成熟雌虫在寄主根内越冬。雌虫在寄生植物根内或在土壤中产卵。从卵中孵化出的2龄幼虫从根冠上方伸长区侵入根，用口针穿透根细胞壁，从食道腺分泌出多种物质，如细胞壁降解酶和诱导巨型细胞形成的蛋白质，沿细胞间隙向根尖移动并绕过凯氏带进入维管束组织，并诱导维管束细胞的细胞核反复进行有丝分裂但细胞质却始终不分离，而形成的多核巨型细胞作为其取食位点。巨型细胞为根结线虫的生长发育提供了适宜的场所。2龄幼虫在巨型细胞上取食发育。

大多数线虫分布在土壤表面下5~30 cm处，1 m以下线虫就很少了。但在种植多年生植物的土壤中，线虫分布可深达5m或更深。

根结线虫的传播主要依靠种苗、肥料、农具和水流。因其本身移动能力很小，所以主动传播范围很难超出30~70 cm的距离。

线虫生存的最重要因素是土壤温度，其次是湿度。北方根结线虫最适温度范围为15~25℃，而南方根结线虫、花生根结线虫、爪哇根结线虫的最适温度为25~30℃。超过40℃或低于5℃时，任何种的根结线虫都缩短其活动时间或失去侵染能力。过于潮湿或干旱均不利于卵的孵化和线虫的生存。土壤结构对线虫的虫口密度也有重要影响，砂性土壤含水量在20%左右时最利于根结线虫的活动和危害。连作地块发病重。

【防治措施】

①林业技术措施防治。选用无根结线虫的土壤进行育苗。对曾发病的苗圃，根据根结线虫对寄主的专化性，选择非寄主植物进行轮作。

②化学防治。在育苗前可用熏蒸剂处理土壤以杀死土壤中的线虫。可用的土壤熏蒸剂有棉隆(dazomet)、98.1%的1,3-二氯丙烯·氯化苦胶囊剂、威百亩钠(metamsodium)等。熏蒸剂对植物有害，一般要在土壤处理后15~25 d后再种植物。用10%噻唑磷(fosthiazate)颗粒剂、10%灭线磷(ethoprophos)颗粒剂、米乐尔(isazofos)颗粒剂、41.7%氟吡菌酰胺悬浮剂、1%阿维菌素、竹醋液灌根、苦参碱、辣根素等撒施、穴施或沟施，基本可以控制线虫的严重危害，但在使用时应注意安全间隔期。

③物理防治。由于根结线虫的死亡温度为45℃，所以温室土壤或病苗用45℃蒸气处理30~60 min后线虫存活数量显著减少。

④生物防治。据报道，淡紫紫孢霉属[*Purpureocillium lilacinum*，异名淡紫拟青霉(*Paecilomyces lilacinus*)]，已有商品制剂广泛用于南方根结线虫等线虫防治。该菌具有持效性，一旦接种到土壤，定殖、生长、传播迅速。同时，对目前使用的杀菌剂具有相当的耐抗性，可与杀菌剂混用。厚垣亚虫草菌[*Metacordyceps chlamydosporia*，异名厚垣轮枝菌(*Verticillium chlamydosporium*)]是北方根结线虫的卵及成熟雌虫的有效寄生菌，同时又能侵染南方根结线虫的雌虫，被用于根结线虫病的防治。

10.2.6 根癌病

【分布及危害】根癌病又名冠瘿病，是一种世界性的重要根部病害。国内在东北、华北、华东、西北、中南等地都有发生，而以河北、山西等地较为严重。该病对树木的危害较大，幼苗感染病后严重影响发育，甚至死亡；成年树患病后，树势衰弱，树木生长量明显下降，特别是根系，病株仅为健株的50%~60%。根癌病病原细菌的寄主范围很广，除

樱花根癌病

主要侵染果树外，还能危害 138 科 1 100 多种植物，其中绝大多数是双子叶植物。1979 年春，北京市东北旺苗圃出圃的毛白杨大苗病株率达 16%。江苏、浙江、福建、河南及上海郊区的桃园普遍发生桃树根癌病，严重的果园植株发病率为 90%以上。此外，杏、梨、苹果、海棠、山楂、核桃等果树也不同程度地出现根癌病。

图 10-4　樱花根癌病症状
(李世仿 提供)

【症状】病害主要发生在根颈处，有时也发生在主根、侧根和地上部的主干、枝条上。受害处形成大小不等、形状不同的瘤。初生的小瘤，呈灰白色或肉色，质地柔软，表面光滑，后渐变成褐色至深褐色，质地坚硬，表面粗糙并龟裂，瘤的内部组织紊乱，薄壁组织及维管束组织混生。在木本植物上，生长季末癌瘤组织常常裂解，为下一年新生的瘤组织所取代(图 10-4)。

【病原】引起根癌病的病原是根癌土壤杆菌(*Agrobacterium tumefaciens*)，属薄壁菌门根瘤菌科土壤杆菌属。菌体杆状，大小 1~3 μm × 0.4~0.8 μm，具有 1~4 根周生的短鞭毛；如具单鞭毛，则多侧生。在液体培养基表面能产生较厚的白色或淡黄色菌膜，在固体培养基上产生稍凸起的半透明菌落。革兰氏染色阴性。发育的最适温度为 22℃，在 14~30℃发育良好，51℃时经 10 min 死亡。耐酸碱范围为 pH 值 5.7~9.2，最适 pH 值 7.3。

【发病规律】病原菌在病瘤内或土壤中的寄主残体内越冬，存活 1 年以上，2 年内得不到侵染机会即失去生活力。如果是单纯的细菌而不伴随寄主组织进入土壤，只能生活很短的时间。病菌从植物伤口侵入，在寄主细胞壁上有一种糖蛋白是侵染附着点。病菌一旦进入植物细胞，便刺激癌瘤的形成。致瘤原因是病菌含有一个大的致瘤质粒，称 Ti (tumor-inducing)质粒。其中有一小片段 DNA，即 T-DNA(或转移 DNA)，其上携带着编码植物生长素和细胞分裂素合成的酶的基因，这些基因在转化细胞中表达后产生出相应的植物激素，刺激植物细胞无限增生，从而形成肿瘤。Ti 质粒同时还控制对细菌素(agrocin-84)的抗感性和寄主范围。Ti 质粒可因热处理或其他因素而丢失从而使细菌失去致病性。病菌侵入植物细胞并使之致瘤分为 4 个步骤：①根癌土壤杆菌与寄主植物伤口细胞结合。②T-DNA 转移进植物细胞。③T-DNA 整合进植物细胞核 DNA。④T-DNA 上致瘤基因表达。一旦 T-DNA 与细胞核染色体整合后，就能稳定维持，随着细胞的分裂而不断复制。

根癌菌有不同的生物型(种)和质粒类型，在不同植物上的优势及侵染特点也不同，核果类果树根癌病菌以生物Ⅰ型(*Agrobacterium tumefaciens*)为主，质粒类型主要是胭脂碱型，属于局部侵染；而葡萄的根癌病菌以生物Ⅲ型(*A. vitis*)为主，质粒类型主要是章鱼碱型，为系统侵染；毛白杨根癌菌包括 *A. tumefaciens*、*A. rhizogenes* 和二者的中间型，质粒类型分别为胭脂碱型和农杆碱型。

雨水和灌溉水是传病的主要媒介。此外，地下害虫，如蛴螬、蝼蛄、线虫等在病害传播上也起一定的作用。采条、嫁接或耕作的农具都可能传播病害。苗木带菌是远距离传播的重要途径。

土壤湿度与性质直接影响发病率的高低。通常在湿度大的土壤中发病率高，微碱性和疏松的土壤有助于病害的发生，酸性和黏重的土壤则不利于病害的发生。在不同寄主上，病害的潜育期有所不同，从几周到1年以上，一般需2~3个月。杨树不同种类间发病率有明显差异，毛白杨发病率高，加杨发病率低，沙兰杨未见受害。林、果苗木与蔬菜重茬或果苗与林苗重茬一般发病重，特别是核果类果树苗与杨树苗、林地重茬，根癌病发生明显增多、加重。嫁接方式与发病也有关系。芽接比劈接发病率低。此外，根部伤口的多少也与发病成正比。毛白杨埋条法繁殖比嫁接法繁殖发病重。

【防治措施】

①严格进行果苗检疫，防止带病苗木出圃，且将病苗烧毁。对可疑的苗木在栽植前进行消毒，用1%硫酸铜浸5 min后用水冲洗干净，然后栽植。

②科学育苗。选择未感染根癌病的地区建立苗圃，发生过根癌病的果园和已育过苗的地块不能再做育苗地。苗木繁育尽量采用伤口小、愈合快的芽接法，并随时对嫁接工具进行消毒。苗木出圃时要尽量保持根系完整并进行严格检查，发现病苗立即淘汰。如果苗圃地已被污染，需进行3年以上的轮作，以减少病菌的存活数量。

③选用健康的苗木进行嫁接，嫁接刀要在高锰酸钾或75%乙醇中消毒。

④防止苗木产生各种伤口。采条或中耕时，应提高采条部位并防止锄伤埋条及大根。及时防治地下害虫。

⑤及时治疗。经常观察植株地上部生长状况，发现病株后及时挖除病根，刮除癌瘤。癌瘤刮除后，用1%~2%硫酸铜液或石硫合剂渣涂抹消毒，并用100倍多效灵灌根。病重而无法治疗恢复的病株要拔除烧毁，并用100~200倍农抗120进行土壤消毒或更换新土。

⑥国外已广泛采用放射形土壤杆菌K84防治核果和蔷薇根癌病，获得了良好的效果。国内报道用放射形土壤杆菌K84和D286的菌体混合悬液预浸毛白杨幼苗根部，可以抑制不同质粒类型的致瘤农杆菌，明显降低根癌病的发生率。在未知病菌的生物型和质粒型时，要采集根癌进行冠瘿碱分析，根据病菌的生物型和质粒型，选择适合的生防菌。

小　结

林木根部病害通常也称土传病害，也就是存在于土壤或土壤中植物根部及其残体上的病原，通过土壤侵染植物的根部或干基部所引起的病害。林木根部病害的种类较少，但大多数根病所造成的危害很大。根部病害一旦在林分定殖，常形成发病中心，不断向外扩展，终致整个林分受侵。根病在发展的早期不易察觉，而当地上病害症状比较明显时，根部病害已很严重，常常难以防治。根部病害的防治关键在于及时发现和早期诊断，以便根据病害的性质，采取相应的措施进行防治。

根部病害病原的传播有其特殊方式。多数根病真菌病原都具有主动传播的能力，接触传播是林分中根病传播的主要方式。病原物从根组织直接侵入，或通过伤口侵入。病原物一旦侵入根部后，就可在相当长的时期内存活于根内。病原物脱离活寄主后存活的情况，则与它们的生物学特性有着密切的联系；病原物常常借助所形成的休眠体度过不良环境。

土壤理化性状、土壤微生物等因素，不仅对树木的生长起着至关重要的作用，也对病原物的种群变化和数量增长产生明显影响，因此对根病的发生和流行产生重要影响。在讨论某种土壤因素对根病的作用时，必须注意到多种因素间的关系，以及当一种因素变动后，会引起其他因素的连锁反应。

根部病害防治的主要措施：清除侵染来源；改良土壤的理化性质；提高造林质量，营造混交林，促使林木的健康生长；生物防治。及时发现和早期诊断，对于根部病害的防治有特殊的意义。

思考题

1. 根部病害有哪些症状？
2. 如何进行根部病害的诊断？
3. 试述根部病害病原物侵染循环的特点。
4. 影响根病发生和流行的主要因素有哪些？
5. 根病防治应注重哪些方面？
6. 试述根白腐病生物防治的机制。
7. 根朽病病菌侵染循环有何特点？
8. 如何区分紫纹羽病和白纹羽病？
9. 试述根结线虫病的防治策略。
10. 试述根癌病病原的致病机理。

推荐阅读书目

PHILLIPS D H, BURDEKIN D A. Diseases of forest and ornamental trees. London: The Macmillan Press Ltd., 1992.

袁嗣令. 中国乔灌木病害. 北京：科学出版社，1997.

杨旺. 森林病理学. 北京：中国林业出版社，1996.

第 11 章

立木和木材腐朽

11.1 立木和木材腐朽概说

尽管木材并不是一般微生物生长的理想场所，但是在自然界中，无论是在活立木上，还是在枯立木、倒木、伐区的伐根、贮木场的原木、矿柱、枕木、桥梁、电杆、板方材及许多建筑用材和木制品上，仍有许多微生物可以以木材为基质进行生长和繁殖，在木质细胞的间隙和细胞中生长，从而使木质有机物发生解体(或称腐朽)。立木腐朽一般发生在老年树上，少见于中龄以下的树木。在我国的各主要林区，如大兴安岭、小兴安岭林区，西南林区等地的天然林中，一些过熟林的活立木腐朽率一般在40%以上，以针叶树白腐病引起的损失最为严重，其他地区小面积森林中的立木腐朽也相当严重。值得注意的是某些立木腐朽，如杨树的心材腐朽甚至也发生在人工幼林中。而木材腐朽更为普遍，仅全国矿柱和铁路枕木因木材腐朽所造成的损失也是惊人的，特别是在南方温暖多雨的地区，未经防腐处理的枕木，其使用寿命有时不到1年。

活立木与木材腐朽，既不是偶发性的，也不是间歇性的，而是连年持续发展的。木腐菌一旦在活立木和木材中定殖，其菌丝就会在木质细胞内连年延续生长，所造成的木材腐朽和损失总是年复一年不断地扩大。因此，立木与木材腐朽是林业生产和木材使用的大敌，对立木和木材腐朽进行防治是非常必要的。

11.1.1 立木与木材腐朽的概念及木材腐朽菌的主要类群

木材腐朽就是木材细胞壁被真菌分解时所引起的木材糟烂和解体的现象。能分解木材细胞壁的真菌为木材腐朽菌。凡是有树木生长、木材存放和使用的地方，如森林中的活立木、枯立木、倒木，伐区的伐根，贮木场的原木，矿柱，枕木，桥梁，板方材及许多建筑用材和木制品等，几乎都有木材腐朽菌的发生，从而引起木材腐朽而降低了木材的使用价值和经济价值。这些木材腐朽菌多为真菌中的高等担子菌，能产生大型的子实体，主要是多孔菌，还有革菌、齿菌、伞菌、胶质菌及少量的子囊菌，分别隶属于担子菌门蘑菇亚门蘑菇纲亚纲地位未确定的伏革菌目和多孔菌目中的伏革菌科、拟层孔菌科、灵芝菌科、彩孔菌科、丝毛伏革菌科、巨盖孔菌科、皱孔菌科、展齿革菌科、多孔菌科和齿耳菌科，刺革菌目中的刺革菌科、裂孔菌科，红菇目中的耳匙菌科、木齿菌科、猴头菌科、隔孢伏革菌科和韧革菌科，革菌目中的革菌科，伞菌亚纲伞菌目中的珊瑚菌科、牛排菌科、侧耳科、裂褶菌科和口蘑科，伞菌亚纲阿太菌目中的阿太菌科，伞菌亚纲牛肝菌目中的粉孢革菌科，亚纲地位未确定的木耳目中的木耳科；担子菌门蘑菇亚门花耳纲花耳目中的花耳科；担子菌门蘑菇亚门银耳纲银耳目中的大部分种；以及子囊菌门盘菌亚门粪壳菌纲炭角菌亚纲炭角菌目中的炭角菌科等。

在自然状态下，木材腐朽菌对寄主树种的种类如针叶树或阔叶树、树木的生活状态、部位等都有一定的选择性，对木材主要成分的分解能力也各自不同。不同的木腐菌寄主范围各有宽窄，有的只危害针叶树或只危害阔叶树，有的则针、阔叶树都能危害，也有的只危害一种树种；有一些主要危害活立木，有些则主要危害倒木或木材；有的生长在根和干基部，有的生长在树干和梢头上，落地材上也有少数木腐菌。根据以上这些特点，可以将木腐菌划分为不同的类群。

11.1.2　生长在木材上的其他微生物类群

生长在木材上的微生物类群除包括木材腐朽菌外，还有木材变色菌、污染性霉菌、木材软腐菌、木材细菌和放线菌等多种。

11.1.2.1　木材变色菌

木材变色有化学性变色、物理性变色、生理性变色和微生物性变色等多种，而微生物性变色最普遍。就微生物引起的变色而言，是由于真菌和细菌在木材表面或内部的生长而引起的木材变色，真菌中的木材变色菌、污染性霉菌、木材软腐菌、木材腐朽菌以及木材细菌、放线菌等都可以引起木材的变色，而木材变色菌引起的木材变色最明显。

引起木材变色的真菌是能够早期侵入木材的真菌中的一类，菌丝体能分泌使木材变色的色素。木材内含有糖分和淀粉，这些物质主要是存在于木材的韧皮部和薄壁组织内，它们很容易招引变色菌。这些变色菌一般为子囊菌及一部分无性型真菌和接合菌，常见的种类有长喙壳属、毛壳属(*Chaetomium*)、镰刀菌属、链格孢属、芽枝霉属、根霉属和毛霉属等。由这类变色菌引起的木材生材和边材的变色，主要是发生在木材的表层。它们当中除了少数种类，如子囊菌的毛壳属真菌具有分解纤维素的能力外，大多数只侵入和生活在边材中的薄壁组织髓射线细胞中，也生长在边材中的管胞中，其菌丝多从木材细胞壁的纹孔中穿过去，吸取和利用细胞内贮存的糖类、淀粉、磷脂等简单有机物作为营养，一般缺乏分解纤维素和木质素的能力，因此并不或很少分解木材的真正木质部分——木质细胞壁，并不引起真正的木材腐朽和影响木材的强度，但它们的活动常常使木材表层出现色斑，常常是在木材过湿、内部呈厌气状态的情况下发生。但有时变色菌的菌丝也可深深地侵入到木材组织内的细胞中去，使变色直达木材内部。只有在很适合变色菌生长的有利条件下，有些变色菌也能破坏木材细胞壁。

由变色菌引起的木材变色因树种与菌种而异，常见的变色有青、褐、黄、绿、红、灰、黑等色。在生产上遇到的变色多数情况下为木材的青变，或称青皮、蓝变(bluestain)。新锯木材如果干燥缓慢，含水量较高(65%以上)，青变很容易发生。青变菌的菌丝呈微褐色，其菌丝体并能分泌色素，木材一旦被这类菌大量感染后，就会在木材表层出现青色、蓝色或黑色的色斑。青变菌能侵染伐倒的原木及枯立木和倒木，也可侵染活立木的边材，多见于针叶材上，特别是松类，少数发生在阔叶材上。青变在木材横切面上表现为辐射状的灰蓝斑纹，在纵切面上表现为长条斑纹或大型梭形斑。青变菌很多是由子囊菌门盘菌亚门粪壳菌纲肉座菌亚纲微囊菌目长喙壳科长喙壳属的真菌引起的，著名的菌种包括小蠹长喙壳(*Ceratocystis ips*)、云杉长喙壳(*C. piceae*)和小长喙壳(*C. minor*，异名 *C. pini*) 3 种，前二者发生在松、柏、云杉、栎、桦、槭等树木上，后者发生在松属植物上，我国南方马尾松最易发生青变。青变菌的孢子可被小蠹虫传播，由蛀虫携带侵入到活立木，迅速蔓延后可使活立木枯死。青变菌的生活湿度在木材含水量的 20%～178%，但以 33%～82%为最适宜。

11.1.2.2　污染性霉菌

木材的变色也可由生长在木材表面的污染性真菌引起，这些木材污染菌仅在木材表面腐生繁殖，污染木材使其着色。这种由腐生的霉菌造成的木材霉色污染，在日常生活中是常见的现象。通常情况下，污染性霉菌缺乏分解纤维素和木质素的能力，因此并不分解木材真正的木质部分，也不影响木材强度；大多数只侵入边材中的薄壁组织，利用木材细胞内贮存的内含物如糖类、淀粉、磷脂等简单有机物质作为营养，使木材表面染上黑、灰、绿、褐等各种颜色，但这些变色区在加工时可被刨掉，因此无大影响；唯独在胶合板上染色后无法消除，特别是在湿度大的情况下各种污染性霉菌更易在木材的表面上生长，在菌落下面的木材产生各种颜色。因此，在保存胶合板时要特别注意防潮，以防止霉色的发生。木材上常见的污染性霉菌有青霉属(*Penicillium*)、曲霉属(*Aspergillus*)、木霉属、葡萄孢属(*Botrytis*)、毛壳属、长喙壳属、镰刀菌属、链格孢属、芽枝霉属、根霉属和毛霉属等。

11.1.2.3　木材软腐菌

由真菌中的子囊菌、无性型真菌和接合菌引起的木材损坏相当普遍，这些菌类在木质细胞间隙活动，可分解单宁、胶质物及其他一些有机物，但一般情况下并不真正损害木质细胞壁，因此把它们对木材的分解称作软腐朽。软腐朽一般伴随有木材的变色。将这些能够引起木材软腐朽的真菌中的子囊菌、无性型真菌和接合菌称为木材软腐菌。软腐朽在许多场合都可发生，如在水中的木材上、与土壤接触的较湿的木材上、林地内的倒木上，以及各种高湿度环境中的木材上。在引起木材软腐的菌类中也有少数能分解木材中的纤维素，在木材细胞次生壁的中层上形成空洞，对木材的危害也较大，常引起木材表层的软化。木材因软腐引起的重量减少一般在百分之几的范围，但也有达百分之十几或更高的。由于软腐主要发生在木材的外表层，在深度方向上的进展较慢，对无断面材所受的危害相对小些。

木材变色菌、木材表面污染性霉菌和木材软腐菌等木材微生物，虽然它们的危害情况各不相同，但从分类上考虑它们都是子囊菌、无性型真菌或接合菌，而非担子菌类的木腐菌，而且它们的破坏能力和破坏情况也不能完全区别开来。例如，由最普通的污染菌青霉、曲霉、镰刀菌等侵害木材 3~6 个月，也会造成百分之十几的重量减少，在木材细胞壁上出现软腐朽特有的空洞，如果环境条件适宜，也有相当强的分解能力，和软腐朽菌的区别并不明显；并且由于这些真菌的活动，都可引起木材不同程度的变色。因此，一些真菌工作者就将木材软腐菌、木材变色菌和木材表面污染菌这些非担子菌的木材微生物，统称为木材上的微型真菌。木材上的微型真菌在木材生物分解的过程中有自己独特的生理活性，如对环境的适应性强，能够生长的环境条件范围远比担子菌宽广，在一般的木腐菌不能生长的含水量高达 100%~200%的木材上，微型真菌却可以适应，并且有很高的侵染能力。微型真菌还与木材腐朽菌对木材的侵入和腐朽密切相关，木材由于微型真菌的侵染活动能进一步促进由木腐菌引起的侵染、分解和腐朽，微型真菌和木材腐朽菌共同组成了自然状态下木材上真菌类的生长演替过程。

11.1.2.4 木材细菌与放线菌

木材上的微生物类群除木材腐朽菌和上述微型真菌外，还存在着一定种类和数量的细菌及很少的放线菌。在活立木的健康木质部中经常存在的微生物主要是细菌，死木材或衰老的活立木木质部中的先驱微生物常常也有细菌。细菌主要分布于水分较多的边材薄壁组织中，由于它们的活动，增加了木材的疏松度，有利于水分和其他微生物的侵入。因此木材细菌也参与了木材上微生物类群的生长演替过程，细菌常常是最早侵入和生长在木材中的微生物。细菌的侵入往往伴随有木质部的变色。而某些细菌对木材腐朽菌具有拮抗作用。从木材中分离出的细菌主要有芽孢杆菌属(*Bacillus*)、梭菌属(*Clostridium*)、假单孢杆菌属(*Pseudomonas*)、棒杆菌属、黄单孢杆菌属、不动杆菌属(*Acinetobacter*)、欧文氏菌属、拟杆菌属(*Bacteroides*)等，以及硫还原细菌和甲烷细菌等。健康树木的边材中一般含有 10^2~10^3 个/g 的兼性厌气细菌和 10^2 个/g 的固氮细菌。含水量增大时，细菌的数量也将增加，在水分饱和的木材中，一般兼性厌气异养细菌可达 10^6~10^7 个/g，固氮细菌可达 10^4~10^6 个/g，甲烷细菌可达 10^3~10^4 个/g。在木材中很少发现放线菌的存在。

11.1.3 木材腐朽的发生过程

活立木和木材在生长和使用过程中由于各种原因的作用很容易发生变色。木材发生腐朽之前也都发生变色，这种变色现象与木材腐朽之间有着十分密切的联系。特别是对于活立木，变色是对各种生理性刺激和微生物侵染的一种保护反应，具有抗拒和抑制腐朽菌的侵染、把侵染和健康部分隔离开来的作用。

对活立木自然保护反应变色区的解剖所见，变色区沉积着单宁与醌类化合物、色素、胶质物和填充体，变色区还有镁、锰等无机物有规律地沉积，所有这些变色与有机物和无机物的沉积，都在各种刺激后才能产生。因为产生了这些物质，所以变色区硬度大、质脆、具有抗拒木腐菌侵染的能力。用木腐菌向受伤立木进行人工接种时，很少成功，这证明了变色区抗侵染的作用，因而在变色初期的木材中找不到木腐菌的菌丝体。木材细胞腔内本身含有的单宁、树脂和芳香油等物质对木腐菌也有毒杀和抑制作用，使木材本身就具有一定的抗腐能力。但是这种抗腐作用并不持久，当木材变色后不久就逐渐会被细菌和真菌中的接合菌、子囊菌、无性型真菌侵入。这些非腐朽菌类定居在变色区的木材细胞间隙中，其细胞和菌丝可通过木材细胞壁上的穿孔和纹孔伸入细胞间隙和细胞腔内，它们积极地分解细胞间和细胞腔内的单宁、醌、胶质物和填充体，使木材发生软腐，结果将变色区具有抗腐能力的特性解除了。软腐后的变色材，一般容易被木腐菌侵袭，木腐菌就积极分解木质细胞壁的纤维素、半纤维素和木质素，使木材分解和腐朽，这之后木材的生物分解过程就进入稳定发展的阶段，然后在腐朽材的外围又会重新产生自然保护反应变色区。

木腐菌危害木材，是以木材细胞壁和细胞腔内的内含物作为它们的养料，木腐菌能分泌多种水解酶和氧化酶，把木材细胞壁的纤维素、半纤维素和木质素分解为简单的碳水化合物，作为生活的营养来源；木腐菌也能使细胞内的淀粉、葡萄糖、脂肪等分解掉，但破坏木材细胞壁是引起木材腐朽的主要原因。腐朽初期木材质地变化不大，经防腐处理后仍可作为经济材使用。随着木材腐朽的进行，腐朽程度逐渐加深；到了腐朽的后期，木材的色泽、形状、质地等都呈现出明显的改变，朽材的颜色会变白、变褐或变黄，朽材质地会变软或变脆易断，折成方块裂纹状、碎粒状等，硬度显著降低。因此，被木腐菌侵染的木材，除了造成木材腐朽与变色外，主要是使木材失去了应有的使用价值。从木材微生物种群更替的观点来看，引起木材软腐的非腐朽菌类，就是木材腐朽菌侵袭定居的先驱微生物。那么，木材腐朽的过程就可以归结为4个阶段：首先是立木受伤或受到其他刺激；然后发生自然保护反应变色，变色区产生抗腐能力；不久变色区出现非木腐菌类的先驱微生物，包括细菌和微型真菌，它们在变色区的木材细胞间隙和细胞腔内定居，积极地分解单宁、醌、胶质物和填充体，使木材发生软腐，结果将变色区退色并消除其抗腐能力；最后木腐菌侵染并定居，木材的分解过程就进入稳定发展的阶段，木腐菌积极地分解与破坏木质细胞壁，致使细胞壁上的孔由少到多，结果使木材呈现白色腐朽或褐色腐朽。

在自然状态下，木材的腐朽是一个漫长的过程，所持续的时间很长，有时可以长达数年或数十年才能把一株树干完全分解掉。

11.1.4　木材腐朽的主要类型

根据木材的生活状态、木材腐朽发生的位置以及木材被腐朽菌分解后的颜色和形态等，可对木材腐朽进行分类。

(1)根据木材的生活状态分类

木材腐朽可分为活立木腐朽(立木腐朽)和非活立木腐烂(木材腐朽)2类。

(2)根据木材腐朽发生的位置分类

又可将活立木腐朽按树木的纵向分为梢头腐朽、中干腐朽、干基腐朽和根朽；按横向分为边材腐朽、心材腐朽和边、心材的混合腐朽。活立木由于被害部位不同，在症状上表现出很大的差别。边腐严重影响树木的生长，边材被害的立木一般表现为生长衰退，叶色发黄，严重时导致死亡。若仅心材受害，则破坏木材的利用价值，除可能有子实体出现外，在树木的外表上往往没有任何受侵染的表现，心腐的病状只有在将立木伐倒后才能显现出来。而非活立木的木材腐朽又可分为原木腐朽、倒木腐朽、枯立木腐朽、残桩及伐根的腐朽、板方材腐朽和木制品腐朽等多种。活立木的心材是没有生命的死组织，因此，活立木心材的腐朽同非活立木的木材腐朽一样，都是由腐生微生物引起的死体分解现象。而活立木木质部的边材则是有生命的组织，所以微生物对边材的分解是一种寄生现象，因此，在林木病理学中被作为一类寄生性病害来研究。

(3)根据木材被腐朽菌分解后的颜色和形态分类

木材腐朽可分为木材白腐和木材褐腐。如木质细胞壁中的木质素被分解利用时，仅留下纤维素和半纤维素，朽材较健康材为浅，呈白色，称为白腐(white rot)，朽材不易粉碎解体，且富于弹性；反之，如木质部的综纤维素被木腐菌借纤维素酶加以分解利用时，木质部残留下来的是木质素，朽材显示红褐色，称为褐腐(brown rot)，朽材易粉碎解体。能够分解木质素导致木材呈白色腐朽的木腐菌称为木材白腐菌；能够分解纤维素和半纤维素导致木材呈褐色腐朽的木腐菌称为木材褐腐菌。由于不同木腐菌的生理特性不同，所分泌的酶及酶的活性各不相同，因此，不同的木腐菌所分解木材的各种成分及相对速率就各不相同。有些木腐菌只能分解纤维素和木质素二者之一，有些木腐菌则可同时分解二者；还有些菌类能以二者之一为主要分解对象，兼或稍具分解另一物质的能力等，因此，在自然界中由不同木腐菌引起木材腐朽的类型是很复杂的。按木材腐朽表面所显示的特征，木材白腐又可分为海绵状白腐、蜂窝状白腐、丝片状白腐和杂斑状白腐等各种类型；木材褐腐也可分为块状褐腐、蜂窝状褐腐、丝片状褐腐和杂斑状褐腐等类型。在木材白腐与木材褐腐之间，还有一些黄色腐朽的中间类型。每种木腐菌在同种和不同种树木上所引起的腐朽颜色类型是固定的，是由木腐菌自身的生理特点决定的。详细地研究两类木腐菌在木材中的发生和发展过程与腐朽木材的特性，对于合理地利用腐朽木材具有重要意义。

一般情况下，木材白腐菌对纤维素、半纤维素和木质素都能分解，但对木质素的分解能力更强。由于暗色木质素的大量分解，腐朽后的木材呈白色；随着分解的进行，木材细胞的次生壁逐渐变薄，木材质地将变为纤维状或海绵状。引起白色腐朽的真菌种类较多，主要是担子菌，还有少数子囊菌。白色腐朽多发生在阔叶树上。而木材褐腐菌能分解纤维素和半纤维素，但不能分解木质素，或分解木质素的能力很弱，仅对木质素分子稍加改变，如使之脱去甲氧基或加以氧化等。褐色腐朽的木材由于木质素的残留而呈浅或深褐色，质地变成碎粒状、粉状或方块裂纹状。引起褐色腐朽的真菌几乎全是担子菌，其种类没有白色腐朽菌多。褐色腐朽在针叶树上发生较多。在褐色腐朽过程中，由于木材成分较大的纤维素很快地被分解掉，故褐色腐朽在分解初期能更快地引起木材重量的减少和强度的下降(图 11-1、图 11-2)。

1. 由烟管菌引起的海绵状白腐

2. 由木蹄层孔菌引起的杂斑状白腐

图 11-1　木材白腐

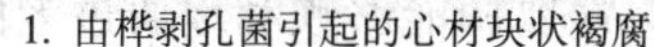

1. 由桦剥孔菌引起的心材块状褐腐

2. 由松杉暗孔菌引起的心材块状褐腐（潘学仁，1995）

图 11-2　木材褐腐

11.1.5　木材腐朽菌的繁殖与传播

引起立木和木材腐朽的真菌都能在人工培养基上进行培养，但培养时一般只进行营养生长，产生与子实体颜色相近的菌落，而不产生与自然界中相似的子实体。

在自然状态下，立木腐朽菌的侵染是孢子通过木材上的各种伤口、小蠹虫等的孔道、死枝桩以及木材的裂缝等侵入到木材内部的。火灾、风折、雪压、冻裂、病虫害、动物咬伤及自然整枝等造成的各种自然伤口，人们的营林活动、疏伐和修枝不当等造成的各种人为伤口，都为木腐菌的侵染提供了方便条件。腐朽菌的孢子被传播到立木的伤口上后，如果外界条件适宜，孢子便在木材上萌发形成菌丝，侵入立木并定居，不断向周围生长扩展，菌丝纵横交错形成网状的菌丝体，在木材上肉眼可看到的是白色的菌丝膜，菌丝膜有时呈扇状。菌丝好像树根一样是木腐菌吸取养料的组织。但是由于立木本身的机械保卫反应、木材内含物等生理保卫反应，木材细胞壁的 3 种主要化学成分纤维素、半纤维素和木质素又都是结构稳定、难以被生物降解的物质，以及受木材温度、木材含水量等因素的制约与影响，木腐菌的扩展蔓延速率都很慢。一般而言，各种木腐菌的潜育期都较长，菌体需经过数年至数十年的营养生长后，才发展到特定的生理成熟阶段进行有性繁殖，在树干上集聚形成小球状，并暴露在木材表面，然后逐渐长大形成子实体，产生构造比较复杂的大型担子果或子囊果，并在其上或其中产生担孢子和子囊孢子。

木腐菌的子实体(绝大多数为担子果)一年生或多年生。一年生的至冬季死亡，翌年产生新的子实体；多年生的子实体则产生新的子实层体。多数木腐菌的子实体是在夏、秋多雨的季节产生。子实体每年都产生和释放大量的担孢子，木腐菌就靠孢子来繁殖，有的木腐菌的一个子实体能产生上百亿个孢子，如一个大型扁芝的担子果每天能放散 300×10^8 个孢子，并且可以持续 6 个月之久。由于孢子很小很轻，可以借风力传播，飘浮在空中随大气流动，有时在 2 000 m 的高空都有活孢子的存在，因此，木腐菌的孢子可以被传播得很远。孢子也可以借水或昆虫和其他一些小动物的携带而传播。有些情况下，也有少数木腐菌可以用菌丝或产生根状菌索主动生长延伸和侵染，也就是从受害木材或地面上的菌丝或菌索直接传到健康的木材上，如贮木场的木材或在温暖湿润条件下使用的木材，木腐菌都可借菌丝或菌索来传播和繁殖。有时木腐菌也可人为地进行传播，并且是远距离快速地传播。

有一些腐朽的活立木，尽管腐朽很严重，也不产生子实体，外观上和健康木相似，只能靠在树干枝丫处或干上形成空洞和大的死节，或借敲击树干判断立木已经腐朽。这种立木腐朽称为隐蔽性腐朽，在大兴安岭、小兴安岭的成过熟林分内比较常见。原因可能是病菌没有形成子实体的条件，或未到此发育阶段，或是子实体因各种缘故而脱落。

11.1.6 立木和木材腐朽的发生条件

立木和木材腐朽的发生与环境条件关系密切。

萌芽更新的林分最易感染干基腐朽。南方的杉木林和北方的蒙古栎林的萌芽林发病率都很高。这与原始林分中木腐菌的积累量多有关。病腐菌能够顺利地通过老的根株侵入树干基部。

活立木的腐朽一般发生在老年树上，少见于中龄以下的树木，与林木年龄有着密切的关系，在相同条件下，腐朽率一般随着林龄的增加而增大。但是某些立木腐朽如杨树的心材腐朽，有时甚至在幼龄林分中即可发生。据在小兴安岭的调查，红松干基腐朽率与林龄的关系见表 11-1。

表 11-1 红松干基腐朽率与林龄的关系

林龄(年)	干基腐朽率(%)	林龄(年)	干基腐朽率(%)
120~139	27.8	220~239	54.5
140~159	34.5	240~259	65.6
160~179	36.6	260~279	81.8
180~199	43.5	280~299	100.0
200~219	51.5		

一般情况下，林木的直径与林龄呈正相关，因此，林木的腐朽率与林木的直径也是呈正相关的。在野外调查中，确定林木年龄与林木的直径关系后，便可直接根据林木的胸径推算出立木腐朽的大致程度。

立木腐朽与林型之间的密切关系，反映了环境因素对腐朽的综合影响。在大兴安岭、小兴安岭的调查表明，落叶松对松白腐病的感染率，在草类落叶松林中要比水藓落叶松林低得多，缓坡蕨类树藓红松林的干基腐朽率远比杜鹃细叶薹草红松林高，充分说明森林中土壤和林分内的湿度起着重要作用。在一定的范围内，林分内的湿度增高可促进微型真菌、细菌和木材腐朽菌的生长；潮湿的土壤可能引起根部窒息，因而促进了干基腐朽的发展，使树木生长衰弱而易被腐朽菌侵染。

木材腐朽的发生除与环境条件关系密切外，还与木材本身的性质有关。木材的耐朽性和木材的密度、硬度以及树脂、单宁和芳香油的含量成正比关系。

木材的含水量在 150%以上或在 35%以下时，很少发生腐朽。含水量在 40%~120%时，木腐菌发育最好。木腐菌生长适温一般为 25~35℃，其生长最高和最低界限温度为 45℃和 4℃。木材腐朽菌的生长和发育也需要一定的空气，水中贮木之所以不发生腐朽，就是因为缺乏空气。

11.1.7 立木和木材腐朽的防治原则

由于在自然状态下木材的腐朽过程，要经过一定的木材微生物类群的演替，不仅有木腐菌的作用，也有微型真菌和细菌等的参与，通过各种菌类的连续作用，木材腐朽才得以进行。其中微型真菌和细菌在木材的生物分解过程中作为先驱微生物也起着十分重要的作用。在林木病理学中，研究木材腐朽菌引起的活立木和木材腐朽，实际上已经是生态演替的中期和后期阶段，防治常常已不可能，因此，如何从早期演替入手开始防治，应该是更重要的问题。但是立木和木材腐朽的发生初期却往往不易发现，对于地处边远的成过熟林区的活立木腐朽，防治就更加困难。大面积人工林和天然幼林迅速成长，将逐步取代原始森林，因此，活立木腐朽的防治重点应以幼林为主，主要是采取细致与合理的营林措施，创造林木生长的良好生态环境，增强林木的抗侵染力。其中包括确定和控制一个合理的采伐年龄、清除侵染来源、减少树木损伤等。珍贵古树名木的腐朽需采用外科手术和药剂防腐处理等办法。木材腐朽的防治主要是通过木材合理的储藏和化学防腐处理来进行。

加强抚育管理，促进林木提早成材，并确定和控制一个合理的采伐年龄，是减少和防治林木腐朽最合理的方法。不论任何树种和任何环境条件，腐朽株率和腐朽材积均随林龄的增长而增长。因此，应根据不同的立地条件为每一树种确定一个合理的采伐年龄，以协调林木生长速率与腐朽增长率之间的矛盾，减少木材损失。

除了对林分进行正常的抚育采伐外，在病腐感染率较高的林分中，还应进行适当的卫生伐，这种采伐在中年和成年林分中更为重要。目的在于伐除已受木腐菌感染的病腐木，和极易遭受侵染的衰老木、被压木、虫害木、枯立木、倒木、风折木和大枝丫，以经常保持林内卫生，减少林分的病腐率，保证其他林木的健康成长。树冠稀疏、叶色变黄或生有子实体的林木，在不破坏林相的情况下都要清除。要有计划地清除林木上引起腐朽的病菌子实体，以减少侵染来源。若林分病腐率超过40%，应有计划地在近几年内采伐利用。

采用合理的更新方法，尽量避免萌芽更新。如果采用萌芽更新，则伐根不能高大，因为伐根高大，受木腐菌侵染的机会就多。

在有条件的人工林中，可进行人工打枝。打枝的高度要合理。打枝时枝桩要平滑，切忌伤及干皮。行道树、公园的树木或其他珍贵树木打枝后最好用保护药剂涂抹伤口，以免病菌侵入。

由于立木腐朽菌的侵染主要由伤口侵入，因此要尽力避免和防止各种机械伤、虫伤、动物(鼠、兔等)伤、灼伤、冻伤等。要特别注意防止林火，火灾后残存的林木，不仅抗病腐力降低，而且火灾所造成的伤口很难愈合，最有利于病菌的侵入。因此火灾木也要伐除。

珍贵古树名木如已发生腐朽，要小心挖除腐朽部分，在切口上涂以硫酸铜、季铵铜等防腐剂；对疮痕和树洞，用聚氨酯等材料实行镶补术。

要合理利用腐朽材，以减少损失。对于腐朽初期的木材，经过防腐处理后仍可作为一般的经济用材而加以利用。有的腐朽材具有很美丽的花纹，可做工艺品、玩具等；有的腐朽材可以作为化工原料；白腐木材可以用来造纸。

已经腐朽的立木，采伐后腐朽仍能继续发展，且速度更快，也有可能产生子实体成为侵染来源。未腐朽的立木采伐后形成的原木在山场和贮木场保存期间，水运与陆运期间，加工的板方材在保存期间以及木材使用期间，都有可能被侵染发生腐朽，其腐朽速度比立木快许多倍，可造成重大损失，所以原木、板材、方材、纸浆原料、土木建筑用材等木材的防腐，是极其重要的。要保持木材贮存场所排水良好，通风干燥。成品材如枕木、电柱、桥梁等建设用材，应尽快进行防腐处理后使用。

11.2　重要的立木腐朽及木材变色防治

11.2.1　针叶树心材白色腐朽

【分布及危害】分布极为广泛，遍及北温带，是针叶林的重要病害。受害树种几乎包括所有针叶树，其中以松属、云杉属、落叶松属受害最甚。在我国内蒙古的大兴安岭，黑龙江的大兴安岭、小兴安岭，吉林的长白山，云南的西北部，甘肃的白龙江流域，以及四川、河北、山西、陕西、新疆和西藏等地都有分布。在东北主要危害胸径 30～50 cm 以上的红松、落叶松和云杉的活立木干部；在西南常发生在云南松、高山松和云杉上；在白龙江流域以危害冷杉、岷江冷杉、秦岭冷杉、紫果云杉、华山松和油松为主；在喜马拉雅山常侵染喜马拉雅铁杉、高山松等。据报道，个别阔叶树种如槭、山楂、纸皮白桦也能受害。该病害的病原菌是成熟、过熟针叶树活立木上最主要的腐朽菌，红松林病腐率平均为 17.8%(仅按树干上已有子实体统计)，严重的达 50%以上；落叶松林病腐率达 40%左右。病腐木的出材率平均比健康木低 50%以上，因此对木材的损害十分严重，毁坏力极大。在成熟林、过熟林中腐朽发展到后期时，病腐木的高和直径生长将加速衰退。

【症状】主要特征是引起活立木树干心材蜂窝状白色腐朽，严重时还可以蔓延到活的边材。腐朽初期心材变色，在红松和兴安落叶松上表现为红褐色，较心材的本色为暗；在云杉上初为淡紫色，后变为红褐色；在白松上为粉红色；而在侧柏及香柏上初期似乎没有变色现象。变色斑块不按年轮分布，且常在变色边缘有黑、蓝、硫黄等色小污斑，斑周有不连续的黑线纹。一般情况下初期阶段的木质仍保持坚固、强韧，只不过有时会有树脂渗透出来。到后期逐渐发展出现褪色区，在被害木材内分散出现许多白色纺锤形或枣核形的小孔洞，状如蚁窝(图 11-3)，东北林区俗称这种腐朽为“蚂蚁蛸”。最后全部木材被破坏，有时形成空洞。朽材之间常间有未腐朽部分。腐朽通常集中在树干的中部和下部，严重的病腐木腐朽材可延伸至干基部或枝梢部。病菌子实体一般自树节处生出，常生在死节或断枝处或粗枝杈上，很少出自伤口。在冷杉上可直接由边材及皮层穿出，在云杉枯立木上也可由皮层穿出。子实体的存在是树干内部腐朽最可靠的指示，因为只有腐朽发展到相当程度才长出子实体，子实体越多则腐朽越严重。在红松和落叶松树干上，自子实体着生处算起，腐朽向上蔓延 4～

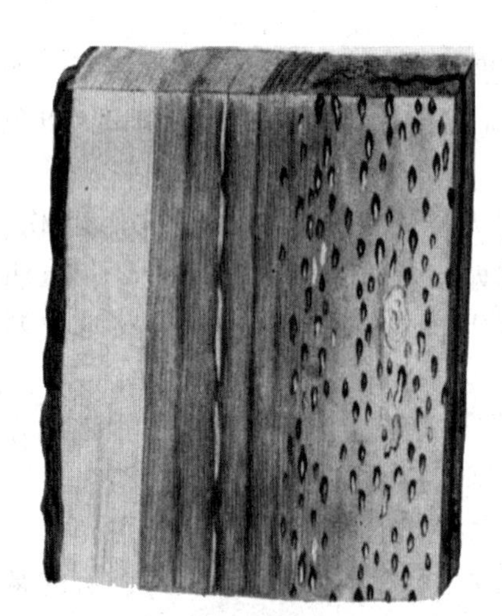

图 11-3　针叶树心材蜂窝状白腐的症状
(袁嗣令，1997)

6 m，向下 2~4 m。因此，可根据子实体的着生位置和多少确定其腐朽程度。

在小兴安岭南坡的红松和落叶松林中，经常遇到一种隐蔽性的干部腐朽，病腐木的树干上没有子实体，外观上与健康木无明显差别，只是有流脂或不流脂的伤洞，伐倒后可观察到心材已经腐朽。鉴定结果是由同一种菌引起的。

【病原】由担子菌门蘑菇亚门蘑菇纲刺革菌目刺革菌科木层孔菌属的松孔迷孔菌(*Porodaedalea pini*，异名 *Phellinus pini*)引起。子实体多年生，无柄，侧生于树干上，木质略带木栓质，坚硬，形状变异较大，常呈马蹄形，少数为扁平半圆形或贝壳状，有时在同一树种上子实体的外形也不一样，大小为 5~20 cm×10~30 cm，厚 2~16 cm。菌盖栗褐色、黑褐色至黑色，粗糙，有同心环棱和辐射状的裂纹，初期有密生的柔软刚毛，老熟者有龟裂，无毛，纵断面有波状凹凸；边缘颜色比表面淡，变薄，波状，有时钝圆，下侧无子实层。菌肉薄，厚 1~6 mm，木栓质带木质，黄褐色。菌管与菌肉同色，多层，每层厚 2~6 mm，长短不一，与菌肉界限不明显；管口面黄褐色，老熟后变灰褐色；管壁厚，管口较大，但大小不等，近圆形的 3~5 个/mm，多角形至迷宫形的 1~3 个/mm。刚毛多，锥形，褐色，25~50 μm×6~15 μm。担孢子近球形，光滑，初无色，后变为淡褐色，大小为 4~6 μm×4~5 μm。二系菌丝系统，生殖菌丝无锁状联合，具骨架菌丝(图 11-4)。

松木层孔菌

图 11-4　针叶树心材白腐的病原菌——松孔迷孔菌
(霍岩 摄)

本菌有一变种为薄皮孔迷孔菌(*Porodaedalea abietis*，异名 *Phellinus pini* var. *abietis*)，分布在四川，多生于云杉树干上。其子实体平伏而反卷，反卷部分薄而扁平，大小为 1.5~3.0 cm×2.0~3.5 cm，厚 3.0~5.0 cm；菌肉厚 1~2 mm；孔口 4~5 个/mm，其他特征与典型种相同。

【发病规律】松针层孔菌的子实体每年秋季都释放大量的担孢子。担孢子借气流传播，通过树干上的伤口、断枝及死枝桩等侵入到木材内部，初期木质部变褐色，当木质部被分解时朽材变浅，并显出白色小窝，菌丝在立木中年年蔓延生长，逐渐使心材腐朽，需经几年至十几年才在树干外部断枝处长出子实体。

树干上子实体的数量多少与腐朽程度有关，兴安落叶松若有 1~3 个子实体时，其腐朽材积约为 37%；子实体在 10 个以上时，整株材积几乎全部损失。在干基生子实体时，朽材只有 1 m 左右高度，如在立木上部有子实体时，则往往是上下贯通腐朽。在比较恶劣条件下生长的幼壮林中，常有不产生子实体的隐蔽腐朽，其腐朽百分率有时很高。

病害的发生与林型、林龄和直径、地位级的关系密切。在立地条件比较干燥的林分，如细叶薹草红松林腐朽率较低；而潮湿的林分，如榛子红松林腐朽率则较高。溪旁落叶松林的腐朽率高于草类落叶松林或杜鹃落叶松林的 6~10 倍。在地位级不同的同样林型的同龄林中，腐朽率也不相同。

红松和落叶松等的病腐率随着年龄的增大而递增，在成过熟林中病腐率高。林木病腐率与胸径呈正相关，但它只是与年龄关系的间接反映而已。

【防治措施】强调适地造林，提高造林技术。成林后应及时抚育，增强树势，防止伤口和断枝的发生，人工修枝忌伤树皮，平干修枝不留短柱。幼、壮林内的子实体应尽早采收掩埋，防止传播与传染。适当进行卫生伐，除去病腐木、枯立木和倒木。合理确定采伐年龄。如果腐朽率高达 30%～40%，应有计划地皆伐。腐朽立木可以根据腐朽的程度，区分利用等级。如何准确识别立木的自然保护变色和腐朽变色极为重要。若将自然保护变色误认为腐朽，将造成巨大损失。

11.2.2　阔叶树心材白色腐朽

【分布及危害】广泛分布于世界各地，在我国东北、西南、华北、西北各地区普遍发生，主要危害山杨、桦类树种活立木，其他杨树、槭、柳、核桃楸、栎类等多种阔叶树也经常受害。在黑龙江尚志市的 15～25 年生山杨次生林中，腐朽率一般为 30%～40%，最高达 46%，材积损失 39.6%；吉林蛟河林区 50 年生的山杨幼林腐朽率达 70%，影响出材率达 20.4%；大、小兴安岭 80 年生以上的山杨腐朽率为 30%～78%。朽材有的高达 8 m，一般为 4 m 左右。

【症状】腐朽发生在活立木树干和干基的心材上。腐朽初期干基或干部心材变成淡褐色至暗褐色，后随着腐朽程度的加深逐渐褪为白色，并在其周围产生黑色线纹，最后朽材变白变软，不碎不裂，形成典型的海绵状白色腐朽。有时在腐朽的心材中沿着年轮生有大片菌膜。在大风雨天，常从腐朽部折断，露出白色松软的朽材。在横断面上可看到心材的腐朽区域和周围的变色区域。变色区有时呈现褐色杂斑，呈大理石状态。该腐朽常为隐蔽性的腐朽，不产生子实体，但有明显的腐朽节、破腹、火烧愈合痕等特征。腐朽到一定程度时，菌丝在腐朽节等伤痕处分化形成多为马蹄形的子实体(图 11-5)。

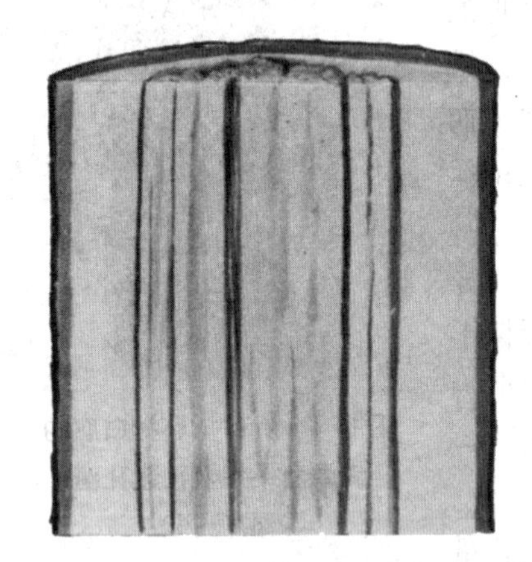

图 11-5　阔叶树心材海绵状白腐的症状
(袁嗣令，1997)

【病原】由担子菌门蘑菇亚门蘑菇纲刺革菌目刺革菌科木层孔菌属的火木层孔菌(*Phellinus igniarius*)引起。子实体多年生，无柄，侧生于树干上，木质，质地坚硬不易脱落，形状变异较大，常呈马蹄形、半球形。生长在不同树种上的子实体形状常有差异。大小为 2～12 cm×3～21 cm，厚 1.5～10.0 cm。菌盖暗灰色至暗黑色，幼体表面光滑，有细微绒毛，无龟裂；老熟体有明显的龟裂，无毛，有同心环棱，无皮壳或有假皮壳；边缘钝圆，有密生的短绒毛，干后脱落，呈浅咖啡色，下侧无子实层。菌肉硬，木质，深咖啡色，厚 5 mm 左右。菌管多层，层次常不明显，长 1～5 cm，与菌肉同色，老管中填充白色菌丝等填充物；管孔面大，锈褐色至酱色，稀灰色；管壁薄，管孔圆而小，4～5 个/mm。刚毛顶端尖锐，基部膨大，10～25 μm×5～7 μm。担孢子卵形至球形，光滑，无色，5～6 μm×3～4 μm。二系菌丝系统，生殖菌丝无锁状联合，具骨架菌丝(图 11-6)。

【发病规律】病害的发生发展与林型、林龄和径阶、地位级等条件有密切关系。据对黑龙江省东部山区天然阔叶山杨次生林的调查，在同一地区不同的森林类型中腐朽率有很

图 11-6　阔叶树心材白腐的病原菌——火木层孔菌(图力古尔 摄)

大的差异，如丘陵山杨林和阳坡山杨林的腐朽率在 14.5%~23.7%；而坡地杨树林和沟谷杨树林腐朽率高达 52.5%~63.9%。山杨从幼龄到成林均能发生心材白腐，在同一立地条件下腐朽率随林龄的增加而增高，如山杨Ⅰ龄级腐朽率为 13.3%，Ⅱ龄级腐朽率为 24.5%，到Ⅲ龄级增高到 44.6%，Ⅳ龄级高达 60.1%。因为林龄与径阶呈正相关，所以在同一立地条件下腐朽率也随着径阶的增加而增高，如 2~4 径阶的山杨腐朽率为 13%~19%，而 8~12 径阶的高达 37%~53%。地位级是反映林分立地条件的重要因子，与腐朽关系密切，立地条件较差的林分病害严重，腐朽率随地位级的下降而增高，如在Ⅰ地位级的山杨林腐朽率为 28%，而在Ⅳ地位级的为 54.4%。土壤类型与山杨腐朽有密切关系，不同土壤类型上的山杨心材腐朽率不同。原始型灰色森林土壤和淡灰色森林土壤腐朽率高达 52.4%~72.6%，而典型灰色森林土壤和暗灰色森林土壤腐朽率为 22%~25%。在白浆土地带的山杨生长很差，因而腐朽也严重。病菌主要从伤口侵入，因此各种伤口越多，病害发生也就越重。损伤是导致山杨心材白腐的重要原因，凡树木有虫伤、破腹伤、死节、人为机械伤的，一般都发生腐朽，如有节伤和破腹伤的腐朽率达 36%~66.7%，而无伤口的很少发生腐朽。

阳坡比阴坡、山上腹和下腹比山中腹和丘陵地腐朽率高，但差别不大。

疏密度与山杨腐朽有一定联系，密度过大或过小腐朽率都偏高，但差别不显著。

腐朽发生在心材部，常分布在干基处 4~5 m 高或更高处，呈圆锥形。腐朽蔓延的高度随林龄增大而增高，Ⅰ~Ⅱ龄级蔓延高度为 0.8~1.4 m，Ⅲ~Ⅳ龄级为 2.3~2.7 m。

子实体常从断枝处长出。在桦树上常常生出一种不孕性子实体，成为一个大包，像瘤。

【防治措施】参看本章概说和针叶树心材白腐防治部分。

11.2.3　针阔叶树心材褐腐

【分布及危害】广泛分布于世界各地的各种天然林分内，在我国南北各地均有发生，危害各种松、落叶松、云杉、冷杉等针叶树和桦、栎、山杨、核桃楸、稠李、赤杨、柳、桑等阔叶树的活立木、倒木、枯立木、伐桩以及原木，是云杉等针叶树危害较大的一种病害。在长白山和小兴安岭林区主要危害红松、鱼鳞云杉和白桦；在大兴安岭危害兴安落叶松和白桦；在甘肃白龙江流域危害秦岭云杉。引起心材块状褐色腐朽，降低经济出材率。

针阔叶树心材块状褐腐的症状

【症状】腐朽的活立木在外观上常无任何特征，只在腐朽后期才在干基部或中干部长出腐朽菌的子实体。腐朽立木心材初变淡褐色，渐发展为红褐色，最后变暗褐色，并常常裂开呈大小不等的立方体，其间有白色菌膜，形成典型的块状褐色腐朽。最后朽材常碎裂直至成粉末状，由干基部伤口流出，使腐朽立木形成空洞(图 11-7)。

松生拟层孔菌

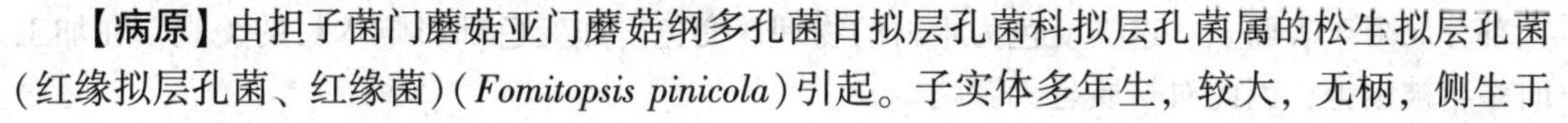

【病原】由担子菌门蘑菇亚门蘑菇纲多孔菌目拟层孔菌科拟层孔菌属的松生拟层孔菌(红缘拟层孔菌、红缘菌)(*Fomitopsis pinicola*)引起。子实体多年生，较大，无柄，侧生于

树干，木栓质到木质，扁平，山丘形、半圆盘形或低马蹄形(图 11-8)，4~20 cm×5~40 cm，厚 2~12 cm，最大横径可达 60 cm。菌盖初期有红色、黄红色、红褐色的胶状皮壳，后期皮壳坚硬，变为污褐色至黑褐色，无毛，有宽的同心环带；边缘钝圆，初为白色，渐变为橙黄色至红栗色，下侧无子实层。菌肉木质至木栓质，有环纹，近白色至木材色，厚 5~30 mm。菌管多层，每年增长 3~5 mm，白色至乳白黄色；管壁厚，管口较小，圆形，白色至乳白黄色，3~5 个/mm。子实层内有毛状的囊状体，尖端细，突出子实层之外。担子棒状，较短，近无色，12.5~24 μm×6.5~8.0 μm。担孢子卵形至椭圆形，无色，光滑，5.5~7.5 μm×3~5 μm。三系菌丝系统，生殖菌丝有锁状联合，骨架菌丝无色。

图 11-7　针阔叶树心材块状褐腐的症状
(霍岩 摄)

图 11-8　松生拟层孔菌
(霍岩 摄)

【发病规律】主要发生在原始林的壮龄林和老龄林中，多生于各种针阔叶树的倒木、枯立木和伐桩上，也生在活立木上，人工林、原木及加工材有时也可发生腐朽。

【防治措施】参看本章概述和针叶树心材白腐防治部分。

11.2.4　木材变色

木材变色现象是十分普遍的，在生长期间的活立木和采伐后的原木，经过加工的板材、方材，以及在加工干燥和使用期间的木材，常常都会在其表面或内部发生各种变色。

11.2.4.1　木材变色的类型

木材变色是外部表现的共同特征，其原因有很大差别，一般可分为四大类，即化学性变色、物理性变色、生理性变色和微生物性变色。

(1)化学性变色

木材细胞中的内含物因为被氧化或因为沉积物的分解而变色，称为木材的化学性变色。如松木边材常变褐色，桦、槭材常变黄色至锈色，赤杨材变红褐色。这类变色容易显现，会影响木材的美观，但对材质无影响。

(2)物理性变色

在人工干燥针叶树木材时，由于温度升高，木材内水分突然散失，使木材表面常生褐色污斑，还带白色边缘。用火力干燥时，木材也易生褐色，并且很普遍，变色部稍软，但大部分局限于表面上，这类变色为木材的物理性变色。如变色部影响木材的美观，在加工时多半被刨掉，因此对材质也无影响。

(3)生理性变色

在自然状态下，一般的针叶树和阔叶树在生长期间如果受到各种伤害或刺激，如受菌类侵染、昆虫和动物的伤害、霜冻害、机械伤害等，甚至气压急变、气温变化时，活立木(主要是心材)都能在刺激部位产生变色。变色现象的发生与刺激原因之间没有固定关系；但变色的色调与树种有关系，如青杨变红色，栎树变银灰色，落叶松变淡褐色，云杉材变淡紫褐色，红松材变淡褐色。这种变色一般按年轮范围发生，变色后在木质细胞中沉积一些色素与胶质物和侵填体，这些沉积物使变色部的硬度增加而使木材的质地变脆。活立木的这种变色现象是普遍存在的，变色区可以暂时地防止任何木材腐朽菌的侵染，这是一种保卫反应，在病理学上称作自然保护反应变色或称作生理性的护伤反应变色，属木材的生理性变色。一般自然保护反应变色后的木材强度对材质影响不大。当然，当木材受木材腐朽菌侵染时，也会发生这种变色反应，但是变色区的这种抗腐能力不久就会因非腐朽菌类的活动而消失；而且经过非腐朽菌类活动的结果，更有利于木材腐朽菌的侵染，从而发生木材腐朽现象。

自然保护反应的变色位置，一般都分布在心材上，形状与年轮相吻合。变色年轮数有的只占全年轮数的1/3，有的占1/2，也有的占2/3。变色部自下而上贯通全树干，小枝、叶痕处的木质部也都变色。如有伤口，伤口周围也变同样颜色。这种自然保护反应变色在幼树中明显，可随着树木年龄的增大而消失。

有些生理性变色对材质没有影响。如针叶树活立木在其生长过程中，一般阳面材或多或少表现深色，像落叶松的阳面材和粗枝下方的木材，都比它相对一侧的木材色深得多，这种变色对木材的材质没有任何影响。

有的针阔叶树种是显心材树种，因此心材百分之百变色，不应与心材和边材发生局部的保卫性变色以及腐朽变色混同。如落叶松心材随着年龄的增加，由淡黄色逐渐转变为棕黄色、淡黄褐色、黄褐色，最后逐渐变成稳定的红褐色。

(4)微生物性变色

实际上，任何木材微生物性变色都属于木材生理性变色的一种，这种变色是由于微生物生长在木材表面或内部而引起的。微生物性变色包括木材变色菌引起的变色、木材表面污染性霉菌引起的霉色、木材软腐菌和木材细菌引起的变色和木材腐朽菌引起的变色等多种(详见本章11.1)。

①变色菌引起的变色。木材变色菌主要生活在髓射线细胞和管胞中，菌丝体能分泌色素使木材变色。常见的变色有青、褐、黄、绿、红、灰、黑等色。变色因树种与菌种而异。不但影响木材的美观，而且变色后木材硬度加强，韧性降低，质地变脆，虽然这种材质对一般的用材影响不大，但是不适用于特殊用材如飞机、轮船、仪器用材等，有时甚至由于使用了变色材而造成了重大的技术事故(图11-9)。

②霉色。木材表面污染性霉菌在材面上腐生，使木材表面染上黑、灰、绿、褐等各种颜色，这种情况在湿度大的情况下较容易发生，在日常生活中是常见的现象，家里的木质基质的菜板很容易发生由污染性霉菌引起的发霉变色(图11-10)。一般木材表面产生霉色后，在加工时可被刨掉，因此无大影响，唯独在胶合板上染色后无法消除，因此在保存胶合板时要特别注意防潮，以防止霉色的发生。

污染性霉菌引起的菜板发霉变色

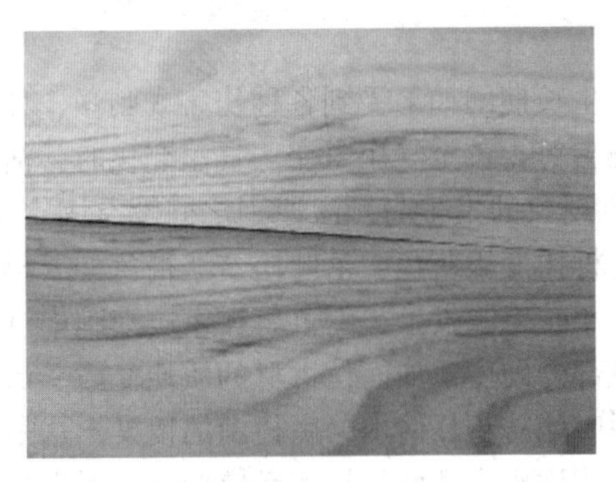

图 11-9　由变色菌引起的云杉材的变色
(池玉杰 摄)

图 11-10　污染性霉菌引起的莱板发霉变色
(池玉杰 摄)

③木腐菌引起的变色。当活立木和木材被木腐菌侵染后，腐朽区内的腐朽材由于已经被木腐菌不同程度的分解而将呈现不同的腐朽颜色，而在腐朽材的外围还会产生自然保护反应变色区。这种变色区硬度大、质脆，具有抗拒和抑制木腐菌的侵染、把侵染和健康部分隔离开来的作用，对木腐菌的菌丝体在木材中的发展是一种阻碍，使木材腐朽进行得十分缓慢。然而这种变色区的抗腐能力并不是不变的，终究会被非腐朽菌类(如真菌)的子囊菌、无性型真菌、接合菌和一些细菌侵入，进而作初步分解而消除抗腐作用，这之后木腐菌便能向前扩展一步，进一步引起木材腐朽，然后在其外围重新产生新的变色区。这样，在这种变色区的中心部位有朽材变色变形部分，腐朽材可变为锈黄色、褐色、白色及出现黑斑、黑线纹等，这是由于木腐菌能分泌各种酶，对木质细胞壁的各种成分分解后而使朽材产生的木材腐朽变色，这种腐朽色与腐朽材外围的无木腐菌菌丝体的自然保卫反应变色是可以区别开的。

由木腐菌引起的木材自然保护反应变色也是生理性变色的一种。在许多情况下，容易把朽材外围的这种自然保护反应变色视为木材腐朽现象，实则有误。木材自然保护反应变色的色泽与树种有关系，与刺激因子无关；而木材腐朽菌的侵染与一般伤害所引起的木材变色色调最初与各树种的自然保护反应变色自然也是一样的，但是腐朽后的木材色泽与自然保护反应变色是不同的，而且腐朽材在木材中的分布也不均匀。认为变色就是腐朽是不对的，但是变色是腐朽的先期阶段。木材的腐朽变色与木材的自然保护反应变色有如下的区别：木材的自然保护反应变色按年轮分布或围绕伤口发展，而腐朽变色常不按年轮分布，在木材横切面上常呈地图形或星芒状；自然保护反应变色木材干燥后色渐褪，变色部逐渐消失，而腐朽变色在木材干燥后色不褪；自然保护反应变色色调均匀，腐朽变色色调不均匀，而且常有黑、绿、褐、锈、蓝色斑点和线纹等；自然保护反应变色硬度不变或变硬脆，腐朽变色外围自然保护变色部分变硬脆，中心腐朽部分糟烂；自然保护反应变色在老树上色消失，腐朽变色永不消失；自然保护反应变色100%发生，腐朽变色不会100%发生。

11.2.4.2　木材变色的防治

木材变色不但影响了木材的美观，而且有的木材变色后硬度加强，韧性降低，质地变脆，从而降低了木材的使用价值和经济价值。另外，木材的生理性变色和微生物性变色与木材腐朽之间有着十分密切的联系，木材受变色菌等侵染后有利于木材腐朽菌的进一步侵染，因而木材变色还是应当力求避免。尤其对特殊用材，在保存期间要设法防治。

活立木要防治小蠹虫，防止它传播青变菌孢子。

确定合理的采伐时间，对采伐的木材及时加工，干燥保存。变色菌的生长需要一定的湿度和温度。冬天采伐针叶材，由于其含水量低，气温也低，不适宜菌类生长，可以大大地避免青变；但流送木材，会促使其变色。潮湿的木材，在装运过程中，当温度提高，木材中仍有生命活动的细胞就会使其表面出现水珠，同时，从截面渗出富含糖分的树液。在这种情况下，真菌就会很快地大量繁殖起来。在生长旺盛季节，特别是早春采伐下来的木材，比冬季伐下的木材含有较多的水分和糖分，因而也就相应地增加了木材变色的危险。事实上，晚春和早夏采伐下来的木材，其变色是难以避免的，除非伐下后立即进行窑干，甚至就在窑干初期，在含水量显著下降前，木材仍然有变色的危险。解决变色问题的最好办法是将伐下的原木立即下锯加工，并接着进行化学药剂处理防止变色；或是将锯材立即干燥(窑干或气干)，并在窑中喷洒化学药物，以后干燥保存。当木材含水量高于 20%时，变色菌等微生物就能生长繁殖。因此，采伐后的木材若能立即干燥到含水量为 20%以下，而且在加工和使用过程中始终保持含水量在 20%以下，就能防止变色的发生。

也可以对原木进行水存或湿存。霉菌和变色菌的生长繁殖都需要氧气，变色菌在木材含水量为 55%~99%时发育最好，因此，浸水贮木或喷水使木材含水量高于 150%，就能达到防止发霉和变色，可以保护木材几个月乃至几年不发霉、不变色。浸水贮木还可防止木材腐朽。可用蒸汽先将木材蒸煮 3~5 h 后再交叉平叠风干保存，保持干燥通风，也可防止木材变色。

为了防止木材变色，可及时用防变色药剂浸泡处理原木和锯材，或将药剂喷在材面上，然后适当地堆垛和干燥保存。有时当木材已完全干燥后，为了防止因偶然再湿而引起变色菌复发，常需再进行一次防变色化学药剂处理，以避免木材的二次变色。目前得到大多数国家认可的新的防木材变色的化学药物有氰硫基甲硫苯并噻唑(TCMTB)、甲叉双硫酚盐(MBT)、3-碘代-2-丙炔基甲酸丁胺(IPBC)、季铵铜(ACQ)、二癸基二甲基氯化铵(DDAC)、八羟基喹啉铜、三唑类化合物、百菌清等。另外，主要用于室内无色、无味、无毒的含硼防腐剂也有了很大的发展。而五氯酚钠和含砷、铬的防腐剂由于对人体和环境的毒害作用已被停止使用或被限制使用。

小　结

活立木与木材腐朽的现象是普遍存在的。木材腐朽就是木材细胞壁被真菌分解时所引起的木材糟烂和解体的现象，能分解木材细胞壁的真菌为木材腐朽菌。生长在木材上的微生物类群除木材腐朽菌外，还有木材变色菌、污染性霉菌、木材软腐菌、木材细菌和放线菌等多种。这些微型真菌和细菌等对木材的侵染活动，能进而导致木材由木腐菌引起的进一步侵染、分解和腐朽，微型真菌、细菌和木材腐朽菌共同组成了自然状态下木材上微生物类群的生长演替过程。凡是有树木生长、木材存放和使用的地方，几乎都有木材腐朽菌的生长，从而引起木材腐朽，降低了木材的使用价值和经济价值。木材腐朽的过程可以归结为 4 个阶段：首先是立木受伤或受到其他刺激；然后发生自然保护反应变色，变色区产生抗腐能力；不久变色区出现非木腐菌类的先驱微生物，包括细菌和微型真菌，它们在变色区的木材细胞间隙和细胞腔内定居，积极地分解单宁、醌、胶和填充体，使木材发生软腐，结果使变色区褪色并消除其抗腐能力；最后木腐菌侵染并定居，木材的分解过程就进入稳定发展的阶段；木腐菌积极地分解与破坏木质细胞壁，致使细胞壁上的孔由少到多，结果使木材呈现白色腐朽或褐色腐朽。

立木和木材腐朽的发生与环境条件关系密切。活立木的腐朽一般发生在老年树上，少见于中龄以下的树木，腐朽率一般随着林龄的增加而增大。在我国以针叶树白腐病引起的损失最为严重。值得注意的是一些立木腐朽，如杨树的心材腐朽甚至也发生在人工幼林中。而木材腐朽更为普遍。

活立木腐朽的防治重点应以幼林为主，主要是采取细致与合理的营林措施，加强抚育管理，创造林木生长的良好生态环境，增强林木的抗侵染力，促进林木提早成材，并确定和控制一个合理的采伐年龄。在病腐感染率较高的林分中，还应进行适当的卫生伐，及时清除病菌子实体，以减少侵染来源。由于立木腐朽菌的侵染主要由伤口侵入，因此要尽力避免和防止各种伤口。珍贵古树名木的腐朽需采用外科手术和药剂防腐处理等办法。木材腐朽的防治主要是通过木材合理的贮藏和化学防腐处理来进行。

木材变色现象是十分普遍的，在生长期间的活立木和采伐后的原木，经过加工的板材、方材，以及在加工干燥和使用期间的木材，常常都会在其表面或内部发生各种变色。

木材变色包括化学性变色、物理性变色、生理性变色和微生物性变色4种类型，而微生物性变色又包括木材变色菌引起的变色、木材表面污染性霉菌引起的霉色、木材软腐菌和木材细菌引起的变色和木材腐朽菌引起的变色等多种。木材变色影响木材的美观，而且有的木材变色后硬度加强，韧性降低，质地变脆，从而降低了木材的使用价值和经济价值。另外，木材的生理性变色和微生物性变色与木材腐朽之间有着十分密切的联系，因而木材变色还是应当力求避免。

思考题

1. 什么是木材腐朽？
2. 什么是木材变色？
3. 木材变色与木材腐朽的联系如何？
4. 木材腐朽的发生发展过程如何？
5. 解释木材白腐和木材褐腐。
6. 能够生长在木材上的微生物类群有哪些？
7. 说明立木和木材腐朽的防治原则。
8. 举例说明国内发生的主要立木腐朽的种类及特点。
9. 如何防止木材变色？

推荐阅读书目

池玉杰. 木材腐朽与木材腐朽菌. 北京：科学出版社，2003.

参考文献

鲍先巡，张和禹，杨学俊，等，2008. 肥西县桑树萎缩病的调查及防治[J]. 中国蚕业，29(1)：43-50.

北京林学院，1979. 林木病理学[M]. 北京：中国林业出版社.

别润之，杨么明，余世明，等，1986. 火炬松、湿地松枯梢病初步研究[J]. 森林病虫通讯(2)：8-10.

蔡国贵，1998. 福建省毛竹枯梢病的监测调查及检疫防除[J]. 植物检疫，12(2)：70-72.

曹汉洋，叶建仁，韩正敏，1996. 湿地松抗褐斑病育种技术研究[J]. 福建林业科技，23(增刊)：50-53.

陈绍红，孙思，王军，2007. 14种杀菌剂对油茶炭疽病的防治研究[J]. 广东林业科技，23(2)：42-45.

陈守常，1994. 论林木生态性病害及其生态治理[J]. 森林病虫通讯（2）：28-32.

程继鸿，秦岭，高遐红，1997. 板栗抗栗疫病的研究进展[J]. 北京农学院学报，12(2)：77-82.

戴文平，田世峰，禹淑丽，等，2007. 郁金香灰霉病防治技术[J]. 现代农业科技（3）：53.

戴雨生，1998. 不同地理种源侧柏对侧柏绿胶杯菌抗性的测定试验[J]. 南京林业大学学报，22(1)：53-56.

戴雨生，王行政，林其瑞，等，1993. 侧柏叶枯病的侵染与发生规律的研究[J]. 森林病虫通讯（2）：1-2.

戴玉成，2005. 异担子菌及其病害防治的研究现状[J]. 林业科学研究，18(5)：615-620.

邓才富，申明亮，章文伟，等，2007. 牡丹紫纹羽病病原菌的生物学特性及其防治[J]. 中国农学通报（5）：342-345.

邓群，谭松山，苏开君，等，1993. 国外松枯梢病发生与立地条件的关系[J]. 林业科学研究，6(4)：409-413.

丁宝堂，王乃红，石德田，2001. 果树根癌病的发生与防治[J]. 林业科技通讯（9）：43.

董重武，1989. 松、杉苗木猝倒病的发生规律及其防治[J]. 湖北林业科技(1)：26-27.

费建明，白锡川，杨海江，等，2009. 桑花叶型萎缩病的化学防治药剂比较试验[J]. 中国蚕业，30(2)：43-46.

费建明，白锡川，于峰，等，2007. 分子生物技术检测桑花叶型萎缩病原[J]. 浙江农业学报，19(2)：115-118.

冯贻标，1981. 葡萄根癌病发生规律与防治的研究[J]. 葡萄科技(2)：14-19.

符美英，陈绵才，肖彤斌，等，2008. 根结线虫与寄主植物互作机理的研究进展[J]. 热带农业科学，28（3）：73-77.

高爱琴，梁英梅，吐拉布比，1999. 松苗立枯病防治试验[J]. 西北林学院学报，14（3）：97-100.

高国平，王月，2004. 油松落针病的病原菌生物学特性及其侵染循环[J]. 东北林业大学学报，32(6)：87-88.

弓明钦，陈羽，王凤珍，等，1999. 外生菌根对桉树青枯病的防治效应[J]. 林业科学研究，12（4）：339-345.

顾雅君，唐兆宏，张瑞英，2007. 蜜环菌在森林病理学上的作用[J]. 中国食用菌，26(1)：15-16.

国家林业局植树造林司，国家林业局森林病虫害防治总站，2005. 中国林业检疫性有害生物及检疫技术操作办法[M]. 北京：中国林业出版社.
韩正敏，叶建仁，李传道，等，1991. 国外松松针褐斑病流行的区域性分析[J]. 南京林业大学学报，15(3)：6-11.
何秀玲，袁红旭，2007. 柑橘溃疡病发生与抗性研究进展[J]. 中国农学通报，23(8)：409-412.
何秀玲，袁红旭，2007. 柑橘溃疡病防治措施的研究现状[J]. 现代农业科技 (15)：80-81.
何学友，杨宗武，1995. 杉木不同种源细菌性叶枯病抗性人工接种测定[J]. 福建林业科技，22(增)：83-87.
和志娇，蔡红，陈海如，等，2005. 云南泡桐丛枝病植原体核糖体蛋白基因片段序列分析[J]. 植物病理学报，35(6)：18-21.
贺伟，叶建仁，2017. 森林病理学[M]. 2版. 北京：中国林业出版社.
贺运春，2008. 真菌学[M]. 北京：中国林业出版社.
黄北英，潘洪涛，刘芙，2005. 松针褐斑病菌和松针红斑病菌的风险分析[J]. 防护林科技(3)：72-74.
黄大昉，1993. 遗传工程微生物在生物防治中的应用[J]. 生物防治通报，9(1)：32-35.
黄家标，高岗峰，张登强，等，1996. 影响杉木炭疽病发生的主要因子分析[J]. 南京林业大学，20(2)：39-43.
黄强，余步豪，余明忠，等，1999. 油松赤枯病流行规律研究初报[J]. 四川林业科技，20(3)：43-45.
黄新华，2000. 百菌清等3种药剂防治油茶炭疽病药效试验[J]. 江西林业科技 (2)：18-19.
黄幼玲，2007. 柑橘溃疡病检疫与防治[J]. 植物保护，33(6)：132-135.
黄志金，2005. 梨白纹羽病的发生与防治[J]. 落叶果树 (5)：62.
贾国新，王喜臣，张淑艳，2004. 苗圃落叶松枯梢病的化学防治[J]. 吉林林业科技，33(4)：28-29.
景耀，张永安，1986. 湿地松枯梢病的研究[J]. 林业科技通讯 (12)：1-4.
孔祥义，陈绵才，2006. 根结线虫病防治研究进展[J]. 热带农业科学，26(2)：83-88.
李传道，1985. 森林病理学通论[M]. 北京：中国林业出版社.
李近雨，1994. 核桃种子烂种原因及发芽条件的研究[J]. 林业科学，30(1)：18-24.
李淼，檀根甲，李瑶，等，2002. 猕猴桃溃疡病研究进展[J]. 安徽农业科学，30(3)：391-393.
李仁芳，张振军，李瑞芝，等，2003. 果树根癌病的发生与防治[J]. 落叶果树 (6)：59.
李有忠，宋晓斌，张学武，2000. 猕猴桃细菌性溃疡病发生规律研究[J]. 西北林学院学报，15(2)：53-56.
练飞，华美霞，许静，2009. 云和雪梨3种根部病害发生规律及其防治[J]. 中国南方果树，38(2)：59-60.
梁军，张星耀，2004. 森林有害生物的生态控制技术与措施[J]. 中国森林病虫 (6)：1-8 .
廖太林，杨晓军，安榆林，等，2005. 美国栎树上传播枯萎病的几种重要露尾甲[J]. 植物检疫 (1)：37-38.
廖太林，叶建仁，2006. 中国南方松树枯梢病地域分布的气候分区[J]. 林业科学研究，19 (5)：643-646.
廖晓兰，罗宽，朱水芳，2002. 植原体的分类及分子生物学研究进展[J]. 植物检疫 (3)：167-172.
林长春，2003. 毛竹枯梢病的研究进展[J]. 竹子研究汇刊，22(2)：25-29.
林木兰，张春立，1994. 核酸杂交技术检测泡桐丛枝病菌原体[J]. 科学通报，39(4)：376-379.
林庆源，2001. 毛竹枯梢病的综合治理技术[J]. 南京林业大学学报，25(1)：39-43.
林庆源，林强，黄吉力，等，1999. 毛竹枯梢病发生与林分及立地条件的关系[J]，林业科学研究，12(6)：628-632.

刘大群，董金皋，2007. 植物病理学导论[M]. 北京：科学出版社.
刘刚，佟万红，王小芬，等，2006. 桑树萎缩病发生规律及综合防治措施[J]. 中国蚕业，27(1)：85-86.
刘焕芳，段成国，陈学森，等，2002. 核果类果树根癌病菌寄主范围及抗性研究初报[J]. 北方果树（5）：4-7.
刘建锋，孙云霄，2004. 松树枯梢病发生规律研究进展[J]. 广东林业科技，20(3)：60-63.
刘艳，叶建仁，2003. 松树枯梢病潜伏侵染的研究[J]. 林业科学，39(4)：67-72.
刘永军，郭学民，安红丽，2002. 抗根癌菌剂 I 号对桃根癌病的生物防治[J]. 河北果树（6）：1-12.
柳惠庆，魏蔼一，李维忠，等，1995. 河北侧柏叶枯病的调查研究[J]. 河北林学院学报，10(4)：303-306.
卢全有，夏志松，2006. 桑花叶型萎缩病病原研究初报[J]. 蚕业科学，32(2)：249-251.
鲁素芸，1993. 植物病害生物防治学[M]. 北京：中国农业大学出版社.
陆家云，1997. 植物病害诊断[M]. 2 版. 北京：中国农业出版社.
陆家云，2001. 植物病原真菌学[M]. 北京：中国农业出版社.
马常耕，1995. 国际林木抗病育种的基本经验[J]. 世界林业研究(4)：13-21.
马德钦，林应锐，周娟，等，1985. 我国葡萄根癌土壤杆菌的生化型与质粒类型的初步研究[J]. 微生物学报，25(1)：45-53.
马德钦，王慧敏，1995. 果树根癌病及其生物防治[J]. 中国果树（2）：42-44.
潘学仁，1995. 小兴安岭大型经济真菌志[M]. 哈尔滨：东北林业大学出版社.
祁高富，叶建仁，包宏，1999. 松针褐斑病毒素的确定及其基本性质[J]. 安徽农业科学，27(5)：466-469.
秦国夫，赵俊，刘小勇，2002. 植原体分子分类的现状与问题[J]. 林业科学，38 (6)：125-136.
秦岭，高遐红，程继鸿，等，2002. 中国板栗品种对疫病的抗病性评价[J]. 果树学报，19(1)：39-42.
邱并生，李横虹，史春森，等，1998. 从我国 20 种感病植物中扩增植原体 16S rDNA 片段及其 RFLP 分析[J]. 林业科学，34(6)：67-74.
邱玉琢，潘学仁，孙学明，1989. 森林病害流行与经营措施的关系[J]. 东北林业大学学报，17(3)：84-88.
邱子林，黄建河，林强，等，1991. 毛竹枯梢病症状、病原形态与生物学研究[J]. 福建林学院学报，11(4)：411-417.
任国兰，郑铁民，李秀生，等，1987. “去丛灵”治疗泡桐丛枝病效果的研究[J]. 河南农业大学学报，21(1)：96-99.
《山东林木病害志》编委会，2000. 山东林木病害志[M]. 济南：山东科学技术出版社.
邵力平，沈瑞祥，张素轩，等，1984. 真菌分类学[M]. 北京：中国林业出版社.
沈伯葵，葛明宏，张明海，等，1992. 松枯梢病及其病原的研究(一)[J]. 林业科学研究，5(6)：659-664.
沈菊英，钱力，陈作义，等，1980. 泡桐丛枝病病原的电子显微镜研究[J]. 生物化学与生物物理学报，12(2)：207-208.
史英姿，吴云锋，顾沛雯，等，2007. 泡桐丛枝植原体 16S rDNA 和延伸因子基因序列分析[J]. 微生物学通报，34 (2)：291-295.
斯特兰奇，2007. 植物病理学导论[M]. 彭友良，等译. 北京：化学工业出版社.
宋晓斌，郑文锋，任锁堂，等，1994. 山楂紫纹羽病的研究初报[J]. 陕西林业科技（2）：40-42.
宋玉双，2005. 十九种林业检疫性有害生物简介(Ⅱ)[J]. 中国森林病虫，24(2)：32-37.
宋玉双，2006. 论林业有害生物的无公害防治[J]. 中国森林病虫，25(3)：41-44 .

宋玉双，何秉章，王福生，1994. 我国松落针病研究的新进展[J]. 森林病虫通讯（2）：42-46.
苏开君，谭松山，邓群，1991. 国外松枯梢病症状和病原的研究[J]. 森林病虫通讯（1）：2-5.
苏晓华，张绮纹，曾大鹏，等，1993. 杨树无性系抗灰斑病离体培养的早期选择[J]. 林业科学研究，6（3）：317-320.
孙立夫，张艳华，杨国亭，等，2007. 蜜环菌生物种和地理分布概况综述[J]. 菌物学报，26（2）：306-315.
孙美清，杨秀卿，赵伟，等，2001. 松树枝枯病的研究进展[J]. 森林病虫通讯（3）：49-51.
孙明荣，刘发邦，王绍文，等，2001. 银杏茎腐病的防治[J]. 中国森林病虫（3）：22-23.
拉帕杰，1989. 国际细菌命名法规[M]. 陶天申，陈文新，骆传好，译. 北京：科学出版社.
陶天申，杨瑞馥，东秀珠，2007. 原核生物系统学[M]. 北京：化学工业出版社.
田呈明，梁英梅，高爱琴，等，2000. 基于栽培管理措施的猕猴桃细菌性溃疡病防治技术[J]. 西北林学院学报，15(4)：72-76.
田国忠，1991. 树木病害的有效防治措施——化学治疗法[J]. 山东林业科技（2）：43-47.
田国忠，李志清，张存义，等，2006. 泡桐脱毒组培苗的生产和育苗技术[J]. 林业科技开发，20(1)：52-55.
田国忠，张锡津，1996. 泡桐丛枝病研究新进展[J]. 世界林业研究（2）：33-38 .
童如行，朱建华，巫秋善，等，1996. 杉木炭疽病对杉木幼树生长影响的调查[J]. 森林病虫通讯(1)：26-28.
万贤崇，戴雨生，陈裕菊，1998. 侧柏抗病单株对叶枯病抗性机制研究[J]. 林业科学研究，11(3)：295-298.
汪太振，魏淑艳，许成启，1983. 樟子松的一种新病害腐烂病[J]. 森林病虫通讯（3）：49-51.
王焯，于保文，周佩珍，等，1981. 枣疯病传病昆虫研究(Ⅰ)传病昆虫——中国拟菱纹叶蝉[J]. 植物病理学报，11(3)：25-29 .
王焯，周佩珍，于保文，等，1984. 枣疯病媒介昆虫——中华(国)拟菱纹叶蝉生物学和防治的研究[J]. 植物保护学报，11(4)：247-252 .
王海妮，吴云锋，安凤秋，等，2007. 枣疯病和酸枣丛枝病植原体 16S rDNA 和 *tuf* 基因的序列同源性分析[J]. 中国农业科学，40(10)：2200-2205.
王慧敏，2000. 植物根癌病的发生特点与防治对策[J]. 世界农业（7）：28-30.
王慧敏，梁亚杰，王建辉，等，1995. 抗根癌菌剂防治核果类果树根癌病的研究[J]. 植物保护，21(1)：24-26.
王军，陈绍红，黄永芳，等，2006. 水杨酸诱导油茶抗炭疽病的研究[J]. 林业科学研究，19(5)：629-632.
王明旭，藏良英，陈良昌，等，2000. 毛竹枯梢病病原菌致病机制及防治技术[J]. 森林病虫通讯（5）：8-10.
王昕旭，胡向红，1996. 湖南江华松针褐斑病的发生与危害调查[J]. 植物检疫，10(1)：9-12.
王亚聪，王迪，田红雨，等，2023. 外源诱导尾叶桉非培养内生细菌的激活[J]. 林业科学(9)：66-74.
王瑶，柳晟，杜涛，等，2001. 根癌农杆菌对健康和患丛枝病泡桐的遗传转化[J]. 西北植物学报，21(3)：406-412.
王勇，贺秉军，2006. 理性认识化学农药和生物农药[J]. 农药科学与管理，27(2)：45-49.
王月，高国平，苑成坤，2006. 辽宁地区油松落针病防治技术研究[J]. 林业科技开发，20(2)：19-22.
王占斌，黄哲，祝长龙，2007. 木霉拮抗菌在植物病害生物防治上的应用[J]. 防护林科技(4)：104-107.
魏初奖，1996. 福建省毛竹枯梢病的综合治理[J]. 森林病虫通讯（3）；42-43.

魏初奖, 2005. 毛竹枯梢病病原菌竹喙球菌风险性分析[J]. 南京林业大学学报, 29(2): 38-42.
魏初奖, 刘利玲, 林际朗, 等, 1997. 松枯梢病的研究[J]. 福建林学院学报, 17(1): 25-29.
魏江春, 1998. 地衣、菌物和菌物的研究进展[J]. 生物学通报, 33(12): 2-5.
温秀军, 孙朝晖, 田国忠, 等, 2006. 抗枣疯病枣树品系选育及抗病机理初探[J]. 林业科技开发, 20(5): 12-18.
文廷刚, 刘凤淮, 杜小凤, 等, 2008. 根结线虫病发生与防治研究进展[J]. 安徽农学通报, 14(9): 183-184.
吴小芹, 1995. 松枯梢病菌侵入途径的超微观察[J]. 森林病虫通讯 (3): 1-3.
吴小芹, 1999. 全球松树枯梢病发生状况与防治策略[J]. 世界林业研究, 12(1): 16-21.
吴小芹, 2000. 松枯梢病菌的培养性状和致病力变异及其相互关系[J]. 南京林业大学学报, 24(2): 16-20.
吴小芹, 2000. 中国松树枯梢病菌营养体亲和性研究[J]. 林业科学, 36(1): 47-52.
吴小芹, 黄敏仁, 尹佟明, 2000. 中国松树枯梢病菌遗传多态性的 RAPD 分析[J]. 林业科学, 36(4): 32-38.
吴小芹, 叶建仁, 2020. 树木病原菌物学[M]. 北京: 中国林业出版社.
西南林学院, 云南省林业厅, 1994. 云南森林病害[M]. 昆明: 云南科技出版社.
郗荣庭, 张毅萍, 1992. 中国核桃[M]. 北京: 中国林业出版社.
夏志松, 難波成任, 2004. 桑黄化型萎缩病病原体 16S rRNA 基因的序列分析[J]. 蚕业科学, 30(2): 204-206.
肖育贵, 陈守常, 谭松波, 等, 1998. 马尾松赤枯病流行规律的研究[J]. 四川林业科技, 19(3): 4-8.
谢联辉, 2006. 普通植物病理学[M]. 北京: 科学出版社.
邢来君, 李明春, 1999. 普通真菌学[M]. 北京: 高等教育出版社.
徐福元, 葛明宏, 张培, 等, 2000. 不同马尾松种源对松材线虫病的抗病性[J]. 南京林业大学学报(自然科学版), 24(4): 85-88.
徐同, 葛起新, 1997. 多界菌物系统[J]. 植物病理学报, 27(1): 3-4.
徐志华, 2000. 果树林木病害生态图鉴[M]. 北京: 中国林业出版社.
许志刚, 2003. 普通植物病理学[M]. 3 版. 北京: 中国农业出版社.
薛振南, 文凤芝, 全杜生, 等, 2005. 毛竹丛枝病发生流行规律研究[J]. 广西农业生物科学, 24(2): 130-134.
阳征助, 2007. 花卉灰霉病的发病症状与综合防治[J]. 现代农业科技 (7): 50.
杨斌, 舒清态, 叶建仁, 2001. 松针褐斑病及病原致病毒素研究[J]. 西南林学院学报, 21(4): 246-252.
杨光道, 束庆龙, 段琳, 等, 2004. 主要油茶品种对炭疽病的抗性研究[J]. 安徽农业大学学报, 31(4): 480-483.
杨国平, 任欣正, 王金生, 等, 1986. K84 的生物防治效果与土壤杆菌 Ti 质粒类型的关系[J]. 生物防治通报, 2(1): 25-30.
杨俊秀, 张刚龙, 樊军锋, 2007. 泡桐丛枝病与泡桐生长量的关系[J]. 西北林学院学报, 22(2): 109-110.
杨俊秀, 张刚龙, 王培新, 等, 2007. 抗丛枝病泡桐表型单株选择及其育种技术[J]. 西北农林科技大学学报, 35(9): 90-96.
杨苏声, 1997. 细菌分类学[M]. 北京: 中国农业大学出版社.
杨旺, 1996. 森林病理学[M]. 北京: 中国林业出版社.
杨旺, 沈瑞祥, 刘红霞, 1999. 杨树溃疡病可持续控制技术的研究[J]. 北京林业大学学报, 21(4):

13-17.
姚一建，李玉，2002. 菌物学概论[M]. 4版. 北京：中国农业出版社.
叶建仁，廖太林，2006. 松树枯梢病发生的立地条件及其主要诱因分析[J]. 林业科学，42(9)：79-82.
叶建仁，祁高富，封维忠，2000. 松针褐斑病菌毒素对寄主细胞膜伤害机理研究[J]. 林业科学，36(2)：41-47.
叶茂，戴良英，罗宽，等，2000. 毛竹枯梢病菌产孢条件的研究[J]. 湖南农业大学学报，26(1)：15-17.
叶钟音，2002. 现代农药应用技术大全[M]. 北京：中国农业出版社.
于文喜，王慧军，田西迁，等，2006. 落叶松枯梢病寄主抗病机制的研究[J]. 林业科技，31(2)：24-27.
于文喜，杨晓晶，林超，等，1999. 落叶松枯梢病发生与温差及风力的关系[J]. 林业科技，24(3)：23-25.
袁承东，1993. 柑橘溃疡病在国内外的危害防治及研究综述[J]. 植物检疫，7(5)：369-373.
袁会珠，2004. 农药使用技术指南[M]. 北京：化学工业出版社.
袁嗣令，1997. 中国乔灌木病害[M]. 北京：科学出版社.
袁亚东，梁长安，张燕丽，2007. 牡丹冬季催花中的几种常见病害与防治[J]. 现代农业科技(1)：28.
曾大鹏，贺正兴，符琦群，1987. 油茶炭疽病生物防治的研究[J]，林业科学，23(2)：144-150 .
曾祥谓，徐梅卿，赵嘉平，等，2005. 中国森林病害防治技术措施与策略[J]. 世界林业研究，18(3)：66-69.
张广臣，楚立明，于文喜，等，1999. 落叶松枯梢病发生规律及防治技术[J]. 森林病虫通讯 (1)：9-10.
张静娟，那淑敏，余茂効，等，1984. 北京郊区土壤杆菌生物性和质粒类型的鉴定[J]. 微生物学报，24(4)：369-375.
张星耀，骆有庆，2003. 中国森林重大生物灾害[M]. 北京：中国林业出版社.
张学武，韩建君，宋晓斌，等. 2001. 美国黄松苗木立枯病的发生与防治技术研究[J]. 西南林学院学报，21(1)：31-33.
张学武，宋晓斌，曹支敏，等，2007. 土壤处理对油松育苗及猝倒病发生的影响[J]. 西南林学院学报，27(3)：58-75.
张学武，宋晓斌，马松涛，等，2000. 猕猴桃细菌性溃疡病综合防治技术[J]. 中国森林病虫(3)：18-20.
张玉琴，吕志堂，崔恒林，等，2023. 我国原核微生物分类学七十年[J]. 微生物学报，63(17)：1724-1740.
张志毅，李善文，何占国，2006. 中国杨树资源与杂交育种研究现状及发展对策[J]. 河北林业科技(增刊)：20-24.
赵达，傅俊范，裘季燕，等，2007. 枯草芽孢杆菌在植病生防中的作用机制与应用[J]. 辽宁农业科学(1)：46-48.
赵光材，李楠，寻良栋，等，1995. 云南的松针红斑病病原菌形态鉴定[J]. 森林病虫通讯 (2)：20-22.
赵锦，刘孟军，代丽，等，2006. 枣疯病病树中内源激素的变化研究[J]. 中国农业科学，39(11)：2255-2260.
赵锦，刘孟军，周俊义，等，2006. 抗枣疯病种质资源的筛选与应用[J]. 植物遗传资源学报，7(4)：398-403.
赵锦，刘孟军，周俊义，等，2006. 枣疯植原体的分布特点及周年消长规律[J]. 林业科学，42(8)：144-146.
赵经周，于文喜，王乃玉，1995. 落叶松枯梢病国内外研究的现状[J]. 林业科技，20(5)：23-25.
赵良平，叶建仁，曹国江，等，2002. 森林健康理论与病虫害可持续控制——对美国林业考察的思考[J]. 南京林业大学学报，26(1)：5-9.

郑金凤, 2007. 杉木细菌性叶枯病的发生及防治措施[J]. 福建林业科技, 34(2): 41-43.

中国林业科学研究院, 1984. 中国森林病害[M]. 北京: 中国林业出版社.

中南林学院, 1998. 油桐病虫害及其防治[M]. 北京: 中国林业出版社.

周而勋, 王克荣, 陆家云, 1999. 栗疫病研究进展[J]. 果树科学, 16(1): 66-71.

周仲铭, 1990. 林木病理学[M]. 修订版. 北京: 中国林业出版社.

朱建华, 1997. 杉木炭疽病损失量估计的研究[J]. 福建林学院学报, 17(2): 115-119.

朱克恭, 吴小芹, 2001. 林业措施与病害的综合治理[J]. 林业科技开发, 15(3): 3-5.

朱天辉, 1998. 茄丝核菌引起苗木猝倒病的防治现状及展望[J]. 四川林业科技, 19(3): 65-68.

朱天辉, 2002. 园林植物病理学[M]. 北京: 中国农业出版社.

朱熙樵, 黄焕华, 1989. 竹丛枝病的研究Ⅲ. 病菌的侵染特点和防治试验[J]. 南京林业大学学报, 13(2): 46-51.

朱仲云, 2007. 杨树紫纹羽病的发生与防治[J]. 安徽林业(3): 46.

AGRIOS G N, 2005. Plant pathology[M]. 5th ed. San Diego: Academic Press.

ANDERSON J B, ULLRICH RC, 1979. Biological species of *Armillaria mellea* in North America[J]. Mycologia, 71: 402-414.

ASHOWRTH L J, GAONA S A, 1982. Evaluation of clear plastic mulch for controlling *Verticillium* wilt in established pistachio nut orchards[J]. Phytopathology, 72: 243-246.

ASIEGBU F O, ADOMAS A, STENLID J, 2005. Conifer root and butt rot caused by *Heterobasidion annosum* [J]. Molecular Plant Pathology(6): 395-409.

BACK M A, BONIFÁCIO L, INÁCIO M L, et al., 2024. Pine wilt disease: a global threat to forestry [J]. Plant Pathology, 73(5): 1026-1041.

BAILEY B A, LUMSDEN R D, 1998. Direct effects of *Trichoderma* and *Gliocladium* on plant growth and resistance to pathogens[M]// HAMAN G E, KUBICEK C P. *Trichoderma* and *Gliocladium*. London: Taylor and Francis.

BAUER R, BEGEROW D, SAMPAIO J P, et al., 2006. The simple-septate basidiomycetes: A synopsis[J]. Mycological Progress(5): 41-66.

BEGEROW D, STOLL M, BAUER R, 2006. A phylogenetic hypothesis of Ustilaginomycotina based on multiple gene analyses and morphological data[J]. Mycologia, 98: 906-916.

BERTACCINI A, AROCHA-ROSETE Y, CONTALDO N, et al., 2022. Revision of the '*Candidatus* Phytoplasma' species description guidelines [J]. International Journal Systematic and Evolutionary Microbiology, 72: 005353.

BRADSHAW M J, BRAUN U, QUIJADA L, et al., 2024. Phylogeny and taxonomy of the genera of Erysiphaceae, part 5: *Erysiphe* (the "Microsphaera lineage" part 1) [J]. Mycologia, 116(1): 106-147.

BRADSHAW M J, BRAUN U, GÖTZ M, et al., 2022. Phylogeny and taxonomy of the genera of Erysiphaceae, part 2: *Neoerysiphe*[J]. Mycologia, 114(6): 964-993.

BRADSHAW M J, BRAUN U, PFISTER D H, 2023. Phylogeny and taxonomy of the genera of Erysiphaceae, part 4: *Erysiphe* (the "Uncinula lineage") [J]. Mycologia, 115(6): 871-903.

BRAUN U, COOKR T A, 2012. Taxonomic manual of the Erysiphales (Powdery Mildews) [M]. Utrecht: CBS.

CABRAL P, CAPUCHO A S, PEREIRA O L, et al., 2010. First report of teak leaf rust disease caused by *Olivea tectonae* in Brazil [J]. Australasian Plant Disease Notes, 5: 113-114.

COETZEE M P A, WINGFIELD B D, BLOOMER P, et al., 2003. Molecular identification and phylogeny of *Ar-*

millaria isolates from South America and Indo-Malaysia[J]. Mycologia, 95: 285–293.

COETZEE M P A, WINGFIELD B D, HARRINGON T C, et al., 2000. Geographical diversity of *Armillaria mellea* s. s. based on phylogenetic analyses[J]. Mycologia, 92: 105–113.

COOKSEY D A, MOORE L W, 1980. Biological control of crown gall with fungal and bacterial antagonists[J]. Phytopathology, 70(6): 506–509.

COPELAND C A, HARPER R W, BRAZEE N J, et al., 2023. A review of Dutch elm disease and new prospects for *Ulmus americana* in the urban environment [J]. Arboricultural Journal, 45: 3–29.

DE BEER Z W, MARINCOWITZ S, DUONG T A, et al., 2017. Bretziella, a new genus to accommodate the oak wilt fungus, *Ceratocystis fagacearum* (Microascales, Ascomycota) [J]. MycoKeys, 27: 1–19.

DE MEYER G, BIGIRINANA J, ELAD Y, et al., 1998. Induced systemic resistance in *Trichoderma harzianum* biocontrol of *Botrytis cinerea*[J]. European journal of Plant Pathology, 104: 279–286.

EKANAYAKA A H, HYDE K D, GENTEKAKI E, et al., 2019. Preliminary classification of Leotiomycetes [J]. Mycosphere, 10, 310–489.

FEAU N, VIALLE A, ALLAIRE M, et al., 2009. Fungal pathogen (mis-) identifications: a case study with DNA barcodes on *Melampsora rusts* of aspen and white poplar [J]. Mycological Research, 113 (6–7): 713–724.

GAO S, SHAIN L, 1995. Activity of polygalacturonase produced by *Cryphonectria parasitica* in chestnut bark and its inhibition by extracts from American and Chinese chestnut[J]. Physiological and Molecular Plant Pathology, 46: 199–213.

GASPARICH G E, BERTACCINI A, ZHAO Y, 2020. Candidatus phytoplasma[M]// TRUJILLO M E, DEDYSH S, et al. Bergey's manual of systematics of archaea and bacteria. Hoboken: John Wiley & Sons, Inc.

GERHOLD H D, RHODES H L H, WENNER N G, 1994. Screen *Pinus sylvestris* for resistance to *Sphaeropsis sapinea*[J]. Silvae Genetica, 43(5/6): 333–338.

GÖKER M, OREN A, 2024. Valid publication of names of two domains and seven kingdoms of prokaryotes [J]. International Journal of Systematic and Evolutionary Microbiology, 74: 006242.

HATTORI Y, ANDOC Y, NAKASHIMA C, 2021. Taxonomical re-examination of the genus *Neofusicoccum* in Japan[J]. Mycoscience, 62: 250–259.

HAWKSWORTH D L, KIRK P M, SUTTON B C, et al., 1995. Ainsworth & Bisby's Dictionary of the Fungi [M]. 8th ed. Egham: CABI.

HAWKSWORTH D L, SUTTON B C, AINSWORTH G C, 1983. Ainsworth & Bisby's Dictionary of the Fungi [M]. 7th ed. Egham: CABI.

HE J, LI D W, ZHU Y N, et al., 2022. Diversity and pathogenicity of *Colletotrichum* species causing anthracnose on *Cunninghamia lanceolata* [J]. Plant Pathology, 71 (8): 1757–1773.

HIBBETT D S, BINDER M, BISCHOFF J F, et al., 2007. A higher-level phylogenetic classification of the Fungi [J]. Mycological Research, 111: 509–547.

JOHNSTON P R, QUIJADA L, SMITH C A, et al., 2019. A multigene phylogeny toward a new phylogenetic classification for the Leotiomycetes [J]. IMA Fungus, 1(1): doi: 10. 1186/s43008-019-0002-x.

JUNG H Y, SAWAYANAGI T, KAKIZAWA S, et al., 2003. '*Candidatus* Phytoplasma ziziphi', a novel phytoplasma taxon associated with jujube witches'-broom disease[J]. International Journal of Systematic Evolutionary Microbiology, 53: 1037–1041.

JUZWIK J, HARRINGTON T C, MACDONALD W L, et al., 2008. The origin of *Ceratocystis fagacearum*, the oak wilt fungus [J]. Annual Review of Phytopathology, 46: 13–26.

KIRK P M, CANNON P F, DAVID J C, et al., 2001. Ainsworth & Bisby's Dictionary of the Fungi[M]. 9th ed. Egham: CABI.

KIRK P M, CANNON P F, MINTER D W, et al., 2008. Ainsworth & Bisby's Dictionary of the Fungi[M]. 10th ed. Egham: CABI.

KORHONEN K, STENLID J, 1998. Biology of heterobasidion annosum: biology, ecology, impact and control [C] //WOODWARD S, STENLID J, KARJALAINEN R, et al. Heterobasidion annosum. Oxon: CABI.

LEE I M, DAVIS R E, CHEN T A, et al., 1992. A genotype-based system for identification and classification of mycoplasma like organisms (MLOs) in the aster yellows strain cluster[J]. Phytopatholgy, 82: 977-986.

LYNCH J M, 1987. Field test for disease control[M]. Cambridge University Press.

MAMIYA Y, 1983. Pathology of the pine wilt disease caused by *Bursaphelenchus xylophilus*[J]. Annual Review of Phytopathol, 21: 201-220.

MANNION P D, 1991. Tree disease concepts[M]. 2nd ed. Englewood Cliffs: Prentice-Hall Inc.

MOORE L W, WARREN G, 1979. *Agrobacterium radiobacter* strain 84 and biological control of crown gall[J]. Annual Review of Phytopathology, 17: 163-179 .

NIEMELA T, KORHONEN K, 1998. Taxonomy of the genus Heterobasidion: biology, ecology, impactand control[C] // WOODWARD S, STENLID J, KARJALAINEN R, et al. Heterobasidion annosum. Oxon: CABI.

OREN A, ARAHAL D R, GÖKER M, et al., 2023. International code of nomenclature of prokaryotes. Prokaryotic Code (2022 Revision) [J]. International Journal of Systematic and Evolutionary Microbiology, 73: 005585.

PHILLIPS D H, BURDEKIN D A, 1992. Diseases of forest and ornamental trees[M]. 2nd ed. London The Macmillan Press Ltd.

RAN L X, LIU C Y, WU G J, et al., 2005. Suppression of bacterial wilt in *Eucalyptus urophylla* by fluorescent *Pseudomonas* spp. in China[J]. Biological Control, 32: 111-120.

ROSENBERG E, 2014. The prokaryotes[M]. 4th ed. Berlin: Springer-Verlag.

SCHAAD N W, JONES J B, CHUN W, 2001. Laboratory guide for the identification of plant pathogenic bacteria [M]. 3rd ed. Philadeliphia: APS Press.

SKERMAN V B D, 1980. Approved lists of bacterial names[J]. Internal Journal of Systematic Bacteriology, 30: 225-420 .

SMALLEY E B, GURIES R P, 1993. Breeding elms for resistance to Dutch elm disease[J]. Phytopathol, 31: 325-352.

TIAN C M, SHANG Y Z, ZHUANG J Y, et al., 2004. Morphological and molecular phylogenetic analysis of *Melampsora* species on poplars in China [J]. Mycoscience, 45: 56-66.

VIALLE A, FREY P, HAMBLETON S, et al., 2011. Poplar rust systematics and refinement of *Melampsora* species delineation [J]. Fungal Diversity, 50: 227-248.

WELLS O O, DINUS R J, 1974. Correlation between artificial and natural inoculation of loblolly pine with southern fusiform rust[J]. Phytopathology, 64(5): 760-761.

WHITMAN W B, TRUJILLO M E, DEDYSH S, et al., 2015. Bergey's manual of systematics of archaea and bacteria[M]. New York: John Wiley & Sons.

WIJAYAWARDENE N N, HYDE K D, AL-ANI L K T, et al., 2020. Outline of Fungi and fungus-like taxa [J]. Mycosphere, 11(1): 1060-1456.

WINGFIELD M J, SEIFERT K A, WEBBER J F, 1993. Ceratocystis and Ophiostoma: Taxonomy, Ecology, and Pathogenicity[M]. Philadeliphia: APS Press.

XU Q W, ZHANG X J, LI J X, et al., 2023. Pine wilt disease in Northeast and Northwest China: a comprehensive risk review [J]. Forests, 14: 174.

YABUUCHI E, KOSAKO Y, YANO I, 1996. Validation of the published names and new combinations previously effectively published outside the IJSB[J]. Internal Journal of Systematic Bacteriology, 46: 625–626.

ZREIK L, CARLE P, BOVE J M, et al., 1995. Characterization of the mycoplasma-like organism associated with witches'-broom disease of lime and proposition of a Candidatus taxon for the organism, '*Candidatus* Phytoplasma aurantifolia' [J]. Internal Journal of Systematic Bacteriology, 45: 449–453.

林木病原物学名索引

D

E

F

G

H

I

L

M

N

O

P

林木病害病原物中文名索引

林木病害名称索引